Altern

Ludger Rensing
Volkhard Rippe

Altern

Zelluläre und molekulare Grundlagen, körperliche
Veränderungen und Erkrankungen, Therapieansätze

 Springer Spektrum

Ludger Rensing
Institut für Zellbiologie, Biochemie und
Biotechnologie
Universität Bremen
Bremen
Deutschland

Volkhard Rippe
Zentrum für Humangenetik
Universität Bremen
Bremen
Deutschland

ISBN 978-3-642-37732-7   ISBN 978-3-642-37733-4 (eBook)
DOI 10.1007/978-3-642-37733-4

Die Deutsche Nationalbibliothek verzeichnet diese Publikation in der Deutschen Nationalbibliografie; detaillierte bibliografische Daten sind im Internet über http://dnb.d-nb.de abrufbar.

Springer Spektrum

Planung und Lektorat: Frank Wigger, Dr. Meike Barth
Redaktion und Index: Dr. Bärbel Häcker
Einbandentwurf: deblik, Berlin
Grafiken: Volkhard Rippe

Gedruckt auf säurefreiem und chlorfrei gebleichtem Papier

Springer Spektrum ist eine Marke von Springer DE. Springer DE ist Teil der Fachverlagsgruppe Springer Science+Business Media
www.springer-spektrum.de

Vorwort

Was sind die wichtigsten Ziele dieses Buchs? Wichtig war uns, am Beispiel des Menschen die kausalen Verbindungen zwischen den messbaren Alterungserscheinungen und den zugrundeliegenden Veränderungen in Genen, Zellen und in deren Kommunikationssystemen aufzuzeigen. Ein solcher Ansatz ist für die weitere Entwicklung der Medizin von entscheidender Bedeutung und heute schon deutlich ausgeprägt. Das zeigt sich an einem Fach wie »Molekulare Medizin«, die inzwischen an vielen Universitäten in Deutschland gelehrt wird. Erkennbar ist dieser Ansatz auch an der Entwicklung zahlreicher Pharmaka (*targeted therapies*), die bestimmte Enzyme oder andere Zellbestandteile beeinflussen. Beide Entwicklungen zeigen, dass die Kenntnisse über kausale Mechanismen der Alterung die Vorsorge und Therapie zahlreicher Alterskrankheiten verbessern können. Wir haben versucht, diese Zusammenhänge an elf menschlichen Funktionssystemen aufzuzeigen.

Bevor wir jedoch die verschiedenen Funktionssysteme besprechen, steht in ▶ Kap. 1 folgende Frage im Vordergrund: Warum altern Pflanzen, Tiere und der Mensch artspezifisch unterschiedlich schnell, sodass die mittleren Lebensdauern zwischen Tagen, Jahrzehnten und Jahrhunderten variieren? Welche Faktoren waren (sind) in der Evolution für diese Unterschiede verantwortlich und welche Zusammenhänge gibt es zwischen Langlebigkeit, Größe des Organismus und Zahl der Nachkommen?

Darauf folgt eine Übersicht über den gegenwärtigen Stand der Altersforschung und die wichtigsten Alterstheorien (▶ Kap. 2). Darin wird die Theorie der Schadensakkumulation behandelt, zu der es viele Daten gibt. Außerdem wird die Theorie der Verkürzung der Chromosomenenden (Telomere) diskutiert, die oft in teilungsaktiven Geweben beobachtet wird. Wir diskutieren auch die Rolle bestimmter Stoffwechselwege, die z. B. durch eine Kalorienrestriktion beeinflussbar sind, sowie die Funktion von (Langlebigkeits-)Genen und epigenetischen Faktoren. Wahrscheinlich sind die meisten der genannten Mechanismen an den Alterungsprozessen in den verschiedenen Funktionssystemen beteiligt. Sie können aber nicht die spezifischen Alterungserscheinungen hinreichend erklären, die wir in den sich anschließenden Kapiteln darstellen.

Die Haut wird in ▶ Kap. 3 behandelt, ▶ Kap. 4 behandelt das Knochenskelett, ▶ Kap. 5 die quer gestreifte Muskulatur, ▶ Kap. 6 Kreislauf und Lunge, ▶ Kap. 7 das Immunsystem, ▶ Kap. 8 das Verdauungssystem, ▶ Kap. 9 das Ausscheidungssystem, ▶ Kap. 10 Sexualität und Fortpflanzung, ▶ Kap. 11 das Hormonsystem, ▶ Kap. 12 das Zentralnervensystem und ▶ Kap. 13 die Sinnesorgane. In diesen Kapiteln stellen wir jeweils eine kurze Übersicht über die normalen Funktionen des Systems voran, dann folgt ein beschreibender Abschnitt über die altersabhängigen Veränderungen und Erkrankungen. Der sich anschließende Abschnitt ist dann neuen Informationen über die zugrundeliegenden molekularen Mechanismen gewidmet. Abschließend gehen wir auf einige medizinische Aspekte von Alterserkrankungen ein: auf Diagnosen, vorbeugende Maßnahmen und therapeutische Ansätze, die ja im Zusammenhang mit den Mechanismen stehen.

Im letzten Kapitel (▶ Kap. 14) diskutieren wir die Frage, wodurch die Korrelation zwischen Alter und dem Auftreten der meisten Krebsarten zustande kommt und welche äußeren und inneren Faktoren dabei mitwirken. Alle Kapitel haben wir zum besseren Verständnis mit zahlreichen Abbildungen und Übersichtstabellen ausgestattet.

An welche Zielgruppen richtet sich dieses Buch?

- An Mediziner unterschiedlicher Fachrichtungen, die aufgrund der demographischen Entwicklung immer mehr ältere Patienten und deren Alterskrankheiten bzw. Multimorbiditäten behandeln. Wünschenswert wäre dabei eine interdisziplinäre Zusammenarbeit von Fachärzten, Geriatern und Altersforschern (Gerontologen). Ein solches Konzept (Simm 2011) ist zurzeit meist noch eine Wunschvorstellung. Vielleicht kann dieses Buch zu einer solchen Zusammenarbeit beitragen.
- An Medizinstudenten und -studentinnen, die sich verstärkt mit den molekularen pathophysiologischen Ursachen von Erkrankungen auseinandersetzen.
- An Biologen, die sich fachlich/experimentell mit den Fragen der Alterungsprozesse bei Pflanzen, Tier und Mensch beschäftigen.
- An interessierte Fachkräfte und Betreuer bei der Pflege alter Menschen.
- An Menschen, die ihre eigenen Alterungserscheinungen und -beschwerden besser verstehen wollen.

Die im Buch angesprochenen vorbeugenden und therapeutischen Ansätze bei Altersbeschwerden könnten mit dazu beitragen, ein »gesundes Altern« zu realisieren.

Simm A (2011) Geriatrie: eine Einführung aus gerontologischer Sicht. Dtsch Med Wochenschr 136:2549–2553

Ludger Rensing
Volkhard Rippe

Überschattet wurde die Arbeit an diesem Buch durch den Tod meines geschätzten Mentors und Freundes Professor Dr. Ludger Rensing. Mit ihm verliert die Universität Bremen einen wichtigen Vertreter der deutschen Zellbiologie und engagierten Reformer der universitären Lehre. In all den Jahren unserer Zusammenarbeit habe ich seine herzliche Art und vor allem seine fachliche Kompetenz hoch geachtet. Alle, die ihn kennen durften, haben seine ganz besondere Ausstrahlung und Hilfsbereitschaft geschätzt. Wir verlieren einen Menschen, der sich mit viel Energie für Forschung und Wissenschaft eingesetzt hat.

Nach gründlicher Durcharbeitung der Manuskripte und deren Durchsicht starb Professor Dr. Ludger Rensing im März 2013. Die Veröffentlichung hat er leider nicht mehr erleben können.

Volkhard Rippe

Danksagung

Unser ganz besonderer Dank gilt Frau Ulrike Nagler-Timm, die über Jahre das Manuskript und seine überaus zahlreichen Versionen geschrieben und uns im Hinblick auf verständliche Formulierungen, korrekte Schreibweise und Zeichensetzung sehr unterstützt hat. Darüber hinaus hat sie die umfangreiche Literatur für uns ausgedruckt.

Unser herzlicher Dank gilt außerdem meiner Tochter und vielen Freunden und Kollegen, die einzelne Kapitel durchgesehen und kritisch kommentiert haben: Dr. med. Dietmar Borowski, Dr. med. Matthis Gutwinski, Dr. med. Christian Könecke, Dr. med. Bernd Köster, Dr. rer. nat. Kathrin Maedler, Dr. med. Wilhelm Ripke, Dr. med. Anne Rensing-Ehl und Prof. Dr. rer. nat. Michael Koch. Herzlichen Dank auch an die Kollegen, die an einzelnen Kapiteln mitgewirkt haben: Prof. Dr. med. Johann Ockenga (► Kap. 5) und Dr. rer. nat. Saadat Mohsenzadeh (► Kap. 10).

Für die Mitarbeit an der Fertigstellung der Abbildungen danken wir Katharina Stein, Valentina Adam, Lea Meyer und Sabrina Dorschner. Schließlich ein herzlicher Dank an Frank Wigger und das Team des Spektrum/Springer-Verlags.

Ein besonderer Dank gilt meiner Frau Roswitha Rensing, die mich bei der Arbeit liebevoll betreut und unterstützt hat.

Inhaltsverzeichnis

Abkürzungen

A	Adrenalin
AA	Arachidonsäure
AAC	*Actinomyces actinocetem comitans*
AATM	α1-Antitrypsin
Abeta	Amyloid β
ABP	Androgenbindungsprotein
ACC	anteriorer cingulärer Cortex
ACE	*angiotensin-converting enzyme*
ACTH	adrenocorticotropes Hormon
AD	*Alzheimer's disease*
ADPN	Adiponectin
AGE	*advanced glycation endproducts*
AgRP	*agouti-related protein*
AIDS	*acquired immunodeficiency syndrome*
AIF	*apoptosis inducing factor*
AK	Antikörper
Akt	Proteinkinase B (PKB)
ALD	alkoholabhängige Lebererkrankungen
ALS	amyotrophe Lateralsklerose
AMACR	α-Methylacyl-CoA-Racemase
AMD	Makuladegeneration
AMPA-R	AMPA-Rezeptor
AMPKβ	AMP-aktivierte Proteinkinase β
AMY	Amygdala
ANGII, ATII	Angiotensin II
ANP	*atrial natriuretic peptide*
ANT	Adenin-Nucleotid-Translokator
AO	Antioxidantien und antioxidante Enzyme
AP	Aktionspotenzial
AP	alkalische Phosphatase
AP-1	*activator protein 1* (Transkriptionsfaktor)
Apaf-1	*apoptosis protease activating factor 1*
APC	aktiviertes Protein C
APC	antigenpräsentierende Zellen
APC/C	*anaphase-promoting complex, cyclosome*
ApoA-I	Apolipoprotein A-1
ApoB	Apolipoprotein B
APOCIII	Apolipoprotein CIII
APOE	Apolipoprotein E
APP	Akute-Phase-Proteine
APP	*amyloid precursor protein* (Vorläuferprotein von → Aβ)
APR	Akute-Phase-Reaktion
AR	Androgenrezeptor
ARB	Angiotensin-II-Typ-I-Rezeptorblocker
ARC	Arcuate Nucleus

Arc	cytoskelettassoziiertes Protein
ARMS 2	*age-related maculopathy susceptibility 2*
ART	*assisted reproduction technology*
ASK1	*apoptosis signal regulating kinase* 1
ASS	Aspirin
AST	Aspartat-Aminotransferase
AT1R, -2R	Angiotensin-II-Rezeptor 1 und 2
AT	Antithrombin
AT	Ataxia telangiectasia
ATM	*ataxia-telangiectasia mutated*
ATP	Adenosintriphosphat
ATR	ATM and *Rad3-related*
ATRIP	*ATR interacting protein (ATR = ATM and Rad3-related)*
ATRX	Heterochromatin-bindendes Protein
AV	atrio-ventrikulär
AVP, VP	(Arginin-)Vasopressin
Aβ	Amyloid β
BA47	Brodmann-Areal 47
BA9	Brodmann-Areal 9
BACE1	β-Sekretase
Bak	apoptoseförderndes Protein
Bax	proapoptotischer Faktor
Bcl-2	antiapoptotischer Faktor
BDNF	*brain-derived neutrotrophic factor*
BER	Basenexzisionsreparatur
BF	Komplementfaktor
bFGF	*basic fibroblast growth factor*
BIA	bioelektrische Widerstandsmessung
BLM	Bloom-Syndrom
BMD	*bone mineral density*
BMI	*body mass index*
Bmi-1	*B-cell-specific Maloney murine leukemia virus integration site*
BMP	*bone morphogenetic protein*
Botox	Botulinumtoxin
BPD	bipolare Erkrankung
BPH	gutartige Prostatahyperplasie
BRAF	Proteinkinase
BRCA1	Tumorsuppressorgen
Brm	Brahma
C	Cortex (des Thymus)
C/EBP	*CAAT-enhancer binding protein*
C2	Komplementfaktor
CAD	*caspase-activated DNase*
CaMK	Calcium/Calmodulin-abhängige Kinase
CART	*cocain and amphetamine-regulated transcript*
Caspase	*cysteine-aspartate-specific protease*
CCAAT	DNA-Sequenz (für → CEBPα)
CCK	Cholecystokinin

CD	Cyclophilin D
CD4	Bindungsprotein auf T-Helferzellen
CD8	Bindungsprotein auf cytotoxischen T-Zellen
CD80/86	Bindungsproteine auf dendritischen Zellen
Cdc 25	*cell division cycle (phosphatase)*
CDH 1, 13	E-Cadherin, H-Cadherin
CDK	*cyclin-dependent kinase*
CEBPα	*CCAAT-enhancer binding protein α*
c-fos	Transkriptionsfaktor (Bestandteil von AP-1)
CGL	Corpus geniculatum laterale
CGRP	*calcitonin gene-related peptide*
CHF	*congestive heart failure*
Chk1	*checkpoint kinase 1*
CJD	*Creutzfeldt-Jacob-disease*
c-Jun	Transkriptionsfaktor (Bestandteil von AP-1)
CK	Kreatin-Kinase
CKD	*chronic kidney disease*
Ckit	CD 117
CMA	chaperonvermittelte Autophagie
CMV	Cytomegalovirus
CNTF	*ciliary neurotrophic factor*
COMT	Catechol-O-Methyltransferase
COPD	*chronic obstructive pulmonary disease*
Cox 1, 2	Cyclooxigenase 1, 2
CP	Coeruloplasmin
CPEB	*cytoplasmic polyadenylate element-binding protein*
CpG	DNA-Sequenz, die methyliert werden kann
CR	*caloric restriction*
CREB	*cyclic AMP response element binding protein*
CRH R1, R2	CRH-Rezeptoren 1 und 2
CRH, CRF	*corticotropin releasing hormone (factor)*
CRP	C-reaktives Protein
CS	Cockayne-Syndrom
CSA	*cross sectional area*
CSF	*colony stimulating factor*
CSF	cytostatischer Faktor
CSR	*class change recombination*
CTLA-4	*cytotoxic T-lymphocyte antigen 4*
CTS	Bindegewebsschicht
CX3CR1	Chemokinrezeptor 1
CXCL	Chemokin
CYP	Cytochrom P450
Cyt c	Cytochrom *c*
DA	Dopamin
DA-R	Dopaminrezeptor
DARPP-32	*dopamine and cAMP-regulated phosphoprotein of 32 kDA*
Db	Dezibel
DC-SIGN	*dendritic cell-specific ICAM-3 grabbing noneletin*

DEXA	*Dual energy*-Röntgenabsorptiometrie
DGEM	Deutsche Gesellschaft für Ernährungsmedizin
DGN	Deutsche Gesellschaft für Neurologie
DHEA(S)	Dehydroepiandrosteron (-Sulfat)
DHT	Dihydrotestosteron
5αDHT	5α-Dihydrotestosteron
DLB	Demenz mit Lewy-Körperchen
DNA	*desoxyribonucleic acid*
DNMT	DNA-Methyltransferase
DPP4	Dipeptidyl-Peptidase 4
Dpt	Dioptrie
DRG	*dorsal root ganglion*
DRP1	*dynamin-related GTPase 1*
DSC	Caccione-Syndrom
DVT	*deep vein thrombosis*
E (Ö)	Östrogen
E2F-1	Transkriptionsfaktor für S-Phase-spezifische Gene
EBP	*early B progenitor cells*
4EBP-1	*eucaryotic initiation factor E4 binding protein* 1
EBV	Epstein-Barr-Virus
ECM	extrazelluläre Matrix
EF-Tu	Elongationsfaktor der Proteinsynthese
EGCG	Epigallocatechingallat
EKG	Elektrokardiogramm
elF2α	*eukaryotic initiation factor 2α*
elF4E	*eucaryotic initiation factor 4E*
Elk-1	Transkriptionsfaktor
Elt 3,5,6	Transkriptionsfaktoren
EnaC	epithelialer Na^+-Kanal
eNOS	endotheliale NO-Synthase
EPA	Eicosipentaensäure
EPC	endotheliale Progenitorzellen
EPCA	*early prostate cancer antigen*
EPCT	*electron beam computer tomography*
EPO	Erythropoetin
ER	endoplasmatisches Retikulum
ERK	*extracellular signal-regulated protein kinase*
ERV	expiratorisches Reservevolumen
ES	embryonale Stammzellen
ESKD	Endstadien von *kidney disease*
ETC	Elektronentransportkette
ETP	*early T-lineage progenitors*
Ezh2	*enhancer of zeste homologue 2*
F1	Komplementfaktor
FA	Fanconi-Anämie
FEV	forciertes Expirationsvolumen
FVC	forcierte Vitalkapazität
FGF	*fibroblast growth factor*

FGFR	*fibroblast growth factor receptor*
FIRK	fettspezifischer Insulinrezeptor
fMRI	funktionelles Magnetresonanz-Imaging
FO	follikuläre B-Zellen
FOXM1	Transkriptionsfaktor
FOXM4B	Transkriptionsfaktor
FOXO	*forkhead box (transcription factor)* O
FSH	follikelstimulierendes Hormon
FTLD	*frontotemporal lobar degeneration*
Fyn	Isoform der → Src-Kinase
Fzd	Transkriptionsfaktor, unterdrückt interzelluläre Adhäsion
GA	Glykolsäure
GABA	Gamma-Aminobuttersäure
GADD 45	*growth arrest and DNA damage 45*
GALT	*gut-associated lymphoid tissue*
GAPDH	Glyceraldehyd-2-phosphat-Dehydrogenase
GC	Glucocorticoide
GCN5	*general control nonderepressible 5*
GFP	*green fluorescent protein*
GFR	glomeruläre Filtrationsrate
GG-NER	*global genome nucleotide excision repair*
GH	*growth hormone* = Wachstumshormon
GHRH	*growth hormone releasing hormone*
GHRIF	*GH-release inhibitory factor*
GIP	*glucose-dependent insulinotropic peptide*
GIST	gastrointestinaler Stromatumor
GLP	*glucagon-like peptide*
GLUT	Glucosetransporter
GM-CSF	*granulocyte, monocyte-colony-stimulating factor*
GnRH	*gonadotropin-releasing hormone*
GPBB	Glykogen-Phosphorylase BB
GPE	Globus pallidus externus
GPI	Globus pallidus internus
GPIbα	Glykoprotein Ibα
GPIIb/IIIa	Glykoprotein IIb/IIIa
GPVI	Glykoprotein VI
GPX (GPO)	Glutathion-Peroxidase
GR	Glucocorticoidrezeptor
GRB2	*growth factor receptor binding protein 2*
GRL	Ghrelin
GSH	reduziertes Glutathion
GSK-3	Glykogen-Synthase-Kinase 3
GSSG	Glutathiondimer (oxidiert)
GSTP1	Glutathion-S-Transferase P1
HA	Hyaluran
HAC	Histon-Acetylase
HAT	Histon-Acetyltransferase
HAV (HBV, HDV, HEV)	Hepatitis A(B, C, D, E)-Virus

HbA$_{1c}$	Anteil von Hämoglobin, der mit Glucose verbunden ist
HD	*Huntingtons's disease*
HDAC	Histondeacetetylase
HDL	*high density lipoprotein*
hGH	*human growth hormone*
HGPS	Hutchinson-Gilford-Progerie-Syndrom
HGS-R	G-proteingekoppelter Rezeptor (von Ghrelin)
HIF-1	*hypoxia inducible factor 1*
HIV	*human immunodeficiency virus*
hK2	menschliches Kallikrein 2
4-HNE	4-Hydroxynonenal
HNE	Hydroxynonenal
HNF-4α	*hepatocyte nuclear factor 4α*
HO-1,2,3	Hämoxigenase 1, 2, 3
HOX C13	*homeobox gene C13*
HOXA	Gene der HOX-Familie von Transkriptionsfaktoren
HOXAS	Onkogen
HP1α	Heterochromatinprotein 1α
HS	Haarschaft
HSC	hämatopoetische Stammzellen (des Knochenmarks)
11βHSD-1	11β-Hydroxysteroid-Dehydrogenase 1
11βHSD-2	11β-Hydroxysteroid-Dehydrogenase 2
HSF-1	*heat shock transcription factor-1*
HSP	hereditäre spastische Paralyse
HSP	Hitzeschockprotein
(h)TERT	katalytische Untereinheit der Telomerase (des Menschen)
HTRA1	Hitzeschock-Serinprotease A1
Hus1	Sensorproteine für DNA-Schäden
Hz	Hertz
IAP	*inhibitor of apoptosis protein*
ICAD	*inhibitor of CAD*
ICAM	*intercellular adhesion molecule*
ICC	*interstitial cells of Cajal*
ICD-10	*International Classification of Diseases-10*
ICN	*intracellular Notch*
IFN-γ	Interferon γ
Ig	Immunglobulin
IGF-1	*insulin-like growth factor 1*
IGFBP	*IGF-binding protein*
I$_K$B	*inhibitor of kappa B*
IKK	*inhibitor of kappa B kinase*
IL	Interleukin
IL-1R	IL-1-Rezeptor
IL-1Ra	IL-1-Rezeptorantagonist
ILS	*insulin/insulin-like growth factor*-Signalweg
IMM	unreife B-Zellen
IRP	eisenregulatorische Proteine
IRS 1, 2	Insulinrezeptorsubstrate 1 und 2

IRS	innere Haarwurzelschicht
IRV	inspiratorisches Reservevolumen
IVF	*in vitro*-Fertilisation
JNK	*c-Jun N-terminal kinase* (= *SAPK*)
Jun	Transkriptionsfaktor (Bestandteil von AP-1)
kbp	Kilo(1000)-Basenpaare
KGF	*keratinocyte growth factor*
KIR	*killer inhibitory receptor*
KL	Klotho
KZ	keratogene Zone
LA	*a-lipoic acid*
LB	Lipofuscinkörper (*bodies*)
LDH	Lactat-Dehydrogenase
LDL	*low density lipoprotein*
LEF1	*lymphocyte enhancer factor 1*
LEPR	Leptinrezeptor(Gen)
LH	luteinisierendes Hormon
LH	Lysin-Hydroxylase
LHRH	*luteinizing hormone releasing hormone*
LIF	*leukemia inhibitory factor*
LOX	Lysin-Oxidase
LPS	Lipopolysaccharid
LTD	Langzeitdepression
LTP	Langzeitpotenzierung
M	Medulla (des Thymus)
mAB	monoklonaler Antikörper
MafA	Transkriptionsfaktor (für Insulin-Gen)
MAFbx	Ubiquitin-Ligase
MAO	Monoamino-Oxidase
MAPK	mitogenaktivierte Proteinkinase
MC4	Melanocortin 4
MCH	*melanin-concentrating hormone*
MCP-1	*monocyte chemoattractant protein 1*
M-CSF	*monocyte colony-stimulating factor*
MD	Makuladegeneration
mDC	*myeloid dendritic cell*
MDDC	*monocyte-derived dendritic cell*
MEK	*mitogen-activated ERK-activating kinase* (= *MAPKK*)
MELAS	*mitochondrial encephalopathy lactic acidosis*
MERF	Met-Enkephalin-Arg-Phe (endogenes Peptid)
Met(O)	Methioninsulfoxid
MGF	*mechano-growth factor*
MHC	*major histocompatibility complex*
MHC	*myosin heavy chain*
MIP	Makrophagen-Entzündungsprotein
miR	Mikro-RNA
MLSP	*maximal lifespan*
MMP	Matrixmetalloproteinase

MNK	MAP-Kinase interagierende Kinase
MnSOD	manganabhängige Superoxid-Dismutase
MPO	Myeloperoxidase
MR	Mineralocorticoidrezeptor
MRE	*metal response element*
MRF	muskelregulatorische Faktoren
MRI	*magnetic resonance imaging*
MSCT	*multislice computer tomography*
α-MSH	α-melanocytenstimulierendes Hormon
MsrA	Methioninsulfoxid-Reduktase A
MT 1 und 2	Melatoninrezeptoren (auf der Membran)
mtDNA	mitochondriale DNA
mTOR	*mammalian target of rapamycin*
mtPTP	*mitochondrial permeability transition pore*
MURF-1	*muscle ringfinger 1*, Ubiquitin E3-Ligase
Myc	Transkriptionsfaktor (Protoonkogen)
MyoD	Transkriptionsfaktor (Muskeldifferenzierung)
NA	Noradrenalin
NAC	N-Acetyl-L-Cystein
NADH, NADPH	Nicotinsäureamidadenindinucleotid(-phosphat)
NBS	Nijmegen-Breakage-Syndrom
NCAM	*neural cell adhesion molecule*
NCX1	*Na^+/Ca^{2+}-exchanger 1*
NEP	Neuropeptide
NER	Nucleotidexzisionsreparatur
NF$_K$B	*nuclear factor kappa B*
NGF	*nerve growth factor*
NHEJ	*nonhomologous DNA endjoining*
NHL	*non-Hodgkin-lymphom*
NHR	nuklearer Hormonrezeptor
NK	natürliche Killerzellen
NKT-Zellen	heterogene Gruppe von cytotoxischen T-Zellen
NMDA	N-Methyl-D-Aspartat
NMDA-R	NMDA-Rezeptor
NMH	niedermolekulare Heparine
NMU	Neuromedin
NO	Stickstoffmonoxid
NOS	NO-Synthase
Notch	Rezeptor eines Signaltransduktionswegs (Ligand: Delta)
NOX4	Enzym aus der Familie der NADPH-Oxidasen
NPY	Neuropeptid Y (Tyrosin)
NT3	Neurotrophin 3
Ö(E)	Östrogen
OGG1	8-Oxoguanin-Glykosylase 1
OPA1	*optic atrophy 1* (mitochondriales Protein)
OPC	*oligomeric procyanidin*
OPG	Osteoprotegerin
ORS	äußere Haarwurzelschicht

OSM	Oncostatin M
OX40	→ TNF-Rezeptor
oxLDL	oxidiertes *low density*-Lipoprotein
P	Progesteron
p16INKA4	Zellzyklusinhibitor
P19ARF	inhibitorisches Protein im Zellzyklus
p21CiP/WAF1	Zellzyklusinhibitor
p38	stressaktivierte Kinase
p53	Transkriptionsfaktor (Tumorsuppressorprotein)
P70S6K	ribosomale Proteinkinase
P75 NTR	*p75 neurotrophin receptor*
PAF	*platelet-activating factor*
PAI-1	Plasminogenaktivator-Inhibitor-1
PARK1–13	Gene, die mit der Parkinson-Krankheit zusammenhängen
PBM	*peak bone mass*
PBMC	*peripheral blood mononuclear cell*
PD	*Parkinson's disease*
PD-1	*programmed death*-1 (involviert in Tumorimmunität)
PDGF	*platelet-derived growth factor*
PDK-1	*2-phosphoinositol-dependent protein kinase 1*
Pdx-1	*pancreatic and duodenal homeobox 1*
PEN2	PS-Enhancer 2
PET	Positronen-Emissionstomographie
PFC	präfrontaler Cortex
PGC1-α	*PPARγ coactivator 1α*
PGE	Prostaglandin E
PGE$_2$	Prostaglandin E$_2$
PI	anorganisches Phosphat
PI3-K	Phosphoinositol-3-Kinase
PiB	Pittsburgh *compound*
PIF	*proteolysis-inducing factor*
Pin-1	Peptidyl-Propyl-*cis-trans*-Isomerase 1
Pit1	Mäuse mit Defekten der Hypophyse (*pituitary*)
PKA	cAMP-abhängige Proteinkinase A
PKB	Proteinkinase B (= Akt)
PKC	Proteinkinase C
PKR	*dsRNA-dependent kinase*
PL	Phospholipide
PLA2	Phospholipase A2
PMCA-1b	Plasmamembran-Ca^{2+}-ATPase 1b
PMSO	Proteinmethioninsulfoxid
PON1	Paraoxonase 1
PP1, 2B	Phosphoproteinphosphatase 1, 2B
PPARγ	*peroxisome proliferator-activated receptor γ*
pQCT	periphere quantitative computerisierte Tomographie
pRb	Retinoblastomaprotein
PRE	Prä-B-Zellen
PRNP	Prionprotein

Prx6	Peroxiredoxin 6
PS	Protein S
PS 1, 2	Präsenilin 1, 2
PSA	prostataspezifisches Antigen
PSD	*postsynaptic density*
PSEN	Präsenilin
PTB1B	Protein zur Regulation der Insulinwirkung
PTCA	*balloon angioplasty*
PTH	Parathormon
PTPN1	Proteintyrosin-Phosphatase 1
Q-FISH	quantitative Fluoreszenz-*in-situ*-Hybridisierung
RA	*retinoic acid*
RA	rheumatische Arthritis
RAAS	Renin-Angiotensin II-Aldosteron-System
RACK	*receptors for activated protein kinase C*
Rad 1–9	Sensorproteine für DNA-Schäden
Raf	Proteinkinase (= MAPKKK = MEKK)
RANK	*receptor activator for nuclear factor $_\kappa$B*
RANKL	Ligand von → RANK
RANTES	*regulated upon activation; normal T-cell expressed and secreted*
RAR	Rezeptoren für Retinsäure
RARB2	*retinoic acid receptor binding protein 2*
Ras	*rat sarcoma protein*, monomeres G-Protein
RASSF1A	*Ras association domain family 1A*
Rb	Retinoblastomprotein (Tumorsuppressor)
RBP-4	*retinol-binding protein 4*
RET	Rezeptor-Tyrosin-Kinase
RF	Rheumafaktor
RNA	*ribonucleic acid*
RNS	*reactive nitrogen species*
ROS	*reactive oxygen species*
RPE	retinales Pigmentepithel
RSK	ribosomale S 6-Kinase
RV	Residualvolumen
RXR	Kernrezeptor für Vitamin D
RXRα	*retinoid X receptor α*
RyR	Ryanodin
RZR/ROR	Kernrezeptor von Melatonin
S	Talgdrüse
SAM-Achse	*sympathetic nervous system adrenomedullary axis*
SCZ	Schizophrenie
SDF-1	*stromal-derived factor*
SERCA	sarkoplasmatisches/endoplasmatisches Retikulum
Ser-R	Serotoninrezeptor
SGN	Spiralganglienneurone
SHBG	*sex hormone-binding globulin*
SHC	scr-Homolog und Kollagen
SHH	*sonic hedgehog*

Sir2	*silent information regulator 2*
siRNA	*small inhibitory RNA*
Sirt1	Sirtuin 1
sj-TREC	*signal joint T cell receptor excision circles*
Smac	*second generation mitochondrial activator of caspases*
Smad	*small mothers against decapentaplegic*
SMC	*smooth muscle cell*
SMT/SS	Somatostatin
SNCA	α-Synuclein
SNP	*single nucleotide polymorphism*
SNS	sympathisches Nervensystem
SOD	Superoxid-Dismutase
SOS	*son of sevenless – Drosophila*-Protein (= *guanine nucleotide exchange factor*)
SPF	*sun prevention factor* (Sonnenschutzfaktor)
Src	Tyrosin-Kinase (*sarcoma*)
SRF	*serum response factor*
SSRI	*selective serotonine reuptake inhibitor* (Serotonin-Wiederaufnahmehemmer)
STAT	*signal transducer and activator of transcription*
STN	Nucleus subthalamicus
sTNFR	*soluble TNF receptor*
SWS	*slow wave sleep*
T_3	Trijodthyronin
T_4	Tetrajodthyronin (= Thyroxin)
TAR	RNA-regulatorisches Element von HIV-I
TC-NER	*transcription-coupled nucleotide excision repair*
TCR	T-Zell-Rezeptor
TCR-Tg	transgene Mäusestämme (in Bezug auf → TCR)
TDP-43	→ TAR-DNA-Bindungsprotein 43
TEAC	*trolox equivalent antioxidant capacity*
TERC	Telomerase-RNA
TERT	katalytische Untereinheit der Telomerase
TF	*tissue factor*
TFPI	*tissue factor pathway inhibitor*
Tg	transgene Veränderung
TGFβ	*transforming growth factor β*
T_H1	T-Helferzelle Typ 1
T_H2	T-Helferzelle Typ 2
THRB	*thyroid receptor isoform B*
TIMP	*tissue inhibitors of metalloproteinases*
TiV	interkraniales Volumen
TLC	totale Lungenkapazität
TLR	*toll-like receptor* (= Toll-ähnlicher Rezeptor)
TNFα	*tumor necrosis factor α*
TNFα-R	lösliche TNFα-Rezeptoren
Top BP1	*DNA topoisomerase II beta-binding protein*
TORC	*transducer of regulated CREB activity*
TPA	*tissue plasminogen activator*
TR	Transitions-B-Zellen

T_{reg}	regulatorische T-Zelle
TRH	*thyrotropin-releasing hormone*
TRKB	*neurotrophic tyrosine kinase receptor type B*
TRPV5/6	*transient receptor potential, belonging to the vanilloid family* 5/6
TSH	*thyroid-stimulating hormone*
TSLP	*thymic stromal lymphopoetin*
TTD	Trichothiodystrophie
TWIST1	Onkogen
TXA2	Thromboxan 2
TZ	Thrombocyten
Ucn	Urocortin
UCP	*uncoupling protein*
UPDRS	*United Parkinson's Disease Rating Scale*
UFH	unfraktioniertes Heparin
UII	Urotensin II
UPA	Urokinase-Typ-Plasminogenaktivator
UPR	*unfolded protein response*
UPS	Ubiquitin-Proteasomen-System
UTR	untranslatierte mRNA-Regionen
UV	ultraviolettes Licht
UVA	ultraviolettes Licht (290–400 nm)
UVB	ultraviolettes Licht (245–290 nm)
VaD	vasculäre Demenz
VAS 2870	Hemmstoff von → NOX4
VCAM-1	*vascular cell adhesion molecule-1*
VDAC	*voltage-dependent anion channel*
VDCC	*voltage-dependent calcium channel*
VDR	Vitamin-D-Rezeptor
VEGF	*vascular endothelial growth factor*
VGCC	*voltage-gated calcium channel*
VK	Vitalkapazität
VLDL	*very low density lipoprotein*
VMC	ventromedialer Cortex
V_T	gesamtes Atemzugvolumen
WHI	Women's Health Initiative
WHO	World Health Organization
WNT	Signaltransduktionsweg (WNT aus *wingless* und *Int-1*)
WRN	Werner-Syndrom
XP	Xeroderma pigmentosum
XPC	*xeroderma pigmentosum complementation group C*
XRT	*external beam radiation therapy*
YAG	Yttrium-Aluminium-Garnet(-Laser)
Zif.268/Ego1	Gen
ZNS	Zentralnervensystem

Lebensdauer und Evolution

1

1.1 Lebensdauer von Pflanzen- und Tierarten

Was heißt Lebensdauer? Grundsätzlich umfasst die Lebensdauer die Zeitspanne von der Befruchtung einer Eizelle bis zum Tod des vielzelligen Organismus. Allerdings wird bei vielen Tierarten der Beginn des Lebens mit dem Schlüpfen aus dem Ei, dem Beginn des Adultstadiums oder bei Säugetieren und Mensch mit der Geburt identifiziert. Diese Zeitspanne ist aufgrund des Mortalitätsrisikos jedes Individuums einer Art in einer Population unterschiedlich: Das statistische Mittel der Lebensdauer von Individuen einer Art in einer Population wird als die **mittlere Lebensdauer** bezeichnet im Unterschied zur **maximalen Lebensdauer** (*maximal lifespan*, MLSP), die durch das jeweils bekannte älteste Exemplar einer Art definiert ist.

Der ideale Ablauf des individuellen tierischen und menschlichen Lebens besteht aus mehreren wesentlichen Phasen: Entwicklung, Reife, Reproduktion und Alter, wobei sich Reife und Alter oft überlappen. Die mittlere Dauer jeder dieser Phasen und das Verhältnis der Dauern zueinander sowie die mittlere Gesamtdauer sind in der Evolution selektierte Eigenschaften einer Art, ebenso wie die Fruchtbarkeit und das – allerdings umweltabhängige – Überleben der Nachkommen. Hinzu kommen noch Phasen wie der Winterschlaf, Diapause u. a., die meist das Mortalitätsrisiko verringern und dadurch die Lebensdauer erhöhen. Beim Menschen hat sich die mittlere Lebensdauer in den Industriestaaten während der letzten hundert Jahre deutlich erhöht, vor allem durch medizinische Fortschritte bei der Therapie von Erkrankungen, einer zunehmend verbesserten Nahrungsqualität – und durch die Vermeidung von verlustreichen Kriegen in den letzten Jahrzehnten. In anderen Ländern, z. B. in Afrika, hat die Lebensdauer dagegen aufgrund von AIDS, Nahrungsmangel, kriegerischen Auseinandersetzungen und anderen Faktoren wieder abgenommen.

Allgemein wird die Lebensdauer von Mensch und tierischen Organismen von **endogenen Faktoren**, d. h. artspezifischen Geschwindigkeiten von Alterungsprozessen, und von **exogenen Faktoren** bestimmt wie Verfügbarkeit von Lebensraum und Nahrung, Stressfaktoren wie Hitze, Kälte, Trockenheit, Salzgehalt u. a. sowie von dem Risiko, Fressfeinden zum Opfer zu fallen oder an Krankheiten zugrunde zu gehen. Bei manchen Messungen wird die Lebensdauer von Organismen unter Kulturbedingungen oder in Gefangenschaft ermittelt, d. h. unter äußeren Bedingungen, unter denen vorwiegend die endogenen Alterungsprozesse zum Zuge kommen.

Auch bei Pflanzenarten weicht die maximale Lebensdauer stark voneinander ab (◘ Tab. 1.1). Im Prinzip gelten die oben genannten Faktoren in gleicher Weise für diese Lebensdauern. Das endogene Alterungsprogramm ist bei manchen langlebigen Pflanzenarten insofern von dem der meisten tierischen Organismen verschieden, als in den proliferierenden Geweben (**Meristemen**) eine stetige Replikation von Zellen stattfindet und differenzierte Zellen bei der Dauer des Lebens keine Rolle spielen. Hindert man die Zellen des Meristems an der Proliferation, so altern auch diese prinzipiell alterslosen Zellen. Das liegt vermutlich daran, dass in der Synthese(S)-Phase des Zellzyklus vermehrt Reparaturenzyme exprimiert werden, die Altersschäden beseitigen.

Bei zahlreichen Pflanzen ist die Lebensdauer der Blätter kürzer als die des Stammes oder der Wurzeln – etwa beim jahreszeitlichen Laubfall. Die Blattlebensdauer unterliegt einem Alterungsprozess, der Ähnlichkeiten mit den endogenen Alterungsmechanismen von tierischen Zellen und Organen aufweist. Die Alterungsprozesse sind dabei auch abhängig von äußeren Faktoren wie Licht, Temperatur, CO_2-Konzentration und Pathogenen. Die oft sehr alt werdenden Bäume (◘ Tab. 1.1) sind, wie oben schon erwähnt, nicht mit der Lebensdauer von tierischen Organismen vergleichbar.

Die maximale Lebensdauer von Tieren, jedenfalls der daraufhin untersuchten, variiert von ein paar Tagen oder Wochen bei kleinen Wirbellosen bis etwa 100 bis 200 Jahren bei zumeist großen Wirbeltieren (◘ Tab. 1.2). Dabei wird die oft zitierte Eintagsfliege aufgrund der Entwicklungsdauer (2–3 Jahre) zwar deutlich älter als ein Tag, während auf der anderen Seite auch kleine Insekten wie Bienen- und Termitenköniginnen weit darüber hinaus ein Lebensalter bis zu 25 Jahren aufweisen können.

Bei kleinen Wirbeltieren betragen die Lebensdauern etwa 1–4 Jahre (Mäuse, Ratten), bei großen

◻ Tab. 1.1 Maximale Lebensdauer von Pflanzenarten (oberirdische Teile) nach Krupinska 2007 (Angaben u. a. aus Molisch 1929)

Pflanze	maximale Lebensdauer
Einjährige Pflanzen:	
Amaryllis lucida	10 Tage
Arabidopsis thaliana	8–10 Wochen
Hanf (Cannabis sativa), männliche Pflanzen	ca. 4 Monate
Hanf (Cannabis sativa), weibliche Pflanzen	ca. 5 Monate
Perennierende (ausdauernde) Pflanzen:	
Sisalagave (Agave sisalana)	6–12 Jahre
Gelbe Waldanemone (Anemone ranunculoides)	7 Jahre
Skandinavischer Thymian (Thymus chamaedrys)	14 Jahre
Efeu (Hedera helix)	200 Jahre
Birke (Betula verucosa)	120 Jahre
Apfelbaum (Pyrus malus)	200 Jahre
Schottische Kiefer (Pinus silvestris)	500 Jahre
Olivenbaum (Olea europaea)	700 Jahre
Riesensequoia (Sequoia gigantea)	3200 Jahre
Bristlecone-Kiefer (Pinus aristata)	4600 Jahre

◻ Tab. 1.2 Maximale Lebensdauer von verschiedenen Tierarten und des Menschen (nach Zwilling 2007, Reznick et al. 2002)

Wirbellose	
Caenorhabditis elegans	21 Tage
Eintagsfliege	~ 1 Tag (+2 – 3 Jahre Entwicklungszeit)
Drosophila melanogaster	6–8 Wochen
Stubenfliege (Musca domestica)	10–12 Wochen
Bienenarbeiterin (Apis mellifica)	6 Wochen
Bienenkönigin (A. mellifica)	5 Jahre
Termitenkönigin	25 Jahre
Ameise (Lasius niger)	
Königin	> 28 Jahre
Arbeiterinnen	1–2 Jahre
Männchen	Einige Wochen
Wirbeltiere	
Seepferdchen	5 Jahre
Hering	20 Jahre
Hecht	70 Jahre
Karpfen	100 Jahre
Pazifischer Ozeanbarsch (Sebastes alutus)	118 Jahre
Stör (Acipenser fulvescens)	152 Jahre
Laubfrosch	22 Jahre
Erdkröte	40 Jahre
Chamäleon (Furcifer labordi)	1 Jahr
Eidechsen	~ 8 Jahre
Klapperschlange	20 Jahre
Brückenechse	100 Jahre
Elefantenschildkröte	150 Jahre
Amsel	18 Jahre
Buchfink	30 Jahre
Albatros	60 Jahre
Adler	80 Jahre

(Schildkröte, Stör, Wale) über 100 Jahre. Auch die bisher ermittelte maximale Lebensdauer des Menschen liegt mit 122,5 Jahren deutlich über 100. Wie viele Individuen das Maximalalter tatsächlich erreichen, ist, wie schon erwähnt, eine Frage der genetischen Konstitution und der Umgebungsbedingungen.

Wie bei Pflanzen sind die Alterungsprozesse in den Zellen der verschiedenen Organe von Tieren unterschiedlich: Stark proliferierende Gewebe, wie die Epithelien oder Blutzellen, haben oft eine kurze Lebensdauer von Wochen oder Monaten, während Neurone oder Herzmuskelzellen etwa so alt werden wie der gesamte Organismus.

⬛ **Tab. 1.2** Fortsetzung	
Waldmaus	10 Monate
Spitzmaus	1,5 Jahre
Ratte	3 Jahre
Nacktmull	28,3 Jahre
Feldmaus	2–4 Jahre
Feldhase	8 Jahre
Ziege	20 Jahre
Schimpanse	50 Jahre
Mensch	122,5 Jahre
Gorilla	60 Jahre
Elefant	70 Jahre
Killerwal (*Orcinus orca*)	100 Jahre
Blauwal (*Orcinus musculus*)	110 Jahre

Der Alterungsprozess verläuft bei den unterschiedlichen Tierarten schnell, gemäßigt oder langsam. Beim pazifischen Neunauge, Aal, Lachs und dem afrikanischen Skink (*Mabuya buettneri*) erfolgt ein rapider Alterungsprozess und der Tod unmittelbar nach der Reproduktion, während die meisten Wirbeltiere ein limitiertes Wachstum und eine Reproduktionsphase mit einem graduellen Altern zeigen. Störe, Urodelen, Schildkröten und Krokodile wachsen dagegen lebenslang und zeigen dabei nur geringe Alterserscheinungen (Kara 1994; Patnaik 1994).

Gibt es überhaupt Zellen und Organe, die nicht altern? Alle einzelligen Lebewesen, wie Bakterien und Protozoen, altern nicht, solange sie Bedingungen vorfinden, in denen sie sich stetig durch Zellteilung vermehren können und nicht zu stark geschädigt werden. Dasselbe gilt auch für einfache vielzellige Organismen wie den Pilz *Neurospora crassa* oder Hohltiere (Coelenteraten), die sich vegetativ vermehren können. Bei dem Coelenteraten Hydra spielt offenbar die Expression eines Gens für den Transkriptionsfaktor FOXO eine wichtige Rolle bei ausbleibender Alterung (Boehm et al. 2012). Bei über tausendjährigen Mammutbäumen ist der Zusammenbruch eher ein mechanischer – etwa durch Bruch oder Fäulnis des Holzes – als ein Resultat des Zellalterns.

Auch bei Tieren und dem Menschen gibt es Zellen, die sogenannte **Keimbahn**, die sich im Prinzip ohne Alterserscheinungen von einer Generation zur nächsten reproduzieren. Diese Keimbahn besteht aus den Keimzellen, den Eizellen und Spermien – und ihren Vorläufern –, die sich bei der Befruchtung vereinigen und sich zu einem neuen vielzelligen Organismus entwickeln. Während der Embryonalentwicklung werden wiederum sehr frühzeitig die Vorläufer der Keimzellen gebildet. Da sich die Eizellen beim Menschen über längere Zeit – maximal etwa 40–45 Jahre – nicht teilen, gibt es bei ihnen **altersabhängige Schäden** in den **Chromosomen**, die dann nach einer Befruchtung zu Missbildungen und Fehlentwicklungen (etwa Trisomien) führen können (▶ Kap. 10). Derartige Schäden oder Mutationen im Genom der Keimzelle werden jedoch in der Evolution meist ausgemerzt oder können bei positiven Auswirkungen zu Weiterentwicklungen und neuen Arten führen. Die Keimbahnzellen – wie auch Einzeller und vegetativ sich vermehrende Populationen – bleiben über Jahrmillionen bestehen, im Prinzip ohne die für Somazellen typischen Alterserscheinungen. Das liegt offenbar daran, dass bei diesen Zellen die Reparaturenzyme besonders stark exprimiert werden, die Chromosomenenden (Telomere) immer wieder auf die korrekte Länge gebracht und die Wirkung von oxidativen und anderen Stressoren erfolgreich eliminiert werden (▶ Kap. 2). Im Gegensatz dazu altern die Somazellen, bis schließlich der gesamte vielzellige Organismus (das **Soma**) zugrunde geht.

1.2 Lebensdauer und Reproduktion unter dem Einfluss der Umgebung und Selektion

Der Reproduktionserfolg von Individuen einer Art und damit auch dessen Voraussetzung – eine bestimmte Lebensdauer – sind die wichtigsten Parameter für den Selektionsprozess der Evolution. Da die Ressourcen begrenzt sind, findet offenbar eine alternative Entscheidung (**trade-off**) zwischen den Investitionen in den einen oder den anderen Parameter statt. Oft besteht eine inverse Relation zwischen beiden: entweder eine längere Lebensdauer und geringere Reproduktionsrate oder umgekehrt. **Investitionen in Langlebigkeit** bestehen oft in einer Steigerung der Körpergröße, die in einer Reihe von Arten dazu führt, dass sie – bis auf junge Tiere – **keine Fressfeinde** mehr haben (z. B. Stör, Kranich, Nilpferd, Löwe, Elefant, Wal etc.) und dass sie ein ausgeklügeltes System von Wahrnehmung, Koordination und oft Kommunikation durch ein größeres Gehirn entwickelt haben. Häufig haben sie auch in ein System gegen endogene Schäden durch Sauerstoffradikale (z. B. antioxidante Enzyme, Antioxidantien, DNA-Reparatur-Systeme) investiert (Vögel, Nacktmulle), das im Prinzip aber auch bei kurzlebigen Arten vorhanden ist (▶ Kap. 2). Vor allem für die Größe und Hirnentwicklung brauchen die Nachkommen eine **längere Embryogenese** und **Entwicklungszeit**, oft auch eine **nachgeburtliche Fürsorge**, die die Reproduktionsrate der Art drastisch senken. Diese Arten leben in einer meist stabilen Umwelt, die keine größeren unvorhersehbaren Schwankungen in den Ressourcen aufweist.

Investitionen in die Reproduktionsrate sind dagegen besonders bei sogenannten **opportunistischen Arten** zu beobachten, die meist eine **geringe Körpergröße** aufweisen und oft in einem **instabilen Biotop** leben: Nematoden, Fliegen, Mücken, Mäuse und viele weitere Tierordnungen. Sie investieren weniger in die Erhaltung und Stressresistenz der Körperzellen, weil sie oft Opfer von Fressfeinden und Umweltfaktoren sind, dafür aber umso mehr in die **Reproduktionsrate**. Die Nachkommen entwickeln sich meist schnell und ohne Brutfürsorge und sind dabei ebenfalls vielfach Opfer von Fressfeinden. Bei vielen kurzlebigen Arten kommt allerdings hinzu, dass sie der Instabilität der Ressourcen und dem extrinsischen Stress mit unempfindlichen Dauerstadien (Sporen, Samen oder Entwicklungsstadien wie »Dauer« bei *C. elegans*) begegnen. Die oben beschriebenen Zusammenhänge werden als *disposable soma theory* bezeichnet (Bonsall 2006).

Vergleichbar ist die Theorie der alternativen Investitionen mit menschlichem Verhalten, was den Bau etwa von Wohnhäusern bzw. -hütten betrifft: Unter stabilen Verhältnissen von Ressourcen, Boden- und Wasserversorgung werden haltbare Häuser aus Stein mit Elektrizitäts- und Wasserversorgung, Warnanlagen gegen Einbruch etc. gebaut, die Jahrzehnte bis Jahrhunderte genutzt werden können. Unter bedrohlichen instabilen Verhältnissen, wie etwa in den Slums der Großstädte in Südamerika/Afrika oder Asien, werden provisorische Hütten errichtet, die oft zusammenbrechen, verschüttet oder überschwemmt werden.

Verändern sich die Umgebungsverhältnisse, z. B. das Klima, drastisch, so sind allerdings die großen langlebigen Organismen benachteiligt: Die hohe Abhängigkeit von den Ressourcen und die langen Generationszeiten machen es schwer bis unwahrscheinlich, dass noch eine Adaptation an die veränderten Bedingungen stattfinden kann, während kleine, sich schnell fortpflanzende Arten mit zahlreichen Mutanten unter diesen Bedingungen im Vorteil sind. Das **Aussterben von großen Säugerarten** im Pleistozän oder der Untergang der großen Dinosaurier im Erdmittelalter – vermutlich nach dem Einschlag eines großen Asteroiden mit nachfolgender langer Verdunklung und Abkühlung der Temperaturen – könnte auf diesem Mechanismus beruhen (Holliday 2005).

Dass langlebige Organismen resistenter gegen äußere und innere (oxidative) Stressoren sind, ist oft bestätigt worden: Vielfach hat man Zellen von langlebigen Mausmutanten im Vergleich zu denen von normalen Kontrollen auf ihre Stressresistenz untersucht. Fibroblasten der langlebigen Ames-Zwergmaus etwa zeigten eine deutlich höhere Resistenz gegen alkylierende Agenzien (Salmon et al. 2005). Auch die Erholung von einer UV-induzierten Hemmung der RNA-Synthese erfolgt bei Fibroblasten von langlebigen Mäusen schneller als bei normalen, vermutlich aufgrund von höheren Konzentrationen der Nucleotid-Exzisions-Reparaturenzyme XPC und CSA (Salmon et al. 2008). Bei dem *calorie restriction*-**Modell**, d. h. bei geringerer Nahrungszufuhr, bei dem bei einer Anzahl von getesteten Tierarten die Lebensdauer verlängert war, wurde ebenfalls eine höhere Stressresistenz gefunden (Kirkwood et al. 2000). Dasselbe gilt für verschiedene Individuen von *C. elegans*, die zufällig eine höhere oder niedrigere Expressionsrate eines Stressproteins aufwiesen: Diejenigen, die mehr Stressproteine enthielten, waren deutlich langlebiger als diejenigen mit weniger Stressprotein (▶ Kap. 2). Stressproteine dienen allgemein der Stabilisierung von Proteinen und der Abwehr von Stressfolgen. Umgekehrt sind Mutanten mit geringerer Stresstoleranz etwa durch Mutationen antioxidanter Enzyme wie der Superoxid-Dismutase oder Mutationen von DNA-Reparaturprotei-

1

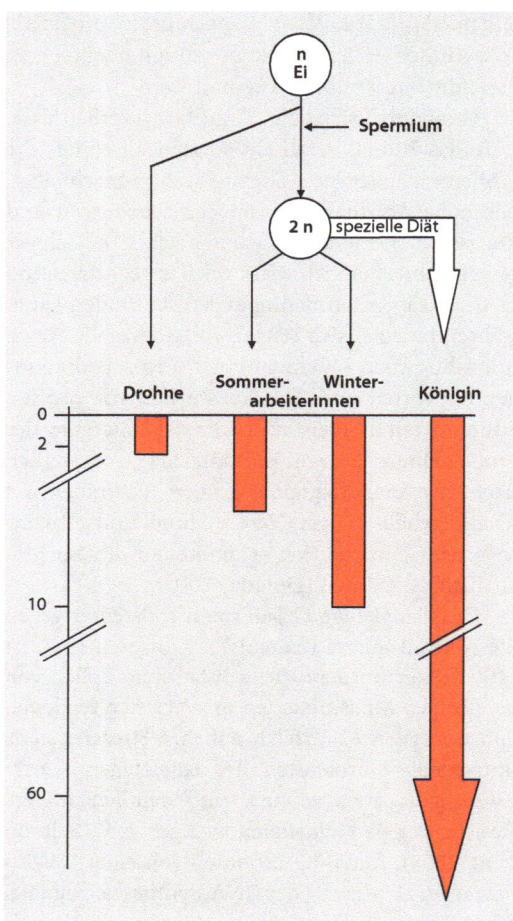

◘ Abb. 1.1   Lebensdauer verschiedener Kasten der Honig-
biene. (Nach Finch 1990)

nen (beim Menschen etwa beim Werner-Syndrom)
deutlich weniger lebensfähig und sterben früher
(▶ Kap. 2). Auch die Verkürzungsrate der Chromosomenenden (Telomere) ist bei langlebigen Arten
geringer als bei kurzlebigen.

Derartige Investitionen in den Erhalt des Somas sind aber von Art zu Art (oder auch von Individuum zu Individuum) unterschiedlich, sodass
die Lebensdauer auch unter verwandten Arten
oder sogar genetisch identischen Individuen wie
bei *C. elegans* sehr verschieden sein kann. Meist
sind **sozial lebende Arten**, z. B. manche Vogelarten, langlebiger als solitäre Vögel, weil die Gemeinschaft Schutz vor exogenen Schädigungen

oder Fressfeinden bietet (Møller 2006). Ein solches
soziales Netz erfordert Investitionen in Form von
Kommunikationsformen und koordinierten Ver-
haltensmustern. Noch deutlicher werden solche
Unterschiede auch innerhalb von **sozial lebenden
Insekten**, bei denen die Ameisenkönigin etwa 10-
fach oder die Bienenkönigin bis zu 45-fach älter
werden kann als die Arbeiterinnen derselben Art.
Das gilt auch für die Königin, dem einzigen fortpflanzungsfähigen Weibchen, in einer Kolonie von
Nacktmullen (s. weiter unten).

Honigbienen sind soziale Insekten, deren
Klassen – Drohnen, Sommer- und Winterarbei-
terinnen, Königinnen – unterschiedliche Lebensdauern aufweisen – offenbar aufgrund von genetischen, epigenetischen und Umgebungsfaktoren
(◘ Abb. 1.1). Königinnen werden über 5 Jahre alt
und damit mehr als zehnmal so alt wie die Sommerarbeiterinnen und sechsmal so alt wie Winter-
arbeiterinnen – die alle aus dem gleichen Eizellvor-
rat stammen. Die Unterschiede zwischen **Königin**
und **Arbeiterinnen** resultieren einerseits aus der
unterschiedlichen **Ernährung**, andererseits aus
unterschiedlichen **Hormonkonzentrationen**. Junge Arbeiterinnen füttern zuerst die Königin und ernähren sich dann hauptsächlich von proteinreichen
Pollen. Danach sammeln sie Futter und ernähren
sich mehr von Kohlenhydraten. Dabei fliegen die
Sommerarbeiterinnen weitere Strecken und stehen so unter höherem Stress. Sie produzieren dann
mehr Sauerstoffradikale als die Winterarbeiterin-
nen, die hauptsächlich die Fütterungsarbeiten im
Stock übernehmen. Die Sommerarbeiterinnen
zeigen – wahrscheinlich aufgrund des höheren
Stresses – geringere Leistungen bei taktilem und ol-
faktorischem Lernen – was bei Rückkehr zu Fütte-
rungsarbeit wieder verbessert wird. Bei den Flügen
wird der Gehalt an Juvenilhormon erhöht – was
sich anscheinend auch negativ auf die Lebensdauer
auswirkt.

Die Königin wird von den Arbeiterinnen mit
einer speziellen Diät gefüttert, durch die – u. a. durch
Veränderungen in der Lipidzusammensetzung der
Zellmembran – eine lange Lebensdauer und eine
lange und hohe Reproduktionsrate (~200.000 Eier
pro Jahr) resultieren. Das ist eine Kombination,
die – außer bei Fischen – selten vorkommt. Nach
Erschöpfung des Ei- bzw. Samenvorrats stirbt die

Abb. 1.2   Der Nacktmull (*Heterocephalus glaber*) © Hynek Burda

Königin mangels Unterstützung durch die Kolonie. Die haploiden Drohnen entstehen durch Parthenogenese und leben nur etwa 1–2 Monate. Sie sterben nach der Übertragung der Spermatozoiden in die weiblichen Genitalien (Spermathek) aufgrund des Verlustes von Teilen des Endophallus.

Nacktmulle (*naked mole rat*) *Heterocephalus glaber* (■ Abb. 1.2) sind ebenfalls **eusoziale** koloniebildende Tiere (Nager) und wegen ihrer langen Lebensdauer *(maximal lifespan* (MLSP) >28,3 Jahre) in den Fokus der Altersforschung gerückt, da vergleichbar große Mäuse eine MLSP von nur 3,5 Jahren aufweisen.

Nacktmulle leben in riesigen unterirdischen Höhlensystemen in den Halbwüsten Ostafrikas als eine eusoziale Kolonie, geleitet von einem fortpflanzungsfähigen, noch langlebigeren Weibchen, der »Königin« – ähnlich wie Bienen, Ameisen und Termiten. Die Koloniegröße liegt bei etwa 20–300 Tieren, die wegen des starken Inzests eine hohe genetische Übereinstimmung zeigen (80 %). Die Königin paart sich mit mehreren Männchen der Kolonie, die danach schnell altern. Sie bringt dann alle 70–80 Tage etwa 20–27 Junge zur Welt, aufs Jahr gesehen ungefähr 60. Die Weibchen der Kolonie sind steril aufgrund von Substanzen im Urin der Königin – jedenfalls solange, wie die anscheinend sehr aggressive und repressive Königin existiert.

Nacktmulle zeichnen sich durch einige Eigenschaften aus – neben der langen Lebensdauer durch eine niedrige Atmungs- und Stoffwechselrate, durch ein effektives Genreparatursystem und eine hohe Proteinstabilität, obwohl reaktive Sauerstoffspezies (ROS) vorhanden sind (Pérez et al. 2009), was die Diskussion über die Rolle von ROS für den Altersprozess wiederbelebt hat (▶ Kap. 2). Interessant ist auch, dass Nacktmulle im Gegensatz zu Mäusen keine spontan entstehenden Tumore entwickeln, aber auch unempfindlich gegen Cancerogene sind. Weitere Besonderheiten sind die **Schmerzunempfindlichkeit der Haut** – was möglicherweise mit einem Mangel an Substanz P zusammenhängt – und eine wechselwarme Regelung der Körpertemperatur. Auch bei der Sequenzierung des Nacktmullgenoms sind einige Besonderheiten entdeckt worden (Kim et al. 2011).

Ein wichtiger Umweltfaktor ist die **extrinsische Mortalität**. Verschiedene Guppypopulationen, von denen einige mit Fressfeinden zusammenleben und andere nicht, weisen ein unterschiedliches Reproduktions- und Alterungsverhalten auf. Guppys mit Fressfeinden reproduzieren früher und haben eine kürzere Lebensdauer im Vergleich zu den Populationen ohne Fressfeinde (Reznick et al. 2002). Da diese Unterschiede genetisch fixiert sind, spricht vieles dafür, dass in der Evolution derartige Unterschiede in der extrinsischen Mortalität als Selektionsfaktor wirken.

Der zuvor schon erwähnte Zusammenhang zwischen gesteigerter Körpergröße, geringerer Nachkommenzahl und längerer Lebensdauer ist sehr variabel: Im Vergleich zu Ratten, die dieselbe Körpergröße wie Tauben haben, leben Letztere deutlich länger, auch Fledermäuse leben etwa dreimal so lang wie die etwa gleich großen Mäuse (Brunet-Rossinni und Austad 2004), was an deren Schutz vor Fressfeinden – aber bei Fledermäusen auch an reduziertem Stoffwechsel während des Winterschlafs und der dadurch reduzierten Produktion von Radikalen liegen kann. Letzterer Mechanismus und eine höhere Resistenz gegen Radikale scheint auch für viele Vögel – und den Nacktmull – zu gelten, die bei gleichem Gewicht wie Mäuse oder Ratten deutlich älter werden. Die Evolution selektiert offenbar bei verschiedenen Arten je nach ihren Lebensbedingungen unterschiedliche Parameter der Lebensverlängerung oder -verkürzung, sodass es schwer ist, allgemeine Regeln aufzustellen. Im folgenden Abschnitt sollen diese Unterschiede daher genauer dargestellt werden.

1.3 Das Verhältnis der Dauer von Entwicklungsphase zu Reproduktionsphase und postreproduktiver Altersphase

Bei zahlreichen kleinen Wirbellosen wird die Reproduktionsphase nach einer Embryonalentwicklung und oft mehreren Larven- und eventuell Puppenstadien erreicht. Bei **C. elegans**, einem vorwiegend hermaphroditischen – gelegentlich auch männlichen – Nematoden von etwa 1 mm Länge (◙ Abb. 1.3), beträgt die Lebensdauer unter optimalen Bedingungen etwa 21 Tage. Nach der Embryogenese und dem darauffolgenden Schlüpfen aus dem Ei durchlaufen die Würmer vier Larvalstadien, die bis zum Adultstadium (bei 25 °C) etwa 60 Stunden dauern. Zwischen dem 2. und 3. Larvalstadium ist bei ungünstigen Bedingungen ein Dauerstadium bis zu vier Monaten möglich. Neue Versuche haben gezeigt, dass die Entfernung von Gonaden in der Entwicklung zu einer Verlängerung der Lebensdauer führt (Shen et al. 2012). An dem Signalweg zwischen Gonaden und Lebensdauer sind MicroRNA der let7-Familie, d. h. epigenetische Faktoren beteiligt (▶ Kap. 2), der Transkriptionsfaktor FOXO sowie andere Signalelemente. In der auf die Larvalstadien folgenden Reproduktionsphase von etwa vier Tagen werden etwa 300 befruchtete Eier abgelegt. Die anschließende Altersphase ist durch eine Veränderung in der Aktivität von zahlreichen Genen und speziell von Genen für Transkriptionsfaktoren (z. B. elt 3, 5, 6) gekennzeichnet (Budovskaya et al. 2008).

Bei **Drosophila melanogaster** dauert das Embryonalstadium etwa 24 h, die drei Larvalstadien ungefähr vier Tage, ebenso wie das darauffolgende Puppenstadium. Die nach dem Schlüpfen begatteten Weibchen (◙ Abb. 1.4) legen im Laufe des etwa 50–60-tägigen Adultlebens bei 20 °C ungefähr 400 Eier und sterben dann. Eine postreproduktive Altersphase scheint es nicht zu geben.

Wenn man jedoch die Reproduktionsphase von *Drosophila* experimentell durch Selektion verzögert, verzögert man auch das Altern dieser Züchtung (Rose 1984). Dazu wurden *Drosophila*-Weibchen selektiert, die entweder früh oder spät in der Reproduktionsphase Eier produzierten. Die spät reproduzierenden Weibchen wurden von Generation zu Generation weiter in der Fortpflanzung

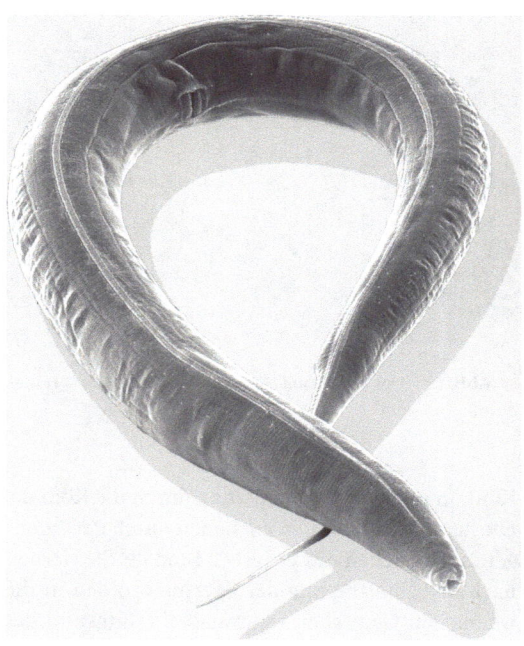

◙ **Abb. 1.3**   Der Bodennematode *Caenorhabditis elegans* (© R. Sommer, Max-Planck-Institut für Entwicklungsbiologie)

verzögert. Nach 15 Generationen lebten die spät reproduzierenden Weibchen etwa 30 % länger als die früh reproduzierenden (◙ Abb. 1.5), die Männchen dieser Gruppe 15 % länger. Dieses Ergebnis stützt die These, dass Umgebungsfaktoren oder Genetik, die die Reproduktion verzögern, eine Verlängerung der Lebenszeit mit sich bringen, um aus der Sicht der Evolution den Reproduktionserfolg zu sichern. Das trifft offenbar auch auf *C. elegans* zu. Umgekehrt kann auch eine Verkürzung der Lebenszeit eine Verfrühung der Reproduktion bedingen, wie es möglicherweise bei Pygmäen der Fall ist (s. weiter unten).

Bei solchen kurzlebigen und oft instabilen Umgebungsbedingungen ausgesetzten Arten ist die Reproduktionsrate, d. h. die Nachkommenanzahl, pro Zeiteinheit relativ hoch. Daneben gibt es jedoch auch unter den Wirbellosen zahlreiche Arten mit erheblicher Körpergröße (Muscheln, Tintenfische, Krebse), die viele Jahre alt werden, aber ebenfalls eine hohe, lang dauernde Reproduktionsrate aufweisen. Das hat wahrscheinlich mit den hohen Verlusten durch Fressfeinde in der Nachkommenschaft zu tun, die sich ungeschützt entwickeln muss.

Abb. 1.4 *Drosophila*-Pärchen (© kurt_Gs / Shutterstock. com)

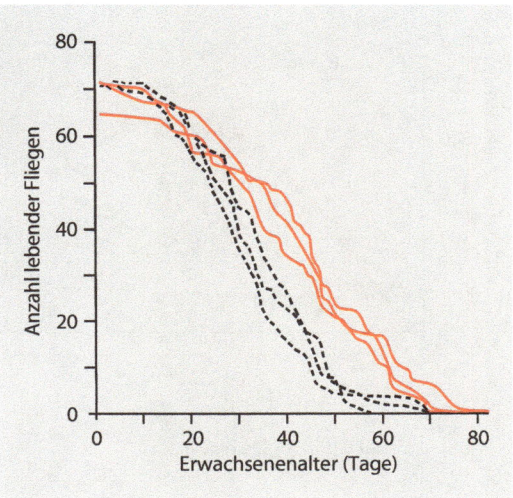

Abb. 1.5 Lebensdauer von *Drosophila melanogaster*-Weibchen, die von Weibchen mit früher (punktierte Linien) bzw. später (ausgezogene Linien) Reproduktion stammen. (Nach Rose 1984)

Ähnliche Verhältnisse liegen auch bei einer Reihe von Fischarten vor: Es gibt sowohl Arten mit kleiner Körpergröße (Guppy, Stichling) mit relativ kurzer Lebenszeit und hoher Reproduktionsrate wie auch große Fische (z. B. *rockfish*, Barscharten) mit fast unbegrenztem Wachstum und mit dem Alter zunehmender Reproduktionsrate. Das erklärt vielleicht, warum bei diesen Fischen Altersprozesse erst später zu beobachten sind als bei Vögeln und Säugern (Reznick et al. 2002). Bei vielen Fischarten nimmt die Reproduktionsrate mit dem Alter zwischen 14 und 32 Jahren zu – bei Schollen von etwa 100.000 Eiern bis zu 300.000 oder beim Dorsch im Alter von 3–11 Jahren von 2 bis 6 Mio. Eiern pro Jahr (■ Abb. 1.6a, b). Das ist eine Zunahme um den Faktor 3, bei anderen Arten sogar um den Faktor 7–10. Dies lässt sich wahrscheinlich mit der enormen Mortalität der Nachkommenschaft der Fische erklären, die keine Brutbetreuung aufweisen. Im Vergleich dazu zeigen Vögel, z. B. der Sperber, einen frühen geringen Anstieg, dann ein Plateau und später einen Rückgang der Reproduktionsrate mit zunehmenden Alter (■ Abb. 1.6c). Säuger weisen in einigen Fällen auch einen geringfügigen Anstieg der Reproduktionsrate auf, dann ebenfalls ein Plateau und später eine geringfügige Verminderung wie etwa am Beispiel des Rentiers zu beobachten ist (■ Abb. 1.6d). Ausnahmen unter den Fischen sind z. B. Lachs- und Aalarten, die eine lange Adultphase ohne Reproduktion aufweisen, bei Erreichen der Laichgewässer ihre Eier ablegen und danach – fast abrupt – sterben. Die Mechanismen dieses abrupten Alterns und Sterbens sind noch unklar, anscheinend spielen plötzliche Hormonän-

derungen, beim Lachs z. B. eine Cortisolerhöhung, eine wichtige Rolle (Westring et al. 2008).

Bei Säugetieren gibt es typische Arten mit kleiner Körpergröße und hoher extrinsischer Mortalität wie verschiedene Mäusearten, die in freier Wildbahn zu 90 % vor Erreichen des ersten Lebensjahres sterben. Sie haben daher weniger in die Erhaltung ihres Somas investiert, was man daraus schließen kann, dass sie maximal nur 2–3 Jahre alt werden; dies macht sich unter anderem auch an einer relativ hohen Produktion von reaktiven Sauerstoffspezies (H_2O_2) bemerkbar (▶ Kap. 2). Dafür wird unter anderem auch die hohe Stoffwechselrate verantwortlich gemacht, die zur Aufrechterhaltung der Körpertemperatur notwendig ist: Kleine homöotherme Tiere geben aufgrund der relativ größeren Körperoberfläche im Verhältnis zur Körpermasse mehr Wärme nach außen ab als größere Tiere. Aus diesen Gründen hat die Evolution nur Mäusearten überleben lassen, die eine hohe Reproduktionsrate aufweisen.

Ein Gegenmodell dazu ist der **afrikanische Elefant**, gegenwärtig das größte Landsäugetier. Elefanten werden maximal 60–70 Jahre alt (■ Abb. 1.7). Neben der Größe und der damit verbundenen fast vollkommenen Verschonung der adulten Tiere durch tierische Feinde (bis vor etwa 150 Jahren

1

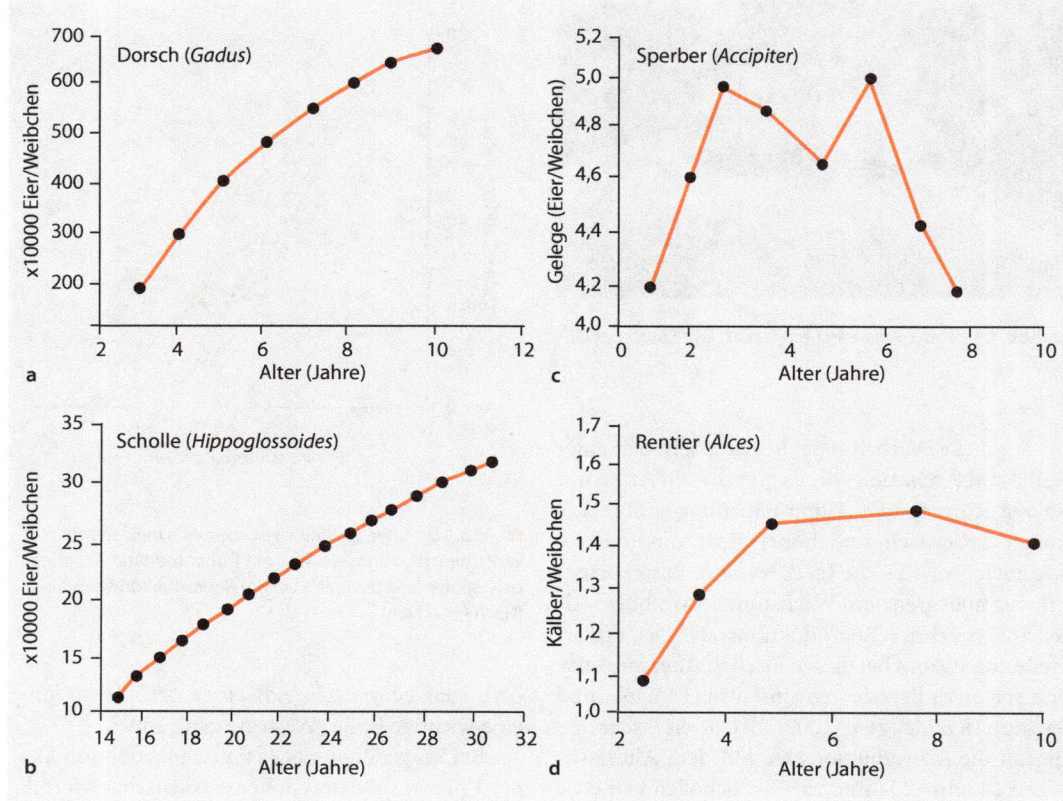

□ **Abb. 1.6a–d**   Alter und Fruchtbarkeit bei verschiedenen Wirbeltierarten. (Nach Reznick et al. 2002)

der Mensch mit dem Gewehr kam, Jagdtrophäen brauchte oder das Elfenbein verkaufte) ist auch das Leben in Gemeinschaft ein Faktor für die Verlängerung der Lebensdauer. Vor allem die weiblichen Elefantenherden helfen sich gegenseitig bei der Geburt, bei der Aufzucht der Jungen und eventuell auch bei erkrankten Mitgliedern der Herde.

Die Embryonalentwicklung bis zur Geburt dauert etwa 20–22 Monate, danach lebt der junge Elefant etwa sechs Monate von der Muttermilch und bleibt insgesamt bis zu acht Jahren bei der Mutter. Die Geschlechtsreife der jungen Elefanten setzt etwa mit diesem Alter ein. Man schätzt, dass weibliche Elefanten bis zu 12 Kälber in ihrer Reproduktionsphase haben können (Gröning und Saller 1998). Der hohe Ressourcenverbrauch – Blätter, Zweige, Bäume – war früher wahrscheinlich kein Faktor in der Evolution, während er jetzt bei der zunehmenden menschlichen Bevölkerungsdichte

in Afrika zu einem Problem wird. Insgesamt sind die Investitionen in das Soma des Elefanten – Sinnesorgane, Kommunikation, Orientierung, Sozialverhalten, Intelligenz, Nachkommenfürsorge – sehr hoch, in die Zahl der Nachkommen dagegen typischerweise niedrig.

Beim **Menschen** liegt die maximale Lebensdauer zwar bei 122 Jahren, die durchschnittliche Dauer betrug viele Jahrtausende bis in die Gegenwart in vielen Ländern jedoch deutlich weniger: Oft waren es nur 30 bis 40 Jahre. Erst im letzten Jahrhundert hat die mittlere Lebensdauer in den Industrienationen, z. B. in Deutschland, deutlich zugenommen: bei Männern von einer Lebenserwartung von 44 Jahren (1901–1910) bis zu einer Lebenserwartung von 76 (1998–2000) und bei Frauen im genannten Zeitraum von 48 bis 81 Jahren mit weiter steigender Tendenz (□ Abb. 1.8). Diese Tendenz kann weiter steigen, wenn sich die

Abb. 1.7   Herde von afrikanischen Elefanten (© Johan Swanepoel / Shutterstock.com)

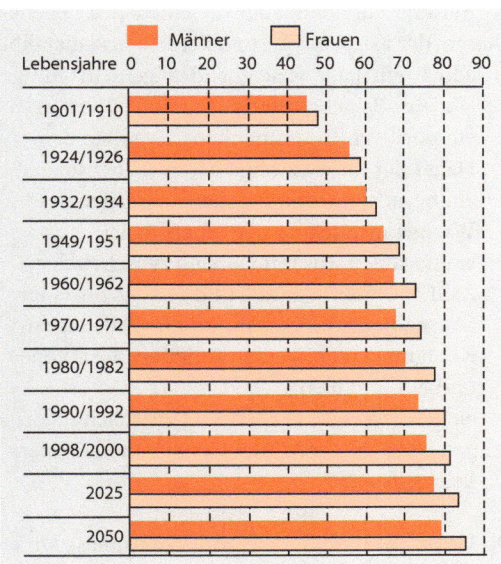

Abb. 1.8   Mittlere Lebensdauer von Menschen (Frauen und Männer) im vergangenen Jahrhundert und zukünftige Prognose. (Quelle: Statistisches Bundesamt)

gesundheitlichen Bedingungen weiter verbessern. Die Dauer der Reproduktionsphase von Frauen ist klar begrenzt – von der Pubertät etwa im 12.–14. Lebensjahr bis zum Ende der verfügbaren Eizellen bei der Menopause im 40.–48. Lebensjahr. Die durchschnittliche Reproduktionsrate war in früheren Jahrhunderten und ist auch jetzt noch in vielen Ländern der Dritten Welt höher als sie gegenwärtig in Deutschland ist, mit nur 1,36 Kindern pro Frau. Die höhere Reproduktionsrate in früherer Zeit war einerseits durch eine höhere Mortalität von Kindern begründet, andererseits durch kaum vorhandene Verhütungsmittel und einen oft geringeren Aufwand für die Ausbildung der Kinder. So waren 10–20 Geburten im Laufe der Reproduktionsphase nicht ungewöhnlich.

Der gegenwärtig zu beobachtende Trend zu weniger Kindern hat viele Ursachen, u. a. ist auch die aufwendige Ausbildung der Kinder, die bis zu 30 Jahre dauern kann, wenn sie einen Universitätsabschluss erreichen wollen, ein Grund dafür. Die Betreuungsphase ist durch diese **Fürsorgezeit** für die Nachkommen deutlich länger geworden, sodass sie nicht mit der Menopause, sondern mit der

Abschlussprüfung des letzten Kindes – also maximal im Alter von 70–75 endet. Das mag für die Bedeutung des gegenwärtigen Älterwerdens von Menschen in den Industrieländern relevant sein – auch wenn die Zeiträume für einen wirksamen Selektionsdruck zu kurz sind. Die Investitionen in das Zustandekommen der sozialen Organisation von Menschen, d. h. die dafür notwendigen Verhaltensweisen und Kommunikationsmittel wie Sprache, Intelligenzentwicklung und vieles mehr, sind vermutlich weitere Gründe für die Langlebigkeit des Menschen. Man hat die längere Altersphase nach dem Reproduktionsende (Menopause) bei Frauen auch mit dem sog. **Großmuttereffekt** zu erklären versucht, d. h. mit der Annahme, dass Großeltern noch eine **Fürsorgefunktion** für die Enkel wahrnehmen können. Das würde sich in der Evolution – so die Hypothese – positiv auf die Nachreproduktionszeit auswirken. Umfangreiche Untersuchungen an einer früheren Bauernpopulation in Friesland ergaben positive Überlebenschancen der Enkelkinder, wenn die Großmutter mütterlicherseits noch in der Nähe lebte, während die Großmutter väterlicherseits – wenn überhaupt – eher einen negativen Einfluss hatte (Voland und Beise 2008). Auch bei Walen und Elefanten hat man eine unterstützende Rolle für die Nachkommen durch ältere Gruppenmitglieder beobachtet. Diese Daten geben jedoch noch keine schlüssige Antwort auf die Frage, was die Länge der postreproduktiven Lebensdauer beeinflusst.

Dass einzelne Lebensphasen während der Evolution je nach Umweltbedingungen verkürzt oder verlängert werden können, dafür gibt es auch beim Menschen Hinweise: Bei **Pygmäen** ist z. B. die Lebensdauer aufgrund vieler Erkrankungen und harter Lebensbedingungen niedrig (etwa 35 Jahre). Man vermutet daher, dass die Verkürzung der Entwicklungszeit der Pygmäen auf 12 Jahre die Reproduktionsphase etwas verlängert hat und so das Überleben dieser Population unter den schlechten Bedingungen ermöglichte. Die Verkürzung der Entwicklungszeit wäre nach dieser Hypothese durch eine frühzeitige Pubertät erzielt worden. Die hätte wiederum zu einer Verkürzung des Längenwachstums der Knochen geführt, was die geringe Körpergröße der Pygmäen erklären würde.

Ein gut untersuchtes weiteres Beispiel für eine solche Varianz der Lebensphasendauer je nach Umgebungsbedingungen ist eine **Chamäleonart auf Madagaskar** (*Furcifer labordi*): Im Gegensatz zu fast allen Wirbeltieren und anderen Chamäleonarten lebt diese Art nur ein Jahr – was offenbar mit dem sehr trockenen Sommer in dem von dem Chamäleon bewohnten Biotop zusammenhängt. Die Eier werden Anfang des Jahres abgelegt; darin verbringt der Nachwuchs die Trockenphase von Mai bis Anfang November. Dann schlüpfen die jungen Chamäleons synchron, erreichen nach zwei Monaten Geschlechtsreife und reproduzieren sich im Januar/Februar. Danach altern sie schnell und sterben ebenfalls fast synchron (Karsten et al. 2008). Von den Autoren wird vermutet, dass das Chamäleon zur Entwicklungsbeschleunigung eine Reihe von Hormonen verstärkt produziert, die nach der Eiablage aber auch das Altern stark beschleunigen – ähnlich wie das beim Lachs vermutet wird. Bei einem ähnlich kurzlebigen afrikanischen Fisch (*Notho branchius furzeri*) untersucht man zurzeit die Gene, die die Lebensdauer kontrollieren (Kirschner et al. 2011).

Bei aller Variabilität der verschiedenen Lebensphasen, der Körpergröße und der Lebensdauer gibt es jedoch ein paar weitgehend allgemein gültige Regeln (Reznick et al. 2002):

- ein positiver Zusammenhang zwischen der Dauer der Entwicklung und der Lebensdauer,
- ein negativer Zusammenhang zwischen der Wachstumsrate und der Lebensdauer,
- ein negativer Zusammenhang zwischen der Zahl der Nachkommen und der Lebensdauer (Ausnahmen: u. a. Fisch- und Reptilienarten, Königinnen von Bienen, Ameisen, Termiten und Nacktmullen),
- ein positiver Zusammenhang zwischen niedriger extrinsischer Mortalitätsrate und längerer Lebensdauer.

Ob Gene, die nach der Reproduktionsphase wirksam werden, nicht selektiert worden sind und damit auch ungünstige Prozesse in den Zellen auslösen, die eine Alterung befördern, ist unklar. Bei manchen Säugern (Elefanten, Wale) und beim Menschen kommt ja mindestens noch eine längere Zeit der Nachkommensbetreuung hinzu. Außerdem beginnt der Altersprozess beim Menschen schon am Anfang der Reproduktionsphase – was diese These nicht bestätigen würde.

Eine weitere Hypothese ist die der **antagonistischen Pleiotropie** von Genen, d. h. die Möglichkeit, dass Gene in der Jugend und in der Reproduktionsphase einen positiven Effekt, im Alter jedoch eine beschleunigende Wirkung auf die Seneszenz haben. So ein Gen könnte das Gen für den Wachstumsfaktor IGF-1 oder das Gen für den IGF-1-Rezeptor sein: Es fördert allgemein die Proteinsynthese und die Zellproliferation – was für die Entwicklung und Reproduktion günstig ist, im Alter aber vermutlich zu einer früheren Seneszenz der Zellen führt, weil die Telomere durch die Proliferation schneller verkürzt werden (▶ Kap. 2). Auch das *p53*-Gen wäre ein Kandidat für eine derartige Pleiotropie: Das p53-Protein ist ein Transkriptionsfaktor und wird auch als »Hüter des Genoms« bezeichnet, weil er bei DNA-Schäden den Zellzyklus anhält und die Reparatur aktiviert – aber später die Seneszenz der Zellen fördert. Es gibt auch Überlegungen und Hinweise darauf, dass der Alterungsprozess ein genkontrollierter Ablauf ist – ähnlich wie die Entwicklung – und dass mit dem Tod alter Individuen eine Verjüngung und höhere Anpassungsfähigkeit einer Population erreicht werden soll.

1.4   Zusammenfassung

Neben der mittleren (statistisch ermittelten) Lebensdauer wird die maximale Lebensdauer – repräsentiert durch das älteste bekannte Exemplar einer Population oder Art – als Maß für das Alter verwendet. Die mittlere Lebensdauer einer Population oder Art wird von intrinsischen und extrinsischen Faktoren bestimmt: Intrinsische Faktoren sind die Populations- bzw. artspezifischen und genetisch festgelegten Alterungsgeschwindigkeiten der Zellen, Gewebe und Organe jedes Individuums. Extrinsische Faktoren sind die positiven oder negativen Umgebungsbedingungen wie Nahrungsangebot, Kälte/Wärme, die Zahl der Fressfeinde oder Krankheitserreger. Da das Überleben des Individuums und seine Reproduktion in der Evolution durch Selektion von Eigenschaften optimiert wird, haben sich unter den Arten mehrere Strategien entwickelt: Eine davon setzt auf Investitionen in die Verlangsamung der Altersprozesse, Entwicklung von größerer Körpermasse und auch in die Fürsorge für die Nachkommenschaft – etwa bei großen Tierarten wie Walen, Elefanten oder Affen und dem Menschen. Andere Strategien – vor allem bei opportunistischen Arten – setzen auf Investitionen in schnelle Reproduktion und zahlreiche Nachkommenschaft, aber kürzere Lebensdauer. Dazu gehören eine große Anzahl kleiner Organismusarten in einem instabilen Umfeld. Auch die Dauer der Entwicklung, der Reife und Reproduktion sowie der postreproduktiven Altersphase sind selektierte Eigenschaften von Tier- und Pflanzenarten und variieren stark nach den jeweiligen Lebensbedingungen.

Literatur

Boehm AM, Khalturin K, Anton-Erxleben F, Hemmrich G et al (2012) FoxO is a critical regulator of stem cell maintenance in immortal Hydras. Proc Natl Acad Sci USA 109:19697–19702

Bonsall MB (2006) Longevity and ageing: appraising the evolutionary consequences of growing old. Philos Trans R Soc Lond B Biol Sci 361:119–135

Brunet-Rossinni AK, Austad SN (2004) Ageing studies on bats: a review. Biogerontol 5:211–222

Budovskaya YV, Southworth LK, Jiang M et al (2008) An elt-3/elt-5/elt-6 GATA transcription circuit guides aging in *C. elegans*. Cell 134:291–303

Finch CE (1990) Longevity, senescence and the genome. University of Chicago Press, London

Gröning K, Saller M (1998) Der Elefant in Natur und Kulturgeschichte. Könemann, Köln

Holliday R (2005) Ageing and the extinction of large animals. Biogerontol 6:151–156

Kara TC (1994) Ageing in amphibians. Gerontology 40:161–73

Karsten KB, Andriamandimbiarisoa LN, Fox SF, Raxworthy CJ (2008) A unique life history among tetrapods: an annual chameleon living mostly as an egg. Proc Natl Acad Sci USA 105:8980–8984

Kim EB, Fang X, Fushan AA et al (2011) Genome sequencing reveals insights into physiology and longevity of the naked mole rat. Nature 479:223–227

Kirkwood TL, Kapahi P, Shanley DP (2000) Evolution, stress, and longevity. J Anat 197:587–590

Kirschner J, Weber D, Neuschl C, Franke A et al (2011) Mapping of quantitative trait loci controlling lifespan in the short-lived fish *Nothobranchius furzeri* – a new vertebrate model for age research. Aging Cell 11:252–261

Krupinska K (2007) Altern und Alter bei Pflanzen. Biol Unserer Zeit 37:174–182

1

Møller AP (2006) Sociality, age at first reproduction and senescence: coimparative analyses of birds. J Evol Biol 19:682–689

Molisch H (1929) Die Lebensdauer der Pflanzen. Gustav Fischer, Jena

Patnaik BK (1994) Ageing in reptiles. Gerontology 40:200–220

Pérez VI, Buffenstein R, Masamsetti V et al (2009) Protein stability and resistance to oxidative stress are determinants of longevity in the longest-living rodent, the naked mole rat. Proc. Natl Acad Sci USA 106:3059–3064

Reznick, D, Ghalambor C, Nunney L (2002) The evolution of senescence in fish. Mech Ageing Dev 123:773–789

Rose MR (1984) Laboratory evolution of postponed senescence in *Drosophila melanogaster*. Int J Org Evol 38:1004–1010

Salmon AB, Ljungman M, Miller RA (2008) Cells from long-lived mutant mice exhibit enhanced repair of ultraviolet lesions. J Gerontol A Biol Sci Med Sci 361:219–231

Salmon AB, Murakami S, Bartke A, Kopchick J, Yasumara K, Miller RA (2005) Fibroblast cell lines from young adult mice of long-lived mutant strains are resistant to multiple forms of stress. Am J Physiol Endocrinol Metab. 289:E23–29

Shen Y, Wollam J, Magner D, Karalay O, Antebi A (2012) A steroid receptor-micro RNA switch regulates life span in response to signals from the gonad. Science 223:1472–1476

Voland E, Beise J (2008) Warum gibt es Großmütter? Spektrum der Wissenschaft. Dossier 4:64–69

Westring CG, Ando H, Kitahashi T, Bhandari RK, Ueda H, Urano A, Dores RM, Sher AA, Danielson PB (2008) Seasonal changes in CRF-I and urotensin I transcript levels in masu salmon: correlation with cortisol secretion during spawning. Gen Comp Endocrinol 155:126–140

Zwilling R (2007) Das Rätsel der Alterung. Biol Unserer Zeit 37:156–163

Zelluläre Mechanismen des Alterns

2.1   Übersicht über wichtige Alterstheorien

Nach den Überlegungen, warum wir und alle anderen vielzelligen Organismen altern (▶ Kap. 1), steht nun die Frage im Zentrum, wie das geschieht. Der Mechanismus des Alterns ist ein immer mehr in den Vordergrund der wissenschaftlichen Forschung rückendes Thema, das aber schon viele Biologen seit Beginn des letzten Jahrhunderts beschäftigt hat (Rubner 1908). Eine der früh vertretenen Thesen war, dass die Stoffwechselrate, *the rate of living*, eine wesentliche Ursache für den Alterungsprozess ist: Versuche an *Drosophila* hatten in den 20er-Jahren des letzten Jahrhunderts gezeigt, dass deren Lebensdauer sich invers zu Temperaturveränderungen verhält, d. h., dass bei höheren Temperaturen – und damit einer erhöhten Stoffwechselrate – die Lebensdauer deutlich verringert ist (Pearl 1928). Dieses *rate of living*-Konzept ist auch heute in vielen Fällen innerhalb einer Spezies gültig, im Vergleich zwischen Arten mit unterschiedlichen Stoffwechselraten jedoch nur zum Teil zutreffend.

Später fand man, dass eine erhöhte Stoffwechselrate mit einer erhöhten Produktion von Radikalen, meist Sauerstoffradikalen gekoppelt ist, die allesamt Zellkomponenten schädigen. Die Produktion von Radikalen und ihre schädigenden Wirkungen wurden seitdem als wesentliche Ursache des Alterns angesehen und als »Radikaltheorie des Alterns« (Harman 1956, 1972) bezeichnet. Häufen sich **radikalinduzierte und andere Schäden,** wie Replikations- oder Translationsfehler, sowie durch Strahlung oder toxische Substanzen erzeugte Veränderungen, könnte dies die Seneszenz der Zelle oder ihren **programmierten Zelltod** bewirken. Damit wäre auch die Funktionsminderung bzw. der Leistungsabfall von Geweben und Organen zu erklären. Eine solche Akkumulation von Schäden findet man in der Tat vor allem in postreplikativen Zellen wie Nerven- und Muskelzellen, deren Reparaturkapazität geringer ist als die von proliferierenden Zellen.

Weitere Faktoren, die den Alterungsprozess beeinflussen, sind Menge und Art der Nahrung: Eine Reduktion der Kalorienzahl (*Calorie restriction*) oder bestimmter Nahrungsbestandteile verlängerten bei vielen Modellorganismen die Lebensdauer. Daran beteiligt sind Signalketten, die von Insulin und dem *Insulin-like growth factor 1* (IGF-1) ausgehen.

Ende des letzten Jahrhunderts wurde ein weiterer Faktor des Alterungsprozesses entdeckt: die allmähliche **Verkürzung der Chromosomenenden (Telomere)** in proliferierenden Zellen. Diese Verkürzung kommt dadurch zustande, dass bei jeder Replikationsrunde die Enden der DNA-Stränge aus mechanischen Gründen nicht komplett verdoppelt werden können. Um zu verhindern, dass dadurch Gene beschädigt werden, haben die Zellen sog. Telomere, d. h. **informationslose Chromosomenenden** entwickelt, die aber mit der Zahl der Replikationszyklen und zunehmendem Alter kürzer werden, bis schließlich auch die informationshaltigen Teile des DNA-Strangs geschädigt oder die **Stabilität der Chromosomen** beeinträchtigt wird. Das geschieht hauptsächlich bei proliferierenden Gewebezellen, während Keimbahn-, Stamm- und Krebszellen ein Enzym, die **Telomerase**, produzieren, das die Telomere nach jeder Replikationsrunde wieder verlängert. Auch dieser Faktor, die Telomerverkürzung, funktioniert – ähnlich wie die Schadenakkumulation – wie eine Sanduhr, die bestimmte mittlere Lebensdauern festlegt (Rensing et al. 2001).

In den letzten Jahren rücken außerdem zahlreiche **Gene und deren Proteine** in den Vordergrund der Altersforschung. Über- und Unterfunktion dieser Gene beeinflussen den Alterungsprozess und damit die Lebensdauer. Sie haben mit **Stressresistenz** zu tun, mit der **Reparatur von DNA-Schäden**, mit Transportfunktionen oder **antioxidativen Wirkungen**. Daraus leitet sich die These ab, dass Altern ein programmierter art- und zellspezifischer Prozess ist, was auch aus den vorangehenden Überlegungen (▶ Kap. 1) hervorgeht. Zudem gibt es zahlreiche Gene, deren Mutation die Funktion bestimmter Zellen und Organe und so die Koordination von Funktionen im Organismus beeinträchtigen. Die resultierenden Dysfunktionen tragen zu einer Verringerung der Lebensdauer bei und werden oft als entscheidender Faktor für einen altersabhängigen Verlust der Organ- oder Zellhomöostase angesehen. Darüber hinaus verfrühen oder verzögern Gene den Beginn von Alterskrankheiten wie Arteriosklerose, Demenz oder Diabetes. Die ge-

2

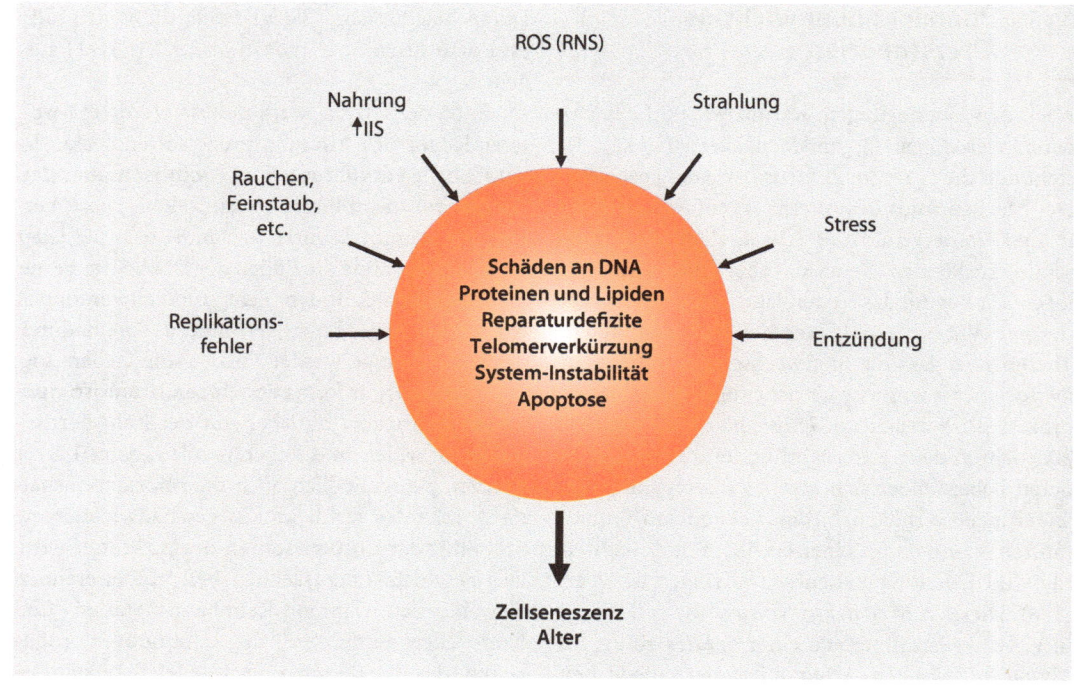

Abb. 2.1   Faktoren, die den Alterungsprozess beeinflussen. IIS – Insulin/*Insulin-like growth factor*-Signalkette, RNS – reaktive Stickstoffspezies, ROS – reaktive Sauerstoffspezies

nannten Konzepte und weitere Alterungstheorien (Schulz-Aellen 1997) wurden oft als ausschließliche Erklärungen des Alterns angesehen, während man sie heute meist als **zusammenwirkende Mechanismen** in einem komplexen Alterungsprozess ansieht (Abb. 2.1).

Der Alterungsprozess von Organismen ist in mancher Hinsicht mit den Alterungsprozessen z. B. von Gebrauchsgegenständen wie einem Kraftfahrzeug vergleichbar: Je nach Intensität der Nutzung akkumulieren Schäden am Lack durch Straßensplitt, durch Metallabrieb in den Zylindern, durch Rost am Auspuff, Abnahme der Batteriekapazität, Verschleiß der Polster etc. (Akkumulation von Schäden). Durch geeignete Maßnahmen – Besprühen der Oberflächen, Ölwechsel, Ersatz von korrodierten Teilen – kann diese Korrosion zum großen Teil verhindert oder verzögert werden (Reparaturmechanismen). Zudem sind die Autoproduzenten durch die Wahl von korrosionsfesten Materialien, Lieferung von Ersatzteilen u. a. wesentlich an der Lebensdauer des Fahrzeugs beteiligt (programmierte Lebensdauer).

2.2   Akkumulation von DNA-Schäden

Als Grund für zelluläres Altern steht die Akkumulation von DNA-Schäden vor allem durch reaktive Sauerstoff- und Stickstoffspezies, ROS und RNS, schon lange im Fokus der Forschung (Harman 1956; Marnett 2002). Dabei kommt es zu Einzel- und Doppelstrangbrüchen, Bildung von DNA-DNA-, DNA-Protein- und DNA-Lipid-Addukten und auch zur Entstehung von Basenmodifikationen. Die Strangbrüche kommen u. a. durch Oxidation der Desoxyribose zustande, während es mehr als 100 verschiedene oxidative Basenmodifikationen gibt, am häufigsten 8-Hydroxyguanin, 5-Hydroxymethyluracil und Thyminglykol. Schätzungsweise finden in der Zelle zwischen 10^4 und 10^5 ROS-induzierte Reaktionen pro Tag in der DNA statt, die nicht immer vollständig durch DNA-Reparatursysteme beseitigt werden können, sodass es bei **postmitotischen Zellen**, d. h. bei Zellen, die sich nicht mehr teilen können, altersabhängig zu einer Akkumulierung von DNA-Schäden kommt.

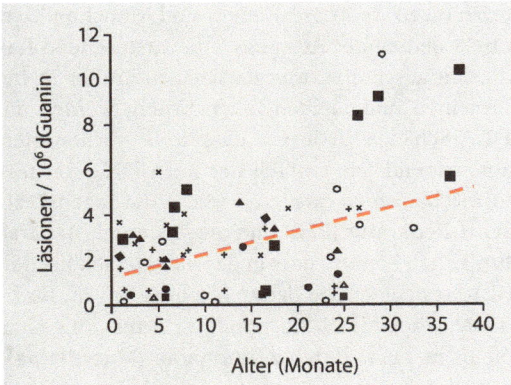

🔲 **Abb. 2.2**   Lineare Beziehung zwischen Alter (in Monaten) und Ausmaß von oxidativ geschädigter DNA (Läsionen/10^6 dGuanin in Organen von Nagern). Dabei gibt es einen signifikanten Alterseffekt (p = 0,001). Die Symbole kennzeichnen unterschiedliche Gewebe. (Nach Møller et al. 2010)

Die experimentellen Befunde über solche Schäden waren bislang widersprüchlich: Es zeigten sich sowohl mit dem Alter zunehmende DNA-Veränderungen als auch gleichbleibende Werte. Eine aktuelle Metastudie, in der 69 Studien an unterschiedlichen Geweben von Nagern (Maus, Ratte) ausgewertet wurden, ergab jedoch eindeutige Ergebnisse hinsichtlich der Akkumulation von oxidativen DNA-Schäden in bestimmten Geweben (Møller et al. 2010): Vor allem in Organen mit **begrenzter Proliferation** wie Gehirn, Herz, Muskel, Leber, Niere und Pankreas zeigte sich ein signifikanter Trend zur altersabhängigen Akkumulation von oxidativ geschädigter DNA – gemessen vor allem an der Menge von 8-Oxo-7,8-dihydroguanin (🔲 Abb. 2.2). Im Gegensatz dazu treten solche Veränderungen selten oder gar nicht in stark proliferierenden Geweben auf wie Darm, Milz und Hoden. In den untersuchten Geweben von Nagern ist die Varianz der Messwerte verschiedener Studien aufgrund zahlreicher Einflussgrößen sehr ausgeprägt, trotzdem gibt es eine hoch signifikante Assoziation zwischen Alter und oxidativ geschädigter DNA (p < 0,001) in gering proliferierenden Geweben. Dass die oxidative Schadenakkumulation in proliferierenden Geweben geringer oder nicht ausgeprägt ist, kann daran liegen, dass diese Gewebe eine höhere Reparaturkapazität aufweisen oder dass die aus Stammzellen differenzierenden Zellen nur kurze Zeit dem oxidativen Stress ausgesetzt sind. Die gefundene altersabhängige Akkumulation verläuft weitgehend linear (🔲 Abb. 2.2), auch wenn im hohen Alter eine exponentielle Zunahme gemessen wurde.

2.3 Akkumulation von mitochondrialen Schäden

Mitochondrien werden besonders stark geschädigt: Da die genannten reaktiven Sauerstoffspezies, insbesondere die Superoxid- und Hydroxylradikale, hauptsächlich in der Nähe der **inneren Mitochondrienmembran** entstehen (s. weiter unten), sind in deren Umgebung auch die stärksten Schäden zu beobachten. Das Superoxidanionradikal wird an der inneren Mitochondrienmembran gebildet, weil schon bei physiologischer Stoffwechselaktivität stets ein kleiner Anteil von Elektronen (1–3 %) entweicht und jeweils als einzelnes Elektron auf das Sauerstoffmolekül übertragen wird. Das Radikal verursacht eine oxidative Schädigung der **mitochondrialen DNA**, die sich in engem Kontakt mit der Atmungskette an der inneren Mitochondrienmembran befindet. Durch diese Schädigungen (Punktmutationen, Strangbrüche, Deletionen von Genen) sind auch Gene betroffen, die für Proteine der Atmungskettenkomplexe codieren und die dadurch defekt werden. Das führt zu einer erhöhten Elektronenleckage und somit zu vermehrter ROS-Erzeugung, wodurch ein »Teufelskreis« mitochondrialer Zerstörung entsteht (🔲 Abb. 2.3). Diese »**Autokatalyse**« oder **positive Rückkopplung** der ROS-Schäden erklärt vermutlich einen Teil der exponentiellen Zunahme der Schäden mit der Zeit. Der oxidative Stress führt außerdem zu einer Lipidperoxidation, da die mitochondrialen Innenmembranen bei vielen Spezies einen hohen Anteil an ungesättigten Fettsäuren aufweisen (s. weiter unten). Dadurch kommt es zu einer Permeabilitätserhöhung der Mitochondrienmembranen auch für Calcium, die zu Apoptose und Nekrose führen kann. Interessanterweise zeigen Mitochondrien langlebiger Organismen eine starke Resistenz gegenüber Lipidperoxidation, was auf einer Verringerung des Anteils an mehrfach ungesättigten Fettsäuren in den Membranen beruhen könnte.

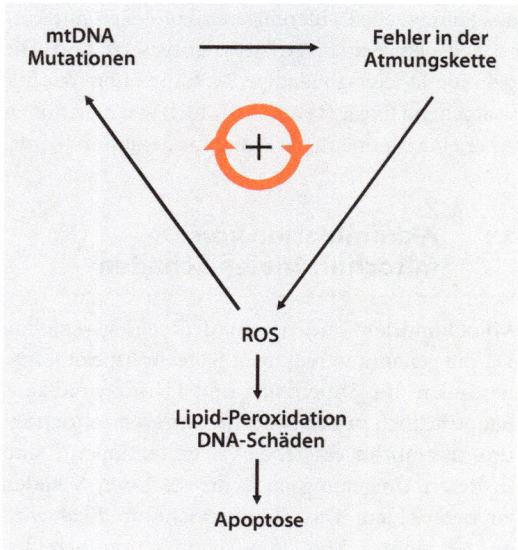

◘ Abb. 2.3 Teufelskreis. Die durch ROS verursachten Mutationen in der mitochondrialen (mt)DNA bedingen Dysfunktionen in der Atmungskette, die wiederum die Elektronenleckage und damit die ROS-Produktion erhöhen. Diese Beziehungen stellen eine positive Rückkopplungsschleife bzw. autokatalytische Verstärkung oder einen »Teufelskreis« dar, der zu einer exponentiellen Erhöhung der ROS-Schäden – etwa bei der Lipidperoxidation und Apoptosehäufigkeit – führen kann (aus Rensing et al. 2006)

Auch eine Erhöhung der Mitochondrienzahl könnte zu einer Reduzierung von mtDNA-Deletionen pro Zelle führen und damit vielleicht erklären, warum eine mitochondriale Proliferation nach mitogenen Stimuli und oxidativem Stress beobachtet wird. In diesem Zusammenhang ist interessant, dass in den Zellen oft ein verzweigtes **mitochondriales Retikulum** vorliegt und nicht ellipsoide Einzelmitochondrien, wie sie oft auf elektronenoptischen Bildern erscheinen. Ob ein derartig verzweigtes Mitochondrienkompartiment zu einem progressiven Fortschreiten oxidativer mtDNA-Schädigungen führt oder den Prozess eher verlangsamt, ist noch unklar.

Schäden an Mitochondrien spielen bei Alterungsprozessen – vor allem in postmitotischen Geweben – eine wichtige Rolle. Das hat mehrere Gründe: Zum einen ist die Produktion von ATP in den Mitochondrien ein essenzieller Prozess für die Zelle, zum anderen führen Schäden an Mitochon-

drien oft zu Apoptose. Zudem sind Mitochondrien direkt den an der Atmungskette entstehenden Radikalen ausgesetzt, was zu Schäden an der DNA, Proteinen und Lipiden führt. Erhöht werden die DNA-Schäden dadurch, dass in Mitochondrien anscheinend nur ein Teil der Kern-DNA-Reparaturmechanismen existiert, wie z. B. die **Basen-Exzisions-Reparatur (BER)** und die **Mismatch-Reparatur**. Hinzu kommt, dass in der mtDNA schützende **Histone** fehlen. Die dadurch schließlich dysfunktional werdenden Mitochondrien können im Alter oft nicht mehr durch **Autophagie (Mitophagie)**, d. h. durch Abbau entsorgt werden – was zum seneszenten Zustand der Zelle beiträgt.

Mit dem Alter zunehmende Schäden in der mtDNA wurden in verschiedenen Geweben und Organismen gemessen (Übersicht: Gredilla et al. 2010). So ist z. B. das Altern des Pilzes *Podospora anserina* anscheinend mit einer Verringerung der mtDNA-Reparatur und zunehmender Instabilität der mtDNA verbunden (Soerensen et al. 2009). Bei Säugetieren waren die oxidativen Schäden von Mitochondrien in Herz- und Nervengewebe invers mit der maximalen Lebensdauer korreliert (Barja und Herrero 2000). Mäuse mit einer defekten mitochondrialen **DNA-Polymerase**, die kein *proof reading* mehr zeigte, alterten frühzeitig. Beim Menschen wurden u. a. altersabhängige DNA-Schäden an Mitochondrien verschiedener Gewebe analysiert. Einer dieser Schäden ist eine große Deletion eines Teils des ringförmigen Chromosoms (◘ Abb. 2.4a), deren Häufigkeit im Herzmuskel (und Gehirn) deutlich zunimmt (◘ Abb. 2.4b). Ob es sich bei diesen Deletionen um oxidative Schäden handelt oder um Fehler bei der Replikation, ist noch unklar.

Wenn man davon ausgeht, dass die Evidenz für eine altersabhängige Akkumulation von DNA-Schäden signifikant ist, folgt daraus noch nicht unbedingt, dass es eine kausale Ursache, also eine Wirkungsbeziehung zwischen der Zahl der DNA-Schäden und dem Alterungsprozess gibt. In den letzten Jahrzehnten haben sich jedoch die Hin- (oder Be-)weise für einen solchen Zusammenhang deutlich vermehrt. Einer dieser Hinweise liegt in der Tatsache begründet, dass fast alle genetisch bedingten Erkrankungen, die mit vorzeitigen Alterserscheinungen und verkürzter Lebensdauer

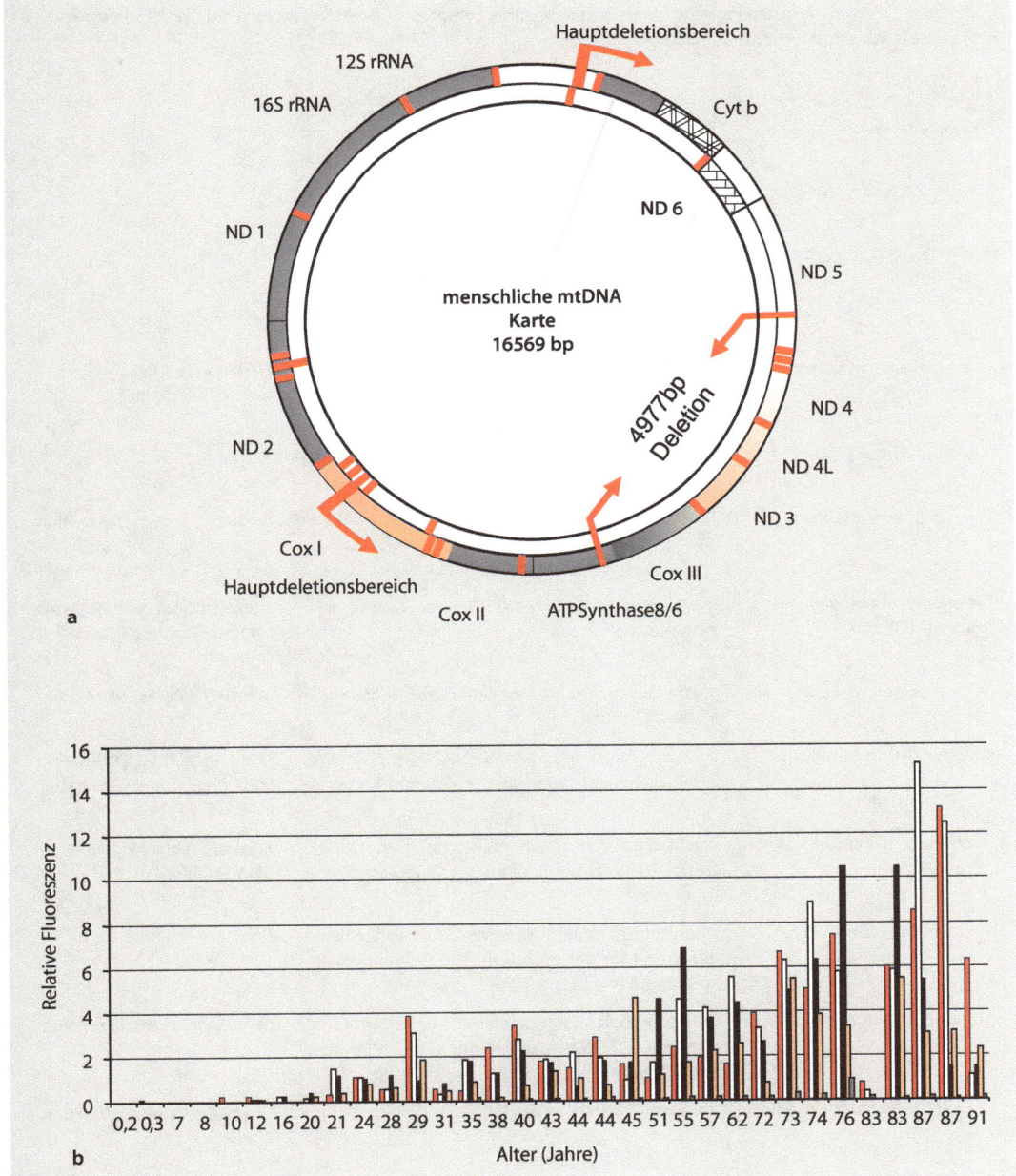

Abb. 2.4 Mitochondriales Genom des Menschen und altersabhängige Akkumulation der 4977 -Bp-Deletion. **a** Mitochondriales Genom des Menschen. Das zirkuläre menschliche Genom der Mitochondrien enthält Gene für die ATP-Synthase (ATPase), den Komplex-I, die Transfer-RNA (tRNA), Cytochrom *b* und die ribosomale RNA (rRNA). Der Komplex I enthält Gene für Untereinheiten der NADH-Dehydrogenase (ND-1-5), der Komplex IV Untereinheiten der Cytochrom-Oxidase. Pfeile bezeichnen die Hauptdeletionszone der DNA sowie die »Große Deletion« von 4977 Basenpaaren (aus Rensing et al. 2006). **b** Altersabhängige Akkumulation der 4977 -Bp-Deletion (*common deletion*) der mtDNA in fünf verschiedenen Hirnarealen (Substantia nigra, Putamen, Nucleus caudatus, Großhirn, Kleinhirn) von 33 hirngesund gestorbenen Personen. Ordinate: relative Fluoreszenz eines DNA-Fragments, das durch zwei Primer *rechts* und *links* von der *common deletion* durch PCR produziert wird und das Auftreten der *common deletion* anzeigt (nach Salah Mohamed in Rensing und Gosslau 2004)

2

■ **Tab. 2.1**   Die wichtigsten Progerieerkrankungen und ihre Symptome und Auswirkungen auf die DNA-Reparatur-systeme (nach Schumacher et al. 2008)

Syndrom	Progeroide Symptome	Betroffene Prozesse
Cockayne-Syndrom (CS)	Kachexie, neuronale Degeneration Verlust von Retinazellen	TC-NER
Trichothiodystrophie (TD)	Kachexie, neuronale Degeneration brüchige Haare und Nägel	TC-NER
Xeroderma pigmentosum (XP) mit CS	CS-Symptome, Überempfindlichkeit gegen Sonnenlicht mit resultierenden prämalignen Symptomen, Pigmentveränderungen, extrem hohe Inzidenz von Hautkrebs	NER
XP + DeSanctis-Cacchione-Syndrom (DSC)	Neurologische Störungen und XP-Symptome, Osteoporose, Gewichtsverlust, Sarkopenie, Bluthochdruck, Leber- und Nierendysfunktion	NER-Interstrang-Cross-link(JCL)-Reparatur
Fanconi-Anämie (FA)	Zellverluste, Krebsrisiko, Nierendysfunktion, anormale Pigmentierung, Knochenmarksdysfunktion	JCL
Ataxia telangiectasia (AT)	Fortschreitende Cerebellumdegeneration, starke Ataxie, erweiterte Blutgefäße, Immundefekte, Krebs	Doppelstrangbruch-Reaktion
Nijmegen-Breakage-Syndrom (NBS)	Immundefekte, erhöhtes Krebsrisiko, Wachstumshemmung	Doppelstrangbruch-Reparatur und -Reaktion Telomerstabilität
Bloom-Syndrom (BLM)	Wachstumshemmung, Immundefekte, Genominstabilität, Krebs	Mitotische Rekombination
Werner-Syndrom (WRN)	Hautatrophie, dünnes graues Haar, Osteoporose, Typ-II-Diabetes, Arteriosklerose, Katarakt, Krebs	Telomerstabilität, DNA-Rekombination und -Reparatur, Helicase
Rothmund-Thomson-Syndrom (RTS)	Wachstumsdefizit, graues Haar, jugendlicher Katarakt, Haut- und Skelettanomalien, Osteosarkome, Hautkrebs	Reparatur von oxidativen DNA-Schäden
Dyskeratosis congenita	Wachstumshemmung, Mikrocephali, geistige Behinderung, fortschreitende Immundysfunktionen, aplastische Anämie	Telomerstabilität
Hutchison-Gilford-Progerie-Syndrom	Glatzköpfigkeit, Arteriosklerose, hervortretende Kopfvenen, Defekte in der Anlage von Fettgewebe, hohe Stimme	Kernhüllen-(Lamina)funktion
Atypisches Werner-Syndrom	Atypische Symptome von WR	Kernhüllen-(Lamina)funktion

Abkürzungen s. Text.

(oft auch mit erhöhtem Krebsrisiko) einhergehen, sogenannte **Progerien**, Mutationen in Genen aufweisen, die für die DNA-Reparatur zuständig sind (Schumacher et al. 2008).

In ■ Tab. 2.1 sind bekannte menschliche Progerien aufgelistet, deren unterschiedliche Symptome sowie die zugrunde liegenden Gendefekte und Folgen für die verschiedenen DNA-Reparaturprozesse. Für die meisten dieser Erkrankungen gibt es inzwischen Mausmodelle, die entsprechende Alterserscheinungen aufweisen (Schumacher et al. 2008). Mehrere dieser Erkrankungen sind durch einen bestimmten Reparaturmechanismus bedingt, die *nucleotide excision repair* (NER), von denen es zwei Varianten gibt, die *global genome NER* (GG-NER), die das gesamte Genom nach strangverändernden Läsionen absucht, und die *transcription-coupled repair* (TC-NER), die die DNA von aktiven Genen kontrolliert. Defekte in den Genen für diese Reparaturmechanismen finden sich z. B. beim Cockayne-Syndrom (CS), Trichodystrophie (TTD), Xeroderma pigmentosum (XP) und XP + DeSanctis-Cacchione-Syndrom (DSC). Weitere Erkrankungen wie **Ataxia teleangiectasia** (AT) und das **Nijmegen-Breakage-Syndrom** (NBS) zeigen Defekte in der Reparatur von Doppelstrangbrüchen, während beim **Werner-Syndrom** und bei der **Dyskeratosis congenita** (DKC1, TERC1) der Erhalt der Telomere betroffen ist. Auch eine veränderte Funktion der Kernlamina kann Reparaturprozesse (NER) beeinflussen (**Hutchison-Gilford-Progerie-Syndrom** (HGPS). Im Falle von Xeroderma pigmentosum ist besonders das Risiko von sonneninduziertem Hautkrebs um mehr als den Faktor 100 erhöht. Dass die Gendefekte von Reparaturmechanismen sich oft nur in speziellen Geweben bemerkbar machen, spricht nicht gegen die allgemeine Schädigung der DNA beim Alterungsprozess. Die jeweils betroffenen Gewebe weisen wahrscheinlich besondere Bedingungen auf, die dort den Defekt stärker zur Geltung kommen lassen. Ein interessanter Zusammenhang besteht anscheinend zwischen Defekten der DNA-Reparatur und einer Hemmung der somatotrophen Achse (IGF-1-Akt, ▶ Kap. 11).

Zusammenfassend kann man feststellen, dass ein wichtiger Teilprozess des Alterns aus einer Anhäufung von DNA-Schäden besteht. Begründet ist diese Feststellung durch:

- die beobachtete Akkumulation von DNA-Schäden in gering oder nicht proliferierenden Geweben,
- die alterungsfördernde und lebensverkürzende Wirkung von Progerieerkrankungen, d. h. von Mutationen in Genen, die für Reparaturkomplexe codieren,
- die Verminderung von Alterserscheinungen und Verlängerung der Lebenszeit durch Reduktion der ROS-induzierten DNA-Schäden.

2.4 Akkumulation von Störungen des Proteingleichgewichts (Proteostase)

Das **Proteom** der Zelle, d. h. die Gesamtheit der Proteine, funktioniert oft in Form von Netzwerken, deren altersbedingte Störungen zum Leistungsabfall von Zellen und Organen beitragen (Koga et al. 2011). Bei den Proteinen stellen vor allem die **Thiolgruppen** der **Cysteinreste** eine Achillesferse gegenüber reaktiven Sauerstoffverbindungen dar, die die Bildung von **intra**- und **intermolekularen Disulfidbrücken** verursachen. Zusätzlich zu diesen intermolekularen Bindungen können reaktive Sauerstoffspezies Proteinaggregate über Tyrosinreste erzeugen. Besonders ROS-sensitive Aminosäuren sind außer Cystein Histidin, Prolin, Arginin, Lysin und Methionin. Methionin wird besonders häufig durch ROS zu **Methioninsulfoxid** (Met (O)) oxidiert, was oft zu einer Beeinträchtigung der Proteinfunktion führt. Zwei Methioninsulfoxid-Reduktasen (MsrA und MsrB) arbeiten dagegen, indem sie die Reduktion von Met(O) in Proteinen zu Met katalysieren. Das **Msr-System** ist daher wichtig für die Reparatur der geschädigten Proteine, darüber hinaus wirken Methioningruppen als Radikalfänger – wenn sie durch Msr reduziert worden sind (Zhang und Weißbach 2008). Fragmentierungen von Proteinen entstehen durch Oxidation der Peptidbindung, die dann über die Bildung von **Peroxylintermediaten** gespalten wird. Diese Schäden führen zu Funktionsstörungen von Proteinen und so zu einer Beeinträchtigung von Synthese-, Abbau- und Reparaturprozessen und einer Veränderung zahlreicher Strukturproteine wie etwa von Mikrofilamenten. Als Messparameter für die Proteinoxidation wird oft die Menge an **Proteincarbonyl** und **Protein-3-Nitrotyrosin** benutzt.

Stärkere Veränderungen in diesem Netzwerk (*protein conformational disorders*) können zu schweren Erkrankungen wie neurodegenerativen Erkrankungen, Stoffwechselstörungen, Myopathien, Lebererkrankungen und Amyloidose führen (Morimoto 2008). Diese Störungen werden durch falsche Proteinfaltung, falsche Aufspaltung und veränderte posttranslationale Modifikationen verursacht, die oft zu toxischen oligomeren Strukturen, zu Proteinaggregaten und anderen Protein-

2

defekten führen, die den Abbau dieser Proteine behindern. Dadurch kommt es im Alter zu einer Akkumulation solcher Moleküle, die die gesamte Zellfunktion behindern. Ursachen für diese Entwicklung sind einerseits die altersbedingten Veränderungen von **Proteinüberwachungssystemen (Chaperonen)**, andererseits die ebenfalls altersbedingt geschädigten **Entsorgungssysteme** (Proteasen, Proteasomen, Lysosomen) sowie die Schädigung von Proteinen durch oxidativen Stress (ROS) und externe Faktoren (Hitze, Infekte u. a.).

Es gibt mehrere Familien von **Chaperonen** oder **Stress(Hitzeschock-)proteinen (HSP)**, die die neusynthetisierten Proteine bei der korrekten Faltung und beim gerichteten Transport in die Organellen (ER, Mitochondrien) unterstützen, aber auch den nicht mehr reparablen Proteinen zum Abbau verhelfen. HSP können darüber hinaus auch die **Apoptose** hemmen. Insgesamt sind viele dieser Chaperone in Stresssituationen (oxidativer Stress, Hitze u. a.) der Zelle gefragt, sodass eine gute Ausstattung mit HSP die Zelle stressresistenter macht und die Proteostase stabil hält. Ein Beispiel dafür ist das ER, das bei einer gestörten Proteinfaltung mit einer *unfolding protein response* **(UPR, Reaktion auf ungefaltete Proteine)** reagiert, die daraufhin die Chaperonmenge erhöht und die Menge der neusynthetisierten Proteine erniedrigt.

Nach ihrem Molekulargewicht werden Chaperone als HSP100, HSP90, HSP70, HSP60 und kleinere HSP von 12–42 kDa unterschieden. Chaperone spielen eine wichtige Rolle beim Altern und für die Lebensdauer. Die stressinduzierte Synthese von Chaperonen ist im Alter beeinträchtigt, aber bei hundertjährigen Menschen relativ hoch (Marini et al. 2004). Eine erhöhte Synthese von HSP hat sowohl bei ein- als auch bei vielzelligen Organismen eine längere Lebenszeit zur Folge, wie auch das Beispiel von *C. elegans* zeigt, bei dem in einem genetisch gleichen Satz von Tieren zufällige Unterschiede im Gehalt an HSP16 auftraten: Diejenigen mit der höchsten Expressionsrate zeigten die längste Lebenszeit (■ Abb. 2.5).

Überexpression von **Mortalin**, einem mitochondrialen HSP70 oder von HSP22 erhöht ebenfalls die Lebensdauer – in diesem Fall von *Drosophila*. Die verringerte Synthese von HSP70 im Alter hängt anscheinend mit Modifikationen des **Hitze-**

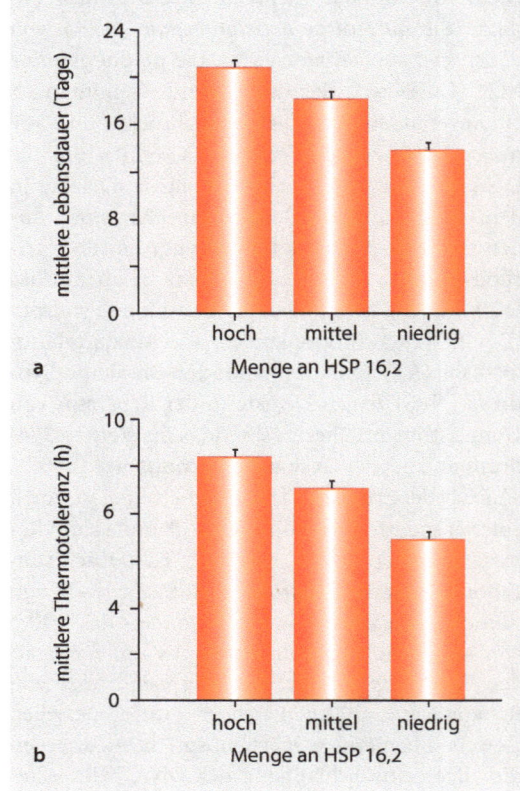

■ **Abb. 2.5**   Lebensdauer und Thermotoleranz von *C. elegans*. Eingeteilt wurde beides nach dem unterschiedlichem HSP16,2-Gehalt (gemessen mittels *green fluorescent protein* (GFP) nach einem zweistündigen Hitzeschock). **a** mittlere verbleibende Lebenszeit in Tagen, **b** mittlere Thermotoleranz (Überleben bei 35 °C in Stunden) (nach Rea et al. 2005)

schocktranskriptionsfaktors **(HSF)** zusammen. So wird HSF durch **Histondeacetylasen** (z. B. **Sirt1**) aktiviert, deren Aktivität sich möglicherweise mit dem Alter verändert (Westerheide et al. 2009). Zusammenfassend spricht vieles dafür, dass veränderte Proteine die Proteostase im Alter stören und die verringerte Chaperonmenge nicht mehr in der Lage ist, die Proteostase zu stabilisieren (Ben-Zevi et al. 2009).

Eine weitere wichtige Rolle in der Proteostase spielen die Abbausysteme, vor allem die **Ubiquitin/Proteasomen-Systeme** (UPS) und **Lysosomen**, deren Effizienz mit dem Alter abnimmt. Bei UPS hat man verschiedene Defekte in unterschiedlichen

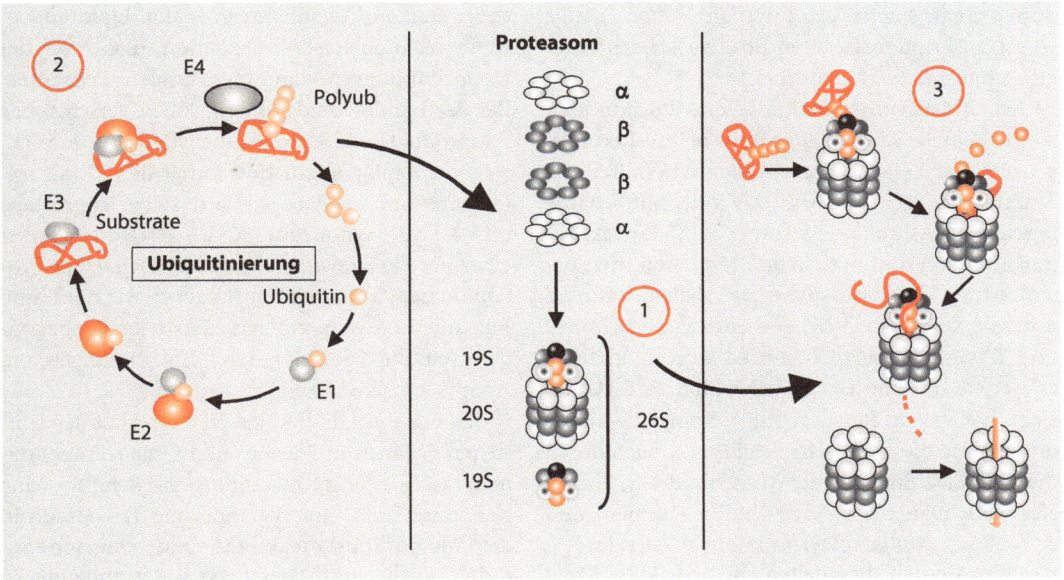

◘ **Abb. 2.6** Modell des Ubiquitin/Proteasom-Systems. *1* Die meisten Proteine werden durch Ubiquitinierung für den Abbau markiert. *2* Das Proteasom hat einen katalytischen Kern von 20S aus 4 Ringen und einen regulatorischen Komplex von 19S. *3* Polyubiquitinketten werden von regulatorischen Untereinheiten erkannt und dort für das Recycling deubiquiniert. Rote Fahnen geben altersabhängige Veränderungen an: *1.* niedrigere Mengen an katalytischen und regulatorischen Untereinheiten, *2.* geringere Aktivität von freiem Ubiquitin und konjugierenden Enzymen, *3.* posttranslationale Modifikationen, die die Proteasomenaktivität stören (nach Koga et al. 2011). E1–E4– Enzymgesteuerte Teilschritte der Ubiquitinierung, Polyub – Polyubiquitinstrang

Geweben gefunden, z. B. eine massive Oxidation und gegenseitige Bindung von Proteinen, den Substraten von Proteasomen sowie die Störung von Ubiquitinierungsprozessen durch **E3-Ubiquitin-Ligasen** und eine verminderte Synthese von Proteasomen (◘ Abb. 2.6) (Übersicht: Koga et al. 2011). Bei *C. elegans* zeigte sich, dass die Lebensdauer von Individuen verkürzt ist, die einen Defekt im UPS aufweisen.

Die **lysosomalen Autophagiesysteme** werden in Mikro-, Makro- und Chaperon-vermittelte Autophagie (CMA) unterteilt. CMA wird maximal durch Stress (Hunger, oxidativer Stress, Proteinschädigung) aktiviert, Störungen in der CMA liegen z. B. der Parkinson-Erkrankung zugrunde (Wang et al. 2009) und sind offenbar auch an der Huntington-Krankheit beteiligt.

Im Verlauf des Alterns hat man eine verminderte Aktivität des **Makroautophagiesystems** gefunden, die zu einer Akkumulation von nicht abgebauten Substanzen wie z. B. stark oxidierten

Proteinen in diesem System führt und schließlich durch gegenseitige Bindungen und Kopplung mit Peptiden und anderen Molekülen zum autofluoreszierenden Pigment, dem **Lipofuscin**, wird, einem Alterungsmarker, der die Lebensspanne von postmitotischen Zellen verringert. Lipofuscin hemmt durch seine Bindung an Proteasomen auch deren Aktivität und trägt dadurch wesentlich zur Störung der Proteostasis bei (Höhn et al. 2011). Außerdem bindet es Eisen und Kupfer und stimuliert so die Fenton-Reaktion, d. h. die Produktion von •OH-Radikalen. Dieser Prozess wird offenbar durch die erhöhte basale Aktivität des Insulinrezeptors im Alter aufgrund des zunehmenden oxidativen Stresses gefördert. Das kann zum Teil durch **Kalorienrestriktion** verhindert werden. Die Induktion von Makroautophagie wird negativ durch mTOR (*mammalian target of rapamycin*) geregelt, sodass dessen Inhibitor, Rapamycin, sich positiv darauf auswirkt. mTOR ist ein negativer Regulator der Lebenszeit von vielen Invertebraten, während dessen Gegenspieler Sirt-2 und die FOXO-Familie von Transkriptionsfaktoren positive Lebenszeitregulatoren sind (s. weiter unten).

Der Abbau von dysfunktionalen Mitochondrien spielt ebenfalls eine wichtige Rolle beim Alterungsprozess von Zellen. Dieser Abbau ist ein Teil der Makroautophagie und wird auch als **Mitophagie** bezeichnet (Ashrafi und Schwarz 2012). Eine Akkumulation von dysfunktionalen Mitochondrien beeinträchtigt die Lebensdauer der Zellen, während normale Zellen ein Gleichgewicht zwischen Abbau und Teilung von Mitochondrien aufrechterhalten, an dem zahlreiche Faktoren beteiligt sind (Übersicht: Weber und Reichert 2010). Kompliziert wird die Analyse dieses Gleichgewichts u. a. auch durch die retikuläre Struktur der Mitochondrien, die ein Netzwerk bilden, an deren Enden Fusionen und Abspaltung erfolgen. Dysfunktionale Teile des Retikulums werden abgespalten und über Mitophagie verdaut.

An der Abspaltung sind Faktoren wie DRP1 (*dynamin-related* GTPase1), an der Fusion **Mitofusin 1** und **2** beteiligt. An der Mitophagie wirken **Sirtuin-1 (Sirt1)** (s. weiter unten) und als Signal funktionierende ROS sowie andere Faktoren mit (□ Abb. 2.7) (Weber und Reichert 2010). Mitochondrien mit einem niedrigen Membranpotenzial werden zudem leichter degradiert als solche mit hohem Membranpotenzial. Auch CMA wird in den Geweben von älteren Nagern deutlich beeinträchtigt, was möglicherweise mit Änderungen der Lipidkomponenten der lysosomalen Membran zusammenhängt (Kiffin et al. 2007). Zusammenfassend kann man Veränderungen der Faktoren, die die Proteostase stabilisieren, als ursächlich beteiligte Prozesse beim Altern und der Langlebigkeit betrachten.

2.5   Akkumulation von oxidativ veränderten Lipidmolekülen

Die Lipide stellen einen wichtigen Angriffspunkt von ROS dar, wobei vor allem die mehrfach ungesättigten Fettsäuren der Phospholipide von Zellmembranen leicht oxidiert werden. Dieser Prozess wird als **Lipidperoxidation** bezeichnet und ist durch eine **Radikal-Kettenreaktion** charakterisiert. Das auslösende Ereignis der Lipidradikal-Kettenreaktionen ist die Oxidation am C-Atom der Doppelbindungen von ungesättigten Fettsäuren. Bei der Lipidperoxidation entstehen verschiedene Endprodukte wie Malondialdehyd, das zum Nachweis der Lipidperoxidation durch den Thiobarbitursäuretest herangezogen wird, sowie Isoprostane und 4-Hydroxynonenal (HNE). HNE ist offenbar einerseits ein Signalmolekül, das verschiedene Proteinkinasen, Transkriptionsfaktoren wie c-Jun und Enzyme wie Cyclooxygenase 2 aktiviert, aber andererseits auch Schäden durch Entzündungen und Apoptose auslösen kann.

Durch die Lipidradikal-Kettenreaktionen entstehen Schäden in Plasma- und Organellmembranen, was wiederum membrangebundene Proteine beeinflusst und eine Veränderung der **Fluidität**, der **Membranpermeabilität** und von **Ionengradienten** bewirkt. Dies führt unter anderem zu einem Ca^{2+}-Einstrom in das Cytosol, wodurch es zu einer weiteren ROS-Produktion durch Aktivierung der **NO-Synthase** und der **Xanthin-Oxidase**, – aber auch zu degenerativen Prozessen durch Ca^{2+}-abhängige Aktivierung von Phospholipasen, Proteasen und Endonucleasen kommt. Dadurch entstehen Störungen der Zellfunktion und Zellintegrität, die letztendlich zum Zelltod führen können (□ Abb. 2.8).

Als spezifische Produkte einer Lipidperoxidation werden F2-Isoprostane angesehen, die nicht endogen synthetisiert oder mit der Nahrung aufgenommen werden. Sie entstehen durch radikalkatalytische Oxidation von **Arachidonsäure**. Außerdem gibt es Oxidationsprodukte von Cholesterol wie **7β-Hydrocholesterol** und **7-Ketocholesterol**, die mit einem erhöhten Krankheitsrisiko einhergehen.

Wenn man an dieser Stelle noch einmal die Frage nach der Richtigkeit der Alterungstheorien *rate of living* und der Schadensakkumulation stellt, so sprechen viele Ergebnisse für die Korrektheit beider Theorien. Eine neuere Zusammenfassung von Daten zur Theorie der *rate of living* (□ Abb. 2.9) zeigt, dass sowohl bei Säugern als auch bei Vögeln – trotz der quantitativen Unterschiede zwischen ihnen – ein signifikanter Zusammenhang zwischen der Intensität des Stoffwechsels und der Lebensdauer besteht. Auch die Akkumulation von

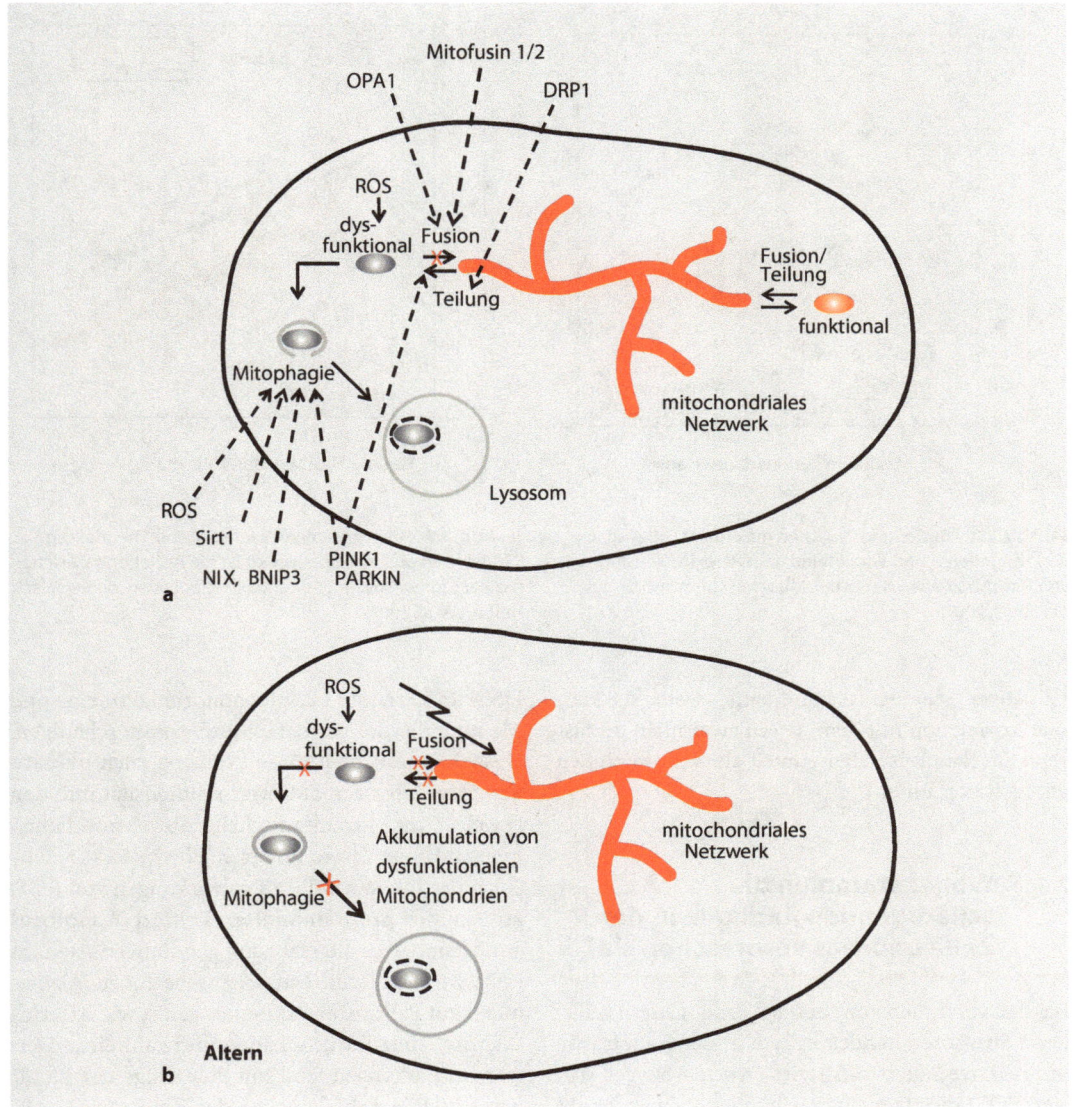

◘ **Abb. 2.7** Mitochondriale Dynamik und Entfernung von dysfunktionalen Mitochondrien in nicht gealterten Zellen (**a**) und alten Zellen (**b**). Funktionale Mitochondrien können Fusions- und Teilungszyklen durchlaufen, während sich dysfunktionale (durch ROS geschädigte) Mitochondrien nicht mehr teilen können. Außerdem ist die Autophagie und der Abbau in Lysosomen behindert. Das führt zu einer Akkumulation von dysfunktionalen Mitochondrien und Seneszenz (nach Weber und Reichert 2010). DRP1 – dynamin-related, GTPase 1, OPA1 – *optic atrophy* 1 (mitochondriales Protein), ROS – reaktive Sauerstoffspezies, Sirt1 – Sirtuin-1, BNIP – *BCL-2/adenovirus E1B 19 kDa interacting protein* 3 permeabilisiert bei Mitochondrienmembran, NIX – regulierter Mitophagie-Rezeptor an der Außenmembran von Mitochondrien, Parkin – E3-Ubiquitin-Ligase, PINK1– *PTEN-induced putative protein kinase* 1

2

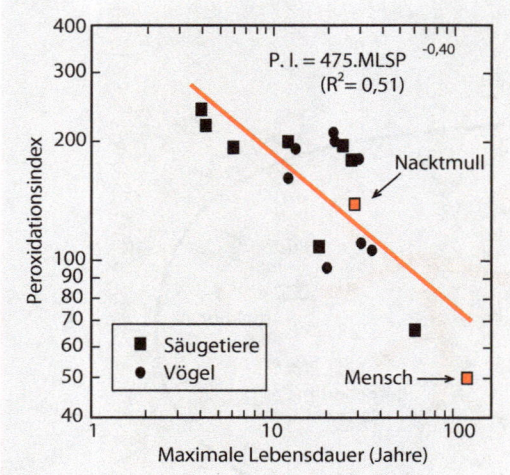

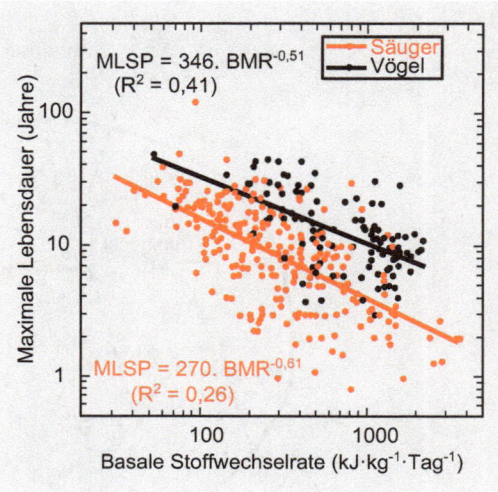

◾ **Abb. 2.8** Beziehung zwischen maximaler Lebensdauer von Säugetieren und Vögeln und dem Peroxidationsindex von Phospholipiden der Leber-Mitochondrien. (Nach Hulbert et al. 2007)

◾ **Abb. 2.9** Überprüfung der *rate of living*-Theorie an Säugetieren und Vögeln. Gezeigt ist die Beziehung zwischen basaler Stoffwechselrate und maximaler Lebensdauer. (Nach Hulbert et al. 2007)

oxidativen Schäden ist signifikant – wobei die kausale Korrelation mit dem Altern zwar nicht umfassend anerkannt ist, aber zurzeit als wahrscheinlich gilt (s. weiter unten).

2.6   Woher stammen die schädigenden Radikale in der Zelle und was verursachen sie?

Bei den von innen kommenden (endogenen) zellulären Stressoren handelt es sich in der Hauptsache um reaktive Sauerstoffspezies (*reactive oxygen species*, ROS) die als unausweichliches Nebenprodukt bei der normalen mitochondrialen Zellatmung entstehen. Darüber hinaus gibt es eine Anzahl von Enzymen in der Zelle (Oxidasen), die Prozesse katalysieren, bei denen ROS entstehen. Auch bei Entzündungen werden durch Immunzellen erhöhte Mengen von ROS in den betroffenen Geweben produziert. Von außen wird die Menge an ROS in der Zelle durch Stressoren wie Metalle, Strahlung, Hypoxie u. a. induziert (◾ Abb. 2.10).

Unter diesen reaktiven Sauerstoffspezies befinden sich äußerst reaktive Radikale wie das •OH-Radikal oder das Superoxidanionradikal ($•O_2^-$), die die wichtigen Makromoleküle der Zelle, wie

DNA im Kern und in Mitochondrien, Proteine und Membranlipide, oxidieren und somit schädigen. Deshalb nennt man diese Wirkung auch **oxidativen Stress**. Je nach Stoffwechselintensität und den gewebs- und artspezifischen Abwehrmechanismen ist dieser Stress unterschiedlich stark. Solche Schäden, aber auch die Signalwirkungen von ROS, können den **programmierten Zelltod (Apoptose)** auslösen, der zu altersabhängigen Zellverlusten im ZNS, in Herz- und Muskelgewebe führt. Alzheimer- und Parkinson-Erkrankungen sowie Arteriosklerose, Herzmuskelschäden und zahlreiche weitere Erkrankungen sind mit eine Folge der Lipid/Protein/DNA-Schäden und der Zellverluste. Allgemein bedingen die akkumulierten Zellschäden im Alter eine erhöhte Anfälligkeit für Krankheiten, auch für Krebs, und führen letztlich zum Tode des vielzelligen Organismus.

2.6.1   Oxidative Stressoren werden von der Atmungskette und von Oxidasen erzeugt

Oxidativer Stress (OS) entwickelt sich bei einem Ungleichgewicht zwischen Bildung und Abbau von

2.6 · Woher stammen die schädigenden Radikale in der Zelle und was verursachen sie?

29   2

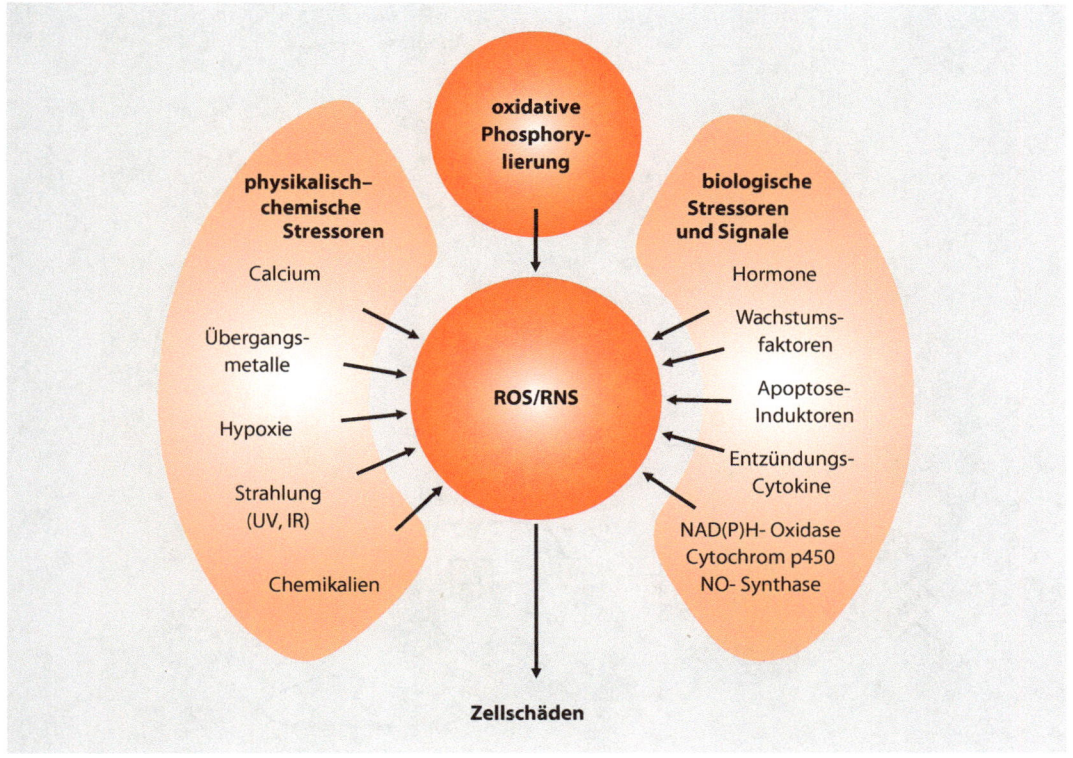

○ **Abb. 2.10** Physikalisch-chemische und biologische Stressoren, die in der Zelle ROS/RNS erzeugen. NO – Stickstoffmonoxid (aus Rensing et al. 2006)

verschiedenen ROS (Alfassi 1999). Ausgehend vom Sauerstoffmolekül (O_2) entstehen folgende zunehmend reduzierte ROS: das **Superoxidanionradikal** (•O_2^-), **Wasserstoffperoxid** (H_2O_2) und das **Hydroxylradikal** (•OH). Dabei ist das Hydroxylradikal wegen seiner äußerst starken Oxidationskraft die reaktivste Sauerstoffspezies. Auf der anderen Seite ist das membranpermeable Wasserstoffperoxid ein wichtiges Molekül, weil es relativ stabil ist und daher weite Diffusionsstrecken zurücklegen kann. Die stärkste Quelle von intrazellulären ROS sind die Mitochondrien, weil sie für die oxidative Phosphorylierung (ATP-Synthese) fast den gesamten Elektronentransfer auf das Sauerstoffmolekül tätigen. Durch die dabei aus der Atmungskette stets in geringem Maß entweichenden Elektronen (**Elektronenleckage**) entstehen zunächst **Superoxidanionradikale** (○ Abb. 2.11). Dabei wird ein Elektron aus dem Komplex I – vermutlich bei der Semichi-

nonbildung – oder aus dem Komplex III auf O_2 übertragen.

Von phagocytierenden Zellen wie **Makrophagen** und **Mikroglia** werden Superoxidanionradikale und Wasserstoffperoxid über das **NADPH-Oxidase-System** produziert und dann zur Immunabwehr genutzt. Dasselbe Enzym kann auch von Rezeptoren wie dem Fas-Rezeptor, der die Apoptose induziert, aktiviert werden und •O_2^- produzieren, das in der Zelle als Signal zur Induktion von Signalketten dient (Curtin et al. 2002). Darüber hinaus entstehen Superoxidanionradikale und Wasserstoffperoxid durch die Aktivität sauerstoffverarbeitender Enzyme wie der **Xanthin-Oxidase**, des **Cytochrom-P450-Systems**, das bei der Entgiftung toxischer Substanzen eine wichtige Rolle spielt, sowie der **Lipoxigenasen, Cyclooxigenasen** und der **peroxisomalen Oxidation** von Fett- und Aminosäuren. Auch bei der Autoxidation von Katechol-

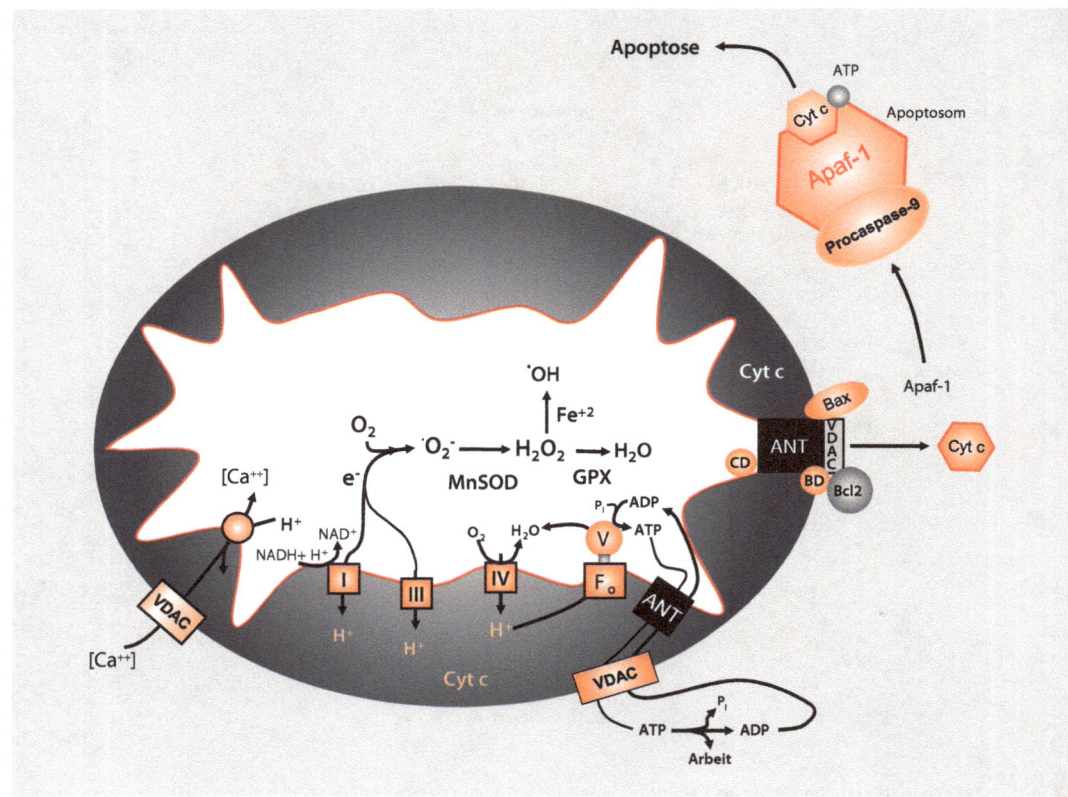

◻ Abb. 2.11   Mitochondrium und Radikalbildung. Schnittbild eines Mitochondriums mit innerer (gefalteter) und äußerer Membran. In der *inneren Membran* sind die Komplexe I, III und IV der Atmungskette dargestellt, die Elektronen von reduziertem Nicotinsäureamidadenindinucleotid (NADH) über mehrere Stufen auf O_2 übertragen und dabei Protonen von innen nach außen pumpen. Dieses elektrochemische Protonenpotenzial an der inneren Mitochondrienmembran liefert beim Rückfluss der Protonen durch den ATP-Synthase-Komplex (V) die Energie für die Synthese von Adenosintriphosphat (ATP) aus Adenosindiphosphat und anorganischem Phosphat. Beim Elektronentransport wird ein kleiner Anteil von einzelnen Elektronen vom Komplex I oder III auf O_2 übertragen und führt dadurch zur Entstehung des Superoxidanionradikals ($\cdot O_2^-$). $\cdot O_2^-$ wird von der mitochondrialen manganabhängigen Superoxid-Dismutase (MnSOD) in H_2O_2 und O_2 umgewandelt. Aus H_2O_2 kann mithilfe von Eisen^{2+} (Fe^{2+}) das Hydroxylradikal $\cdot OH$ und das Hydroxylanion OH^- entstehen (Fenton-Reaktion). H_2O_2 wird durch die Glutathion-Peroxidase (GPX) oder Katalase in H_2O und O_2 umgewandelt. Bei Schädigung der inneren Mitochondrienmembran, Zusammenbruch des H^+-Potenzials sowie erhöhter Ca^{2+}-Konzentration entsteht die *mitochondrial permeability transition pore* (mtPTP) unter Beteiligung verschiedener Proteinkomplexe an einer Kontaktstelle zwischen äußerer und innerer Membran (*rechts*): der VDAC-Komplex (*voltage-dependent anion channel* oder Porin), der ANT-Komplex (Adenin-Nucleotid-Translokator), der proapoptotische Bax-Faktor, der an der Pore andockt und mit dem antiapoptotischen Bcl-2-Faktor reagiert, Cyclophilin D (CD) und der Benzodiazepinrezeptor (BD). Die Öffnung der PTP oder das Aufreißen der äußeren Mitochondrienmembran geht einher mit der Freisetzung von apoptoseinduzierenden Faktoren wie Cytochrom *c* und AIF (*apoptosis-inducing factor*), die die Apoptose einleiten. (Nach Wallace 1999)

aminen, von Oxyhämoglobin und Oxymyoglobin können freie Radikale entstehen.

Neben diesen endogenen Prozessen führen auch zahlreiche exogene Stressoren wie UV-Strahlung, Röntgenstrahlen, Schwermetalle, Ozon und verschiedene Umweltgifte zur Entstehung von reaktiven Sauerstoffverbindungen. Hitze und Ansäuerung scheinen ebenfalls oxidativen Stress zu verursachen – ebenso Immunreaktionen bei Entzündungsprozessen.

Ein weiteres sehr reaktives Molekül ist **Stickstoffmonoxid (NO)**, das in verschiedenen Formen (NO^-, $NO\cdot$, NO^+) vorkommt und primär als intrazelluläres Signalmolekül dient. Es wird aus Arginin mithilfe der *nitric oxide synthase* (**NOS**) erzeugt und ist bei der Regulation des Herz-Kreislauf-Systems, der Entspannung der glatten Muskulatur, Neurotransmission, Blutkoagulation und Immunregulation wirksam. Es kann sowohl antiapoptotisch wie proapoptotisch und pronekrotisch wirken. Mit •O_2^- reagiert NO zu **Peroxynitrit (ONOO⁻)**, das von phagocytierenden Zellen zur Abtötung anderer Zellen genutzt wird. Durch Spaltung von Peroxynitrit entsteht wiederum das Hydroxylradikal. Diese Stickstoffverbindungen werden daher auch *reactive nitrogen species* (**RNS**) genannt (Curtin et al. 2002). ROS, RNS wie auch andere Radikale können durch ihre starke Elektronegativität alle Makromoleküle oxidieren und somit starke Zellschäden verursachen. Auch die extrazelluläre Matrix aus Glykolipiden und Glykoproteinen kann durch ROS geschädigt werden (Dröge 2002).

Die Radikaltheorie des Alterns hat viel Zuspruch und experimentelle Unterstützung erfahren, auch wenn es noch viele offene Fragen dazu gibt (Beckman und Ames 1998). Die wesentlichen Stützen der Theorie liegen in folgenden Befunden:

- negative Korrelation zwischen ROS-Produktion und Lebensdauer,
- trägt man die H_2O_2-Produktion der Leber pro Minute und mg Protein gegen die maximale Lebensdauer der zugehörigen Tiere auf (■ Abb. 2.12), so ist deutlich eine negative Korrelation zu erkennen (Barja 2004),
- auch ein Vergleich von Ratten und Tauben, die ein etwa gleiches Körpergewicht aufweisen, zeigt eine höhere Lebensdauer der Tauben (~ 35 Jahre) im Vergleich zu Ratten (~ 4 Jahre), korreliert mit einer um etwa 2/3 niedrigeren Produktion von H_2O_2 durch die Herzmitochondrien von Tauben (Barja 1998),
- positive Korrelation zwischen ROS-Resistenz und Lebensdauer,
- sowohl beim Nematoden *Caenorhabditis elegans* als auch bei der Taufliege *Drosophila melanogaster* (Orr und Sohal 1994) konnte man durch Erhöhung der Expression der mitochondrialen MnSOD die Lebensdauer der Tiere verlängern. Umgekehrt resultierte bei Mäusen, bei denen die Gene für dieses Enzym zerstört wurden (*knockout*), eine extrem verkürzte Lebensdauer auf etwa eine Woche

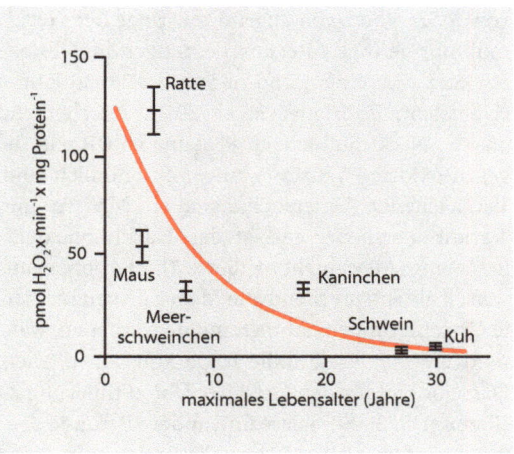

■ **Abb. 2.12** H_2O_2-Produktion und Lebensalter. Negative Korrelation zwischen H_2O_2-Produktion von Zellen (Leber) und maximaler Lebensdauer der zugehörigen Tierspezies. (Nach Barja 1998)

nach der Geburt und zahlreiche Schäden wie Herzmyopathie, Lipiderhöhung in der Leber, erhöhte Ketonmengen und oxidative DNA-Schäden (Melov 2002). Ausschaltung der Gene für die cytosolischen oder extrazellulären SOD resultierten dagegen nicht in Verkürzungen der Lebensdauer, was die besondere Rolle der mitochondrialen SOD unterstreicht und die fatalen Folgen eines Defekts in der antioxidativen Abwehr,

- Versuche zur Supplementierung der Nahrung mit Antioxidantien wie Vitamin E und C oder anderen Vitaminen haben nur teilweise eine deutliche Lebensverlängerung erbracht, was jedoch im Einzelnen jeweils kritisch zu interpretieren ist (Halliwell 1996; Pryor 2000; Yu et al. 1998; Fang et al. 2002). Insbesondere sind Studien am Menschen mit vielen methodischen Schwierigkeiten behaftet,
- altersabhängige Zunahme von DNA- und anderen zellulären Schäden (s. oben).

Die Frage, ob ROS/RNS wesentliche Ursachen für das Altern sind, wie es die Radikaltheorie von Harman postuliert, wurde erneut diskutiert, als man in diesem Zusammenhang den langlebigen Nacktmull (▶ Kap. 1) untersuchte. Trotz einer mit kurzlebigen Nagern vergleichbaren hohen Produktion von ROS schon von Jugend an, zeigt der Nacktmull nur geringe Alterserscheinungen im Gewebe bis kurz vor seinem Tod nach etwa 28–30 Jahren (Übersicht: Rodriguez et al. 2011). Anscheinend hat der Nacktmull jedoch Proteine entwickelt, die gegen oxidativen Stress weniger empfindlich sind. Vergleichende Untersuchungen an Mäusen und Nacktmullen haben gezeigt, dass Nacktmulle deutlich mehr (1,6×) nicht oxidierte Thiolgruppen aufweisen als entsprechend alte Mäuse. Deren oxidierte Cysteingruppen nahmen mit dem Alter zu, während die der Nacktmulle lange konstant blieben. Dasselbe traf für den Grad der Ubiquitinierung zu (Pérez et al. 2009). Diese und andere Befunde deuten darauf hin, dass Nacktmulle Resistenzen gegen oxidativen Stress entwickelt haben. Möglicherweise erklärt das auch die Krebsresistenz der Nacktmulle. Auch die kürzlich entdeckte Zunahme von Oxidantien wie H_2O_2 im Darm von langlebigen *Drosophila* während des Alterns könnte unter dem Aspekt einer höheren Resistenz gegen ROS gedeutet werden – zumal H_2O_2 als solches kein Radikal darstellt (Albrecht et al. 2011).

2.6.2 Oxidativer Stress induziert den programmierten Zelltod (Apoptose)

Der programmierte Zelltod ist durch eine Anzahl morphologischer und biochemischer Änderungen in der Zelle charakterisiert, die ihn von der **Nekrose**, dem Tod der Zelle durch stärker wirkende schädigende Einflüsse, unterscheidet. Eine Unterscheidung, die allerdings Übergänge aufweist, unter anderem darin, dass auch die Nekrose »programmierte« Anteile, d. h. Signal- und Effektorkaskaden, aufweist. Apoptose wird durch extrazelluläre Signalmoleküle oder intrazelluläre Veränderungen – etwa aufgrund der Einwirkung von oxidativen Stressoren – über verschiedene Signalwege ausgelöst. Diese Signalwege aktivieren am Ende sogenannte Caspasen (Proteasen), die essenzielle Proteine, wie Cytoskelett- und Kernproteine sowie DNA-Reparaturenzyme, degradieren und Nucleasen aktivieren, die die DNA in Fragmente bestimmter Größe zerlegen.

Der wichtigste Signalweg von oxidativem Stress zur Apoptose geht von Mitochondrien aus, vermutlich über die Schädigung ihrer Membranen im Zusammenhang auch mit einer Verschiebung des Gleichgewichts zwischen pro- und antiapoptotischen Faktoren (zu den proapoptotischen Proteinen gehören u. a. Bax, Bid, Bik, Bim und Bad, zu den antiapoptotischen u. a. Bcl-2, Bcl-x, Bfl-1 und Bad-P, auf die wir hier nicht näher eingehen können). Hinzu kommen noch Ceramid und andere proapoptotische Faktoren. Diese schädigenden Wirkungen von ROS führen zu einer Öffnung der *mitochondrial permeability transition pore* (mtPTP, s. weiter unten). Ihre Öffnung führt zu einem Zusammenbruch des elektrochemischen Protonengradienten an der inneren Membran. Dieser Gradient ist für die ATP-Synthese wesentlich. Ein Zusammenbruch dieses Gradienten führt daher auch zum Zusammenbruch der ATP-Synthese und letztlich zu einer Energiekrise der Zelle. Die Öffnung der Pore befördert den Wasser- und Protoneneinstrom in das Mitochondrium, dessen Schwellung schließlich zum Reißen der äußeren Membran führt. Durch die Ansäuerung wird in der Mitochondrienmatrix die Caspase-2 aktiviert, die anscheinend auch an der Permeabilisierung der Membran beteiligt ist. Diese Membranschäden bewirken die Ausschüttung von proapoptotischen Faktoren wie Cytochrom *c*, dem *apoptosis protease activating factor* (Apaf-1), Procaspasen, Endonuclease-G und von *apoptosis-inducing factor* (AIF) (◘ Abb. 2.13).

Cytochrom *c*, Apaf-1, ATP und Procaspase-9 bilden dann das sogenannte **Apoptosom**, das autokalalytisch zu einer Aktivierung der **Caspase-9** führt. Die Caspase-9 setzt – genauso wie der ligandenabhängige Signalweg – letzten Endes eine Aktivierung der **Caspase-3** in Gang, die als eine der wichtigsten Ausführungsenzyme (*central executioner*) der Apoptose gilt. Caspase-3 degradiert Cytoskelettproteine und aktiviert andere Caspasen und eine DNase (*caspase activated DNase,* CAD). Letzteres geschieht durch proteolytische Zerstörung des Inhibitors (ICAD) dieses Enzyms. Danach wird die DNase in den Kern transloziert, wo sie die DNA in Fragmente definierter Länge schneidet – ein Charakteristikum der Apoptose. *Apoptosis-inducing factor* und Endonuclease-G wirken unabhängig

2.6 · Woher stammen die schädigenden Radikale in der Zelle und was verursachen sie?

33   2

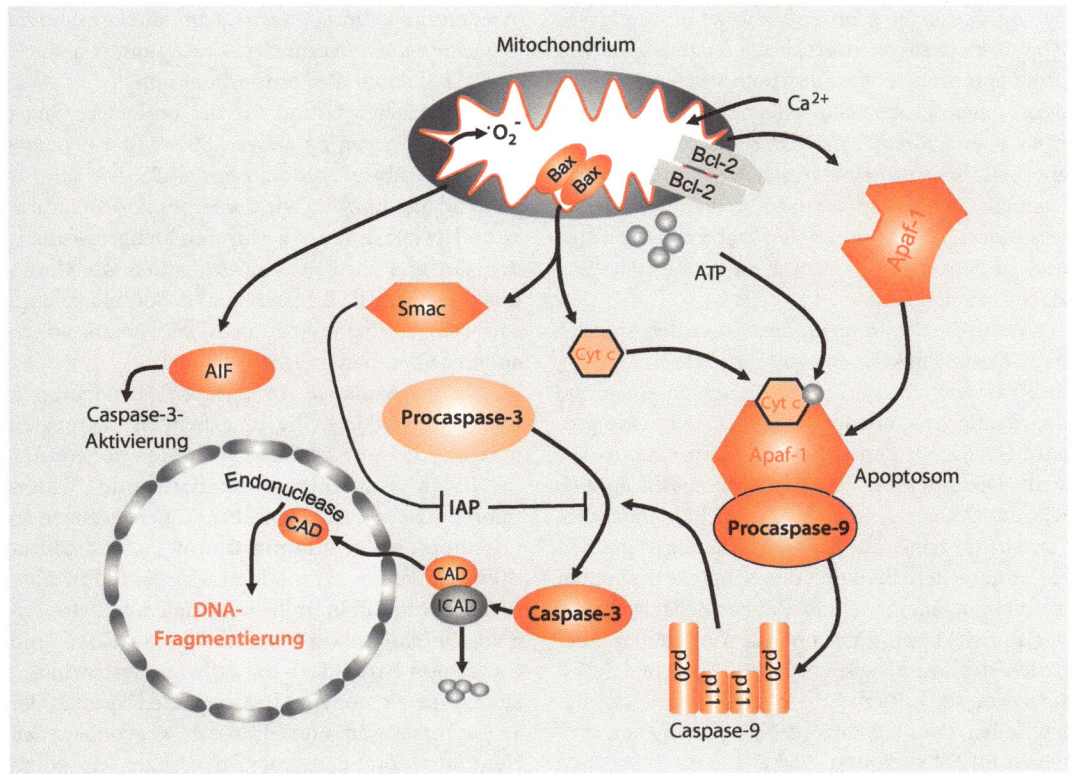

Abb. 2.13 Apoptose. Durch ROS-abhängige Schädigung der mitochondrialen Membran und Öffnung der mtPTP mithilfe von Bax treten Apaf-1 (*apoptosis protease activating factor*), Cytochrom *c* (Cyt *c*) und eine inaktive Vorstufe einer Cystein-Protease (Procaspase-9) mit ATP zu einem Komplex zusammen, der auch Apoptosom genannt wird. Dadurch aktiviert sich die Procaspase-9 autokatalytisch zu Caspase-9. Diese aktiviert wiederum proteolytisch die Procaspase-3 zu Caspase-3, die ein wichtiges ausführendes Enzym der Apoptose ist: Sie degradiert u. a. den Inhibitor einer DNase (CAD), sodass diese DNase (*caspase activated DNase*, CAD) in den Kern transportiert werden kann und dort die DNA fragmentiert. Die Umwandlung der Procaspase-3 in ihre aktive Form wird von einem Inhibitor (*inhibitor of apoptosis protein*, IAP) gehemmt, der wiederum von einem Protein gebunden wird, das aus dem Intermembranraum des Mitochondriums stammt (*second generation mitochondrial activator of caspases,* Smac). Ein weiteres Protein aus diesem Raum ist AIF (*apoptosis-inducing factor*), der unabhängig von Cytochrom *c* die Caspase-3 aktivieren kann. Viele chemotherapeutische Agenzien induzieren die Ausschüttung von AIF aus den Mitochondrien, während das antiapoptotische Bcl-2 ihn zurückhält. (Aus Rensing et al. 2006)

von den Caspasen und gehören möglicherweise einem alten Zelltodweg an.

Die Familie der **Caspasen** (*cystein aspartate specific proteases*) zeigt proteolytische Spezifität für Aspartatreste in Proteinen. Die bisher bekannten Caspasen (−1, −2, −3, −6, −7, −8, −9, −10, −12) werden bei der Apoptose sequenziell aus inaktiven Vorstufen (**Procaspasen**) aktiviert. Diese Aktivierung wird durch **inhibitors of apoptosis protein (IAP)** gehemmt, die auch die Aktivität von aktivierten Caspasen unterdrücken. Während der Apop-

tose wird diese inhibitorische Wirkung jedoch von einer »zweiten Generation« von aus Mitochondrien freigesetzten Aktivatoren der Caspasen neutralisiert (Smac).

Die stressinduzierte Apoptose kann auch durch höhere Mengen an Stressproteinen vermindert werden. Diese lagern sich an Apaf-1 und Cytochrom *c* an und verhindern so die Bildung eines aktiven Apoptosoms. Bei zellulärem Stress werden solche **Stressproteine** vermehrt gebildet und hemmen auf diese Weise eine Zeit lang die Auslösung

2

der Apoptose. Sie gehören somit zu den reaktiven Abwehrmechanismen. Auch die Balance zwischen proapoptotischen und antiapoptotischen Mitgliedern einer Protein-Super-Familie (Bcl-2) kann nach einem Stress zunächst zugunsten der antiapoptotischen Proteine verschoben werden – was ebenfalls eine Apoptose unmittelbar nach Stress verhindert und dadurch Reparaturmechanismen und andere reaktive Abwehrmechanismen zum Zuge kommen lässt.

Wenn die Reparaturmechanismen den Schaden nicht beseitigen können, wird die Zelle oft zerstört, weil sie wahrscheinlich in der defekten Form und den damit verbundenen Dysfunktionen eine größere Gefahr für den vielzelligen Organismus darstellt. Die Apoptose ist daher prinzipiell, ähnlich wie der Abbau geschädigter Moleküle, auch ein Abwehrmechanismus gegen stressgeschädigte Zellen. Eine weitere Funktion der Apoptose liegt in der Vernichtung nicht mehr benötigter Zellen während der Entwicklung, nicht optimal funktionierender Zellen des Immunsystems, von infizierten Zellen sowie von stark durch äußere Stressoren geschädigten Zellen, etwa bei Hitze, die die Faltung von Proteinen im ER verändert. Verstärkte Apoptoseraten im Alter führen allerdings zu einer signifikanten Leistungsminderung der betroffenen Gewebe.

2.6.3 Oxidativer Stress verursacht Hirnschäden

Neuronen, insbesondere Neurone im Gehirn, sind sehr empfindlich gegen oxidativen Stress (Leutner et al. 2001). Diese Empfindlichkeit beruht auf der hohen Stoffwechselaktivität tätiger Neurone, dem höheren Gehalt an Lipiden mit ungesättigten Fettsäuren in Membranen sowie dem Gehalt an Eisen. Neurotransmitter wie **Dopamin** und **Glutamat** wie auch das Signalmolekül NO erhöhen noch die Menge von reaktiven Sauerstoff- und Stickstoffspezies. Sauerstoffunterversorgung aufgrund von Gefäßblockaden nach einem Schlaganfall (**ischämische Defekte**) führt zu einer intrazellulären **Ansäuerung** und daraufhin zu einer Freisetzung von Eisen aus eisenbindenden Proteinen wie **Ferritin** und **Metallothionein**. Bei einer dann folgenden

Wiederdurchblutung verursacht dieser erhöhte Eisenspiegel eine vermehrte Erzeugung von •OH-Radikalen durch die **Fenton-Reaktion**.

Ein weiterer Grund für die besondere Empfindlichkeit gegen oxidativen Stress ist ein relativ schwaches Abwehrsystem gegen ROS. Das gilt für antioxidante Enzyme wie die **Superoxid-Dismutase** und **Katalase**, die in geringeren Mengen vorhanden sind, als auch für Antioxidantien wie Glutathion, Vitamin E, Transferrin und Coeruloplasmin sowie für Stressproteine, die nicht so stark wie in anderen Geweben induziert werden.

Die antioxidative Abwehr von Hirnneuronen wird jedoch durch die umgebenden Astrocyten unterstützt: Diese verfügen über eine höhere Aktivität an Glutathion-Peroxidase und Glutathion-S-Transferase sowie über größere Mengen an **Coeruloplasmin**, **Vitamin C und E** sowie **Glutathion**. Außerdem synthetisieren sie das induzierbare **Metallothionein**, mitochondriale und cytoplasmatische **Superoxid-Dismutasen**, **Katalase** und **Glutathion-Peroxidase** mit höherer Geschwindigkeit als die Neuronen. Ebenso ist die Kapazität der Stressproteininduktion drastisch gegenüber den Neuronen erhöht. Astrocyten besitzen ein effizientes System für den Transport und das Recycling von Vitamin C sowie hohe intrazellulare Konzentrationen dieses Vitamins. Insgesamt sind Astrocyten daher resistenter gegen oxidativen Stress. Sie geben nach oxidativem Stress Vitamin C nach außen ab, was die Regeneration von oxidiertem Vitamin E und Glutathion in Neuronen zu verbessern scheint. Außerdem versorgen sie diese anscheinend mit den Glutathionbestandteilen Cystein, Glutamat und Glycin (Wilson 1997).

2.6.4 Altern und Krankheiten sind oft Folgen der durch oxidativen Stress entstandenen Schäden

Die durch oxidativen Stress bedingten Schäden verursachen insbesondere Fehlfunktionen der Mitochondrien, die dann zu weiteren zellulären Fehlfunktionen führen oder den programmierten Zelltod auslösen. Diese Schäden sind offenbar wesentliche Faktoren für eine Anzahl von Alters-

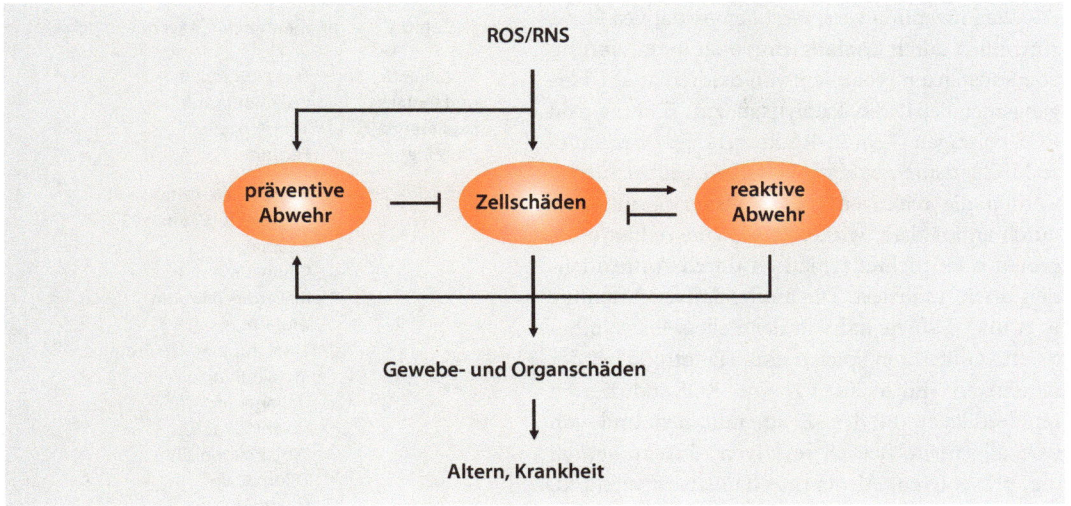

◻ Abb. 2.14 Schema der Beziehungen zwischen oxidativen Stressoren und den von ihnen verursachten Zellschäden. Oxidative Stressoren (ROS und reaktive Stickstoffspezies, RNS) verursachen Zellschäden vor allem in DNA-, Protein- und Lipidmolekülen. Dadurch werden Gewebe- und Organschäden, Altern und Krankheit erzeugt. Gegen die Stressoren und die von ihnen verschuldeten Schäden sind zahlreiche präventive und reaktive Abwehrmechanismen in den Zellen entstanden, die zu einer Reparatur der Schäden oder aber zu Apoptose führen können. (Aus Rensing et al. 2006)

krankheiten, die letztlich auch den Tod herbeiführen können. Eine Akkumulation von somatischen Mutationen durch chemische, physikalische und auch oxidative Stressoren in sich teilendem Gewebe ist der Grund für eine altersabhängige Zunahme der Krebswahrscheinlichkeit (▶ Kap. 14). Die Lebenserwartung, Alterungsprozesse und Ausfallerkrankungen sind daher in großem Ausmaß von oxidativem Stress und seinen Folgen abhängig.

Die weiter oben beschriebenen Schäden von Zellen und Mitochondrien und die dadurch hervorgerufenen Dysfunktionen in postmitotischen Geweben, wie Gehirn und Herz, haben eine große Anzahl von Krankheiten und Ausfallserscheinungen zur Folge oder sind zumindest an deren Auftreten beteiligt. Dazu gehören **Morbus Alzheimer, Morbus Parkinson, Morbus Huntington, Multiple Sklerose, Arteriosklerose, Herzinfarkt, rheumatoide Arthritis, chronische Entzündungen, Diabetes mellitus Typ 2** u. a. (Ames et al. 1993; Floyd 1999; Knight 1998; Wallace 1999).

2.7 Die antioxidativen Abwehrmechanismen in der Zelle sind zahlreich, vernetzt und wirken präventiv und reaktiv

Um die Schäden durch ROS zu verhindern oder zumindest zu reduzieren, haben Zellen zahlreiche, oft komplex miteinander vernetzte **Abwehrstrategien** entwickelt, die je nach Organismusart und den verschiedenen Geweben variieren können (Davies 2000; Sies 1993). Man kann präventive und reaktive Abwehrstrategien unterscheiden: Die erstgenannten zielen darauf ab, ROS nicht entstehen zu lassen oder sie bei ihrer Entstehung unschädlich zu machen und in unschädliche oder weniger schädliche umzuwandeln, während die reaktiven Strategien darauf ausgerichtet sind, die eingetretenen Schäden zu reparieren oder geschädigte Moleküle oder Zellen zu beseitigen (◻ Abb. 2.14). Da ROS während der Zellatmung in den Mitochondrien durch eine »Leckage« von Elektronen aus der Atmungskette entstehen, sind in der Evolution außerdem Mechanismen entwickelt worden (z. B. bei Vögeln und Primaten), die diese Leckage vermindern.

2

Die Prävention verringert den oxidativen Stress zum einen durch **Chelatierung** oder **Inaktivierung** von Substanzen (vor allem von oxidierbaren Übergangsmetallen), die katalytisch zur Bildung von ROS beitragen (Fenton-Reaktion) oder über andere Mechanismen oxidativ wirken. Darüber hinaus werden die reaktiven Sauerstoffspezies entweder durch antioxidativ wirkende Enzyme reduktiv abgebaut oder nichtenzymatisch durch Antioxidantien direkt reduziert. Die antioxidativen Vitamine E, A und C sowie das von der Zelle selbst synthetisierte Glutathion spielen eine Hauptrolle bei der reduktiven »Entschärfung« von ROS-induzierten Lipidradikalen in den Zellmembranen und von ROS allgemein. Bei der reaktiven Abwehr werden die präventiven Abwehrmechanismen verstärkt. ROS-geschädigte Makromoleküle werden entweder regeneriert (Reparatur) oder abgebaut und geschädigte Zellen durch Apoptose eliminiert.

2.7.1 Proteine binden oder oxidieren Fenten-reaktive Metallionen

Ein Mittel der Prävention gegen oxidativen Stress ist die Inaktivierung von Fenton-reaktiven Übergangsmetallionen, vor allem von Eisen und Kupfer, durch Proteine wie Transferrin, Ferritin, Coeruloplasmin und Metallothionein (▪ Tab. 2.2).

Dabei werden die Übergangsmetalle entweder gebunden (chelatiert) oder oxidiert. **Transferrin** ist ein Transportprotein im Blutplasma, das zwei Fe^{3+}-Ionen binden kann, während **Ferritin** ein multimeres, cytosolisches Speicherprotein ist, das bis zu 4500 Fe^{3+}-Ionen chelatiert. Bei Bindung von Transferrin an den Transferrinrezeptor kommt es zur endocytotischen Aufnahme von Eisen und Bindung an Ferritin. Der Eisenstoffwechsel läuft über eine posttranslationale Kontrolle der mRNA von Transferrinrezeptor und Ferritin durch eisenregulatorische Proteine (IRP), die ihrerseits durch Eisen und ROS reguliert werden. **Coeruloplasmin** fungiert als eine Ferroxidase, die Fe^{2+} zum weniger toxischen Fe^{3+} oxidiert und es so als Katalysator der Fenton-Reaktion unbrauchbar macht. **Metallothioneine** sind kleine, cysteinreiche Proteine, die sowohl Übergangsmetalle binden als auch Hydroxylradikale inaktivieren. Durch die Bindung von

▪ Tab. 2.2	Komponenten der präventiven Abwehr
Metallbindende und metalloxidierende Proteine	Metallothionein Coeruloplasmin Transferrin Ferritin
Antioxidantien	Tocopherole (Vitamin E) L-Ascorbat (Vitamin C) Vitamin A Vitamin K Biliverdin, Bilirubin Glutathion Thiolgruppen von Proteinen Metallothionein Flavonoide Ubichinol Dihydroliponsäure Thioredoxin Melatonin Cholesterol Harnsäure Zink
Antioxidante Enzyme	Superoxid-Dismutase (SOD) (Mn, Cu/Zn- oder Ni-abhängig) Katalase (eisenabhängig) Glutathion-Peroxidase (selenabhängig) GSSG-Reduktase Thioredoxin-Reduktase Peroxiredoxin 6 (Prx 6) Hämoxigenase

Übergangsmetallen wird die Entstehung des Hydroxylradikals in der Fenton-Reaktion vermindert (Viarengo et al. 2000)

2.7.2 Antioxidantien reagieren direkt mit ROS

Es gibt eine Reihe von Antioxidantien, die die freien Radikale direkt reduzieren. Dabei zeigen vor allem die essenziellen (d. h. mit der Nahrung aufzunehmenden) Antioxidantien **Tocopherol (Vitamin E)** und L-**Ascorbat (Vitamin C)** sowie das nicht essenzielle (d. h. selbst synthetisierte) **Glutathion** deutliche Wirkungen gegen oxidativen Stress. Besonders bei erhöhtem oxidativem Stress (körperliche Anstrengung, Sport, Überernährung, Rauchen, Alterungsprozesse, Krankheiten) scheint eine maßvolle Supplementierung dieser essenziellen Antioxidantien empfehlenswert, auch wenn bisher therapeutische Wirkungen dieser Substanzen bei Erkrankungen, die mit oxidativem Stress einhergehen, umstritten sind.

Zur lipophilen Vitamin-E-Gruppe gehören die **Tocopherole** und **Tocotrienole** (Brigelius-Flohe und Traber 1999). Unter den Molekülen dieser Gruppe weist **α-Tocopherol** die höchste antioxidative Aktivität auf und wird vom Darm am besten resorbiert. Von α-Tocopherol gibt es acht Stereoisomere, von denen die D-α-Isoform (auch RRR-α-Tocopherol genannt) die höchste biologische Aktivität zeigt. Die Hauptaufgabe von Tocopherol besteht in der Unterbrechung der Lipidradikal-Kettenreaktion, wodurch die Lipidperoxidation in den Zellmembranen stark vermindert wird. Hierbei reduziert Tocopherol mittels der phenolischen Hydroxylgruppe die Lipidradikale (Liebler 1998).

Bei der reduktiven Entgiftung wird Tocopherol seinerseits zum Tocopheroxylradikal oxidiert, das nicht nur keine antioxidative Wirkung hat, sondern in Abwesenheit von hydrophilen Antioxidantien (z. B. Vitamin C) sogar prooxidativ wirkt, also andere Moleküle oxidiert. Neben der antioxidativen Funktion ist α-Tocopherol an der Regulation sowohl von Signaltransduktionswegen als auch an der Genexpression beteiligt. Bei **Vitamin C** (L-Ascorbat) bilden die beiden Hydroxylgruppen am **Lactonring** die funktionellen antioxidativen Gruppen. Die biologisch aktive Form von Ascorbat ist das **L-Ascorbat-Anion**. Bei der Reduktion von freien Radikalen oder von Tocopherol wird das L-Ascorbat-Anion zum Semidehydroascorbat-Radikal oxidiert. Bei weiterer Oxidation entsteht das zweifach oxidierte Dehydroascorbat. Die Hauptaufgabe von Vitamin C besteht in der Inaktivierung der im Cytosol entstehenden freien Radikale sowie in der Regeneration von Tocopherol und Glutathion.

Neben der antioxidativen Wirkung kann auch Vitamin C bei einer pathologischen Konzentrationserhöhung vor allem von Eisen und Kupfer prooxidative Effekte aufweisen und somit cytotoxisch wirken. Dieser prooxidative Effekt kommt durch eine Reduktion von Übergangsmetallen zustande, die dann die Fenton-Reaktion unterstützen können. Bei einer starken Akkumulierung von Eisen und Kupfer infolge von genetischen Defek-

ten wie Hämochromatose und Thalassämie, bei zunehmendem Alter oder bei erhöhter Aufnahme von diesen Metallen kann daher eine starke Anreicherung der Nahrung mit Vitamin C toxisch wirken. **Carotinoide** haben ebenfalls eine hohe antioxidative Kapazität, darunter z. B. die in Tomaten vorkommenden **Lycopine**. Gemessen wird die antioxidative Kapazität in relativen Einheiten *Trolox equivalent antioxidant capacity* (TEAC) (Böhm et al. 2002).

Glutathion (GSH) kommt in hohen intrazellulären Konzentrationen vor. Die Funktion von GSH besteht in der Reduktion von Peroxiden als Cofaktor der **Glutathion-Peroxidase** sowie der nicht enzymatischen Reduktion der freien Radikale und oxidierten Moleküle und der Regeneration von Antioxidantien (Dringen et al. 2000; Anderson 1998). Unter normalen Bedingungen sind etwa 95 % der GSH der Zelle reduziert, was das zelluläre Milieu insgesamt stark reduzierend macht. Das ist wichtig für die zahlreichen Thiolgruppen von Proteinen, u. a. auch von Cysteinproteasen wie den Caspasen, die bei der Apoptose eine zentrale Rolle spielen. Eine Verminderung der GSH-Menge und Verschiebung des Redoxgleichgewichts hat beachtliche schädigende Wirkungen für die Zelle.

Ein wichtiges Antioxidans ist die **Liponsäure** (*a-lipoic acid*, LA), eine Dithiolverbindung, die direkt freie Radikale reduziert, Übergangsmetalle bindet und den intrazellulären Gehalt von Glutathion erhöht. LA wird daher auch als mögliche therapeutische Substanz gegen ROS-/RNS-beeinflusste Erkrankungen getestet. Die Regeneration von antioxidanten Vitaminen (E und C) und von Glutathion ist äußerst wichtig, um die antioxidative Abwehr aufrechtzuerhalten. Dabei wird das oxidierte Glutathion (GSSG) vor allem über die **GSH-Reduktase** regeneriert bzw. über die **γ-Glutamylcystein-Synthetase** und die **GSH-Synthetase** neu synthetisiert. Dabei spielt auch eine Rolle, dass über eine adäquate Proteinernährung genügend Aminosäuren, vor allem Cystein, für die Synthese zur Verfügung steht (Wu et al. 2004). Auch zur Reduktion von oxidiertem Vitamin E und C verfügt die Zelle über umfangreiche Regenerationssysteme, die enzymatisch oder nichtenzymatisch erfolgen. Bei der Regeneration werden verschiedene Elektronentransportketten benutzt, wobei NADPH

2

und NADH als Elektronendonatoren dienen und über den **Pentosephosphatzyklus** bereitgestellt werden. Eine Reihe weiterer Moleküle, wie **Ubichinol, Thioredoxin, Melatonin, Cholesterol, Flavonoide** und andere, können antioxidative Aufgaben übernehmen. In Gemüse, Früchten, Tee und Wein sind eine Anzahl von Substanzen, die **Polyphenole**, **Theaflavindigallat** oder **Quercetin** enthalten, die TEAC-Werte aufweisen (▶ Kap. 14). Zudem wirken einige Stoffwechselprodukte der Zelle, wie Harnsäure, Biliverdin und Bilirubin, antioxidativ. Darüber hinaus wurde gezeigt, dass die Thiolgruppen der Proteine als Antioxidantien dienen können, wenn die antioxidativen Reserven der Zelle erschöpft sind. Zunehmend werden in der Medizin weitere antioxidante Moleküle verwandt, um oxidative Schäden in Geweben – etwa bei Magen- und Darmentzündungen – einzuschränken. Dazu gehören beispielsweise *oligomeric procyanidins* (OPC) (Banan et al. 2001).

2.7.3 Antioxidante Enzyme reduzieren reaktive Sauerstoffspezies (ROS)

ROS werden durch antioxidante Enzyme reduziert, vor allem durch Superoxid-Dismutasen, Katalasen und Glutathion-Peroxidasen, die in einem genau regulierten Gleichgewicht exprimiert werden. Die Superoxid-Dismutase (SOD) katalysiert die Reduktion von $\bullet O_2-$ zu H_2O_2 und kommt in vier verschiedenen Isoformen vor. Während die manganabhängige Form (MnSOD) in den Mitochondrien lokalisiert ist, liegt die kupfer- und zinkabhängige Superoxid-Dismutase (CuZn-SOD) als cytosolisches Enzym und sekretorisches Isoenzym vor (Inoue et al. 2003). Außerdem gibt es noch eine nickelabhängige SOD im Cytoplasma. Die eisenabhängige Katalase katalysiert die Reaktion von H_2O_2 zu H_2O und O_2. Aufgrund der Lokalisation in den Peroxisomen scheint die Katalase bei der Entgiftung von Peroxiden nicht sehr effektiv zu sein: Es wurden darüber hinaus jedoch auch eine Katalase in Herzmitochondrien und eine sekretorische Isoform in T-Lymphocyten beschrieben. Das wichtigste Enzym bei der Reduktion von H_2O_2 und Lipidperoxiden ist die selenabhängige **Glutathion-Peroxidase (GPX),** die sowohl im Cytosol als auch

in den Mitochondrien vorkommt und reduziertes Glutathion (GSH) als Cofaktor benötigt. Ein weiteres antioxidantes Enzym ist die **Thioredoxin-Reduktase**, die SH-Gruppen von Thioredoxin bei reduzierendem Milieu reduziert. Reduziertes Thioredoxin hemmt eine apoptosestimulierende Kinase (*apoptosis signal regulating kinase*, ASK1) und gibt sie nach Oxidation seiner eigenen SH-Gruppen durch ROS frei (Kyriakis und Avruch 2001). Dieser Vorgang über die aktivierte ASK1 ist ein weiterer Weg, wie reaktive Sauerstoffspezies die Apoptose auslösen können.

2.7.4 Induktion von antioxidanten Enzymen verstärkt die Präventivabwehr

Mehrere antioxidante Enzyme werden durch oxidativen Stress induziert, d. h. vermehrt synthetisiert: die Katalase, die manganabhängige Superoxid-Dismutase (MnSOD) und die Glutathion-Peroxidase (GPX). Dabei sorgt der höhere Gehalt dieser Enzyme für eine stärkere Resistenz der Zelle gegen oxidative Stressoren. Es ist interessant, dass sportliche Aktivität diese Enzyme ebenfalls induziert und so möglicherweise die erhöht produzierten ROS eliminieren kann. So wurde in tierexperimentellen Modellen gezeigt, dass Ausdauertraining vor allem in der Muskulatur, aber auch im Endothel die Aktivität von antioxidanten Enzymen, wie der Glutathion-Peroxidase und der Superoxid-Dismutase, sowie den Gehalt an Glutathion steigert. Das geschieht bei den Enzymen auch über eine Steigerung der Genexpression (Rush et al. 2003).

Ein weiteres Enzym, die induzierbare **Hämoxigenase (HO-1)**, wird ebenfalls durch oxidativen Stress vermehrt exprimiert. Dieses Enzym und zwei konstitutive Isoformen, HO-2, HO-3, katalysieren den Abbau der zyklischen Häm-Gruppe in das lineare Biliverdin, freies Eisen und Kohlenmonoxid. Biliverdin wird danach durch die Biliverdin-Reduktase umgewandelt. Beide Produkte zeigen deutlich antioxidative Eigenschaften. Die Hämoxigenase scheint auch am Export von Eisen beteiligt zu sein, was auch die präventive Abwehr unterstützt. Bei der Induktion mehrerer antioxidanter Enzyme bei Stress spielt der Transkriptionsfaktor NF_KB eine wichtige Rolle (Wang et al. 2002).

2.7.5 Die Lipidreparatur ersetzt oder reduziert peroxidierte Fettsäuren

Bei der Reparatur geschädigter Lipide spielen mehrere Enzyme eine Rolle. Die potenziell toxischen **Lipidhydroperoxide** werden oft zunächst durch Phospholipasen gespalten, bevor das abgespaltene Lipidhydroperoxid durch die **Glutathion-Peroxidase (GPX)** zum Alkohol reduziert werden kann. Das restliche Lysophospholipid kann durch Reacetylierung mit einer anderen Fettsäure zum intakten Phospholipid regeneriert werden. Insofern hängt die Reduktion von Lipidhydroperoxiden durch die GPX von der Aktivität der Phospholipasen ab. Bei Säugern existiert neben der GPX noch die **Phospholipid-Hydroperoxid-GPX**, die in den Membranen lokalisiert ist und Lipidhydroperoxide *in situ* reduziert, ohne dass eine vorhergehende Spaltung durch eine spezifische Phospholipase (PLA2) nötig ist. Ein weiteres effizientes Entgiftungsenzym stellt die membrangebundene Glutathion-S-Transferase dar, die reaktive Moleküle mit dem Tripeptid Glutathion zu inaktiven Konjugaten komplexiert.

In Bezug auf das Altern war es wichtig zu erkennen, dass die Fettsäurezusammensetzung von Membranen, speziell von Mitochondrienmembranen, einen deutlichen Zusammenhang mit dem maximalen Lebensdauerpotenzial (MLSP) zeigt. Organismen mit geringeren Anteilen an mehrfach ungesättigten Fettsäuren in diesen Membranen werden weniger durch Lipidperoxidation geschädigt als solche mit höheren Anteilen (Übersicht: Hulbert et al. 2007, ◘ Abb. 2.8).

Mit zunehmendem Alter ist bei vielen Säugern (Ratten, Mäuse) eine Zunahme von ungesättigten Fettsäuren in verschiedenen Geweben und Mitochondrienmembranen zu registrieren, ebenso eine Zunahme der Membranlipidperoxidation und eine Abnahme der Membranfluidität (Hulbert et al. 2007). Untersuchungen an Honigbienen haben darüber hinaus gezeigt, dass bei Königin und Arbeiterinnen unterschiedliche Phospholipidzusammensetzungen vorliegen und der Peroxidationsindex der Phospholipide bei der Königin um etwa ein Drittel niedriger ist als bei den Arbeiterinnen. Das wäre eine mögliche Ursache für die Unterschiede in der Lebenszeit (▶ Kap. 1). Ähnliches gilt für viele Vogelarten, die bei gleichem Gewicht eine längere Lebensdauer als entsprechende Säuger aufweisen (z. B. Taube ~ 35 Jahre, Ratte ~ 4 Jahre). Zusammenfassend kann man auch bei Lipiden eine Akkumulation von Schäden im Laufe des Alters feststellen, die sich auf eine Erhöhung des Krankheitsrisikos und auf die Lebensdauer auswirken.

2.8 Präventive Maßnahmen gegen oxidativen Stress

In einer Anzahl von Studien – wenn auch nicht allen – wurden signifikante vorbeugende oder therapeutische Wirkungen von zusätzlichen Gaben von Vitamin E und C bei Erkrankungen wie Arteriosklerose, Krebs, Katarakt u. a. beschrieben. Schützende Wirkungen von Vitamin E allein oder gemeinsam mit Vitamin C wurden auch im Zusammenhang mit Morbus Alzheimer festgestellt. Die zugesetzten Vitamine scheinen die oxidativen Schäden in Mitochondrien zu reduzieren – wie vor allem Versuche an Zellkulturen deutlich machen, obwohl die Rolle von Vitamin C für die Stabilität des Genoms oder bei der Prävention von Arteriosklerose noch kontrovers diskutiert wird (Fang et al. 2002). Die Dosierung dieser Vitamine sollte nicht zu hoch gewählt werden, zumal dann, wenn eine ausgewogene Diät schon ausreichende Mengen enthält. Ebenso werden Antioxidantien in der Nahrung empfohlen, die in verschiedenen Formen dort vorkommen, wobei z. B. die Flavonoide in Rotwein und Tee noch ihren kritischen *in vivo*-Test bestehen müssen. Ein Problem der Antioxidantien könnte sein, dass sie auch ROS hemmen, die eine Signalfunktion in verschiedenen Regulationsmechanismen wahrnehmen.

2.9 Die Bedeutung von Kalorienrestriktion (CR) und des Insulin/*Insulin-like growth factor 1(IGF-1)*-Signalsystems (IIS) für das Altern

Eine Verringerung der Nahrungsaufnahme (**Kalorienrestriktion, CR**) hat bei zahlreichen Modellorganismen eine Verlängerung der mittleren Lebensdauer bewirkt (Masoro 2001). Untersucht wurde die Wirkung von CR vor allem an C. *elegans*, *Drosophila,* Mäusen und auch Affen, während Studien an Menschen bisher uneinheitliche Ergebnisse zeigten. Bei den genannten Arten bewirkte CR eine Verringerung der oxidativen Schäden in den Zellen und der ROS-Produktion in isolierten Mitochondrien nach langer CR. Da die Verringerung der oxidativen Schäden auch durch vermehrte Produktion von Antioxidantien oder von antioxidanten Enzymen erreicht werden kann, wurden auch diese untersucht, was jedoch zu uneinheitlichen Ergebnissen führte (Masoro 2006). CR hat aber auch Wirkungen auf die Fettsäurezusammensetzung von mitochondrialen Membranen und Leberphospholipiden bei Ratten und Mäusen – was wahrscheinlich durch Hormonänderungen wie der Verringerung von **Insulin**, **Trijodthyronin** und **Wachstumshormon** bewirkt wird (Übersicht: Hulbert et al. 2007). Niedrige Insulinwerte wie bei Diabetes verursachen ähnliche Veränderungen in den Phospholipiden, ebenso Verringerung der Schilddrüsenhormone, die den Anteil an mehrfach ungesättigten Fettsäuren in Membranen herabsetzen. Auf diese Weise könnte durch CR das Ausmaß an Lipidperoxiden verringert werden.

2.9.1   Der Insulin/IGF-1-Signalweg

Eine weitere Wirkung von CR verläuft über den Insulin/IGF-1-Signalweg (IIS), dessen Hemmung bei Modellorganismen wie *C. elegans*, *Drosophila* und Mäusen zu einer Lebensverlängerung führt (◘ Abb. 2.15). Mutationen von Genen wie *daf*-2 oder *age*-1 bei *C. elegans*, die für den **Insulin/IGF-1-Rezeptor** bzw. die **Phosphoinositid-3-Kinase (P13K)** codieren, verlängern die Lebensdauer signifikant. Dasselbe gilt auch für entsprechende Gene bei *Drosophila* und der Maus. Versuche an *Drosophila* haben darüber hinaus gezeigt, dass bei einer Kalorienrestriktion der Zusatz von essenziellen Aminosäuren die Lebensdauer wieder verkürzte – dagegen die Fruchtbarkeit erhöhte. Andere Nahrungskomponenten zeigten keine Wirkungen auf diese beiden – offenbar gegenläufigen – Prozesse (Grandison et al. 2009). Eine Deletion der ribosomalen S6 Proteinkinase 1 (S6K1) – ein Teil der Insulinsignalkette, die zur Stimulation der Protein-

synthese führt – hat ebenfalls eine Lebensverlängerung zur Folge. Das gilt auch für eine Aktivierung der AMP-aktivierten Kinase (AMPK) (Selman et al. 2009). An dieser lebensverlängernden Signalkette ist offenbar eine Signalkette beteiligt, die über einen nuklearen Hormonrezeptor (NHR) verläuft (Daf 12 bei *C. elegans*). Mittels steroidaler Hormone werden über diesen Rezeptor Gene an- oder abgeschaltet (Wollam et al. 2011).

Beim Menschen sind die Befunde kontrovers: Defekte in der Insulinsignalkette bewirken Insulinresistenz und Diabetes sowie Wachstumsstörungen, ein erhöhtes Risiko für kardiovaskuläre Erkrankungen und Arteriosklerose. Auf der anderen Seite zeigten polymorphe Veränderungen der Gene für den IGF-1-Rezeptor und PI3K auch positive Auswirkungen auf die menschliche Lebensdauer (Bonafe et al. 2003). Bei Hundertjährigen ist die Sensitivität für Insulin allerdings gut erhalten – ebenso wie bei langlebigen Mutanten von Mäusen. Die **Insulinsensitivität** wird durch **Adiponectin** erhöht – ein Signal aus dem Fettgewebe, dessen Plasmakonzentration bei langlebigen Organismen ebenfalls zunimmt, während bei CR, langlebigen Mäusen und Hundertjährigen der Plasmainsulin- und Glucosegehalt, der IGF-1-Gehalt und **Plasmaleptin** abnehmen (◘ Tab. 2.3).

Der IIS hat darüber hinaus zahlreiche Wirkungen über die **Proteinkinasen PKB/Akt** und *mammalian target of rapamycin* (**mTOR**): Sie erhöhen die Proteinsynthese und Zellproliferation – und damit auch das Risiko von Tumorwachstum – sowie den Schutz vor Apoptose. Sie stimulieren die Glucoseaufnahme und den Stoffwechsel. IIS wirkt hemmend auf die **Transkriptionsfaktoren FOXO**, die für die Aktivierung eines Genprogramms zuständig sind, das für die Ruhephase von Zellen und deren Überleben wichtig ist. Verschiedene Isoformen von FOXO hemmen z. B. **Cyclin D** und stimulieren u. a. manganabhängige Superoxid-Dismutasen (MnSOD) in Mitochondrien und die Katalase in Peroxisomen, die für antioxidante Abwehrmechanismen beim Überlebensprozess wesentlich sind. Diese Aktivitäten von FOXO bewirken aber auch eine proliferative Seneszenz der Zellen (◘ Abb. 2.15), ein Genprogramm, an dem anscheinend auch der Transkriptionsfaktor NF_KB beteiligt ist.

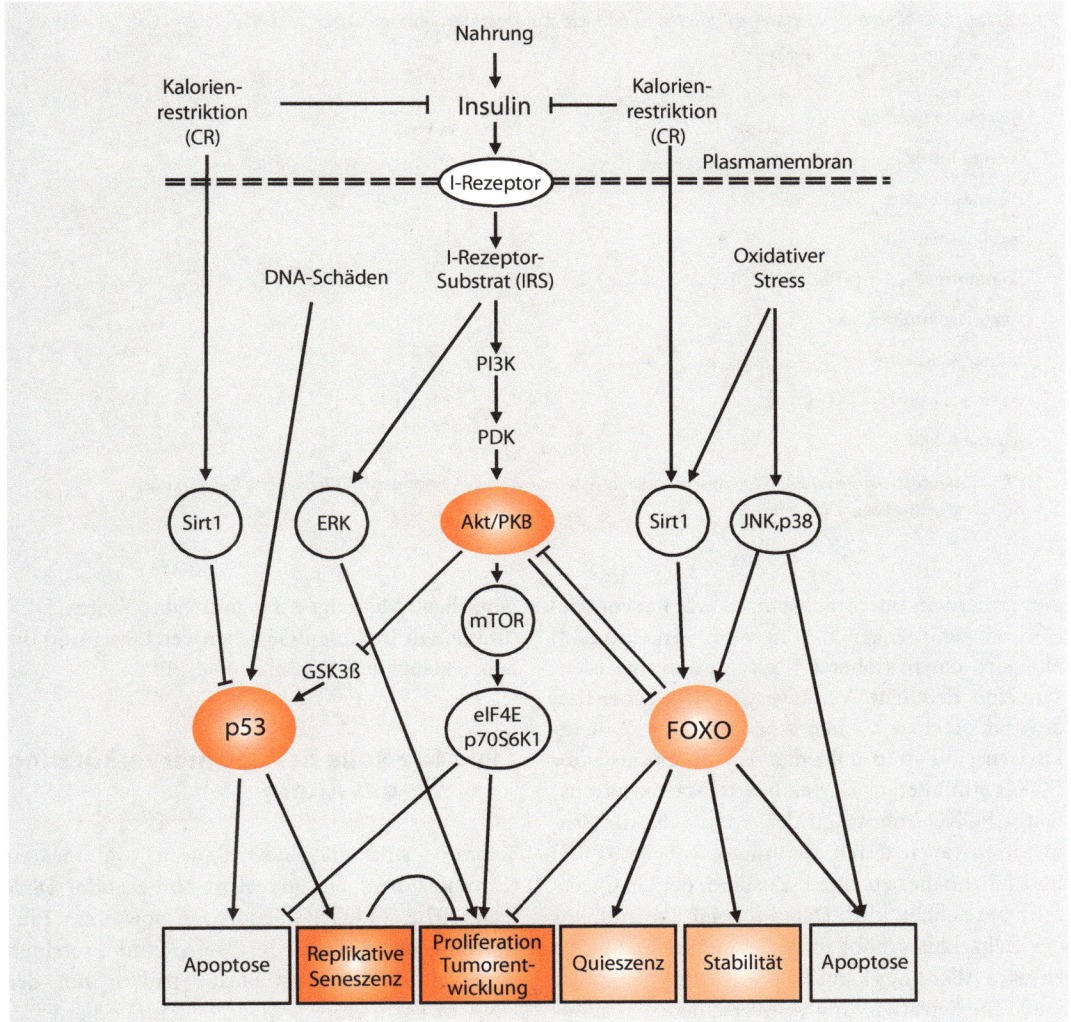

Abb. 2.15 Signalweg des Insulins. In der Mitte ist ein Signalweg des Insulins (I) dargestellt: PKI3K, PDK, Akt/PKB, mTOR, p70S6K, ERK und GSK3β sind Proteinkinasen, eIF4E ist der eukaryotische Initiationsfaktor 4E der Proteinsynthese. Sirt1 ist ein Sirtuin, JNK und p38 sind stressinduzierbare Proteinkinasen, p53 ist ein Transkriptionsfaktor. *CR – calorie restriction*. Pfeil – Aktivierung, Querstrich – Hemmung. (Aus Rensing 2007)

2.9.2 Der Transkriptionsfaktor FOXO begünstigt ein Quieszenz-Stadium und verlängert die replikative Seneszenz

FOXO wird aktiviert von einer Gruppe von relativ neu entdeckten Enzymen, den sogenannten **Sirtuinen (Sir – *silent information regulator*)**, die ihrer-

seits durch Kalorienrestriktion stimuliert werden (Burgering und Medema 2003). Diese Enzyme sind **NAD+-abhängige Deacetylasen**, die Proteine deacetylieren, wie FOXO, das dadurch aktiviert wird, während p53 und p21– wichtige Faktoren der Seneszenz – gehemmt werden. Das Sirtuin Sirt1 wird seinerseits durch Kalorienrestriktion und oxidativen Stress stimuliert, wobei die Signalwege noch nicht klar sind (Partridge et al. 2005). Sirtuine wer-

■ **Tab. 2.3** Vergleich von langlebigen Mäusen (*dwarf*) und Hundertjährigen. (Nach Arai et al. 2009)

	CR	Maus (*dwarf*)	FIRK O	ADPN Tg	Hundertjährige
Glucosestoffwechsel					
Plasma-Insulin	↓	↓	↓	↓	↓
Plasma-Glucose	↓	↓	↓	↓	↓
Insulinsensitivität	↑	↑	↑	↑	↑
Somatotrophe Achse Plasma-IGF-1	↓	↓ ↓	↓	NA	↓ oder →
Fettgewebestoffwechsel					
Körper-Adipositas	↓	↑ oder ↓	↓	↓	↓
Plasma-Leptin	↓	↓	↑	↓	↓ oder ↑
Plasma ADPN	↑	↑	↑	↑ ↑	↑

CR Kalorienrestriktion, *FIRK* fettspezifischer Insulinrezeptor, *ADPN* Adiponectin *Tg* Transgene Verstärkung, *NA* nicht verfügbar

den außerdem durch Substanzen wie **Resveratrol** (in geringen Mengen z. B. in Wein vorkommend) aktiviert, das in höherer Konzentration bei Mäusen eine deutliche Verlängerung der Lebenszeit bewirkt. Ebenso können stressaktivierte Proteinkinasen (JNK und p38) den Transkriptionsfaktor FOXO stimulieren. Der aktivierte Transkriptionsfaktor FOXO bremst auf der einen Seite die Proliferation (auch durch Hemmung von Akt/PKB) und führt daher zu einem Zustand, der als Quieszenz bezeichnet wird. Dabei scheint ein Inhibitor des Zellzyklus erhöht und ein anderer erniedrigt zu sein. Allerdings kann FOXO auch die Apoptose über eine Sensitivierung von verschiedenen apoptotischen Wegen in Gang setzen (Kelly 2010).

Die **replikative Seneszenz** von Geweben, d. h. die Unfähigkeit von Zellen, sich zu vermehren, ist letzten Endes allerdings eine wichtige Ursache für die Dysfunktion von Geweben im Alter. Das ist u. a. an Lebergewebe (▶ Kap. 8) und an den Langerhans-Inselzellen im Pankreas (▶ Kap. 8 und 11) deutlich erkennbar. Diese Vermehrungsunfähigkeit wird wesentlich von Zellzyklusinhibitoren verursacht, wie z. B. durch p16[INK4a], einem Protein, das die **Cyclin 4-abhängige Kinase** am Kontrollpunkt zwischen der G_1- und der S-Phase hemmt. Neue Befunde an Mäusen haben gezeigt, dass die induzierbare Elimination des Gens für p16[INK4a] in Fettzellen, Muskelgewebe und Fibroblasten Dysfunktionen in diesen Geweben verringert und die Lebensdauer erhöht (Baker et al. 2011).

2.10 Die Rolle der Telomerverkürzung für das Altern

Telomere sind die Endstrukturen von linearen Chromosomen, die aus **nicht codierender DNA** (zahlreiche TTAGGG-Sequenzen sowie ein Einzelstrang am 3'-Ende der DNA) und Proteinen bestehen, die eine komplexe Struktur mit der DNA in Form einer Schleife bilden (Rodier et al. 2005) (■ Abb. 2.16). Diese Strukturen ermöglichen der DNA-Replikationsmaschinerie, in der S-Phase die codierenden Teile des Chromosoms bis an die Chromosomenenden komplett zu verdoppeln. Außerdem hindert die Telomerstruktur die Reparatursysteme (vor allem **nonhomologous DNA endjoining, NHEJ**), die Chromosomenenden miteinander zu verbinden, sowie Nucleasen, die Chromosomenenden abzubauen. Bei jeder Replikationsrunde werden die Telomere dadurch, dass das äußerste Ende nicht verdoppelt wird, etwas verkürzt. Nach einer bestimmten artspezifischen Zahl von Verdopplungsrunden wird das nun kurze Telomer zum Auslöser entweder von Apoptose oder

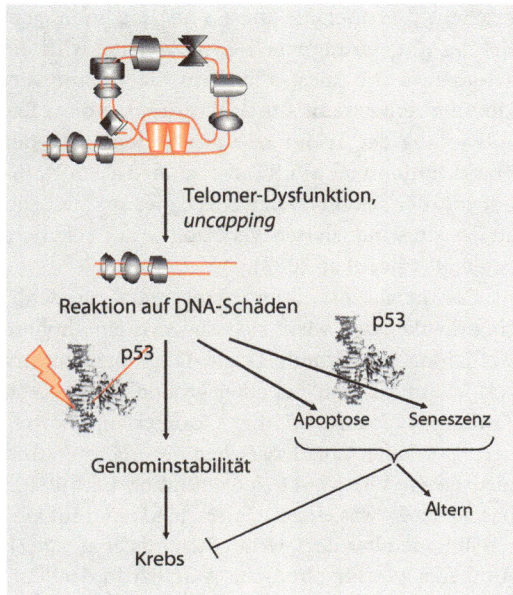

Abb. 2.16 Struktur eines Telomers, seine altersabhängige Dysfunktion (*uncapping*) und deren Konsequenzen für Krebsentstehung oder Altern. (Nach Rodier et al. 2005)

Zellzyklusarrest und Seneszenz der Zelle. Diese Telomerverkürzung ist offenbar – neben der oben dargestellten Akkumulation von Zellschäden – ein Grund für die Begrenzung der Lebenszeit und das Altern des Gewebes durch proliferative Seneszenz. Dafür ist anscheinend nicht nur die ursprüngliche Länge der Telomere, die bei Mäusen der beim Menschen entspricht, sondern auch ihre Struktur maßgebend.

Wenn die Apoptoseprozesse in einzelnen Zellen mutativ gestört sind, können die kurzen Telomere auf der anderen Seite eine Instabilität des Genoms erzeugen, die wahrscheinlich wesentlich zu einer erhöhten Mutationsrate und zum altersabhängigen Krebsrisiko beiträgt und die charakteristisch für Krebszellen ist (Blasco 2002). In Krebszellen sind die Telomere meist kurz. Entsprechend findet man u. a. mehr Translokationen. Diese Instabilität führt bei einigen Zellen nicht zur Apoptose, weil vorher das **p53-System** durch Mutation ausgeschaltet wurde (▶ Kap. 14). Altern und das altersabhängige Krebsrisiko kann sich vorverlagern, dies geschieht sowohl durch beschleunigte Telomerverkürzung

durch oxidativen Stress (ROS) als auch durch psychosozialen Stress in Form etwa von tiefen Lebenseinschnitten, wie es ein schwer erkranktes Kind für die Mutter darstellt (Epel et al. 2004). Neue umfangreiche Studien an Frauen haben ergeben, dass chronischer psychischer Stress wie z. B. phobische Ängste die Telomerlänge deutlich verringern. Diese und andere Biomarker des Alterns zeigten einen höheren Alterungsgrad (sechs Jahre gegenüber der Kontrollgruppe) (Okereke et al. 2012). Damit erhöht sich auch das Krebsrisiko.

Die prospektive Krebszelle muss die Telomere allerdings wieder stabilisieren, weil sie sonst nicht unbegrenzt teilungsfähig wäre. Diese sogenannte **Immortalisierung** geschieht durch die Aktivierung eines Enzyms, das die Telomere wieder verlängert, die **Telomerase**. Sie ist vor allem in Keimbahn- und Stammzellen aktiv, in den übrigen Körperzellen ist ihre Aktivität entweder nicht vorhanden oder an die Proliferationskapazität des Gewebes gebunden, wie in hämatopoetischen und basalen Epithelzellen, in denen beide Funktionen erhöht sind (Mathon und Lloyd 2001). Die Telomerase besteht aus einem katalytischen Teil, der die DNA-Verlängerung als reverse Transkriptase bewirkt, und einem RNA-Teil, der als Matrize dazu dient. In manchen Tumoren wird das Gen für die katalytische Untereinheit (TERT) überexprimiert, offenbar unter der Einwirkung von **Onkogenproteinen** wie Myc oder eines Tumorproteins wie E6. Die dadurch bewirkte **Immortalisierung** ist ein wichtiger Schritt in der Entwicklung des Tumors. Eine der zurzeit verfolgten Antitumortherapien ist daher, die Telomerase durch **Antisense-Nucleinsäuren** oder durch einen Inhibitor (Isothiazolon) zu hemmen.

Die Telomerlänge beim Menschen beträgt bei der Geburt etwa 13,1 ± 1,1 kbp (Kilobasenpaare) im cerebralen Cortex, 12,6 ± 1,1 kbp im Herzmuskel, 13,7 ± 2,5 kbp in der Leber und 13,7 ± 2,2 kbp im Nierencortex. Die entsprechenden Werte bei Hundertjährigen waren 12,1 ± 2,3 kbp, 11,3 ± 1,6 kbp, 8,7 ± 1,4 kbp und 11,8 kbp – und nicht kürzer als 6 kbp. Diese und die altersabhängigen Zwischenwerte (▶ Tab. 2.4) wurden entweder mit der Southern-Blot-Methode oder jetzt meist mit quantitativer Fluoreszenz bei *in situ*-Hybridisierung (Q-FISH) bestimmt (Takubo et al. 2010).

2

◘ Tab. 2.4 Jährliche Reduktionsraten der Telomerlänge in menschlichen Geweben (nach Takubo et al. 2010) Bp Basenpaar

Organe/Gewebe	Jährliche Reduktionsrate (Bp/Jahr) (unterschiedliche Messungen)
Epidermiszellen	19,8/36/9
Fibroblasten	15
periphere Lymphocyten	41/31
CD4-T-Zellen	35
CD8-T-Zellen	26
Endothel	47–147
Kolonmucosa	59
Nierencortex	29/46
Leber	120/60
Schilddrüse	90
Hirn, Cortex	Keine signifikante Differenz
Herzmuskel	Keine signifikante Differenz

Die Verkürzungsraten verschiedener menschlicher Gewebe lagen etwa im Bereich von 20–60 Bp (◘ Tab. 2.4), d. h. einer Rate, die etwa der Verkürzung bei einer Zellteilung von Fibroblasten und Lymphocyten entspricht, während die Telomerlänge bei postmitotischen Zellen wie Nervenzellen im Gehirn oder Muskelzellen im Herzen konstant blieben. Unklar ist jedoch, warum Gewebezellen mit sehr unterschiedlichen Proliferationsraten wie Endothelzellen (hoch) und Leberzellen (niedrig) etwa gleiche Telomerverkürzungsraten aufweisen. Eine Erklärung wäre die, dass die Stammzellen von rasch proliferierenden Geweben eine Telomerase besitzen (deren Aktivität möglicherweise mit dem Alter abnimmt) und die von den Stammzellen abgegebenen sich differenzierenden Zellen zu wenige Zellteilungen durchmachen und die seneszenten Zellen z. B. in das Darmvolumen abgegeben werden.

Beschleunigte Telomerverkürzung in den Lymphocyten wurde bei verschiedenen menschlichen Erkrankungen wie **HIV**, **Down-Syndrom** und **Arteriosklerose** beobachtet – ebenso wie bei chronischem psychischem Stress und Entzündungen. Bei der Aktivierung von T-Lymphocyten wird die Telomerase stimuliert, die dann die Telomerverkürzung verlangsamt. **Cortisol** verhindert diese Reaktivierung der Telomerase durch Hemmung der Transkription von hTERT, der katalytischen Komponente der Telomerase, und ist daher anscheinend an der stressinduzierten Verkürzung der Telomere beteiligt (Choi et al. 2008).

Positiv auf die Telomerlänge von menschlichen Leukocyten wirkt sich dagegen eine höhere Aufnahme von **Vitamin D** aus: Die Konzentration von Vitamin D war bei einer großen Gruppe von Zwillingen positiv mit der Telomerlänge korreliert: Der Unterschied zwischen der höchsten und niedrigsten Vitamin-D-Konzentration betrug 107 Basenpaare – was einem Unterschied von fünf Jahren Telomeralter entspricht (Richards et al. 2007). Ähnliches gilt für physische Aktivität in der Freizeit: Eine umfangreiche Studie (an 2401 Zwillingen) zeigte eine deutliche Zunahme der Leukocyten-Telomerlänge mit der physischen Aktivität, während Rauchen, ein hoher Body-Mass-Index und ein niedriger sozio-ökonomischer Status die Länge verkürzten (Cherkas et al. 2008).

Neue Befunde an Mäusen, die keine Gene für die reverse Transkriptase der RNA-Komponente der Telomerase (Tert und Terc) aufwiesen, haben gezeigt, dass eine Dysfunktion dieses Enzyms erhebliche Auswirkungen nicht nur für proliferierende Gewebe, sondern auch für postmitotische Gewebe wie Herz und Leber hat (Sahin et al. 2011). Eine Telomerdysfunktion aktiviert **p53** und bewirkt dadurch Wachstumsstopp, Seneszenz und Apoptose (◘ Abb. 2.17). Durch p53 wird der *peroxisome proliferator-activated receptor* (**PPAR γ**) sowie dessen Koaktivatoren 1α und β (PGC-1α und PGC-1β) gehemmt. Da diese eine wesentliche Rolle bei der Biogenese von Mitochondrien spielen, wird auch deren Zahl und Funktion beeinträchtigt, ebenso auch Organfunktionen wie Cardiomyopathien und die ROS-Produktion.

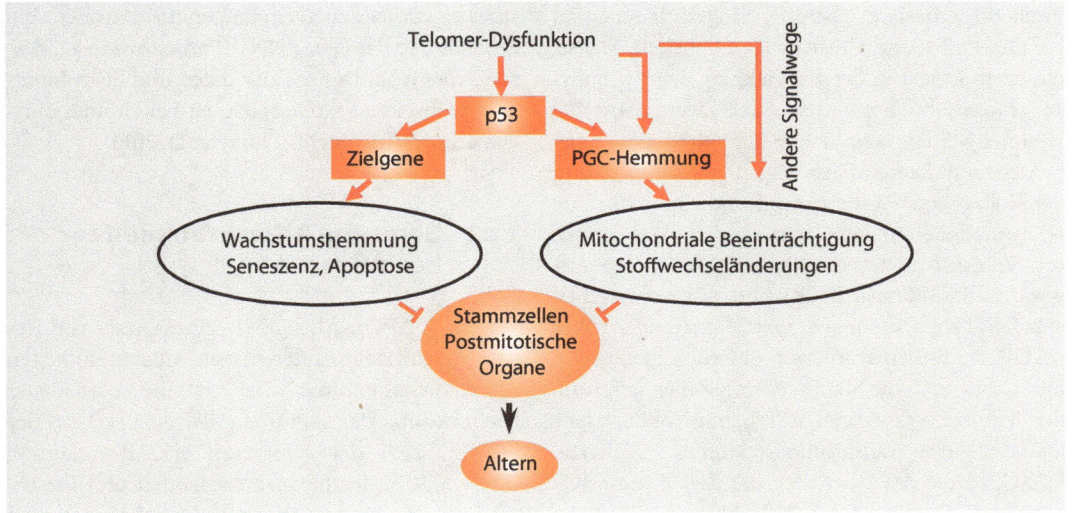

Abb. 2.17 Dysfunktion von Telomeren, die p53 aktivieren. p53 verursacht in proliferierenden Zellen eine Wachstumshemmung und Apoptose – bei postmitotischen Zellen aber auch eine Hemmung der Expression von PGC-1 in Mitochondrien, was zu einer altersabhängigen Dysfunktion dieser Organellen führt (nach Sahin et al. 2011 und Kelly 2011).

2.11 Die Rolle von Genen bei Alterungsprozessen und der Bestimmung der Lebensdauer

Es gibt sowohl Gene, die den Alterungsprozess beeinflussen (Guarente und Kenyon 2000) – und damit auch die Lebensdauer – als auch solche, die nicht den Alterungsprozess, aber die Lebensdauer betreffen. Die weiter oben besprochenen Gene, die Progerie erzeugen, indem sie die DNA-Reparaturprozesse beeinträchtigen, beschleunigen den Alterungsprozess und gehören damit zur ersten Gruppe, ebenso Gene, die den Alterungsprozess verlangsamen und damit auch das Auftreten von altersbedingten Erkrankungen wie Typ 2-Diabetes, Arteriosklerose, Demenz u. a. verzögern. Mutationen von Genen der zweiten Gruppe, die etwa Mucoviszidose verursachen, verkürzen zwar die Lebensdauer, weil durch sie wichtige Lebensfunktionen betroffen sind, beeinflussen aber nicht den Alterungsprozess. Insgesamt nimmt man aufgrund von Zwillingsstudien an, dass das Erreichen eines Lebensalters von etwa 85 Jahren beim Menschen zu 20–30 % genetisch determiniert ist (Sebastiani 2012).

In jüngster Zeit hat man ein genetisches Klassifikationsmodell auf der Grundlage von 1055 Hundertjährigen entwickelt, die sich in 150 *single nucleotide*-Polymorphismen (SNP) von jüngeren Menschen unterscheiden. Danach war es möglich, zu 77 % Genome von unbekannten alten Menschen der langlebigen oder kürzer lebenden Gruppe zuzuordnen (Sebastiani et al. 2012, Übersicht: Deelen et al. 2013). In einer früheren Studie (Framingham Heart Study) wurde gezeigt, dass bei einer Anzahl von Genen, die die Lebensdauer beeinflussen, SNP vorkommen, die sich oft in den Introns dieser Gene befinden. Dazu gehören Gene wie FOXO1a, GAPDH, KL, LEPR, PON1, PSEN, SOD2 und WRN (Lunetta et al. 2007).

Gene, die den Alterungsprozess und dadurch die Langlebigkeit beeinflussen, sind vor allem an Modellorganismen wie dem Nematoden *C. elegans*, der Taufliege *D. melanogaster* und der Maus untersucht worden (Übersicht: Vijg und Suh 2005). Diese Gene zeigen eine Reihe von Homologien in den Modellorganismen: So haben Mutationen/Defekte im Insulin/*Insulin-like growth factor*-Signalweg (IIS) eine lebensverlängernde Wirkung (Holzenberger et al. 2003). Das betrifft z. B. bei der Maus auch Mutationen des *Prop*-Gens (Ames-Zwergmäuse), die weniger Thyreoidea-stimulierendes Hormon (TSH) und

Prolactin aufweisen, ebenso geringere Mengen an Insulin, IGF-1 und Glucose. Pit-1-mutierte Mäuse, die einen Defekt in der Entwicklung der Hypophyse (*pituitary*) zeigen und als Snell-Zwergmäuse bezeichnet werden, weisen eine über 40 % längere Lebenszeit auf. Diese Mäuse zeigen eine Verzögerung der Kollagenquervernetzungen und eine reduzierte IIS. Mutationen in den Genen für den **IGF-1-Rezeptor**, für das **Insulinrezeptorsubstrat (IRS)**, die **Phosphoinositid-3-Kinase (PI3K)** und **Akt** verursachen ebenfalls Lebensverlängerungen. Akt stimuliert über mTOR die Proteinsynthese und Zellproliferation – und damit auch die Seneszenz von Zellen aufgrund der Telomerverkürzung. Akt hemmt andererseits *forkhead box*-Transkriptionsfaktoren (FOXO1a, FOXO3a), die das Überleben der Zellen unterstützen. FOXO3a hemmt den Zellzyklus, stimuliert die DNA-Reparatur, erhöht die Resistenz gegen oxidativen Stress und unterdrückt den Signalweg zur Apoptose. FOXO3a wird stimuliert durch **Sirtuine**, die FOXO3a deacetylieren und dadurch aktivieren. Sie werden ihrerseits durch Kalorienrestriktion, d. h. durch Senkung der Stoffwechselintensität stimuliert. Sir2 (Sirt1) deacetyliert auch **p53** – ein wichtiges **Tumorsuppressorprotein** – und unterdrückt damit den p53-abhängigen Weg zur Apoptose. Sirt1 hat zudem Auswirkungen auf viele Stoffwechselwege in der Leber, im Skelettmuskel und in Fettgewebe (Imai 2009) und kann durch **Resveratrol** stimuliert werden.

Weitere Gene, die Altern und Langlebigkeit betreffen, sind Gene für **Stress-(Hitzeschock)Proteine** wie HSP 70, die die Stressresistenz erhöhen, aber auch in antiinflammatorische Reaktionen involviert sind. Bei drei *single nucleotide*-Polymorphismen (HSP70 A1A, A1B und A1L) zeigten sich kleine, aber signifikante Unterschiede in der Lebensdauer von Frauen in einer Studie in Dänemark (Singh et al. 2010). Das gilt auch für Gene verschiedener **Superoxid-Dismutasen (SOD)** sowie für das **Klotho-Gen (KL)**, das für ein Membranprotein codiert (Kurosu 2005) (▶ Kap. 9). Klotho schützt vor oxidativem Stress und reguliert multiple Wachstumsfaktor-Signalwege und Ionenkanäle. Beim Menschen hat man Allele für den Lipoproteinstoffwechsel gefunden (**APOE – Apolipoprotein E**), dessen E-9-Allel positiv mit dem LDL-Cholesterol korreliert ist. Bei Hundertjährigen ist dieses Allel

seltener vorhanden als in jüngeren Kontrollen. Ein Allel (B) für das Gen PON1 (**Paraoxonase 1**), dessen Protein bei Detoxifizierungen und beim Lipidstoffwechsel eine Rolle spielt, ist bei Hunderjährigen erhöht (Übersicht: Chung et al. 2010).

2.11.1 Gene, die Alterskrankheiten beeinflussen

Wie beim APOE-Allel gibt es eine Anzahl von Genen, die mit dem Auftreten von Alterskrankheiten zu tun haben und die daher auch die Lebensdauer beeinflussen. Das APOE-4-Allel ist bei 15 % der weißen, 20 % der schwarzen USA-Bevölkerung und bei 10 % der Japaner vorhanden und für ein erhöhtes Risiko verantwortlich, an Demenz und Herz-Kreislauf-Beschwerden zu erkranken. Auch das 4G-Allel im Promotor des **Inhibitors des Plasminogenaktivators** (▶ Kap. 6) kommt bei 45–50 % der weißen Bevölkerung vor und ist ebenfalls mit Risiken im Herz-Kreislauf-System assoziiert. Familien mit frühen Symptomen von Herz-Kreislauf-Erkrankungen durch erhöhten Cholesteringehalt zeigten Mutationen im **LDL-Rezeptor**, bei frühen Symptomen von Osteoarthritis Mutationen im Kollagen-Typ II-Gen, bei früher Demenz Mutationen im **Presenilin-Gen 1** und **2** sowie beim Werner-Syndrom Mutationen in einem Gen der DNA-Reparatur (**recQ-Helicase-Familie**) (Übersicht: Slagboom et al. 2000).

2.11.2 Die antagonistische Theorie des Alterns

Diese Theorie besagt, dass es Gene gibt, die sich früh im Leben positiv auf Wachstum und Reproduktion auswirken, später dann aber das Altern und eine Verkürzung des Lebens bewirken. Als Beispiel dafür wird das **Gen *p53*** genannt, das bei Schäden der DNA entweder deren Reparatur oder – bei gravierenden Schäden – die Apoptose stimuliert. In frühen Lebensstadien würde p53 mehr die Reparatur und das Überleben der Zelle sowie den Schutz vor Tumorentstehung fördern, später im Leben – wegen der höheren DNA-Schäden – mehr den Verlust von Zellen durch Apoptose. Als weiteres Beispiel wird das **Gen für mTOR** herangezogen, das ein Teil des IIS ist. Eine Deletion dieses Gens in der Embryogenese ist letal, während es später für eine höhere Proliferationsrate sorgt, die zur Seneszenz der Zellen beiträgt (Blagosklonny 2010). Diese Theorie basiert auf der Annahme, dass die erfolgreiche frühe Phase des Lebens mit der Reproduktion als Ziel bestimmte Gene durch Selektion fördert, die im Alter – ohne Selektionsdruck – schädlich werden (siehe auch Großmutter-Effekte ▶ Kap. 1). Wieweit diese Theorie das Altern erklärt, ist noch nicht einzuschätzen.

2.11.3 Die Rolle von epigenetischen Faktoren

Außer den genetischen Polymorphismen gibt es altersabhängige Modifikationen der Genaktivität – zum einen aufgrund der allgemeinen Änderungen in den äußeren Signalintensitäten (Hormone, Wachstumsfaktoren, Cytokine etc.) – zum anderen durch **epigenetische Mechanismen**. Diese bestehen im Wesentlichen aus einer Methylierung/Demethylierung von CpG-Sequenzen der DNA in den Promotoren von Genen, aus einer Acetylierung/Deacetylierung bzw. Methylierung/Demethylierung von Histonen in bestimmten Genbereichen. Die DNA-Methylierung erfolgt über **DNA-Methyltransferasen (DNMT)** und hemmt die Transkription des betreffenden Gens. Die **Histonacetylierungen** werden von **Histonacetyltransferasen (HAT)**, die Deacetylierung durch **Histondeacetylasen (HDAC)** katalysiert. Meist werden epigenetische Veränderungen langfristig durch äußere und innere Einflüsse etabliert und über Zellteilungen weitergegeben, zumeist aber nicht über die Keimbahn. Eineiige Zwillinge unterscheiden sich am Anfang ihres Lebens nicht in ihrem epigenetischen Programm, später jedoch deutlich. Bei alten Mäusen wurde bei 21 % der untersuchten Gene (774) eine erhöhte Methylierung von CpG-Inseln in den Promotoren und bei 13 % (466) eine erniedrigte Methylierung im Vergleich zu jungen Mäusen gefunden (Maegawa et al. 2010).

Beim Menschen wurden 2000 Genorte in T-Lymphocyten bei Neugeborenen, mittelalten und alten Menschen untersucht. Dabei zeigten 29 Genorte eine Veränderung der Methylierung: 23 eine Erhöhung (Hypermethylierung), sechs eine Erniedrigung (Hypomethylierung) (Tra et al. 2002; Übersicht: Gravina and Vijg 2010). Die Hypomethylierung im Alter – und bei Krebszellen – hat man mit einer Dedifferenzierung dieser Zellen in Verbindung gebracht, die einen Verlust der Differenzierungsleistungen bedingen (Kator et al. 1985). Auch Alterskrankheiten wie neurodegenerative Erkrankungen oder Arteriosklerose sind offenbar mit epigenetischen Veränderungen der Genaktivitäten korreliert (Übersicht: Rodríguez-Rodero et al. 2010).

Veränderungen der Genaktivität werden auch durch kleine nicht codierende RNA-Moleküle (Mikro-RNA, miRNA) bewirkt, die von kurzen DNA-Sequenzen abgelesen werden und dann an mRNA-Moleküle von Proteinen binden. Dadurch wird deren Translation gehemmt. Sie spielen offenbar bei der zunehmenden Seneszenz von Zellen im Alter eine wichtige Rolle. Mikro-RNA-Moleküle werden auch durch das Blutgefäßsystem verteilt. Sie sind dann in Exosomen verpackt (Übersicht: Xu und Tahara 2012).

2.12 Zusammenfassung

Altern und Lebensdauer werden nach jetzigem Wissensstand wesentlich durch folgende Faktoren bestimmt:

- Oxidative Schäden der DNA, von Proteinen und Lipiden, darunter Schäden besonders an Mitochondrien. Eine Akkumulation solcher Schäden findet sich vor allem in postmitotischen Geweben wie Nerven- und Muskelzellen.
- Verkürzung der Chromosomenenden (Telomere), die bei sich teilendem Gewebe schließlich zur Instabilität des Genoms und zur proliferativen Seneszenz der Zelle bzw. zum programmierten Zelltod (Apoptose) führen kann. Nach neuen Befunden kann die Telomerverkürzung aber auch die Mitochondrien von postmitotischen Zellen beeinträchtigen.
- Genpolymorphismen/Gendefekte, die die Reparatur z. B. von DNA-Schäden oder die Resistenz gegen die schädigenden Radikale

vermindern, aber auch Stoffwechselgleichgewichte verändern.

— Verringerte Nahrungszufuhr (Kalorienrestriktion) bewirkt eine Verlängerung der Lebensdauer bei Modellorganismen, beim Menschen sind die Befunde noch unklar. Dieser Faktor wirkt offenbar über den Insulin/*Insulin-like growth factor*-Signalweg, der bei erhöhter Aktivierung eine frühzeitigere Seneszenz von Geweben bewirkt.

Verursacher der zellulären Schäden sind hauptsächlich reaktive Sauerstoffspezies (ROS) und Stickstoffspezies (RNS), wobei die meisten ROS als Nebenprodukt der mitochondrialen Atmungskette gebildet werden. Die eigene zelluläre Abwehr gegen ROS/RNS ist ein wichtiger Faktor gegen den Alterungsprozess. Die Antioxidantien werden z. T. mit der Nahrung aufgenommen (z. B. Vitamine A, C, E), eine zuverlässige Therapie mit Antioxidantien ist allerdings immer noch nicht etabliert. Gesunde Ernährung und Bewegung sind weiterhin die wichtigsten Komponenten für einen gesunden Alterungsprozess.

Literatur

Albrecht SC, Barata AG, Großhans J et al (2011) In vivo mapping of hydrogen peroxide and oxidized glutathione reveals chemical and regional specificity of redox homeostasis. Cell Metab 14:819–829

Alfassi ZB (Hrsg) (1999) General aspects of the chemistry of radicals. Wiley, Chichester

Ames BN, Shigenaga MK, Hagen TM (1993) Oxidants, antioxidants and the degenerative diseases of aging. Proc Natl Acad Sci USA 90:7915–7922

Anderson ME (1998) Glutathione: an overview of biosynthesis and modulation. Chem Biol Interact 24:1–14

Arai Y, Kojima T, Takayama M, Horose N (2009) The metabolic syndrome, IGF-1 and insulin action. Mol Cell Endocrinol 299:124–128

Ashrafi G, Schwarz TL (2012) The pathways of mitophagy for quality control and clearance of mitochondria. Cell Death Differ 20(1):31–42. doi:10.1038/cdd.2012.81

Baker DJ, Wijshake T, Tchkonia T et al (2011) Clearance of p16Ink4a-positive senescent cells delays ageing-associated disorders. Nature 479:232–236

Banan A, Fitzpatrick L, Zhang Y, Keshavarzian A (2001) OPC-compounds prevent oxidant-induced carbonylation and depolymerization of the F-actin cytoskeleton and intestinal barrier hyperpermeability. Free Radic Biol Med 30:287–298

Barja G (1998) Mitochondrial free radical production and aging in mammals and birds. Ann NY Acad Sci 20:224–238

Barja G (2004) Aging in vertebrates and the effect of caloric restriction: a mitochondrial free radical production-DNA damage mechanism? Biol Rev Camb Philos Soc 79:235–251

Barja G, Herrero A (2000) Oxidative damage to mitochondrial DNA is inversely related to maximum life span in the heart and brain of mammals. FASEB J 14:312–318

Beckman KB, Ames BN (1998) Mitochondrial aging open questions. Ann NY Acad Sci 854:118–127

Ben-Zevi A, Miller EA, Morimoto RJ (2009) Collapse of proteostasis represents an early molecular event in *Caenorhabditis elegans* aging. Proc Natl Acad Sci USA 106:14914–14919

Blagosklonny MV (2010) Revisiting the antagonistic pleiotropy theory of aging: TOR-driven program and quasi-program. Cell Cycle 9:3151–3156

Blasco MA (2002) Telomerase beyond telomeres. Nat Rev 2:1–6

Böhm V, Puspitasari-Nienaber NL, Ferruzzi MG, Schwartz S (2002) Trolox equivalent antioxidant capacity of different geometrical isomers of α-carotene, β-carotene, lycopene and zeaxanthin. J Agric Food Chem 50:221–226

Bonafe M, Barbieri M, Marchegiani F, Olivieri F et al (2003) Polymorphic variants of insulin-like growth factor1 (IGF-1) receptor and phosphoinositide 3-kinase genes affect IGF-1 plasma levels and human longevity: cues for an evolutionary conserved mechanism of life span control. J Clin Endocrinol Metab 88:3299–3304

Brigelius-Flohe R, Traber MG (1999) Vitamin E: function and metabolism. FASEB J 13:1145–1155

Burgering BMT, Medema RH (2003) Decisions on life and death: FOXO Forkhead transcription factors are in command when PKB/Akt is off duty. J Leukoc Biol 73:689–701

Cherkas LF, Hunkin JL, Kato BS, Richards JB, Gardner JP, Surdulescu GL, Kimura M, Lu X, Spector TD, Aviv A (2008) The association between physical activity in leisure time and leukocyte telomere length. Arch Intern Med 168:154–158

Choi J, Fauce SR, Effros RB (2008) Reduced telomerase activity in human lymphocytes exposed to cortisol. Brain Behav Immun 22:600–605

Chung WH, Dao RL, Chen LK, Hung SI (2010) The role of genetic variants in human longevity. Ageing Res Rev 9(Suppl 1):67–78

Curtin JF, Donovan M, Cotter TG (2002) Regulation and measurement of oxidative stress in apoptosis. J Immunol Methods 265:49–72

Davies KJ (2000) Oxidative stress, antioxidant defenses and damage removal, repair and replacement systems. IUBMB Life 50:279–289

Deelen J, Beekman M, Capri M, Franceschi C, Slagboom PE (2013) Identifying the genomic determinants of aging and longevity in human population studies: progress and challenges. Bioessays 35:386-96

Dringen R, Gutterer JM, Hirrlinger J (2000) Glutathione metabolism in brain metabolic interaction between astrocytes and neurons in the defense against reactive oxygen species. Eur J Biochem 267:4912–4916

Dröge W (2002) Free radicals in the physiological control of cell function. Physiol Rev 82:47–95

Epel ES, Blackburn EH, Lin J, Firdaus S, Dhabhar FS, Adler NE, Morrow JD, Cawthon RM (2004) Accelerated telomere shortening in response to life stress. PNAS 101:17312–17315

Fang JC, Kinlay S, Beltrame J, Hikiti H, Wainstein M, Behrendt D, Suh J, Frei B, Mudge GH, Selwyn AP, Ganz P (2002) Effect of vitamins C and E on progression of transplant-associated arterioscleroris: a randomised trial. Lancet 359:1108–1113

Floyd RA (1999) Antioxidants, oxidative stress and degenerative neurological disorders. Proc Soc Exp Biol Med 222:236–245

Grandison RC, Piper MD, Partridge L (2009) Amino-acid imbalance explains extension of lifespan by dietary restriction in Drosophila. Nature 462:1061–1064

Gravina S, Vijg J (2010) Epigenetic factors in aging and longevity. Pflugers Arch 459:247–258

Gredilla R, Bohr VA, Stevnser T (2010) Mitochondrial DNA repair and association with aging – an update. Exp Gerontol 45:478–488

Guarente L, Kenyon C (2000) Genetic pathways that regulate ageing in model organisms. Nature 408:255–262

Halliwell B (1996) Oxidative stress, nutrition and health. Experimental strategies for optimisation of nutritional antioxidant intake in humans. Free Radic Res 25:57–74

Harman D (1956) Aging: A theory based on free radical and radiation chemistry. J Gerontol 11:298–300

Harman D (1972) The biological clock: the mitochondria? J Am Geriatr Soc 20:145–147

Höhn A, Jung T, Grimm S, Catagol B, Weber D, Grune T (2011) Lipofuscin inhibits the proteasome by binding to surface motifs. Free Radic Biol Med 50:585–591

Holzenberger M et al (2003) IGF-1 receptor regulates lifespan and resistance to oxidative stress in mice. Nature 421:182–187

Hulbert AJ, Pamplona R, Buffenstein R, Buttemer WA (2007) Life and death: metabolic rate, membrane composition, and life span of animals. Physiol Rev 87:1175–1213

Imai S (2009) The NAD World: a new systemic regulatory network for metabolism and aging – SIRT1, systemic NAD biosynthesis, and their importance. Cell Biochem Biophys 53:65–74

Inoue M, Sato EF, Nishikawa M, Park AM, Kira Y, Imada I, Utsum P (2003) Mitochondrial generation of reactive oxygen species and its role in aerobic life. Curr Med Chem 10:2495–2505

Kator K, Cristofalo V, Charpentier R, Cutler RG (1985) Dysdifferentiative nature of aging: passage number dependency of globin gene expression in normal human diploid cells grown in tissue culture. Gerontology 31:355–361

Kelly G (2010) A review of the sirtuin system, its clinical implications, and the potential role of dietary activators like resveratrol: part 1. Altern Med Rev 15:245–263

Kelly DP (2011) Aging theories unified. Nature 470:342–343

Kiffin R, Kaushik S, Zang M, Bandyopadhyay U et al (2007) Altered dynamics of the lysosomal receptor for chaperone-mediated autophagy with age. J Cell Sci 120:782–791

Knight JA (1998) Free radicals: their history and current status in aging and disease. Ann Clin Lab Sci 28:331–346

Koga H, Kaushik S, Cuervo AM (2011) Protein homeostasis and aging: The importance of exquisite quality control. Ageing Res Rev 10:205–215

Kurosu H et al (2005) Suppression of aging in mice by the hormone Klotho. Science 309:1829–1833

Kyriakis JM, Avruch J (2001) Mammalian mitogen-activated protein kinase signal transduction pathways activated by stress and inflammation. Physiol Reviews 81:807–859

Leutner S, Eckert A, Muller WE (2001) ROS generation, lipid peroxidation and antioxidant enzyme activities in the aging brain. J Neural Transm 108:955–967

Liebler DC (1998) Antioxidant chemistry of α-tocopherol in biological systems – roles of redox cycles and metabolism. Subcell Biochem 30:301–317

Lunetta KL, D'Agostino RB Sr, Karasik D, Benjamin EJ, Guo CY, Govindaraju R, Kiel DP, Kelly-Hayes M, Massaro JM, Pencina MJ, Seshadri S, Murabito JM (2007) Genetic correlates of longevity and selected age-related phenotypes: a genome-wide association study in the Framingham Study. BMC Med Genet 8(Suppl):13

Maegawa S, Hinkal G, Kim HS, Shen L, Zhang L, Zhang J, Zhang N, Liang S, Donehower LA, Issa JP (2010) Wide spread and tissue specific age-related DNA methylation changes in mice. Genome Res 20:332–340

Marini M, Lapolombella R, Canaider S, Farina S et al (2004) Heat shock response by EBV-immortalized B-lymphocytes from centenarians and control subjects: a model to study the relevance of stress response in longevity. Exp Gerontol 39:83–90

Marnett LJ (2002) Oxyradicals, lipid peroxidation and DNA damage. Toxicology 181/182:219–222

Masoro EJ (2001) Physiology of aging. Int J Sport Nutr Exerc Metab Suppl:218–222

Masoro EJ (2006) Caloric restriction and aging: controversial issues. J Gerontol 61:14–19

Mathon NF, Lloyd AC (2001) Cell senescence and cancer. Nature Reviews Cancer 1:203–213

Melov S (2002) Animal models of oxidative stress: aging and therapeutic antioxidant interventions. Intern J Biochem Cell Biol 34:1395–1400

Møller P, Løhr M, Folkmann JK, Mikkelsen L, Loft S (2010) Aging and oxidatively damaged nuclear DNA in animal organs. Free Radic Biol Med 48:1275–1285

Morimoto RJ (2008) Proteotoxic stress and inducible chaperone networks in neurodegeneration disease and aging. Genes Dev 22:1427–1438

2

Okereke OI, Prescott J, Wong JYY, Han J et al (2012) High phobic anxiety is related to lower leukocyte telomere length in women. PLoS ONE 7(7):e40516. doi: 10.1371/journal.pone.0040516

Orr WC, Sohal RS (1994) Extension of life-span by overexpression of superoxide dismutase and catalase in *Drosophila melanogaster*. Science 263:1128–1130

Partridge L et al (2005) Dietary restriction in *Drosophila*. Mech Ageing Dev 126:938–950

Pearl R (1928) The rate of living. Knopf, New York

Pérez VI, Buffenstein R, Masamsetti V et al (2009) Protein stability and resistance to oxidative stress are determinants of longevity in the longest-living rodent, the naked mole-rat. PNAS106:3059–3064

Pryor WA (2000) Vitamin E and heart disease: basic science to clinical intervention trials. Free Radic Biol Med 28:141–164

Rea SL, Wu D, Cypser JR, Vaupel JW, Johnson TE (2005) A stress-sensitive reporter predicts longevity in isogenic populations of *Caenorhabditis elegans*. Nat Genet 37:894–898

Rensing L, Meyer-Grahle U, Ruoff P (2001) Biologische Uhren. Timing Mechanisms in der Natur. Biol Unserer Zeit 31:305–311

Rensing L, Gosslau A (2004) Warum altern wir? Zur Rolle freier Radikale bei der Begrenzung der Lebenszeit. Blickpunkt der Mann 2:7–12

Rensing L, Koch M, Rippe B, Rippe V (2006) Mensch im Stress. Psyche, Körper, Moleküle. Spektrum/Elsevier, Heidelberg

Rensing L (2007) Die Grenzen der Lebensdauer. Von welchen zellulären Faktoren wird das Altern bestimmt? Biologie in unserer Zeit 37:190-199

Richards JB, Valdes AM, Gardner JP, Paximadas D, Kimura M, Nessa A, Lu X, Surdulescu GL, Swaminathan R, Specor TD, Aviv A (2007) Higher serum vitamin D concentrations are associated with longer leukocyte telomere length in women. Am J Clin Nutr 86:1420–1425

Rodier F, Kim SH, Nijjar T, Yaswen P, Campisi J (2005) Cancer and aging: the importance of telomeres in genome maintenance. Int J Biochem Cell Biol 37:977–990

Rodriguez KA, Wywial E, Perez VI et al (2011) Walking the oxidative stress tightrope: a perspective from the naked mole-rat, the longest-living rodent. Curr Pharm 17:2290–2307

Rodràguez-Rodero S, Fernández-Morena JL, Fernandez AF, Menéndez-Torre E, Fraga MF (2010) Epigenetic regulation of aging. Discov Med 10:225–233

Rubner M (1908) Das Problem der Lebensdauer. Oldenburg, München

Rush JW, Turk JR, Laughlin MH (2003) Exercise training regulates SOD-1 and oxidative stress in porcine aortic endothelium. Am J Physiol Heart Circ Physiol 284:H1378–1387

Sahin E, Colla S, Liesa M, Moslehi J et al (2011) Telomere dysfunction induces metabolic and mitochondrial compromise. Nature 470:359–365

Schulz-Aellen MF (1997) Aging and human longevity. Birkhäuser, Boston

Schumacher B, Garinis GA, Hoeijmakers JHJ (2008) Age to survive: DNA damage and aging. Trends Genet 24:77–85

Sebastiani P, Solovieff N, Dewan AT, Walsh KM et al (2012) Genetic signatures of exceptional longevity in humans. PLoS One 7: e29848

Selman C, Tullet JM, Wieser D et al (2009) Ribosomal protein S6 kinase 1 signaling regulates mammalian life span. Science 326:140–144

Sies H (1993) Strategies of antioxidant defense. Eur J Biochem 215:213–219

Singh R, Kølvraa S, Bross P, Christensen K, Bathum L, Gregersen N, Tan Q, Rattan SI (2010) Anti-inflammatory heat shock protein 70 genes are positively associated with human survival. Curr Pharm Des 16:796–801

Slagboom PE, Heijmans BT, Beekman M, Westendorp RG, Meulenbelt I (2000) Genetics of human aging. The search for genes contributing to human longevity and diseases of the old. Ann NY Acad Sci 908:50–63

Soerensen M, Gredilla R, Müller-Ohldach M, Werner A et al (2009) A potential impact of DNA repair on aging and lifespan in the aging model organism *Podospora anserina*: decrease in mitochondrial DNA repair activity during aging. Mech Ageing Dev 130:487–496

Takubo K, Aida J, Izumiyama-Shimomura N, Ishikawa N, Sawabe M, Kurabayashi R, Shiriaishi H, Arai T, Nakamura K (2010) Changes of telomere length with aging. Geriatr Gerontol Int 10(Suppl 1):197–206

Tra J, Kondo T, Lu Q, Kuick R, Hanash S, Richardson B (2002) Infrequent occurrence of age-dependent changes in CpG island methylation as detected by restriction landmark genome scanning. Mech Aging Dev 123:1487–1503

Viarengo A, Burlando B, Ceratto N, Panfoli I (2000) Antioxidant role of metallothioneins: a comparative overview. Cell Mol Biol 46:407–417

Vijg J, Suh Y (2005) Genetics of longevity and aging. Ann Rev Med 56:193–212

Wallace DC (1999) Mitochondrial diseases in man and mouse. Science 283:1482–1488

Wang T, Zhang X, Li JJ (2002) The role of the $NF_{\kappa}B$ in the regulation of cell stress responses. Internat Immunopharmacol 2:1509–1520

Wang Y, Martinez-Vicente M, Kruger U, Kaushik S, Wong E et al (2009) Tau fragmentation, aggregation and clearance: the dual role of lysosomal processing. Hum Mol Genet 18:4153–4170

Weber TA, Reichert AS (2010) Impaired quality control of mitochondria: aging from a new perspective. Exp Gerontol 45:503–511

Westerheide SD, Anckar J, Stevens Jr SM, Sistonen L, Morimoto RL (2009) Stress inducible regulation of heat shock factor 1 by the deacetylase SIRT1. Science 323:1063–1066

Wilson JX (1997) Antioxidant defense of the brain: a role for astrocytes. Can J Physiol Pharmacol 75:1149–1163

Wollam J, Magomedova L, Magner DB, Shen Y, Rottiers V, Motola DL, Mangelsdorf DJ, Cummins CL, Antebi A (2011) The Rieske oxygenase DAF-36 functions as a cholesterol 7-desaturase in steroidogenic pathways governing longevity. Aging Cell 10:879–884

Wu G, Fang YZ, Yang S, Lupton JR, Turner ND (2004) Gluthatione metabolism and its implications for health. J Nutr 134:489–492

Xu D, Tahara H (2012) The role of exosomes and microRNAs in senescence and aging. Adv Drug Deliv Rev 65(3):368–375. doi: 10.1016/j.addr.2012.07.010

Yu BP, Kang CM, Han JS, Kim DS (1998) Biofactors 7:93-101

Zhang XH, Weissbach H (2008) Origin and evolution of the protein-repairing enzymes methionine sulphoxide reductases. Biol Rev Camb Philos Soc 83:249–257

Haut und Haare

3

3.1 Übersicht über Struktur und Funktion der Haut

Die Haut ist das größte (~ 2 m²) Organ des Menschen, das zahlreiche wichtige Leistungen erbringt, die – wie bei allen anderen Organen – im Laufe des Alterns abnehmen. Die vermehrte Faltenbildung (■ Abb. 3.1) und die weißen Haare sind dabei nur die äußeren Erscheinungsbilder des Alterungsprozesses, die jedoch viele Menschen beunruhigen und dadurch einen riesigen Markt von Anti-Aging-Produkten und Behandlungen (Umsatz schätzungsweise 230 Mrd. $ pro Jahr weltweit) hervorgebracht haben. Unter einer großen Anzahl oft unwirksamer Pharmaka sind jedoch auch Produkte, die nicht nur die Alterserscheinungen verringern, sondern wesentliche Leistungen der Haut unterstützen und daher der Gesundheit im Alter dienen.

Die wesentliche Funktion der Haut liegt in ihrer Rolle als **Grenzschicht (*Interface*)** zwischen Außen- und Innenwelt: Sie dient einerseits als **Schutzwall gegen schädliche Einwirkungen**, aber auch als **Empfänger von wichtigen äußeren Signalen**, andererseits hat sie wesentliche Funktionen bei der Temperaturregelung des Körpers. Zu den potenziell schädlichen Einflüssen aus der Umwelt zählen insbesondere Krankheitserreger und toxische Substanzen ebenso wie UV-Strahlen, Druck- und Zugbelastungen, während auf der anderen Seite mechanische Reize von Hautrezeptoren wahrgenommen und als lustvoll (Streicheln, erotische Kontakte), interessant (vor allem das »Begrabschen« von Gegenständen bei Kindern, d. h. ein »Begreifen« der Umgebung) oder abweisend, ekelerregend empfunden werden. Als besonders lebenswichtige Orientierungshilfen in der Umwelt dienen die **Schmerzrezeptoren** der Haut, die gefährliche mechanische oder thermische Verletzungen vermeiden helfen. Für den Wärmehaushalt des Körpers sind die Schweißdrüsen der Haut, aber auch ihre Durchblutung und die dazu gehörigen komplexen neuronalen Netzwerke wichtig.

Alle diese Funktionen werden durch hoch differenzierte räumliche Strukturen realisiert. Die Haut besteht aus mehreren Schichten (■ Abb. 3.2): Grob unterteilt wird sie in die oberste Schicht, die **Oberhaut** oder **Epidermis**, die darunter liegende **Lederhaut (Dermis** oder **Korium)** und die dann fol-

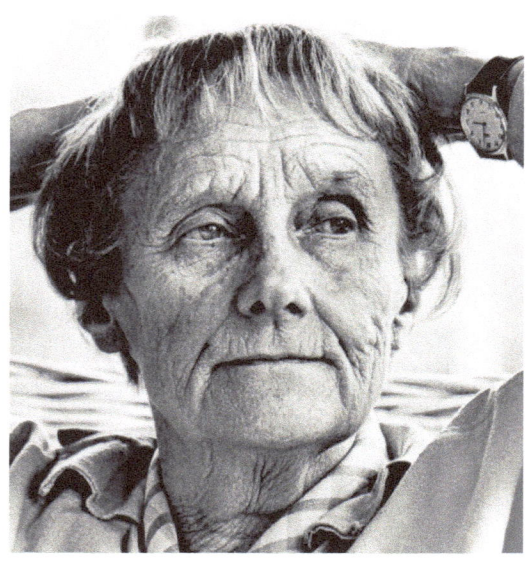

■ **Abb. 3.1**   Gesicht eines alten Menschen (Astrid Lindgren) (© Roine Karlsson)

gende **Unterhaut** oder **Subcutis**. Die Epidermis ist nicht durchblutet und besteht ihrerseits aus mehreren Schichten: Von außen beginnend zunächst die Hornschicht (Stratum corneum) aus mehreren Lagen von abgestorbenen verhornten Zellen, die an der äußeren Oberfläche als Hornschuppen abschilfern. Diese absterbenden Zellen werden von der untersten Schicht von Zellen, den **Keratinocyten (Basalschicht, Stratum basale)**, laufend durch Zellteilung ersetzt und über die Zwischenschichten nach oben in die verhornte Schicht abgegeben – ein Prozess, der bei jüngeren Menschen etwa 30, bei älteren 40–60 Tage dauert. Die Basalschicht enthält außerdem Zellen, die **Melanocyten**, die die Hautpigmente in Form von Melanin synthetisieren. Als Zwischenschichten unterscheidet man noch die Stachelzellschicht (Stratum spinosum), die Körnerschicht (Stratum granulosum) und eine Glanzschicht (Stratum lucidum). Diese Schichten schützen einerseits mechanisch, z. B. durch die verhornten Zellen, andererseits durch einen Hydrolipidfilm, der im Alter seine Konsistenz und seinen pH-Wert verändert. Außerdem enthält der auf der Oberfläche abgesonderte Schweiß antimikrobielle Peptide (AMP), darunter **Dermcidin** (DCD). Dermcidin kann mit negativ geladenen Phospholi-

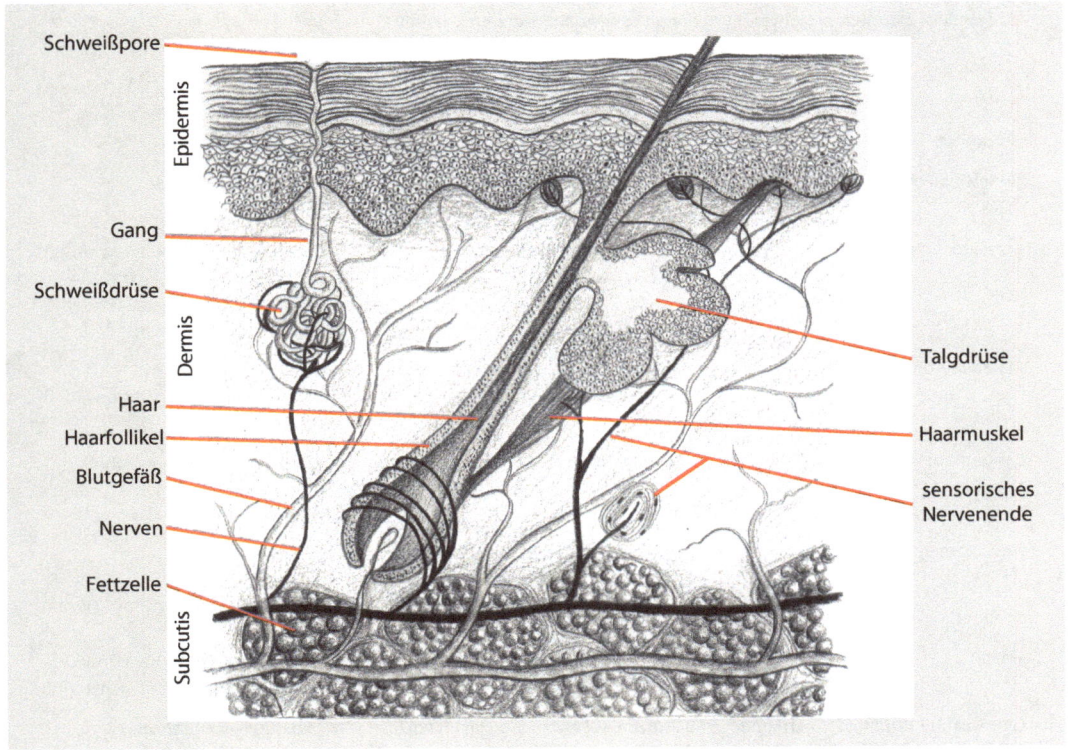

Schweißpore

Epidermis

Gang

Schweißdrüse

Dermis

Haar
Haarfollikel
Blutgefäß

Nerven

Fettzelle

Subcutis

Talgdrüse

Haarmuskel

sensorisches
Nervenende

■ **Abb. 3.2** Die Haut. Übersicht von wichtigen Strukturen der Haut (nach Keeton 1972).

piden von Bakterien interagieren und Ionenkanäle bilden, die zu deren Abtötung führen (Paulmann et al. 2012). Dies alles hemmt das Eindringen von Mikroorganismen und von schädlichen Substanzen, während Melanin UV-Schäden vermindert.

Die unter der Epidermis liegende Lederhaut besteht aus miteinander verbundenen Fibroblasten und einem extrazellulären Netzwerk aus elastischen Bindegewebsfasern (**Kollagen, Elastin**), die der Haut ihre mechanische Stabilität, Elastizität und Rissfestigkeit verleihen. Lässt die Elastizität im Alter nach, bilden sich vermehrt Falten. Die Lederhaut enthält außerdem feine Blutgefäße, Nerven, Tastrezeptoren, Schweiß- und Talgdrüsen sowie Haarwurzeln. Sie ist ebenfalls in einzelne Schichten untergliedert (Stratum papillare, Stratum reticulare).

Die Unterhaut besteht aus Binde- und Fettgewebe und enthält Blutgefäße und Druckrezeptoren. Das Fettgewebe hat hier neben der Speicherfunk-

tion eine isolierende Funktion gegen Kälte bzw. gegen Wärmeverlust. Bei Säugetieren übernehmen zusätzlich Haare bzw. die Luftkissen zwischen ihnen diese Funktion, die beim Menschen wesentlich auf die Kleidung übertragen wurde.

3.2 Altersabhängige Veränderungen, Wirkungen von UV-Strahlen (Photoaging) und Alterskrankheiten

Strukturen und Funktionen der Haut verändern sich im Laufe des Alterns – meist im Sinne von Leistungsminderungen. Dabei kann man **endogene (intrinsische) Alterungsprozesse** von äußeren (**extrinsischen**) **Einflüssen** auf diese Prozesse unterscheiden (Übersicht: Zouboulis und Makrantonaki 2011). Da Letztere überwiegend durch Licht,

◻ Tab. 3.1 Hautkomponenten: Funktionen und Veränderungen im Alter

Zelltypen, Komponenten, Systeme	Funktionen	Veränderungen im Alter
Hautdicke	Festigkeit	↓ Abnahme (10–50 %)
Hydrolipidfilm auf der Oberfläche	Schutz z. B. vor Austrocknung	pH-Erhöhung, ↓ Lipide ↓ Talgdrüsen
Keratinocyten	Barriere, mechanischer Schutz Cytokinproduktion	↓ Proliferation und Differenzierung ↓ Abgabe zellulärer Signale und Reaktion auf Wachstumsfaktoren ↓ Permeabilitätsbarriere
Melanocyten	Pigment- (Melanin -)Synthese zum Schutz gegen UV-Strahlung	↓ Melanocytenzahl ↓ Lebensdauer und Reaktion auf Wachstumsfaktoren
Langerhans-Zellen	Präsentation von Antigenen	↓ Zellzahl (20–50 %), morphologische Anomalien ↓ Immunabwehr der Haut
Fibroblasten	Synthese und Abbau der extrazellulären Matrix (ECM)	↓ Zellzahl
Kollagen	ECM-Komponente	↓ Biosynthese
Elastin	ECM-Komponente	↓ Gehalt an Mikrofibrillen undeutliche und fragmentierte Erscheinung
Gewebsinhibitoren von Matrixmetalloproteinasen (MMP)	Schützen Kollagen und Elastin vor Abbau	↓ Aktivität der Inhibitoren ↓ extrazelluläre Matrix ↑ MMP-Aktivität
Blutgefäße in der Haut	Thermoregulation	↓ Verringerung
Unterhautfettgewebe	Thermoregulation	↓ Verringerung
Endokrines System, Verringerung der Östrogene und Vitamin D	Erniedrigung des Kollagengehalts, der Hautdicke und der Gefäßversorgung	↓ Produktion von Kollagen ↓ Wundheilung, DNA-Reparatur ↓ Zellproliferation

vor allem UV-Strahlen zustande kommen, spricht man dabei von **Photoaging**«. Sichtbares Zeichen dieser Alterungsprozesse sind vor allem die Hautfalten und das Ergrauen bzw. Weißwerden der Haare (◻ Abb. 3.1).

Intrinsische Alterungsprozesse sind wesentlich auf die weiter oben (▶ Kap. 2) besprochenen allgemeinen Veränderungen in Zellen zurückzuführen: die Anhäufung von Schäden, vor allem in der DNA und die Verkürzung der Telomere in sich teilenden Geweben. Beides sind komplexe, multifaktoriell bedingte Prozesse, die zur *Seneszenz* von Zellen führen, die in ihrer Proliferation gehemmt oder blockiert sind und auch in vielen anderen Bereichen wie Enzym- und Genaktivitäten Leistungsminderungen aufweisen.

◻ Tab. 3.1 listet einige dieser Funktionsdefizite der alternden Haut auf, die sich auch in sichtbaren Veränderungen manifestieren: Vor allem die Zunahme der Hautfalten und verminderte Elastizität – aufgrund von Änderungen im Kollagen/Elastingeflecht der Lederhaut – ist deutlich erkennbar. So kann die Syntheseaktivität für Prokollagen Typ I, einer Vorstufe von Kollagen, um 60 % absinken – zusätzlich zu einem vermehrten Kollagenabbau. **Pigmentflecken** entstehen durch unregelmäßige Verteilung der **Melanocyten** und deren Pigment (Melanin) sowie durch die Produktion von Alters-

⊡ **Tab. 3.2** Wirkungen von UV-Strahlen (Photoaging)	
↓ normale Reifung von Keratinocyten	↑ Pigmentverdunklung
↑ Dicke der Epidermis	↑ Melaninproduktion
Abflachung der Grenzschicht zwischen Epidermis und Dermis	↑ Zahl der Melanocyten
↑ Zahl der Fibroblasten mit entzündlicher Infiltration,	↑ Entzündungsfaktoren (Cytokine) und Gefäßerweiterung (Sonnenbrand)
↑ Zahl der Neutrophilen	↑ Gefäßbildung
↓ Kollagen Typ I und III	↓ Immunsystem
↑ Elastin- und Kollagensynthese mit verändertem Erscheinungsbild	↓ Zahl der Langerhans-Zellen
↑ Faltenbildung	↑ Aktivität von Matrixmetalloproteinasen
↑ reaktive Sauerstoffspezies (ROS), oxidativer Stress	↓ Menge an extrazellulärer Matrix
↑ DNA-Schäden (Mutationen)	↑ Seneszenz von Hautzellen
	↑ programmierter Zelltod
	↓ Proliferation

pigment (**Lipofuscin**), das durch Oxidation von Proteinen und deren Komplexen in Lysosomen gebildet wird. Vermehrt treten kleine, verzweigte Blutgefäße an der Oberfläche (Telangiectasien) auf, der Immunschutz ist vermindert und die Wundheilung vollzieht sich langsamer. Chronische **Wundheilungsprobleme** und verlangsamte Heilungsgeschwindigkeit gibt es bei vielen alten Menschen – oft beeinflusst durch Alterskrankheiten. Bei diesen Wundheilungsdefekten spielt vor allem die erhöhte Aktivität von **Matrixmetalloproteinasen (MMP)** eine wichtige Rolle (Bullen et al. 1995). Eine ebenso wichtige Rolle spielt der Östrogenspiegel, über den positive Wundheilungssignale, z. B. über eine Aktivierung von *transforming growth factor β* (**TGFβ**), vermittelt werden (Ashcroft und Ashworth 2003) sowie Signale von proinflammatorischen Faktoren wie IL-6 und TNFα (Übersicht Zouboulis und Makrantonaki 2011). Auch die Immunabwehr nimmt in der alternden Haut ab: So sinkt die Zahl der antigenpräsentierenden **Langerhans-Zellen** (▶ Kap. 7) deutlich, von etwa 1200/mm² in der Haut junger Menschen auf etwa 800/mm² bei Älteren (Bhushan et al. 2002). Erhöhte Risiken für Hauterkrankungen wie z. B. **Warzenbildung** und verschiedene Arten von Hautkrebs sind weitere Zeichen der Hautalterung. Außerdem verringern sich die Leistungen der Haut bei der Temperaturregulation, u. a. durch Abnahme der Blutgefäße und deren Dysfunktion bei Temperaturveränderungen (▶ Kap. 12).

Extrinsische Einflüsse erfolgen hauptsächlich über **UV-Strahlen**, die die intrinsischen Prozesse beeinflussen und sie oft drastisch beschleunigen

(⊡ Tab. 3.2). Auch Faktoren wie Zigarettenrauch und Alkohol tragen zur Beschleunigung der Alterung bei. Die kürzerwelligen UVB-Strahlen (245–290 nm) werden von der DNA maximal absorbiert und induzieren dort mutative Veränderungen, die sich u. a. auch in Kollagen- und Elastinschäden sowie in Schäden der extrazellulären Matrix bemerkbar machen. Gegen UVB schützen die meisten Lichtschutzcremes in unterschiedlichem Maße. Das längerwellige UVA (UVA1: 340–400 nm, UVA2: 290–320 nm) wird meist weniger durch diese Cremes absorbiert und dringt tiefer in die Haut ein. UVA vermehrt dort die **reaktiven Sauerstoffspezies (ROS)**, die Schäden an zellulären Komponenten wie Membranlipiden, Proteinen und DNA verursachen.

UV-Strahlen induzieren zunächst eine Erhöhung des Pigmentschutzes: Das Dunkelwerden der Haut wird durch Neuverteilung und Neusynthese von **Melanin** sowie durch Vermehrung der **Melanocyten** erreicht. Bei längerer bzw. intensiverer Einwirkung kommt es zu Entzündungsreaktionen und Gefäßerweiterungen – den typischen Anzeichen von Sonnenbrand. UV scheint die **Angiogenese** durch Aktivierung des *vascular epithelial growth factor* (**VEGF**) und durch Hemmung des angiogenen Inhibitors **Thrombospondin-1** zu stimulieren. Bei Sonnenbrand werden außerdem zahlreiche Neutrophile in die Haut transferiert, die dort einen erheblichen Schaden verursachen. Sie sind voll bepackt mit proteolytischen Enzymen wie der Neutrophilen-Elastase und MMP und können außerdem ROS ausschütten – was nicht nur Kolla-

3

gen und elastische Fasern schädigt, sondern auch DNA und andere Makromoleküle (Rijken and Bruijnzeel-Koomen 2011). Auch die Blutgefäßsynthese (Angiogenese) wird angeregt, die wahrscheinlich zu den dann permanent sichtbaren **Äderchengeflechten** vor allem in sonnenlichtexponierter Haut führt. Die Wirkung von UV-Licht auf die Kollagenmenge und Struktur läuft über komplizierte Signalwege, an denen auch ROS beteiligt sind (siehe molekulare Mechanismen weiter unten). Besonders wichtig sind die UV-induzierten Schäden in der DNA, die dazu führen, dass die Zellen sich nicht mehr teilen können, d. h. seneszent werden. Auch das Risiko für die Entwicklung von sogenannten **aktinischen Keratosen** und von **Melanomen** wird durch **UV-Bestrahlung** – letztere besonders durch hohe Strahlungsdosen im Kindesalter – deutlich erhöht.

3.3 Molekularbiologische Mechanismen der Hautalterung

Die intrinsischen molekularen Altersvorgänge der Haut beruhen hauptsächlich auf Mechanismen der **Zellalterung**, die in ▶ Kap. 2 zusammengefasst sind. Hier sei aber noch darauf hingewiesen, dass in seneszenten Fibroblasten die Expression von Genen herabreguliert ist, die das Wachstum fördern, wie etwa von c-fos oder Komponenten des Transkriptionsfaktors E2F, der eine wichtige Rolle in der S-Phase des Zellzyklus spielt. Auf der anderen Seite werden **Zellzyklusinhibitoren** wie p21 und p16 überexprimiert, was anscheinend auf eine verminderte Menge an **Thioredoxin-1** hindeutet (Young et al. 2010). Gene, die am Altern der Haut beteiligt sind, betreffen eine Deregulierung des Transkriptionsfaktors FOXO1, die Expression von Cytoskelettproteinen wie Keratin 2A, 6A und 16A und von extrazellulären Matrixkomponenten (Zouboulis und Makrantonaki 2011). Manche dieser Veränderungen werden durch extrinsische Einflüsse wie UV-Bestrahlung verstärkt: UV-Licht wirkt auf Keratinocyten und Fibroblasten über zahlreiche Signalkaskaden (◻ Abb. 3.3).

Eine wichtige Wirkung geht von den UV-induzierten reaktiven Sauerstoffspezies (ROS) aus, die wiederum andere Moleküle, wie Proteine, Mem-branlipide und DNA, oxidieren und damit schädigen. Die DNA-Schädigung erzeugt wiederum zahlreiche Signale, die zu Seneszenz oder Apoptose führen (s. weiter unten). Zudem inaktivieren ROS Proteintyrosinphosphatasen. Dadurch werden die aktivierenden Tyrosinphosphatreste an den Rezeptoren für Wachstumsfaktoren nicht so schnell abgespalten. Daraufhin kann die Signalkette dieser Rezeptoren über Signalkaskaden in Form von **MAP-Kinasen (*mitogen-activated protein kinases*)** einen Transkriptionsfaktor (**AP-1, *activator protein* 1**) effektiver aktivieren. AP-1 ist ein Heterodimer, das z. B. aus c-Jun und c-Fos bestehen kann und die Proliferationsrate von Zellen erhöht. Auch das kann – überraschenderweise – eine beschleunigte Seneszenz verursachen. AP-1 aktiviert aber auch die Expression von **Matrixmetalloproteinasen (MMP)**, die die extrazelluläre Matrix und somit auch Kollagen abbauen. MMP-1 ist die wichtigste Kollagenase, die zur Aktivierung Eisen braucht. Zudem bewirkt eine UV-induzierte Überexpression von AP-1 eine Verringerung der Expression von Typ-I-Kollagen (bisher in Zellkulturen nachgewiesen). ROS inaktivieren außerdem Rezeptoren für Retinsäure (RAR), von denen eine hemmende Wirkung auf AP-1 ausgeht. Das bewirkt ebenfalls eine Aktivierung dieses Transkriptionsfaktors. Zusammen mit der positiven Wirkung auf die verschiedenen MMP-Moleküle (MMP-1, MMP-3, MMP-9) werden deren Inhibitoren (TIMP) herabreguliert. Da auch die Kollagensynthese durch den verringerten Signalfluss über TGFβ/Smad (*small mothers against decapentaplegic*) durch UV gehemmt wird, ist die Kollagenmenge in der Haut deutlich reduziert. UV-Strahlen haben weiterhin eine positive Wirkung auf den **Transkriptionsfaktor NF$_K$B (*nuclear factor $_K$B*)**, der wesentlich für die Expression von proinflammatorischen Cytokinen (IL-6, TNFα) verantwortlich ist. Das verursacht die entzündlichen Prozesse in der Haut nach UV-Bestrahlung (Übersicht: Rabe et al. 2006). Als Zwischenschritt zwischen UV-Bestrahlung und Entzündung wurde neuerdings die Ausschüttung von veränderter, nicht codierender RNA (*self RNA*) durch UVB-bestrahlte Keratinocyten nachgewiesen. Darauf reagierten nicht bestrahlte Keratinocyten und PBMC (*peripheral blood mononuclear cells*) mit der Produktion von TNFα und IL-6, d. h. mit der Ausschüttung von

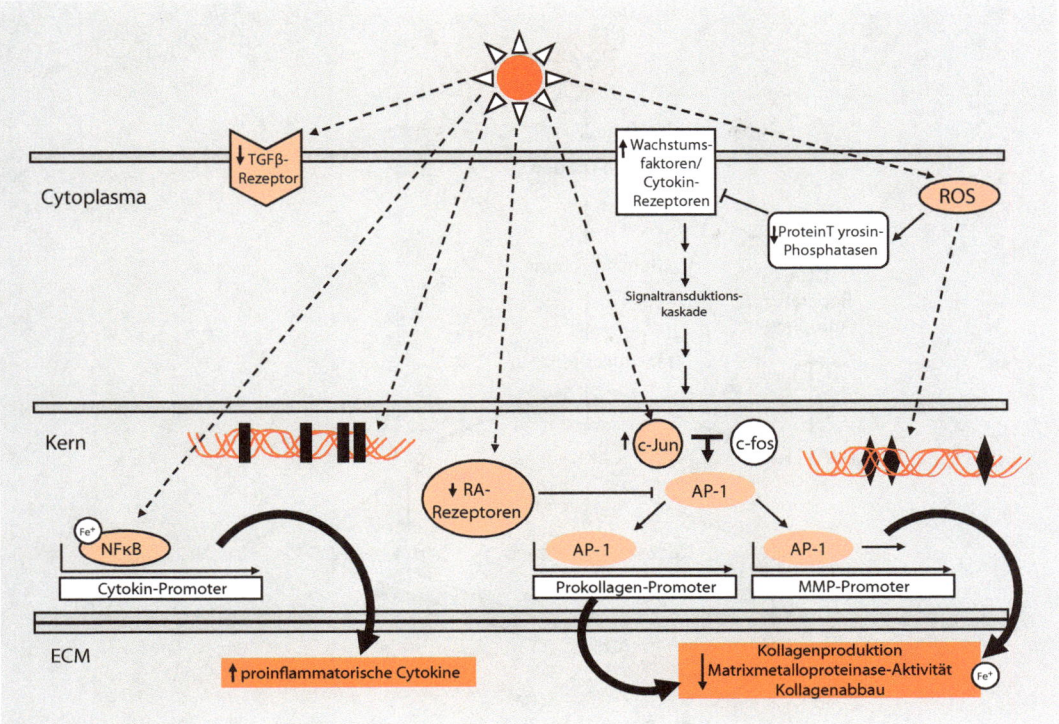

Abb. 3.3 Wirkungen von UV-Strahlen auf Keratinocyten und Fibroblasten. UV induziert reaktive Sauerstoffspezies (ROS), die DNA-Schäden verursachen können. Sie können außerdem Tyrosin-Phosphatasen hemmen, was zu erhöhter Signaltransduktion von Wachstumsfaktor-Signalketten und dadurch zu verstärkter Aktivität des Transkriptionsfaktors AP-1 (*activator protein 1*) führt. UV kann außerdem direkt die Menge an c-Jun (ein Bestandteil von AP-1) verstärken und die Rezeptoren für Retinolsäure (*retinoic acid, RA*) herabregulieren, was deren hemmenden Einfluss auf AP-1 blockiert. UVB wirkt außerdem direkt mutagen auf DNA und aktiviert direkt den Transkriptionsfaktor NF_KB (*nuclear factor $_KB$*), der vor allem Gene für Entzündungscytokine stimuliert. Es hemmt den Rezeptor von TGFβ (*transforming growth factor β*). *ECM*: extrazelluläre Matrix. (Nach Rabe et al. 2006)

proinflammatorischen Cytokinen. Die veränderten doppelsträngigen Domänen der *self-RNA* wirkten dabei über den Toll-ähnlichen Rezeptor 3 (*Toll-like receptor 3*, TLR3) auf die nicht bestrahlten Keratinocyten (Bernard et al. 2012).

UV-induzierte DNA-Schäden sind eine weitere, ganz wesentliche Ursache für das Photoaging, das ebenfalls zur Seneszenz zahlreicher Hautzellen führt. Die Seneszenz ist zwar einerseits ein Schutz gegen eine Tumorentwicklung, andererseits verringert vor allem die UVB-Strahlung die Teilungsfähigkeit der Zellen und damit die Dicke und Leistungsfähigkeit der Haut.

Die molekularen Reaktionen der Zelle auf UV-induzierte DNA-Schäden sind vielfältig und komplex (Abb. 3.4). Am Beginn stehen **Sensorproteine**, die UV-induzierte anormale Chromosomenstrukturen und DNA-Schäden wahrnehmen. Ein wesentlicher Sensor besteht aus einem **heterotrimeren Komplex** aus Rad 9, Rad 1 und Hus 1 (9-1-1), der wie ein gleitender Ring auf der DNA sitzt. Dieser Komplex findet z. B. DNA-Brüche und aktiviert dann sogenannte **Transducer-Kinasen**. Diese Kinasen wie ATM (*ataxia telangiectasia mutated*) und ATR (*ATM-related*), die mit ATRIP einen Komplex bilden, der an UV-geschädigte DNA bindet und mit TopBP1 interagiert, phosphorylieren eine Anzahl von **Effektorproteinen** wie die Checkpoint-Kinasen 1, 2 (Chk 1, 2). Auf der anderen Seite phosphorylieren und inaktivieren

3

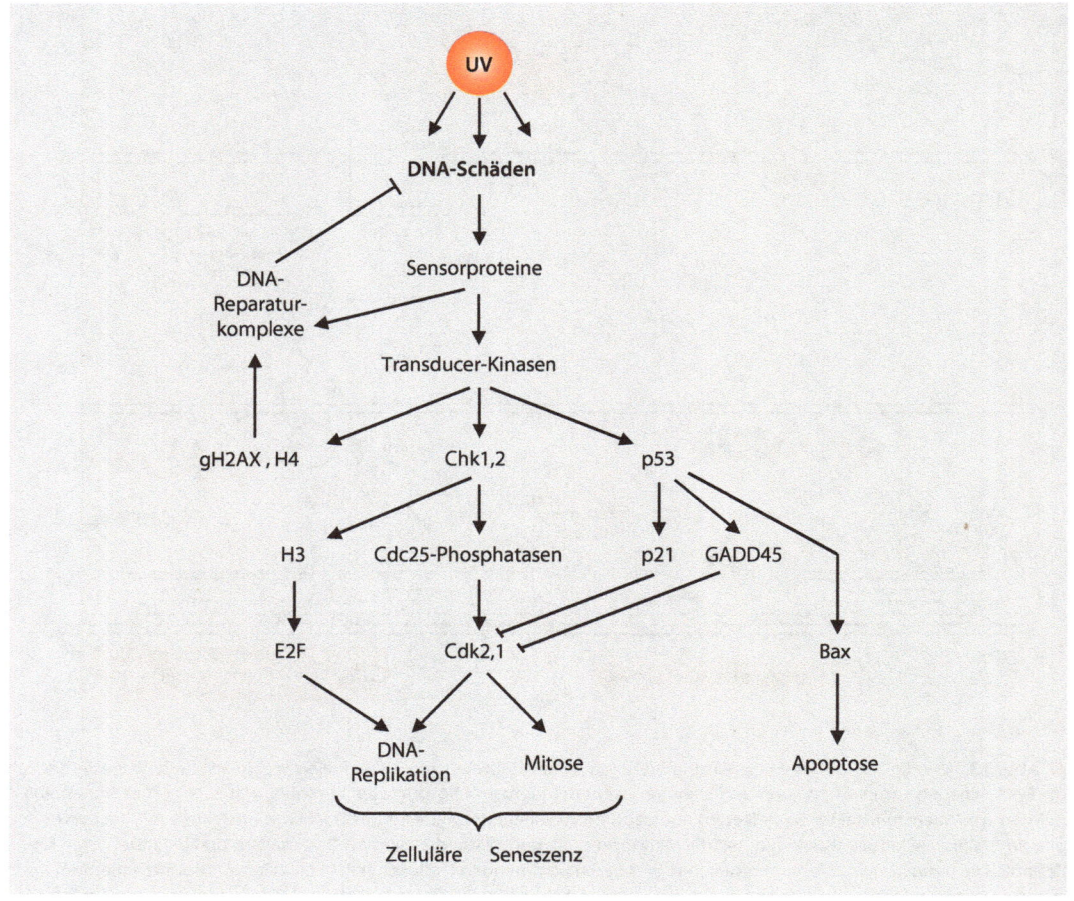

🔲 **Abb. 3.4** Wirkungen von UV-Strahlen auf die DNA und daraus sich ergebende Seneszenz von Zellen. Bax-proapop-totisches Protein, Cdk 1, 2-cyclinabhängige Proteinkinasen 1, 2, Cdc25-Phosphatasen-*cell division cycle* 25-Phosphatasen, Chk 1, 2-Checkpoint-Kinasen 1, 2, E2F-Transkriptionsfaktor für Gene der S-Phase, GADD 45-*growth arrest and DNA damage* 45, γH2AX-phosphoryliertes H2-Histon, H3-Histon 3, H4-Histon 4, p53-Tumorsuppressorprotein (Transkriptionsfaktor), p21-Inhibitor von Cdk2

sie spezifische Phosphatasen (Cdc25), die dann ubiquitiniert und abgebaut werden. Das bewirkt eine Inaktivierung der **Kinasen Cdk2** und **Cdk1**, die mit Cyclin E und B zusammen die Zelle durch die Replikationsphase (S-Phase) und Mitose (M-Phase) bewegen. Das hat zur Folge, dass der Zellzyklus angehalten wird. Außerdem haben die Chk 1, 2 noch Bedeutung für die Transkriptionskontrolle, indem sie die Phosphorylierung von Histon H3 an T11 bewirken, was die Bindung von GCN5 (*general control non-derepressible* 5) an Promotoren fördert. GCN5 acetyliert Histon H3 an K 9 und wirkt auch als Ace-

tyltransferase hemmend auf einen wesentlichen Transkriptionsfaktor der S-Phase, nämlich E2F.

Von den Transducer-Kinasen gehen zudem Signale an weitere Kinasen (DNA-Proteinkinase und Tip 60), die unterschiedliche Histone phosphorylieren und dadurch die Rekrutierung von DNA-Reparaturkomplexen an die DNA erleichtern (Übersicht: Nakanishi et al. 2009). Die Transducer-Kinasen phosphorylieren und aktivieren außerdem ein weiteres sehr wichtiges Effektorprotein, den **Transkriptionsfaktor p53**, einen Tumorsuppressor, der einerseits bei geringeren DNA-Schäden den

Zellzyklus hemmt und die DNA-Reparatur fördert, bei stärkeren DNA-Schäden aber den **programmierten Zelltod (Apoptose)** induziert. Eine längerfristige Aktivierung von p53 bewirkt ebenso wie die weiter oben genannten Signalwege eine frühzeitige Seneszenz der Zellen. Eine Stabilisierung einer solchen frühzeitigen Seneszenz kann dann offenbar über eine epigenetische Histonmethylierung (H3K9) und eine DNA-Methylierung stattfinden (Schmitt et al. 2007).

Weitere sehr wichtige Schäden durch **UV-Strahlen** sind an Proteinen zu beobachten: oxidierte Proteine, erkennbar an der Zunahme von **Carbonylgruppen**, sind nicht mehr funktionsfähig und werden daher in Proteasomen abgebaut. Mit zunehmendem Alter, aber auch durch UV-Strahlen, verringert sich allerdings die Aktivität der **Proteasomen** dramatisch, sodass die Menge oxidierter Proteine und deren unverdauliche Komplexe (z. B. **Lipofuscin**) deutlich zunehmen. Neben dem Abbau oxidierter Proteine gibt es in Hautzellen Reparaturenzyme, die oxidierte Methioninreste von Proteinen wieder reduzieren und damit das Protein wieder funktionsfähig machen: die **Methioninsulfoxid-Reduktas**en (MsrA und MsrB1 und B2). Niedrige Dosen von UVA oder H_2O_2 erhöhen die Aktivität von MsrA, während höhere Dosen von UVA und B die Expression von Msr senken und damit die Reparaturkapazität verringern (Picot et al. 2007). Diese kurze Übersicht soll zeigen, wie komplex die Wirkungsketten der UV-Strahlen innerhalb von Hautzellen sind und wie schwierig es ist, diese Wirkungen in den Zellen zu minimieren.

3.4   Medizinische Aspekte

Einige Beispiele von besonders im Alter häufig auftretenden Hauterkrankungen sollen die allgemein zunehmenden Risiken solcher Erkrankungen verdeutlichen: Die verringerte Immunkompetenz führt dazu, dass vermehrt bakterielle oder virale Infektionen in der Haut auftreten, etwa **Wundrose** (Erysipel, meist durch Streptokokken verursacht), **Pilzinfektionen**, **Herpes zoster** (Auftreten von Herpes bei über 80-Jährigen ist etwa dreimal so häufig wie in den ersten vier Lebensjahrzehnten), **Schuppenflechte** oder allergisch bedingte Hautentzündungen (**Kontaktallergie**, z. B. Nickelallergie). Außerdem wird die Haut von älteren Menschen oft trockener (Xerosis) – einerseits aufgrund von weniger produzierten Lipiden infolge der verringerten Anzahl von Talgdrüsen, andererseits durch viele äußere Bedingungen wie zu trockene Luft in den Wohnräumen, aggressive Seifen, zu heißes Wasser zum Waschen u. a. (Übersicht: White-Chu und Reddy 2011). Wichtige Hauterkrankungen sind außerdem Hautkrebserkrankungen wie die **aktinische Keratose** und maligne Tumoren wie **Melanome** (Übersicht: Gilchrest und Krutmann 2006). Viele Hundert pathologische Veränderungen der Haut werden in der »International Classification of Diseases ICD« in 30 Hauptkategorien aufgelistet (ICD 680–709).

Bei den Hautkrebserkrankungen (▶ Kap. 14) unterscheidet man die häufigeren sogenannten weißen (Nichtmelanoma) Hautkrebstypen vom Melanom, das potenziell gefährlicher ist. In Deutschland sterben jährlich etwa 3000 Menschen daran. Die Zahl der jährlichen Neuerkrankungen für alle Hautkrebstypen beträgt etwa 140.000, darunter die als weiße Hautkrebstypen zusammengefassten **Basaliome** (Carcinom der Basalzellschicht) und **Spinaliome** (Carcinome der Stachelzellschicht) sowie die selteneren Krebsarten im Bindegewebe (**Sarkome**) wie Angiosarkome, Fibrosarkome und das Kaposi-Sarkom, das fast nur bei HIV-Patienten auftritt. Spinaliome kommen vorwiegend in Hautarealen vor, die längere Zeit durch Sonnenlicht geschädigt wurden. Oft gehen ihnen aktinische Keratosen voraus. Auch Melanome können durch Sonneneinwirkung unter Umständen erst nach langer Latenzzeit entstehen.

■ **Vorbeugende Maßnahmen und therapeutische Ansätze**
Nur ein kleinerer Teil der zahllosen Kosmetika, Pharmazeutika und Behandlungen verlangsamt den intrinsischen Alterungsprozess der Haut – so wie das etwa bei der Aufnahme von Antioxidantien angenommen wird. Ein größerer Teil der Maßnahmen vermindert Alterserscheinungen wie Faltentiefe, Trockenheit, Pigmentflecken u. a. für kürzere Zeit oder auch längerfristig. Wesentlich beeinflussbarer sind die Wirkungen von UV-Strahlen (Photoaging): z. B. durch primäre Prävention, d. h. durch

3

> **Tab. 3.3**   Primärer und sekundärer Schutz vor Photoaging und tertiäre Behandlung

Primäre Prävention

UV-hemmende Kleidung

Sonnenschutz durch chemische Substanzen: UVB-absorbierende Verbindungen wie p-Aminobenzoesäure und seine Ester, Salicylate u. a.

UVA-absorbierende Verbindungen wie Avobenzone (Handelsname Parsol 1789), Terephtalyliden u. a.

UVA-reflektierende Verbindungen wie Zinkoxid oder Titanoxid, die als besonders wirksam gegen das UVB-Spektrum empfohlen werden (Gonzaga 2009). Oft wird jedoch die empfohlene Dosis (2 mg/cm^2) der Sonnenschutzmittel erheblich unterschritten

Sekundäre Prävention und Behandlung

Retinoide der Vitamin-A-Familie (Tretinoin, Tazarotene)

Antioxidantien: Vitamin C (lokal auf der Haut appliziert)

Orale Supplementierung (z. B. eine Kombination von L-Prolin, L-Lysin, Mangan, Kupfer, Zink, Quercitin, Traubenkernextrakt, N-Acetyl-D-Glucosamin, Glucosamin-Sulfat oder von Vitamin C und E, Carotinoiden, Selen und Proanthocyanidin) ergab eine Verringerung der Faltentiefe und Verringerung der Induktion von MMP, ebenso traf dies auf Kombinationen von CoQ$_{10}$, α-Liponsäure, Isoflavone aus Soja, N-Acetylcystein, Polyphenole aus grünem Tee, Östrogene, Wachstumsfaktoren, antiinflammatorische Cytokine zu. Zahlreiche Tests zur Wirkung von Pflanzenextrakten auf die Verringerung von Hautfalten wurden bei einer kritischen Bewertung als nur wenig überzeugend gewertet – vor allem auch in Bezug auf die Nachhaltigkeit (Hunt et al. 2010). Eine möglicherweise wirksame antioxidative Substanz ist Resveratrol aus roten Trauben, ein Stilbenderivat, das aber noch Probleme bei der Anwendung u. a. gegen Hautschäden hat, weil es schnell abgebaut wird (Ndiaye et al. 2011). Neuerdings wird auch ein bioaktiver Komplex gegen Proteinschäden eingesetzt (Schweikert et al. 2010)

Teritäre Behandlung

Chemische Behandlung zur Ablösung (*peeling*) der oberen Epidermis, z. B. durch α-Hydroxysäuren (AHA), Salicylsäure, Trichloressigsäure, Phenol, Glykolsäure (GA)

Mikroabtragung durch niederfrequente wärmeerzeugende Radiostrahlung

Laserabtragung durch CO$_2$- und Erbium-Laser: Yttrium-Aluminium-Garnet(YAG)-Laser

Botulinumtoxin zur Entspannung der Hautmuskulatur an den Faltenrändern

Injektionen von Füllsubstanzen wie Rinderkollagen, azelluläre Hautsubstanzen aus menschlichen Leichen, Hyaluronderivate aus Hahnenkämmen – auch in Kombination mit oben genannten Verfahren (Übersicht: Beer 2011)

Abschirmung der Haut vor den Strahlen, durch sekundäre Prävention in Form von lokal oder oral angewandten Antioxidantien bzw. Komponenten der Vitamin-A-Familie, die die Signaltransduktion von der UV-Strahlung zu den Alterungseffektoren in der Zelle beeinflussen, und tertiär in Form von chemischen/physikalischen Eingriffen in die Haut, mit dem Ziel, die Folgen der UV-Bestrahlung zu verringern bzw. die Reparatur von Zellkomponenten und die Regeneration der Haut zu stimulieren (> Tab. 3.3).

Bei den **Sonnenschutzcremes** ist zu beachten, dass der **Sonnenschutzfaktor (SPF)** ein internationaler Standard ist, der sich auf den Schutz vor Sonnenbrand bezieht, also hauptsächlich auf den Schutz vor UVB-Strahlen. Zahlreiche Cremes mit Schutz vor UVA und UVB können jedoch noch bis zu 50 % der UVA-induzierten reaktiven Sauerstoff-

spezies (ROS) zulassen – selbst bei einem Sonnenschutzfaktor von > 20 und der empfohlenen Dosis von 2 mg/cm^2. UV-induzierte Schäden werden auf der anderen Seite durch eine Reihe von Pharmaka verringert und deren Reparatur verbessert, wie Studien vor allem an Tieren gezeigt haben.

Schon viele Jahre sind Derivate der **Vitamin-A-Familie** (**Retinoide** wie **Retinsäure**) die empfohlene, überwiegend lokale Therapie gegen Photoaging. Die heilenden Wirkungen von **Tretinoin** oder **Tazarotene** beruhen vor allem auf der Hemmung des UV-induzierten Kollagenabbaus (> Abschn. 3.7); Wirkungen, die durch randomisierte, kontrollierte Doppelblindstudien mit über 100 Versuchspersonen eindeutig nachgewiesen sind. Auch lokal angewandtes Vitamin C kann z. B. die Sonnenbrandentwicklung nach UV-Bestrahlung hemmen – was auch in Pilotstudien für die orale Gabe von Antioxidantien und anderen Substanzen (■ Tab. 3.3) sowie für die Anwendung von CoQ$_{10}$ und Liponsäure gezeigt worden ist. Auch Östrogene wirken offenbar lokal und oral gegen UV-Schäden, vermutlich indem sie die Kollagenproduktion erhöhen.

Die tertiären Therapien bestehen zum Teil aus der Abtragung der oberen Epidermisschicht (*peeling*) durch chemische Agentien wie verschiedene Säuren oder Laser (■ Tab. 3.3), mit dem Ziel, eine Regeneration der Haut durch Induktion eines Wundheilungsprozesses über die Freisetzung von Cytokinen und einer **Neusynthese von Kollagen** zu erzielen. Dabei soll auch die Faltentiefe verringert werden – wobei die Befunde dieser Behandlungen oft nicht durch umfangreiche Doppelblindstudien nachgewiesen sind.

Injektion von **Botulinumtoxin A** (**Botox**, vom Bakterium *Clostridium botulinum*) hemmt die lokale neuromuskuläre Signalübertragung, indem es die Ausschüttung des Neurotransmitters Acetylcholin blockiert. Dadurch wird die unter der Haut liegende Muskulatur entspannt, was die Faltentiefe vermindert. Die Wirkungen halten jedoch nur etwa drei Monate an.

Als Füllmaterial werden zur Straffung der Haut oft eigenes Fettgewebe, Rinderkollagen oder Hyaluronsäurederivate aus Hahnenkämmen injiziert, wobei die letzten beiden Maßnahmen auch Immunreaktionen und Überempfindlichkeitsreaktionen hervorrufen können (Übersicht: Krutmann et al. 2008).

Informationen zur Krebsentstehung finden Sie in ▶ Kap. 14. An dieser Stelle sei schon auf einige therapeutische Ansätze bei weißem Hautkrebs bzw. Nichtmelanoma-Hautkrebserkrankungen (NMSC) hingewiesen. NMSC umfassen z. B. aktinische Keratosen (AK), die durch Licht induziert werden und deren Inzidenz rapide zunimmt. AK sind präinvasive Krebszellen, die sich aber zu invasiven Plattenepithelkarzinomen (*squamous cell carcinoma*, SCC) umwandeln können (Einspahr et al. 2012). Aktinische Keratosen können operativ entfernt oder mit flüssigem Stickstoff, 5-Fluoruracilcreme oder Podophyllinlösung abgetötet werden. Vielfach wird heute eine photodynamische Therapie (PDT) angewandt, die darauf basiert, im erkrankten Gewebe lichtempfindliche Moleküle zu erzeugen, die ihrerseits ROS freisetzen und dadurch die Apoptose des Gewebes bewirken. Meist werden 5-Aminolävulinsäure (ALA) oder ihr Ester, Methyl-Aminolävulinat (MAL), auf die betroffene Hautregion aufgetragen. Durch Lichtexposition (künstliche Lichtquellen oder Tageslicht) werden diese Substanzen in Protoporphyrin IX und andere Photosensitizer umgewandelt, die zur Abtötung führen (Wiegell et al. 2012). Wichtig ist ein nachfolgender Schutz vor Sonnenstrahlen (s. S1-Leitlinie »Aktinische Keratose« der Deutschen Dermatologischen Gesellschaft, DDG in AWMF online).

3.5   Übersicht über Struktur und Funktion von Haaren

Jüngere Menschen haben normalerweise etwa 80.000–150.000 Kopfhaare, außerdem längere Haare unter den Achseln, im Schambereich und – bei Männern – am Kinn im Form eines Bartes sowie Haare im Brustbereich. Die gesamte übrige Haut – bis auf die Hand- und Fußsohlen, Lippen und Brustwarzen – ist mit kürzeren, dünneren und weniger dicht stehenden Haaren besetzt.

Die **Haarwurzeln** befinden sich in der **unteren Lederhaut** und im oberen Bereich der **Unterhaut**, wo die Haarzwiebel (*bulb*) liegt, aus der heraus das Haar gebildet wird (■ Abb. 3.2 und 3.5). Dort findet auch die Produktion des **Haarpigments (Melanin)** durch die Melanocyten statt, und zwar in genetisch festgelegten Mischungsverhältnissen von **Eumelanin** für schwarzes/braunes Haar und **Pheomelanin** für blondes und rotes Haar:

Die Melanocyten sondern dieses Pigment in Form von Melanosomen ab, die von Keratinocyten in der Haarzwiebel für die Haarfärbung aufgenommen werden. Keratinocyten synthetisieren lange Proteinketten (Fibrillen) aus Keratin, die dem Haar seine Festigkeit verleihen.

Oberhalb der **Haarzwiebel** liegt das Haar in einer schlauchartigen Struktur, dem **Haarfollikel** oder Haarbalg, der sich von der Epidermis her einstülpt. Am Haarfollikel setzt ein Muskel an, der das Haar unter bestimmten Bedingungen aufrichtet (Gänsehaut!), was bei Säugetieren mit Haarfellen zur Vergrößerung der Luftpolster zwischen den Haaren und damit der Temperaturregulation dient. Außerdem mündet am Haarfollikel eine **Talgdrüse**, die die Haare einfettet (■ Abb. 3.5). Je nach Pflege der Haare erkennt man im Rasterelektronenmik-

3

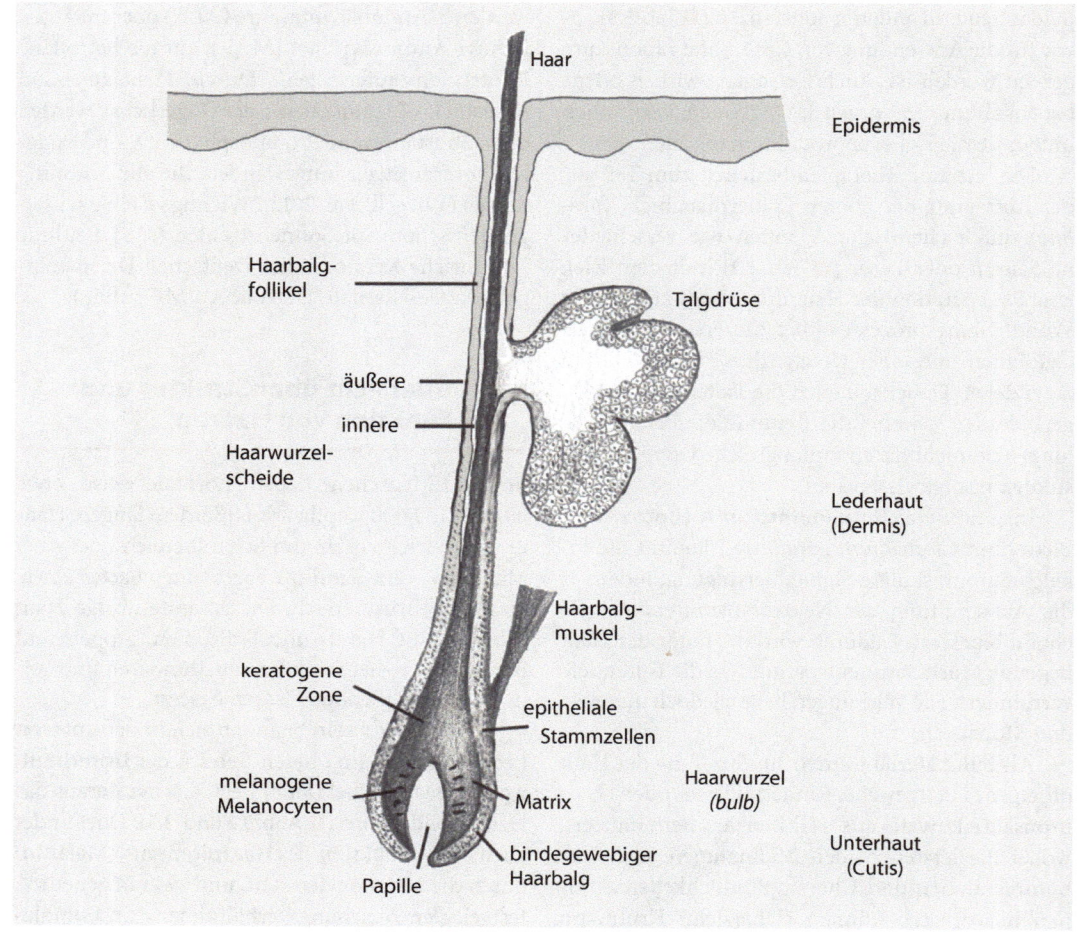

Haar

Epidermis

Haarbalg-
follikel

Talgdrüse

äußere

innere

Haarwurzel-
scheide

Lederhaut
(Dermis)

Haarbalg-
muskel

keratogene
Zone

epitheliale
Stammzellen

melanogene
Melanocyten

Haarwurzel
(bulb)

Matrix

bindegewebiger
Haarbalg

Unterhaut
(Cutis)

Papille

☐ **Abb. 3.5**   Schematische Darstellung eines Haares im Längsschnitt

roskop eine mehr oder weniger schuppige, spiralig angeordnete Reihe von verhornten Zellen, die Haarkutikula (☐ Abb. 3.6). Im Inneren des Haares befinden sich weitere Schichten, wobei die Faserschicht aus Keratinfibrillen wesentlich für die Stabilität und Flexibilität des Haares sorgt. Beim Menschen dienen die Kopfhaare vor allem dem Schutz vor Sonnenstrahlen.

Haarbälge bzw. Haare machen in Laufe des Lebens zahlreiche Wachstumszyklen durch (☐ Abb. 3.7), deren längste Phase, die sogenannte **Anagenphase,** etwa 2–6 Jahre dauert – je nach Alter, Geschlecht und spezifischem Hautareal. Etwa 85–90 % der Kopfhaare befinden sich in dieser Phase und wachsen jeweils etwa 0,33 mm pro Tag

bzw. 1 cm pro Monat. Danach folgt die **Katagenphase**, in der die Zellproliferation und Pigmentbildung eingestellt wird. Der Haarfollikel verengt sich dann, das Haar löst sich von der Haarwurzel, wird vom nachwachsenden Haar nach oben geschoben und fällt später aus: Das sind etwa 70–150 Kopfhaare pro Tag. Diese Phase dauert etwa 2–3 Wochen, danach, in der **Telogenphase** von etwa 2–4 Monaten, erneuert sich die Zellpopulation in der Haarzwiebelmatrix – vermutlich durch neue, aus Stammzellen entstehende und sich differenzierende Keratinocyten und Melanocyten. Ebenso erhöht sich die Proliferation in Teilen des Haarfollikels – worauf ein weiterer Haarzyklus beginnt.

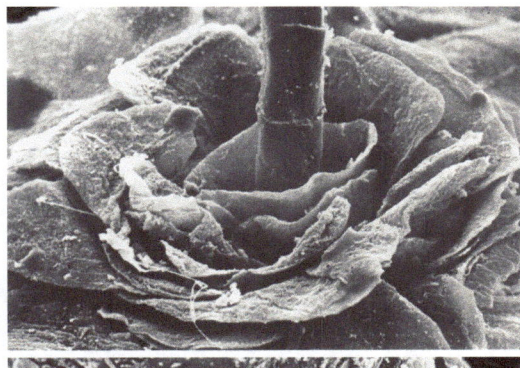

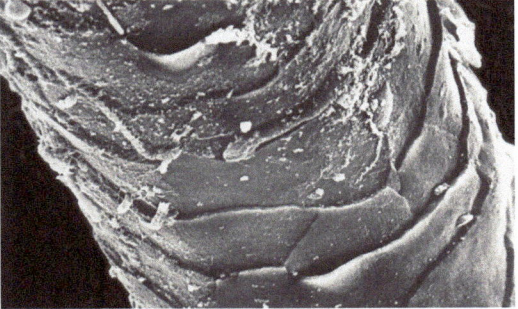

Abb. 3.6 Rasterelektronisches Bild von Haaren. **Oben:** Teil eines Stirnhaares (dünnes Haar) mit einer großen Rosette von verhornten Epidermiszellen (unten) am Rande der trichterförmigen Einstülpung der äußeren Wurzelscheide (Vergr. 2300×). **Unten:** Cuticula eines dickeren Haares (Vergr. 7200×). (Aus Fujita et al. 1986)

3.6 Altersabhängige Veränderungen und Erkrankungen der Haare

Die Anzahl von Haaren/Haarbälgen nimmt auf der gesamten Körperhaut im Laufe des Alters ab, sichtbar vor allem an den dichteren Haarregionen wie der Kopfhaut. Ebenso alterstypisch ist die allmähliche Entfärbung der Haare von grau bis weiß. Der irreversible Verlust von Haarbälgen hängt einerseits mit der allgemeinen **Seneszenz** von sich teilenden Zellen zusammen, wie sie in der Basalschicht der Haut und hier vor allem in den Matrixzellen in der Haarzwiebel altersbedingt eintritt. Die intrinsischen und extrinsischen Ursachen dieser Seneszenz sind die gleichen wie bei den Hautzellen besprochen. So kommt es im Alter zu verringerten Wachstumsraten der Haare während der Anagenphase und zur Verlängerung der Telogenphase. Einen reversiblen synchronen Verlust von Haaren findet man bei Frauen nach der Geburt oder bei Krebspatienten nach bestimmten Chemotherapien, die mit proliferationsblockierenden Pharmaka behandelt wurden. Der altersabhängige Haarverlust ist auch durch Hormonmangel bedingt, etwa bei Frauen in der Menopause durch das Fehlen von Östrogenen.

Bei Männern kann sich der Haarverlust schon relativ früh nach der Pubertät in Form von **Glatzenbildung (Alopecia)** bemerkbar machen. Das hängt mit einer erblich bedingten Disposition der Testosteron**empfindlichkeit** der Kopfhaarbälge zusammen: Je nach der Expression eines Enzyms, das Testosteron in den Haarzellen der Kopfhaut in **Dihydrotestosteron (DHT)** umwandelt, wird die Anagenphase des Haarzyklus verkürzt – bis zu einer Miniaturisierung und Degeneration der Haarzwiebel-/-follikel. Allerdings ist dieser Haarverlust nicht nur auf Testosteron und das daraus entstehende DHT zurückzuführen, wie Studien an kastrierten Tiermodellen gezeigt haben. Altersabhängig zeigen darüber hinaus die meisten Männer über 70 Jahre (80%) sogenannte »Geheimratsecken«, wobei in beiden Fällen bestimmte Regionen der Kopfhaut besonders vom Haarverlust betroffen sind. Die Ursachen dafür sind noch unklar (■ Abb. 3.8). Krankheiten wie Ekzeme u. a. können die Entwicklung von kahlen Hautstellen beschleunigen.

Das altersbedingte Ergrauen und Weißwerden der Haare beginnt meist im Alter zwischen 35–45 Jahren – mit deutlichen Unterschieden zwischen einzelnen Individuen, aber auch zwischen weißen, afrikanischen und asiatischen Bevölkerungen. Nach einer Faustregel haben im Alter von 50 Jahren 50% der Bevölkerung 50% graue Haare. **Das Ergrauen der Haare** erfolgt oft – an den Schläfen beginnend – nach etwa 7–15 Haarzyklen. Dann ist die Regenerationsfähigkeit der Melanocytenpopulation in den Haarzwiebeln langsam erschöpft – nach einer enorm hohen Melaninsyntheseleistung während der dunklen oder blonden »normalen« Zyklen in den ersten vier bis fünf Lebensjahrzehnten. Diese **Minderung der Melaninsynthese** kommt durch eine deutliche Verringerung der Melanocytenzahl in den Haarzwiebeln zustande und eine ebenso deutliche Abnahme der von ihnen produzierten Melanosomen, die von den Keratinocyten in der corticalen Haarschicht aufgenommen werden.

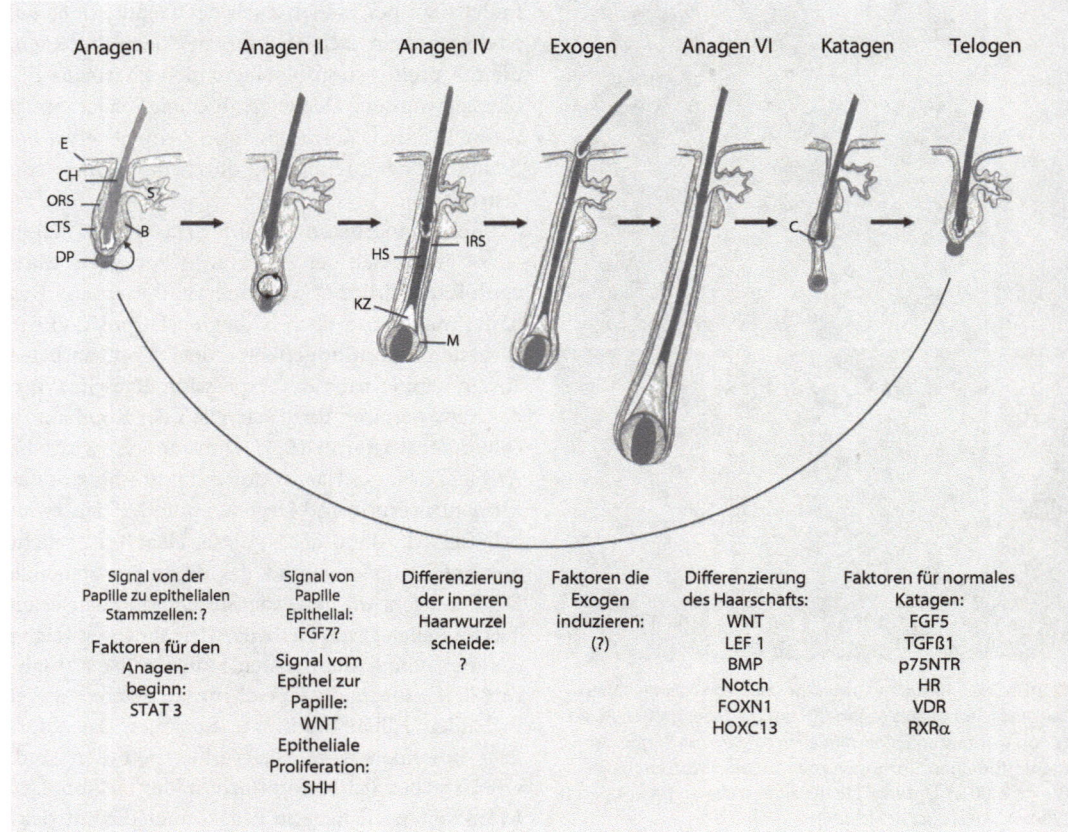

Abb. 3.7 Faktoren, die das Haarwachstum regulieren und den Haarzyklus kontrollieren. Während des Beginns der Anagenphase (Anagen I) bewirkt ein unbekanntes Signal aus der Haarpapille (DP) eine vorübergehende Proliferation von Stammzellen. Den weiteren Verlauf von Anagen regulieren Signale aus der Papille und Haarzellen in der Matrix (M). Epithelzellen im Follikel sezernieren dieselben Signale wie die Papille. So wird ein neues Haar in der Anagenphase gebildet und das alte Haar bei Exogen abgestoßen (das an der Basis eine Verdickung hat, die es bis dahin im Follikel hält). Während der Katagenphase werden die unteren zwei Drittel des epithelialen Follikels abgebaut, doch die Papille bleibt mit dem Follikel verbunden. Das alte Haar bildet eine Verdickung (C) an der Basis. Der Follikel geht dann in die Ruhephase (Telogen) über. BMP *bone morphogenetic protein,* STAT 3 *signal transducer and activator of transcription* 3, CH Haar mit Verdickung, CTS Bindegewebsschicht, E Epidermis, FGF *fibroblast growth factor,* FOX N1 *winged helix nude,* HOX C13 *homeobox gene* C13, HS Haarschaft, IRS innere Haarwurzelschicht, KZ keratogene Zone, LEF 1 *lymphocyte enhancer factor* 1, Notch ein Signalweg, ORS äußere Haarwurzelschicht, p75 NTR p75 *neurotrophin receptor,* RXRα *retinoid X-receptor* α, S Talgdrüse, SHH *sonic hedgehog,* STAT *signal transducer and activator of transcription,* TGFβ1 *transforming growth factor* 1, VDR Vitamin-D-Rezeptor, WNT ein Signalweg (nach Cotsarelis und Millar 2001).

Ergrauen und Weißwerden von Haaren hängt wesentlich mit oxidativem Stress zusammen, der charakteristisch für Altersprozesse in allen Zellen ist (▶ Kap. 2), der aber zusätzlich noch durch UV-Strahlen gesteigert werden kann. Inwieweit darüber hinaus Stress – etwa in Form von gravierenden Lebenseinschnitten, wie oft berichtet – den Prozess beschleunigen kann, ist noch nicht klar. Denkbar wäre, dass Stresshormone wie etwa Angiotensin II, das oxidativen Stress in Zellen verursacht, auch die Konzentration von ROS in Haarzellen weiter erhöhen und damit die Ergrauung fördern könnte. Auf jeden Fall werden in den Melanocyten zusätzlich durch die Oxidation von Tyrosin und DOPA zu Melanin sehr viele ROS gebildet, sodass zahlreiche Zellen schon am Ende jedes Zyklus seneszent

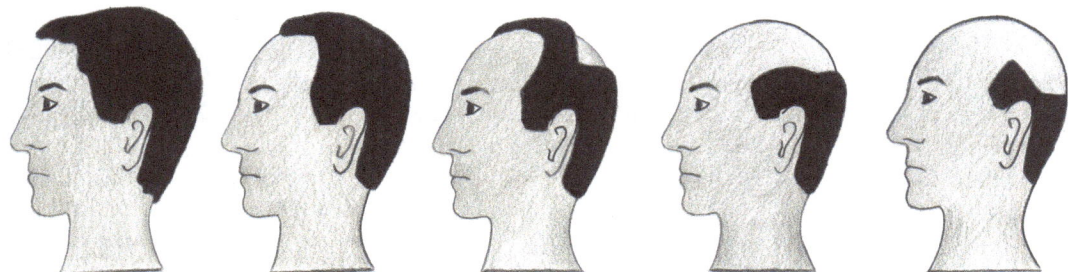

🔴 **Abb. 3.8** Typischer Haarausfall beim Mann. Zuerst entwickeln sich Geheimratsecken, dann lichtet sich das Haar am oberen Hinterkopf (Stirn- und Hinterkopflichtung zusammen führen zur Glatze)

werden und wahrscheinlich den programmierten Zelltod sterben. Nach den zahlreichen Zyklen sind dann vermutlich die Reserven sich neu differenzierender Melanocyten aufgebraucht, weil auch in den Haarzwiebeln die Seneszenz der teilungsfähigen Zellen fortschreitet.

3.7 Molekulare Mechanismen

Die molekularen Prozesse, die zum altersbedingten Ausfall bzw. Ergrauen/Weißwerden von Haaren führen, sind nur zum Teil bekannt: Veränderungen in den Wachstumszyklen des Haares kommen aller Wahrscheinlichkeit nach durch eine allgemeine Verringerung der Konzentration von **Wachstumsfaktoren** bzw. durch eine verminderte Reaktion der Keratinocyten und Melanocyten auf diese Faktoren zustande (🔴 Abb. 3.7). Auch die Signaltransduktionswege bis zu den Transkriptionsfaktoren sind vermutlich altersabhängig abgeschwächt. Hinzu kommt wahrscheinlich eine zunehmende Seneszenz der Stammzellen in der Haarzwiebel durch **Verkürzung der Telomere** im Laufe der intensiven Teilungsaktivität der Zellen.

Das Ergrauen/Weißwerden des Haares ist nach neuen Erkenntnissen wesentlich auf oxidativen Stress in Form von reaktiven Sauerstoffspezies (ROS) zurückzuführen (gemessen z. B. an der Menge von H_2O_2) in den Haarzellen. Das hängt wiederum mit dem Verlust eines H_2O_2-abbauenden Enzyms, der **Katalase**, in den Haarzwiebeln zusammen – ebenso wie mit dem Verlust des Reparaturenzyms **Methioninsulfoxid-Reduktase**. Dies führt zu vermehrter Bildung von Met-S=O, auch

bei dem Enzym Tyrosinase, das für die Synthese von Melanin wichtig ist (Wood et al. 2009). Die erhöhten H_2O_2-Mengen bewirken auch eine Ausbleichung des Melanins – wie es bei künstlichem Blondieren von Haaren der Fall ist.

3.8 Medizinische Aspekte

▪ **Vorbeugende Maßnahmen und therapeutische Ansätze**

Hemmung der Umwandlung von Testosteron in Dihydrotestosteron durch das Pharmakon Finasterid hilft bei Männern mit frühem androgenetischem Haarausfall (Alopecia). Ebenso kann Haarausfall, der durch eine Unterfunktion der Schilddrüse (Hypothyreoidismus) zustande gekommen ist, über Zufuhr von Trijodthyronin bzw. Thyroxin gehemmt werden. Neuerdings werden zunehmend Versuche an Mäusen gemacht, um herauszufinden, ob eine Gentherapie diejenigen genetischen Defekte beseitigen kann, die z. B. auch für androgenetischen Haarausfall verantwortlich sind. In einigen Fällen ist dies gelungen (Übersicht: Cotsarelis und Millar 2001).

Seit langem wird die Färbung oder Tönung von grauem oder weißem Haar praktiziert, was anscheinend auch über längere Zeit ohne deutliche Nebenwirkungen möglich ist. Schöner wäre es natürlich, wenn man die inaktiven Melanocyten in grauem oder weißem Haar reaktivieren könnte – was in Zellkulturen schon gelungen ist (Übersicht: Neste und Tobin 2004).

3.9   Zusammenfassung

Die Haut ist einerseits ein essentieller Schutzwall gegen toxische Substanzen, Mikroorganismen, gegen UV-Strahlen, Druck- und Zugbelastungen und auf der anderen Seite ein wichtiger Wahrnehmungsort für mechanische Signale, Tasteindrücke, Temperaturwahrnehmungen sowie eine wesentliche Komponente der Temperaturregelung. Sie besteht aus drei Schichten: der Oberhaut (Epidermis), der darunterliegenden Lederhaut (Dermis/Korium) und der dann folgenden Unterhaut (Subcutis). Alterungsprozesse äußern sich in der Haut durch Zunahme und Vertiefung von Hautfalten, durch Abnahme der Schichtdicke und der Elastizität und das vermehrte Auftreten von Pigmentunregelmäßigkeiten, von Warzen und Hautkrebs. Diese Alterserscheinungen beruhen sowohl auf intrinsischen Faktoren wie dem Altern der Hautzellen als auch auf extrinsischen Faktoren wie UV-Strahlen, Zigarettenrauch und Alkoholkonsum, die den Alterungsprozess der Zellen beschleunigen. Unter den altersabhängigen Hauterkrankungen sind die erhöhten Risiken für Infektionen, Entzündungen und Allergien zu nennen, ebenso wie diejenigen für verschiedene Hautkrebstypen.

Als vorbeugende Maßnahmen sind vor allem der Schutz vor UV-Bestrahlung und die Vermeidung von Rauchen und Alkoholkonsum zu nennen, ebenso die Verwendung von Schutzcremes. Heilende Wirkungen sind von Derivaten der Vitamin-A-Familie (Retinoide), von Vitamin C, Liponsäure u. a. Antioxidantien nachgewiesen worden. Molekulare Mechanismen der UV-induzierten Hautalterung (Photoaging) bestehen wesentlich in DNA-Schädigungen und daraus folgendem programmiertem Zelltod (Apoptose) oder Seneszenz der Zellen sowie einer verringerten Teilungsfähigkeit.

Veränderungen in der Haardichte und -farbe sind ebenfalls deutlich sichtbare Alterserscheinungen. Diese Veränderungen betreffen einerseits die Dauer der Wachstumszyklen, die bei jüngeren Menschen etwa zwei bis sechs Jahre betragen und im Alter verkürzt sind. Bei vielen Männern sind schon früh »fehlende Haare« an den »Geheimratsecken« und am Hinterkopf zu erkennen, was mit einer erblich bedingten Disposition dieser Haare für die Testosteronempfindlichkeit zusammenhängt. Das Ergrauen der Haare beginnt individuell sehr verschieden, bis etwa im Alter von 50 Jahren die Hälfte der Bevölkerung mehr oder weniger graue Haare hat.

Die Ursachen für diese altersbedingten Änderungen sind einerseits wieder die intrinsischen Alterungsprozesse der Zellen, aber auch hormonelle Veränderungen, bei Frauen etwa der Östrogenmangel nach der Menopause. Ergrauen und Weißwerden der Haare geht offenbar wesentlich auf oxidativen Stress zurück, der im Alter weniger kompensiert werden kann.

Literatur

Ashcroft GS, Ashworth JJ (2003) Potential role of estrogens in wound healing. Am J Clin Dermatol 4:737–743

Beer KR (2011) Combined treatment for skin rejuvenation and soft-tissue augmentation of the aging face. J Drugs Dermatol 10:125–132

Bernard JJ, Cowing-Zitron C, Nakatsuji T, Muehleisen B et al (2012) Ultraviolet radiation damages self noncoding RNA and is detected by TLR3. Nat Med. 18:1286–1290

Bhushan M, Cumberbatch M, Dearman RJ, Andrew SM, Kimber I, Griffiths CE (2002) Tumour necrosis factor-alpha-induced migration of human Langerhans cells: the influence of ageing. Br J Dermatol 146:32–40.

Bullen EC, Longaker MT, Updike DL et al (1995) Tissue inhibitor of metalloproteinases-1 is decreased and activated gelatinases increased in chronic wounds. J Invest Dermatol 104:236–240

Cotsarelis G, Millar SE (2001) Towards a molecular understanding of hair loss and its treatment. Trend Mol Med 7:293–301

Einspahr JG, Calvert V, Alberts DS, Curiel-Lewandowski C et al (2012) Functional protein pathway activation mapping of the progression of normal skin to squamous cell carcinoma. Cancer Prev Res 5:403–413

Fujita T, Tanaka K, Tokunaga J (1986) Zellen und Gewebe. G. Fischer, Stuttgart

Gonzaga ER (2009) Role of UV light in photodamage, skin aging, and skin cancer: importance of photoprotection. Am J Clin Dermatol 10 Suppl 1:19–24

Gilchrest BA, Krutmann J (Hrsg) (2006) Skin aging. Springer, Heidelberg

Hunt KJ, Hung SK, Ernst E (2010) Botanical extracts as anti-aging preparations for the skin: a systematic review. Drugs Aging 27:973–985

Keeton WT (1972) Biological Science. Norton, New York

Krutmann J, Diepgen T, Billmann-Krutmann C (Hrsg) (2008) Hautalterung, Grundlagen, Prävention, Therapie. Springer, Heidelberg

Nakanishi M, Niida H, Murakamin H, Shimade M (2009) DNA damage responses in skin biology *small mothers against decapentaplegic* implications in tumor prevention and aging acceleration. J Dermatol Sci 56:76–81

Ndiaye M, Philippe C, Mukhtar H, Ahmad N (2011) The grape antioxidant resveratrol for skin disorders. Promise, prospects, and challenges. Arch Biochem Biophys 508:164–170

Neste van D, Tobin DJ (2004) Hair cycle and hair pigmentation: dynamic interactions and changes associated with aging. Micron 35:193–200

Paulmann M, Arnold T, Linke D, Ozdirekcan S et al (2012) Structure-activity analysis of the Dermcidin-derived peptide DCD-1 L, an anionic antimicrobal peptide present in human sweat. J Biol Chem 287:8434–8443

Picot CR, Moreau M, Juan M, Noblesse E, Nizard C, Petropoulos I, Friguet B (2007) Impairment of methionine sulfoxide reductase during UV irradiation and photoaging. Exp Gerontol 42:859–863

Rabe JH, Mamelak AJ, McElgunn PJ, Morison WL, Sauder DN (2006) Photoaging: mechanisms and repair. J Am Acad Dermatol 55:1–19

Rijken F, Bruijnzeel-Koomen CA (2011) Photoaged skin: the role of neutrophils, preventive measures, and potential pharmacological targets. Clin Pharmacol Ther 89:120–124

Schmitt E, Paquet C, Beauchemin M, Bertrand R (2007) DNA-damage response network at the crossroads of cell-cyle checkpoints, cellular senescence and apoptosis. 1. J Zhejiang Univ Sci B 8:377–397

Schweikert K, Gafner F, Dell'acqua G (2010) A bioactive complex to protect proteins from UV-induced oxidation in human epidermis. Int J Cosmet Sci 32:29–34

Wood JM, Decker H, Hartmann H, Chavan B, Rokos H, Spencer JD, Hasse S, Thornton MJ, Shalbaf M, Paus R, Schallreuter KU (2009) Senile hair graying: H_2O_2-mediated oxidative stress affects human hair color by blunting methionine sulfoxide repair. FASEB J 23:2065–2075

Wiegell SR, Wulf HC, Szeimies RM, Basset-Seguin N et al (2012) Daylight photodynamic therapy for actinic keratosis: an international consensus: International Society for Photodynamic Therapy in Dermatology. J Eur Acad Dermatol Venereol 26:673–679

White-Chu EF, Reddy M (2011) Dry skin in the elderly: complexities of a common problem. Clin Dermatol 29:37–42

Young JJ, Patel A, Rai P (2010) Suppression of thioredoxin-1 induces premature senescence in normal human fibroblasts. Biochem Biophys Res Commun 392:363–368

Zouboulis CC, Makrantonaki E (2011) Clinical aspects and molecular diagnostics of skin aging. Clin Dermatol 29:3–14

Knochenskelett, Knorpel, Bänder und Sehnen

4.1 Übersicht über Struktur und Funktion von Knorpelgewebe, des Knochenskeletts, der Bänder und Sehnen

Wirbeltiere haben aus elastischem Knorpel, harten Knochen, festen Sehnen und Bändern ein **Binnen-(Endo-)skelett** entwickelt, das wesentliche strukturelle und funktionelle Aufgaben für größere Organismen erfüllt: Es ermöglicht ihnen das Leben auf dem Festland durch die dafür notwendige Stabilisierung/Halterung von oft umfangreichen labilen Funktionssystemen, wie dem Verdauungssystem, von Atmung und Kreislauf, dem Bewegungsapparat und der Entwicklung von Embryonen im Uterus. Es funktioniert als mechanischer Schutz für das Gehirn, für Sinnesorgane und Rückenmark (Schädel, Wirbelsäule), für Lunge und Herz (Brustkorb) sowie als Basis für das Sexual-, Verdauungs- und Ausscheidungssystem (Becken). Es ist darüber hinaus – zusammen mit den Muskeln – eine Grundvoraussetzung für die Bewegung mithilfe der Extremitäten und der Wirbelsäule. Dieses Endoskelett ermöglichte den Wirbeltieren eine Entwicklung zu großen Landlebewesen, deren Größe weit über die anderer Tierstämme hinausgeht: Beispiele sind die großen Dinosaurier oder die heute lebenden Säugetiere wie Elefanten, Giraffen und auch der Mensch.

Unter den Landsäugern hat der Mensch mit dem **aufrechten Gang** eine besondere Entwicklung eingeschlagen, die auch wesentlich das Skelett betrifft: Durch die senkrecht stehende Wirbelsäule wurde die Kopfhaltung und -bewegung und damit auch die Position der Augen und das Sehen verändert. Ebenso dienten die Arme nicht mehr der Fortbewegung, sondern konnten andere Funktionen übernehmen. Durch diese strukturellen und funktionellen Veränderungen wurden jedoch auch Teile des Skeletts wie die Wirbelsäule, Hüft-, Knie- und Fußgelenke anders und stärker belastet – was sich vor allem im Alter bemerkbar macht. Die Entwicklung des Knochenskeletts beginnt in der frühen Embryogenese mit einer Vorform des Skeletts aus Knorpelsubstanz. Diese Vorform wird im weiteren Verlauf der Embryogenese von Knochenzellen durchsetzt, die wesentlich eine Verhärtung des Skeletts durch Einlagerung meist von **Calcium-**

phosphaten wie $Ca_{10}(PO_4)_6(OH)_2$ und **Kollagen** bewirken. Trotzdem ist das Skelett bei der Geburt noch relativ weich und biegsam, um leichter den engen Geburtskanal passieren zu können.

Die **Verknöcherung** schreitet danach langsam fort; trotzdem sind die Knochen von Kindern deutlich elastischer und brechen nicht so leicht wie bei Erwachsenen, vor allem bei alten Menschen. Etwa mit dem 15. Lebensjahr sind alle Knochen verknöchert, nur an den Enden (**Epiphysen**) der Knochen, wo noch Wachstum stattfinden kann, und an einigen anderen Stellen bleibt der Knorpel erhalten (◘ Abb. 4.1): Bei den Rippen im Bereich des Vorderabschnitts des Brustkorbs, bei den Bandscheiben als elastisches Polster aus Faserknorpel zwischen den Wirbeln der Wirbelsäule, bei Kehlkopf und der Luftröhre, bei Nase und Ohr, bei der Schamfuge des Beckens und in den Gelenken. Wichtig bei allen diesen Knorpelanteilen des Skeletts sind die dadurch erreichte Elastizität und Flexibilität sowie Funktionen als Stoßdämpfer zwischen den Wirbeln und bei der Reduktion von Reibung in den Gelenken.

Das **Längenwachstum** der Knochen wird beim Menschen nach der Pubertät durch die einsetzende Östrogenproduktion unterdrückt – was nicht nur für Frauen zutrifft, sondern auch für Männer, in deren Hoden auch kleinere Mengen an Östradiol aus Testosteron gebildet werden. Östrogene schließen auf der einen Seite die Epiphysenfugen, d. h. beenden das Längenwachstum und fördern auf der anderen Seite diejenigen Zellen (**Osteoblasten**), die den Knochenaufbau leisten. Außerdem hemmen sie die Zellen (**Osteoklasten**), die den gegenläufigen Prozess, die **Osteolyse**, verursachen. Durch die stark absinkende Östrogenkonzentration nach der Menopause ist daher bei Frauen oft ein Abbau der Knochensubstanz, d. h. eine **Osteoporose** (s. unten), festzustellen.

4.1.1 Struktur des Knorpels

Die interzellulare Knorpelsubstanz ist ein Produkt der darin befindlichen Bindegewebszellen (Chondrocyten) (◘ Abb. 4.2a). Diese Substanz besteht einerseits aus einer gallertartigen, elastischen Masse – in wesentlichen Teilen aus dem Mucopolysac-

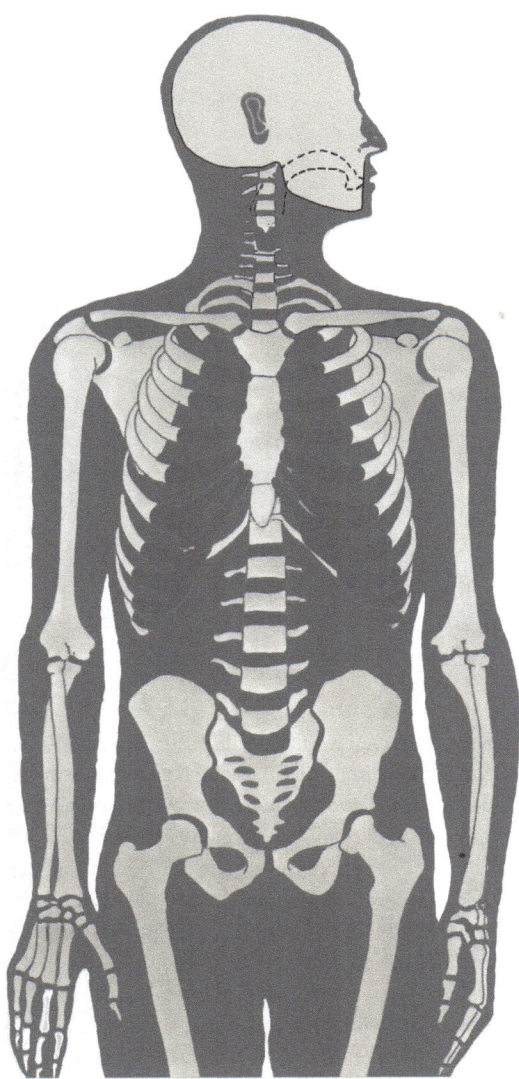

■ **Abb. 4.1**　Knorpel und Knochen im menschlichen Skelett

charid **Hyaluran** (früher Hyaluronsäure). Das sind langkettige, lineare **Glucosaminoglykanmoleküle**, die zu noch größeren **Proteoglykankomplexen** verbunden werden können. Derartige Riesenmoleküle, wie das **Aggrecan**, dienen z. B. im Gallertkern der Bandscheiben als elastische Polster. Darüber hinaus verringern Hyaluranmoleküle in der Gelenkflüssigkeit die Reibung in den Gelenken. Andererseits enthalten einige Knorpelarten zahlreiche Kollagenfasern, die miteinander vernetzt

sind. Je nach den elastischen und faserigen Anteilen unterscheidet man den **hyalinen Knorpel** (z. B. in den Epiphysenfugen und dem Gallertkern in der Bandscheibe), den **elastischen Knorpel** (z. B. in der Ohrmuschel) und den **Faserknorpel** mit hohem Anteil an Kollagenfasern vom Typ 2 (z. B. in den peripheren Teilen der Bandscheiben).

Die Kollagenfasern sind in verschiedenen Knorpeltypen, in Bändern und Sehnen durch kovalente Bindungen jeweils unterschiedlich untereinander verbunden. Diese Bindungen verändern sich mit der Zeit – auch in den Knochen – und tragen so offenbar mit zur Osteoporose bei (s. unten). Die Knorpelzellen werden nicht über Blutgefäße, sondern durch Lymphflüssigkeit ernährt, die in den Knorpel eindringen kann. Der Austausch von Nährsubstanzen und Stoffwechselprodukten sowie von Sauerstoff und Kohlendioxid wird durch Bewegung, d. h. durch abwechselnden Druck und Entspannung erhöht.

4.1.2　Struktur des Knochens

Die Knochensubstanz besteht aus der extrazellulären Matrix und den darin enthaltenen Mineralien. Die Proteine der Knochenmatrix sind hauptsächlich **Kollagen** (90 %) sowie Osteocalcin, Sialoproteine, Proteoglykane und Osteonektin. Die Knochenmineralien, die etwa 2/3 der Knochenmasse ausmachen, bestehen vorwiegend aus **Hydroxylapatit** und anderen Calciumphosphatverbindungen. Die Knochensubstanz wird aus Osteoblasten gebildet, von denen ein Anteil im Knochen eingeschlossen ist und damit zu nicht teilungsfähigen **Osteocyten** wird (■ Abb. 4.2b). Sie synthetisieren und sezernieren die organischen Bestandteile und unterstützen die Mineralisierung mithilfe einer alkalischen Phosphatase, die Pyrophosphat spaltet, das relativ gut löslich ist und daher die Mineralisierung stört. **Osteoblasten** werden auch durch mechanische Belastung (Bewegung) aktiviert. Es findet ein ständiger Knochenumbau statt, bei dem Zellen, die Osteoklasten, die feste Kalksubstanz des Knochens abbauen und die entstehenden Ionen wieder dem Blutkreislauf zuführen. Das geschieht durch eine lokale Ansäuerung (Azidose), durch Ausscheidung von H^+-Ionen über eine H^+-ATPase und durch

4

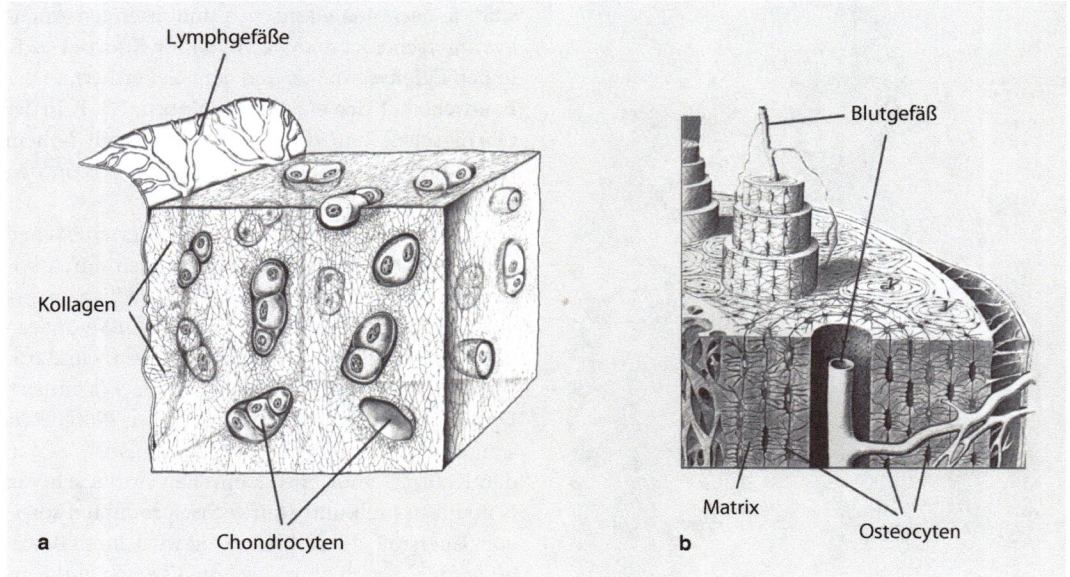

Lymphgefäße

Blutgefäß

Kollagen

Matrix

a   Chondrocyten

b   Osteocyten

🔲 **Abb. 4.2**   Mikroskopische Strukturen von **a** Knorpel und **b** Knochen

Proteinabbau über die **Matrixmetallo-Proteinasen (MMP)**. Die Osteoklasten bereiten allerdings durch ihren Knochenabbau auch den Aufbau durch Osteoblasten vor. Höhere Cortisolkonzentrationen aktivieren die Osteoklasten und führen damit zur Entmineralisierung der Knochen. Von den Osteoblasten wird der umgekehrte Prozess gefördert. Eine Störung des Gleichgewichts zwischen den beiden Prozessen, das noch von mehreren Hormonen und anderen Faktoren geregelt wird, ist offenbar eine wesentliche Ursache für die Osteoporose (▶ Abschn. 4.3).

Die Röhrenknochen in den Extremitäten sind von ihrer Grobstruktur (Rohr) ähnlich wie technische Röhren beugungs- und brechstabil. Darüber hinaus weisen sie eine miteinander verbundene Säulenstruktur um die parallelen Blutgefäße auf, die die Stabilität weiter verstärken (🔲 Abb. 4.2b). An besonders belasteten Stellen wie am Oberschenkelhals findet sich eine Stützstruktur aus Knochenbälkchen, die ebenfalls an technische Konstrukte wie Brücken erinnern. In diesen oberen oder unteren Enden des Knochens befindet sich das rote Knochenmark, in dem die Blutzellen (Erythrocyten und Leukocyten) in großer Zahl gebildet werden.

Das Gleichgewicht von Bildung und Abbau der Knochensubstanz, vor allem die Konzentration von Calcium im Knochen, wird durch ein komplexes Netzwerk von Signalen geregelt (🔲 Abb. 4.3). Im Zentrum der Regulation steht der Calciumgehalt des Blutes (2,1–2,6 mmol/l bzw. 84–106 mg/l), der neben der Knochenbildung für verschiedene Funktionen wie Nerven- und Muskeltätigkeit lebenswichtig ist. 40 % des Gesamtcalciums im Blut liegen in proteingebundener Form vor, u. a. an Albumin gebunden, 60 % in freier, ionisierter Form. Werden diese Werte unterschritten (**Hypocalcämie**) oder überschritten (**Hypercalcämie**), wird eine Reihe von Prozessen eingeleitet, um rasch den Sollwert wieder zu erreichen. Bei Hypocalcämie werden Prozesse aktiviert, die den Calciumgehalt im Serum erhöhen: **Parathormon (PTH)** aktiviert die Osteoklasten, die Calcium aus dem Knochen freisetzen, ebenso wird von PTH die Calciumaufnahme im Darm und die Calciumrückresorption in der Niere erhöht. Da die Osteoklasten auch die Voraussetzung für den Knochenaufbau durch Osteoblasten leisten, ist eine kurzfristige PTH-Gabe therapeutisch gegen Osteoporose einsetzbar (Takahata et al. 2012). Zudem wird durch das Hormon

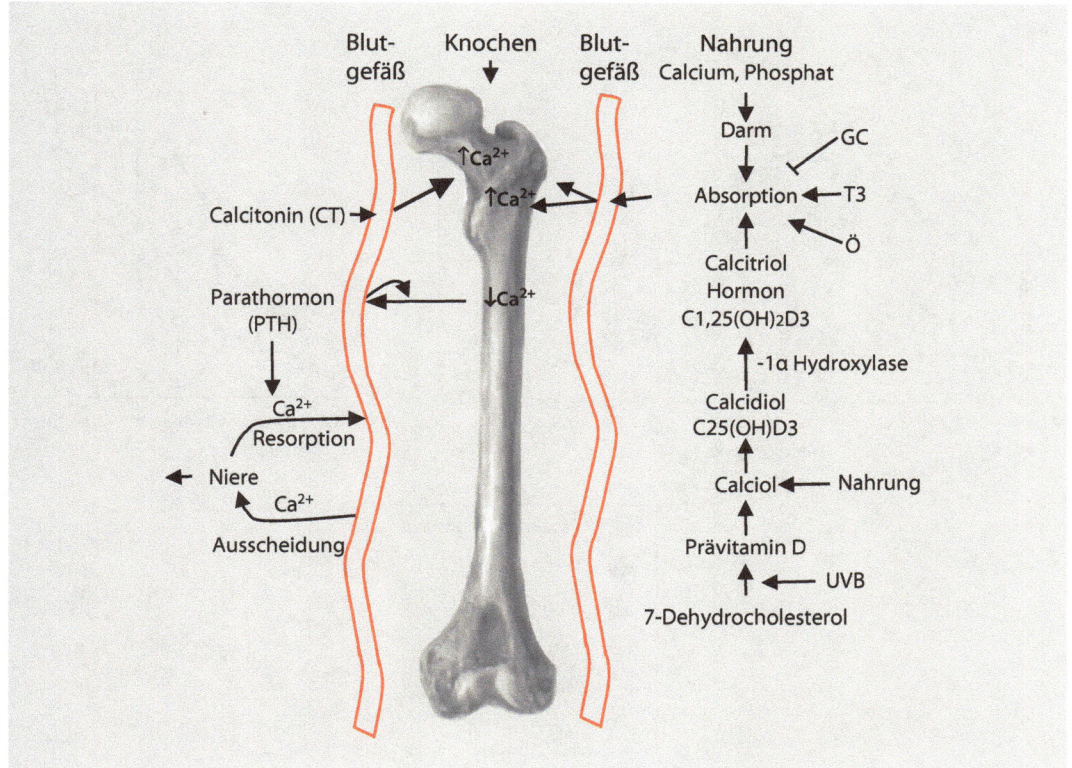

🔲 **Abb. 4.3**   Kontrollnetzwerk des Calciumgehalts im Blut und des Calciumstoffwechsels im Knochen. *GC* – Glucocorticoide, *Ö* – Östrogen, *T₃* – Trijodthyronin

Calcitriol (**Vitamin D**) ebenfalls die Calciumaufnahme aus dem Darm gesteigert (▶ Abschn. 4.3) – und dadurch auch die Calciumeinlagerung in die Knochen. Auch die vermehrte Aufnahme von Phosphaten über die Nahrung führt zu einer verstärkten Calciumeinlagerung in Knochen. Calcitriol entsteht über mehrere Syntheseschritte u. a. unter **Einwirkung von UV** im Körper (🔲 Abb. 4.3), kann aber auch als Vorstufe mit der Nahrung aufgenommen werden. Bei Hypercalcämie wird die Calciumeinlagerung in die Knochen gesteigert, und zwar durch **Calcitonin** aus den C-Zellen der Schilddrüse, das die Osteoklastentätigkeit in den Knochen und die Calciumrückresorption in der Niere hemmt.

Bänder (Ligamente) sichern den Zusammenhalt zwischen den Knochen und die Befestigung gegeneinander beweglicher Teile des Skeletts. Sie haben auch eine Führungs- oder Hemmfunktion bei Gelenken, die nur die gewünschten Bewegungen zulassen. Sie bestehen meist aus längsverlaufenden kollagenen Bindegewebsfasern.

Sehnen bestehen ebenfalls aus parallelfasrigem kollagenem Bindegewebe und verankern die Muskeln an den Knochen.

4.2   Altersabhängige Veränderungen und Erkrankungen

4.2.1   Strukturelle Veränderungen in der Knorpelsubstanz der Knochen

Die Menge an Knorpelsubstanz im Knochen nimmt zum einen mit dem Alter ab (🔲 Abb. 4.4a), zum anderen wird dort auch die Qualität der Kollagenfasern durch oxidativen Stress verändert, was

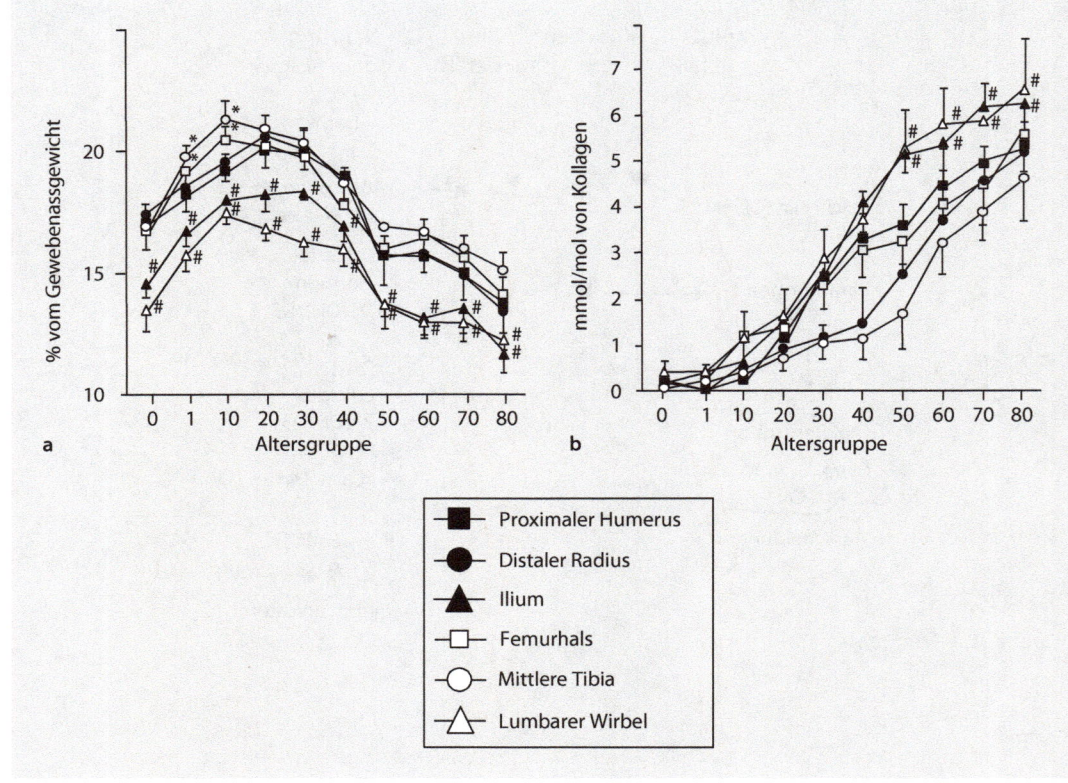

Abb. 4.4   Altersabhängige Veränderungen in der Knorpelsubstanz. Veränderungen in der Knorpelsubstanz (Kollagen) verschiedener Knochen. **a** Gesamter Kollagengehalt, **b** Gehalt an Pentosidinen. (Nach Saito und Marumo 2010)

zu einer Verminderung der Knochenfestigkeit und Erhöhung des Bruchrisikos führt (Übersicht: Saito und Marumo 2010; ▶ Abschn. 4.3).

Die qualitativen Veränderungen der Knorpelsubstanz sind z. B. an der Menge von nichtenzymatischen Quervernetzungen durch sogenannte **Pentosidine** (▶ Abschn. 4.3) zu erkennen (◘ Abb. 4.4b), die zwischen dem 10. und 70. Lebensjahr oft um mehr als den Faktor 10 zunehmen. Insgesamt führen diese Veränderungen des Knochen/Knorpelskeletts zu einem erhöhten Bruchrisiko, aber auch zu Deformationen am Schädel, Rücken oder in der Beinstellung, die als typische Altersmerkmale wahrgenommen werden, wie sie z. B. an einer Figur aus altägyptischer Zeit schon zu erkennen sind (◘ Abb. 4.5).

Die gesamte **Knochenmasse (*peak bone mass*, PBM)** verändert sich im Lebenszyklus (◘ Abb. 4.6),

wobei die PBM von Männern allgemein höher ist als die von Frauen. Die Knochenmasse nimmt während der Kindes- und Jugendentwicklung zu, besonders vor und während der Pubertätsphase.

Dabei ist es wichtig, dass die Ernährungs- und Bewegungsbedingungen in dieser Phase optimal sind, um die späteren Risiken einer zu geringen Knochenmasse (Osteoporose) zu verringern. Die Knochenmasse erreicht etwa zwischen 25 und 40 Jahren ein Maximum oder Plateau. Von da an sinkt sie bei Männern kontinuierlich, bei Frauen besonders deutlich während der Zeit der Menopause. Auch die Mineralisierungsdichte von Knochen (**Knochendichte, BMD**), die über spezielle Verfahren gemessen wird (Dual-Röntgen-Absorptiometrie, DXA), nimmt mit dem Alter ab: Bei 90 Jahre alten Männern ist sie etwa 40 % niedriger als bei 20- bis 29-Jährigen (Binkley 2009). Für die Verringe-

■ **Abb. 4.5** Altägyptische Darstellung der Haltung eines alten Menschen

rung der Knochenmasse im Alter ist eine Reihe von exogenen und endogenen Faktoren verantwortlich, d. h. eine Kombination von ernährungsabhängigen, hormonellen, mechanischen und genetischen Einflüssen und deren Interaktionen (■ Tab. 4.1).

Ernährungsbedingte Faktoren Im Alter wird oft weniger Nahrung – und damit auch weniger Calcium und Vitamin D – aufgenommen (▶ Kap. 5, Abschn. »Abmagerung, Kachexie, Anorexie«), sodass Calcium aus Knochen freigesetzt werden muss, um den Serumspiegel auf seinem Normalwert zu halten. Älteren Menschen wird daher empfohlen, **calciumreiche Nahrung** wie Milch und Milchprodukte, Eier, mageres Fleisch u. a. zu sich zu nehmen (etwa 1 g Calcium pro Tag). Auch die Resorption von Calcium im Darm wird im Alter vermindert, wenn zum Beispiel zu wenig Calcitriol gebildet wird. Die körpereigene Produktion von Vitamin D lässt im Alter oft wegen der geringeren UVB-Bestrahlung nach: Im Winter ist sie kaum vorhanden, im Sommer wirken meist nur wenig UVB-Strahlen auf die nackte Körperhaut ein. Auch durch eine altersbedingte Aktivitätsabnahme des Enzyms (1-α-Hydroxylase), das Calcitriol bildet, wird im Alter weniger Vitamin D produziert. Durch Vitamin-D-Aufnahme kann das jedoch kompensiert werden. Fische weisen oft einen hohen Vitamin-D-Gehalt

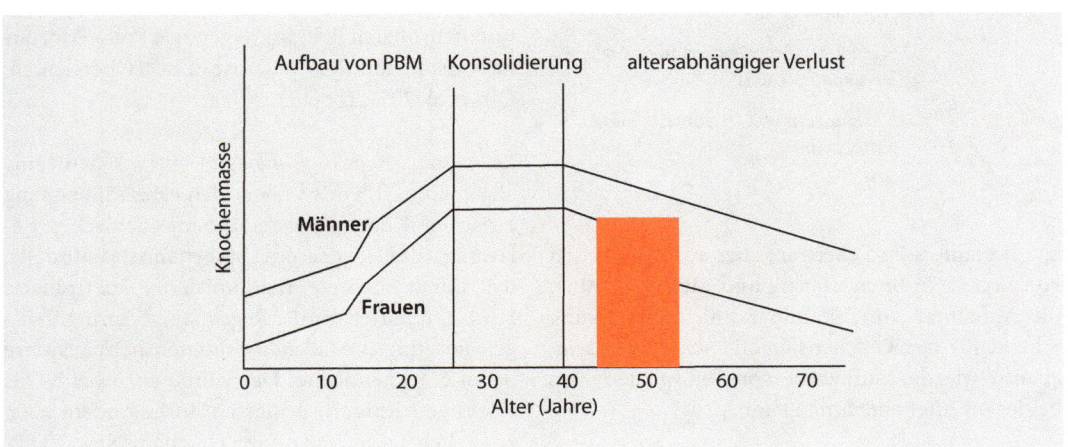

■ **Abb. 4.6** Veränderungen der Knochenmasse (*peak bone mass*, PBM) während des Lebens. Für das Erreichen des Maximums sind vor allem die Pubertätsjahre wichtig. Während der Menopause (rot) und bis etwa zehn Jahre danach wird die Abnahme der Knochenmasse auf etwa 1–2 % pro Jahr geschätzt. (Nach Lanham-New 2008)

4

○ **Tab. 4.1** Faktoren, die die altersbedingten Veränderungen des Skeletts beeinflussen. Die Pfeile deuten die altersbedingten Zu- oder Abnahmen der Faktoren an

Nahrung/ Verdauung/ Ausscheidung	↓ Aufnahme von Vitamin D, Vitamin K, Calcium, Phosphate, Folsäure (vor allem bei Mangelernährung, Anorexie)
	↓ Absorption von Calcium im Darm
	? Ausscheidung von Calcium über die Niere
Hormone	↓ Östrogene (Menopause, Altern)
	↓ *Insulin-like growth factor-1* (IGF-1)
	↑ Parathormon (PTH)
	↑ Glucocorticoide (z. B. bei Stress, als chronisches Therapeutikum, bei Morbus Cushing)
	↑ proinflammatorische Cytokine, z. B. Interleukin-1β, Interleukin-6, Tumornekrosefaktor α bei entzündlichen Erkrankungen
Weitere Faktoren	↓ UVB-Exposition
	↓ weniger Bewegung, Belastung, z. B. bei Bettlägerigkeit oder Verringerung der Muskelmasse bei Kachexie (▶ Kap. 5)
	↓ Aktivität der 1-α-Hydroxylase (wichtig für die Synthese von Calcitriol)
	↓ Kollagengehalt
	↑ Bildung von *advanced glycation endproducts* (AGE)
	↑ Seneszenz von Osteoblasten und Osteocyten

auf: besonders im Lebertran, aber auch im Fleisch von Lachs, Sardinen, Hering und Makrelen. Auch die Aufnahme von Vitamin K mit der Nahrung scheint für die Knochenstabilität wichtig zu sein, ebenso wie die Aufnahme von Phosphaten, was beides im Alter abnehmen kann.

Hormone Beim Aufbau von Knochen spielen das **Wachstumshormon** und der dadurch in der Leber induzierte **Wachstumsfaktor IGF-1** eine wichtige Rolle. Beide Hormone nehmen im Alter deutlich ab. Das gilt auch für die **Östrogene**, die bei Frauen – aber auch Männern – die Osteolyse durch Osteoklasten hemmen. Da bei Frauen in der Menopause die Östrogenkonzentration stark abfällt, sind bei ihnen auch die Auswirkungen auf den Calciumgehalt der Knochen deutlicher. Testosteron hat nach bisherigen Erkenntnissen wenig mit der Knochenstabilität zu tun. Bei zu niedrigem Calciumgehalt im Serum fördert das **Parathormon (PTH)** den Calciumabbau im Knochen. Bei zu niedriger Calciumaufnahme durch die Nahrung kann es daher zu einer Überproduktion von PTH und damit zu einem deutlichen Calciumverlust im Knochen kommen. Negativ auf den Calciumgehalt der Knochen wirken auch **Glucocorticoide**, die z. B. unter Stress – aber auch im Alter (▶ Kap. 11) – vermehrt ausgeschüttet oder als Medikament bei chronischen Entzündungen verabreicht werden. **Entzündungscytokine** (Interleukin 1 und 6 sowie Tumornekrosefaktor α) haben eine ähnliche Wirkung. Auch **neuronale Aktivitäten** – z. B. über den Hypothalamus und das sympathische Nervensystem (SNS) – beeinflussen das Knochenwachstum: Eine pharmakologische Blockierung von β-adrenergen Rezeptoren führte bei Mäusen zu einer Erhöhung der Knochenmasse. Da die Fasern des SNS außer Noradrenalin zahlreiche Signalpeptide ausschütten, gibt es deutliche Verbindungen zwischen Osteoporose und neuronalen Erkrankungen wie Polio, Morbus Parkinson, multiple Sklerose u. a. (Übersichten: Qin et al. 2010; He et al. 2011).

Bewegung, Belastung Es gibt inzwischen eine allgemeine Theorie über den Zusammenhang zwischen Knochenmasse und mechanischer Belastung, das sogenannte »Mechanostat-Modell«, das durch mehrere randomisierte, kontrollierte Studien erhärtet wurde. Regelmäßige Springübungen bei jungen Mädchen erhöhten beispielsweise deren Knochendichte. Das wurde auch bei 3- bis 5-jährigen Kindern gemessen, insbesondere nach zusätzlicher Calciumzufuhr (Lanham-New 2008). Wie weit das auch im Alter zutrifft, muss noch geprüft werden.

Seneszenz von Osteoblasten/Osteocyten Die allgemein bei Zellen zu beobachtende Seneszenz und ihre damit verringerte Aktivität und **Begrenzung der Teilungsfähigkeit** (▶ Kap. 2) gilt auch für diese Zellen, deren stabilisierende Wirkung auf die Knochen daher nachlässt. Osteoblasten differenzieren sich aus mesenchymalen Stammzellen (MSC), die nach Studien an Mäusen offenbar im Alter abnehmen (Übersicht: Kassen und Marie 2011). Auch die Zahl reifer Osteoblasten nimmt bei Ratten im Alter ab, ebenso wie ihre Reaktionen auf IGF-1. Die Verkürzung der Telomere ist bei MSC nachgewiesen und spielt wahrscheinlich eine wichtige Rolle bei der Seneszenz der Osteoblasten.

4.2.2 Alterserkrankungen

Wie schon weiter oben dargestellt, ist gerade bei den Alterserkrankungen die Grenze zwischen »normalen« altersbedingten Veränderungen und Erkrankungen schwer zu ziehen. Meist werden bestimmte Grenzwerte definiert, deren Überschreiten die Bewertung als Erkrankung bedeutet – wie hier am Beispiel **Osteoporose** (Knochenschwund) besonders deutlich wird.

Auf zahlreiche weitere Knochen- oder Gelenkerkrankungen wie chronische Polyarthritis, Rheuma, Knochentumore u. a., die auch im Alter häufiger auftreten, können wir hier nicht näher eingehen. Eine der ganz häufigen Alterserkrankungen ist die **Arthrose** – der »Verschleiß« von Gelenken, vor allem von Kniegelenk, Hüft- und Schultergelenk. Etwa 4 % der 20-Jährigen haben eine Arthrose, während bereits 70 % der über 70-Jährigen davon betroffen sind. Die zunehmende Korrosion der Knorpelschicht führt zu oft quälenden Schmerzen. Knorpelschäden entstehen durch Unfälle, Leistungssport, veränderte Positionen der Knochen in den Gelenken, auch der Kniescheibe, Muskelschwäche, Verletzungen der Sehnen und Körpergewicht. Ein weiterer wichtiger Faktor bei Knorpelschäden ist das Alter und die dadurch bedingten Veränderungen des Muskel-Skelett-Systems (Loeser 2009).

Erwähnen möchten wir auch die mit dem Alter zunehmenden Probleme der Wirbelsäule, die ja im Verlauf des Lebens großen Belastungen ausgesetzt ist. Einerseits betrifft das die osteoporotischen Wirbelbrüche, andererseits die Bandscheiben, die innen aus einem mehr elastischen und außen aus einem faserigen Knorpel bestehen. Eine Anzahl unterschiedlicher Verschleißerscheinungen oder Lageveränderungen (Vorfall) kann zu langanhaltenden Schmerzen führen, die aus heutiger Sicht noch immer schlecht therapierbar sind, zumal psychische Einflüsse – wie depressive Zustände – diese Schmerzen wesentlich beeinflussen können.

4.2.2.1 Osteoporose

Die Osteoporose ist die häufigste Knochenerkrankung im Alter, am häufigsten die **primäre Osteoporose** (95 %), die im Gegensatz zur sekundären Osteoporose nicht als Folge von anderen Erkrankungen – wie etwa Diabetes – oder einer Behandlung mit Glucocorticoiden auftritt. Die Veränderungen der Knochendichte führen zu Strukturänderungen in der Architektur des Knochens (▶ Abb. 4.7), die wiederum ein erhöhtes Risiko des Knochenbruchs zur Folge haben. Folgende Brüche sind dabei besonders häufig:

- Wirbelkörperbrüche (besonders bei Frauen in der Menopause)
- hüftgelenksnahe Oberschenkelhalsbrüche
- handgelenksnahe Speichenbrüche (distale Radiusfraktur)
- Oberarmkopfbruch
- Beckenbruch

In Deutschland erkranken etwa 30% aller Frauen nach dem Klimakterium an Osteoporose, bei Männern etwa 8 % im Alter von über 50 Jahren mit darauf folgender zunehmender Tendenz. Die Zahl der dadurch bedingten Knochenbrüche ist sehr hoch (pro Jahr etwa 230.000 in England (Lanham-New 2008)). In den USA übersteigt diese Zahl (1,5 Mio.) die der Herz-Kreislauf-Erkrankungen (Binkley 2009). Knochenbrüche sind kostspielig: In Europa werden die Behandlungskosten dafür auf jährlich etwa 13,9 Mrd. € geschätzt, sodass eine Vorsorge gegen Osteoporose das Gesundheitssystem deutlich entlasten würde. Das liegt auch daran, dass noch weitere Behandlungskosten nach solchen Frakturen und ein erhöhtes Mortalitätsrisiko hin-

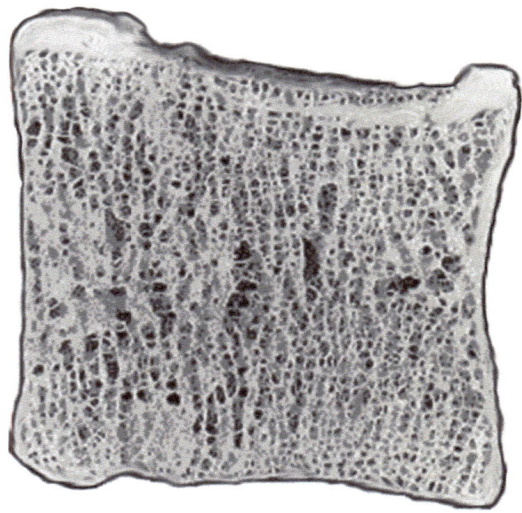 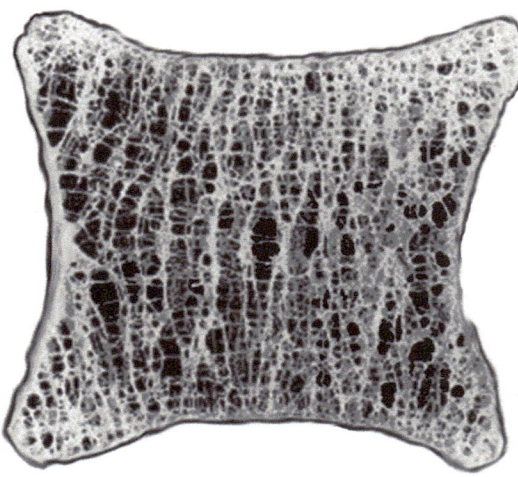

Normaler Knochen   Osteoporotischer Knochen

▫ Abb. 4.7 Mikroskopische Struktur eines normalen (links) und eines osteoporotischen (rechts) Knochens. (Nach Eastell 1999, aus Lanham-New 2008)

zukommen, was insgesamt die Lebensqualität nach diesen Frakturen stark beeinträchtigt.

4.2.2.2 Rheumatische Erkrankungen

Bei rheumatischen Erkrankungen spielen proinflammatorische Cytokine eine wichtige Rolle: Sie fördern die Funktion der Osteoklasten und hemmen die der Osteoblasten unter Einbeziehung des WNT-Signalwegs und der morphogenetischen Proteine des Knochenaufbaus. Diese Signalwege sind daher auch das Ziel gegenwärtig entwickelter Therapien (Übersicht: Baker-Lepain et al. 2011).

4.3 Molekulare Mechanismen

Die Kenntnisse über die Mechanismen der altersabhängigen Knochen- und Knorpelveränderungen sind in den letzten Jahren deutlich erweitert worden. Diese Mechanismen sind einerseits durch altersabhängige intrazellulare Prozesse bedingt, wesentlich aber auch durch altersabhängige Veränderungen der Hormonkonzentration und anderer Signalsubstanzen, die die Calciumaufnahme und andere Teilprozesse regulieren. Insgesamt ist das molekulare Regelwerk jedoch so komplex, dass

noch immer zahlreiche Interaktionen und Signalwirkungen unklar sind. Im Folgenden werden einige besonders wichtige Komponenten kurz umrissen.

4.3.1 Knorpeleigenschaften

Knorpeleigenschaften werden altersabhängig von den Veränderungen der Quervernetzung der Kollagenfasern bestimmt: Es geht dabei zunächst um (unreife) divalente Querverbindungen zwischen benachbarten Kollagenfasern, meist über Lysinreste zwischen nicht helikalen Enden des einen Strangs und Helixstrukturen des anderen Strangs. Dabei werden zunächst in den Knorpelzellen OH-Gruppen an den Lysinrest gekoppelt (durch **Lysin-Hydroxylasen, LH**) und in einem zweiten Schritt extrazellulär durch Lysyl-Oxidasen (LOX) benachbarte Stränge untereinander verbunden. Später werden daraus (reife) trivalente nicht reduzierbare Vernetzungen hergestellt. Diese positiv wirkenden Vernetzungen über LOX werden durch *transforming growth factor β* (TGFβ), durch IGF-1 und Östradiol gefördert. Die LOX-Aktivität nimmt im Alter deutlich ab. Auch **Homocystein** wirkt sich negativ auf die Genexpression und Aktivität von LOX aus, während Vitamin D die Expression von LH und LOX stimuliert.

Ab einem Alter von etwa zehn Jahren nimmt dagegen eine negative nichtenzymatische Bildung von *advanced glycation endproducts* (**AGE**) zwischen den Kollagenfibrillen zu. Sie entstehen durch die Einbindung von Glucose oder Pentosemolekülen zwischen Lysin oder Hydroxylysinresten und Argininresten (z. B. Pentosidine, ⬛ Abb. 4.4). Der Pentosidingehalt im Knorpel des Knochens ist im 50. Lebensjahr etwa 4–10-mal höher als im 10. Lebensjahr. Eine Ursache dafür könnte ein Anstieg des Homocysteins im Blut und der sich daraus ergebende oxidative Stress sein, während Raloxifen, d. h. eine Substanz, die die Östrogensignalkette aktiviert, die AGE-Bildung verringert (Übersicht: Saito und Marumo 2010).

Auch die Fähigkeit von *insulin-like growth factor* 1 (**IGF-1**), die Synthese von Matrixbestandteilen des Knorpels wie Proteoglykan zu stimulieren, nimmt im Alter ab – anscheinend in Folge von oxidativem Stress. Als Effektor der IGF-1-Wirkung fungiert die Proteinkinase Akt, die mit einer anderen Proteinkinase (ERK) in Konkurrenz steht. Oxidativer Stress (ROS) verschiebt die Balance zwischen Akt und ERK offenbar zu Ungunsten von Akt (Yin et al. 2009). Auch die Apoptose von Chondrocyten durch ROS, die durch proinflammatorische Cytokine (IL-1β, TNFα) induziert werden, kann zum arthritischen und altersabhängigen Abbau von Knorpel beitragen (Kim et al. 2010). Die oben beschriebenen Prozesse laufen im Knorpel, teilweise auch im Knochen ab, deren Matrix durch die Osteoblasten produziert wird.

4.3.2 Knochenstabilisierung

Die Entwicklung von Osteoblasten verläuft wesentlich über das regulatorische Protein Runx2, das ein osteogenes »Masterprotein« für die Knochenbildung ist. Runx2 nimmt viele Funktionen auf der Ebene der Transkriptionskontrolle wahr, indem es als Gerüstprotein im Kern die Expression zahlreicher Gene reguliert, die auf physiologische Signale (Wachstumsfaktoren, Cytokine, Hormone) reagieren. Die Zielgene von Runx2 umfassen

Regulatoren des Zellwachstums, Komponenten der extrazellulären Matrix, der Blutgefäßbildung (Angiogenese) und Signalproteine für die Entwicklung des Osteoblastenphänotyps (Lian et al. 2006; Chau et al. 2009).

Die Runx2-Expression muss in der weiteren Entwicklung von unreifen zu reifen Osteoblasten unterdrückt werden, damit reife Osteoblasten dicht gepackte Kollagenfibrillen bilden und die Mineralisierung stark erhöhen können (Komori 2008). Eine Überexpression von Runx2 in diesem Stadium führt zu einer Verringerung der Mineralisierung, die wahrscheinlich auf eine dadurch vermehrte Synthese von Matrixmetallo-Proteinasen (MMP) zurückzuführen ist (Schiltz et al. 2010).

Die Bildung von Knochensubstanz erfolgt nach neuen Erkenntnissen in vier Schritten:

— Aktivierung von Osteoklasten und Osteoblasten mit Knochenaufbau (⬛ Abb. 4.8, Übersicht Trouvin und Goëb 2010). **Osteoklasten** stammen aus der hämatopoetischen Zelllinie und differenzieren sich zu den knochenabbauenden Zellen, die in reifem Zustand zu vielkernigen Zellen werden, die an der Knochenoberfläche haften. Sie werden dorthin gelockt durch Cytokine, Hormone und Wachstumsfaktoren.

— Nach Aktivierung lösen sie dort die Knochensubstanz auf, werden danach aber durch Interaktion von Faktoren zur **Apoptose** veranlasst.

— Darauf können Präosteoblasten deren Stelle am Knochen besetzen und sich zu **Osteoblasten** differenzieren, die den Knochenaufbau in Gang setzen.

— Dann werden sie entweder zu Osteocyten oder bekleiden die Knochenoberfläche.

An der Regulation dieser Prozesse sind drei Proteine wesentlich beteiligt: **Osteoprotegerin (OPG)**, *receptor activator for nuclear factor $_KB$* (**RANK**) und sein Ligand (**RANKL**). OPG ist ein Mitglied der TNF-Rezeptorfamilie, atypischerweise ein sezerniertes Protein, das an RANKL bindet. OPG wird von einer Reihe von Geweben sezerniert, wie z. B. von Endothelzellen und glatten Muskelzellen.

Die Produktion von Osteoklasten wird durch zwei Proteine aktiviert: durch *macrophage colony-stimulating factor* (**M-CSF**) und **RANKL**.

4

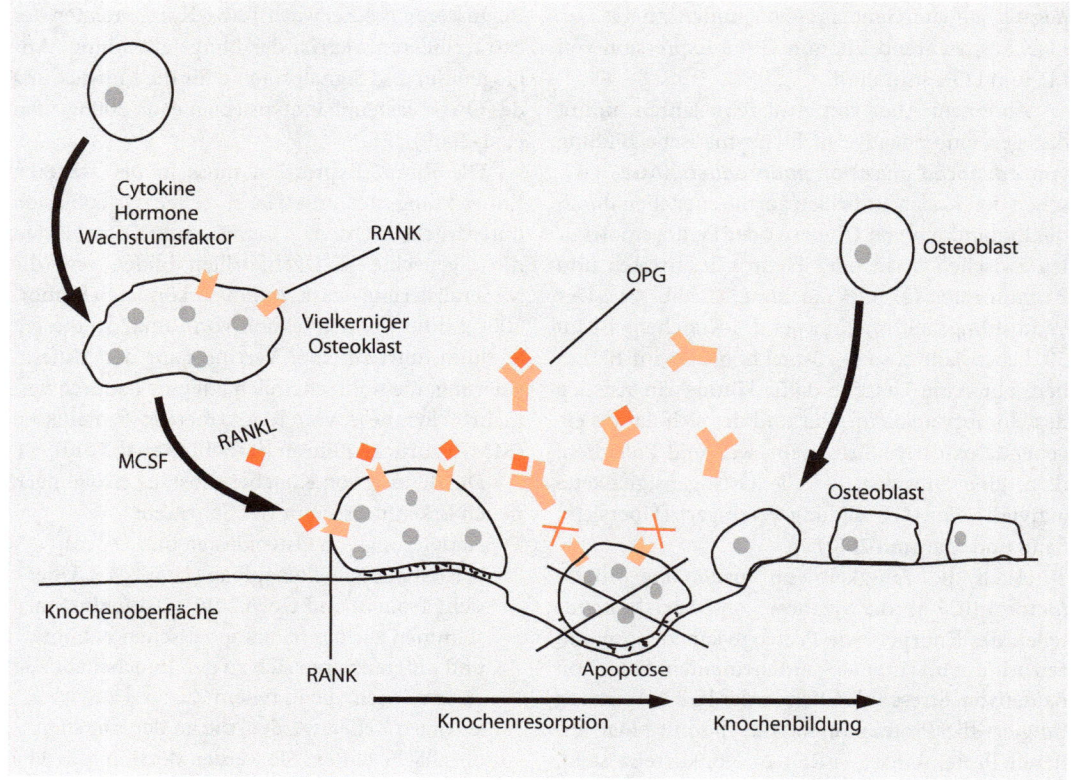

◘ **Abb. 4.8**   Knochenab- und -aufbau durch Osteoklasten und Osteoblasten. Nähere Erklärung siehe Text. (Nach Trouvin und Goëb 2010)

RANKL ist ein Mitglied der TNF-Ligandenfamilie und wird von Osteoblastzellen und aktivierten T-Zellen synthetisiert. M-CSF erhöht die Zahl der Osteoklastenvorläuferzellen, während RANKL an seinen Rezeptor (RANK) bindet und die Differenzierung von Osteoklastenvorläuferzellen zu reifen Osteoklasten bewirkt. Dann kommt OPG dazu, das als »Köder« für RANKL fungiert, d. h. RANKL bindet und dadurch die Osteoklasten der Apoptose überlässt, sodass dort die Osteoblasten tätig werden können (◘ Abb. 4.8). Verschiedene Faktoren wie IL-1, IL-17 und TNFα, proinflammatorische Cytokine, die im Alter vermehrt produziert werden, regeln RANKL herauf und wirken so positiv auf den Knochenabbau. Bei Studien an Mäusen zeigte sich eine Zunahme der RANKL-mRNA und Abnahme von OPG-mRNA

mit dem Alter, während Studien am Menschen unterschiedliche Resultate lieferten. Monoklonale Antikörper gegen RANKL (Denosumab) erwiesen sich in einer ersten Studie als wirksam bei einer Reduktion von Markern des Knochenabbaus.

Eine ganz wichtige Komponente der Knochenstabilität ist der **Calciumgehalt im Blut**. Dieser hängt wiederum entscheidend von der Calciumaufnahme über die Nahrung und der Calciumresorption im Darm ab. Die molekularen Mechanismen des transzellulären Transports durch die Zellen hindurch sind in den letzten Jahren klarer geworden, ebenso die zahlreichen Signalwege, die diesen Transport regulieren (Perez et al. 2008). Ein Modell des transzellulären Transports enthält folgende wesentliche Komponenten (◘ Abb. 4.9):

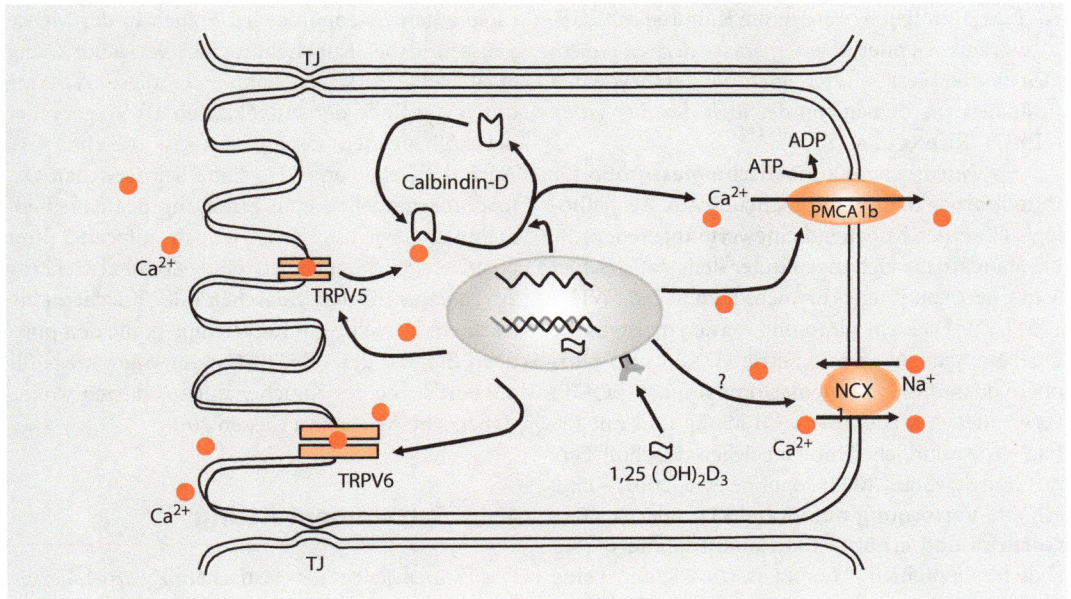

Abb. 4.9 Modell der transzellulären Calciumresorption in Darmepithelzellen. Nähere Erklärung siehe Text. (Nach Pérez et al. 2008)

— Apikaler Eintritt von Calcium über epitheliale Calciumkanäle (TRPV5 und -6, *transient receptor potential, belonging to the vanilloid family*),
— cytosolische Diffusion von Calcium, das an Calbindine (CB) gebunden ist,
— Austransport von Calcium durch die Membran und Basalschicht durch Plasmamembran-Ca^{2+}-ATPasen (PMCA 1b) und Natrium$^+$/Calcium^{2+}-Austauscher (NCX1).

Calcitriol stimuliert diese Schritte des transzellulären Transports. Es bindet an seine nucleären Rezeptoren (VDR = Vitamin-D-Rezeptor), die mit spezifischen DNA-Sequenzen interagieren und dort die Expression von Genen für Transporter, Calbindine und für den aktiven Austransport stimulieren. Östrogen aktiviert offenbar die Expression von TRPV6, während Cortisol sie vermindert. Insgesamt wird die Calciumresorption im Darm während des Alters vermindert. Über einen weiteren – parazellulären – Calciumtransport zwischen den Zellen weiß man bisher wenig.

4.4 Medizinische Aspekte

Mehrere **therapeutische Ansätze** sind **gegen Knorpelschäden** (z. B. Arthrose) entwickelt worden. Zunächst sind es oft chirurgische Eingriffe und Arthroskopie mit Spülung der Gelenke, Entfernung von losen Teilen des Knorpels, aber auch Ansätze, einen natürlichen Heilungsprozess in Gang zu setzen (Hunziker 2002). Zusätzlich wurden Transplantationstechniken entwickelt, z. B. durch Transplantation von Knorpel aus weniger geschädigten Bereichen. Allerdings wurden diese Transplantate oft nicht integriert, ebenso kann es zu Nekrosen an den Orten der Explantation kommen (McGregor et al. 2011). Eine natürliche Regeneration wird durch die fehlende Vaskularisierung des Knorpels behindert.

Neue Techniken basieren auf biologischen Ansätzen (*tissue engineering*), d. h., man versucht über Chondrocytenkulturen und deren Transplantation eine Regeneration des geschädigten Knorpels zu erreichen (*autologous chondrocyte transplantation*, ACT). Um das Wachstum von Chondrocyten für

ACT zu stimulieren, werden die Kulturen mit IGF-1, Interleukin 4 oder PDGF (*platelet-derived growth factor*) inkubiert – oder auch mit embryonalen Proteinen wie denjenigen der *high mobility group* (HMG) (Richter et al. 2009).

Als wesentliche **diagnostische Messgröße** für **Osteoporose** dient die Knochendichte. Als pathologisch werden Knochendichtewerte angesehen, die 2,5 Standardabweichungen unter dem statistischen Mittelwert von jungen Erwachsenen liegen (WHO 1994). Zur Dichtebestimmung werden meistens die Dual-Röntgen-Absorptiometrie (DXA) und periphere quantitative Computertomographie (pQCT) verwendet. Als **Therapie** wird häufig und mit Erfolg – wie zahlreiche Studien belegen (Bischoff-Ferrari und Staehelin 2008, Peppone et al. 2010) – eine erhöhte **Versorgung mit Vitamin D$_2$** oder **D$_3$** bzw. **Calcitriol** und **erhöhte Calciumaufnahme** (~ 1 g täglich) empfohlen. Hierbei ist es wichtig, keine zu hohe Calcitrioldosis anzuwenden (Tuohimaa 2009). 70 % des aufgenommenen Calciums und ein größerer Teil von Phosphaten werden meist durch Milch und Milchprodukte abgedeckt, 16 % durch grüne Gemüse und Obst, 6–7 % durch Mineralwasser bzw. hartes Wasser. Außerdem wird die Einnahme von Biophosphonaten (Alendronsäure, Ibandronsäure und Risedronat) empfohlen. Das ist eine Substanzgruppe, die strukturell Ähnlichkeit mit Pyrophoshorsäure hat und die Osteoporose hemmt. Neuerdings empfiehlt man nach zwei Jahren eine Therapiepause. Selektive Östrogenrezeptor-Modulatoren wie Raloxifen werden zur Verhinderung von Wirbelkörperfrakturen gegeben. Aufnahme von Vitamin K in Form etwa von Phyllochinon (200 μg pro Tag) oder 50 g grünem Gemüse zusammen mit Calcium und Vitamin D wird sowohl als Prophylaxe als auch zur Therapie empfohlen (Lanham-New 2008). Überhaupt gilt es, als Knochenbruchprophylaxe eine Diät zu empfehlen, die wie bei der Therapie nach Frakturen, das Risiko von Knochenbrüchen vermindert.

Pharmakologisch hat sich die intermittierende kurzzeitige Anwendung von gering konzentriertem PTH als positive Therapie beim Knochenaufbau z. B. nach Knochenbrüchen bei Tieren erwiesen (Takahata et al. 2012). Dazu hat man rekombinant hergestelltes PTH$_{1-34}$, d. h. ein N-terminales Bruchstück von PTH benutzt. Inzwischen wird diese The-rapie gegen Osteoporose bei Frauen in der Menopause und bei Knochenbrüchen verwandt (Neer et al. 2001). Erklären kann man diese Wirkung durch die Rolle der Osteoklasten als Wegbereiter der aufbauenden Osteoblasten (▶ Abschn. 4.3). Auch die Gabe von IGF-1 hatte bei tierischen Osteoporosemodellen eine Erhöhung der Knochendichte zur Folge – sie ist jedoch aufgrund ihrer positiven Wirkungen auf eine Krebsentwicklung als Therapie für den Menschen mit Vorsicht zu betrachten. Dasselbe gilt für Therapien, die den positiven Einfluss des WNT/β-Catenin-Signalwegs für die Förderung des Knochenaufbaus nutzen wollen (Übersicht: Marie und Kassen 2011).

4.5   Zusammenfassung

Das Binnenskelett aus elastischem Knorpel, harten Knochen, festen Sehnen und Bändern ermöglicht Wirbeltieren und dem Menschen eine Existenz und Größenentwicklung außerhalb des Wassers. Es funktioniert als Stabilisator der labilen Organsysteme, als mechanischer Schutz für das Gehirn, Rückenmark, Herz-Lunge sowie wesentlich als Komponente des Bewegungsapparates. Die Knorpelteile des Skeletts bestehen aus elastischen Mukopolysacchariden und faserigen Bestandteilen, den Kollagenfasern, die von Knorpelzellen (Chondrocyten) in den Interzellularraum abgegeben werden. Die Kollagenfasern sind unterschiedlich stark durch kovalente Bindungen miteinander verbunden, sehr stark z. B. in Bändern und Sehnen. Die Knochen bestehen ebenfalls aus einer von Osteoblasten gebildeten Matrix, die neben Kollagen Mineralien – vorwiegend Calciumphosphatverbindungen – enthält. Die Calciumeinlagerung wie auch der Calciumverlust der Knochen ist ein überaus komplex geregelter Prozess, an dem u. a. das Parathormon und Vitamin D (Calcitriol) wesentlich beteiligt sind. Im Alter nehmen die Knorpelsubstanz und die gesamte Knochenmasse ab (Osteoporose), was ein erhöhtes Bruchrisiko zur Folge hat. Osteoporose ist eine der häufigsten Alterskrankheiten, die vorbeugend und akut durch Ernährung mit Calcium- bzw. Vitamin-D-haltigen Nahrungsmitteln (Fischöle) behandelt werden kann. Ein molekularer Mechanismus der Alterung von Knorpel besteht in der Bildung von

Glucose- und Pentosebrücken zwischen den Kollagenfasern, die zu einer Verringerung der Elastizität führen. Die Demineralisierung des Knochens hängt eng mit dem Calciumgehalt des Blutes und der Calciumresorption im Darm zusammen, die im Alter vermindert ist. Auch neuronale Veränderungen der Aktivität des sympathischen Nervensystems sowie Entzündungscytokine haben einen wesentlichen Einfluss darauf, ebenso wie neu entdeckte Faktoren (OPG, RANK, RANKL).

Literatur

Baker-Lepain JC, Nakamura MC, Lane NF (2011) Effects of inflammation on bone: an update. Curr Opin Rheumatol 23:389–395

Binkley N (2009) A perspective on male osteoporosis. Best Pract Res Clin Rheumatol 23:755–768

Bischoff-Ferrari HA, Staehelin HB (2008) Importance of vitamin D and calcium at older age. Int J Vitam Nutr Res 78:286–292

Chau JF, Leong WF, Li B (2009) Signaling pathways governing osteoblast proliferation, differentiation and function. Histol Histopathol 24:1593–1606

Eastell R (1999) Pathogenesis of postmenopausal osteoporosis. In Primer on the Metabolic Bone Diseases and Disorders of Mineral Metabolism, 4th ed., pp. 260–262 [MJ Favus, editor]. London: Williams & Wilkins

He JY, Jiang LS, Dai LY (2011) The roles of the sympathetic nervous system in osteoporotic diseases: a review of experimental and clinical studies. Ageing Res Rev 10:253–263

Hunziker EB (2002) Articular cartilage repair: basic science and clinical progress. A review of the current status and prospects. Osteoarthr Cartil 10:432–463

Kassem M, Marie PJ (2011) Senescence-associated intrinsic mechanisms of osteoblast dysfunctions. Aging Cell 10:191–197

Kim J, Xu M, Xo R, Mates A, Wilson GL, Pearsall AW 4th, Grishko V (2010) Mitochondrial DNA damage is involved in apoptosis caused by proinflammatory cytokines in human OA chondrocytes. Osteoarthr Cartil 18:424–432

Komori T (2008) Regulation of bone development and maintenance by Runx2. Front Biosci 13:898–903

Lanham-New SA (2008) Importance of calcium, vitamin D and vitamin K for osteoporosis prevention and treatment. Proc Nutr Soc 67:163–176

Lian JB, Stein GS, Javed A, van Wijnen AJ, Stein JL, Montecino M, Hassan MQ, Gaur T, Lengner CJ, Young DW (2006) Networks and hubs for the transcriptional control of osteoblastogenesis. Rev Endocr Metab Disord 7:1–16

Loeser RF (2009) Aging and osteoarthritis: the role of chondrocyte senescence and aging changes in the cartilage matrix. Osteoarthr Cartil 17:971–979

Marie PJ, Kassem M (2011) Osteoblasts in osteoporosis: past, emerging and future anabolic targets. Eur J Endocrinol 165:1–10

McGregor AJ, Amsden BG, Waldman SD (2011) Chondrocyte repopulation of the zone of death induced by osteochondral harvest. Osteoarthr Cartil 19:242–248

Neer RM, Arnaud CD, Zanchetta JR, Prince R (2001) Effects of parathyroid hormone (1–34) on fractures and bone mineral density in postmenopausal women with osteoporosis. N Engl J Med 344:1434–1441

Peppone LJ, Hebl S, Purnell JQ, Reid ME, Rosier RN, Mustian KM, Palesh OG, Huston AJ, Ling MN, Morrow GR (2010) The efficacy of calcitriol therapy in the management of bone loss and fractures: a qualitative review. Osteoporos Int 21:1133–1149

Pérez AV, Picotto G, Carpentieri AR, Rivoira MA, Peralta López LME, Tolosa de Talamoni NG (2008) Minireview on regulation of intestinal calcium absorption. Emphasis on molecular mechanisms of transcellular pathway. Digestion 77:22–34

Qin W, Bauman WA, Cardozo CP (2010) Evolving concepts in neurogenetic osteoporosis. Curr Osteoporoses Rep 8:212–218

Richter A, Hauschild G, Murna Excobar H, Nolte I, Bullerdiek J (2009) Application of high-mobility-group-A proteins increases the proliferative activity of chondrocytes in vitro. Tissue Eng Part A 15:473–477

Saito M, Marumo K (2010) Collagen cross-links as a determinant of quality: a possible explanation for bone fragility in aging, osteoporosis, and diabetes mellitus. Osteoporos Int 21:195–214

Schiltz C, Prouillet C, Marty C, Merciris D, Collet C, de Vernejoul MC, Geoffroy V (2010) Bone loss induced by Runx2 over-expression in mice is blunted by osteoblastic over-expression of TIMP-1. J Cell Physiol 222:219–229

Takahata M, Awad HA, O'Keefe RJ, Bukata SV, Schwarz EM (2012) Endogenous tissue engineering: PTH therapy for skeletal repair. Cell Tissue Res 347:545–552

Trouvin AP, Goëb V (2010) Receptor activator of nuclear factor-$_K$B ligand and osteoprotegerin: maintaining the balance to prevent bone loss. Clin Interv Aging 5:345–354

Tuohimaa P (2009) Vitamin D and aging. K Steroid Biochem Mol Biol 114:78–84

Yin W, Park JI, Loeser RF (2009) Oxidative stress inhibits insulin-like growth factor-I induction of chondrocyte proteoglycan synthesis through differential regulation of phosphatidylinositol 3-Kinase-Akt and MEK-ERK MAPK signaling pathways. J Biol Chem 284:31972–31981

Quergestreifte Muskulatur und Körpergewicht

zusammen mit Johann Ockenga

5.1 Übersicht über Struktur und Funktion der quergestreiften Skelettmuskulatur und die Regulation der Muskelmasse

Der Bewegungsapparat von Wirbeltieren und Mensch besteht aus den in ▶ Kap. 4 behandelten Skelettelementen und den damit über Sehnen verbundenen Muskeln. Die Muskeln des Bewegungsapparats und andere Muskeln zeigen bei stärkerer Vergrößerung eine charakteristische Querstreifung (◘ Abb. 5.1a, b), die die serial angeordneten kontraktilen Funktionselemente darstellt und zu der Bezeichnung »quergestreifte Muskulatur« geführt hat. Im Unterschied dazu weisen die glatten Muskeln – etwa in der Wand des Verdauungstrakts und der Gefäße – keine derartige Struktur auf.

Die quergestreiften Muskeln bestehen aus einer Anzahl von Faserbündeln mit mehreren Muskelfasern, die sich jeweils aus zahlreichen Myofibrillen zusammensetzen (◘ Abb. 5.1a, b). Die Myofibrillen liegen parallel zueinander – und bestehen aus serial angeordneten kontraktilen Funktionselementen von etwa 2,3 μm Länge, den **Sarkomeren**. Die einzelnen Sarkomere sind jeweils durch querverlaufende sogenannte Z-Scheiben voneinander getrennt. Diese kleinsten kontraktilen Strukturen bestehen aus **Actinfilamenten**, die an den beiden begrenzenden Z-Scheiben verankert sind und von dort jeweils als parallele Fasern in das Sarkomer hineinragen (◘ Abb. 5.1c). Im mittleren Bereich des Sarkomers, im sog. A-Band, überlappen sich Actinfilamente mit **Myosinfilamenten**, die sich in der Mitte zu einer M-Scheibe verdichten (◘ Abb. 5.1b). Die Myosinfilamente können bei Aktivierung des Muskels durch ATP-verbrauchende Ruderbewegungen der beweglichen Myosinköpfe an den Actinfilamenten entlang die beiden Z-Scheiben zusammenziehen, d. h. das Sarkomer verkürzen (◘ Abb. 5.1c). Die Aktivierung dieser Kontraktion erfolgt über eine neuronal induzierte **Calciumausschüttung** im Muskel. Calcium verändert dann die Konformation von Proteinen (Tropomyosin, Troponine), die die Interaktionen von Myosinköpfen mit Actin im Ruhezustand blockieren. Nach der Konformationsänderung kann diese Interaktion – und damit die Kontraktion – stattfinden.

Ebenso wichtig für die Kontraktion ist die Versorgung der Muskelzellen mit **chemischer Energie** in Form von ATP. Dieses wird einerseits durch die im Muskel zahlreich vertretenen Mitochondrien und die darin stattfindende **oxidative Phosphorylierung** (**Zellatmung**) geliefert. Es wird andererseits durch den Abbau von Kreatinphosphat sowie durch den Abbau von Glucose zu Pyruvat und Laktat, d. h. durch **Glykolyse**, hergestellt. Dazu wird Glucose aus dem Glucosespeicher (**Glykogen**) im Muskel oder aus dem Blutkreislauf bereitgestellt. Zur Energieversorgung werden außerdem Fettsäuren aufgenommen und abgebaut.

Die **Muskelkraft** und **Kontraktionsgeschwindigkeit** wird wesentlich auch durch die neuronale Aktivierung verschiedener motorischer Einheiten des Muskels und durch unterschiedliche Aktionspotenzialfrequenzen der Neurone bewirkt, durch die sich die einzelnen Muskelzuckungen summieren. Die passive Dehnbarkeit und Verkürzungsgeschwindigkeit der Muskelfasern wird über ein weiteres langes Filament (**Titin = Connectin**) in den Sarkomeren beeinflusst. Die Qualität und Quantität der Skelettmuskulatur wird durch zahlreiche Faktoren bestimmt. Viele Faktoren, die die altersbedingte Verringerung der Qualität beeinflussen, sind noch nicht genau bekannt (▶ Abschn. 5.4). Wichtige Faktoren bei der **Regulation der Muskelquantität** sind **Ernährung** – insbesondere die in der Nahrung enthaltenen Aminosäuren – Hormone und Wachstumsfaktoren sowie die **Belastung** der Muskeln durch normale Bewegung sowie durch Kraft- und Ausdauertraining. Aktivität der Muskulatur durch Bewegungen erhöht vor allem die Zahl der Myofibrillen. Der Muskelstoffwechsel und die dabei entstehende Wärme spielen eine große Rolle bei der Temperaturregulation des Körpers (▶ Kap. 12). Die Muskelzellen entstehen während der Embryonalentwicklung und verschmelzen dann zu großen **vielkernigen Syncytien**, in denen die Myofibrillen synthetisiert werden (◘ Abb. 5.1). Später in der Entwicklung können sich Muskelstammzellen noch zu weiteren Muskelzellen differenzieren.

Ein wichtiger Aspekt bei der Regulation der Muskelquantität ist die Funktion der Skelettmuskulatur als **Aminosäurespeicher**. Unter Bedingungen einer Mangelernährung wird dieser Speicher genutzt, um Aminosäuren daraus zu gewinnen

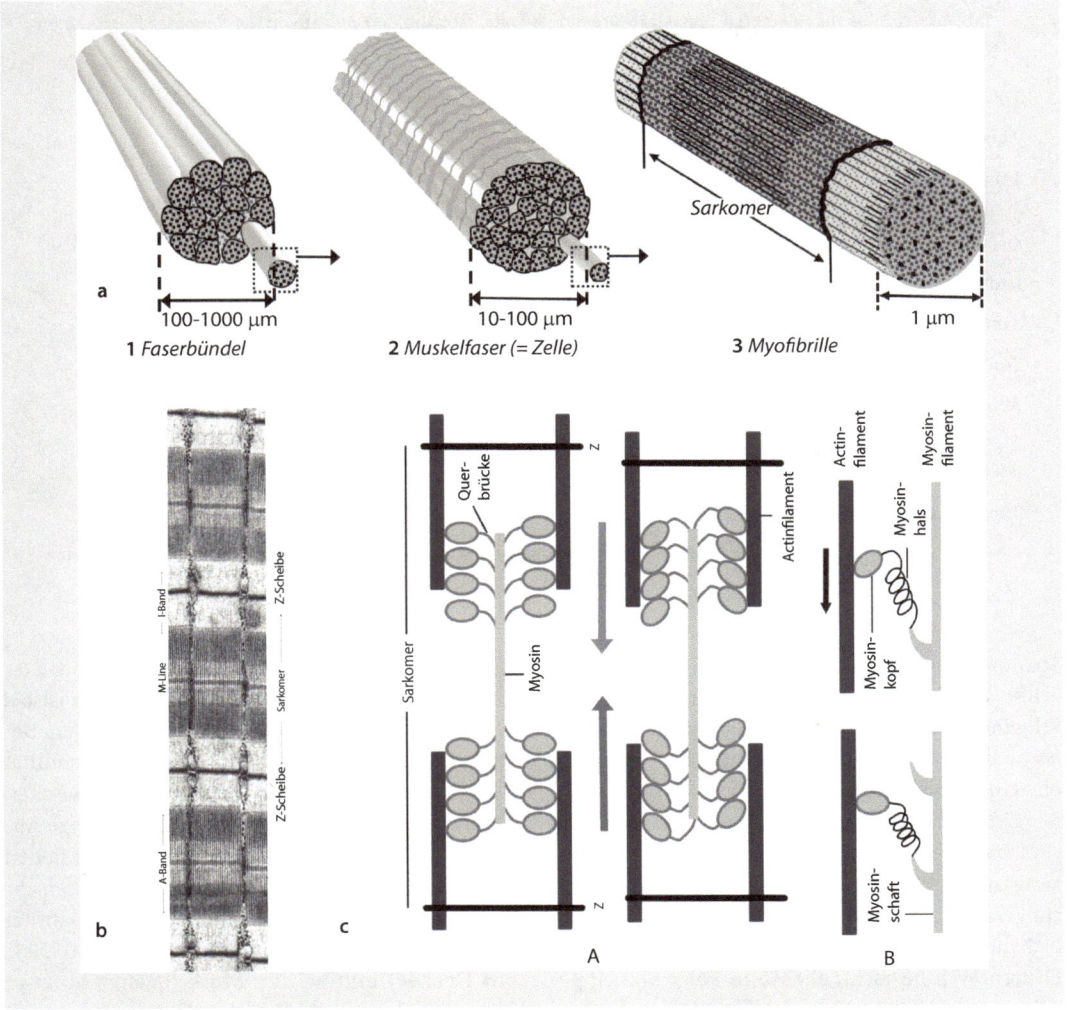

und so die Synthese von noch wichtigeren Proteinen – und von Glucose für den Energiebedarf – zu gewährleisten. Durch solche Mangelbedingungen wird die Muskelmasse und damit auch das gesamte Körpergewicht drastisch reduziert.

5.2 Altersbedingte Veränderungen und Erkrankungen

Die altersabhängige **Abnahme der Muskelkraft** ist einerseits bedingt durch die Verringerung der Muskelqualität, andererseits durch Abnahme der Muskelquantität. Muskelqualität wird gemessen z. B. durch Muskelkraft pro Muskelquerschnittsfläche (*cross sectional area*, CSA), bei isometrischer

■ **Tab. 5.1** Gründe für einen oft multifaktoriell bedingten altersabhängigen Verlust von Muskelmasse (Sarkopenie). (siehe auch Saini et al. 2009)
Zunehmend sitzende/liegende Lebensweise und Behinderungen der Bewegung
Abnehmende funktionale Bewegungskapazitäten
Mangelernährung
Reduzierte Konzentration von Hormonen bzw. Wachstumsfaktoren (Androgene, Östrogene, *insulin-like growth factor*-1 (IGF-1), Dehydroepiandrosteronsulfat (DHEAS), Calcitriol = Vitamin D)
Reduzierte Reaktivität auf anabole Hormone
Abnahme der Proteinsynthese und Zunahme des Proteinabbaus
Zunahme neurodegenerativer Prozesse
Abnahme der basalen Stoffwechselrate
Änderungen der Genexpression, z. B. Verringerung muskelregulatorischer Faktoren (MRF)
Zunahme von proinflammatorischen Cytokinen
Zunahme von oxidativem Stress in Form von reaktiven Sauerstoffspezies (ROS) und dadurch bedingten Zellschäden

Spannung an Gelenken (*torque*), durch Ausdauertests oder durch Messung der Kontraktionsgeschwindigkeit. Die Abnahme der Muskelquantität ist bedingt durch den Verlust oder die Reduktion einzelner Muskelfasern.

Ein solcher Muskel- und Gewichtsverlust kann verschiedene Ursachen haben: verminderte Nahrungsaufnahme in Folge von psychischen Essstörungen (z. B. *Anorexia nervosa*) oder chronischem Nahrungsmangel, wie er vielerorts in der sog. Dritten Welt herrscht, ebenso in Folge von Appetitlosigkeit, Störungen in der Nahrungsaufnahme und -resorption, metabolischen Veränderungen oder von Qualitätsdefiziten der Nahrung. Der bei Mangelernährung und im Alter oft eintretende Gewichtsverlust betrifft wesentlich die Skelettmuskeln und wird daher auch als Sarkopenie (engl. *sarcopenia*) bezeichnet.

Die Muskelquantität (*cross sectional area*, CSA), gemessen vermittels (*Dual energy*-)Röntgen-Absorptiometrie (DEXA), verringert sich altersabhängig bei Männern um 5 % pro Dekade und bei Frauen um 4 %, wobei die Muskelquantität bei Männern etwa 30 % höher als die bei Frauen ist (■ Abb. 5.2). Demgegenüber nimmt die Muskelqualität (-stärke), gemessen an der isokinetischen Spannung des Knieextensormuskels, altersabhän-

gig deutlicher ab: bei Männern um 13 % pro Dekade, bei Frauen um 8 %. Die Muskelstärke ist bei Männern ebenfalls höher (48 %) als bei Frauen. Bezieht man die Muskelstärke auf die Muskelquantität (CSA), so verschwindet der Unterschied zwischen Männern und Frauen, aber die altersabhängige Abnahme der Stärke (5 % pro Dekade) bleibt bestehen (■ Abb. 5.2). Eine andere Studie zu den altersabhängigen Veränderungen bei der Muskelquantität kommt zu einer höheren Abnahmerate (10–20 % pro Dekade) und bei der Muskelqualität zu etwa 30 % Abnahme pro Dekade (Goodpaster et al. 2006).

Die Ursachen für den altersabhängigen Muskelabbau sind vielfältig (■ Tab. 5.1): Bei der altersbedingten Mangelernährung sind es sich ändernde Konzentrationen von Hormonen und Wachstumsfaktoren, die ihrerseits den Stoffwechsel und die Expression von Genen, aber auch das Essverhalten beeinflussen. Eine besonders wichtige Rolle spielt dabei die Verringerung der Muskelbeanspruchung. Bewegungsmangel erzeugt seinerseits einen selbstverstärkenden Teufelskreis, indem die durch Bewegungsmangel verringerte Muskelmasse zusammen mit der altersabhängigen Verringerung der Muskelqualität weitere Einschränkungen der Bewegung nach sich zieht (Lynch et al. 2007, 2008). Außerdem

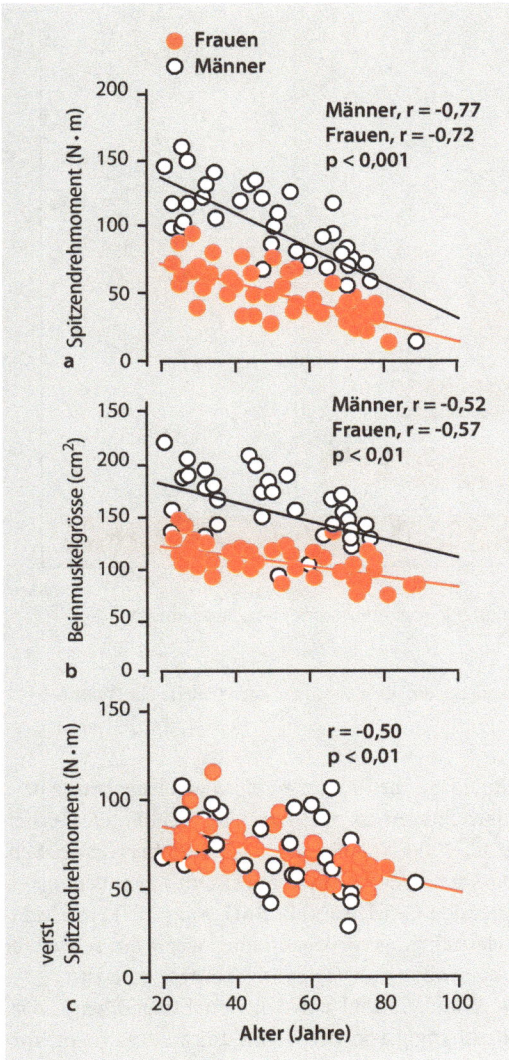

● **Abb. 5.2** Abnahme von Muskelmasse und Muskelstärke mit dem Alter. **a** Isokinetische Knie-Extensor-Spannung bei 180°/s. **b** *Cross sectional area* (CSA) des Muskels (in der Oberschenkelmitte). **c** Muskelspannung bezogen auf CSA. ● Frauen, ○ Männer. Abzisse: Alter in Jahren. (Nach Short et al. 2005)

ist bei den Ursachen für Sarkopenie die altersabhängige Schädigung der Mitochondrien und anderer Zellkomponenten durch reaktive Sauerstoffspezies (ROS) zu nennen, die in Muskelzellen – wie in allen übrigen Körperzellen – stattfindet (▶ Kap. 2).

Daran ist die altersabhängige Aktivitätsminderung der Superoxid-Dismutasen (SOD), z. B. auch die der Kupfer/Zink-abhängigen SOD1, wesentlich beteiligt (Jackson 2009; Jang et al. 2010).

Der Verlust von Muskelfasern, vor allem von schnellen Typ-II-Fasern, kann durch intermuskuläres Fettgewebe ersetzt werden, das jedoch je nach Ernährungsbedingungen ebenfalls abnehmen kann.

Gewichtsverlust tritt außerdem infolge verschiedener Krankheiten wie Krebs, chronischer Herzinsuffizienz, chronischer obstruktiver Lungenerkrankung (COPD), chronischen Leber-, Nieren- und Pankreasentzündungen, AIDS, Diabetes mellitus und bei Verdauungs- und Stoffwechselstörungen auf, d. h. bei Krankheiten, die meist mit systemischen Entzündungen einhergehen (Delano und Moldawer 2006; Bennani-Baiti und Davis 2008; Hubbard et al. 2008; von Haehling et al. 2009). Die bei diesen Krankheiten beobachtete Auszehrung wird als Kachexie bezeichnet (engl. *cachexia*), von griechisch καχεξία – schlechter Zustand. Muskelgewebe ist davon betroffen, ebenso wie Fett- und Knochengewebe. Ursachen für die krankheitsbedingte Kachexie sind auch verschiedene Formen der Mangelernährung, vor allem aber proinflammatorische Cytokine, die je nach Erkrankung höhere Konzentrationen erreichen können als bei der Sarkopenie, sodass der Muskelabbau bei Kachexie meist schneller erfolgt (Thomas 2007). Auch hierbei kann es zu einer Selbstverstärkung kommen, z. B. zwischen Cytokinwirkungen und Mangelernährung (Saini et al. 2009; Yavuzsen et al. 2009). Wesentlich für die Charakterisierung von Kachexie ist dabei weniger das absolute Gewicht, sondern die Dynamik der Gewichtsabnahme (z. B. mehr als 5 % über drei oder mehr als 10 % über sechs Monate, ESPEN guideline www.espen.de).

Die oben genannten Begriffe „Sarkopenie" und „Kachexie" sind oft nicht genau definiert. Daher wurde kürzlich von einer internationalen Expertengruppe eine Definition der Kachexie erarbeitet, die nach den **Ursachen der Gewichtsabnahme** unterscheidet (Evans et al. 2008; ▶ Neue Definition von Kachexie), was Gemeinsamkeiten in den Ursachen und zellulären Mechanismen jedoch nicht ausschließt (Übersicht: Rensing und Ockenga 2010). Auf die Zusammenhänge zwischen Schilddrüsen-

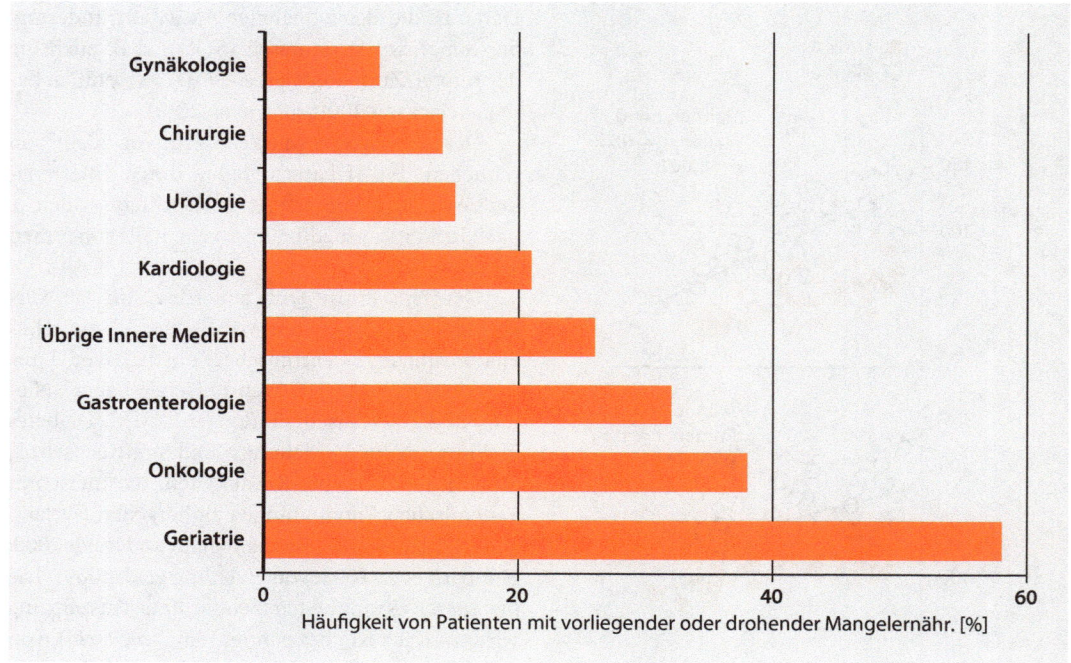

Abb. 5.3 Prävalenz von Mangelernährung in deutschen Krankenhäusern. (DGEM-Studie, nach Pirlich et al. 2006)

unterfunktion, vor allem der Trijodthyronin(T_3)-Produktion, Gewichtsabnahme und Muskelabbau können wir hier nicht näher eingehen.

> **Definition**
>
> **Neue Definition von Kachexie (Evans et al. 2008)**
> Kachexie bezeichnet ein komplexes metabolisches Syndrom, das mit Krankheiten assoziiert und von Nahrungsmangel, alters- und depressionsbedingter Abnahme der Muskelmasse und Schilddrüsenüberfunktion zu unterscheiden ist.

5.3   Medizinische Aspekte

Daten einer deutschen prospektiven Studie an Kliniken zeigen eine durchschnittliche Prävalenz von ~ 25 % mangelernährten Patienten, die je nach Ausrichtung der Klinik auf bis über 50 % ansteigen kann. Diese Daten belegen deutlich die Häufigkeit und klinische Relevanz von Mangelernährung bzw. Gewichtsverlust bei stationären Patienten (Pirlich et al. 2006; ◘ Abb. 5.3). Dabei ist hervorzuheben, dass auch bei Patienten mit einem scheinbar ausreichenden Gewicht (z. B. BMI 30 kg/m² eine Mangelernährung vorliegen kann, wenn ein relevanter ungewollter Gewichtsverlust aufgetreten ist.

Eine Vielzahl von Untersuchungen zeigt, dass unabhängig von der Grunderkrankung beim Vorliegen einer Mangelernährung bzw. bei Gewichtsverlust häufiger **Infektionen** und **Wundheilungsstörungen** und andere Komplikationen auftreten (30 % im Vergleich zu 11 % bei Normalgewichtigen). Das bedeutet z. B. eine längere Rekonvaleszenz, ein längerer Krankenhausaufenthalt (9 vs. 6 Tage) und eine höhere Letalität (12 % vs. 1 %; EURO OPPS; siehe Norman et al. 2008). Diese Zusammenhänge finden auch Ausdruck in den fallbezogenen Behandlungskosten von Patienten mit Mangelernährung: bei internistisch-gastroenterologischen Patienten mit Mangelernährung und Gewichtsabnahme liegen sie nach eigenen (JO) Untersuchungen deutlich höher. Diese Mehrkosten sind zurzeit nicht adäquat im DRG-System abgebildet, sodass die mangelernährten Patienten häufig durch die entsprechende DRG unterfinanziert sind. Aktuellen Schätzungen nach (www.cepton.de) führt das klinische Problem Mangelernährung/Gewichtsverlust im deutschen Gesundheitswesen zu Mehrkosten von ca. 8 Mrd. Euro pro Jahr. Vergleichbare Zahlen liegen auch von der britischen Gesellschaft für Parenterale und Enterale Ernährung, bzw. dem britischen National Health Service vor, die die Mehrkosten für Großbritannien auf ca. 7 Mrd. englische Pfund pro Jahr veranschlagen. Ein Teil dieser Mehrkosten könnte wahrscheinlich durch eine adäquate **ernährungsmedizinische Betreuung** vermieden werden, obwohl krankheitsbedingte Kachexie meist nicht allein durch verbesserte Ernährung behoben werden kann (von Haehling et al. 2009).

Wichtig ist daher, Patienten mit Ernährungsproblemen/Gewichtsverlust frühzeitig zu erkennen und ihnen die vorhandenen therapeutischen Möglichkeiten zukommen zu lassen. Diese Erkenntnis hat u. a. dazu geführt, dass sich der nationale Pflegerat dieser Thematik angenommen hat und sich in seiner letzten Empfehlung klar dafür ausspricht, dass im pflegerischen Aufnahmedialog ein Screening für das Vorhandensein von Ernährungsproblemen/Gewichtsverlust implementiert wird (Evans et al. 2008). Neben der Erhebung des klinischen Befundes lassen sich mit vier einfachen Fragen, die Bestandteil der Anamnese sein müssen, die Patienten mit einem ernährungsmedizinischen Risiko ohne großen Labor- oder Untersuchungsaufwand identifizieren (▸ Fragen zu einem ernährungsmedizinischen Screening).

> **Fragen zu einem ernährungsmedizinischen Screening, ob der Patient/die Patientin ein Risiko für eine Mangelernährung bzw. einen Gewichtsverlust aufweist**
> — Ist der Body-Mass-Index <20,5 kg/m^2?
> — Hat der Patient in den vergangenen 3 Monaten an Gewicht verloren?
> — War die Nahrungszufuhr in der vergangenen Woche vermindert?
> — Ist der Patient schwer erkrankt? (z. B. Intensivtherapie)

> Wird eine dieser Fragen mit »**Ja**« beantwortet, wird mit einem Hauptscreening fortgefahren. Werden alle Fragen mit »**Nein**« beantwortet, wird der Patient wöchentlich neu gescreent. (Siehe hierzu: http://www.dgem.de/material/pdfs/NRS_schuetz_2002_Sept_2006_pdf)

Weitere **Labortests** zur Konzentration von C-reaktivem Protein, auf erniedrigtes Serum-Albumin und auf Anämie können wichtige Hinweise auf das Vorhandensein entzündlicher Prozesse und **Kachexie-Risiken** geben (Evans et al. 2008). Kachexie und Sarkopenie sind gekennzeichnet durch eine geringere Muskelquantität, erniedrigte Muskelstärke und erniedrigte physische Aktivität. Die Muskelmasse kann über mehrere Methoden erfasst werden: durch (*Dual energy-*)Röntgen-Absorptiometrie (DEXA), durch Anthropometrie und bioelektrische Widerstandsmessungen (BIA), ebenso durch *magnetic resonance imaging* (MRI), periphere quantitative computerisierte Tomographie (pQCT) und durch Kreatininausscheidung. Die Muskelstärke kann über einfache Dynamometer bestimmt werden (Pahor et al. 2009). Nach einer solchen Identifikation der Patienten mit manifester oder drohender Mangelernährung, Sarkopenie bzw. Kachexie müssen diese dann eine der klinischen Situation entsprechende **ernährungsmedizinische Behandlung** erhalten. Die Strukturen für eine solche Behandlung sind in den jeweiligen Einrichtungen (Krankenhaus, Altenpflegeeinrichtung, Praxis) vorzuhalten. Für stationäre Patienten bietet sich klassischer Weise ein entsprechend hinterlegter interdisziplinärer Behandlungspfad an. Als Grundlage hierzu haben sowohl die Deutsche Gesellschaft für Ernährungsmedizin (www.dgem.de) als auch die europäische Gesellschaft (European Society of Parenteral and Enteral Nutrition and Metabolism, ESPEN, www.espen.ch) in nationalen und internationalen Leitlinien die Behandlungsrichtlinien für eine solche Patientenpopulation zusammengefasst.

Die aktuellen Empfehlungen zur Vermeidung und Therapie einer Mangelernährung bzw. Sarkopenie und Kachexie basieren auf einer Ernährungstherapie mit Sicherstellung der kalorisch ausreichenden Makro- und Mikronährstoffzufuhr, die zwar nachweislich zu besseren Tumortherapieerfolgen und zu einer Verbesserung der Lebensqualität der Patienten führt (ESPEN *guideline* www.espen.de, Ockenga et al. 2002; Laviano et al. 2005), jedoch häufig nicht ausreicht, um die Entwicklung einer Kachexie mit all ihren negativen Folgen zu vermeiden.

Basierend auf dem Zugewinn an Erkenntnissen zur Pathogenese von Sarkopenie/Kachexie befinden sich zur Zeit pharmakologische Ansätze wie die Gabe von Hormonen, Wachstumsfaktoren, Signalpeptiden, Antikörpern u. a. zur Beeinflussung der Nahrungsaufnahme oder der oben beschriebenen systemischen und/oder intrazellulären Signalwege in verschiedenen Stadien der Entwicklung. Einige dieser Pharmaka und körpereigenen Produkte, die gegenwärtig im Tierversuch, aber auch in klinischen Tests geprüft werden (Zürcher 2002; Strasser 2007; von Haehling 2009), sind weiter unten in ◘ Tab. 5.3 zusammengestellt. Aufgrund der Komplexität der Ursachen für eine Mangelernährung erscheint am ehesten ein multimodaler Therapieansatz erfolgversprechend (Fearon 2008). Erste Ergebnisse zeigen, dass eine palliative Behandlung von kachektischen Krebspatienten sowohl mit Cyclooxygenase-Inhibitoren (Entzündungshemmer) und Erythropoetin als auch über Ernährungsberatung bzw. intravenöse Ernährung zu signifikant positiven Wirkungen auf die Energiebilanz, Bewegungsleistungen und Überlebensdauer führen kann (Lundholm et al. 2004). Besondere Bedeutung haben jedoch nach wie vor die nicht pharmakologischen Ansätze. Besonders bei alten Menschen ist es wichtig, eine richtige, d. h. lustbetonte und hochwertige Ernährung anzubieten und ein regelmäßiges Bewegungstraining zu absolvieren (Laviano et al. 2005; Short et al. 2005; Bautmans et al. 2009).

Wie bereits erwähnt, reichen die aktuell verfügbaren therapeutischen Optionen häufig nicht aus, um Kachexie erfolgreich zu behandeln, während altersbedingte Sarkopenie ohnehin nur verlangsamt werden kann. Für die Entwicklung verbesserter therapeutischer Ansätze bedarf es daher eines noch tieferen Verständnisses, wie es zur Entwicklung einer Sarkopenie bzw. einer Kachexie kommt. Im Folgenden werden daher einige wichtige Aspekte dieser Entwicklungen im Zusammenhang mit Alter und/oder Krebserkrankungen zusammengefasst und diskutiert. Besonderes Gewicht legen wir dabei auf die bisher identifizierten oder vermuteten Mechanismen des Muskelabbaus sowie einige der meist multimodal angewandten oder in der Entwicklung befindlichen Therapieansätze.

5.4   Molekulare Mechanismen der Muskelalterung

5.4.1   Muskelquantitätregulierende systemisch wirksame Signale

Das Körpergewicht wird wesentlich durch die Muskel- und Fettgewebemassen definiert, die beide komplex geregelt werden. Wichtige Faktoren sind dabei auf der einen Seite die Aufnahme und Verdauung von Nahrungsbestandteilen für die anabolen Prozesse in den Geweben und auf der anderen Seite der Verbrauch dieser Ressourcen (katabole Prozesse). Beide Prozesse – die hier am Beispiel des Skelettmuskelauf- und -abbaus diskutiert werden – befinden sich unter bestimmten äußeren und inneren Bedingungen in einem **Gleichgewichtszustand (Homöostase)**, der jedoch je nach den Bedingungen in die eine oder andere Richtung verschoben werden kann. Daran sind zahlreiche systemisch wirksame Signale beteiligt, die den Auf- und Abbau steuern (Szewczyk und Jacobson 2005; ◘ Tab. 5.2). Sie wirken über **intrazelluläre Signalnetzwerke** in Muskeln, die dort anabole und katabole Prozesse beeinflussen (Frost und Lang 2007). Systemische und intrazelluläre Signale sind bei Verschiebungen bzw. Störungen der Homöostase oft in mehrfacher und interaktiver Weise beteiligt. Diese **multifaktorielle Steuerung** macht die Analyse der Ursachen von Dysbalancen und Entscheidungen über therapeutische Maßnahmen oft schwierig.

Während der Wachstumsphase überwiegt der Muskelaufbau vor allem aufgrund von stimulierenden hormonellen Einflüssen auf die Proteinsynthese (durch Wachstumshormon, *insulin-like growth factor 1* (IGF-1), Insulin und – bei männlichen Jugendlichen – durch Testosteron). Nach einer relativ kurzen Zeit der Reife mit einer in etwa ausgeglichenen Balance zwischen Auf- und Abbau beginnt ab Mitte des 3. Lebensjahrzehnts eine leichte Dominanz der Abbauprozesse, die sich im weiteren

▣ Tab. 5.2 Sarkopenie- bzw. Kachexie-regulierende systemische Moleküle. (Nach Szewczyk und Jacobson 2005)

Signalmoleküle	Muskelauf- und -abbau		Entstehungsort	Auslöser, Hemmer
Aminosäuren	+	–	Nahrung/Verdauung	↓ Nahrungsmangel, Anorexie tumorbedingte Störungen
Acetylcholin		–	Motorische Endplatte	↑ Bewegung
Hormone				
Insulin	+	–	Pankreas-Inselzellen	↑ Nahrungsaufnahme ↓ Alter, Diabetes
Wachstumshormon	+	–	Hypophyse	↑ GHRH, Ghrelin ↓ Alter
Testosteron	+	–	Hoden	↑ Entwicklung ↓ Alter
Adrenalin	+	–	Nebennierenmark	↑ Stress, ↑ Alter
Angiotensin II		+	Blutzellen u. a.	↑ Stress, ↑ Alter
Glucocorticoide	–	+	Nebennierenrinde	↑ Stress, Trauma, ↑ Alter
Trijodthyronin (T_3)	+		Schilddrüse	↓ Alter
Wachstumsfaktoren				
Insulin-like growth factor 1 (IGF-I)	+	–	Leber, Muskel	↑ Wachstumshormon ↓ Entzündung, Alter
Fibroblast growth factor (FGF)	+	+	Zahlreiche Gewebe Muskel	
Nerve growth factor (NGF)	+	–	Neurone, neoplastische Zellen neuralen Ursprungs u. a.	↑ Entwicklung
Cytokine				
Tumornekrosefaktor α (TNFα)	–	+	Makrophagen u. a. Zellen	↑ Entzündung, Muskelschäden durch Überbeanspruchung, ↑ Alter
Interleukin 1β (IL-Iβ)	–	+	Makrophagen u. a. Zellen	↑ Entzündung ↑ Alter
Interleukin 6 (IL-6)	(–)	+	Makrophagen u. a. Zellen	↑ Entzündung, ↑ Alter
Ciliary neurotrophic factor (CNTF)	+	–	Makrophagen u. a. Zellen	↑ Entzündung
Interferon γ (IFN-γ)	+	+	T-Zellen u. a. Zellen	↑ Virusinfektion u. a.
Signalpeptide				
Proteolysis-inducing factor (PIF)	–	+	Tumoren u. a. Gewebe	↑ Tumorerkrankung
Myostatin	–	+	Muskel u. a. Gewebe	↑ Alter (Frauen), ↓ Testosteron

Verlauf des Alterns verstärkt – wesentlich aufgrund **verringerter Konzentrationen** der oben genannten **hormonellen Signale**, vermehrter Produktion von Myostatin und IL-6 sowie aufgrund von anderen Faktoren wie Bewegungsarmut, Ernährungsproblemen und oxidativem Stress. Die verringerte Muskelmasse kann zunehmend durch intermuskuläres Fettgewebe ersetzt werden.

Drastische Veränderungen dieses relativ stabilen Gleichgewichts ergeben sich durch Nahrungsmangel (Hungerdystrophie), Mangelernährung bzw. Nahrungsenthaltung (Anorexie), durch körperliche Erschöpfung nach schweren Arbeitsleistungen oder chronischer Überbeanspruchung, bei chronisch-entzündlichen Erkrankungen wie auch bei chronischem psychischem Stress und Depressionen (Rensing et al. 2006). Bei Mangelernährung werden die körpereigenen Ressourcen – zunächst Kohlenhydrat- und Fettspeicher, dann Proteinspeicher in Form der Skelettmuskulatur – abgebaut, um damit die lebenswichtigen Prozesse aufrechtzuerhalten wie die Gehirntätigkeit, Herz-Kreislauf-Funktionen und die Proliferation von essenziellen Zellen/Geweben wie Blutzellen und Epithelien. Vor allem die fehlenden Aminosäuren sowie die für den Hungerzustand charakteristischen Hormone/Signalpeptide, die die Proteinsynthese drosseln und den Abbau fördern, sind für den Muskelabbau verantwortlich. Bei starkem Stress, Depression oder Trauma kann das Gleichgewicht ebenfalls durch Hormone/Signalpeptide (Glucocorticoide, Angiotensin II) in Richtung auf verstärkten Muskelabbau verschoben werden.

Die bei **Entzündungsprozessen** vermehrt ausgeschütteten **proinflammatorischen Cytokine**, wie Interleukin 1β (IL-1β), Interleukin 6 (IL-6), Interferon γ (INF-γ) und Tumornekrosefaktor α (TNFα), und das sie induzierende Lipopolysaccharid (LPS) aus der Zellwand von gramnegativen Bakterien sind wesentlich an der Entwicklung einer Kachexie beteiligt (◨ Tab. 5.2). Das gilt auch für starken Stress und in geringerem Ausmaß für alte und hinfällige Menschen, bei denen ein Anstieg von IL-6 gefunden wurde (Huber 2003). Bisher hat jedoch die therapeutische Blockierung einzelner Cytokine – wie z. B. von TNFα – nicht den erwünschten therapeutischen Erfolg gezeigt, wahrscheinlich weil im Cytokinnetzwerk parallele Aktivierungskaskaden zum Tragen kommen. Das Signalprotein **Myostatin** wirkt ebenfalls als ein negativer Regulator der Muskelmasse (Kollias und McDermott 2008), während der *proteolysis-inducing factor* (PIF, Tisdale 2009) noch weiterer Bestätigung bedarf.

Positiv auf den Muskelaufbau wirkt sich bekanntermaßen die **Beanspruchung des Muskels** aus, was sich vor allem bei regelmäßigem Training

bemerkbar macht (Short et al. 2005) und unter anderem über die vermehrte **Freisetzung von IGF-1** wirkt. Daran sind auch Acetylcholin und dessen Rezeptoren beteiligt, weil sie die Skelettmuskelkontraktionen über die motorischen Endplatten stimulieren.

5.4.2 Intrazelluläre Signalnetzwerke regeln den Auf- und Abbau von Muskelproteinen

Die oben genannten systemisch wirksamen Faktoren setzen über ihre Rezeptoren in den Muskelzellen komplex miteinander interagierende Signalketten in Gang, die wiederum die Prozesse des Auf- und Abbaus von Muskelproteinen steuern (Szewczyk und Jacobson 2005; Saini et al. 2009; von Haehling et al. 2009).

Für die Dysfunktion und den Abbau von Muskeln im Alter sind vor allem mitochondriale Veränderungen und Schäden verantwortlich (Übersicht: Joseph et al. 2012). Das ist auch bei anderen Geweben so (▶ Kap. 2), bei Muskeln wahrscheinlich besonders ausgeprägt, weil sie oft eine hohe mitochondriale Energieproduktion leisten müssen und daher dort viele ROS entstehen. So nahm die Muskelmasse bei älteren Personen um 30 bis 38 % ab, auch die mitochondriale Atmung der Muskelzellen (≤41 %), ebenso wie die Aktivität der Cyclooxigenase (COX; – 30 %). Zugleich sank die Menge an wichtigen Stoffwechselregulatoren wie Sirtuin-3 und dem Peroxisom-Proliferator-aktivierten Rezeptor γ Koaktivator 1 α (PGC-1α; – 50 %; Joseph et al. 2012). PGC-1α spielt eine wesentliche Rolle bei der Aktivierung von Genen durch Muskeltraining. Auch Proteine, die für die Verdauung von dysfunktionalen Teilen von Mitochondrien verantwortlich sind (*fission and fusion*-Proteine wie Mfn2 und OPA1, ▶ Kap. 2), werden im Alter reduziert. Das trifft ebenfalls auf die Proteine zu, die am Proteinimport der Mitochondrien beteiligt sind (*protein import machinery*, PIM).

Die Komponenten dieser Signalnetzwerke und ihre Interaktionen sind allerdings noch keineswegs vollständig bekannt. Das liegt zum einen an der allgemein schwierigen Analyse von Netzwerken, aber auch daran, dass die entsprechenden Untersuchungen oft mithilfe von transgenen Tiermodellen durchgeführt wurden, deren Ergebnisse nicht ohne Weiteres auf den Menschen übertragbar sind. Dasselbe gilt für die zahlreichen Versuche an Tieren mit Rezeptoragonisten bzw. -antagonisten sowie spezifischen Inhibitoren der Signalkettenkomponenten. Schließlich sind oft aufgrund des dazu notwendigen Aufwands wenige Daten zur Dynamik der am Auf- oder Abbau beteiligten Prozesse sowie zu den Wirkungen von unterschiedlichen Signalstärken der systemischen Faktoren verfügbar. Diese Parameter sind daher für einen klinischen Einsatz noch intensiv zu prüfen.

5.4.2.1 Die Stimulation der Proteinsynthese durch die Insulin/IGF-1-Signalkette

Insulin und IGF-1 gehören zu den wichtigsten Signalen beim Aufbau und Erhalt der Muskelmasse und allgemein zur **Stimulation anaboler Prozesse** (◘ Abb. 5.4). Die zugehörigen intrazellulären Signal- und Wirkungsketten sind durch zahlreiche Untersuchungen an Tiermodellen (*Caenorhabditis elegans*, *Drosophila*, Maus) gut bekannt, auch wenn viele Details noch zu klären sind (Übersicht: Frost und Lang 2007).

Insulin wird bei Nahrungsmangel und Diabetes mellitus, oft auch altersabhängig, in geringerem Maß produziert, was zu einer verminderten Stimulation der Insulin/IGF-1-Rezeptoren und der davon abhängigen Signalkette führt (► Kap. 11). Auch IGF-1 wird bei Bewegungsmangel – und im Alter – weniger synthetisiert (Goldspink 2007), was in letztgenanntem Fall auch mit der geringeren Produktion von Wachstumshormon (GH) zu tun hat, das die Synthese von IGF-1 in der Leber stimuliert. GH-Therapien haben sich bisher jedoch nicht als erfolgversprechend gegen Muskelabbau erwiesen. Anscheinend besteht bei manchen Kachexiepatienten sogar eine GH-Resistenz (von Haehling et al. 2009). IGF-1 wird auch im Muskel selbst hergestellt und ist über seine autokrine Wirkung von besonderer Bedeutung für die Muskelproteinsynthese. Es wird daher in der Kachexietherapie ebenso wie Ghrelin eingesetzt, das die Produktion von Wachstumshormonen stimuliert (Lynch et al. 2007; ◘ Tab. 5.3). IGF-1 wird in seiner Wirkung durch eine Anzahl von zirkulierenden Bindungs-

proteinen (IGFBP1-5) reguliert, deren Konzentrationen sich ebenfalls altersabhängig verändern. Zu beachten ist, dass die Anwendung von IGF-1 bei einer tumorinduzierten Kachexie kritisch ist, da es als allgemeiner Wachstumsfaktor auch das Tumorwachstum stimulieren kann. Dasselbe gilt für Insulin und andere wachstumsstimulierende Hormone.

Von dem IGF-1-Gen wird außer IGF-1 noch ein sogenannter **mechano-growth factor** (MGF) durch alternatives Spleißen produziert. MGF ist vor allem in der Jugendentwicklung, aber auch allgemein für die Zunahme der Muskelmasse nach Muskeltraining verantwortlich, was zum großen Teil auf die Aktivierung von **Muskelsatelliten-(Stamm-) Zellen** zurückzuführen ist, die die Muskelhypertrophie und -reparatur fördern. Diese Wirkungen von MGF werden zurzeit auf ihre Anwendung bei altersabhängigem Muskelmassenverlust geprüft (Goldspink 2007).

Innerhalb der IGF-1-Signalkette ist die **Proteinkinase Akt** eine **zentrale Schaltstelle** für eine Reihe von Funktionen wie Glucoseaufnahme, Glykogensynthese und Proteinsynthese – aber auch für die Hemmung des Proteinabbaus und der Apoptose sowie des *mitogen-activated protein kinase*(MAPK)-Signalwegs, der die Proliferation stimuliert (Szewczyk und Jacobson 2005). Akt erhält zudem nicht nur Signale aus dem genannten IGF-1-Signalweg, sondern auch von Muskelbewegung und Aminosäureverfügbarkeit. Akt wirkt auf die Proteinsynthese vor allem über die Aktivierung einer weiteren Proteinkinase (**mammalian target of rapamycin, mTOR**), die Initiationsfaktoren der Proteinsynthese stimuliert. Salubrinal (◘ Tab. 5.3) hält diese Stimulation aufrecht, indem es eine hemmende Phosphatase blockiert.

Akt hemmt auf der anderen Seite den Abbau von Muskelproteinen durch die Hemmung des **Transkriptionsfaktors FOXO** (forkhead box O) durch Phosphorylierung. FOXO1 ist aktiv bei Hunger, einigen Krebsarten und Diabetes. FOXO3a induziert den Muskelabbau über eine Stimulation der Expression von **E3-Ubiquitin-Ligasen** (MAFbx/MuRF-1) – aber auch über eine Autophagie durch Lysosomen (Zhao et al. 2007). Wird FOXO3a bei kachektischen Mäusen gehemmt – etwa durch Zugabe von hemmenden RNA-Oligonucleotiden, so erhöht sich die Menge an MyoD, einem Transkrip-

□ **Tab. 5.3**	Pharmakotherapeutische Ansätze bei Sarkopenie und Kachexie	
Substanz	**Wirkung**	**Literatur**
Insulin/IGF-1	↑Insulin/IGF-I-Signalkette	Lundholm et al. 2007
Ghrelin	↑ Wachstumshormon ↑ Nahrungsaufnahme	De Vriese und Delporte 2007; Kaminji und Inui 2008
Testosteron	↑ Muskelproteinsynthese	Emmelot-Vonk et al. 2008
Progestagene Megestrolacetat Mirtazapin	↑ Nahrungsaufnahme	Fox et al. 2009; Pascual Lopez 2004
Melanocortin-4-(MC4-)Rezeptor-antagonist	↓ Muskelabbau ↑ Nahrungsaufnahme	Foster und Chen 2007; Weyermann et al. 2009
β-Adrenorezeptoragonisten	↑ Muskelproteinsynthese	Lynch und Ryall 2008
Proinflammatorische Cytokinantagonisten	↓ NF_KB	Melstrom et al. 2007
Decorin Myostatin-hemmende AK, Follistatin, si RNA	↓ Myostatin	Kishioka et al. 2008; Tsuchida 2008
Salubrinal	↓ Phospho-eIF2α-Phosphatase	von Haehling et al. 2009
D-alpha-Tocopherol (Vitamin E)	↓ ROS, NF_KB	Russell et al. 2007
Eicopentaensäure (EPA) (Omega-3-Fettsäure)	↓ Muskelabbau	Tisdale 2009
Necdin	↓ TNFα-Wirkungen	Sciorati et al. 2009

eIF2a eucaryotic initiation factor 2α, IGF-1 Insulin-like growth factor 1, *NF_KB nuclear factor kappa B, siRNA small inhibitory* RNA, *TNFa* Tumornekrosefaktor α

tionsfaktor der Muskelproteinsynthese, während die Menge von Myostatin erniedrigt wird – mit dem Ergebnis, dass die Muskelmasse zunimmt (Liu et al. 2007). IGF-1 verstärkt anscheinend auch den **intrazellulären Calciumgehalt** von Muskelzellen, der wesentlich durch die neuronal induzierte Ausschüttung von Calcium aus dem sarkoplasmatischen Retikulum erhöht wird. Calcium stimuliert über den **Calcineurin-Signalweg** das Wachstum von Muskelfasern. Dabei wird – offenbar als negative Rückkoppelung – auch die Myostatinexpression gefördert (Saini et al. 2009). Dieser Insulin/IGF-1-Signalweg wird durch proinflammatorische Cytokine wie IL-1β, Interferon γ (IFN-γ) und TNFα negativ reguliert.

In Muskeln von Patienten mit krebsabhängiger Kachexie finden sich aus den oben genannten Gründen niedrigere Mengen von schweren Myosinketten (– 45 %), von Actin (– 18 %) und von Akt (– 55 %). In der Leber ist dagegen der IGF-1-Signalweg erhöht (Schmitt et al. 2007).

Außer der Achse IGF-1-Akt-mTOR ist der RhoA-SRF(***serum response factor***)-Signalweg wichtig für die Muskelproteinsynthese. Die Aktivierung der RhoA-GTPase führt über die Stimulierung des Transkriptionsfaktors SRF zur erhöhten Expression des **α-Actin-Gens**. Eine Verringerung oder Hemmung dieses Signalweges ist anscheinend an der Entwicklung von Sarkopenie beteiligt (Schülke et al. 2004). Auch der Notch-Signalweg spielt u. a. bei der Proliferation von Satellitenzellen eine wichtige Rolle.

5.4.2.2 Proinflammatorische Cytokine wirken negativ auf die Muskelproteinmasse

Entzündliche Prozesse – die bei zahlreichen Erkrankungen, z. B. auch bei Krebs und im Alter vermehrt auftreten können – erhöhen allgemein katabole und erniedrigen anabole Funktionen (Zoico und Roubenoff 2002; Huber 2003; Delano und Moldawer 2006). Als Vermittler dieser Wirkungen dienen proinflammatorische Cytokine und Chemokine. Außer den schon genannten IL-1β, INF-γ und TNFα ist daran Interleukin 6 (IL-6) beteiligt, das die **Akute-Phase-Reaktion (APR)** und damit die Produktion von **C-reaktivem Protein** in der Leber induziert und die Produktion von IGF-1 hemmt. Bei alten Patienten mit größerem Gewichtsverlust sind die IL-6-Konzentrationen erhöht.

Unter den oben bereits erwähnten Cytokinen sind die molekularen Wirkungsmechanismen von IL-1β und TNFα besonders gut untersucht, die deswegen hier kurz zusammengefasst werden sollen (◘ Abb. 5.4). Nach der Bindung von IL-1β und TNFα an ihre jeweiligen Rezeptoren erfolgt über die Rezeptorkomplexe und damit assoziierte Proteine nach mehreren weiteren Signalübertragungsschritten eine Aktivierung des **I$_K$K(I$_K$B-Kinase)-Komplexes**. Dieser Komplex bewirkt den **Abbau eines Inhibitors (I$_K$B)** des **Transkriptionsfaktors NF$_K$B**, sodass der Transkriptionsfaktor in den Kern wandern und dort zahlreiche Gene aktivieren kann. Darunter sind Gene für muskelspezifische E3-Ubiquitin-Ligasen (MuRF-1, MAFbx), deren Aktivität auch bei **Bewegungsmangel** erhöht ist. Verbunden ist der dadurch initiierte Muskelabbau mit einer Hemmung der Myosinsynthese. Darüber hinaus kann NF$_K$B den **programmierten Zelltod (Apoptose)** über eine Aktivierung von Caspasen induzieren. Interessanterweise haben neue Untersuchungen gezeigt, dass diese NF$_K$B-Wirkungen auf den Proteinabbau durch erhöhte Mengen eines Stressproteins (HSP70) unterdrückt werden (Senf et al. 2008). Stressproteine nehmen anscheinend altersbedingt ab und könnten so an der Zunahme kataboler Prozesse im Alter beteiligt sein. Therapeutische Ansätze gegen Kachexie versuchen, pro-inflammatorische Cytokine durch ihre Antagonisten zu blockieren und die entzündungsbedingte Produktion von reaktiven Sauerstoffspezies (ROS) durch Vitamin E und andere Antioxidantien zu verringern – mit bisher noch nicht zufriedenstellenden Ergebnissen (Melstrom et al. 2007; Russell et al. 2007; Tisdale 2009; ◘ Tab. 5.3).

5.4.2.3 Myostatin ist ein weiterer wichtiger Faktor beim Muskelabbau

Myostatin gehört zur Familie der TGFβ(*transforming growth factor β*)-Signalpeptide, die eine wichtige Rolle bei der Entwicklung und Differenzierung der Muskulatur spielen. Es wird vor allem im Muskel produziert und über das Gefäßsystem transportiert. Myostatin hemmt den **Akt-Signalweg** und die **Proliferation und Differenzierung** von Satellitenzellen und fördert den Muskelabbau (◘ Abb. 5.4). Dieses Signalpeptid steht daher im Fokus gegenwärtiger Kachexieforschung. Beim Menschen wurde kürzlich eine Mutation des Myostatingens gefunden, die eine Hypertrophie der Muskulatur hervorruft (Schülke et al. 2004). Dieselbe Wirkung kann man durch hemmende RNA-Oligonucleotide erzielen, die ein *knockdown* dieses Gens bewirken. Letztere Methode ist Ausgangspunkt für therapeutische Ansätze, ebenso die Anwendung von myostatinbindenden Antikörpern oder Antagonisten (Kishioka et al. 2008; Tsuchida 2008; ◘ Tab. 5.3).

Myostatin und andere Mitglieder dieser Familie binden an eine Kombination von Rezeptoren und aktivieren rezeptorregulierte Proteine, die sogenannten **Smad (*small mothers against decapentaplegic*)**, die Komplexe mit anderen Smad-Proteinen bilden, in den Kern transloziert werden und dort wiederum durch Komplexe mit Kofaktoren die Transkription von Genen regulieren (Tsuchida 2008). Myostatin hemmt die Gene von Transkriptionsfaktoren, die an der Muskeldifferenzierung beteiligt sind, ebenso hemmt es die aktivierende Phosphorylierung von Akt, wodurch die Aktivität von FOXO3 steigt und damit die Expression von E3-Ubiquitin-Ligasen, d. h. Faktoren des Proteinabbaus. Im Alter nimmt die Konzentration von Myostatin-mRNA bei Frauen offenbar zu (Saini et al. 2009).

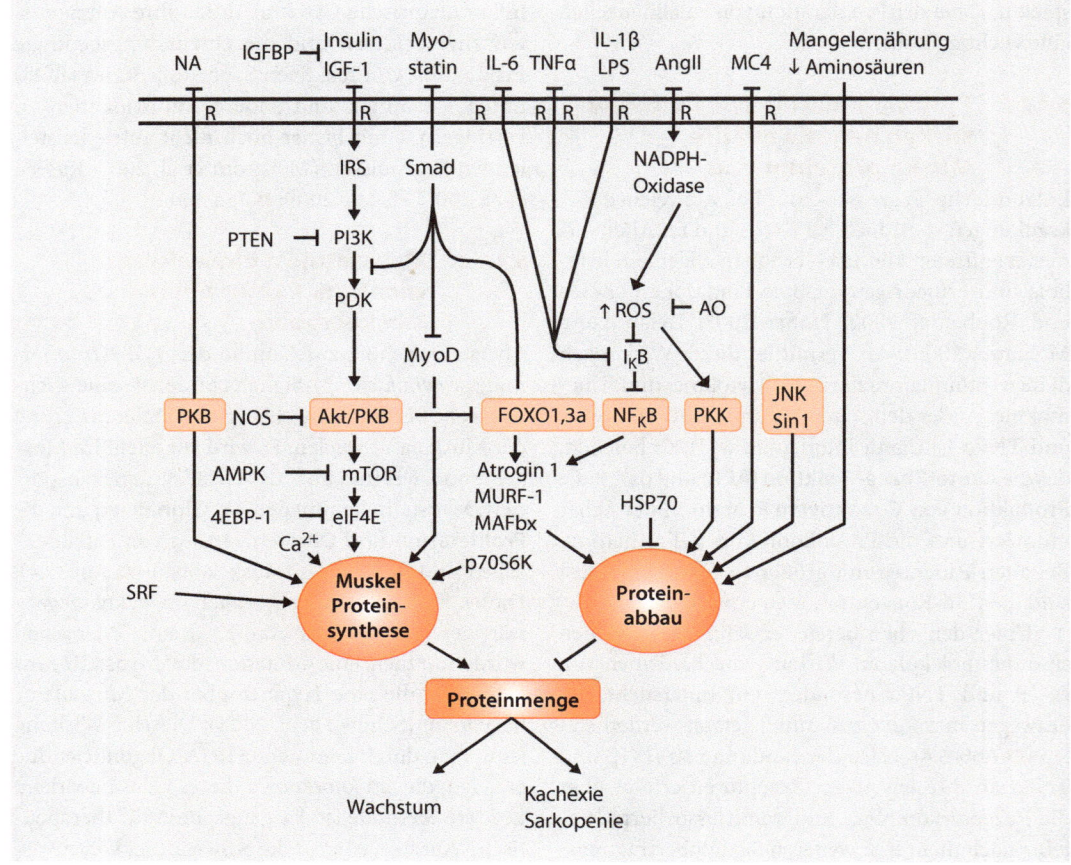

◘ Abb. 5.4 Wichtige intrazelluläre Signalwege zur Kontrolle von (Muskel-)Proteinsynthese und -abbau. AMPK Adenosin-monophosphatkinase, AngII Angiotensin II, AO Antioxidantien und antioxidante Enzyme, eIF4E *eucaryotic initiation factor* 4E, 4EBP-1 *eucaryotic initiation factor* 4E - *binding protein* 1, FOXO1, 3a *forkhead box transcription factor* 1, 3a, HSP70 Hitze-schockprotein 70, IGF-1 *insulin-like growth factor* 1, IGFBP *IGF binding protein*, IkappaB *inhibitor of kappa* B, IRS Insulin-Rezep-tor-Substrat, IL-1β Interleukin 1β, IL-6 Interleukin 6, JNK c-Jun-N-terminale Kinase, LPS Lipopolysaccharid, mTOR *mammalian target of rapamycin*, MAFbx Ubiquitin-Ligase, MC4 Melanocortin 4, MURF *Muscle ringfinger* (Ubiquitin-Ligase), MyoD Tran-skriptionsfaktor zur Muskeldifferenzierung, NFkB Nuclearfaktor kB, NADPH Nicotinsäureamidadenindinucleotidphosphat, NA Noradrenalin, NOS NO-Synthase, PDK Phosphoinositol-*dependent kinase*, PI3K Phosphoinositol-3-Kinase, p70S6K p70S6-Ki-nase, PKA cAMP-abhängige Proteinkinase A, PKB Proteinkinase B (= AKT), PKR dsRNA-*dependent kinase*, ROS *reactive oxygen species*, R Rezeptor

5.4.2.4   *Proteolysis-inducing factor*

Erst in den letzten Jahren wurde ein Faktor (*cancer cachectic factor*) genauer analysiert, der anschei-nend zur krebsinduzierten Kachexie beiträgt und jetzt *proteolysis-inducing factor* (PIF) genannt wird (Tisdale 2009). Ziel der PIF-induzierten Signalket-te über einen membranständigen Rezeptor (Tod-orov et al. 2007) ist ebenfalls der ubiquitinabhän-gige Proteinabbau in Proteasomen – bewirkt durch

eine Aktivierung von NF_KB (◘ Abb. 5.4) über ROS und eine Doppelstrang-RNA-abhängige Protein-kinase (PKR) (Eley et al. 2008). Diese Ergebnisse bedürfen noch einer Bestätigung.

5.4.2.5   **Weitere Mechanismen**

Alterungsmechanismen sind einerseits in den regu-lierenden systemisch wirkenden Signalmolekülen und deren intrazellularen Wirkungskaskaden zu lokalisieren, andererseits in den noch nicht so gut bekannten intrazellulären Alterungsprozessen. Die altersabhängige Verminderung der Muskelqualität ist – abgesehen von dem Beitrag der Muskelquantität – von den beteiligten Mechanismen noch relativ unklar. Ein Grund dafür könnte die unterschiedliche Expression der Gene für die verschiedenen Isoformen der *myosin heavy chain* (MHC) sein: Die langsamen MHCI-Isoformen (mRNA und Protein) bleiben ungefähr gleich mit zunehmendem Alter, während die schnellen MHCIIa- und –Iix-Isoformen mit 3 % bzw. 1 % pro Dekade abnehmen (Short et al. 2005). Da bei der Entwicklung und Differenzierung von Muskelzellen jedoch eine große Anzahl von Genen beteiligt ist (bei *Drosophila* sind es 2785 Gene), ist noch nicht abzusehen, welche Gene und Proteine am Alterungsprozess beteiligt sind, der die Verminderung der Muskelstärke bewirkt. Allgemein sind Muskelzellen – wie alle Zellen – von der Akkumulation von **Schäden durch ROS** betroffen, die sich auf allen Ebenen der zellulären Organisation ereignen (▶ Kap. 2). Für Muskelzellen mag das besonders zutreffen, da sie oft einen hohen Energieumsatz aufweisen und damit erhöhte Mengen an ROS anfallen. Die durch oxidativen Stress erzeugten Schäden in der Zelle lassen sich z. B. an Mäusestämmen untersuchen, denen eine der Superoxid-Dismutasen (CuZn-SOD) fehlt (SOD$^{-/-}$) und die daher bezüglich der Umwandlung des Superoxidradikals ($\bullet O_2^-$) in H_2O_2 weniger leistungsfähig sind. Bei diesen Stämmen kann man eine stark altersabhängige **Zunahme von ROS** und einen **Abbau von Muskelmasse** sowie eine **Abnahme der mitochondrialen Leistung** beobachten. Zudem findet bei diesen Stämmen eine schnellere durch Mitochondrien induzierte Apoptose statt. Außerdem werden die neuromuskulären Synapsen (motorische Endplatten) denerviert und ihre Acetylcholinrezeptoren fragmentiert – was zu einer drastischen Verminderung der Muskelkraft bei älteren SOD1$^{-/-}$-Mäusen führt und so ein **Modell für die Sarkopenie** liefert (Jang et al. 2010).

5.5 Zusammenfassung

Ein starker Gewichtsverlust und Muskelabbau (Sarkopenie/Kachexie) – oftmals charakterisiert durch Mangelernährung, – tritt oft im Alter, bei Stress, Krebs und einer größeren Zahl von anderen Erkrankungen auf, d. h. in Situationen, die in der Regel durch chronische Entzündungsprozesse gekennzeichnet sind. Das zusätzliche Morbiditäts- und Letalitätsrisiko bei starkem Gewichtsverlust bzw. Mangelernährung kann erheblich sein. Eine Mangelernährung kann durch Nahrungsverweigerung, Appetitlosigkeit, Störungen bei der Nahrungsaufnahme und -resorption, durch metabolische Veränderungen und Defizite in der Nahrungsqualität bedingt sein – ebenso wie durch Veränderungen in der Auf- und Abbaurate von Proteinen und Fetten. Unter den genannten Bedingungen werden vermehrt katabole systemische Signalmoleküle freigesetzt, wie proinflammatorische Cytokine, Stresshormone oder Myostatin, die die Proteolyse und damit den Abbau von Muskelproteinen erhöhen und deren Synthese hemmen. Auf der anderen Seite werden anabole Hormone oder Wachstumsfaktoren unter diesen Bedingungen oft in geringerem Ausmaß produziert. Die systemischen Signalmoleküle wirken im Skelettmuskel auf intrazelluläre Signalnetzwerke, die die Homöostase von Proteinsynthese und -abbau steuern. Bisherige therapeutische Ansätze bei Mangelernährung und starkem Gewichtsverlust beruhen auf Ernährungs- und Trainingsmaßnahmen, die jedoch oftmals die katabole Dominanz nicht komplett verhindern können. Daher gibt es zahlreiche Ansätze, mithilfe von Pharmaka oder natürlichen Wirkstoffen/Hormonen die Nahrungsaufnahme und den Muskelaufbau zu fördern und den Muskelabbau zu hemmen. Aufgrund der bisher noch unzureichenden Signifikanz mancher Ergebnisse besteht allerdings weiterer Forschungs- und Entwicklungsbedarf. Das setzt auch voraus, dass die beteiligten Signalnetzwerke noch besser bekannt werden.

Literatur

Bautmans I, Van Puyvelde K, Mets T (2009) Sarcopenia and functional decline: pathophysiology, prevention and therapy. Acta Clin Belg 64:303–316

Bennani-Baiti N, Davis MP (2008) Cytokines and cancer anorexia cachexia syndrome. Am J Hosp Palliat Care 25:407–411

De Vriese C, Delporte C (2007) Influence of ghrelin on food intake and energy homeostasis. Curr Opin Clin Nutr Metab Care 10:615–619

5

Delano MJ, Moldawer LL (2006) The origins of cachexia in acute and chronic inflammatory diseases. Nutr Clin Pract 21:68–81

Eley HL, Russell ST, Tisdale MJ (2008) Role of the dsRNA-dependent protein kinase (PKR) in the attenuation of protein loss from muscle by insulin and insulin-like growth factor-1 (IGF-1). Mol Cell Biochem 313:63–69

Emmelot-Vonk MH, Verhaar HJ, Nakhai PHRetal (2008) Effect of testosterone supplementation on functional mobility, cognition, and other parameters in older men: a randomized controlled trial. JAMA 299:39–52

Evans WJ, Morley JE, Argilés J et al (2008) Cachexia: a new definition. Clin Nutr 27:793–799

Fearon KC (2008) Cancer cachexia: developing multimodal therapy for a multidimensional problem. Eur J Cancer 44:1124–1132

Foster AC, Chen C (2007) Melanocortin-4 receptor antagonists as potential therapeutics in the treatment of cachexia. Curr Top Med Chem 7:1131–1136

Fox CB, Treadway AK, Blaszcyk AT, Sleeper RB (2009) Megestrol acetate and mirtazapine for the treatment of unplanned weight loss in the elderly. Pharmacotherapy 29:383–397

Frost RA, Lang CH (2007) Protein kinase B/Akt: a nexus of growth factor and cytokine signaling in determining muscle mass. J Appl Physiol 103:378–387

Goldspink G (2007) Loss of muscle strength during aging studied at the gene level. Rejuvenation Res 10:397–405

Goodpaster BH, Park SW, Harris TB et al (2006) The loss of skeletal muscle strength, mass, and quality in older adults: the health, aging and body composition study. J Gerontol 61A:1059–1064

von Haehling S, Lainscak M, Springer J, Anker SD (2009) Cardiac cachexia: a systematic overview. Pharmacol Therapeut 121:227–252

Hubbard RE, O'Mahony MS, Calver BL, Woodhouse KW (2008) Nutrition, inflammation, and leptin levels in aging and frailty. J Am Geriatr Soc 56:279–284

Huber K (2003) Gezielte Ernährungstherapie gegen Tumorkachexie. Onkologie in der Praxis. Ärztewoche Wien

Jackson MJ (2009) Skeletal muscle aging: role of reactive oxygen species. Crit Care Med 37:S368–371

Jang YC, Lustgarten MS, Liu Y et al (2010) Increased superoxide in vivo accelerates age-associated muscle atrophy through mitochondrial dysfunction and neuromuscular junction degeneration. FASEB J 24:1367–1390

Joseph AM, Adhihetty PJ, Buford TW, Wohlgemuth SE et al (2012) The impact of aging on mitochondrial function and biogenesis pathways in skeletal muscle of sedentary high—and low—functioning in elderly individuals. Aging Cell doi: 10.1111/j.1474-9726.2012 (Epub ahead of print)

Kaminji MM, Inui A (2008) The role of ghrelin and ghrelin analogues in wasting disease. Curr Opin Clin Nutr Metab Care 11:443–451

Kishioka Y, Thomas M, Wakamatsu J et al (2008) Decorin enhances the proliferation and differentiation of myogenic cells through suppressing myostatin activity. J Cell Physiol 215:856–867

Kollias HD, McDermott JC (2008) Transforming growth factor-beta and myostatin signaling in skeletal muscle. J Appl Physiol 104:579–587

Laviano A, Meguid MM, Inui A, Muscaritoli M, Rossi-Fanelli F (2005) Therapy insight: cancer anorexia-chachexia-syndrome—when all you can eat is yourself. Review Nature Clinical Practice Oncology 2:158–165

Liu CM, Yang Z, Liu CW et al (2007) Effect of RNA oligonucleotide Foxo-1 on muscle growth in normal and cancer cachexia mice. Cancer Gene Ther 14:945–952

Lundholm K, Daneryd P, Bosaeus I, Körner U, Lindholm E (2004) Palliative nutritional intervention in addition to cyclooxygenase and erythropoietin treatment for patients with malignant disease: effects on survival, metabolism, and function. Cancer 100:1967–1977

Lundholm K, Körner U, Gunnebo L et al (2007) Insulin treatment in cancer cachexia: effects on survival, metabolism, and physical functioning. Clin Cancer Res 13:2699–2706

Lynch GS, Ryall JG (2008) Role of beta-adrenoreceptor signaling in skeletal muscle: implications for muscle wasting and disease. Physiol Rev 88:729–767

Lynch GS, Schertzer JD, Ryall JG (2007) Therapeutic approaches for muscle wasting disorders. Pharmacol Ther 113:461–487

Melstrom LG, Melstrom KA Jr, Ding XZ, Adrian TE (2007) Mechanisms of skeletal muscle degradation and its therapy in cancer cachexia. Histol Histopathol 22:805–814

Norman K, Richard C, Lochs H, Pirlich M (2008) Prognostic impact of disease-related malnutrition. Clin Nutr 27:5–15

Ockenga J, Pirlich M, Gastell S, Lochs H (2002) Tumoranorexie – Tumorkachexie bei gastrointestinalen Tumoren: Standards und Visionen. Z Gastroenterol 40:929–936

Pahor M, Manini T, Cesari M (2009) Sarcopenia: clinical evaluation, biological markers and other evaluation tools. Nutr Health Aging 13:724–728

Pascual Lopez A (2004) Systematic reviews of megestrol acetate in the treatment of anorexia-cachexia syndrome. J Pain Symptom Manage 27:360–369

Pirlich M, Schütz T, Norman K et al (2006) The German hospital malnutrition study. Clin Nutr 25:563–572

Rensing L, Ockenga J (2010) Sarkopenie und Kachexie: Muskelabbau und Mangelernährung. Aktuelle Ergebnisse zur Entstehung und Therapie. Dtsch Med Wschr 33:1605–1611

Rensing L, Koch M, Rippe B, Rippe V (2006) Mensch im Stress. Psyche, Körper, Moleküle. Spektrum Akademischer Verlag/Elsevier, Heidelberg

Russell ST, Eley H, Tisdale MJ (2007) Role of reactive oxygen species in protein degradation in murine myotubes induced by proteolysis-inducing factor and angiotensin II. Cell Signal 19:1797–1806

Saini A, Faulkner S, Al-Shanti N, Stewart C (2009) Powerful signal for weak muscles. Ageing Res Rev 8:251–267

Schmitt TL, Martignoni ME, Bachmann I (2007) Activity of the Akt-dependent anabolic and catabolic pathways in muscle and liver samples in cancer-related cachexia. J Mol Med 85:647–654

Schülke M, Wagner KR, Stolz LE et al (2004) Myostatin mutation associated with gross muscle hypertrophy in a child. N Engl J Med 350:2682–2688

Sciorati C, Touvier T, Buono R et al (2009) Necdin is expressed in cachetic skeletal muscle to protect fibers from tumor-inducing wasting. Cell Sci 122:1119–1125

Senf SM, Dodd SL, McClung JM, Judge AR (2008) Hsp70 over-expression inhibits NF-(kappa)B and Foxo3a transcriptional activities and prevents skeletal muscle atrophy. FASEB J 22:3836–3845

Short KR, Vittone JL, Bigelow ML (2005) Changes in myosin heavy chain mRNA and protein expression in human skeletal muscle with age and endurance exercise training. J Appl Physiol 99:95–102

Strasser F (2007) Appraisal of current and experimental approaches to the treatment of cachexia. Curr Opin Support Palliat Care 1:312–316

Szewczyk NJ, Jacobson LA (2005) Signal-transduction network and the regulation of muscle protein degradation. IJBCB 37:1997–2011

Thomas DR (2007) Loss of skeletal muscle mass in aging: examining the relationship of starvation, sarcopenia and cachexia. Clin Nutr 26:389–399

Tisdale MJ (2009) Mechanisms of cancer cachexia. Physiol Rev 89:381–410

Todorov PT, Wyke SM, Tisdale MJ (2007) Identification and characterization of a membrane receptor for proteolysis-inducing factor on skeletal muscle. Cancer Res 67:11419–11427

Tsuchida K (2008) Targeting myostatin for therapies against muscle-wasting disorders. Curr Opin Drug Discov Devel 11:487–494

Weyermann P, Dallmann R, Magyar J et al (2009) Orally available selective melanocortin-4 receptor antagonists stimulate food intake and reduce cancer-induced cachexia in mice. PloS One 4:e4774

Yavuzsen T, Walsh D, Davis MP et al (2009) Components of the anorexia-cachexia syndrome: gastrointestinal symptom correlates of cancer anorexia. Support Care Cancer 17:1531–1541

Zhao J, Brault JJ, Schild A et al (2007) FOXO3 coordinately activates protein degradation by the autophagic lysosomal and proteasomal pathways in atrophying muscle cells. Cell Metab 6:472–483

Zoico E, Roubenoff R (2002) The role of cytokines in regulating protein metabolism and muscle function. Nutr Rev 60:39–51

Zürcher G (2002) Medikamentöse Strategien zur Gewichtszunahme bei kachektischen Patienten. Aktuelle Ernährungsmedizin 27:398–407

Herz-Kreislauf und Lunge

6.1 Übersicht über Struktur und Funktion des Herz-Kreislauf-Systems

Das Herz-Kreislauf-System ist als **Transportsystem** von zentraler Bedeutung für alle Lebensfunktionen eines Wirbeltierorganismus: Alle Zellen, Gewebe und Organe brauchen für ihre Aktivitäten Energie – und damit Sauerstoff zur Energiegewinnung. Ebenso brauchen sie Nährstoffe aus dem Verdauungssystem, regulatorische Signalsubstanzen wie Hormone, das Immunsystem als Abwehr gegen Infektionen, Temperaturregulationsmechanismen und ein Entsorgungssystem, das Stoffwechselendprodukte zur Lunge und Niere transportiert. Zur Wahrnehmung dieser essenziellen Funktionen ist das Herz-Kreislauf-System eng verbunden mit der Lunge, dem Darmtrakt, verschiedenen Speicherorganen wie der Leber, Hormondrüsen, dem Knochenmark mit den dort gebildeten Immunzellen und Erythrocyten, der Niere und den zu versorgenden Organen wie Gehirn und Sinnesorganen, Herz- und Skelettmuskulatur sowie der Haut (□ Abb. 6.1). Das Herz-Kreislauf-System ist zweigeteilt und besteht aus dem **Lungenkreislauf** und dem **Körperkreislauf**, der sich wiederum in einzelne Kapillarnetze für verschiedene Organe und Muskelbereiche aufspaltet.

Zentrales Betriebsorgan für den Blutfluss in diesem System ist das **Herz**, das Blut durch beide Kreisläufe pumpt. Es besteht aus **zwei muskulösen Kammern** (□ Abb. 6.2a), der linken und rechten Kammer, die sich jeweils synchron rhythmisch kontrahieren und das Blut durch den Körper- bzw. den Lungenkreislauf treiben. Über den beiden Kammern befindet sich jeweils eine **Vorkammer**, wovon die linke das sauerstoffangereicherte Blut aus dem Lungenkreislauf aufnimmt und über ein **Ventil (Herzklappe)** an die linke Kammer weiterleitet, während die rechte Vorkammer venöses, sauerstoffärmeres Blut ebenfalls über ein Ventil an die rechte Herzkammer gibt. Für die enorme Pumpleistung braucht das Herz viel Sauerstoff – etwa 10 % des gesamten Ruhe-O_2-Verbrauchs – ebenso Nährstoffe wie freie Fettsäuren und Glucose, die ihm von Herzkranzgefäßen zugeführt werden. Der Herzmuskel (Myo-

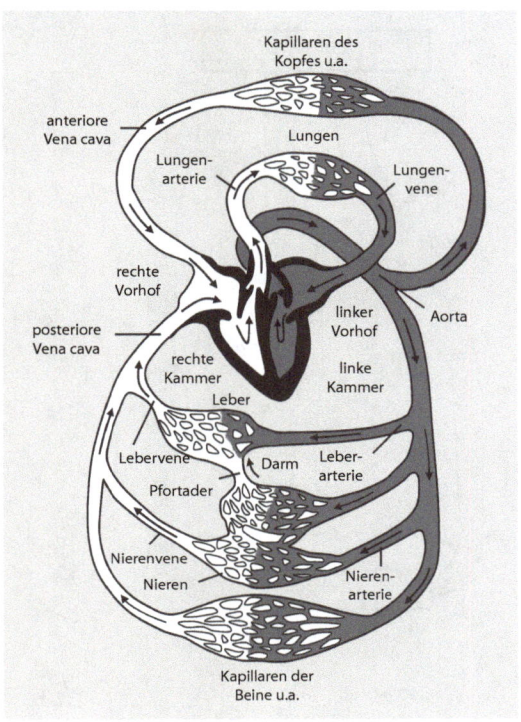

□ **Abb. 6.1** Körper- und Lungenkreislauf sowie Kapillarnetze von verschiedenen Organen. Dunkel(rot) O_2-reiches Blut, hell O_2-armes Blut

card) besteht aus **quergestreiften Muskelfasern**, die mit zahlreichen **Mitochondrien** durchsetzt sind (□ Abb. 6.2b).

Die **rhythmische Kontraktion** des Herzens erfolgt durch einen autonomen Oszillator oder Rhythmusgeber, den **Sinusknoten** im rechten Vorhof. Die rhythmische Erregung durchläuft von dort die Vorhöfe und breitet sich dann über den Atrioventrikular(AV-)knoten und die ventrikulären Erregungsleitungssysteme (linker und rechter Schenkel) auf die Kammermuskulatur aus. Dieses **Erregungsleitungssystem** besteht aus Muskelfasern, die spezifisch diese Aufgabe erfüllen. Fällt die Erregungsbildung im Sinusknoten aus, so kann der AV-Knoten die Schrittmacherfunktion mit etwas niedrigerer Frequenz übernehmen (40–60 Kontraktionen/min). Bei einem Block auch dieser Erregungsüberleitung kann noch ein tertiäres Zentrum im ventrikulären Leitsystem die Schrittmacherrolle

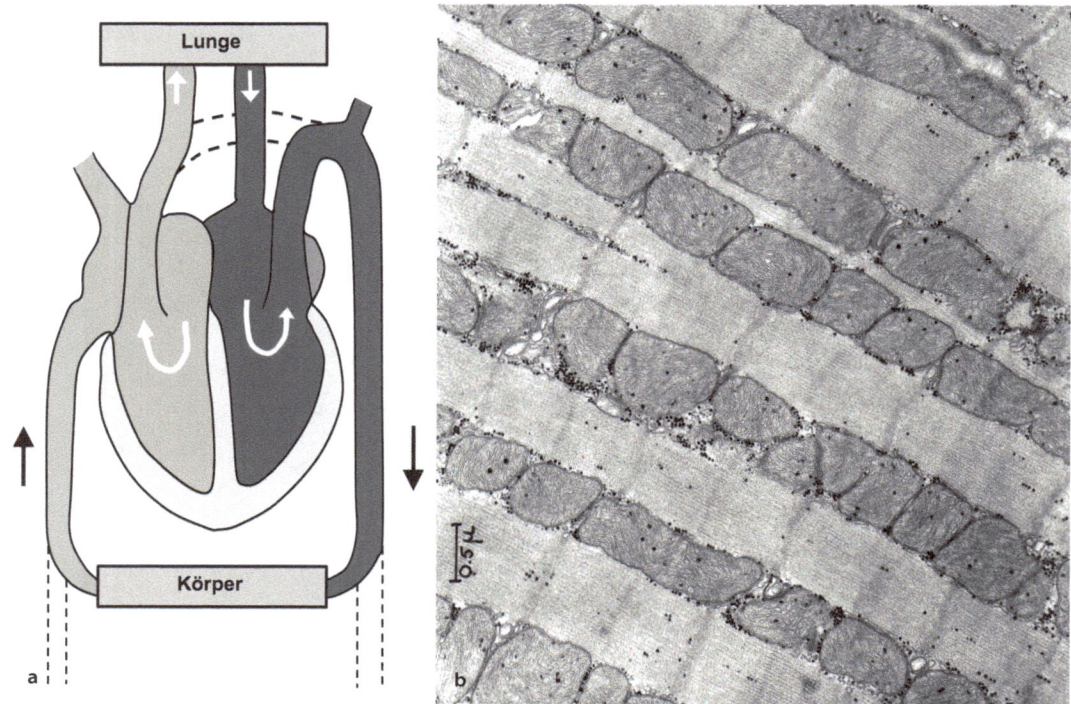

Abb. 6.2 Das Herz: **a** linke und rechte Vorkammer und Kammer des Herzens sowie Beginn und Ende des Körper- und Lungenkreislaufs, **b** elektronenmikroskopische Aufnahme eines Schnitts durch den Herzmuskel einer Katze (1400×). Deutlich sichtbar sind die zahlreichen Mitochondrien zwischen den Muskelfasern. (Aus Fawcett 1966)

übernehmen (30–40/min). Frequenz und Kontraktionskraft des Herzens wird durch den **Sympathikus** erhöht, wobei auch die im Blut zirkulierenden Mengen an Adrenalin und Noradrenalin diese Wirkung haben, während der **Parasympathikus** eine niedrigere (Ruhe-)Frequenz einstellt (▶ Lehrbücher der Physiologie).

Der Körperkreislauf (◘ Abb. 6.1) beginnt mit der Aorta, von der Arterien zu den unterschiedlichen Organen und Extremitäten abzweigen und sich schließlich in zahlreiche kleine Gefäße und **Kapillarnetze** aufteilen. Die Kapillaren gehen dann in ein rückführendes Blutgefäßsystem über, das schließlich in große Venen mündet, die das venöse Blut wieder zum Herzen leiten. Das darin befindliche O_2-ärmere und CO_2-reichere Blut wird vom Herzen in die Lunge gepumpt, wo sich die Lungenarterien wiederum in ein Kapillarnetz um die **Lungenbläschen (Alveolen)** verzweigen, sodass dort der Gasaustausch stattfinden kann (siehe Lunge).

Danach fließt das O_2-angereicherte Blut wieder zurück zur linken Herzkammer.

Die vom rhythmisch sich kontrahierenden Herzen (**Systole**) ausgehende Druckwelle pflanzt sich als Dehnung der Gefäßwände in der Aorta und den Arterien bis in die Kapillaren hinein fort. Nach der Ausdehnung kontrahieren sich die Gefäßwände wieder und sorgen so für ein Weiterströmen des Bluts auch während der **Diastole**. Für diese elastische Schwingungsfähigkeit sind vor allem die großen herznahen Arterien vom elastischen Typ verantwortlich. Die Dehnbarkeit der Gefäße nimmt mit dem Alter und den arteriosklerotischen Veränderungen ab, sodass an den Gefäßwänden höhere **Scherkraftbelastungen** auftreten, die insbesondere an arteriellen Gefäßverzweigungen zu Schäden führen können. Kleinere Arterien vom muskulären Typ liegen mehr in der Peripherie und sind durch ihre glatte Muskulatur und deren Kontraktilität wesentlich an der Regelung des Blutdrucks beteiligt.

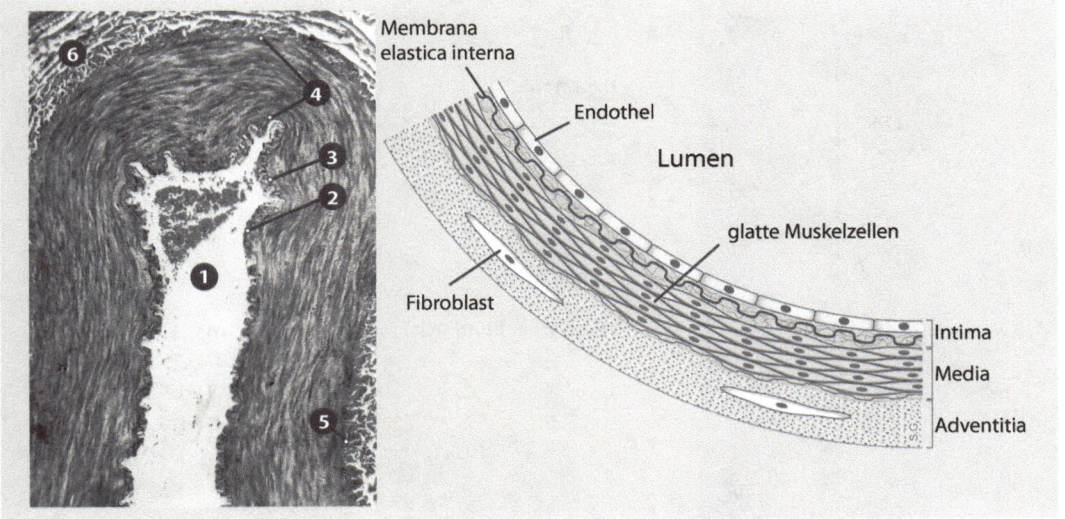

Abb. 6.3 Aufbau der Arterienwand aus Endothelschicht, Intima, Media und Adventitia. Links: Querschnitt durch eine menschliche Arterie vom elastischen Typ: (*1*) Lumen mit einigen Erythrocyten, (*2*) Intima, (*3*) Membrana elastica interna, (*4*) Media, (*5*) Membrana elastica externa, (*6*) Adventitia (© Gleiberg, Wikipedia). Rechts: Wandbau der Arterie (Schema) (© Stijn Ghesquiere, Wikipedia).

▪ Aufbau der arteriellen Gefäßwand

Die arterielle Gefäßwand besteht aus drei Schichten (☐ Abb. 6.3 rechts u. links). Die **innere Schicht (Intima)** besteht aus einem einschichtigen **Endothel**, aus darunterliegendem **Bindegewebe** und einer **elastischen Schicht (Membrana elastica interna)**. Die **mittlere Schicht (Media)** enthält mehrere Lagen von **glatten Muskelzellen** sowie elastische und kollagene Fasern (**Membrana elastica externa**), während die **äußere Schicht (Adventitia)** vor allem aus faserigem Bindegewebe besteht. Darin befinden sich kleine Gefäße zur Versorgung der Gefäßwand sowie Nerven zur Regulation der Muskelkontraktion.

6.2 Altersabhängige Veränderungen und Erkrankungen

6.2.1 Erhöhter Blutdruck

Am häufigsten untersucht ist die **Zunahme des systolischen Blutdrucks** mit dem Alter (☐ Abb. 6.4). Der Anstieg ist bei Frauen und Männern ab dem 45. Lebensjahr in etwa gleich, er steigt von ca. 125 mmHg auf etwa 150 mmHg im Alter von 80 Jahren an. Demgegenüber bleibt der diastolische Blutdruck in dieser Zeitspanne bei beiden Geschlechtern mit 80 mmHg in etwa gleich. Ein zu behandelnder pathologischer Blutdruck (Hypertonie, *Hypertension*) wird meist bei systolischen Werten über 140 mmHg definiert. Die Prävalenz der arteriellen Hypertonie in geriatrischen Kliniken ist relativ hoch, z. B. >60 % (Hardt 2006), gehört auf der anderen Seite zu den Hauptrisikofaktoren des ischämischen Hirninfarkts (Schlaganfall), sodass auch dessen Häufigkeit mit dem Alter steigt. Das gilt ebenso für eine Reihe weiterer Herz-Kreislauf-Erkrankungen wie Arteriosklerose, Herzinfarkt u. a. (siehe weiter unten).

Die Ursachen für den altersbedingten Anstieg des Blutdrucks sind vielfältig: Äußere Einflüsse wie chronischer Stress (Rensing et al. 2006), Rauchen, Alkoholkonsum und Essgewohnheiten und innere Einflüsse wie Diabetes mellitus, Fettstoffwechselstörungen und andere Erkrankungen sowie altersabhängige Veränderungen des Gefäßsystems wie die verringerte NO-Verfügbarkeit (☐ Tab. 6.1) tragen dazu bei.

Unter **chronischem psychosozialem Stress** während der aktiven Lebensphase, aber auch später, erhöht das neuroendokrine System den Blutdruck. Zu den blutdrucksteigernden Neurotransmittern/

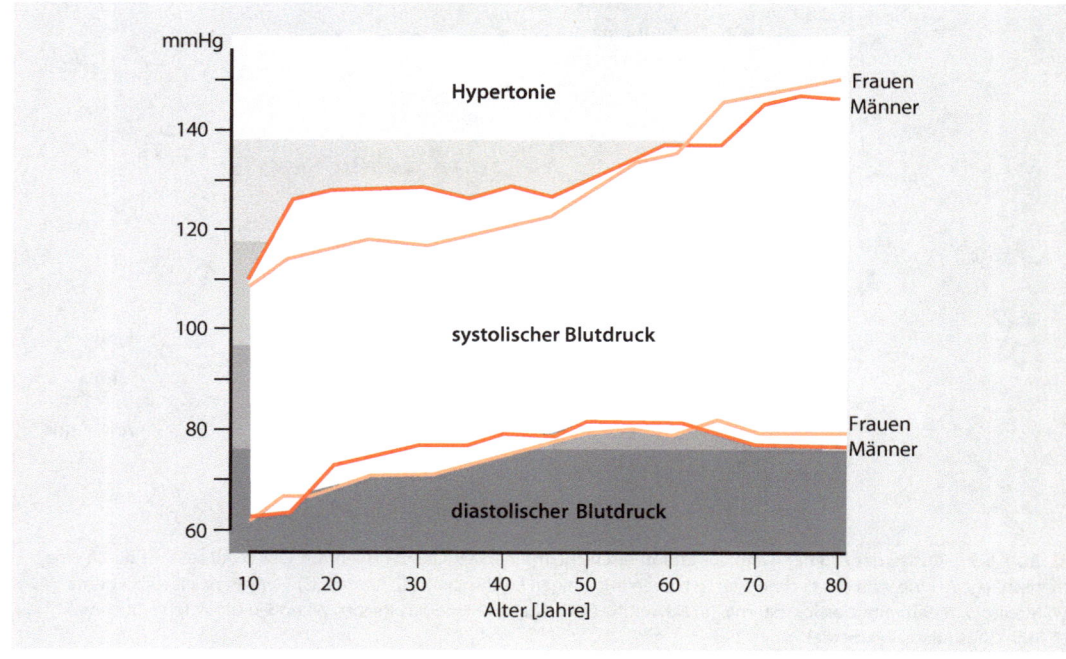

Abb. 6.4 Zunahme des systolischen Blutdrucks bei Männern und Frauen mit dem Alter. (Nach Staessen et al. 1990) Ordinate: Blutdruck in mmHg, Abszisse: Alter in Jahren

Hormonen gehören **Noradrenalin** und **Adrenalin**, die die Pulsfrequenz und Kontraktilität des Herzens (Herzleistung) erhöhen, **Cortisol**, das in niedriger Konzentration die Reaktion der Rezeptoren auf Noradrenalin/Adrenalin verstärkt (permissive Wirkung), sowie **Arginin-Vasopressin (AVP)**, **Angiotensin II** (► Kap. 11), **Urotensin II** u. a., die zusammen mit Noradrenalin/Adrenalin vor allem periphere Gefäße verengen und dadurch den Druck im zentralen Gefäßbereich erhöhen. Dabei stimuliert Angiotensin II – zusammen mit Noradrenalin, Vasopressin, Insulin u. a. – in den Endothelzellen die Produktion von **Endothelin-1**, das gefäßverengend wirkt, längerfristig die Proliferation von Gefäßzellen erhöht und damit auch die Arteriosklerose fördert. In seneszenten Endothelzellen findet man eine erhöhte Endothelin-1-Produktion (▣ Tab. 6.1). Angiotensin II stimuliert außerdem die Kontraktionsrate des Herzmuskels und die Produktion von Aldosteron in der Nebennierenrinde, das zusammen mit Arginin-Vasopressin das Blutvolumen und damit den Blutdruck steigert, indem es u. a. die Na^+-Resorption aus der Niere und damit den Rückfluss von Wasser aus dem Harn erhöht.

Zu den blutdrucksenkenden Hormonen/Neuropeptiden, die auch durch Stress induziert werden und vermutlich etwas verzögert die ersten blutdrucksteigernden Wirkungen abschwächen, gehören das **Corticotropin-Releasing-Hormon (CRH)**, das zwar im Herzen die Kontraktilität erhöht, aber dort auch die Synthese von *atrial natriuretic peptide* (**ANP**) stimuliert. Unterstützt wird CRH dabei von verwandten Peptiden, den **Urokortinen (Ucn)**. ANP erhöht die Natrium- und Wasserausscheidung in der Niere, verringert die Wasser- und Natriumaufnahme durch den Darm, hemmt die AVP- und Aldosteronproduktion und bewirkt so eine Reduktion des Blutvolumens und -drucks.

Nach einem erhöhten Blutdruck und erhöhten Adrenalin/Noradrenalinmengen kommt es normalerweise nach einer bestimmten Zeit wieder zu einer Gefäßerweiterung und damit zu einer Senkung des Blutdrucks. Das geschieht einerseits über Barorezeptoren und neuronale Mechanis-

Tab. 6.1 Faktoren, die die Seneszenz von Endothelzellen beschleunigen. Phänotypische Veränderungen der seneszenten Endothelzellen und ihre pathophysiologischen Folgen. (Nach Watanabe et al. 2009, Voghel et al. 2007, Erusalimsky 2009, Wang et al. 2010, Libby et al. 2011)

Systemisch wirksame Faktoren	Phänotypische Veränderungen bei seneszenten Endothelzellen		Pathophysiologische Folgen
Proinflammatorische Moleküle (u. a. IL-6) Angiotensin II Urotensin II Endothelin-1 hohe Glucosekonzentration Homocystein Glucocorticoide Substanz P Hohe LDL-Konzentrationen T-Helferzellen (T$_H$1)	↑ Reaktive Sauerstoffspezies (ROS) ↑ Mitochondriale Dysfunktion ↓ Verfügbarkeit von NO ↓ (eNOS)-Aktivität ↓ Prostacyclinproduktion ↓ Lipoproteinabbau ↑ Telomerverkürzung, ↓ Chromosomeninstabilität ↓ Proliferationspotenzial ↓ Homing-Rezeptoren ↑ Entzündungsmediatoren ↑ Lysosomale und matrixabbauende Enzyme ↑ Matrix-Fragmentierung ↑ *Endoplasmatic reticulum stress*	↑ Plasminogenaktivator-Inhibitor 1 (PAI-1) ↑ Caveolinexpression ↓ Cox-1-Expression ↑ Cox-2-Expression ↑ Lipidperoxidation ↑ Apoptose ↑ Kollagen-1-Expression ↑ Kollagenisierung ↑ Endothelin-1-Produktion ↑ Urotensin-II-Produktion ↑ *Advanced glycation end products* (AGE) ↑ Interferon γ ↓ Endotheliale Progenitorzellen (EPC)	↓ Endothelintegrität ↓ Vasodilatation ↓ Angiogenese ↑ Gefäßrestrukturierung (*remodelling*) ↑ Gefäßentzündung ↑ Arteriosklerose ↑ Plaqueinstabilität ↑ Thrombose ↑ Gestörter Blutfluss

men, andererseits dadurch, dass in den Gefäßen die **Stickstoffmonoxid(NO)**-Konzentration durch Aktivierung der endothelialen **NO-Synthase (eNOS)** erhöht wird, deren Aktivität jedoch in seneszenten Endothelzellen vermindert ist (▶ Tab. 6.1). Auch Östrogen beeinflusst die Synthese von eNOS positiv, nach der Menopause ist diese Wirkung stark reduziert. Chronischer Stress und Alter verändern die Balance der Regulationsmechanismen und verschieben sie zugunsten der blutdrucksteigernden Faktoren. Der auf diese Weise chronisch erhöhte Blutdruck (Hypertonie) schädigt das Endothel durch oxidativen Stress und erhöhten Scherstress und kann dadurch die Arteriosklerose fördern.

6.2.2 Arteriosklerose

Die altersabhängig zunehmende Arteriosklerose ist ein wesentlicher Risikofaktor für Infarkte, Thrombosen, Schlaganfälle, Embolien und Herzinsuffizienz. Arteriosklerose ist durch eine Anzahl von Veränderungen der Struktur und Funktion von Arterien gekennzeichnet. Zum einen sind es **Schädigungen des Endothels**, unter anderem durch die bei erhöhtem Blutdruck verstärkten Scherkräfte des Blutstroms (vor allem an Gefäßverzweigungen)

sowie durch Apoptose und Seneszenz der Endothelzellen, zum anderen sind es **Verdickungen in der Muskelschicht** und **bindegewebige Kappen (Plaques)**. An aufgebrochenen arteriosklerotischen Plaques finden dann Blutgerinnungsprozesse statt, die zu einem Thrombus und zum Verschluss des Gefäßes führen können. Die arteriosklerotische Gefäßwand kann auch derart brüchig werden, dass sie sich ausweitet und ein **Aneurisma** entsteht (Übersicht: Lindsay und Dietz 2011).

6.3 Molekulare Mechanismen der Arteriosklerose

Die intrazellulären Altersprozesse in den Zellen der Gefäßwände werden durch zahlreiche exogene Faktoren und systemische Signalmoleküle beeinflusst, die diese Prozesse verstärken (▶ Tab. 6.1). Die **systemischen Signalmoleküle** umfassen Glucocorticoide, Angiotensin II, Substanz P (durch Stress), Urotensin II, Endothelin-1 (durch Bluthochdruck), Homocystein (u. a. durch Rauchen, Alkohol, Coffein), proinflammatorische Cytokine/Chemokine (durch Entzündungen) und Glucose (durch Diabetes mellitus). Bei Homocystein handelt es sich um eine nicht proteinogene Aminosäure, die die Blutgefäße schädigt und das Thromboserisiko erhöht, wenn ihre Konzentration über 15 µmol/l ansteigt. Homocystein spielt anscheinend auch bei Depressionen und Demenzerkrankungen eine Rolle.

Einige der wichtigen intrazellulären Seneszenzprozesse in den Endothelzellen, die durch die genannten Signalmoleküle verstärkt werden können, sind in ▪ Tab. 6.1, Spalte 2 aufgeführt. Besondere Bedeutung für die Seneszenz hat die Produktion von ROS und RNS, wobei die dadurch entstehenden Schäden zahlreiche Komponenten der Zelle betreffen (DNA, Proteine, Lipidperoxidation) und mit dem Alter akkumulieren (▶ Kap. 2). Das betrifft insbesondere die Mitochondrien, die durch die Schäden noch mehr Radikale produzieren und so einen selbstverstärkenden Teufelskreis etablieren. **Oxidiertes LDL** und ein **hoher Glucosegehalt** im Blut verstärken die **ROS-Produktion** in der Zelle ebenso wie **Angiotensin II, TNFα, Homocystein** *advanced glycation end products* (**AGE**) und **Urotensin II**, was wiederum die Oxidation von LDL verstärkt. Die resultierende Dysfunktion von Mitochondrien korreliert mit dem Ausmaß an Arteriosklerose (Puddu et al. 2009). Auch die Apoptose von Endothelzellen geht zu einem Teil auf die Schädigung der Mitochondrien und den dadurch bereiteten Weg zur Caspase-3-Aktivität zurück, aber auch auf einen p53-abhängigen Weg (Erusalimsky 2009). Durch ROS wird auch die endotheliale NO-Funktion als Gefäßerweiterer beeinträchtigt – ebenso nimmt die Aktivität der endothelialen **NO-Synthetase** (eNOS) altersabhängig ab, was wiederum die Hypertonie und Arteriosklerose fördert (Davidson und Duchen 2007). NO scheint bei normaler Konzentration allgemein das Überleben der Endothelzellen zu fördern u. a. durch Hochregulierung von Sirt1 (eine NAD$^+$-Proteindeacetylase).

Ein weiterer besonders wichtiger Seneszenzprozess besteht in der **Verkürzung der Telomere** bei jeder Zellteilung (▶ Kap. 2), aber auch aufgrund von erhöhter ROS-Produktion, die unter anderem auch die TERT (katalytische UE der Telomerase) hemmt (z. B. durch Stress oder Alter). Telomerverkürzung führt zur Verringerung des Proliferationspotenzials und zu erhöhter Apoptoserate. Außerdem ist die Aktivität von eNOS mit der Abnahme der Proliferationskapazität gekoppelt – was durch TERT-Überexpression wieder rückgängig gemacht werden konnte. Verkürzte Telomere werden insbesondere in **arteriosklerotischen Plaques** gefunden. Personen mit kürzeren Telomeren haben ein höheres Risiko für koronare Herzerkrankungen (Oeseburg et al. 2010).

Beide Seneszenzfaktoren – Radikale und Telomerverkürzung – tragen zur Verminderung der Gefäßweite und Erhöhung des Blutdrucks, einer Verschlechterung der Endothelintegrität (z. B. durch Apoptose) sowie zur Arteriosklerose bei (▪ Tab. 6.1, rechte Spalte). Für eine Erhöhung des Blutdrucks sorgt darüber hinaus die zum Teil durch Angiotensin II **erhöhte Produktion von Endothelin-1** (Thorin und Webb 2010), des Gegenspielers von NO, ebenso wie die erhöhte **Produktion von Urotensin II (U-II)**. U-II wird in Lymphocyten, Endothel- und glatten Muskelzellen sowie in Makrophagen exprimiert, die in arteriosklerotische Arterienwände eingewandert sind. Die Expression des U-II-Rezeptors (UT) wird durch **Entzündungssignale** erhöht, was die Proliferation von Endothel- und glatten Muskelzellen stimuliert, aber auch die Chemotaxis von Monocyten und die Bildung von Schaumzellen (s. unten) fördert, – was wiederum die Arteriosklerose verstärkt (Loirand et al. 2008). Die Beschleunigung der Schaumzellbildung erfolgt dabei durch die Erhöhung der Acylcoenzym A:Cholesterol-Acyltransferase-1-Aktivität in den Makrophagen. Ebenso werden in den glatten Muskelzellen die Aktivität der **NADPH-Oxidase** und die **Kollagen-Typ1-Expression** durch U-II erhöht (Watanabe 2009). Vor allem aber fördert U-II auch eine Gefäßverengung (Vasokonstriktion) und damit den Bluthochdruck (*essential hypertension*) sowie eine Gefäßrestrukturierung.

6.3.1 Entzündungsprozesse

Eine besonders wichtige Rolle bei der Entstehung von Arteriosklerose spielen Entzündungsprozesse. Diese werden u. a. durch **Entzündungscytokine** in Gang gesetzt, die in seneszenten Endothelzellen vermehrt produziert werden (▪ Tab. 6.1). Die Entzündungscytokine wirken positiv auf die eigene Produktion zurück (positive Rückkopplung). Auch Bakterien, wie *Chlamydia pneumoniae*, können

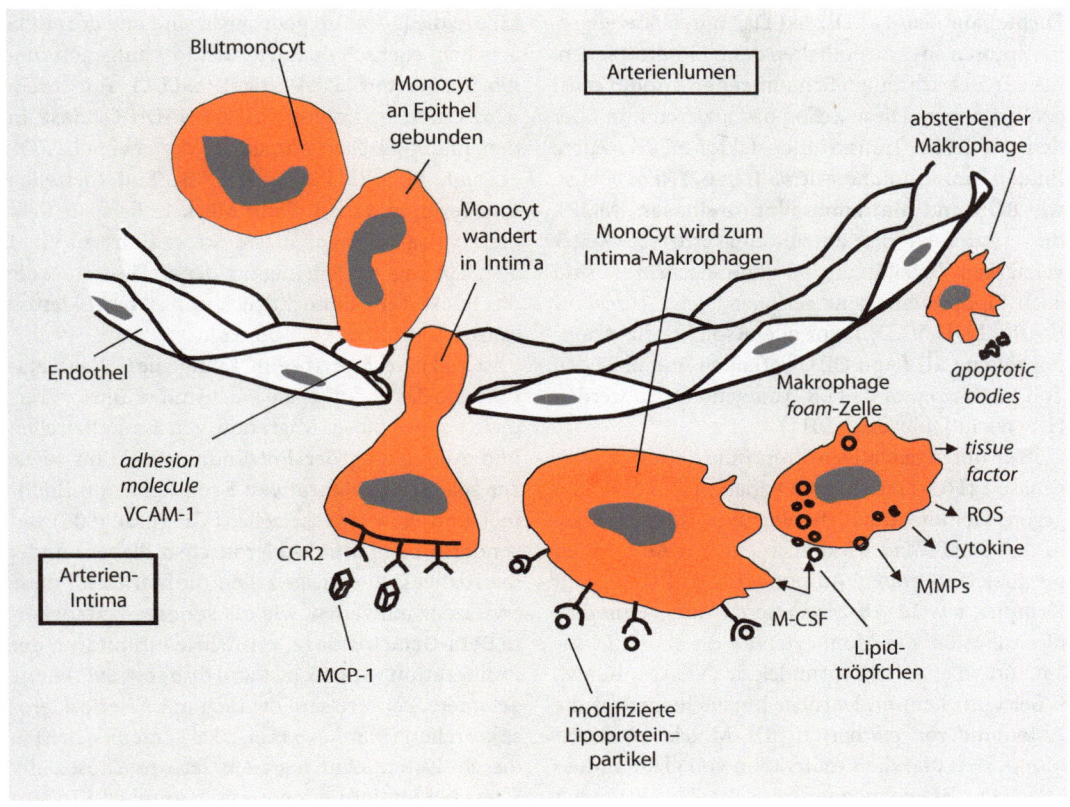

Abb. 6.5 Entwicklung von Arteriosklerose. Die Entwicklung ist von *links* nach *rechts* dargestellt. VCAM-1 *vascular adhesion molecule 1*, MCP-1 *monocyte chemoattractant protein 1*, CCR2 Monocytenrezeptoren, oxLDL *oxidiertes low density lipoprotein*, ROS reaktive Sauerstoffspezies, MMP Matrixmetalloproteinasen, M-CSF *macrophage-colony stimulating factor*, *tissue factor* (*TF*) Gewebsthromboplastin. (Nach Libby 2002, aus Rensing 2006)

einen Beitrag zu den Entzündungsprozessen im Gefäßsystem leisten (Netea et al. 2004).

6.3.2 Molekulare Mechanismen der Entzündung

Was die ersten Auslöser für die **Entzündungsprozesse in der Gefäßwand** sind, ist noch nicht ganz klar. Wesentlich ist offenbar eine Schädigung des Endothels über eine chronische Hypertonie sowie eine chronische Erhöhung von Stresshormonen wie Angiotensin II, das u. a. reaktive Sauerstoffspezies (ROS) in den Endothelzellen freisetzt. Die Schädigung der Endothelzellen ebenso wie die Stresshormone Adrenalin und Noradrenalin bewirken über eine Aktivierung des **Transkriptionsfaktors NF$_K$B**

eine erhöhte Synthese von **Zelladhäsionsmolekülen** (VCAM, E- und P-Selectine), die wiederum proinflammatorische Zellen wie Monocyten und T-Zellen binden.

Die gebundenen Monocyten und T-Zellen durchqueren das Endothel und wandern in die darunterliegende Schicht, die Intima (Abb. 6.5). Dort entsteht ein **chemotaktischer Gradient,** im Wesentlichen aus **MCP-1-Molekülen** (*monocyte chemoattractant protein 1*), die an einen Monocytenrezeptor binden und so die Transmigration verstärken. Die bei fortgeschrittenen entzündlichen Prozessen in der Intima produzierten Wachstumsfaktoren (M-CSF, GM-CSF) fördern die Proliferation der Monocyten, die sich dann zu Makrophagen differenzieren. **Makrophagen** nehmen modifizierte (z. B. oxidierte) Lipoproteinpartikel geringer

Dichte (*low density* LDL; oxLDL) durch Scavenger-Rezeptoren auf und enthalten dann Lipidtröpfchen, die zur Bezeichnung »**Schaumzellen**« (*foam cells*) geführt haben. Diese Zellen produzieren nun über den aktivierten Transkriptionsfaktor NFκB weitere Entzündungscytokine, wie **IL-1, IL-6, TNFα,** ebenso wie **ROS** und **Matrixmetalloproteinasen (MMP)**, die zusammen die Entzündungsprozesse weiter verstärken. Beteiligt am Entzündungsprozess sind auch Lipoproteine sehr geringer Dichte (*very low density* LDL, VLDL), vor allem solche, die Apolipoprotein CIII (Apo CIII) enthalten und über den Toll-like-Rezeptor 2 (TLR2) aufgenommen werden (Übersicht Libby et al. 2011).

Die durch oxidativen Stress induzierte Hämoxigenase 1 (HO-1) wirkt der Oxidation von LDL entgegen. Hemmend auf die entzündlichen Prozesse in der Gefäßwand wirkt auch ein von Adipocyten produziertes Protein: **Adiponectin**. Es bildet einen Komplex aus 12–18 Monomeren und verhindert die Adhäsion von Monocyten an die Endothelzellen, indem es Adhäsionsmoleküle (VCAM, ICAM, E-Selectin) hemmt. Darüber hinaus hemmt es die Aufnahme von oxidierten LDL-Molekülen durch Monocyten und die Proliferation von glatten Muskelzellen. Bezeichnenderweise ist bei Patienten mit Koronargefäßschäden der Adiponectingehalt im Vergleich zu Kontrollen erniedrigt (Fasshauer et al. 2004). Das ist vermutlich auf die durch Stress erhöhte Konzentration an Angiotensin II und die dadurch induzierte ROS-Produktion sowie auf eine Hemmung der NO-Synthese zurückzuführen (Hattori et al. 2005). Andere **Adipokine**, wie **Leptin** und **Resistin**, wirken im Gegensatz zu Adiponectin positiv auf die Arteriosklerose – was die Begünstigung von Arteriosklerose durch **Adipositas** und **Diabetes-Typ II** noch einmal verdeutlicht, weil diese Faktoren bei Adipositas vermehrt produziert werden. Auch regulatorische T-Zellen (T_{reg}) (▶ Kap. 7) und *transforming growth factor* β (TGFβ) unterdrücken die entzündlichen Prozesse.

In kausalem Zusammenhang mit den entzündlichen Prozessen, aber auch mit dem neuroendokrinen System steht der **oxidative Stress**, der durch die Produktion von reaktiven Sauerstoff- und Stickstoffspezies (ROS/RNS) charakterisiert ist. Er entsteht einerseits durch Makrophagen, die aufgrund der dort freigesetzten proinflammatorischen Cyto-

kine in die Intima eingedrungen sind und dort ROS abgeben, ebenso wie durch die dort aufgenommenen **oxidierten LDL-Partikel (oxLDL)**. Außerdem wird durch Angiotensin II die **NADH-Oxidase** in den Endothelzellen stimuliert, die ebenfalls ROS erzeugt. ROS/RNS schädigen die Endothelzellen und regen zunächst glatte Muskelzellen zur Proliferation an. Der oxidative Stress führt zu einer altersabhängigen Schädigung der Gefäßwände, die das Risiko für Bluthochdruck und Arteriosklerose drastisch verstärkt (◘ Abb. 6.6).

Oxidativer Stress beeinträchtigt die Gefäßdilatation und das endotheliale Wachstums, führt zu vermehrter Apoptose, Migration von Endothelzellen und Aktivierung der Entzündungsreaktion sowie zur späteren **proliferativen Seneszenz** von Endothel- und glatten Muskelzellen (Yung et al. 2006). Besonders in den arteriosklerotischen Plaques findet man daher glatte Muskelzellen, die Marker für diese Seneszenz aufweisen, wie die **seneszenzassoziierte Beta-Galactosidase**, vermehrte **Inhibitoren der Proliferation** wie p16, p21 und pRb sowie verkürzte Telomere. Letztere sind deutlich mit Arteriosklerose korreliert (Matthews et al. 2006). Interessant ist in diesem Zusammenhang auch, dass psychosozialer Stress bei Müttern mit chronisch kranken Kindern ebenfalls zu einer Erosion der Telomere – und damit zur proliferativen Seneszenz – beiträgt (Epel et al. 2004), was durch neue Studien zur Wirkung von psychischem Stress bestätigt wird (▶ Kap. 2). Daher sind der oxidative Stress und seine Prävention eines der zurzeit vielfach analysierten und diskutierten Themen der Behandlung von Herz-Kreislauf-Erkrankungen (Yung et al. 2006).

6.3.3   Calcifizierungsprozesse

Arteriosklerotische Calcifizierungsprozesse, gemeinhin als »**Arterienverkalkung**« bezeichnet, sind wahrscheinlich eher Folgen der weiter oben genannten Faktoren. Calcifizierungsprozesse sind durch Anreicherung vor allem von **Calciumphosphat** in der Intima, aber auch anderen Schichten der Gefäßwand, charakterisiert und resultieren aus einer Anzahl verschiedener Faktoren, wie modifiziertem LDL, oxidativem Stress, proinflammatorischen Cytokinen, anorganischem Phosphat, Calcium,

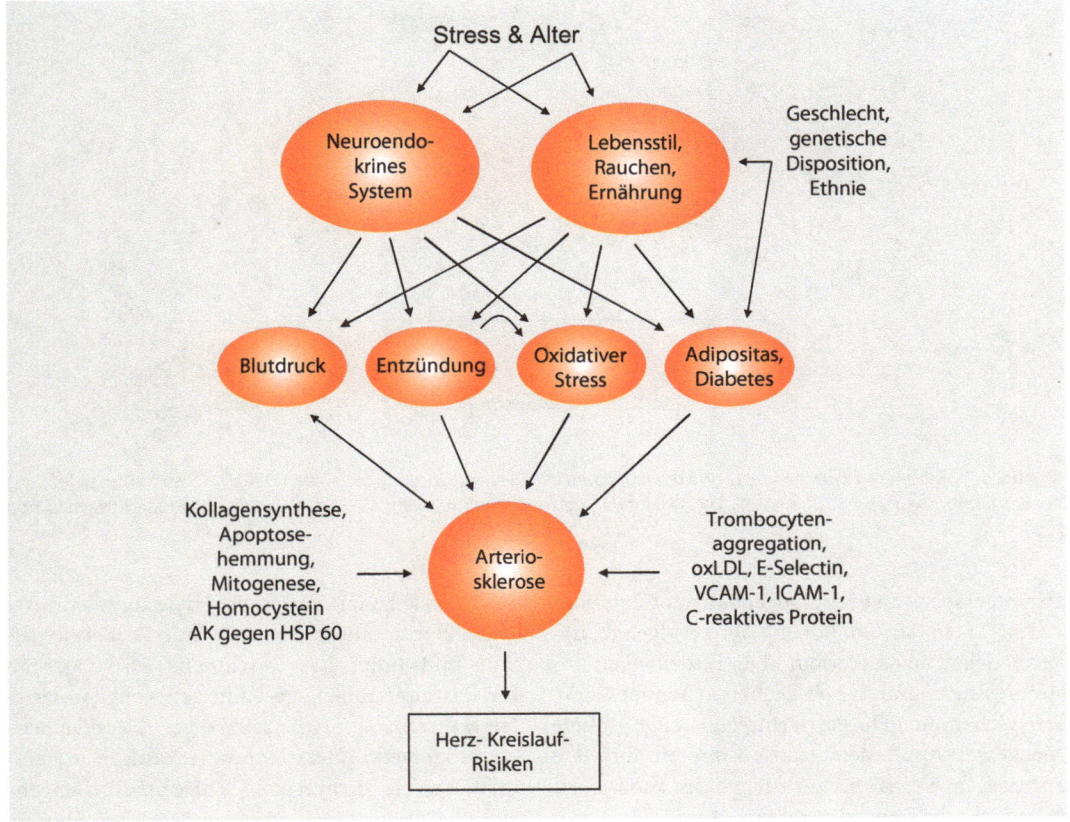

Abb. 6.6 Proarteriosklerotische Faktoren bei Stress und Alter, die beide das Neuroendokrine System, aber auch den Lebensstil stark beeinflussen. oxLDL *oxidiertes low density lipoprotein*, AK Antikörper, HSP60 Hitzeschockprotein 60, VCAM-1 *vascular adhesion molecule 1*, ICAM-1 *intercellular adhesion molecule* (aus Rensing 2006).

Vitamin D$_3$, Glucocortikoiden und apoptotischen Prozessen, während Pyrophosphat, Biphosphonate, Matrix-Gla-(γ-Carboxyglutaminsäure-)Proteine, Fetuin A, Osteopontin und Statine der Calcifizierung entgegenwirken (Mazzini und Schulze 2006). Die Calcifizierung scheint für das Aufreißen von Plaques und damit für die Entstehung von Thrombosen weniger wichtig zu sein als die Plaquegröße selbst, ihr Lipidgehalt und interne kleine Blutergüsse.

6.3.4 Low-density-Lipoproteine (LDL), Cholesterol

Einer der häufig diskutierten Arteriosklerosefaktoren ist die **Konzentration von LDL** im Blut. Inwie-

weit Stress die Konzentration von Cholesterol bzw. der assoziierten Lipoproteinpartikel, vor allem von VLDL (*very low-density lipoprotein*), IDL (*intermediate density lipoprotein*) und LDL-Partikeln, direkt oder indirekt beeinflusst, ist erst neuerdings klarer geworden. Eine prospektive Studie an über 10.000 Frauen und Männern ergab eine signifikante Erhöhung des sogenannten **metabolischen Syndroms** bei Angestellten unter chronischem Arbeitsstress (Chandola et al. 2006), ein Syndrom, das oft auch im Verlauf des Alterns (Arai et al. 2009) auftritt. Das metabolische Syndrom ist gekennzeichnet durch ein Cluster von mehreren cardiovasculären Risikofaktoren wie Bluthochdruck, erhöhter Konzentration von Entzündungsmarkern wie des C-reaktiven Proteins (CRP), endotheliale Dysfunktion,

6

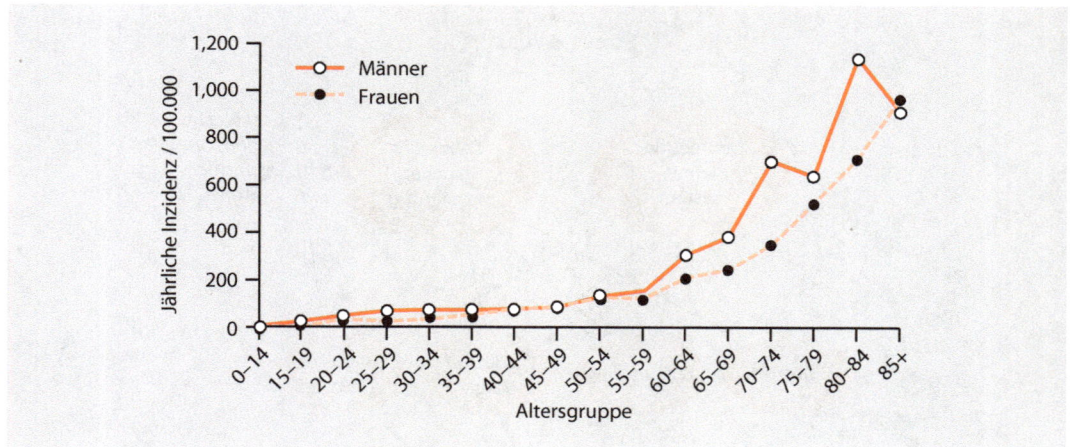

🔲 **Abb. 6.7** Beziehung zwischen Alter und der jährlichen Inzidenz von Thrombosen in den USA. Das Risiko einer tiefen Venenthrombose (*deep vein thrombosis*, DVT) steigt deutlich mit zunehmendem Alter bei Männern und Frauen. (Nach Esmon 2009)

erhöhter Gehalt an Plasminogenaktivator-Inhibitor 1 (PAI-1) (🔲 Tab. 6.1), hoher Triglyceridgehalt, höherer Gehalt an oxidiertem LDL, Fettleibigkeit, Insulinresistenz und Typ-II-Diabetes (Bonora 2005). Der Gehalt an LDL-Partikeln sowie eine größere Menge von **ApoB**, dem Transportprotein für diese Partikel, im Verhältnis zur Menge des antiarteriosklerotischen Transportproteins (**ApoA-1**), das in HDL-(*high-density lipoprotein-*)Partikeln zu finden ist, ist daher ein wichtiger Risikoindikator für Herz-Kreislauf-Erkrankungen (Walldius et al. 2006).

Weitere Faktoren, die die Arteriosklerose fördern können, hängen z. T. mit den schon genannten zusammen (🔲 Abb. 6.6): Thrombocytenaggregation, Apoptosehemmung, Mitogenese bzw. proliferative Seneszenz, Synthese von Zelladhäsionsmolekülen (VCAM, ICAM, E-Selectin), Antikörper (AK) gegen das Protein HSP60 sowie oxidiertes LDL (oxLDL). oxLDL erzeugt wiederum Superoxidradikale ($\cdot O_2$) über eine Aktivierung der NADPH-Oxidase und andere Wege und schädigt so die Endothelzellen durch **oxidativen Stress** (Galle et al. 2006). Die genannten Faktoren tragen zur Arteriosklerose und einer damit verbundenen Bildung von Plaques bei, Verdickungen der Arterienwand, bei deren Aufreißen sich Thromben und damit Gefäßverschlüsse bilden können (siehe auch Wilkerson und Sane 2010).

Altersabhängige arterielle Hypertonie und Arteriosklerose sind zusammen mit Diabetes mellitus und Adipositas wesentliche Risikofaktoren für das altersabhängige Auftreten von koronarer Herzerkrankung, Herzinsuffizienz, Herzklappenerkrankungen, Herzrhythmusstörungen, Herzinfarkt sowie Hirninfarkt (Schlaganfall), Lungenembolie, Lungeninfarkt und venösen Thrombosen. Da Bluthochdruck und Arteriosklerose vor allem die Hämostase, d. h. Blutgerinnungsprozesse beeinflussen, werden diese Störungen und Folgen in Form von Thrombusbildungen weiter unten ausführlicher dargestellt (▶ Abschn. 6.5), zumal sie für einen großen Teil der Morbidität und Mortalität der älteren Bevölkerung verantwortlich sind.

6.4   Erkrankungen

6.4.1   Venöse Thrombose/Embolie und Schlaganfall

Die Inzidenz einer venösen Thrombose nimmt deutlich mit dem Alter zu: Allgemein liegt sie jährlich bei 1–2 pro 1000 Personen, bei sehr alten Menschen bei etwa 1 pro 100 Personen. Risikofaktoren sind in der letztgenannten Gruppe vor allem **Immobilität**, **endotheliale Dysfunktionen** und **Krebs** (🔲 Abb. 6.7, Engbers et al. 2010; Rosendaal et al. 2007).

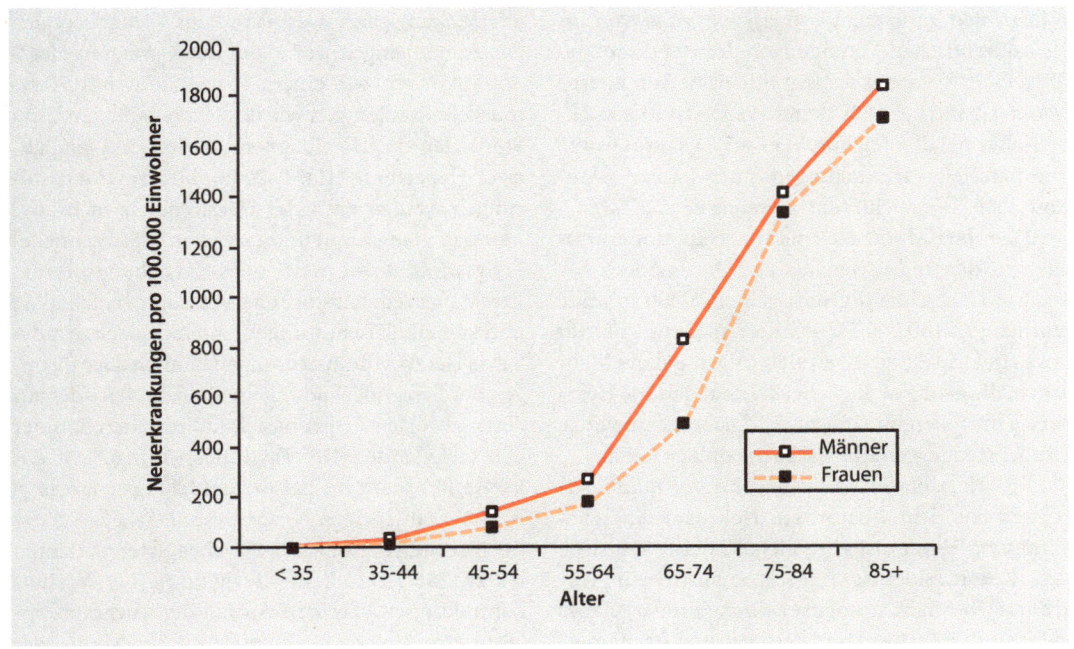

☐ Abb. 6.8 Schlaganfallinzidenz für Männer und Frauen je 100.000 Einwohner (Erlanger Schlaganfallregister 1994–2004). (Nach Kolominsky-Rabas et al. 2002)

Thrombose entsteht durch eine gestörte Balance zwischen prokoagulanten, antikoagulanten und fibrinolytischen Systemen – wozu auch genetisch verursachte Veränderungen gehören. Bei **Krebs** und **Krebstherapien** sollte auch ein **Thrombosetest** erfolgen, weil proinflammatorische Cytokine, die von Krebszellen über unterschiedliche Mechanismen freigesetzt werden, die Hämostase fördern.

▪ Schlaganfall

Unter diesem Begriff werden verschiedene Krankheitsbilder zusammengefasst: Etwa 80 % aller Schlaganfälle entstehen durch Verschluss oder **starke Verengung** eines **hirnversorgenden Gefäßes** (**Hirninfarkt**). Bei etwa 10–15 % der Schlaganfälle handelt es sich um ein **geplatztes Blutgefäß** im Gehirn (**Hirnblutung**) und in den Gehirnhäuten (5 %). Die Schlaganfallinzidenz (Anzahl der Neuerkrankungen in einer gesunden Bezugsbevölkerung innerhalb eines definierten Zeitraums) ist stark altersabhängig: Nach dem Erlanger Schlaganfallregister von 1994–2004 steigt sie bei 35–40-Jährigen von wenigen Neuerkrankungen pro 100.000

Menschen auf rund 1800 bei Männern und 1700 bei Frauen im Alter über 85 Jahren an (☐ Abb. 6.8). Die Entstehung des Hirninfarkts beruht auf der Entwicklung von Thromben – etwa durch Aufreißen von arteriosklerotischen Plaques, durch Transport von venösen Thromben (daher auch die Übereinstimmung der Inzidenzkurven!) oder durch Thromben, die mit dem Vorhofflimmern zusammenhängen (s. weiter unten). Da die Letalität von Schlaganfällen relativ hoch ist, sind vorbeugende Maßnahmen gegen die genannten Risikofaktoren und eine schnelle Thrombolyse nach Eintritt des Schlaganfalls bzw. eine Verringerung der Schäden durch O_2-Mangel von entscheidender Bedeutung (▶ Abschn. 6.6 und ▶ Kap. 12).

6.4.2 Koronare Herzerkrankungen, Herzinfarkt, Herzinsuffizienz

Koronare Herzerkrankungen werden durch **verminderte Durchblutung** und die damit einhergehende geringere Versorgung mit Sauerstoff und

Nährstoffen verursacht – meist aufgrund von arteriosklerotischen Verengungen der **Herzkranzgefäße**. Bei 43 % einer großen Stichrobe von älteren Männern und bei 41 % älterer Frauen (mittleres Lebensalter bei den Stichproben war 81 Jahre) waren koronare Herzerkrankungen nachweisbar (Aronow 2006, Übersicht: Marin-Garcia et al. 2008)

Der **Herzinfarkt** ist eine der Haupttodesursachen in den Industrienationen. Die Inzidenz beträgt in Deutschland/Österreich etwa 300 Infarkte jährlich pro 100.000 Einwohner. In Europa betrifft etwa ein Drittel (24–42 %) aller Infarkte ältere Menschen, die häufig an Begleiterkrankungen wie Herzversagen, Niereninsuffizienz, Diabetes mellitus, Lungenstauung und Linksschenkelblock leiden.

Ein Herzinfarkt (*acute myocardial infarction*) besteht aus dem **Absterben (Nekrose)** eines bestimmten **Herzmuskelbereichs**, meist aufgrund von Koronarsklerose mit thrombotischem Verschluss (Koronarthrombose) eines Koronargefäßes aufgrund einer **Durchblutungsstörung (Ischämie)** durch aufgerissene Plaques, auch als akut auftretende Komplikation bei chronischer koronarer Herzerkrankung. Ein Herzinfarkt tritt oft auf bei plötzlichen körperlichen oder psychischen Belastungen (Stress) infolge der Steigerung des Sauerstoffbedarfs des Herzmuskels und der dadurch bedingten Druckschwankungen in den Koronargefäßen. Etwa 40 % aller Infarkte ereignen sich in den frühen Morgenstunden (6–10 Uhr) – wahrscheinlich wegen der Druckänderungen beim Aufwachen und Aufstehen. Im EKG macht sich eine Koronarthrombose oft durch eine **Hebung der ST-Strecke** bemerkbar. 65–75 % der ST-Hebungsinfarkte kommen durch Aufreißen eines arteriosklerotischen Plaques zustande.

Herzinsuffizienz oder auch Herzschwäche (*heart failure, cardiac insufficiency)* ist eine unzureichende Funktion des Herzens oder einer der beiden Ventrikel. Ursachen sind u. a. ein Herzinfarkt, angeborene oder erworbene Herzfehler, Hypertonie, Herzrhythmusstörungen oder Myokarditis.

6.4.3   Herzrhythmusstörungen

Herzrhythmusstörungen treten ebenfalls altersabhängig häufiger auf, weil sie z. T. mit anderen altersabhängigen Herz-Kreislauf-Veränderungen zusammenhängen, vor allem mit koronaren Herzerkrankungen wie einem Herzinfarkt, mit Herzmuskelerkrankungen wie der Herzinsuffizienz, mit Störungen der Herzklappenfunktion und langjähriger Hypertonie (Hardt 2006). Herzrhythmusstörungen werden nach der Herzfrequenz in **bradykarde** (zu langsame) und **tachykarde** (zu schnelle) Frequenzen sowie nach dem Entstehungsort der Erregungsfrequenzstörungen in supraventrikuläre und ventrikuläre Störungen unterschieden. Bradykarde Herzrhythmusstörungen können aus Störungen der Erregungsbildung im Sinusknoten oder aus einer gestörten Erregungsleitung resultieren, unter den tachykarden Herzrhythmusstörungen ist das **Vorhofflimmern** die bei weitem häufigste Störung: Bei über 60-jährigen Personen sind etwa 2–5 % der Bevölkerung betroffen, bei hochbetagten Patienten bis zu 25 %. Durch die Arrhythmie der Vorhofkontraktionen bzw. den Ausfall der Vorhofpumpleistung kommt es zu einem deutlichen Verlust der Herzleistung (Herzinsuffizienz) und zu einem erhöhten Risiko einer Thrombenbildung und eines Schlaganfalls. Tachykarde ventrikuläre Störungen können Anzeichen eines drohenden Herzstillstandes sein.

■ **Vorhofflimmern (*atrial fibrillation*, AF)**
Chronisches **Vorhofflimmern** ist ein Risikofaktor für koronare Störungen und thromboembolischen Hirninfarkt bei älteren Personen. Vorhofflimmern nimmt mit dem Alter zu (16 % wurden bei älteren Männern, 13 % bei älteren Frauen mit einem mittleren Alter von 81 Jahren registriert, Aronow 2006). Auch in der Framingham Heart Study zeigte sich ein starker Anstieg des Hirninfarktrisikos mit zunehmendem Alter bei Patienten mit Vorhofflimmern (Benjamin et al. 1998). Vorhofflimmern erzeugt durch seine **veränderte Hämodynamik** im Vorhof ein höheres Risiko für die Entstehung von Thromben. Vorhofflimmern ist häufig mit *congestive heart failure* (CHF) gekoppelt, das wiederum mit einer strukturellen Veränderung (Fibrose, d. h. Vermehrung und Durchsetzung des Herzmuskels mit Bindegewebe) der Vorhöfe zusammenhängt, was die **Erregungsleitung** beeinträchtigt. Die genauen Mechanismen der Entstehung von **atrialer Fibrose** sind noch nicht bekannt. In Tiermodellen hat

sich Angiotensin II als wichtiger fördernder Faktor erwiesen, da ACE-Hemmer und AT-Rezeptorblocker die Fibrose verhinderten. Ebenso scheint TGFβ eine wesentliche fibrosestimulierende Rolle zu spielen (Everett und Olgin 2007).

Die Fibrose selbst ist vor allem auch in der Lungenvene zu erkennen, die in den linken Vorhof mündet: Es gibt dort myokardiale Bündel, die durch Binde- und Fettgewebe getrennt sind. Die Muskelbündel enthalten Zellen, die morphologisch Ähnlichkeiten mit Purkinje-Zellen haben und die bei der Erregungsleitung und der Vorhofarrhythmie eine Rolle spielen könnten (Chen et al. 2006).

Eine zu geringe Zahl von Erythrocyten (**Anämie**) ist ebenfalls eine Alterserscheinung, die etwa in 70 % der Fälle reversibel erscheint (Übersicht: Balducci et al. 2007)

6.5 Molekulare Mechanismen der Blutgerinnung (Hämostase) und Thrombolyse

Da die meisten und wichtigsten Risiken bei Herz-Kreislauf-Erkrankungen durch Thromben verursacht werden, deren Entstehung wiederum durch Bluthochdruck, Arteriosklerose und Entzündungsprozesse begünstigt wird, liegt der Schwerpunkt medizinischer Ansätze bei der Beeinflussung der Faktoren, die eine Thrombenbildung hemmen bzw. eingetretene Gefäßverschlüsse auflösen (Thrombolyse). Voraussetzung dafür sind genaue Kenntnisse der komplexen Wechselwirkungen zwischen den Faktoren, die die **Blutgerinnung (Hämostase)** regulieren (Übersicht: Esmon und Esmon 2011). Die Blutgerinnung und Thrombusbildung wird normalerweise nur bei Verletzungen des Gefäßsystems lokal ausgelöst und maximal verstärkt, um dadurch eine Abdichtung eines Gefäßlecks zu erzielen. Danach müssen alle weiteren Gerinnungsprozesse gestoppt werden, um den normalen Blutfluss nicht zu behindern und eine systemische Gerinnung zu vermeiden. Während der Heilung der Verletzung wird der Thrombus abgebaut. Wie so oft bei komplexen Regelsystemen sind die Kenntnisse der molekularen Mechanismen noch begrenzt und in der gebotenen Kürze hier nicht vollständig darstellbar. Trotzdem sollen in stark vereinfachter Form die

Thrombogenese sowie die Wirkungsweise von antithrombotischen und thrombolytischen Substanzen diskutiert werden (◘ Abb. 6.9). Dabei ist die Erkenntnis wichtig, dass Alter, Krebs, Entzündungsprozesse und Thrombose eng miteinander zusammenhängen (Wade et al. 2002).

6.5.1 Hämostase

Grob kann man die Hämostase in eine **plasmatische** und eine **zelluläre Hämostase** unterteilen, die sich in ihren Mechanismen allerdings überlappen: Die plasmatische Hämostase beinhaltet wesentlich Proteinwechselwirkungen, die entweder von Gewebsverletzungen ausgehen (**extrinsische** oder **exogene Aktivierung**) oder von Endothelschäden und dem Kollagenkontakt von prothrombotischen Komponenten in den Gefäßen (**intrinsische** oder **endogene Aktivierung**); in beiden Fällen führen sie zur **Aktivierung von Thrombin** und der anschließenden **Vernetzung von Fibrin**. Bei der zellulären Hämostase geht es um die Aktivierung von Thrombocyten und deren Aggregation, wobei von den Thrombocyten wesentliche Signale auch für die plasmatische Hämostase ausgehen und umgekehrt.

6.5.1.1 Extrinsische Hämostase

Entzündung oder Verletzung aktivieren einen sonst in seiner inaktiven Form geschützten Faktor (*tissue factor*, TF), ein integrales Plasmamembran-Glykoprotein, das in vielen Geweben exprimiert wird (◘ Abb. 6.9a, Shantsila und Lip 2009). TF bindet den Faktor VII und aktiviert ihn damit ebenfalls (FVIIa). Dieser Komplex kann sowohl den Faktor IX (FIX) als auch den Faktor X (FX) aktivieren. Wenn die Aktivierung FX erreicht hat, wird danach der Weg schnell wieder durch den *tissue factor pathway inhibitor* (TFPI) gehemmt, der drei inhibitorische Domänen für proteolytische Enzyme aufweist (K1-K3). Wenn FIX aktiviert worden ist, bildet es einen Komplex mit Faktor VIIIa (FVIIIa) auf Membranoberflächen, die zum Teil aus negativ geladenen Phospholipiden (z. B. Phosphatidylserin) bestehen. Eine solche Membran spielt auch beim Komplex FXa + FVa eine wichtige Rolle. Dabei ist Ca^{++} wesentlich involviert – weswegen z. B. durch Ca^{2+}-Chelatierung über Citrat

6

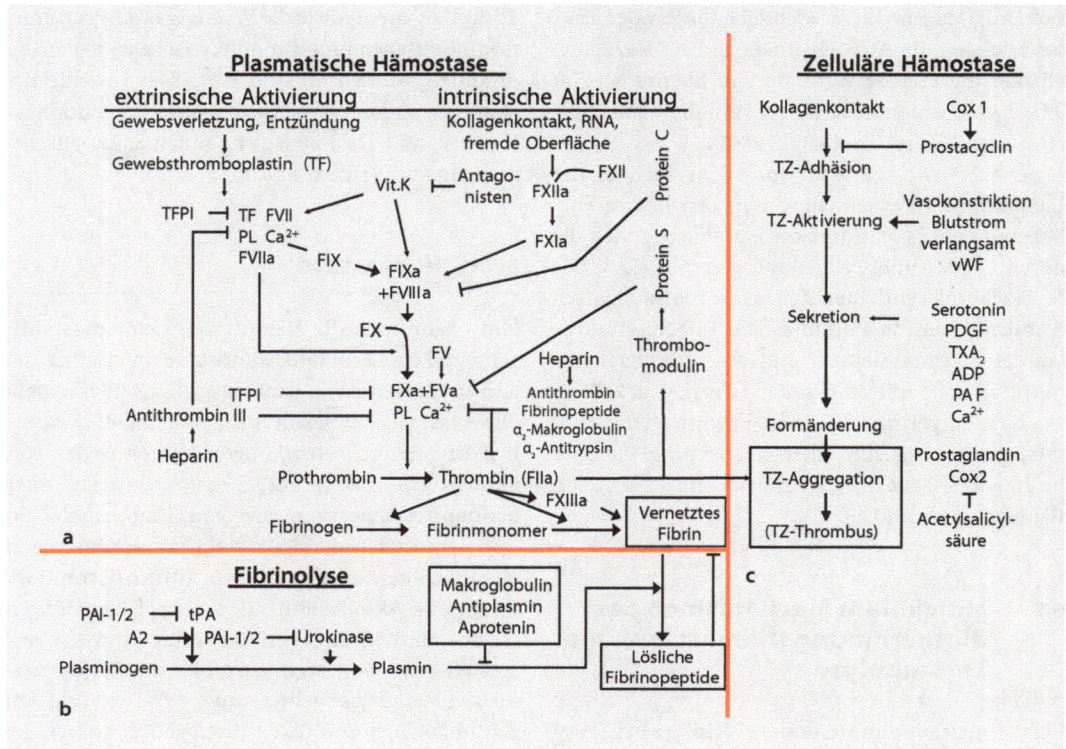

Abb. 6.9 Hämostase und Fibrinolyse. **a** Plasmatische Hämostase, **b** zelluläre Hämostase, **c** Fibrinolyse und die Wirkung von antikoagulanten und thrombolytischen Substanzen

die Blutgerinnung verhindert wird. Der Komplex FIXa-FVIIIa kann durch Antithrombin (+ Heparin) oder durch aktiviertes Protein C gehemmt werden. In seiner aktivierten Form wandelt er FX in den Faktor FXa um, der mit FVa auf einer Membran mit Ca^{2+} komplexiert und dann Prothrombin zu Thrombin aktiviert. Um das zu erreichen, müssen Faktor V (FV) und Faktor VIII aktiviert werden, was durch Thrombin in einer positiven Rückkopplung (Verstärkung) geschieht. FVa kann durch aktiviertes Protein C gehemmt werden. Als Komplex auf der Membran sind sie teilweise vor der Hemmung geschützt. Thrombin kann auch ohne Membrankontakt Fibrinogen in Fibrin und ein Fibringeflecht umwandeln und Thrombocyten aktivieren, die dann einen Pfropfen bilden und das Endothel stimulieren, Adhäsionsmoleküle zu exprimieren und die Barrierefunktion aufzugeben. Thrombin aktiviert außerdem den Faktor XIII, der das Fibringeflecht stabilisiert. Thrombin bewirkt andererseits

über die Bindung an Thrombomodulin eine Aktivierung von Protein C und S, die negativ auf die Komplexe IXa + VIIIa und Xa + Va zurückwirken (negative Rückkopplung).

6.5.1.2   Intrinsische Hämostase
Sie spielt eine besonders wichtige Rolle bei der Thrombenbildung aufgrund von Hochdruck und Arteriosklerose. Dabei sind es vor allem Kontakte von Gerinnungsfaktoren mit altersbedingt exponiertem Kollagen in den Gefäßwänden, die die endogene Gerinnungskaskade induzieren (**Abb. 6.9a**). Sie kann auch durch RNA, fremde (z. B. bakterielle) Oberflächen und geschädigtes Endothel ausgelöst werden. Wenn RNA ins Blut gelangt, bietet sie eine Oberfläche, auf der Faktor XII aktiviert wird (FXIIa), der wiederum die Koagulation in Gang setzt. Faktor XIIa oder Thrombin (über positives Feedback) aktivieren Faktor XI zu XIa, der wiederum FIX und die oben beschriebe-

nen Gerinnungsketten stimuliert. Solche positiven Rückkopplungen sorgen für eine »Alles-oder-Nichts«-Reaktion der Gerinnung und Thrombusbildung, die bei Gefäßschäden wichtig sind, die aber bei endogenen Thrombusbildungen gefährlich werden können. Eine Anzahl der erwähnten Gerinnungsfaktoren benötigt Vitamin K zur Aktivierung, sodass Vitamin-K-Antagonisten hemmend auf die Gerinnung wirken (◘ Abb. 6.13)

6.5.1.3 Zelluläre Hämostase

Sie besteht wesentlich aus der gegenseitigen Bindung von Thrombocyten (TC) – aber auch von Neutrophilen und Monocyten. Ausgangspunkt der zellulären Thromben sind Verletzungen oder altersbedingte Endothelschäden, die Kollagenfasern freilegen, an die TC unter Mithilfe des von Willebrand-Faktors (vWF) und seiner Bindung an das Glykoprotein GPIbα auf der TC-Membran andocken (Adhäsion) (◘ Abb. 6.9b). Ebenso kann eine Bindung von GPIbα an P-Selectin auf der Membran von aktivierten Endothelzellen erfolgen. Eine Bindung an geschädigte Gefäßwände (Kollagen) verläuft über ein weiteres Glykoprotein (GPVI). Durch die Adhäsion und andere Faktoren wird die Aktivierung der TC ausgelöst. Die TC sezernieren daraufhin Moleküle, die die weitere Adhäsion und das Wachstum fördern und vasokonstriktorisch wirken: Serotonin, PDGF (*platelet-derived growth factor*), Thromboxan A2 (TXA2) sowie Faktoren, die weitere TC anlocken und aktivieren (ADP, TXA2, PAF (*platelet-activating factor*)) und im Sinne einer positiven Rückkopplung wirken. Die Aggregation von TC wird u. a. durch Thrombin gefördert und durch Glykoprotein GPIIb/PIIIa stabilisiert, das die TC-Koagulation über die Bindung von Fibrinogen verstärkt. Auch die Anhaftung von TC an subendotheliales Fibronectin wird durch diese Bindung gefördert. Der TC-Thrombus wird außerdem durch Interaktion mit einer Reihe von Gerinnungsfaktoren im Blut beeinflusst wie z. B. durch Va, Xa, Prothrombin, Thrombomodulin, aktiviertes Protein C (APC), das u. a. an Protein G oder endotheliale Rezeptoren (EPCR) bindet (hier nicht dargestellt, Übersicht: Esmon und Esmon 2011; Stoll et al. 2008; Munnix et al. 2009).

Auch mithilfe einer Neustrukturierung aggregieren die TC. Das wird durch Thrombin gefördert und durch das Glykoprotein GPIIb/IIIa dadurch stabilisiert, dass GPIIb/IIIa durch Bindung von **Fibrinogen** die TC miteinander vernetzt (◘ Abb. 6.10, Stoll et al. 2008; Munnix et al. 2009).

Hemmend auf die Adhäsion wirkt **Prostacyclin**, das daher auch therapeutisch eingesetzt wird – ebenso wie **Acetylsalicylsäure (Aspirin)**, die Cox 2 und damit die Synthese von TXA_2 hemmt (◘ Abb. 6.10). Die Einnahme von Aspirin ist daher eine wirksame Vorbeugetherapie gegen zelluläre Hämostase. Auch andere Substanzen wie **ADP-Rezeptorantagonisten** oder **Glykoprotein IIb/IIIa-Rezeptorantagonisten** werden vorbeugend eingesetzt.

Die Veränderungen der **Cyclooxigenasen 1 und 2 (Cox 1, 2)**, die sich invers zueinander verschieben, sind in ihren Auswirkungen auf die Funktion des Endothels noch nicht ganz klar. Die Cyclooxigenasen katalysieren die Synthese von Prostaglandinen aus Arachidonsäure (AA), wobei Cox 1 u. a. eine AA-induzierte Gefäßerweiterung vermittelt, während Cox 2 bei systemischen Entzündungsprozessen durch inflammatorische Mediatoren induziert wird und u. a. antithrombotische Prostaglandine produziert (Hong et al. 2008). Cox 2 synthetisiert jedoch auch das **prothrombotische Thromboxan A2** in Thrombocyten (Blutplättchen) und die Kontraktion der glatten Gefäßmuskulatur.

6.5.2 Thrombo-/Fibrinolyse, Gerinnungshemmung

Bei eingetretenen Thrombosen oder noch mehr bei thromboembolischen Schlaganfällen und Herzinfarkten ist eine schnelle Thrombo-/Fibrinolyse von entscheidender Bedeutung. Für die Fibrinolyse sorgt das **Plasmin**, das aus **Plasminogen** produziert wird (◘ Abb. 6.9c). Plasmin – eine Protease – spaltet vernetztes Fibrin in lösliche Fibrinpeptide. Die Bildung von Plasmin wird durch verschiedene Faktoren – im Blut durch **Plasma-Kallikrein**, im Gewebe und Endothel durch **Gewebs(*tissue*)-Plasminogenaktivator (tPA)** – sowie durch **Annexin A2** und durch den **Urokinase-Typ-Plasminogenaktivator (uPA)** gefördert. Diese Faktoren werden daher auch therapeutisch genutzt, wenn ein frischer Thrombus aufgelöst werden soll. Die dabei entstehenden Fi-

6

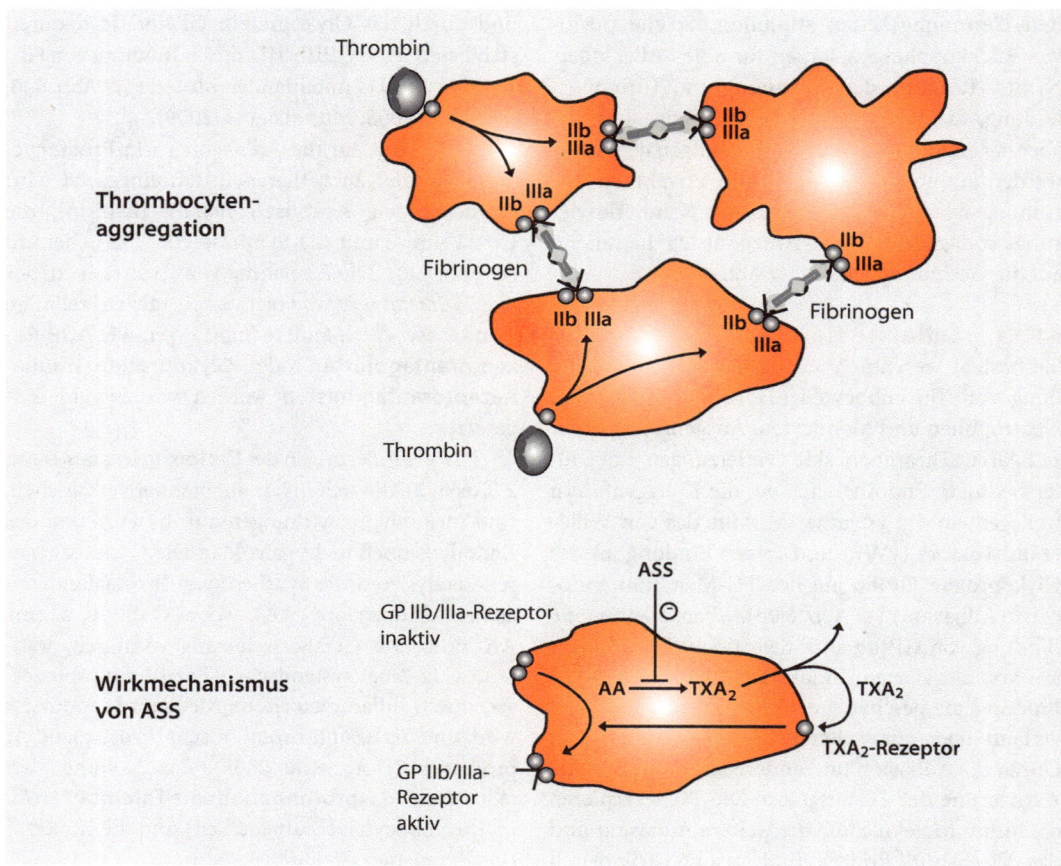

Abb. 6.10 Thrombocytenvernetzung durch den GPIIb/IIIa-Rezeptor und deren Vernetzung durch Fibrinogen sowie die hemmende Wirkung von Aspirin (ASS) auf die TXA_2-Bildung. TXA_2 stimuliert den GPIIb/IIIa-Rezeptor. Dieser Rezeptor wird auch durch Thrombin aktiviert. (Nach Haas 2004)

brinspaltprodukte (Fibrinopeptide) hemmen die Thrombinbildung und Fibrinpolymerisierung, sodass hier eine positive Rückkopplung im Hinblick auf die Fibrinolyse entsteht. Eine überschießende Fibrinolyse wird physiologisch z. B. durch α_2-**Antiplasmin** verhindert. Therapeutisch kann das u. a. durch Tranexamsäure erreicht werden.

Bei der vermehrten Entstehung von Thrombosen und Arteriosklerosen ist die altersabhängige – und stressinduzierbare – Zunahme des Plasminogenaktivator-Inhibitors 1 und 2 (PAI-1 und -2) von großer Bedeutung – zumal antikoagulante Faktoren wie Protein C, Protein S, Antithrombin, *tissue factor pathway inhibitor* (TFPI) nicht zunehmen. PAI-1 und -2 sind spezifische Inhibitoren sowohl des Gewebsplasminogenaktivators (t-PA) wie des Urokinase-Plasminogenaktivators (u-PA). PAI-1 und -2 werden in aktivierten oder verletzten Endothelzellen und glatten Muskelzellen gebildet und besonders von aktivierten Thrombocyten sezerniert (Cesari et al. 2010). Die PAI-1-Expression wird stimuliert durch Endotoxin und Thrombin, durch Entzündungscytokine wie IL-1β, IL-6, TNFα, TGFβ, Insulin, Dexamethason, PDGF, bFGF, Lipoprotein A und Angiotensin II, ebenso durch oxidativen Stress, beispielsweise auch im Alter (□ Abb. 6.11, Yamamoto et al. 2005). Beim *restraint stress*-Modell der Maus hat sich PAI-1 als Hauptstressprotein erwiesen – am meisten in Fettgewebe, das auch als eine der Hauptquellen für PAI-1 gilt. Es

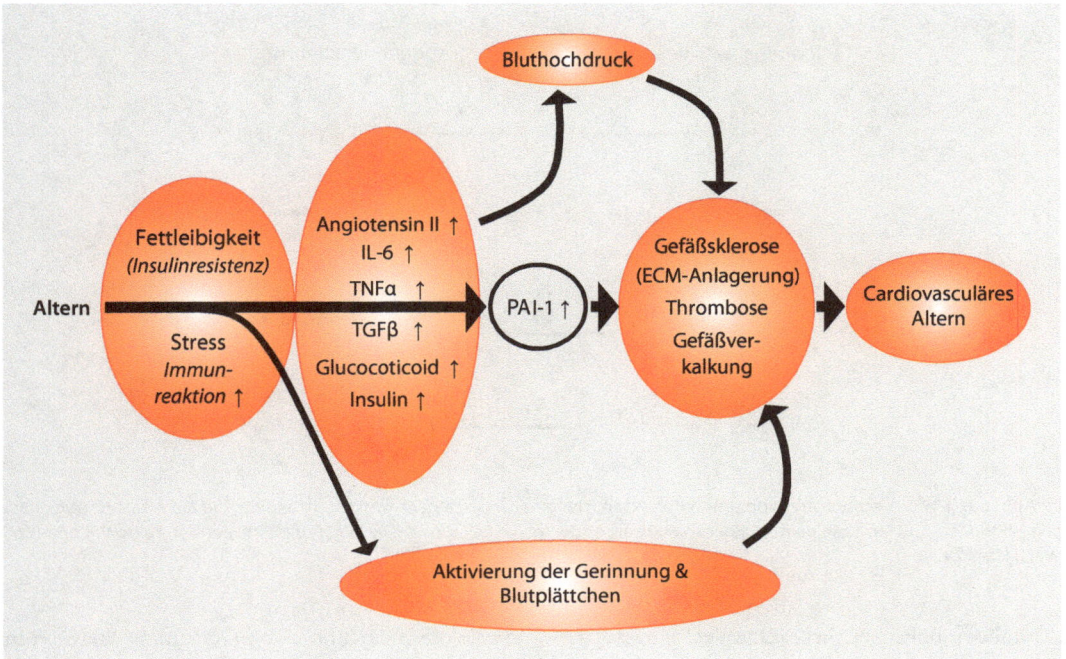

Abb. 6.11 Schlüsselrolle des Plasminogenaktivator-Inhibitors (PAI-1) für cardiovasculäres Altern. Alter, Adipositas und Stress wirken über die Erhöhung mehrerer aktivierender Faktoren positiv auf die Expression von PAI-1. Zusammen mit Bluthochdruck und aktivierten Gerinnungsmechanismen führt das zu Arteriosklerose, Thrombose und vasculärer Sklerose. (Nach Yamamoto et al. 2005)

wird als ein wichtiger Marker für cardiovasculäre Risiken angesehen.

Negativ auf die Fibrinolyse wirken außerdem das α_2-Antiplasmin, aber auch der allgemeine Proteaseinhibitor α_2-Makroglobulin.

6.5.2.1 Antikoagulantien

Antikoagulantien hemmen die Fibrinbildung in der plasmatischen Gerinnungsphase (Empfehlungen zur Anwendung dieser Antikoagulantien siehe Shanmugasundaram und Alper 2009). Man unterscheidet direkte Antikoagulantien mit unmittelbarer Hemmung eines Gerinnungsfaktors und indirekte Antikoagulantien, die ihre Wirkung über Cofaktoren oder Synthesehemmer verschiedener Gerinnungsfaktoren entfalten.

Unfraktioniertes Heparin (UFH) ist ein sulfatiertes Glykosaminoglykan – ein komplexes Polymer aus Monosaccharid-Derivaten (Glucuronsäure, Glucosamin), das in der Regel aus Schweinedarmmucosa gewonnen wird. Dabei entspricht 1 mg UFH mit einer Molekularmasse von 15 kDa 100–150 IE. Alle Heparine müssen intravenös oder subcutan appliziert werden. Die gerinnungshemmende Wirkung von Heparin beruht auf seiner Fähigkeit, über die polyanionische Struktur **Komplexe mit Proteinen** wie z. B. **Antithrombin (AT)** zu bilden.

Während AT allein nur langsam an Thrombin bindet und es dadurch hemmt, ergibt die Bindung von Heparin an AT einen »**Sofortinhibitions-Komplex**«, der eine 1000–2000-fach gesteigerte Affinität zum Thrombin aufweist (Abb. 6.12). In ähnlichem Ausmaß beschleunigt Heparin auch die Reaktion von AT mit dem Gerinnungsfaktor Xa. Darüber hinaus bewirkt Heparin in der exogenen Gerinnungskaskade eine **Freisetzung** des *tissue factor pathway inhibitor* (TFPI) aus dem Endothel, wodurch die Faktor-VII-induzierte Aktivierung von Faktor X gehemmt wird (Abb. 6.9). Auch ein sogenannter Heparinfaktor II, der Thrombin hemmt, wird durch Heparin verstärkt. UFH wird wie alle Heparine vor allem zur Prophylaxe und Therapie

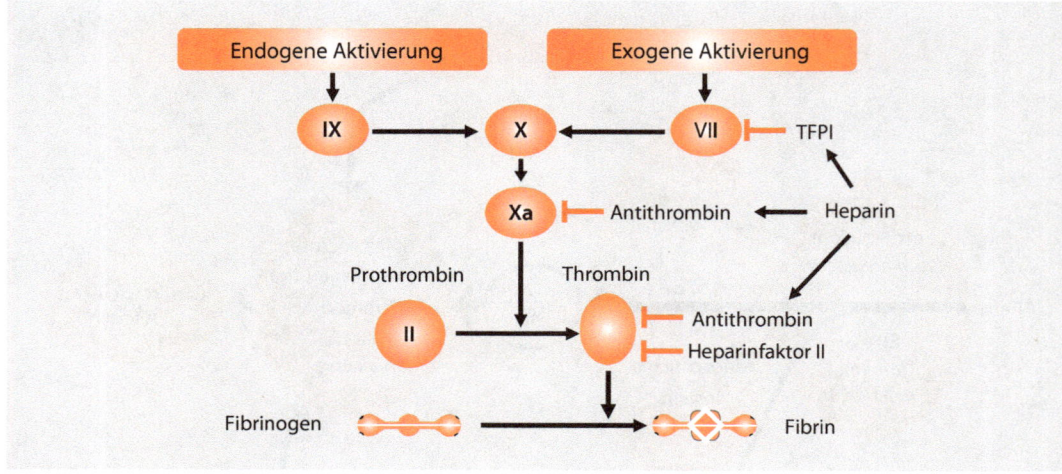

Abb. 6.12   Wirkmechanismus von unfraktioniertem Heparin (UFH). Heparin wirkt stark aktivierend auf Antithrombin, das den Faktor Xa und Thrombin hemmt. Ebenso aktiviert es den *tissue factor pathway inhibitor* (TFPI), der den Faktor VII hemmt. (Nach Haas 2004)

thromboembolischer Erkrankungen eingesetzt – ebenso bei akutem Koronarsyndrom und akutem Myocardinfarkt. Als Nebenwirkungen treten am häufigsten dosisabhängig Blutungen oder eine zu starke Verringerung der Thrombocytenzahl auf.

Niedermolekulare Heparine (NMH, MG 4–8 kDa) werden durch chemische oder enzymatische Spaltung aus unfraktioniertem Heparin gewonnen und unter verschiedenen Benennungen (XY-parin) verfügbar. Sie haben im Prinzip die gleichen Wirkungen wie das unfraktionierte Heparin, aber einige positive Eigenschaften hinsichtlich der Nebenwirkungen, der Halbwertszeit u. a. (Haas 2004).

▪ Direkte Antikoagulantien

Ein direkter Thrombininhibitor ist das Hirudin, ein Polypeptid (MG 7 kDa), das ursprünglich aus dem Speichel des Blutegels (*Hirudo medicinalis*) gewonnen wurde, jetzt aber gentechnisch hergestellt wird. Heute gibt es weitere direkte Thrombininhibitoren (z. B. Hirulog, Argatroban, Melagatran u. a.) (Sasahara and Loscalzo 2003).

6.5.2.2   Vitamin-K-Antagonisten

Vitamin-K-Antagonisten werden oft als Gerinnungshemmer bei längeren Therapien verordnet. Sie werden auch als **Syntheseblocker** bezeichnet,

da sie die Biosynthese von Gerinnungsfaktoren in der Leber hemmen (**Abb. 6.13**). Wichtige Wirkstoffgruppen hierfür sind die Cumarine wie **Warfarin, Dicumarol, Marcumar**, die die Phyllochinon-Reduktase in der Leber hemmen. Dieses Enzym regeneriert die Hydrochinonform des Vitamin K_1, die als Cofaktor an der Carboxylierung der Gerinnungsfaktoren II (Prothrombin), VII, IX und X sowie der antikoagulatorischen Proteine C und S beteiligt ist. Durch die negativ geladenen Carboxylgruppen können die Faktoren Ca^{2+} binden, was wiederum die Voraussetzung zur Komplexbildung mit Phospholipiden ist.

Bei der Wirkung der Vitamin-K-Antagonisten muss man den verzögerten Wirkungseintritt und das verzögerte Ende der Wirkung ebenso berücksichtigen wie eine genaue Dosierung zur Einhaltung des INR (*international normalized ratio*) oder **Quick-Wertes** der Gerinnung. Vitamin-K-Antagonisten werden z. B. bei der Prophylaxe und Behandlung venöser Thrombosen, bei Einsatz von künstlichen Herzklappen oder zur Schlaganfallprophylaxe bei chronischem Vorhofflimmern eingesetzt. Unerwünschte Nebenwirkungen sind Blutungen, insbesondere im ZNS.

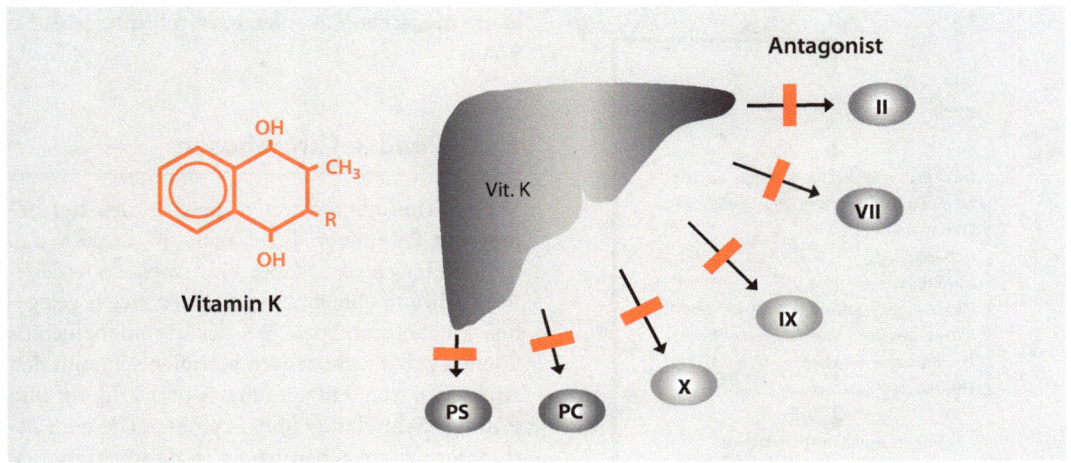

Abb. 6.13 Vitamin-K-abhängige Gerinnungsfaktoren. X, IX, VII und II sind Gerinnungsfaktoren, die in der Leber mithilfe von u. a. Vitamin K (Struktur links) synthetisiert werden. *PS* Protein S, *PC* Protein C. (Nach Haas 2004)

6.5.2.3 Aggregationshemmer

Thrombocyten-Aggregationshemmer unterdrücken die **Aggregation der Thrombocyten** in der zellulären Hämostase. Ein oft verwendeter Aggregationshemmer ist die **Acetylsalicylsäure (ASS, Aspirin)**. ASS bindet kovalent an COX 1 und hemmt das Enzym irreversibel – wodurch sowohl die TXA$_2$- (Abb. 6.10), aber auch die PGI$_2$-Produktion gehemmt wird. Während nach ASS-Gabe COX 1 und damit TXA$_2$ in den kurzlebigen Thrombocyten nicht schnell nachgebildet werden kann, erholen sich die Endothelzellen rasch, wodurch das Prostaglandinverhältnis sich in Richtung auf PGI$_2$ verschiebt und so die Aggregation verringert wird. ASS wird in vielen Fällen z. B. in der Rezidivprophylaxe eingesetzt. Für die Therapie des akuten Koronarsyndroms wird ASS zunehmend durch **Inhibitoren des thrombocytären Glykoprotein IIb/IIIa-Rezeptors** ergänzt. Die GP IIb/IIIa-Rezeptoren können direkt durch Rezeptorantagonisten blockiert werden: **Abciximab** z. B. ist ein solcher monoklonaler Maus-Antikörper, dessen schwere Kette durch das humane Korrelat ersetzt wurde. Dieser und andere Inhibitoren binden an den Rezeptor und verhindern damit die Bindung des Rezeptors an **Fibrinogen** und hemmen somit die **Aggregation** (Abb. 6.10). Eine weitere Möglichkeit, die Aktivierung des GP IIb/IIIa-Rezeptors zu verhindern, bietet **Clopidogrel.** Ein aktiver Metabolit dieser Substanz bindet irreversibel an Adenosindiphosphat(ADP)-Rezeptoren auf den Thrombocyten und verhindert dadurch die ADP-induzierte Aktivierung des Rezeptors.

6.5.3 Wirkungen von Entzündung, Krebs und Alter auf die Hämostase

Entzündungen bzw. deren systemische Verbreitung sowie auch Altern erhöhen im Endothel und in Monocyten die Produktion von proinflammatorischen Cytokinen wie z. B. IL-1β, IL-6 und TNFα (Abb. 6.14). Auch Krebs kann die Konzentration dieser Cytokine über noch nicht genau bekannte Mechanismen steigern. Diese stimulieren Koagulationskomponenten wie TF, Fibrinogen und Membrankoagulationsfaktoren wie Phospholipide (PL). Sie hemmen auf der anderen Seite Thrombomodulin und heparinähnliche Moleküle in den Gefäßen. α$_2$-Antiplasmin (α$_2$-PI) wird hochreguliert, ebenso werden dies die Plasminogenaktivator-Inhibitoren 1 und 2 (PAI-1 und -2), sodass die Antikoagulantien und die Fibrinolyse gedämpft werden (Xu et al. 2010). Diese dadurch erzeugte **Hyperkoagulationsbereitschaft** kann zu **Fibrinbildung**

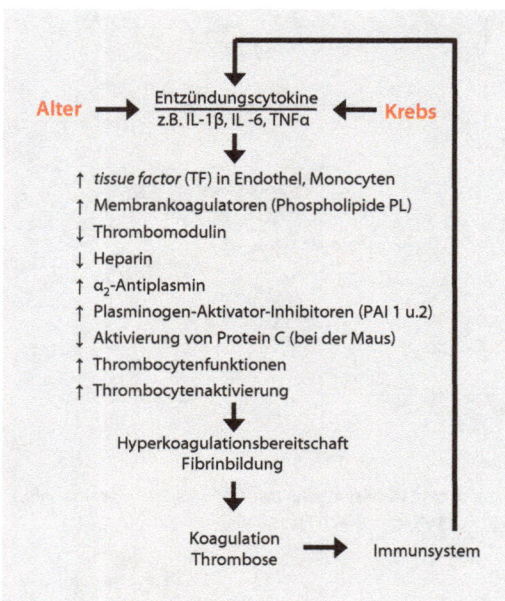

Abb. 6.14 Erhöhung der Thrombosegefahr durch Altern und Krebs über Entzündungscytokine und andere Faktoren. Zur Aktivierung des adaptiven Immunsystems durch Koagulationsprozesse siehe Qu und Chaikoff 2010. *IL-1β* Interleukin 1β, *IL-6* Interleukin 6, *TNFα* Tumornekrosefaktor α. (Nach Chu 2006; Xu 2010; Levi 2010)

und **Thrombose** führen. Dabei werden wiederum Entzündungsprozesse über die aktivierten Faktoren VIIa, Xa und IIa aktiviert – was die zelluläre Thrombogenese und die TF-Aktivierung verstärkt (Chu 2006; Levi 2010; Qu und Chaikoff 2010). Diese Prozesse tragen zu einer Reihe von Herz-Kreislauf-Problemen bei.

6.6 Medizinische Aspekte

Wir können hier nicht im Einzelnen auf die zahlreichen diagnostischen Verfahren, vorbeugenden Maßnahmen und therapeutischen Ansätze eingehen, die zurzeit bei Schlaganfällen oder koronaren Erkrankungen angewandt oder entwickelt werden. Bei diesen verschiedenen Verfahren sind immer auch die besonderen Bedingungen (Komorbiditäten) von älteren Patienten zu beachten (Hansen 2007). Wir führen daher nur einige wichtige Punkte auf, die Medizinern allgemein vertraut sind, für

ältere Menschen/Patienten aber von Interesse sein können.

6.6.1 Venöse Thrombosen

Venöse Thrombosen treten meist in den **tief gelegenen Beinvenen** oder auch im **Becken** auf. Man unterscheidet dabei eine mehr oberflächliche Thrombophlebitis von einer tiefer gelegenen Phlebothrombosis. Bei der Thrombophlebitis können z. B. **Krampfadern** betroffen sein, mit den Anzeichen von Entzündung, Überwärmung und Rötung, Schwellung und Schmerz. Die Phlebothrombosen entstehen häufig in den **Wadenmuskelvenen** und beeinträchtigen oft die Funktion der Venenklappen. Bemerkbar macht sich diese Form u. a. durch Schwellungen/Ödeme und ebenfalls durch Schmerzen. Gefährlich werden venöse Thrombosen vor allem durch Ausschwemmung des Thrombus und dadurch verursachte **Embolien**, wie z. B. **Lungenembolie**. Venöse Thrombosen sind oft auch ein Hinweis auf einen Tumor im Organismus. Als Risikofaktoren gelten Übergewicht, Rauchen, Krampfaderleiden, Vorhofflimmern, Antithrombin-III-Mangel, APC-Resistenz (»Faktor-V-Leiden-Mutation«), Protein-C- und Protein-S-Mangel. Diagnostische Verfahren sind Dopplersonographie (Ultraschall) und Kontrastmitteldarstellung des Venensystems sowie die Bestimmung/Messung der **D-Dimere** (durch Abbau von Thromben) im Blut.

Als Therapieansätze stehen zur Verfügung:
- medikamentöse Auflösung des Thrombus bzw. Verhinderung des weiteren Wachstums, meist durch **niedermolekulare Heparine**. Bei thrombolytischen Medikamenten (z. B. **Vitamin-K-Antagonisten**) besteht ein deutliches Risiko von Blutungen,
- chirurgische Entfernung des Thrombus (**Thrombektomie**),
- Überbrückung durch einen chirurgischen Umgehungskreislauf. Zur Vorbeugung werden oft Kompressionsstrümpfe verwandt bzw. ein Gerinnungshemmer (z. B. **Marcumar** oder neuere Therapeutika) empfohlen (▸ auch Richtlinien: www.tellmed.ch/…/GTH-Aktuelle_Richtlinienfuer_die_venoese_Thromboprophylaxe.php).

6.6.2 Schlaganfall

- **Akute Diagnostische Verfahren**

Dazu gehört zunächst die Erfassung der Symptome: Lähmungen der Arme oder Beine auf einer Körperseite, Gefühlsstörungen, Schwierigkeiten zu sprechen und Gesprochenes zu verstehen, Sehstörungen, Schwindelattacken, Störungen des Bewusstseins. Bei diesen Symptomen ist es wichtig, so früh wie möglich über **bildgebende Verfahren** (Computer- oder Kernspintomographie) zu entscheiden, ob Hirninfarkt, Hirnblutung oder Subarachnoidalblutung vorliegt. Bei Hirninfarkten ist dann die Darstellung der hirnversorgenden Gefäße z. B. durch **Ultraschall** wesentlich.

- **Vorbeugende Maßnahmen gegen Schlaganfall oder andere thromboembolische Ereignisse**

Wichtigste vorbeugende Maßnahme ist die Gabe von einer der folgenden Substanzen: **Acetylsalicylsäure (ASS)** in niedriger Konzentration (100 mg), **Clopidogrel**, **Glykoprotein IIb/IIIa-Inhibitoren**, **Heparine**, **Vitamin-K-Antagonisten** (Warfarin, Cumarine), **Thrombin-Inhibitoren**, **Faktor-X-Inhibitoren** (Bivalirudin, Argatroban, Melagatran, Ximelagatran) (siehe auch Marti-Fabregas und Mateo 2009). Zur Prävention von Schlaganfällen und systemischen Embolien bei nichtvalvulärem Vorhofflimmern ist auch Dabigatran zugelassen. Ebenso wurde Rivaroxaban in den USA zugelassen – beides Xa-Hemmer, die Marcumar ersetzen, weil sie keine ständigen Gerinnungstests erfordern. Umstritten bleibt in allen Fällen aber – vor allem bei Nierenerkrankungen – das Risiko von inneren Blutungen.

- **Therapeutische Ansätze**

Eine Thrombolyse wird oft durch intravenöse (iv) Gabe von **Plasminogenaktivatoren** erreicht, wie die in der Niere gebildete und mit dem Urin ausgeschiedene **Urokinase** oder der aus dem Endothel freigesetzte, heute gentechnisch hergestellte **Gewebsplasminogenaktivator (tPA)**. Auch die aus Streptokokkenkulturen hergestellte **Streptokinase** erfüllt diese Funktion (siehe Cucchiara 2009). Diese Therapien waren zwar ein erster Durchbruch, aber weit entfernt vom Ideal. Gegenwärtig werden neue thrombolytische Medikamente eingesetzt, wie

Tenecteplase, Desmetolplase oder Plasmin, Ultraschall zur Förderung der enzymatischen Fibrinolyse oder eine Kombination von Lysistherapien mit GP IIb/IIIa-Antagonisten oder Thrombininhibitoren – zusammen auch mit **MMP-9(Matrixmetalloproteinkinasew-9)-Inhibitoren**. Antagonisten des **Plättchen-GP IIb/IIIa-Rezeptors** wie z. B. Tirofiban verhindern bei der Fibrinolyse eine weitere Thrombusbildung (Seitz und Siebler 2008).

Auch mechanische Verfahren entwickeln sich, wie etwa die **mechanische Thrombusentfernung**, z. B. durch Absaugen und Einführen von Stents. Dabei ist anscheinend eine Kombination von enzymatischen und mechanischen Verfahren am schnellsten und wirkungsvollsten. (Übersicht: Saver 2011; Murray et al. 2010, siehe auch Leitlinien Schlaganfall: www.medknowledge.de 5-2003-9 Schlaganfallleitlinien.htm).

6.6.3 Arteriosklerose, koronare Herzerkrankung, Herzinfarkt

6.6.3.1 Diagnostische Verfahren zur Risikoeinschätzung

Im Vorfeld ist es wichtig, folgende Parameter zu analysieren:

- Anamnese der Familiengeschichte zur Erkennung möglicher genetischer Dispositionen,
- Erkennung von Herzanomalien und überstandenen Herzinfarkten über das Ruhe-EKG,
- Hinweis auf Einengungen der Koronararterien durch das Belastungs-EKG,
- eventuell Herzkatheteranalyse zur Darstellung der Herzkranzgefäße,
- Nicht-invasive Darstellung der Herzkranzgefäße durch MSCT (*Multislice Computer Tomography*) oder Kernspintomographie,
- Scan-Verfahren, die den Calciumgehalt der Koronararterien bzw. der dort befindlichen Plaques messen (*Electron Beam Computer Tomography*, EBCT) oder MSCT,
- Messung der Menge an C-reaktivem Protein (CRP) als Entzündungsindikator,
- Messung der Mengen an Homocystein, Fibrinogen, Cholesterol (LDL, HDL), LP(a) und Bestimmung der Myeloperoxidase-(MPO-) Aktivität als Risikoindikatoren,

- Messung des Blutdrucks,
- Entwicklung von Biosensoren, die z. B. kleinste Mengen von Autoimmunantikörpern gegen den Angiotensin-II-Rezeptor (AT1) detektieren können (Robitzki et al. 2006),
- Test auf Störung der Tag-/Nacht-Rhythmik des Blutdrucks: Sinkt der Blutdruck nachts nicht ab (*non-dipper*), ist das Risiko von Erkrankungen höher als bei Personen, bei denen das der Fall ist (*dipper*).

6.6.3.2 Akute Symptome und Messverfahren bei Herzinfarkt

- Akute Symptome bei Herzinfarkt sind: Brustschmerzen von längerer Dauer (> 20 min), Druckgefühl hinter dem Brustbein und Engegefühl im ganzen Brustkorb. Die Schmerzen können in die Arme (meist links), den Hals, die Schulter, den Oberbauch oder Rücken ausstrahlen. Starke Angstgefühle. Bei Frauen und älteren Patienten treten häufig diffusere Symptome auf: Atemnot, Erschöpfung, Magenverstimmung. Es gibt auch unbemerkte Infarkte ohne Symptome, die erst bei Routine-EKG-Messungen erfasst werden.
- Hinweise auf bereits eingetretene Komplikationen durch den Herzinfarkt wie Pulsunregelmäßigkeiten (z. B. Extrasystolen), Pulsbeschleunigung, Rasselgeräusche über der Lunge, Kollaps, Bewusstlosigkeit aufgrund von schwerwiegenden Rhythmusstörungen (Kammerflimmern, ventrikuläre Tachykardien oder Asystolen).
- EKG in der Akutphase: häufig Veränderungen der ST-Strecke (»ST-Streckenhebung«) sowie Registrierung von Kammerflimmern, AV-Blockierung und Extrasystolen
- Messung von Proteinen, die vom absterbenden Herzmuskel freigesetzt werden (Biomarker): **Kreatin-Kinase (CK), deren Isoenzym CK-MB, Aspartat-Aminotransferase (AST), Lactat-Dehydrogenase (LDH), Myoglobin, Troponin T und I** (»Trop«), **Glykogen-Phosphorylase BB (GPBB)**. Die meisten Biomarker erreichen allerdings ihre maximale Konzentration im Blut erst 1–2 Tage nach dem Infarkt, nur der neue GPBB-Marker ist schon nach einer Stunde erhöht.

- Die Ultraschalluntersuchung des Herzens (**Echocardiographie**) zeigt beim Herzinfarkt eine Störung der Wandbewegung in dem betroffenen Herzmuskelbereich. Da das Ausmaß dieser Störung für die Prognose des Patienten wichtig ist, wird diese Analyse bei fast allen Infarktpatienten durchgeführt. Auch weitere Veränderungen der Herztätigkeit lassen sich mit diesem Verfahren feststellen.
- Eine Gefäßdarstellung (Angiographie) der Herzkranzgefäße im Rahmen einer Herzkatheteruntersuchung erlaubt den direkten Nachweis von Verschlüssen und Verengungen – was z. B. für die Vorbereitung von Reperfusionstherapien wichtig ist.

6.6.3.3 Therapeutische Ansätze bei Herzinfarkt

- Innerhalb der **ersten Stunde** bestehen gute Aussichten, den Gefäßverschluss durch **Lysetherapie** oder **Herzkatheterbehandlung** mit Erfolg zu therapieren. Daher wird empfohlen, bei den ersten Symptomen nicht zu warten, sondern den Rettungsdienst (Tel. 112) zu benachrichtigen und den Verdacht auf Herzinfarkt zu äußern. Man sollte nicht selbst in die Klinik fahren. Die Gefahr des Herzstillstands durch Kammerflimmern kann mittels **Defibrillation** (Helfer, Notarzt) oder mithilfe von öffentlich zugänglichen automatisierten Defibrillatoren gestoppt werden.
- Akutversorgung: optimale Sauerstoffzufuhr, Schmerzbekämpfung (Morphinpräparate) und Vermeidung weiterer Thromben durch Acetylsalicylsäure sowie Heparin, Nitroglycerinspray und Gabe von Beruhigungsmitteln.
- Reperfusionstherapie: a) Primär PTCA in Form einer **mechanischen Öffnung** des Gefäßes mit anschließender Ballondilatation und Stentimplantation, b) **Thrombolyse** durch intravenöse Gabe eines thrombolytischen Medikaments.

Weitere therapeutische Maßnahmen liegen im Bereich von operativen Eingriffen, wie Gefäßerweiterung, Bypass-Operationen, Aortenklappenersatz, Transplantationen u. a. (siehe Internationale Richtlinien; Huber et al. 2008). Solche chirurgischen Eingriffe werden zunehmend auch an alten (> 80 Jahre) Patienten vorgenommen, wie Daten aus den Jahren 2000–2010 des Bremer Klinikums »Links der Weser« zeigen. Der Anteil von alten Patienten (> 80 Jahre) lag im Jahr 2000 bei 6,2 %, im Jahre 2010 bei 13,3 % – mehr als eine Verdopplung in zehn Jahren! Risiken sind dabei vorhandene **Komorbiditäten** wie Niereninsuffizienz, arterielle Gefäßerkrankungen oder COPD, ebenso die Abnahme von körperlicher Mobilität. Trotzdem sank die Letalität der Eingriffe deutlich. Dabei ist zu berücksichtigen, dass in einigen Fällen mit hohem Risiko ein chirurgischer Eingriff nicht sinnvoll erscheint (Hammel 2010).

— Prävention von weiteren Herzinfarkten ▶ Vorbeugemaßnahmen. Außerdem ist das Risiko von Herzinsuffizienz nach einem Herzinfarkt vorhanden. Dagegen werden z. B. **Aldosteronblocker** eingesetzt.

6.6.3.4 Vorbeugende Maßnahmen gegen Herzinfarkt und koronare Herzerkrankungen

— Verringerung von psychosozialem Stress und depressiven Stimmungslagen durch eigene Bemühungen und Verarbeitungsstrategien, durch soziale Kontakte, psychotherapeutische Beziehungen, Entspannungstherapien, Antidepressiva u. a.

— Verringerung des Risikos von Bluthochdruck (> 140/90), Arteriosklerose und von anderen Herz-Kreislauf-Erkrankungen durch viel **Bewegung**, **gesunde Ernährung**, **Vermeidung von Adipositas** und dem damit oft verbundenen **Diabetes mellitus Typ II**, **Rauchverzicht**.

— Verringerung der Sympathikusaktivität durch β_1**-Blocker** (weniger häufig durch Agonisten von α_2-Rezeptoren) sowie Verringerung der Kontraktionsstärke des Herzens durch **Calciumkanalblocker**. Verringerung des Blutdrucks durch geringere Aufnahme von Kochsalz (Na^+Cl^-), Hemmung der Angiotensin-II-Synthese durch **ACE-(Angiotensin-Converting Enzyme-)Hemmer** oder Einnahme von **Angiotensinrezeptorblockern**. Aldosteronrezeptorantagonisten werden nur in besonderen Situationen verwendet, z. B. bei ausgeprägter Herzmuskelschwäche. Arginin-Vasopressin-Rezeptorantagonisten sind zurzeit noch kli-

nisch ohne Bedeutung (neuerdings wird auch nach Reninhemmern gesucht). Kontrolle der Nierenfunktion, wofür es Marker wie die Kreatinin- und Eiweißausscheidung im Urin gibt.

— Erkennen weiterer **Risikofaktoren** für das Herz-Kreislauf-System wie hoher Blut-Cholesterol-LDL-Gehalt (> 5,5 mmol/L), **hohes ApoB-/ApoA-/Verhältnis**, **Diabetes**, erhöhter Taillenumfang (**abdominales Fettgewebe**) und **Rauchen**. Einnahme von **cholesterolsenkenden Medikamenten** (**Statine**, Towne und Thara 2008), die die eigene Produktion von Cholesterol drosseln und auch vorbeugend gegen Vorhofflimmern wirken sollen (Savelieva et al. 2010).

— Einnahme von **Acetylsalicylsäure (Aspirin, ASS 100)**, um die Gerinnungsfähigkeit des Blutes zu senken und Entzündungsprozesse zu inhibieren. Auch ein hinreichend hoher **Vitamin-D$_3$-Gehalt** des Blutes scheint nach neuen Untersuchungen das Herzinfarktrisiko herabzusetzen (Giovannucci 2009).

— Erweiterung der Koronargefäße durch Nitroverbindungen.

— Vermehrte Aufnahme von Antioxidantien gegen ROS-induzierte Schäden (Antioxidantien sind allerdings in ihrer klinischen Wirkung noch umstritten). Gegenwärtig laufen Versuche, um die Angiotensin-II-stimulierte NAD(P)H-Oxidase zu hemmen, die für einen Teil der ROS in den Gefäßzellen verantwortlich ist.

— Zurzeit werden antiinflammatorische Therapien getestet: Zum einen mit niedrig dosiertem Methotrexat (10–15 mg pro Woche), zum anderen mit einem monoklonalen Antikörper gegen IL-1β (Canakinumab, Libby et al 2011)).

— Kontrovers diskutiert wird nach wie vor die Wirkung von Östrogen-/Progesteron-Ersatztherapien bei Frauen nach der Menopause. In zwei randomisierten Hormonersatz-/Placebostudien mit Östrogenen und Medroxyprogesteronacetat wurde keine Reduktion der Herz-Kreislauf-Risiken, sondern ein etwas erhöhtes Herzinfarktrisiko gefunden (»Women's Health Initiative«, WHI und »Heart and Estrogen/Progestin Replacement Study«; Blakely 2000). Die Befunde widersprechen andererseits zahlreichen Beobachtungen zu positiven Wirkungen, insbesondere von Östrogen (Seed und Knopp 2004), während Progesteron möglicherweise den Thrombinrezeptor in der Gefäßwand hochreguliert und damit das Koagulationsrisiko erhöht.

6.6.3.5 Therapeutische Ansätze bei Arrhythmien

Bei Vorhofflimmern verwendet man Pharmaka wie **β-Blocker** oder andere Medikamente und **Digitalispräparate** nur noch selten. **Elektroschocks** können häufig das Vorhofflimmern beenden. Neuerdings wird auch eine kathetergesteuerte **Ablation von Gewebsteilen** in dem Bereich der dort mündenden Lungenvenen eingesetzt. Dieser Eingriff muss allerdings danach eingehend auf seine Verortung geprüft werden.

6.7   Zusammenfassung zum Herz-Kreislauf-System

Das Herz-Kreislauf-System wird im Alter zum risikoreichsten Organsystem: Aufgrund von Stress und Alterungsprozessen entwickeln sich oft Bluthochdruck und Arteriosklerose, die wiederum das Risiko für eine Anzahl von schweren Erkrankungen erhöhen. Diese umfassen koronare Herzerkrankungen, Herzinfarkt, Herzinsuffizienz, Herzrhythmusstörungen wie Vorhofflimmern sowie Schlaganfall und venöse Thrombosen – um nur einige wichtige zu nennen. Herz-Kreislauf-Erkrankungen sind auch die Ursache für die meisten Todesfälle in Deutschland und anderen Industrieländern. Auch aus diesem Grund sind vielfältige vorbeugende Maßnahmen, diagnostische Verfahren und Therapien entwickelt worden. Als wichtigste Prophylaxe gegen Herz-Kreislauf-Erkrankungen sind vor allem Rauchverzicht, gesunde Ernährung (kein Übergewicht), regelmäßige Bewegung und besondere Vorsicht und Kontrollmaßnahmen bei Diabetes mellitus zu nennen, ebenso die Verminderung von Stress, besonders von chronischem Stress. Außerdem ist ab dem 50. Lebensjahr eine regelmäßige ärztliche Vorsorgeuntersuchung von Kreislaufparametern sinnvoll. Bei vorhandenen Risiken werden als vorbeugende Medikamente oft Statine,

Acetylsalicylsäure (ASS 100) oder Substanzen wie Angiotensin-II-Rezeptorblocker bzw. *Angiotensin-converting-enzyme*-Inhibitoren (ACE-I) empfohlen, bei Stress ebenfalls β-Blocker. Die zahlreichen medizinischen, diagnostischen und therapeutischen Ansätze können hier nur kurz zusammengefasst werden. Wichtig ist, dass jeder Betroffene oder Begleitpersonen bei ersten Anzeichen von Herzinfarkt oder Schlaganfall den Rettungswagen ruft – auch wenn die Anzeichen nicht ganz eindeutig sind.

Molekulare Mechanismen für dieses im Alter erhöhte Risiko von Herz-Kreislauf-Erkrankungen sind wesentlich durch die Seneszenz der Arterienwände bedingt: Das Endothel altert auch aufgrund von zusätzlichen Faktoren wie Rauchen, Adipositas oder Diabetes und lässt Entzündungsprozesse in der Arterienwand zu, die zu Verdickungen (Plaques) führen, die den Blutstrom behindern oder bei Aufreißen eine Thrombusbildung fördern. Im Alter und den oft damit gekoppelten Entzündungsprozessen nehmen die Koagulationsneigung und die Risiken der Thrombusbildung zu. Ein Beispiel dafür ist die altersbedingte Zunahme von Plasminogenaktivator-Inhibitor-1 (PAI-1). PAI-1 hemmt die Bildung von Plasmin, das Blutthromben wieder auflöst. Auch Stress erhöht die Bildung von PAI-1. Zurzeit gibt es zahlreiche therapeutische Methoden, um entweder eine Hemmung der Thrombosebildung zu erreichen oder die Auflösung von Thromben zu bewirken.

6.8   Übersicht über Struktur und Funktion der Lunge

Beim Übergang vom Wasser- zum Landleben haben Wirbeltiere aus dem Entoderm die Lunge entwickelt, die wesentlich dem **Gasaustausch** mit der Luft dient. Beim menschlichen Embryo teilt sich der vordere Abschnitt des Urdarms in zwei Röhren: eine für die Luft, die **Luftröhre (Trachea)**, eine für die Nahrung, die **Speiseröhre**. Beide münden über den Kehlkopf in den gemeinsamen Rachenraum und die Mundhöhle für die Nahrungsaufnahme sowie den Nasenraum zur Befeuchtung und Filterung der eingeatmeten Luft. Die Luftröhre ist durch zahlreiche Knorpelringe versteift, sodass sie nicht kollabieren kann. Sie teilt sich zunächst in **zwei Hauptbronchien** für den rechten und den linken Lungenflügel. Jeder dieser zwei Äste gliedert sich immer weiter auf, sodass die Luft letzten Endes über viele Millionen kleine Bronchiolen und Alveolargänge in die **Lungenbläschen (Alveolen)** strömt. Der Mensch besitzt etwa 300 Millionen Alveolen, dünnwandige Bläschen ($\varnothing \sim 0{,}3$ mm), die von einem dichten Netz von Lungenkapillaren umsponnen sind. Die Gesamtoberfläche der Alveolen von etwa 100–140 m^2 (beim jungen Erwachsenen) und die kurze Diffusionsstrecke zwischen Alveolen und Kapillaren ermöglichen eine schnelle Diffusion des Sauerstoffs ins Blut und des Kohlendioxids in umgekehrter Richtung. Die Hauptfunktion der Lunge ist die **Versorgung der Körperzellen** mit Sauerstoff und die **Entsorgung des Atmungsendprodukts CO_2**. Beides geschieht über den Blutkreislauf. Das venöse O_2-ärmere und CO_2-reichere Blut wird über die rechte Vorkammer und rechte Kammer des Herzens in den Lungenkreislauf gepumpt. Dort wird durch den Gasaustausch das Blut wieder O_2-reicher und CO_2-ärmer, fließt dann in die linke Vorkammer und linke Kammer des Herzens, wo es wieder in den Körperkreislauf gepumpt wird. Die eingeatmete Luft ist trockener und enthält mehr O_2 (Partialdruck von 21,17 kPa) und weniger CO_2 (Partialdruck 0,03 kPa) als die ausgeatmete Luft, die feuchter ist, geringere O_2-Mengen (Partialdruck 15,33 kPa) und größere CO_2-Mengen (Partialdruck 4,43 kPa) enthält.

Nach einer normalen Ausatmung befinden sich Lunge und Thorax in einer entspannten Atemruhelage. Bei normalem Einatmen werden etwa 0,5 l Luft (**Atemzugvolumen V_T**) aufgenommen, bei maximaler Anstrengung zusätzlich weitere 3 l eingeatmet (**inspiratorisches Reservevolumen, IRV**). Aus der Atemruhelage können ca. 1,7 l zusätzlich ausgeatmet werden (**expiratorisches Reservevolumen, ERV**). Auch bei maximaler Ausatmung bleibt noch ein Residualvolumen (RV) von ca. 1,3 l in der Lunge. Die oft gemessene **Vitalkapazität (VK)** ist die Summe von V_T, IRV und ERV – etwa 5,3 l bei einem 20-jährigen Mann. Mit dem Alter sinkt die VK während das RV von 1,5 l auf etwa 3 l steigt (Silbernagl und Despopoulos 2001).

Die **Atemmechanik** besteht beim Einatmen aus einer **Anspannung (Abflachung) des Zwerchfells** und **Hebung des Brustkorbs**, beim Ausatmen aus der passiven Senkung des Brustkorbs und dem Nachlassen der Zwerchfellspannung sowie bei verstärkter Ausatmung der Aktivierung von Muskeln der Bauchdecke, die das Zwerchfell nach oben pressen (🔲 Abb. 6.15). Diese Atmungsmechanik läuft automatisch ab durch einen zentralen Rhythmusgenerator (Atemzentrum) im Hals- und Brustmark. Inspiratorische und expiratorische Neuronengruppen sind abwechselnd aktiv und hemmen sich jeweils gegenseitig – wodurch es zu dem **Atmungsrhythmus** kommt. Die Frequenz der Atmung hängt von dem Bedarf des Körpers an Sauerstoff ab: Bei körperlicher Arbeit steigt die Atemfrequenz und das Atemvolumen. Diese Steigerung kommt über mehrere Signalwege zustande: durch **Mechanorezeptoren in Lunge und Atemmuskeln** (Atemtiefe) und durch **periphere Chemosensoren** in der Aorta und A. carotis, die den Partialdruck von Sauerstoff (PO_2) und Kohlendioxid (PCO_2) sowie die dadurch bedingten pH-Änderungen wahrnehmen und an das Atemzentrum leiten. Auch Mechanorezeptoren im Bewegungsapparat, höhere Zentren des ZNS, z. B. bei Emotionen, Druckrezeptoren bei Blutdruckabfall, Thermorezeptoren u. a. beeinflussen das Atmungszentrum. Insgesamt kommt es bei **körperlichen Belastungen** zu einer Erhöhung des **Atemzeitvolumens (l/min)**.

Die Versorgung der Zellen mit Sauerstoff und die Entsorgung von Kohlendioxid werden nach der Diffusion in die bzw. aus den Alveolen wesentlich durch die Transportkapazität des Blutes für beide Substanzen bestimmt. Dabei spielen die **hämoglobinhaltigen** Erythrocyten (rote Blutkörperchen) eine entscheidende Rolle: O_2 wird nichtkovalent an das Eisenatom im Hämoglobin gebunden und im Gewebe bei niedrigerem PO_2 wieder abgegeben – im Muskel auch an das höher affine **Myoglobin**. Insofern ist die Zahl der Erythrocyten im Blut eine entscheidende Komponente des O_2-Transports. Bei Doping von Hochleistungssportlern wird daher oft das Hormon **Erythropoetin (EPO)** eingesetzt, das die Erythrocytenbildung stimuliert. Das von Zellen abdiffundierende CO_2 wird einerseits ins Blutplasma aufgenommen und dort als gelöstes Gas transportiert oder – zum großen Teil – in Form von Carbonat (HCO_3^-)-Ionen bzw. als Carbonat an Hämoglobin gebunden.

6

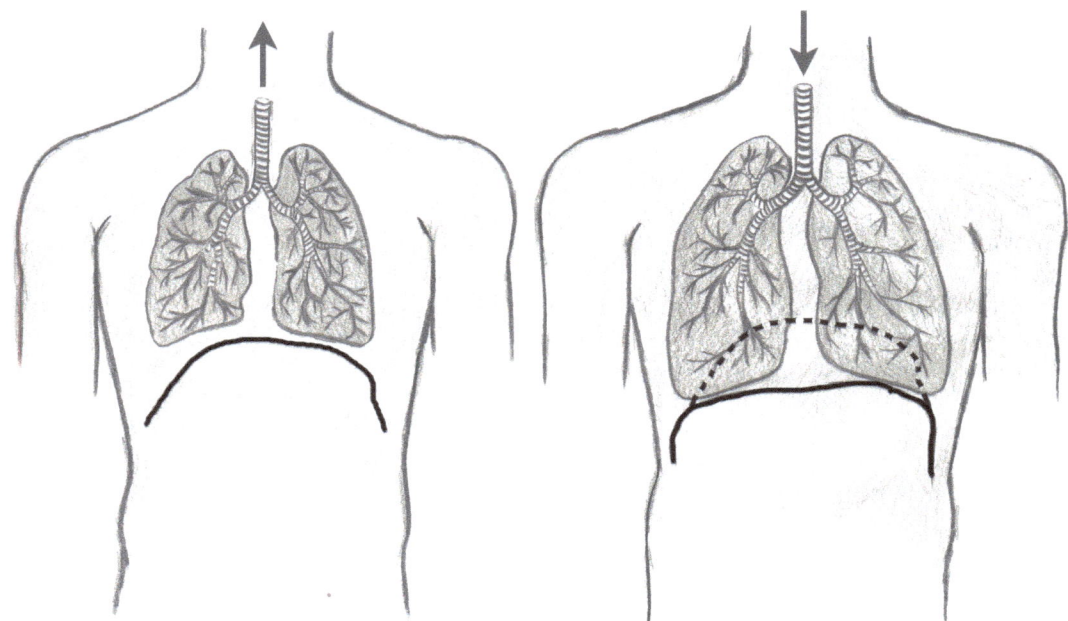

🔲 **Abb. 6.15**   Atemmechanik des Aus- und Einatmens. Beim Ausatmen wird das Zwerchfell nach oben gepresst und die Rippen werden herabgesenkt, während beim Einatmen das Zwerchfell nach unten gezogen und die Rippen angehoben werden (nach Kahn 1969).

6.9   Altersabhängige Veränderungen und Erkrankungen

Strukturelle und funktionelle Veränderungen zeigen sich in der Lunge im Laufe des Alterns vor allem an den Alveolen: Die Alveolargänge erhöhen ihren Durchmesser, ebenso die Alveolen, deren Austauschfläche mit den Kapillaren dadurch kleiner wird (🔲 Abb. 6.16). Die **Elastinfasern** degenerieren in den Gängen und Aveolen, sodass – wie bei der alternden Haut (▶ Kap. 3) – die **Elastizität** der Alveolengänge und -wände abnimmt. Aus den genannten altersabhängigen Veränderungen resultiert im Verhältnis zur Oberfläche eine Vergrößerung des Luftvolumens – relativ gleichmäßig über die gesamte Lunge – während ähnliche Veränderungen beim **Lungenemphysem** unregelmäßig sind. Die anatomischen Veränderungen des Verhältnisses von Oberfläche (S) zu Volumen (V) beginnen im 3. Lebensjahrzehnt und setzen sich in etwa linear weiter fort, sodass bei 90-Jährigen nur etwa 25–30 % des ursprünglichen S/V-Verhältnisses erreicht werden (Janssens et al. 1999). Das physiologische Altern des Lungensystems ist auch gekennzeichnet durch Änderungen in der Nachgiebigkeit des Brustkorbs und der Schwächung der Atemmuskulatur – vor allem bei Mangelernährung und Muskelschwund (▶ Kap. 5).

Funktionell wirkt sich das in einem **zunehmenden Residualvolumen** und zunehmender Atemarbeit aus, ebenso in dem statischen elastischen Gegendruck bei 60 % der gesamten Lungenkapazität (🔲 Abb. 6.17). Dieser Druck fällt etwa 0,1–0,2 cm H_2O pro Jahr. Die expiratorischen Flussraten sinken mit dem Alter, ebenso der maximale inspiratorische Druck. Die Kurven für das **forcierte Expirationsvolumen** in einer Sekunde (FEV) und die forcierte **Vitalkapazität (FVC)** zeigen deutlich diese altersabhängigen Verringerungen sowohl bei Männern wie bei Frauen (🔲 Abb. 6.18). Der Gasaustausch bei Älteren ist trotzdem sowohl in Ruhe wie auch bei Bewegung ausreichend und kann sogar bei regulärem Training sich an relativ hohe Belastungen anpassen. Risiken sind nur bei Infekten oder Störungen im Herz-Kreislauf-System zu beobachten, bei denen das Atmungssystem – auch aufgrund

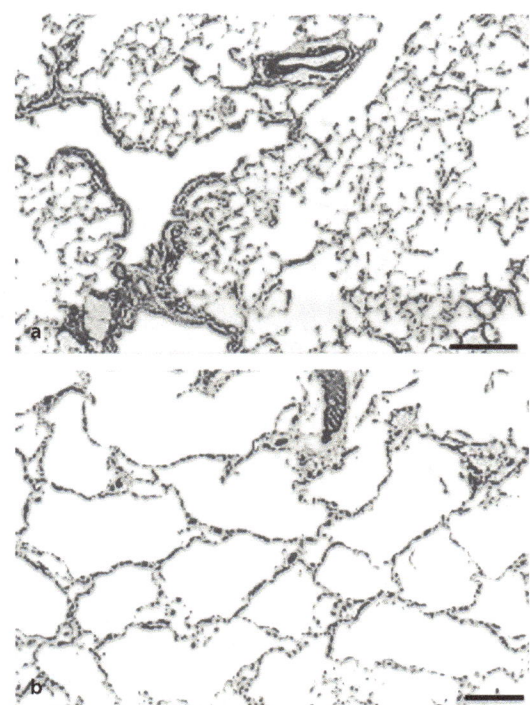

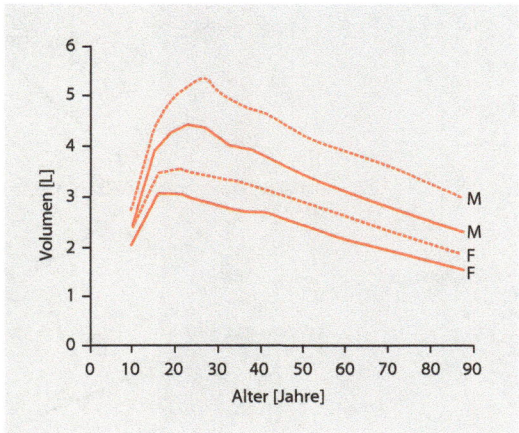

Abb. 6.18 Forciertes expiratorisches Volumen. Forciertes expiratorisches Volumen (in Liter) in einer Sekunde (FEV ———) und forcierte Vitalkapazität (FVC -----) als Funktion des Alters in Jahren (Abszisse). Mittelwerte von 746 Personen, die nie geraucht haben und keine cardiorespiratorischen Symptome zeigten. M Männer, F Frauen. (Nach Knudson et al. 1976)

Abb. 6.16 Lungenparenchyme. **a** 29 Jahre alter Mensch (Nichtraucher), **b** 100 Jahre alter Mensch (Nichtraucher). Interner Strich: **a** 280 µm, **b** 250 µm. (Nach Janssens et al. 1999)

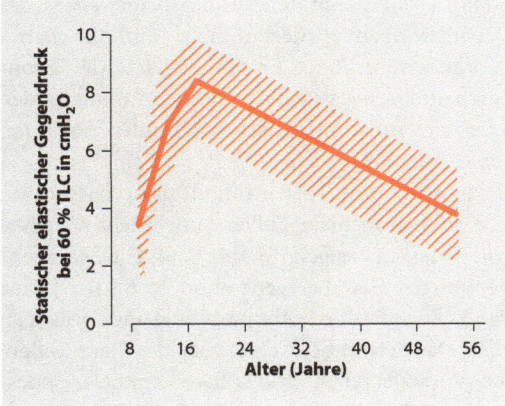

Abb. 6.17 Statischer elastischer Gegendruck der Lunge als Funktion des Alters in Jahren (Abszisse). Gemessen wurde der Druck bei 60 % der totalen Lungenkapazität (TCL) in cm H_2O. Gestrichelter Bereich ± SD. (Nach Turner et al. 1968)

niedrigerer Sensitivität des Atmungszentrums gegenüber einer Hypoxie – weniger angemessen reagiert (Janssens et al. 1999).

Die Einschränkung des Gasaustauschs bei älteren Menschen hängt auch mit der abnehmenden Erythrocytenzahl (**Anämie**) zusammen, die wiederum z. T. durch eine verringerte Ausschüttung von Erythropoetin in der Niere aufgrund von entzündlichen Prozessen bedingt sein kann (Ferrucci und Balducci 2008), z. T. auch durch Verringerung der Blutbildungskapazität des Knochenmarks aufgrund von Telomerverkürzung (Armanios 2009). Bei über 65-Jährigen kommt es außerdem zur Erniedrigung des Hämoglobins (<121 g/dl) – wahrscheinlich aufgrund von chronischen Entzündungen und den Interleukinen IL-6 und -12 und dem C-reaktiven Protein. Paradoxerweise kann eine chronisch obstruktive Lungenerkrankung die damit verbundene Hypoxie und Erythrocytenerhöhung überdecken (Khan et al. 2010).

Ein wesentlicher Grund für die altersabhängige Leistungsabnahme der Lunge, aber auch für das vermehrte Auftreten bestimmter Lungenerkrankungen ist die Zunahme **chronisch-entzündlicher Prozesse**. Daraus sich entwickelnde Erkrankungen sind insbesondere die **chronisch-obstruktive**

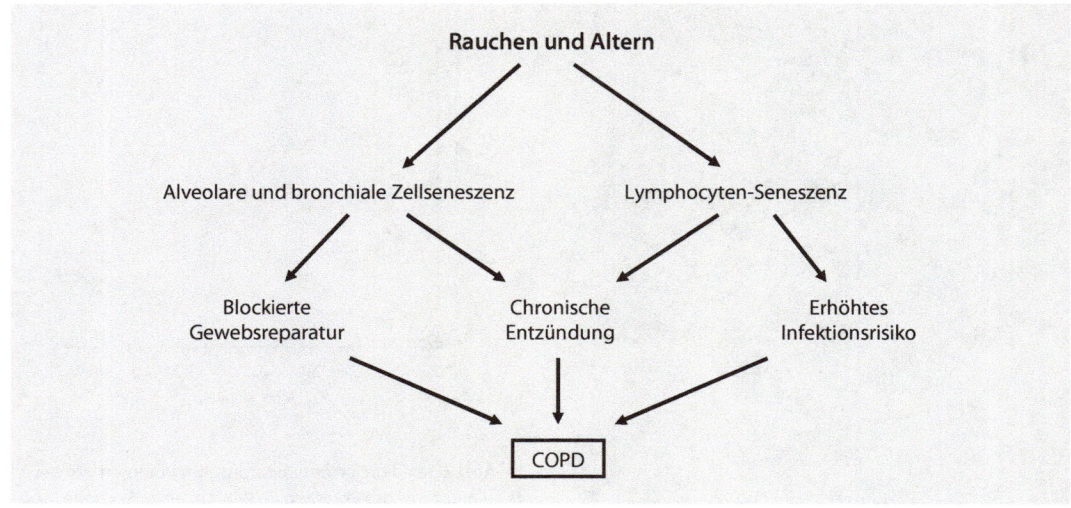

Abb. 6.19   Seneszenzhypothese für die pathogenen Mechanismen von COPD. (Nach Aoshiba und Nagai 2009)

Lungenerkrankung (**COPD** – *chronic obstructive pulmonary disease*), deren Inzidenz deutlich mit dem Alter zunimmt (Fukuchi et al. 2004). Bei beschleunigten Alterungsprozessen treten COPD und Lungenemphyseme ebenfalls früher auf, auch wegen der durch das Alter erhöhten Sensitivität gegenüber oxidativem Stress und Tabakrauch aufgrund der beschleunigten Seneszenz der Lungenzellen (MacNee 2009). **Lungenemphyseme** sind der COPD zugeordnet und so ebenfalls eine der häufigen altersbedingten Erkrankungen, auf die im Folgenden näher eingegangen wird.

Weitere Alterskrankheiten der Lunge sind Lungenembolie, d. h. die Festsetzung von Thromben aus dem Blutkreislauf in einem Lungengefäß, bzw. der Lungeninfarkt, durch einen in einer arteriosklerotischen Lungenarterie entstehenden Thrombus (s. weiter oben), Lungenödeme, z. B. bei Linksherzinsuffizienz, Bronchialcarcinome und Lungentumoren (▶ Kap. 14 über Krebs und Alter).

6.9.1 Chronisch-obstruktive Lungenerkrankung (COPD)

Der Begriff »COPD« umfasst sowohl das Emphysem, chronische Bronchitis (mindestens 3 Monate lang anhaltende in zwei aufeinander folgenden Jahren) und die Erkrankung der kleinen Luftwege

durch **chronisch-entzündliche Prozesse**. Diese Erkrankung wird – außer durch das zunehmende Risiko im Alter – vor allem durch **Inhalationsrauchen**, durch **Infekte** und durch umweltbedingte toxische Substanzen – wie etwa **Feinstaub** – verursacht. Die Prävalenz dieser Erkrankung nimmt weltweit zu: Aufgrund von spirometrischen Messungen in 28 Ländern hat die Prävalenz 9–10 % der Menschen über 40 Jahren erreicht (Natoli et al. 2006). Das ist zum Teil auf das Älterwerden der Bevölkerungen zurückzuführen und die damit verbundene erhöhte Empfindlichkeit der Bronchien und Lunge gegenüber den akkumulierenden externen inflammatorisch wirkenden Faktoren (Fukuchi 2009).

Rauchen und Altern führen dazu, dass alveoläre und bronchiale Zellen zunehmend Zeichen von Seneszenz zeigen (◘ Abb. 6.19): Die Seneszenz hemmt die Geweberegeneration, z. B. den Ersatz von Zellen, die durch Apoptose zugrunde gegangen sind. Das betrifft bei COPD z. B. die **Clara-Zellen**, die Vorläuferzellen des Luftwegeepithels. Seneszenz der Zellen, z. B. auch der **Lymphocyten**, ist auch ein Grund für die chronische Entzündung dieser Gewebe und die Anfälligkeit für Infektionen. Auch ein Ungleichgewicht zwischen Proteasen und Antiproteasen sowie zwischen Oxidantien/Antioxidantien spielt dabei eine Rolle (Aoshiba und Nagai 2009). **Antiaging-Moleküle** wie Histondeacety-

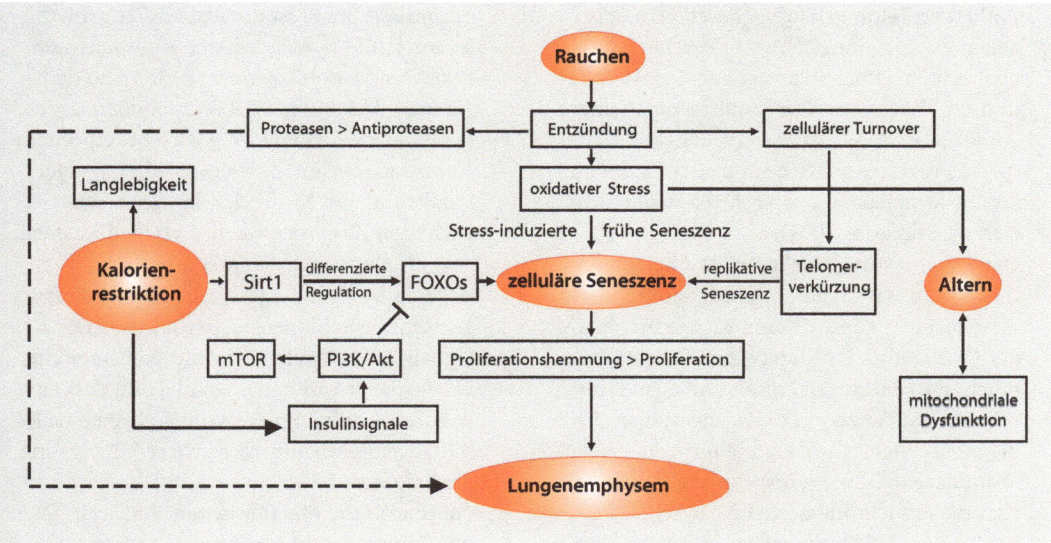

Abb. 6.20   Schema der wichtigen Faktoren und ihre Interaktionen für Zellseneszenz und die Entstehung von Lungen-emphysemen (s. Text, nach Karrasch et al. 2008). *FOXO forkhead box transcription factor*, *Akt* Proteinkinase, *mTOR mammalian target of rapamycin* (Proteinkinase), *PI3K* Phosphoinositol 3-Kinase, *Sirt1* Sirtuin-1 (Histondeacetylase)

lasen/Sirtuine (▶ Kap. 2) sind bei älteren Patienten (und bei schnell alternden Tiermodellen) reduziert (▶ Abschn. 6.9.3).

6.9.2   Lungenemphysem

Das Lungenemphysem ähnelt der alternden Lunge, ist aber doch davon verschieden. Es ist charakterisiert durch ein Muster der **Alveolenzerstörung**, was zu einer deutlichen Vergrößerung des Luftraums und zu einer Verkleinerung der Gasaustauschfläche zwischen Alveolen und Kapillaren führt. Es gehört mit zum Phänotyp der COPD und stellt ein besonderes Gesundheitsrisiko dar, da es keine Therapie gibt, die die Lungenarchitektur wiederherstellt. Bei COPD und beim Lungenemphysem besteht eine **Dysbalance** zwischen **Proteasen und Antiproteasen**, wie aus Beobachtungen von genetischen Defekten in der α_1-Antitrypsinproduktion hervorgeht, die zu frühzeitigem Lungenemphysem führen, besonders unter der Wirkung von toxischen Substanzen. Auch die Aktivierung von Elastase bei Tiermodellen führt zu dieser Erkrankung. In Kombination mit oxidativem Stress, durch Zigarettenrauch und proinflammatorische Cytokine

kommt es zu Apoptose und Seneszenz von Lungenzellen und zur Zerstörung von Alveolen.

Eine besonders destruktive Rolle spielt der **Zigarettenrauch**: Jeder Zug enthält etwa 10^{15} freie Radikale in der Gasphase und 10^{18} freie Radikale pro Gramm Teer, die starke Oxidantien wie Wasserstoffperoxid und Hydroxylanion enthalten. Diese wirken auf das alveolare Netzwerk von Zellen, das aus alveolaren Typ-I- und -II-Zellen, Endothelzellen der Kapillaren und Fibroblasten besteht, deren funktioneller Zusammenhalt zerstört wird. Das geschieht u. a. durch die Proteolyse der Zellmatrix (Tuder et al. 2006; ▶ Abschn. 6.9.3).

6.9.3   Molekulare Mechanismen bei der Entstehung von COPD und Emphysemen

Das altersbedingte Risiko für COPD und Emphyseme ist eng mit den altersabhängigen zellulären und molekularen Veränderungen verbunden, die man unter dem Begriff »**zelluläre Seneszenz**« zusammenfassen kann. Einige der daran beteiligten Prozesse seien hier aufgeführt (Abb. 6.20, ▶ Kap. 2, Übersicht ▶ Karrasch et al. 2008):

6

— **Verlust an Telomerlänge.** Dieser Verlust ist allgemein in teilungsfähigen Gewebezellen zu beobachten – auch in alveolären Typ-II-Zellen und Endothelzellen von Emphysempatienten, vor allem in deren Vorläuferzellen. Der Beitrag dieses Prozesses zur Seneszenz der Zellen ist gegenwärtig jedoch noch schwer zu quantifizieren (Armanios 2009).

— **Oxidativer Stress.** Der normale Alterungsprozess wird wesentlich durch Sauerstoffradikale verursacht (▶ Kap. 2), deren Menge im Falle der COPD und des Emphysems durch Tabakrauch, Entzündungsfaktoren und auch Stress erhöht wird. So zeigen transgene Mäuse, die die menschliche Cu/Zn-abhängige Superoxid-Dismutase (SOD) überexprimieren, geringere zigarettenrauchinduzierte Emphyseme (Petrache et al. 2008). Ein weiteres Protein, dessen Menge mit dem Alter abnimmt (**SMP30 – senescence marker protein 30**), ist offenbar auch an der altersbedingten Zunahme von Emphysemen beteiligt, wie Versuche an Mäusen (SMP30$^{-/-}$) ergaben. Ebenso stellte sich bei Mäusen ein **Membranprotein** (codiert durch das **Klotho-Gen**) als wichtig heraus, weil Defekte in diesem Gen frühzeitig Alterserscheinungen wir Arteriosklerose, Osteoporose und Emphysem hervorriefen (MacNee 2009). Frühzeitiges Altern wird auch durch den Verlust von JNK (c-*jun-N-terminal-kinase*) und die daraus folgende erhöhte Produktion von ROS bei Zellen in Kulturen ausgelöst (Lee et al. 2010). Die durch Radikale verursachten mitochondrialen und anderen Zellschäden führen entweder zur Apoptose oder zur Hemmung der Replikation und zur Seneszenz.

— **Zellzyklusinhibitoren.** Der Zellzyklus und damit die Proliferation von Zellen wird durch verschiedene **Inhibitoren** reguliert, wesentlich dabei sind vor allem **p16** und **p21**, die entscheidende Kontrollpunkte des Zellzyklus, z. B. jenen vor dem Übergang von der G_1- zur S-Phase, blockieren können. p21$^{CIP/WAF}$ wird vom Transkriptionsfaktor p53 aktiviert, der wiederum durch DNA-Schäden stimuliert wird. Die Seneszenz der Zellen wird meist durch permanente Aktivierung von p16^{INK} erreicht. Gegenspieler dieser Prolife-

rationshemmung ist der *Insulin-like growth factor*-1(IGF-1)-Weg mit den Komponenten Phosphoinositol-3-Kinase (P13K) und den Kinasen Akt und mTOR (*mammalian target of rapamycin*). Dieser Weg wird bei erhöhtem Nahrungsangebot aktiviert und bei Mangelernährung und Kachexie verringert, was vielleicht den Zusammenhang zwischen Kachexie und Emphysem erklären könnte. Auf der anderen Seite ist die Frage noch nicht genau geklärt, warum eine Aktivierung des IGF-1-Signalwegs bei vielen Modellorganismen die Lebensdauer verkürzt – es sei denn, dass eine dadurch erhöhte Proliferationsrate eine frühzeitige Seneszenz durch raschere Verkürzung der Telomere bewirkt.

— **Epigenetische Mechanismen.** Dazu zählt man langfristige Änderungen der Genaktivität aufgrund von Chromatinmodifikationen wie Acetylierung, Methylierung oder Phosphorylierung sowie DNA-Methylierungen. So wurde z. B. im Lungenepithel von ehemaligen Rauchern mit COPD eine allgemein erhöhte **Acetylierung von H3-Histonen** und bei Rauchern von **H4-Histonen** gefunden, die auf einer verringerten Aktivität von Histondeacetylasen beruhten (Ito et al. 2005).

— **Sirtuine und FOXO-Transkriptionsfaktoren.** Sirtuine wirken zwar als Histondeacetylasen, unterscheiden sich aber in ihrer Struktur und hinsichtlich ihrer NAD$^+$-Abhängigkeit von anderen Histondeacetylasen (HDAC); sie wirken aber ebenso als Geninhibitoren. Sirtuin-1 hemmt zum Beispiel die FOXO3-(Forkhead Box-Transkriptionsfaktor 3-) und FOXO4-Aktivität und deren Induktion der Apoptose (Motta et al. 2004). Im Lungengewebe von Rauchern oder COPD-Patienten war die **Sirt1-Aktivität reduziert** (Rajendrasozhan et al. 2008). Die komplexen Interaktionen im Netzwerk der zellulären/molekularen Signale, die hier angedeutet wurden (⬦ Abb. 6.20), sind jedoch bei weitem noch nicht verstanden oder gar quantifizierbar. Aus diesem Grunde ist es auch schwer, heute schon therapeutische Maßnahmen zu entwickeln, die an diesen Netzwerken ansetzen. Antioxidante Mechanismen zu verstärken, ist dabei eine der vielversprechenden Optionen.

6.10 Medizinische Aspekte

Bei den hier besprochenen Alterskrankheiten COPD und Lungenemphysem sind es die klassischen spirographischen Methoden zur Messung der verschiedenen Lungenvolumina (▶ **Lehrbücher der Lungenheilkunde**). Bei Röntgenaufnahmen zeigen sich eine erhöhte **Strahlentransparenz** der Lunge und ein **tiefstehendes Zwerchfell**. Darstellung kleiner Bullae durch Computertomographie und direkte Betrachtung durch Bronchoskopie geben ebenfalls Hinweise auf COPD. Verminderter Gasaustausch macht sich auch durch erhöhte Erythrocytenzahl bemerkbar – wegen des geringeren pO_2 in der Niere und des daraufhin von der Niere abgegebenen **Erythropoetin**.

Vorbeugende Maßnahmen sind striktes **Vermeiden von Rauchen** – aktiv oder passiv – auch in jüngeren Lebensjahren, da die Latenzzeit bis zum Auftreten von COPD und Emphysem Jahrzehnte dauern kann. Dasselbe gilt für Umweltnoxen wie Auto- und Industrieabgase. Ein Anzeichen für COPD ist eine zu geringe Konzentration von α-1-Antitrypsin (AATM) im Blutserum. Dadurch wird elastisches Gewebe stärker abgebaut. Das fehlende AATM kann über wöchentliche Infusionen zugeführt werden.

Therapeutische Ansätze bestehen in der Regel aus **entzündungshemmenden Substanzen** wie **Cortisol** (was jedoch erhebliche Nebenwirkungen etwa in Form einer Proliferationshemmung aufweist), aus der Gabe von Antibiotika gegen Sekundärinfektionen und – bei deutlicher Verminderung des Gasaustausches – der **Zufuhr von reinem Sauerstoff** über die Atemwege. Hoffnungen auf weitere Therapieansätze liegen bei Bemühungen, die Seneszenz der Alveolarzellen zu hemmen, z. B. durch Verlängerung der Telomere in den Vorläuferzellen oder Hemmung der Proliferationsbremsen wie p16 oder der Apoptose durch Blockierung von p53. Die Schwierigkeiten dabei liegen z. B. in dem dadurch erhöhten Lungenkrebsrisiko. Auch die epigenetischen Mechanismen der Seneszenz könnten eventuell beeinflusst werden. Ein großes Ziel wäre dabei die Herstellung der Regenerationsfähigkeit der Zellen bis zur Rekonstruktion der ursprünglichen Struktur der Alveolen.

6.11 Zusammenfassung zur Lunge

Altersabhängige funktionale Veränderungen bei der Lungenatmung lassen sich an mehreren Messgrößen beobachten: z. B. an der Abnahme des forcierten Expirationsvolumens pro Sekunde, der Vitalkapazität und der Zunahme des Residualvolumens. Die Geschwindigkeit des Gasaustausches wird verringert durch strukturelle Veränderungen der Alveolen und eine dadurch bedingte verringerte Austauschfläche zwischen Alveolen und Blutkapillaren. Diese Veränderungen sind bedingt durch Altersprozesse, verstärkt durch Rauchen. Die altersbedingten und/oder exogen bewirkten Veränderungen der Lunge sind wesentlich durch chronische Entzündungsprozesse, chronischen oxidativen Stress und dadurch bedingte proliferative Seneszenz oder Apoptose der Alveolarzellen verursacht. Als diagnostische Verfahren dienen spirometrische Messungen. Auch eine erhöhte Zahl von roten Blutkörperchen kann ein Hinweis auf zu geringe O_2-Aufnahme durch die Alveolen sein. Indizien für ein Lungenemphysem sind Atemnot bei Belastung, später in Ruhe und erhöhte Strahlentransparenz der Lunge im Röntgenbild. Als vorbeugende Maßnahmen sind vor allem Rauchverzicht sowie Vermeidung von Abgasen und toxischem Feinstaub. Therapeutisch werden antiinflammatorische Substanzen wie Cortisol eingesetzt sowie Sauerstofflangzeittherapien und Atemgymnastik. An den molekularen Veränderungen in den Alveolarzellen sind außer oxidativem Stress, dem Verlust von Telomerlänge und der Hemmung der Proliferation auch Änderungen der Genexpression durch epigenetische Mechanismen wie z. B. Histonacetylierungen beteiligt, etwa in Form geringerer Aktivität von Histondeacetylasen (Sirt1). Verringerung des oxidativen Stresses durch Überexpression einer Superoxid-Dismutase (SOD) führte bei Mäusen zu einer Verringerung der zigarettenrauchinduzierten Emphyseme.

Literatur

Aoshiba K, Nagai A (2009) Senescence hypothesis for the pathogenic mechanism of chronic obstructive pulmonary disease. Proc Am Thorac Soc 6:596–601

Arai Y, Kojima T, Takayama M, Hirose N (2009) The metabolic syndrome, IGF-1, and insulin action. Mol Cell Endocrinol 299:124–128

Armanios M (2009) Syndromes of telomere shortening. Annu Rev Genomics Hum Genet 10:45–61

Aronow WS (2006) Heart disease and aging. Med Clin North Am 90:849–862

Balducci L, Ershler WB, Bennett JM (2007) Anemia in the Elderly. Springer, Heidelberg

Benjamin EJ, Wolf PA, D'Agostino RB (1998) Impact of atrial fibrillation on the risk of death: the Framingham heart study. Circulation 98:946–952

Blakely JA (2000) Heart and estrogen/progestin replacement study revisited. Intern Med 160:2897–2900

Bonora E (2005) The metabolic syndrome and cardiovascular disease. Ann Med 38:64–80

Cesari M, Pahor M, Incalzi RA (2010) Plasminogen activator inhibitor-1 (PAI-1): a key factor linking fibrinolysis and age-related subclinical and clinical conditions. Cardiovasc Ther 28:e72–91

Chandola T, Brunner E, Marmot M (2006) Chronic stress at work and metabolic syndrome: prospective study. BMJ 332:521–525

Chen PS, Chou CC, Tan AY, Zhou S, Fishbein MC, Hwang C, Karagueuzian HS, Lin SF (2006) The mechanisms of atrial fibrillation. J Cardiovasc Electrophysiol 27:2–7

Chu AJ (2006) Tissue factor upregulation drives a thrombosis-inflammation circuit in relation to cardiovascular complications. Cell Biochem Funct 24:173–192

Cucchiara BL (2009) Evaluation and management of stroke. Hematology Am Soc Hematol Educ Program 293–301

Davidson SM, Duchen MR (2007) Endothelial mitochondria: contributing to vascular function and disease. Circ Res 100:1128–1141

Engbers MJ, van Hylckama Vlieg A, Roosendaal FR (2010) Venous thrombosis in the elderly: incidence, risk factors and risk groups. J Thromb Haemost 8:2105–2112

Epel ES, Blackburn E, Lin J, Dhabar FS, Adler NE, Morrow JO (2004) Accelerated telomere shortening in response to life stress. PNAS 101:17321–17325

Erusalimsky JD (2009) Vascular endothelial senescence: from mechanisms to pathophysiology. J Appl Physiol 106:326–332

Esmon CT (2009) Basic mechanisms and pathogenesis of venous thrombosis. Blood Rev 23:225–229

Esmon CT, Esmon NL (2011) The link between vascular features and thrombosis. Ann Rev Physiol 73:503–514

Everett TH 4th, Olgin JE (2007) Atrial fibrosis and the mechanisms of atrial fibrillation. Heart Rhythm 4:24–27

Fasshauer M, Paschke R, Stumvoll M (2004) Adiponectin, obesity and vascular disease. Biochemie 86:779–784

Fawcett DW (1966) Atlas of fine structure: the cell, its organelles and inclusions. Saunders, London

Ferrucci L, Balducci L (2008) Anemia of aging: the role of chronic inflammation and cancer. Semin Hematol 45:42–429

Fukuchi Y (2009) The aging lung and chronic obstructive pulmonary disease: similarity and difference. Proc Am Thorac Soc 6:570–572

Fukuchi Y, Nishimura K, Ishioka S et al (2004) COPD in Japan: the Nippon COPD epidemiology study. Respirology 9:458–465

Galle J, Hansen-Hagge T, Wanner C, Seibold S (2006) Impact of oxidized low density lipoprotein on vascular cells. Atherosclerosis 185:219–226

Giovannucci E (2009) Vitamin D and cardiovascular disease. Curr Atheroscler Rep 11:456–461

Haas S (2004) Antithrombotika. Thromboseforum AstraZeneca, Wedel

Hammel D (2010) Herzchirurgie im fortgeschrittenen Lebensalter. Bremer Ärzte 63:8–9

Hansen W (2007) Medizinische Behandlung alter Menschen. Schattauer, Stuttgart

Hardt R (2006) Herz-Kreislauferkrankungen. In: Oswald WD, Lehr U, Sieber C, Hornhuber J (Hrsg) Gerontologie. Kohlhammer, Stuttgart

Hattori Y, Akimoto K, Gross SS, Hattori S, Kasai K (2005) Angiotensin-II-induced oxidative stress elicits hypoadiponectinaemia in rats. Diabetologia 48:1066–1074

Hong TT, Huang J, Barrett TD, Lucchesi BR (2008) Effects of cyclooxygenase inhibition on canine coronary artery blood flow and thrombosis. Am J Physiol Heart Circ Physiol 294:H145–155

Huber K, Gaul G, Kat A, Langner AN et al (2008) Editorial: Therapie des akuten Herzinfarkts 2008: Internationale Richtlinien. J Kardiol 15:109–112

Ito K, Ito M, Elliott WM et al (2005) Decreased histone deacetylase activity in chronic obstructive pulmonary disease. N Eng J Med 352:1967–1976

Janssens JP, Pache JC, Nicod LP (1999) Physiological changes in respiratory function associated with aging. Eur Respir J 13:197–205

Karrasch S, Holz O, Jörres RA (2008) Aging and induced senescence as factors in the pathogenesis of lung emphysema. Respir Med 102:1215–1230

Khan AM, Ashizawa S, Hlebowicz V, Appel DW (2010) Anemia of aging and obstructive sleep apnea. Sleep Breath 192:179–190

Kahn F (1969) Knaurs Buch vom menschlichen Körper, Droemersche Verlagsanstalt, München

Knudson RJ, Slatin RC, Lebowitz MD, Burrows B (1976) The maximal expiratory flow-volume curve: normal standards, variability, effects of age. Am Rev Respir Dis 113:587–599

Kolominsky-Rabas PL, Heuschmann PU, Neundoerfer B (2002) Epidemiologie des Schlaganfalls. Z Allgemeinmed 78:494–500

Lee JJ, Lee JH, Jo YG, Hong SI, Lee JS (2010) Prevention of premature senescence requires JNK regulation of Bcl-2 and reactive oxygen species. Oncogene 29:561–575

Levi M (2010) The coagulant response in sepsis and inflammation. Hämostaseologie 30:10–16

Libby P (2002) Inflammation in atherosclerosis. Nature 420:868–874

Libby P, Ridker PM, Hansson GK (2011) Progress and challenges in translating the biology of atherosclerosis. Nature 473:317–325

Loirand G, Rolli-Derkinderen M, Pacaud P (2008) Urotension II and atherosclerosis. Peptides 29:778–782

Lindsay ME, Dietz HC (2011) Lessons on the pathogenesis of aneurism from heritable conditions. Nature 473:309–316

MacNee W (2009) Accelerated lung aging: a novel pathogenic mechanism of chronic obstructive pulmonary disease (COPD). Biochem Soc Trans 37:819–823

Marin-Garcia J, Goldenthal MJ, Moe GW (2008) Aging and the Heart. Springer, Heidelberg

Martí-Fàbregas J, Mateo J (2009) Old and new anticoagulant agents for the prevention and treatment of patients with ischemic stroke. Cerebrovasc Dis Suppl 1:111–119

Matthews C, Gorenne I, Scott S, Figg N, Kirkpatrick P, Ritchie A, Goddard M, Bennett M (2006) Vascular smooth muscle cells undergo telomere-based senescence in human arteriosclerosis: effects of telomerase and oxidative stress. Circ Res 99:156–164

Mazzini MJ, Schulze PC (2006) Proatherogenic pathways leading to vascular calcification. Eur J Radiol 57:384–389

Motta MC, Divecha N, Lemieux M et al (2004) Mammalian SIRT1 represses forkhead transcription factors. Cell 116:551–563

Munnix IC, Cosemans JM, Auger JM, Heemskerk JW (2009) Platelet response heterogeneity in thrombus formation. Thromb Haemost 102:1149–1156

Murray V, Norrving B, Sandercock AG, Terent A et al (2010) The molecular basis of thrombolysis and its clinical application in stroke. J Intern Med 267:191–208

Natoli RJ H JL, Badmqarav E, Buist AS, Mannino DM (2006) Global burden of COPD: Systemic review and meta-analysis. Euro Respir J 28:523–532

Netea MG, Kullber BJ, Jacobs LE, Verver-Jansen TJ, van der Ven-Jongekrijg J, Galama JM, Stalenhoef AF, Dinarello CA, van der Meer JW (2004) Chlamydia pneumoniae stimulates IFN-gamma synthesis through MyD88-dependent, TLR2- and TLR4-independent induction of IL-1β release. J Immunol 173:1477–1482

Oeseburg H, de Boer RA, van Gilst WH, van der Harst P (2010) Telomere biology in healthy aging and disease. Pflügers Arch 459:259–268

Petrache I, Medler TR, Richter AT, Kamocki K, Chukwueke U, Zhen L, Gu Y, Adamowicz J, Schweitzer KS, Hubbard WC, Berdyshev EV, Lungarella G, Tuder RM (2008) Superoxide dismutase protects against apoptosis and alveolar enlargement induced by ceramide. Am J Physiol Lung Cell Mol Physiol 295:L44–53

Puddu P, Puddu GM, Cravero E, De Pascalis S, Muscari A (2009) The emerging role of cardiovascular risk factor-induced mitochondrial dysfunction in atherogenesis. J Biomed Sci 16:112

Qu Z, Chaikoff EL (2010) Interface between hemostasis and adaptive immunity. Curr Opin Immunol 22:634–642

Rajendrasozhan S, Young SR, Kinnula VL, Rahman I (2008) SIRT1, an anti-inflammatory and anti-aging protein, is decreased in lungs of patients with COPD. Am J Respir Crit Care Med 177:861–870

Rensing L, Rippe B, Koch M, Rippe V (2006) Mensch im Stress. Spektrum Akademischer Verlag/Elsevier, Heidelberg

Robitzki AA, Kurz R, Rothermel A (2006) Biosensoren für die Frühdiagnostik. Bioforum 29:38–39

Rosendaal FR, Van Hylckama VA, Doggen CJ (2007) Venous thrombosis in the elderly. J Thromb Haemost 5(Suppl):1310–1317

Sasahar A, Loscalzo J (Hrsg) (2003) New therapeutic agents in thrombosis and thrombolysis. Marcel Dekker, New York

Saver JL (2011) Improving reperfusion therapy for acute ischaemic stroke. J Throm Haemostasis 9(Suppl 1):333–343

Savelieva I, Kourliouros A, Camm J (2010) Primary and secondary prevention of atrial fibrillation with statins and polyunsaturated fatty acids: review of evidence and clinical relevance. Naunyn Schmiedebergs Arch Pharmacol 381:1–13

Seed MR, Knopp H (2004) Estrogens, lipoproteins, and cardiovascular risk factors: an update following the randomized placebo-controlled trials of hormone-replacement therapy. Curr Opin Lipidol 15:459–467

Seitz RJ, Siebler M (2008) Platelet GPIIb/IIIa receptor antagonists in human ischemic brain disease. Curr Vasc Pharmacol 6:29–36

Shanmugasundaram M, Alpert JS (2009) Acute coronary syndrome in the elderly. Clin Cardiol 32:608–613

Shantsila E, Lip GY (2009) The role of monocytes in thrombotic disorders. Insights from tissue factor, monocyte-platelet aggregates and novel mechanisms. Thromb Haemost 102:916–924

Silbernagl S, Despopoulos A (2001) Taschenatlas der Physiologie. Thieme, Stuttgart

Staessen J, Amery A, Fagard R (1990) Isolated systolic hypertension in the elderly. J Hypertens 8:393–405

Stoll G, Kleinschnitz C, Nieswandt B (2008) Molecular mechanisms of thrombus formation in ischemic stroke: novel insights and targets for treatment. Blood 112:3555–3562

Thorin E, Webb OJ (2010) Endothelium-derived endothelin-1. Pflügers Archiv 459:951–958

Towne SP, Thara E (2008) Do statins reduce events in patients with metabolic syndrome? Curr Atheroscler Rep 10:39–44

Tuder RM, Yoshida T, Arap W, Pasqualini R, Petrache I (2006) State of the art. Cellular and molecular mechanisms of alveolar destruction in emphysema: an evolutionary perspective. Proc Am Thorac Soc 3:503–510

Turner J, Mead J, Wohl M (1968) Elasticity of human lungs in relation to age. J Appl Physiol 25:664–671

Voghel G, Thorin-Trescases N, Farhat N, Nguyen A, Villeneuve L, Mamarbachi AM, Fortier A, Perrault LP, Carrier M, Thorin E (2007) Cellular senescence in endothelial cells from atherosclerotic patients is accelerated by oxidative stress associated with cardiovascular risk factors. Mech Ageing Dev 128:662–671

Wade RW, Sane DC (2002) Aging and thrombosis. Seminars in Thrombosis and Hemostasis 28:555–567

Walldius G, Junger I (2006) The apoB/apoA-I ratio: a strong, new risk factor for cardiovascular disease and a target

for lipid-lowering therapy – a review of the evidence.
J Intern Med 259:493–519

Wang M, Monticone RE, Lakatta EG (2010) Arterial aging:
a journey into subclinical arterial diasease. Curr Opin
Nephrol Hypertens 19:201–207

Watanabe T, Arita S, Shiraishi Y, Suguro T, Sakai R, Hongo S,
Miyazaki A (2009) Human urontensin II promotes hyper-
tension and atherosclerotic cardiovascular diseases.
Curr Med Chem 16:550–563

Wilkerson WR, Sane DC (2010) Aging and thrombosis. Semin
Thromb Hemost 28:555–568

Xu J, Lupu F, Esmon CT (2010) Inflammation, innate
immunity and blood coagulation. Hämostaseologie
30:5–6, 8–9

Yamamoto K, Takeshita K, Kojima T, Takamutsu J, Saito H
(2005) Aging and plasminogen activator inhibitor-1
(PAI-1) regulation: implication in the pathogenesis of
thrombotic disorders in the elderly. Cardiovasc Res
166:276–285

Yung LM, Leung FP, Yao X, Chen ZY, Huang Y (2006) Reactive
oxygen species in vascular wall. Cardiovasc Hematol
Disord Drug Targets 6:1–9

6

Das Immunsystem

7.1   Übersicht über Struktur und Funktion des Immunsystems

Wir leben in einer Umgebung voller Mikroorganismen – hauptsächlich Viren und Bakterien, aber auch Einzeller und vielzellige Parasiten –, die sich an uns heften und in unseren Körper eindringen; dies geschieht durch Hautporen oder Verletzungen, über die Lunge oder den Verdauungstrakt. Da sie oft auch über den Blutkreislauf transportiert werden, gelangen sie in Organe oder Gewebe, wo sie sich – je nach Erreger – festsetzen und vermehren können. Das kann Infektionskrankheiten zur Folge haben, bei denen einzelne Organsysteme (Lunge, Magen-Darm, Leber u. a.) oder der gesamte Körper (z. B. Sepsis) erkrankt. Diese Erkrankungen waren früher und sind auch noch heute Ursache zahlreicher Todesfälle. Da Wirbeltiere und Menschen von Anbeginn durch Mikroorganismen bedroht waren, hat sich während der Evolution ein komplexes Abwehrsystem entwickelt: das Immunsystem.

Das Immunsystem verfügt über verschiedene Abwehrstrategien:
- Grenzkontrolle: Das Eindringen von Mikroorganismen durch die Haut oder Schleimhäute in den Atem- oder Verdauungstrakt sowie in das Urogenitalsystem wird verhindert,
- Erkennung von eingedrungenen Mikroorganismen und deren Vernichtung oder Inaktivierung. Dazu gehört auch die Zerstörung von körpereigenen Zellen, die von Mikroorganismen befallen sind,
- Speicherung der Erkennungsmarker von pathogenen Mikroorganismen (immunologisches Gedächtnis).

Diese Strategien werden in komplexer Weise hauptsächlich von zwei Systemen umgesetzt: dem angeborenen und dem erworbenen (adaptiven) Immunsystem.

■ Struktur des Immunsystems

Das Immunsystem besteht aus einer großen Zahl von unterschiedlich differenzierten Zellen, die aus **Stammzellen** im Knochenmark hervorgehen. Sie bewegen sich einerseits durch den Blutstrom (▶ Kap. 6), können jedoch auch durch die Gefäßwände in die Gewebsflüssigkeit eintreten und dort

z. B. in der Haut oder in Verdauungsepithelien ihre Funktionen wahrnehmen. Der Transport von Immunzellen geschieht außerdem über die Lymphgefäße (**lymphatisches System**, ◘ Abb. 7.1), das mit der großen Vene (Vena subclavia) des Blutkreislaufs in Verbindung steht. Die Lymphgefäße sind verbunden mit **Lymphknoten** und **lymphatischen Organen** wie dem **Thymus** und der **Milz**, in denen die Immunzellen – vor allem Lymphocyten – sich vermehren und differenzieren.

■ Funktionen des Immunsystems

Man unterscheidet zwei verschiedene Systeme: das angeborene Immunsystem, das unspezifisch auf eingedrungene Mikroorganismen reagiert, und das erworbene oder adaptive Immunsystem, das auf Viren oder Bakterien mit der Bildung dazu exakt passender Antikörper und anderer Erkennungsproteine jeweils spezifisch reagiert.

7.1.1   Das angeborene Immunsystem

Zelluläre Bestandteile des angeborenen Immunsystems sind Phagocyten, d. h. Fresszellen, und natürliche Killerzellen. Zu den Phagocyten gehören die **Monocyten**, die sich zu **Makrophagen** differenzieren, und neutrophile und eosinophile **Granulocyten**, die sich alle aus Knochenmarkstammzellen entwickeln (◘ Abb. 7.2). Die genannten Zellen durchstreifen den Körper und entdecken mithilfe ihrer Rezeptoren eingedrungene Mikroorganismen anhand von typischen Erregermolekülen wie z. B. **Lipopolysaccharide** (LPS). Die Phagocyten werden dadurch aktiviert und können in den Körper eingedrungene Bakterien durch verschiedene Mechanismen abtöten und anschließend aufnehmen und verdauen.

Eine wesentliche Rolle in den Abwehrfunktionen des angeborenen Immunsystems spielen die NK-Zellen, die infizierte Zellen und Krebszellen erkennen und oft auch zerstören können. Sie erkennen diese Zellen an den veränderten Oberflächenproteinen.

Weitere wichtige Komponenten des angeborenen Immunsystems sind lösliche Faktoren, wie das antimikrobielle Enzym Lysozym und das Komplementsystem. Letzteres besteht aus einer Gruppe

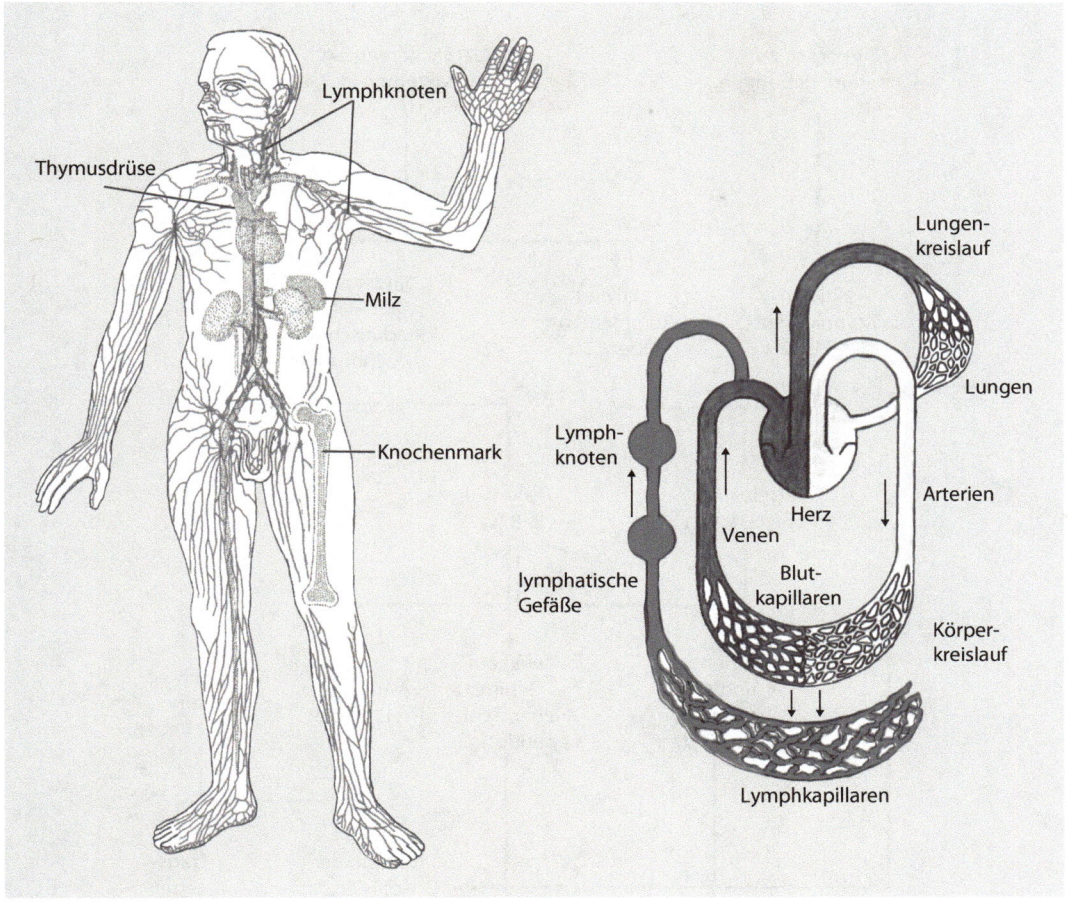

▪ **Abb. 7.1**   Das menschliche Immunsystem (links) und die Verbindung zwischen Lymphgefäßen und Blutkreislauf (rechts). (Nach Jerne 1988)

von Proteinen (Komplementkomponenten, C), die ausgelöst durch Mikroorganismen, Immunglobuline (Ig) oder Cytokine, eine Aktivierungskaskade in Gang setzen. Je nach Auslöser beginnt die Aktivierungskaskade mit C1, C4 oder C3b. Sie bewirken die Bildung des sogenannten **Membranangriffskomplexes** aus den Komponenten C5–C9, der in die Wand von gramnegativen Bakterien geschoben wird und sie damit perforiert und durch eindringende abbauende Enzyme abtötet. Die oft sehr enge Zusammenarbeit der verschiedenen Komponenten des angeborenen Immunsystems soll hier an einem Schema (▪ Abb. 7.3) erläutert werden: Über die von Immunzellen produzierten Signalpeptide, die Cytokine, werden bei der Akti-

vierung des Komplementsystems auch Phagocyten angelockt, die die Eliminierung der geschädigten Mikroorganismen unterstützen. Ebenso lösen die Cytokine die »**Krankheitssymptome**« wie Fieber, Schlaf und Appetitlosigkeit aus, indem sie Areale im Gehirn und die Stresshormonachsen beeinflussen (Rensing et al. 2006).

Alle Immunzellen kommunizieren untereinander und mit anderen Zellen, dem Nerven- und Hormonsystem über sogenannte **Cytokine**, d. h. über Signalproteine, die ein komplexes Kommunikationssystem darstellen. Dazu gehören u. a. die **Interleukine** (IL) 1 bis über 30 sowie **Interferone**, **Chemokine**, **Tumornekrosefaktor α (TNFα)**, *transforming growth factor β* **(TGF β)** und andere,

7

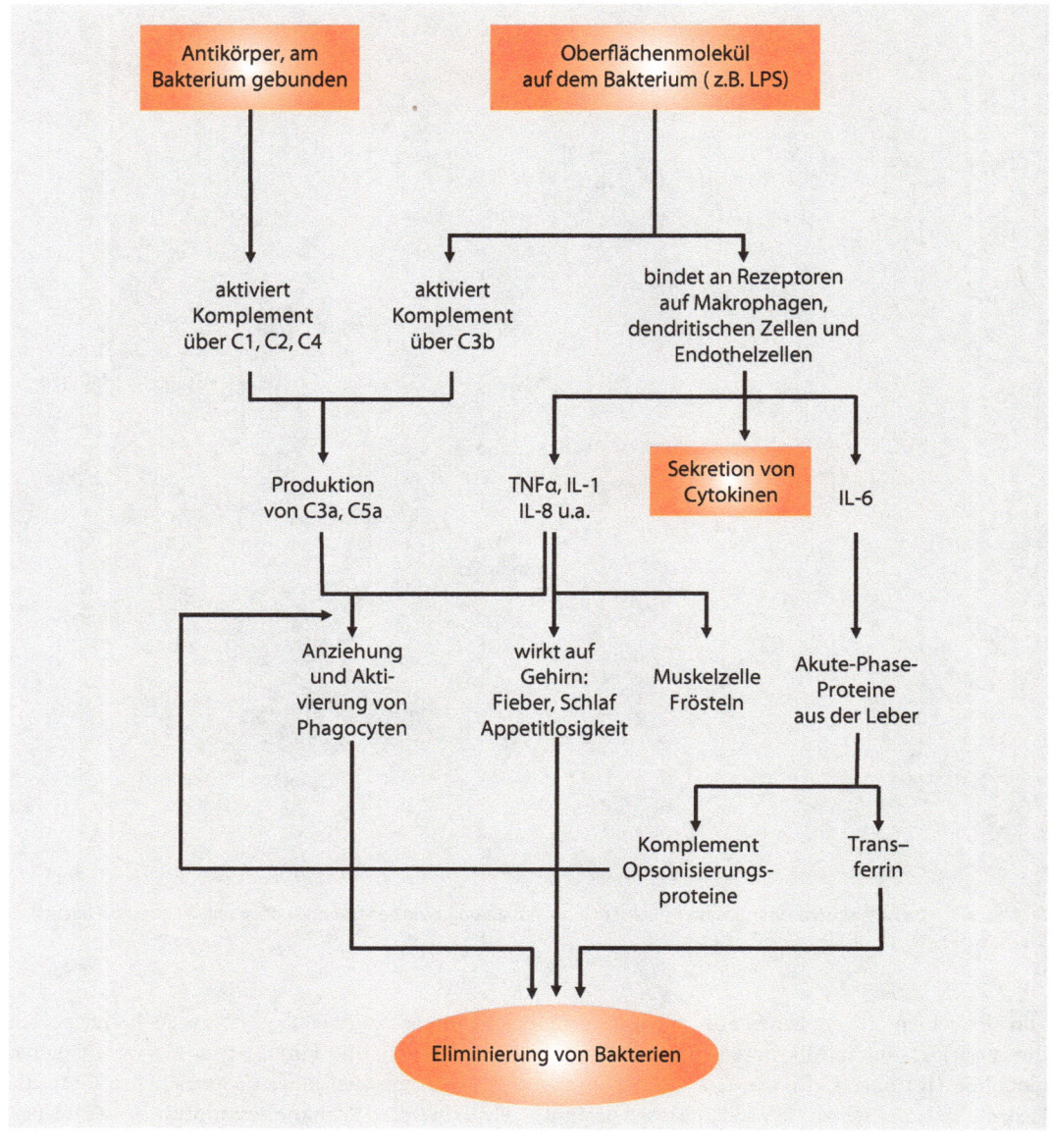

■ **Abb. 7.2**   Wichtige Bestandteile und Reaktionen des angeborenen Immunsystems. Oberflächenmoleküle von Bakterien und an Bakterien gebundene Antikörper lösen eine Reihe von Reaktionen des Immunsystems aus, die schließlich zur Eliminierung der Bakterien führen (nach Salyers und Witt 2002); Abkürzungen s. Text.

die sowohl für das Funktionieren des angeborenen als auch des adaptiven Immunsystems von großer Bedeutung sind.

■ **Die Entzündungsreaktion**

Bei bakteriellen Infektionen – oft zusammen mit Verletzungen – werden proinflammatorische Cyto-

kine hauptsächlich von Makrophagen freigesetzt, die sich an der Infektionsquelle befinden. Diese Cytokine sind primär TNFα und IL-1β, die die Freisetzung von Interleukin 6 (IL-6) bewirken, das sowohl proinflammatorische wie antiinflammatorische Wirkungen zeigt. Alle drei Cytokine, vor allem IL-6, aktivieren in der Leber die **Akute-Phase-**

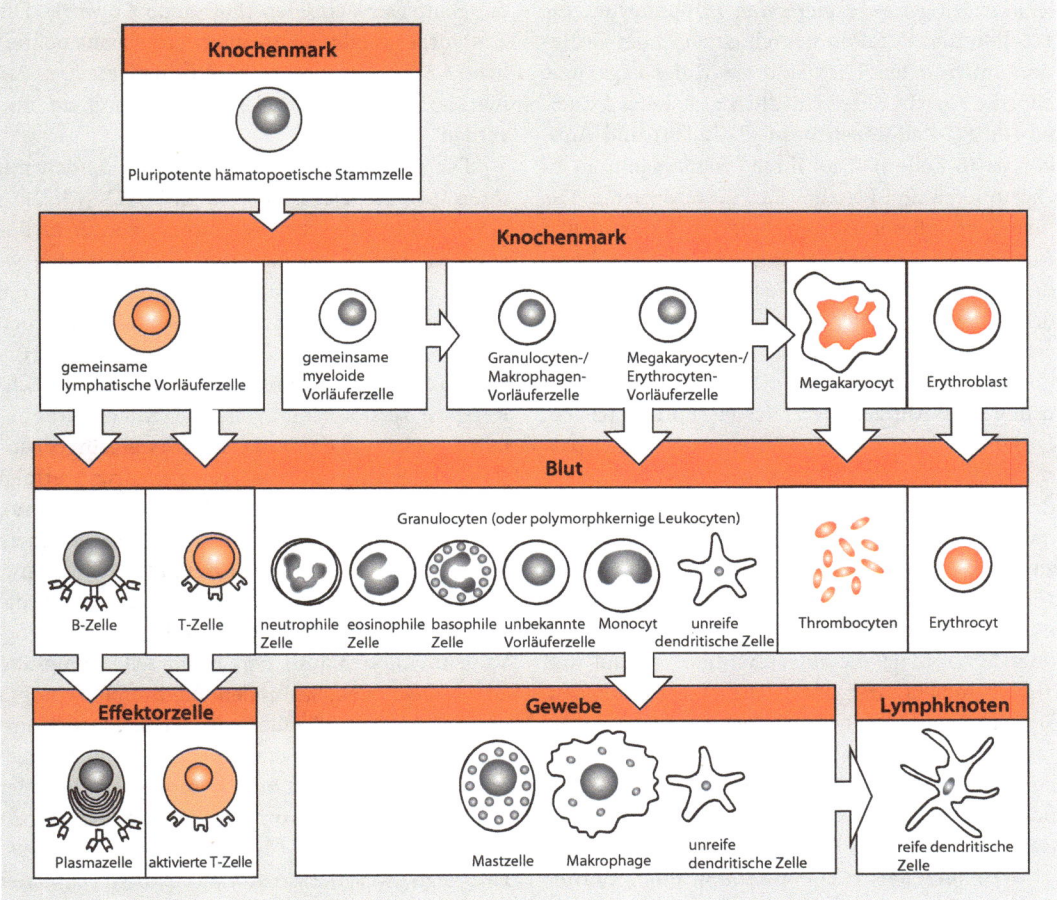

□ Abb. 7.3 Entstehung der verschiedenen Immunzellen und anderer Blutzellen aus pluripotenten Stammzellen im Knochenmark. Dabei differenzieren sich schon früh lymphatische Vorläuferzellen für Lymphocyten und myeloide Vorläuferzellen für Granulocyten (polymorphkernige Leukocyten), Megakaryocyten und Erythrocyten. (Nach Murphy et al. 2009)

Reaktion, die in der Synthese und Sekretion von **C-reaktivem Protein (CRP)** und anderen Proteinen (Coeruloplasmin, Fibrinogen, Haptoglobin und Ferritin) resultiert.

CRP bindet ein Phosphocholin an absterbenden Zellen (u. a. Bakterien) und aktiviert das Komplementsystem, ist bei chronischen Entzündungen jedoch auch ein Risikofaktor für Arteriosklerose und Herzinfarkt. Sein Normalwert beträgt maximal 10 mg/l. Nach der überstandenen Infektion wird die Wirkung von IL-1β und TNFα durch die Sekretion von IL-1-Rezeptorantagonisten (IL-1Ra) und löslichen TNFα-Rezeptoren (sTNF-R) gedros-

selt. Außerdem wird IL-10 von T-Lymphocyten produziert, ein antiinflammatorisches Cytokin, das Makrophagen deaktiviert.

7.1.2 Das adaptive oder erworbene Immunsystem

Während das angeborene Immunsystem schon gut bei Wirbellosen (z. B. *Drosophila*) entwickelt ist, tritt das adaptive Immunsystem erst bei den Knorpelfischen auf. Charakteristisch für das adaptive Immunsystem sind die spezifisch auf Fremdmoleküle (Antigene) reagierenden Lymphocyten, die **T-Zellen** und **B-Zellen**. Durch einen in der Evolution entwickelten Trick sind sie in der Lage, eine enorme Anzahl unterschiedlich gestalteter Proteine – die **T-Zell-Rezeptoren** (T-Zellen) und **Antikörper (B-Zellen)** – auf ihrer Plasmamembran zu exprimieren und Letztere auch zu sezernieren. Die Produktion dieser für jede Zelle unterschiedlichen Moleküle geschieht über eine **somatische Rekombination** der Genanteile, die für den variablen Teil des Rezeptors bzw. des Antikörpers codieren. So entstehen äußerst zahlreiche Varianten, die darauf überprüft werden, ob und wie gut sie zum eingedrungenen Antigen bzw. dessen **Epitop** passen. Diejenigen T-Zellen oder B-Zellen, die einen passenden Rezeptor bzw. Antikörper aufweisen, werden dann über Wachstumsfaktoren vermehrt (klonale Selektion). Um diese Passgenauigkeit festzustellen, sind **antigenpräsentierende Zellen (APC)** wie z. B. **dendritische Zellen** und **Makrophagen** notwendig, die eingedrungene Mikroorganismen oder Makromoleküle aufgenommen, verdaut und Teile davon auf ihrer Oberfläche präsentiert haben. Die Präsentation der so bearbeiteten Antigene erfolgt auf zelleigenen membranständigen Proteinkomplexen, den MHC-Molekülen der Klasse I und II (MHC = *major histocompatibility complex*, Haupthistokompatibilitätskomplex).

T-Helferzellen (CD4⁺-T-Zellen) oder **cytotoxische (CD8⁺-) T-Zellen**, die mit ihrem T-Zell-Rezeptor den MHC-Komplex mitsamt dem Antigenbruchstück erkennen und binden, werden mithilfe zusätzlicher Signale der APC (Costimulation) zur Proliferation stimuliert. Die CD4⁺-T-Zellen differenzieren sich dann noch in T_H1- oder T_H2-Zellen. T_H1-Zellen aktivieren Makrophagen, T_H2-Zellen suchen nach B-Zellen, die einen Komplex des gleichen Antigenbruchstücks auf einem membranständigen MHC-II-Komplex aufweisen; sie binden daran und stimulieren diese B-Zelle. Zuvor hatte die B-Zelle das Antigen mithilfe ihrer membranständigen Antikörper gebunden, aufgenommen und Bruchstücke davon mithilfe ihres MHC-II-Moleküls auf ihrer Oberfläche zur Schau gestellt. Diese nun von der T_H2-Zelle stimulierte B-Zelle proliferiert und entwickelt sich zu einem B-Zell-Klon, der zu **Plasmazellen** differenziert, die große Mengen ihres spezifischen Antikörpers produzieren und in

das Blutplasma abgeben (humorale Antwort). Die Antikörper binden dann an im Blutplasma befindliche Antigene von Mikroorganismen, die dann, so markiert, von Makrophagen aufgenommen und verdaut werden.

Die cytotoxischen CD8⁺-T-Zellen binden mit ihren spezifischen Rezeptoren an MHC-I-Moleküle von Zellen, die schon von Viren oder intrazellulären Bakterien befallen sind. MHC-I-Moleküle befinden sich auf allen Körperzellen und präsentieren dort u. a. Antigenbruchstücke von eingedrungenen Mikroorganismen. Passt dieser Komplex aus MHC-Molekül und Antigenbruchstück zu ihrem T-Zell-Rezeptor, zerstören die cytotoxischen Zellen die befallene Zelle und damit meist auch den eingedrungenen Mikroorganismus. Die Zerstörung erfolgt durch freigesetzte Proteine (**Perforin, Granzyme**), die die Membran der Zelle durchlässig machen, auch für die apoptoseinduzierenden Granzyme. Eine weitere cytotoxische T-Zell-Gruppe sind die Natürlichen Killer-T-Zellen (NKT-Zellen), die bei Virusinfektionen und der Tumorzellbekämpfung eine Rolle spielen. Sie binden mit ihren Rezeptoren nicht an MHC-Moleküle, sondern an CD1d-Komplexe, die Lipide präsentieren. Sie können diese virusinfizierten Zellen oder Tumorzellen entweder durch Ausschüttung von Perforin und Granzymen abtöten, aber auch über Interaktionen mit dem Fas/FasL-Signalweg, der zur Apoptose führt. Diese hier nur kurz skizzierten Prozesse sind in Wirklichkeit sehr viel komplexer (s. Murphy et al. 2009).

Ein weiteres Charakteristikum des adaptiven Immunsystems ist die Existenz eines »**immunologischen Gedächtnisses**«, d. h. nach einer erstmaligen Infektion oder Impfung bleiben kleine Gruppen von antigenspezifischen Gedächtnis-T- und -B-Zellen mit längerer Lebensdauer übrig, die bei einer zweiten Infektion sehr viel schneller reagieren können und die entsprechenden passenden T- und B-Zellen generieren. Der Preis für die hohe Diversität der T- und B-Zellen ist das Risiko, dass sie sich auch gegen körpereigene Proteine, sogenannte Autoantigene, richten können. Immunreaktionen sind daher komplex geregelt. Eine wichtige Rolle spielen dabei die **regulatorischen T-Zellen (T_{reg}-Zellen)**, die einerseits die adaptive Immunantwort begrenzen und andererseits die Toleranz gegenüber Autoantigenen aufrechterhalten.

7.2 Altersabhängige Veränderungen und Erkrankungen

Altersabhängige Veränderungen finden sowohl im angeborenen wie im adaptiven Teil des Immunsystems statt. Diese als »Immunseneszenz« bezeichneten Veränderungen finden sich sowohl in der Struktur und Funktion der beteiligten Gewebe wie dem Knochenmark, dem Ursprungsort der Immunzellen, den peripheren lymphoiden Geweben wie Milz und Lymphknoten, in der Verkleinerung des Thymus (Thymusinvolution) und in zahlreichen zellulären und molekularen Aspekten der Immunzellen (Übersichten: Miller 1991; Connoy et al. 2006; Gruver et al. 2007; Agarwal und Busse 2010).

Im Gegensatz dazu sind im Alter proinflammatorische Cytokine und Entzündungsprozesse erhöht (siehe weiter unten). Diese Erhöhung beruht allerdings nur zum Teil auf Aktivitäten der Immunzellen, zum Teil jedoch auch auf Aktivitäten anderer Gewebe, wie z. B. Endothelzellen (▶ Kap. 6), sowie auf veränderten Gleichgewichten von intrazellulären Signalwegen.

7.2.1 Stammzellen der Immunsysteme im Knochenmark

Das Knochenmark enthält pluripotente Stammzellen, die sich entweder zu Knochengewebe differenzieren (◘ Abb. 7.2) oder sich zu peripheren Blutzellen entwickeln und oft in speziellen sekundären Kompartimenten (Thymus, Lymphknoten und anderen Geweben) zu funktionellen Immunzellen heranreifen. Wie auch andere Gewebe reagiert das Knochenmark auf altersabhängige Veränderungen im Hormon- und Cytokinmilieu (Lamberts et al. 1997): Da der Spiegel der Wachstumshormone mit dem Alter abnimmt, lässt sich dadurch wahrscheinlich die Abnahme der hämatopoetischen Zellen (und Zunahme von Fettgewebe) erklären. Auch Cytokine wie Interleukin 7 (IL-7) und TNFα, die essenziell für das Überleben von Lymphocyten sind (Kim et al. 1998), werden bei altersbeschleunigten Mäusestämmen von Makrophagen im Knochenmarkstroma weniger produziert (Tsuboi et al. 2004).

Die verringerte Zahl von Vorläuferzellen im Knochenmark (z. B. von Prä-B-Zellen) ist einerseits wohl auf dieses veränderte Milieu zurückzuführen, andererseits spielen auch DNA-Schäden und die altersabhängige Verkürzung der Telomere und damit verbundene DNA-Instabilität der Knochenmarkszellen eine wichtige Rolle (Andrews et al. 2010). Differenzierte Zellen wie Lymphocyten sind zwar in der Lage, die Telomerase hochzuregulieren, was aber die altersabhängige Abnahme der Lymphocytenproduktion nicht verringert. Ob die Produktion von T-Zell-Vorläufern (early T-lineage progenitors, ETP) beim Menschen abnimmt, ist noch unklar, bei alternden Mäusen wurde sie nachgewiesen, ebenso wie eine Zunahme der Apoptose (Gruver et al. 2007).

Kürzlich wurde ein wesentlicher Teilschritt bei der altersabhängigen Abnahme der Anzahl hämatopoetischer (lymphoider) Stammzellen entdeckt: Eine Telomerverkürzung oder DNA-Schäden in diesen Zellen führten zur Differenzierung und zum Verlust der Teilungsfähigkeit und Selbsterneuerung. Verantwortlich für diesen Verlust war die Aktivierung eines Transkriptionsfaktors (BATF, basic leucine zipper transcription factor ATF-like), der die Differenzierung bewirkt. In jüngeren Jahren schützt dieser Mechanismus vermutlich davor, dass DNA-Schäden in Stammzellen zu einer Tumorentwicklung führen (Wang et al. 2012).

7.2.2 Das angeborene Immunsystem

In allen Zellen des angeborenen Immunsystems finden deutliche Veränderungen während des Alterns statt (◘ Tab. 7.1). Es sind vor allem Änderungen in den Funktionen: in der Cytotoxität, der Phagocytose, in der Aktivität von Transkriptionsfaktoren und Genexpression sowie in der Proliferationsrate.

7.2.2.1 Monocyten/Makrophagen

Monocyten gehen aus myeloiden Stammzellen hervor und differenzieren sich zu Makrophagen mit spezifischen Funktionen in zahlreichen Geweben ebenso wie zu dendritischen Zellen. Dabei zeigte sich, dass der Prozentsatz von Zellen, die den Makrophagen-Marker CD68 exprimieren, im Knochenmark älterer Menschen abnimmt. Auf den Mem-

◨ Tab. 7.1 Altersabhängige Veränderungen im angeborenen Immunsystem des Menschen. (Nach Panda et al. 2009)

NK-Zellen	↑ Zahl ↓ Cytotoxizität
	↓ IL-2-abhängige IFN-γ-Produktion sowie IL-2-, IL-12- und IL-8-induzierte Chemokinproduktion (MiP-1α, RANTES)
Monocyten	↑ ↓ oder unveränderte LPS-induzierte Cytokinproduktion
	↓ TLR-1/2-induzierte IL-6- und TNFα-Produktion
	↓ Oberflächenexpression von TLR1 und TLR4
	↓ TLR-induzierte Hochregulation von CD80
	↓ DC-SIGN-Signalkette in Makrophagen (West-Nil-Virus)
	↓ Phagocytose
	↓ Prozentsatz von CD68-positiven Makrophagen im Knochenmark
Dendritische Zellen	↓ Langerhans-Zelldichte in der Haut
	↓ Pinocytose oder Endocytose und Beeinträchtigung der Chemokin-induzierten Wanderung
	↓ LPS-induzierte IL-12-Produktion in mDC
	↓ IFN-α-Produktion in PBMC
	↑ TLR4- und TLR8-induzierte TNFα-Produktion in MDDC
	↓ Akt-Phosphorylierung ↑ p38-Phosphorylierung in MDDC

NK Natürliche Killerzelle, *IL* Interleukin, *IFN* Interferon, *MIP* Makrophagen-Entzündungsprotein, *RANTES regulated upon activation, normal T-cell expressed and secreted, LPS* Lipopolysaccharid, *TLR toll-like receptor, TNFα* Tumornekrosefaktor α, *DC-SIGN dendritic cell-specific ICAM-3 grabbing non-integrin, mDC* myeloide dendritische Zelle, *PBMC peripheral blood mononuclear cell, MDDC monocyte-derived dendritic cell, p38* Proteinkinase

branen dieser Zellen befinden sich **Toll-ähnliche Rezeptoren (TLR)**. Diese Familie von Rezeptoren ist spezifisch für die Bindung an hochkonservative Teile von Pathogenen wie Lipopeptide, Lipopoly-

saccharide (LPS), bakterielles Flagellin und doppel- und einzelsträngige RNA sowie nicht methylierte CpG-Oligodesoxynucleotide. Eine TLR-Aktivierung über eine solche Bindung bewirkt die Stimulation des **NF$_K$B-Signalwegs**, die Aktivierung von **Typ I-Interferon** und interferonabhängiger Gene sowie eine Ausschüttung **proinflammatorischer Cytokine**. Eine Reihe von Ergebnissen weist auf altersabhängige Störungen der TLR-Signalketten hin (Übersicht: Panda et al. 2009). Andererseits gibt es auch gegenteilige Befunde, die zeigen, dass Monocyten eher zunehmen (Seidler et al. 2010) und mehr proinflammatorische Cytokine und Chemokine produzieren.

Das scheint zur erhöhten Entzündungsbereitschaft im Alter beizutragen, die sich auch in einer höheren Zahl entzündlicher Erkrankungen z. B. im Herz-Kreislauf-System widerspiegelt (▶ Kap. 6). Diese Entzündungsneigung hat zu der Wortbildung *inflamm-aging* geführt, die die enge Verbindung zwischen diesen Prozessen aufzeigen soll (Salminen et al. 2008).

Diese **chronische Entzündungsneigung** macht sich u. a. in einer subklinischen jedoch dauerhaften Erhöhung von IL-6- und CRP-Konzentrationen bemerkbar. Wie oben angedeutet, wirkt sich ein erhöhter CRP-Spiegel negativ auf Arteriosklerose und positiv auf das Risiko von Herzinfarkt aus. Die Erhöhung von IL-6 und CRP ist hier jedoch meist nicht auf bakterielle Infektionen zurückzuführen, sondern eher auf regulatorische Veränderungen, deren Mechanismen noch nicht genau bekannt sind. Wichtig ist in diesem Zusammenhang, dass der CRP-Gehalt auch durch eine Tumorerkrankung ansteigen kann.

7.2.2.2   Dendritische Zellen

Studien zu Alterseffekten auf dendritische Zellen sind in ihren Ergebnissen oft widersprüchlich, aber Gegenstand intensiver Untersuchungen (Übersicht: Panda et al. 2009). Ein wichtiges Ergebnis ist die altersbedingte Abnahme der Zahl der Langerhans-Zellen in der Haut (◨ Tab. 7.1). Auch die Abnahme der Phagocytoseaktivität mit dem Alter ist z. B. für die Neutrophilen gezeigt worden (Simell et al. 2011).

▢ **Tab. 7.2** Wichtige Aspekte des Alterns von Maus-T-Zellen. (Nach Maue et al. 2009)	
CD4⁺-T-Zellen	**CD8⁺-T-Zellen**
Verringerte T-Zell-Rezeptorenzahl und verringerte Signalintensität	Abnahme in der Reaktion auf neue Antigene
	Abnahme in der Diversität der Reaktionsrezeptoren
Defekte bei der Aktivierung, Differenzierung und Expansion nach Stimulation	Nichtmaligne Expansion von individuellen CD8⁺-T-Zell-Klonen
Reduzierte Produktion von Interleukin 2	Beeinträchtigte Herstellung eines CD8⁺-T-Zell-Gedächtnisses
Beeinträchtigte Fähigkeit, Hilfe für B-Zellen bei der Immunisierung zu leisten	

7.2.2.3 NK-Zellen

Die cytolytische Aktivität von NK-Zellen – gemessen z. B. an der Aktivität gegen Krebszellen (in Kultur) – nimmt zwar ab, wird aber zum Teil durch eine Zunahme der Anzahl besonders aktiver NK-Zellen kompensiert (▢ Tab. 7.1). Die Produktion von Chemokinen, d. h. von chemotaktisch wirkenden Signalen, ist bei NK-Zellen offenbar altersabhängig verringert.

7.2.2.4 Das Komplementsystem

Studien an Mäusen ergaben eine Zunahme der frühen Anteile des Komplementsystems (C1q, C3, C4, C5) mit dem Alter. Bei Amyloid-Mäusen (erhöhte APP 23-Expression) waren die Zunahmen zum Teil noch höher (Reichwald et al. 2009). Auch bei älteren Menschen war die Konzentration von C3 und C4 etwas höher als bei jüngeren (Simell et al. 2011).

7.2.3 Das adaptive Immunsystem

7.2.3.1 T-Zellen

Thymocyten(T)-Progenitorzellen aus dem Knochenmark versammeln sich im Thymus und beginnen dort ihre Differenzierung – im Wesentlichen zu CD4⁺-T-Zellen (T-Helferzellen) oder CD8⁺-T-Zellen (cytotoxische T-Zellen). Außerdem erfolgt dort ihre »Erziehung«, um Eigen- von Fremdantigenen unterscheiden zu können. Die T-Zellen im Thymus (Thymocyten) gruppieren dabei die Gene für ihren T-Zell-Rezeptor (TCR) um, sodass eine enorme Vielzahl von Zellen mit unterschiedlichen TCR entsteht. Danach findet zunächst eine positive Selektion von Zellen statt, deren TCR mit den MHC-Molekülen auf den Epithelzellen reagiert. Bei der sich anschließenden negativen Selektion werden Zellen eliminiert, die stark mit körpereigenen Strukturen reagieren. Zugleich entscheiden sich die Zellen unter dem Einfluss der Umgebung, ob sie entweder naive CD4⁺- oder CD8⁺-T-Zellen werden. Die Umgebung – das Thymusstroma – besteht aus Epithelzellen, dendritischen Zellen, Makrophagen oder Fibroblasten, die diese Entwicklung mithilfe von Cytokinen u. a. Signalmolekülen orchestrieren.

Eine altersabhängige Verringerung der Leistungen von CD4⁺-T-Zellen und CD8⁺-T-Zellen ist inzwischen vielfach dokumentiert, z. B. durch die Untersuchung von T-Zell-Rezeptor-transgenen (TCR-Tg) Mäusestämmen. Wegen der signifikanten Änderungen im Cytoskelett, der Glykolisierung von Zelloberflächenmolekülen und Phosphorylierung von wichtigen Signalmolekülen sind die Funktionen des TCR-Systems von naiven CD4⁺-Zellen bei alten Mäusen beeinträchtigt (▢ Tab. 7.2). Auch bei CD8⁺-T-Zell-Reaktionen ist eine Verminderung im Alter zu erkennen (Übersicht: Maue et al. 2009). Bei alten Mäusen nimmt die Fähigkeit von peripheren T-Zellen zur Differenzierung und Cytokinproduktion ab. So sezernieren T_H1-Gedächtniszellen als Abkömmlinge von naiven Zellen im Alter weniger Interleukin 2 und T_H2-Gedächtniszellen weniger IL-4 und IL-5. Auch die Zahl z. B. grippevirusspezifischer CD8⁺-T-Zellen und Interferon γ(IFN-γ)-produzierender Zellen nimmt mit dem Alter ab – und erhöht so die Anfälligkeit gegenüber Infektionen.

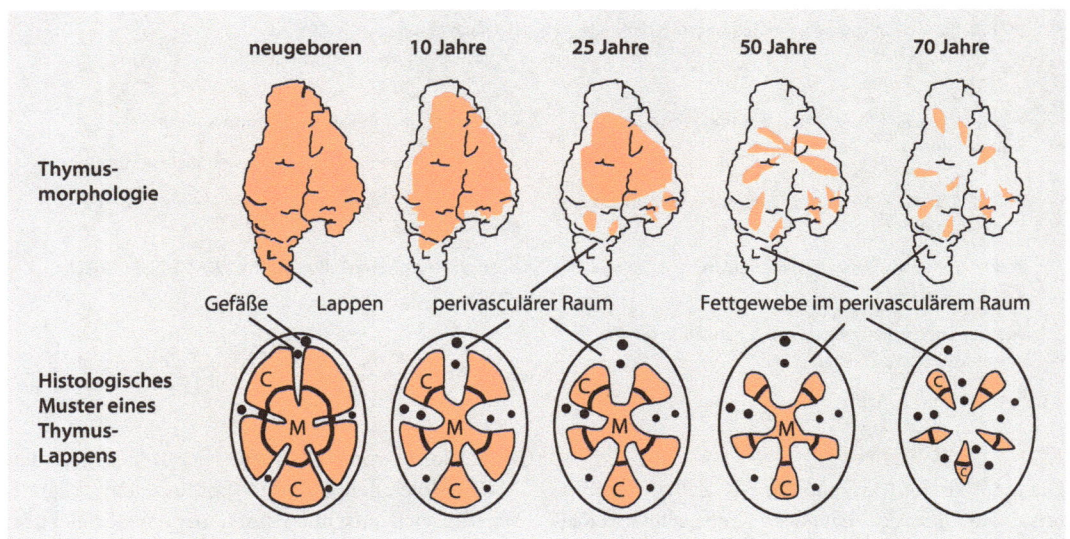

Abb. 7.4   Thymusinvolution. Grafische Darstellung der Wirkung des Alters auf die Morphologie des menschlichen Thymus. Epithelialer Bereich: rosa, perivasculärer Bereich: grau, *C* Cortex, *M* Medulla. (Nach Sempowski et al. 2000)

7.2.3.2   Thymusinvolution

Als Thymusinvolution bezeichnet man die Verkleinerung und funktionelle Atrophie des Thymus, die mit dem 1. Lebensjahr beginnt (■ Abb. 7.4). Die Verkleinerung betrifft vor allem den eigentlichen thymusspezifischen epithelialen Raum, der nur noch 10 % des gesamten Thymusgewebes im Alter von 70 Jahren erreicht, während der perivasculäre Raum mit Fettgewebe, peripheren Lymphocyten und Stroma sich relativ stark vergrößert. Der für die Atrophie verantwortliche Mechanismus ist noch unklar.

■ Molekulare Mechanismen

Für die Mechanismen der Thymusinvolution gibt es verschiedene Hypothesen. Eine davon betont besonders die Rolle von Cytokinen und hämatopoetischen Wachstumsfaktoren, die von Thymusepithelzellen produziert werden, wie **IL-1, IL-3, IL-6, IL-7, TGFβ, Oncostatin M (OSM)** und **LIF** (*leukemia inhibitory factor*), die die komplexen Prozesse im Thymus regulieren (Gruver et al. 2007).

IL-7 ist vor allem notwendig, um das Überleben der Thymocyten zu garantieren, indem es u. a. die Bcl-2-Menge in Pro-T-Zellen hochhält, die Apoptose verhindern (Kim et al. 1998). Auch IL-10 und Leptin scheinen eine positive Wirkung

auf die Thymopoese zu haben. IL-7 nimmt mit dem Alter zu. Das gilt jedoch auch für Cytokine, die die Atrophie des Thymus bewirken, wie LIF, einer der Hauptfaktoren der Endotoxin(LPS)-induzierten Atrophie, IL-6 und OSM (■ Abb. 7.5). Das heißt, dass die Atrophie ein vom Organismus aktiv gesteuerter Prozess ist. Hinzu kommt der altersabhängig zunehmende oxidative Stress: Geringe Dosen eines Antioxidans (z. B. Plastoquinonyl-Decyltriphenylphosphonium, SkQ1) hemmen die Thymusinvolution bei Ratten (Obukhova et al. 2009). Auch Chemotherapie, Strahlenbehandlung bei Transplantationen, septischer Schock und andere akute Stressoren beschleunigen die Atrophie. Um die Thymusatrophie zu verfolgen, gibt es verschiedene Methoden. Eine davon besteht in der Messung von T-Zell-Rezeptor**(TCR)-Episomen**, die bei den zahlreichen neuen Genumgruppierungen vor der Bildung von TCR-Varianten entstehen. Diese sogenannten *signal joint T cell receptor excision circles* **(sjTREC)** können mit *real-time*-PCR gemessen und zur Bestimmung von im Thymus neu produzierten naiven T-Zellen genutzt werden. Wenn man diesen sensitiven Marker als Test für die altersabhängige Veränderung der Thymopoese anwendet, erhält man eine deutliche Verringerung (■ Abb. 7.6).

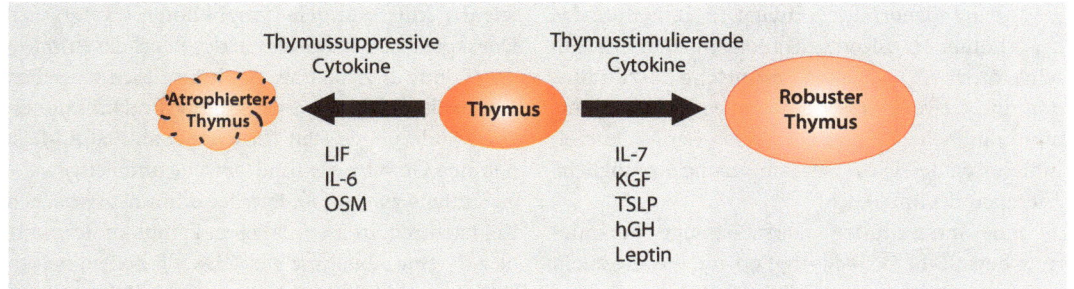

Abb. 7.5 Schematische Darstellung der Faktoren, die die Thymopoese und Thymusstruktur beeinflussen. *LIF leukemia inhibitory factor; IL-6* Interleukin 6, *OSM* Oncostatin M, *IL-7* Interleukin 7, *KGF keratinocyte growth factor, TSLP thymic stromal lymphopoetin, hGH human growth hormone.* (Nach Gruver et al. 2007)

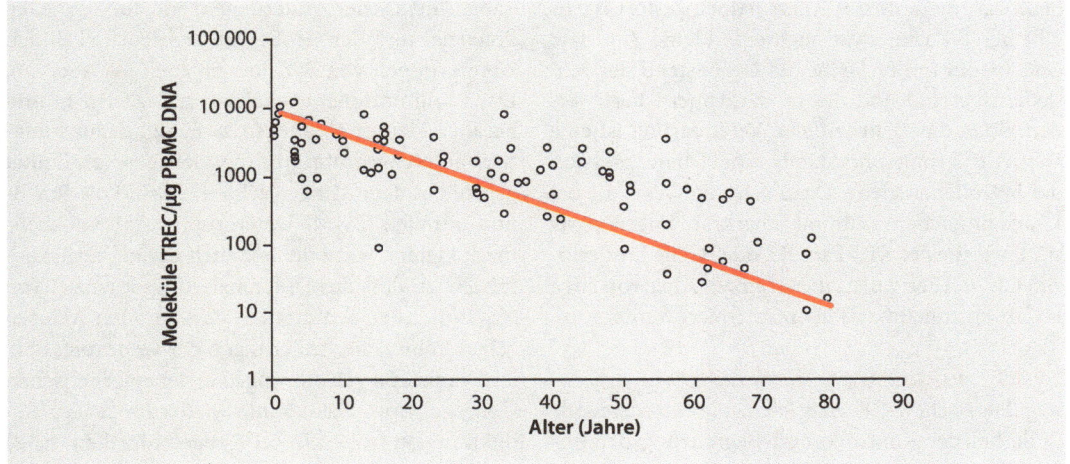

Abb. 7.6 Altersabhängige Veränderungen des menschlichen Thymus in Bezug auf den peripheren Pool von naiven T-Zellen. Ordinate: sjTREC-Moleküle pro mg isolierte Zell-DNA aus peripheren Monocyten im Blut (PBMC). *n* = 100 Personen im Alter zwischen 6 Monaten und 80 Jahren. *sjTREC signal joint T cell receptor excision circles.* (Nach Gruver et al. 2007)

Die Auswirkungen der Thymusinvolution für das Immunsystem sind ebenfalls noch umstritten. Auf der einen Seite gibt es inzwischen molekulare Marker für neu produzierte naive T-Zellen aus dem Thymus, deren Menge sowohl bei Menschen wie bei Mäusen deutlich mit dem Alter abnimmt (Abb. 7.6). Das liegt offenbar an der Verkleinerung von thymopoetischen Gewebsbereichen im Thymus, während das produktive Potenzial der dort befindlichen Zellen relativ konstant bleibt. Auf der anderen Seite sind die Folgen der operativen Entfernung des Thymus (Thymektomie), die oft bei Operationen am offenen Herzen – etwa bei Neugeborenen – vorgenommen wird, sehr unterschied-

lich: Bei einigen Patienten sind danach deutliche Einschränkungen bei der Produktion von naiven CD4⁺- und CD8⁺-Zellen zu beobachten, während andere Patienten dabei weniger Defizite aufweisen (Appay et al. 2010). Die Gründe für diese heterogenen Ergebnisse sind noch nicht genau bekannt.

Zur Entstehung von **Autoimmunerkrankungen** wie **rheumatoide Arthritis, multiple Sklerose** und **entzündliche Darmerkrankungen** tragen offenbar Abkömmlinge von (CD4⁺) T-Helferzellen bei. Aus naiven T_H0-Zellen differenzieren sich unter dem Einfluss von IL-1β, IL-6, IL-21 und IL-23 T_H17-Zellen. Diese haben zunächst eine positive Wirkung bei der Abwehr von Mikroorganismen. Bei andauernder Aktivität (z. B. könnte das bei erhöhter IL-6-Konzentration im Alter der Fall sein) fördern **T$_H$17-Zellen chronische Entzündungen** und Gewebezerstörungen wie sie bei Autoimmunkrankheiten auftreten. Daher werden zurzeit Inhibitoren der T$_H$17-Differenzierung als mögliche Therapeutika untersucht.

Eine intrazelluläre altersabhängige Veränderung betrifft die **DNA-Methylierung**, die allgemein mit dem Alter abnimmt. Die DNA-Methylierung ist Teil der **epigenetischen Regulation** von Genaktivitäten, die in der Regel durch Methylierung gehemmt werden. Sie wird jeweils bei jedem Verdopplungsschritt an die Tochterzellen weitergegeben, was im Laufe des Alters jedoch gestört ist. Es gibt bei T-Zellen zwar auch eine kleine Zahl von **CpG-Inseln** in der DNA, die Gegenstand der Methylierung sind und die verstärkt methyliert werden, doch die mehrheitliche Veränderung ist eine Demethylierung und damit eine Überexpression der betroffenen Gene. Dazu gehören Gene, die bei Lupus-ähnlichen Autoimmunerkrankungen aktiv sind, wie die der KIR-Familie, oder Gene für Perforin, CD70, IFN-γ u. a., die ab einem Alter von circa 50 Jahren zunehmend überexprimiert werden.

7.2.3.3   Regulatorische T-Zellen (T$_{reg}$)

Regulatorische T-Zellen spielen eine entscheidende Rolle bei der Kontrolle und Begrenzung der Immunantwort und bei der Unterdrückung von **Autoimmunreaktionen**. Die Befunde über altersabhängige Veränderungen dieser Gruppe und der von ihnen produzierten Cytokine sind noch ambivalent, doch scheint die Zahl der T$_{reg}$ bei älteren Menschen anzusteigen (Gruver et al. 2007). Welche Rolle das möglicherweise für das Risiko der Tumorentwicklung hat, ist noch nicht bekannt.

Zusammen mit den übrigen Leistungsminderungen des Immunsystems bedeutet das ein höheres Infektionsrisiko bzw. eine geringere Immunabwehr im Alter – ebenso wie eine verminderte Abwehr gegen Krebszellen, aber auch eine erhöhte Bereitschaft für entzündliche Reaktionen.

7.2.3.4   B-Zellen und periphere lymphoide Gewebe

B-Zellen reifen und differenzieren sich im Knochenmark sowie in sekundären lymphoiden Geweben wie der Milz und den Lymphknoten (▢ Abb. 7.7). Dort spielt sich außerdem in der Regel das **Priming** der T- und B-Zellen ab. Auch in diesen Geweben finden altersabhängige strukturelle und funktionelle Veränderungen statt (Luscieti et al. 1980): Meist nehmen Gewebe wie Bindegewebe und Fettgewebe an Umfang zu – auf Kosten der immunspezifischen Keimzentren. In menschlichen Lymphknoten wurde z. B. eine Abnahme von CD8$^+$-T-Zellen, naiven T-Zellen und IgM-exprimierenden B-Zellen gefunden (Lazuardi et al. 2005).

Bei Erwachsenen entstehen B-Zellen kontinuierlich aus den hämatopoetischen Stammzellen (HSC) des Knochenmarks. Beschreibende Studien haben deutliche Änderungen im funktionellen Potenzial und der Größe von sich entwickelnden Untergruppen von B-Zellen ergeben (▢ Abb. 7.8). Das **Proliferationspotenzial** von B-Zellen nimmt bei alten Mäusen ab, ebenso die Fähigkeit zur **somatischen Hypermutation**, die die Rezeptoraffinität gegenüber dem Antigen erhöht. So sind die Prä-B- und unreifen (IMM) Untergruppen im Knochenmark kleiner, was offenbar auch darauf zurückzuführen ist, dass das Differenzierungspotenzial von HSC im Alter abnimmt. HSC von alten Mäusen zeigen zahlreiche Änderungen der Genexpression, auch aufgrund von Störungen in der epigenetischen Genregulation. Das könnte wiederum zu der Reduktion von frühen B-Zell-Progenitorzellen (EBP) im Alter führen (Übersicht: Cancro et al. 2009). Eine Reihe von weiteren Befunden lässt vermuten, dass in höherem Alter die Fähigkeit nachlässt, die verschiedenen Entwicklungsstadien von B-Zellen erfolgreich zu durchlaufen. Dazu passt auch der gesteigerte Abbau von mRNA, der zu einer erniedrigten Konzentration von E2A in B-Zellen von alten Individuen führt (Frasca et al. 2007). E2A-Proteine sind Transkriptionsfaktoren. Sie stabilisieren den hämatopoetischen Stammzellpool und regulieren die B- und T-Zell-Entwicklung.

Durch ihre Verringerung werden anscheinend die primären Reaktionen von B-Zellen im Alter eingeschränkt: B-Zellen von alten Mäusen sind defizient in der Klassenwechsel-Rekombination (CSR) und in der sekundären Ig-Produktion, wenn sie *in vitro* stimuliert werden.

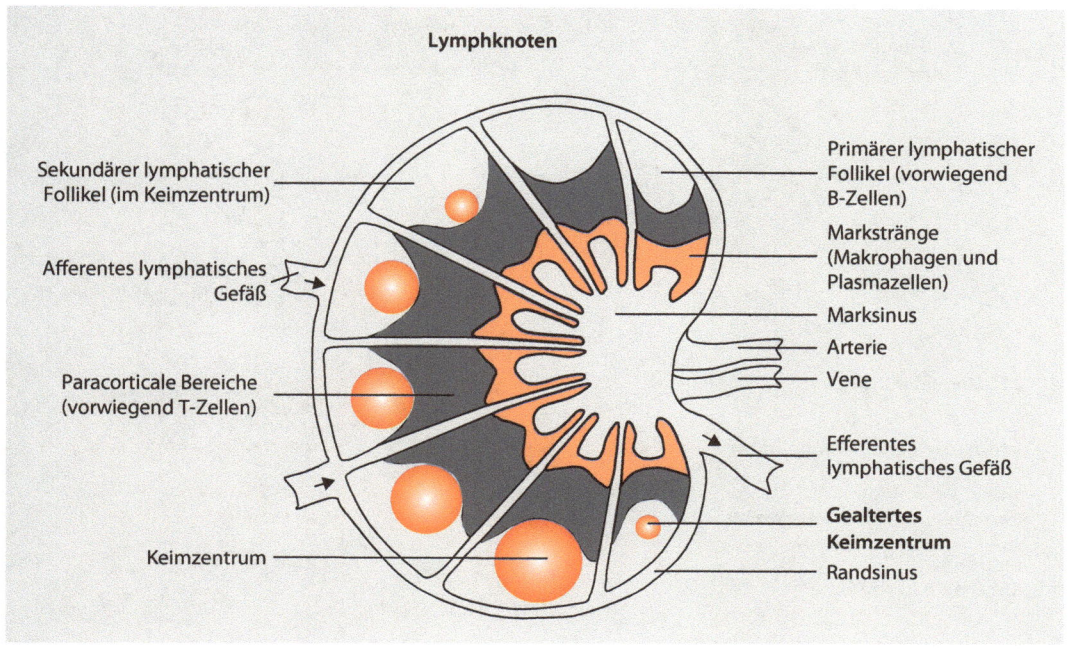

Lymphknoten

Sekundärer lymphatischer Follikel (im Keimzentrum)

Afferentes lymphatisches Gefäß

Paracorticale Bereiche (vorwiegend T-Zellen)

Keimzentrum

Primärer lymphatischer Follikel (vorwiegend B-Zellen)

Markstränge (Makrophagen und Plasmazellen)

Marksinus

Arterie

Vene

Efferentes lymphatisches Gefäß

Gealtertes Keimzentrum

Randsinus

🔲 **Abb. 7.7** Aufbau eines Lymphknotens aus einer äußeren Rinde (Cortex) und einem inneren Mark (Medulla). Im Cortexbereich sind die lymphatischen Follikel (vorwiegend B-Zellen) und Keimzentren lokalisiert. Darin befinden sich B-Zellen, die sehr stark proliferieren, somatische Hypermutationen durchlaufen und auf Antigenbindung selektiert werden. Unten rechts ein gealtertes Keimzentrum. (Nach Murphy et al. 2009)

7.3   Erkrankungen

Indirekt ist das alternde Immunsystem – sowohl das angeborene wie das adaptive – durch seine verringerten Abwehrkapazitäten an der **Erhöhung des Infektionsrisikos** und dadurch an zahlreichen Infektionskrankheiten beteiligt: Das gilt für die meisten Viruserkrankungen – allen voran für verschiedene Grippe(Influenza)-Virustypen, Epstein-Barr-Viren (EBV) oder Cytomegaloviren (CMV). Letztere sind daher altersbedingt zunehmend im Genom der Zellen (z. B. Makrophagen) zu finden, die sie infiziert haben.

7.3.1   Tumorerkrankungen

Das vermehrte Auftreten von verschiedenen Tumortypen im Alter wird ebenfalls mit der nachlassenden Überwachung von Krebszellen durch das Immunsystem (*immunosurveillance*) in Verbindung gebracht (Fulop et al. 2010): In Zellkulturen ist deutlich zu beobachten, dass natürliche Killerzellen (NK-Zellen) Tumorzellen abtöten können, wobei der Erkennungsmechanismus noch diskutiert wird. NK-Zellen nehmen z. B. Veränderungen in der Menge und Verteilung von MHC-I-Molekülen auf den Körperzellen wahr. Andererseits entwickeln Krebszellen mutativ die Fähigkeit, der Immunüberwachung zu entgehen und Zellen um sich zu versammeln, die die Immunreaktionen drosseln (T_{reg}-Zellen). Daher ist nicht klar, ob die Altersabhängigkeit der Krebserkrankungen nicht eher von der Dauer der Entwicklung von Tumorzellen bestimmt wird als von dem Defizit der Tumorsurveillance.

7.3.2   Autoimmunerkrankungen

Mitbeteiligt ist das alternde Immunsystem an Autoimmunerkrankungen. Diese sind zwar keine typi-

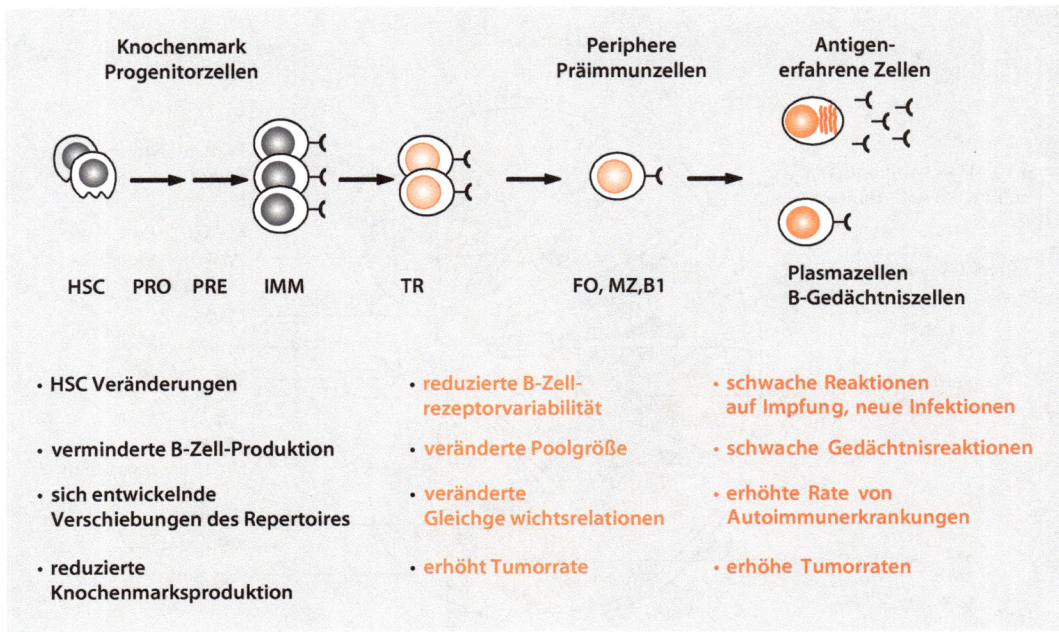

Abb. 7.8   Altersabhängige Veränderungen in der Entwicklung und Differenzierung von B-Zellen und ihren Funktionen. Links: Vorläuferzellen im Knochenmark; Mitte: periphere Präimmunzellen; rechts: antigenerfahrene B-Zellen. ⊰ – B-Zell-Rezeptoren/Antikörper; unten: wichtige altersbedingte Veränderungen in den Untergruppen der B-Zellen und ihre Auswirkungen, *BM* Knochenmark, *BCR* B-Zell-Rezeptor, *FO* follikuläre B-Zellen, *HSC* hämatopoetische Stammzellen, *IMM* unreife B-Zellen, *MZ* marginale Zone, *PRE* Prä-B-Zellstadium, *PRO* Pro-B-Zellstadium, *TR* Transitions-B-Zelle. (Nach Cancro et al. 2009)

schen Alterskrankheiten, sondern können schon in den ersten Lebensjahrzehnten auftreten – meist auch infolge einer genetischen Prädisposition, wobei die Autoimmunreaktion oft auf einzelne Autoantigene in bestimmten Organen ausgerichtet ist. Allgemein nimmt allerdings die Inzidenz von Autoimmunerkrankungen mit dem Alter zu. So beginnt etwa das seltene rezessiv vererbte, polyglanduläre Autoimmunsyndrom meist im mittleren Lebensalter (<50) mit Nebennierenrindeninsuffizienz, Hypothyreose und Diabetes mellitus. Auch Lupus-ähnliche Autoimmunerkrankungen werden mit dem Altern von T-Zellen und deren veränderter Genexpression sowie mit Autoantikörpern in Verbindung gebracht (Li et al. 2010).

Zu den Autoimmunerkrankungen gehört auch die **rheumatoide Arthritis** (RA), eine entzündliche Erkrankung, die durch den Rheumafaktor (RF) charakterisiert ist. RF ist ein Autoantikörper gegen den F_c-Teil d. h. den konstanten Teil des mensch-

lichen IgG. Der Test darauf ist bei 5 % der erwachsenen Bevölkerung unter 50 Jahren positiv, bei 15 % der 70-jährigen Frauen und 10 % der 70-jährigen Männer. Der Beginn und das Risiko von RA hängt offenbar auch von MHC-Haplotypen ab: Menschen mit dem MHC-DR4 haben ein etwa viermal höheres Risiko, während Menschen mit dem MHC-B27 ein etwa 87-mal höheres Risiko haben, an RA zu erkranken (Ryder et al. 1981).

7.4   Medizinische Aspekte

■ **Diagnostische Verfahren, vorbeugende Maßnahmen und therapeutische Ansätze**

Um ein Bild vom jeweiligen individuellen Zustand und der Aktivität des Immunsystems zu erhalten, gibt es allgemeine Methoden, wie die Bestimmung der Anzahl der verschiedenen Immunzellen, der Menge der gebildeten Antikörper nach einer Imp-

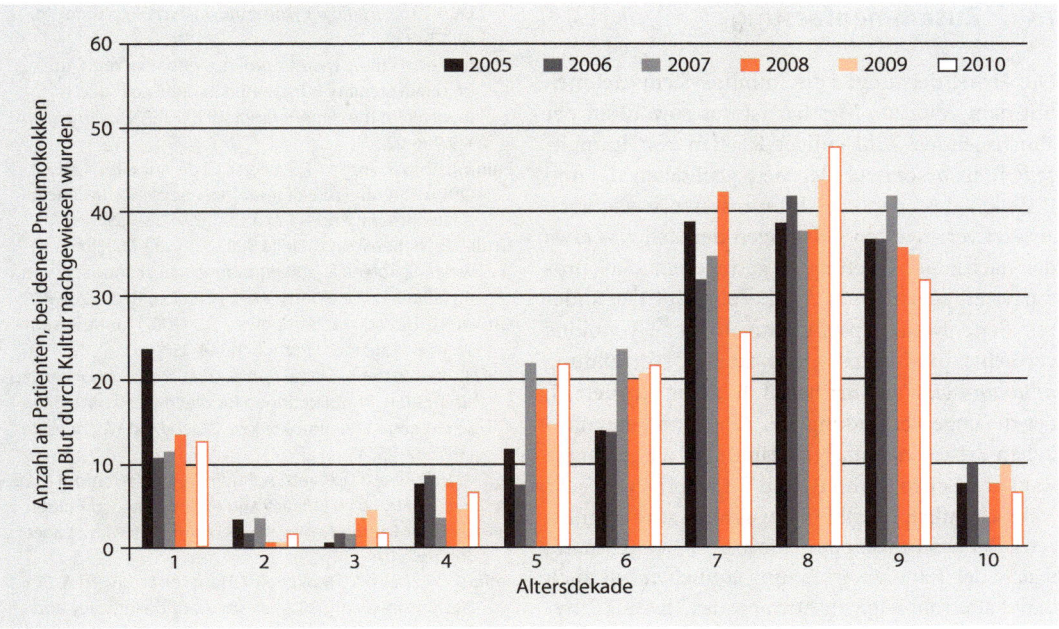

■ **Abb. 7.9**   Altersverteilung der Pneumokokkensepsis in den Jahren 2005–2010. (Nach Hof et al. 2011)

fung und Funktionstests verschiedener Immunzellen. Spezifischere Marker, etwa die Produktion von neuen T-Zellen und bestimmten Cytokinen, werden bisher nur in speziellen Zentren für Immundefizite routinemäßig eingesetzt.

Als vorbeugende Maßnahmen sind vor allem **Impfungen** zu nennen. Die Impfprophylaxe fällt bei älteren Menschen allerdings weniger effizient aus als bei jungen: Bei Personen über 65 Jahren lag die Effektivität einer Influenzaimpfung bei 23 % – gemessen an der Verhinderung der Erkrankung – bei Kindern (2 Jahre und älter) bei 38 % (Jefferson et al. 2005a, b). Da Influenza die fünfthäufigste Todesursache besonders von untergewichtigen Menschen über 50 Jahren ist, wird gegenwärtig intensiv an neuen effektiveren Impfmethoden wie intradermalen und hochdosierten Influenzaimpfungen (Rivetti et al. 2006; Grubeck-Loebenstein et al. 2009) gearbeitet. Insgesamt ist die Anwendung von Impfungen gegen Influenza oder Pneumokokkeninfektionen bei älteren Menschen eher gering, sodass eine Steigerung möglich und sinnvoll ist (Maggi 2010) – zumal die Anzahl von Patienten mit Pneu-mokokkensepsis deutlich mit dem Alter zunimmt (■ Abb. 7.9; Übersicht: Hof et al. 2011). Bei Tumorimpfstrategien veranlasst man dendritische Zellen, Tumorantigene zu präsentieren, die eine cytotoxische Antitumorantwort auslösen, durch Zugabe von Substanzen, die die T-Zellaktivität verstärken (wie OX40 oder Anti-4-1BB) (Sharma et al. 2006).

Zur Stärkung des Immunsystems wird eine Verbesserung der Ernährung und Muskeltraining empfohlen (▶ Kap. 5). Auch eine UV-Exposition kann das Immunsystem über die dadurch erhöhte Produktion von Vitamin D stärken, das die Bildung von antibakteriell wirkendem Cathelizidin (Schwalfenberg 2011) fördert. UV-Strahlung wirkt jedoch auch immunsuppressiv. Als therapeutische Ansätze zur Aktivierung des Immunsystems werden zurzeit Cytokintherapien, der Einsatz von Hormonen und Antioxidantien sowie eine Kalorienrestriktion (▶ Kap. 2) untersucht (Agarwal und Busse 2010). Inwieweit sie auch bei älteren Menschen anwendbar sind, ist noch offen.

7.5   Zusammenfassung

Die Abwehrleistungen des Immunsystems nehmen mit dem Alter ab. Messbar ist das sowohl an der abnehmenden Zahl einiger Klassen von Immunzellen, insbesondere der neu gebildeten T- und B-Zellen des adaptiven Immunsystems, wie auch an den verringerten Leistungen der Zellen – etwa der nach einer Impfung in geringerem Maß produzierten spezifischen Antikörper. Auf der anderen Seite werden proinflammatorische Cytokine vermehrt produziert – was zu der Wortbildung *inflamm-aging* geführt hat, d. h. zu einem Begriff, der die enge Verbindung von Altern und entzündlichen Prozessen aufzeigt. Gründe für die geringere Zahl und Leistung von B- und T-Lymphocyten sind wahrscheinlich sowohl in der proliferativen Seneszenz der Stammzellpopulation im Knochenmark, u. a. in der Telomerverkürzung zu suchen, wie auch in der altersabhängigen Atrophie des Thymus (Thymusinvolution) und in Veränderungen der anderen lymphoiden Gewebe (Milz, Lymphknoten). Durch diese und andere Veränderungen des Immunsystems steigt die Anfälligkeit für Infektionen, aber auch das Risiko von Tumorerkrankungen sowie von bestimmten Autoimmunerkrankungen an. Als vorbeugende Maßnahmen sind Impfungen – vor allem gegen Influenzaviren oder Pneumokokken – von zentraler Bedeutung. Therapien gegen Immunschwäche in Form von Hormon-, Cytokin- oder/und Antioxidantienbehandlungen sind zurzeit in der Entwicklungsphase, ebenso diagnostische Marker für Defizite von Immunreaktionen.

Literatur

Agarwal S, Busse PJ (2010) Innate and adaptive immunosenescence. Ann Allergy Asthma Immunol 104:183–190

Andrews NP, Fujii H, Goronzy JJ, Weyand CM (2010) Telomeres and immunological diseases of aging. Gerontology 56:390–403

Appay V, Sauce D, Prelog M (2010) The role of the thymus in immunosenescence: lessons from the study of thymectomized individuals. Aging 2:78–81

Cancro MP, Hao Y, Scholz IL, Riley RL, Frasca D, Dunn-Walters DK, Blomberg BB (2009) B cells and aging: molecules and mechanisms. Trends Immunol 30:313–318

Connoy AC, Trader M, High KP (2006) Age-related changes in cell surface and senescence markers in the spleen of DBA/2 mice: a flow cytometric analysis. Exp Gerontol 41:225–229

Frasca D et al (2007) Tristetraprolin, a negative regulator of mRNA stability is increased in old B cells and is involved in the degeneration of E47 mRNA. J Immunol 179:918–927

Fulop T, Kotb R, Fortin CF, Pawelec G, de Angelis F, Larbi A (2010) Potential role of immunosenescence in cancer development. Ann NY Acad Sci 1197:158–165

Grubeck-Loebenstein B, Della Bella S, Iorio AM, Michel JP, Pawelec G, Solana R (2009) Immunosenescence and vaccine failure in the elderly. Aging Clin Exp Res 21:201–209

Gruver AL, Hudson LL, Sempowski GD (2007) Immunosenescence of ageing. J Pathol 211:144–156

Hof H, Oberdorfer K, Singer S et al (2011) Pneumokokkensepsis im Alter – Implikationen für die Impfung alter Menschen gegen Pneumokokken. Dtsch Med Wochenschr 136:2562–2564

Jefferson T, Rivetti D, Rivetti A, Rudin M, Di Pietrantonj C, Demicheli V (2005a) Efficacy and effectiveness of influenza vaccines in elderly people: a systematic review. Lancet 366:1165–1174

Jefferson T, Smith S, Demicheli V, Harnden A, Rivetti A, Di Pietrantonj C (2005b) Assessment of the efficacy and effectiveness of influenza in healthy children: systematic review. Lancet 365:773–780

Jerne NK (1988) Das Immunsystem. In: Immunsystem, Verständliche Forschung. Spektrum der Wissenschaft, Heidelberg

Kim K, Lee CK, Sayers TJ, Muegge K, Durum SK (1998) The trophic action of IL-7 on pro-T cells: inhibition of apoptosis of pro-T1, -T2 and -T3 cells correlates with Bcl-2 and Bax levels and is independent of Fas and p53 pathways. J Immunol 160:5735–5741

Lamberts SW, van den Beld AW, van der Lely AJ (1997) The endocrinology of aging. Science 278:419–424

Lazuardi L, Jenewein B, Wolf AM, Pfister G, Tzankov A, Grubeck-Loebenstein B (2005) Age-related loss of naïve T cells and dysregulation of T cell/B cell interactions in human lymph nodes. Immunology 114:37–43

Li Y, Liu Y, Strickland FM, Richardson B (2010) Age-dependent decreases in DNA methyltransferase levels and low transmethylation micronutrient levels synergize to promote overexpression of genes implicated in autoimmunity and acute coronary syndromes. Exp Gerontol 45:312–322

Luscieti P, Hubschmid T, Cottier H, Hess MW, Sobin LH (1980) Human lymph node morphology as a function of age and site. J Clin Pathol 33:454–461

Maggi S (2010) Vaccination and healthy aging. Expert Rev Vaccines 9 (Suppl 3):3–6

Maue AC, Yager EJ, Swain SL, Woodland DL, Blackman MA, Haynes L (2009) T-cell immunosenescence: lessons learned from mouse models of aging. Trends Immunol 30:301–305

Miller RA (1991) Aging and immune function. Int Rev Cytol 124:187–215

Murphy K, Travers P, Walport M (2009) Janeway Immunologie, 7. Aufl. Spektrum Akademischer Verlag, Heidelberg

Obukhova LA, Skulachev VP, Kolosova NG (2009) Mitochondria-targeted antioxidant SkQ1 inhibits age-dependent involution of the thymus in normal and senescence-prone rats. Aging 1:389–401

Panda A, Arjoma A, Sapey E, Bai F, Fikrig E, Montgomery RR, Lord JM, Shaw AC (2009) Human innate immunosenescence: causes and consequences for immunity in old age. Trends Immunol 30:325–333

Reichwald J, Danner S, Wiederhold KH, Staufenbiel M (2009) Expression of complement system components during aging and amyloid deposition in APP transgenic mice. J Neuroinflammation 6:35

Rensing L, Koch M, Rippe B, Rippe V (2006) Mensch im Stress. Psyche, Körper, Moleküle. Spektrum Akadem Verlag, Elsevier Heidelberg

Rivetti D, Jefferson T, Thomas R, Rudin M, Rivetti A, Di Pietrantonj C, et al (2006) Vaccines for preventing influenza in the elderly. Cochrane Database Syst Rev 3:CD004876

Ryder LP, Svegaard A, Dausset J (1981) Genetics of HLA disease association. Annu Rev Genetics 15:169–188

Salminen A, Huuskonen J, Ojala J, Kauppinen Am Kaarniranta K, Suuronen T (2008) Activation of innate immunity system during aging: NF-kB signaling is the molecular culprit of imflamm-aging. Ageing Res Rev 7:83–105

Salyers AA, Witt DD (2002) Bacterial pathogenesis. A molecular approach. ASM, Washington

Schwalfenberg GK (2011) A review of the critical role of vitamin D in the functioning of the immune system and the clinical implications of vitamin D deficiency. Mol Nutr Food Res 55:96–108

Seidler S, Zimmermann HW, Bartneck M, Trautwein C, Tacke F (2010) Age-dependent alterations of monocyte subsets and monocyte-related chemokine pathways in healthy adults. BMC Immunol 11:30

Sempowski GD, Hale LP, Sundy JS, Massey JM, Koup RA, Douek DC et al (2000) Leukemia inhibitory factor, oncostatin M, IL-6, and stem cell factor mRNA expression in human thymus increases with age and is associated with thymic atrophy. J Immunol 164:2180–2187

Sharma S, Dominguez AL, Lustgarten J (2006) Aging affects the antitumor potential of dendritic cell vaccination, but it can be overcome by co-stimulation with anti-OX40 or anti4-1BB. Exp Gerontol 41:78–84

Simell B, Vuorela A, Ekströn N et al (2011) Aging reduces the functionality of anti-pneumococcal antibodies and the killing of *Streptococcus pneumoniae* by neutrophil phagocytosis. Vaccine 29:1929–1934

Tsuboi I, Morimoto K, Hirabayashi Y, Li GX, Aizawa S, Mori KJ et al (2004) Senescent B lymphopoiesis is balanced in suppressive homeostasis: decrease in interleukin-7 and transforming growth factor-beta levels in stromal cells of senescence-accelerated mice. Exp Biol Med (Maywood) 229:494–502

Wang J, Sun Q, Morita Y, Jiang H et al (2012) A differentiation checkpoint limits hematopoietic stem cell self-renewal in response to DNA-damage. Cell 148:1001–1014

Das Verdauungssystem

8.1 Übersicht über Struktur und Funktion des Verdauungssystems

Das menschliche Verdauungssystem besteht aus der **Mundhöhle** mit **Zunge und Zähnen**, der **Speiseröhre** (Ösophagus), dem **Magen**, **Dünndarm** (Duodenum, Jejunum und Ileum), dem **Dickdarm** (Kolon) und **Enddarm** (Rektum). Es handelt sich dabei um ein durchgehendes Hohlraumsystem vom Mund zum After, in dem die wesentlichen Funktionen stattfinden: Zerkleinerung von Nahrung, ihr Transport, Speicherung (Magen, Dickdarm), die biochemische Aufspaltung der Nahrungsbestandteile, die Abtötung von aufgenommenen Bakterien und die Absorption der niedermolekularen Nahrungsbestandteile. Außerdem werden Wasser und Mineralien im Dünndarm sowohl aufgenommen wie abgegeben; Flüssigkeitsresorption und vor allem bakterielle Verarbeitung der Nahrungsreste (u. a. Vitamin-K-Produktion) finden im Dickdarm statt. An den Verdauungstrakt sind die Speicheldrüsen, die Bauchspeicheldrüse (Pankreas) und die Leber – die auch ein wesentliches Speicherorgan für die resorbierte Glucose ist – mit ihren wichtigen Funktionen assoziiert (◘ Abb. 8.1).

Der Weg der Nahrung durch das Verdauungssystem ist komplex geregelt:

- Eine Reihe von **kontraktilen Sphinktern** (Verschlüssen), zwei im Ösophagus, einer zwischen Magen und Duodenum (Pylorus) sowie zwischen Dünn- und Dickdarm, einer am Anfang und einer am Ende des Rektums kontrollieren Transport und Transportgeschwindigkeit des Nahrungsbreis (Chymus).
- Zudem wird der **Nahrungstransport** durch die **Darmmotorik** gesteuert: propulsive und nicht propulsive Peristaltik, rhythmische Segmentationen und Pendelbewegungen sowie Bewegungen der Darmzotten durchmischen, halten oder bewegen den Nahrungsbrei je nach Verdauungsphase.
- Das **Darmnervensystem (enterisches NS)** aus ~10^8 Neuronen kontrolliert zusammen mit der intrinsischen Aktivität von sog. Cajal-Zellen diese Motorik sowie andere Funktionen des Systems. Das vegetative Nervensystem (Parasympathikus, Sympathikus) hat wiederum eine

steuernde Funktion, je nach der Situation, in der sich der Organismus befindet.
- **Sensoren** in der Darmwand übermitteln chemische, mechanische oder Schmerzreize direkt an Effektorzellen, an chemische Signalketten (Hormone, Signalpeptide) oder an das ZNS.
- Ein System von zahlreichen **gastrointestinalen Hormonen** und **Signalpeptiden** kontrolliert die Abgabe von Elektrolyt- und Verdauungssekreten, aber auch die Produktion von Insulin und das Sättigungs- bzw. Hungergefühl.

Wesentliche Aufgaben bei den Primärfunktionen des Verdauungssystems werden von den **Epithelien des Magen-Darm-Trakts** wahrgenommen: Spezialisierte Zellen darin sezernieren Verdauungsenzyme, Schleimsubstanzen (Muzine), Elektrolyte oder resorbieren die aufgespaltenen Nahrungsbestandteile, Mineralien, Vitamine und Wasser. Zwischen oder darunter befinden sich zahlreiche Zellen des **darmassoziierten Immunsystems** (*gut-associated lymphoid tissue*, **GALT**), das einen wesentlichen Anteil der gesamten Immunabwehr ausmacht und vor dem Eindringen von Mikroorganismen durch das Darmepithel schützt.

8.2 Übersicht über Struktur und Funktion der Zähne

Die ersten Zähne (**Milchzähne**) werden beim Menschen um den 6.–8. Monat nach der Geburt sichtbar. Ihr Durchbruch ist nach etwa 2–2,5 Jahren beendet und umfasst dann 20 Zähne: 8 Schneidezähne, 4 Eckzähne und 8 Backenzähne (Molaren). Durch Resorption der Wurzeln fallen die Milchzähne durchschnittlich im Alter von 6–12 Jahren aus und werden sukzessive durch die 32 Dauerzähne ersetzt bzw. ergänzt. Entwicklungsgeschichtlich entstehen die Zähne wie die Haut aus dem Ektoderm und Mesoderm, sind also nicht Bestandteile des Knochenskeletts, in das sie eingebettet sind.

Ein Zahn hat eine über dem Zahnfleisch sichtbare **Krone**, darunter den **Zahnhals** und **eine** oder **zwei bis drei Wurzeln** im **Alveolarknochen** des Kiefers (◘ Abb. 8.2). Zähne enthalten einen Kern aus **Dentin**, der von Odontoblasten

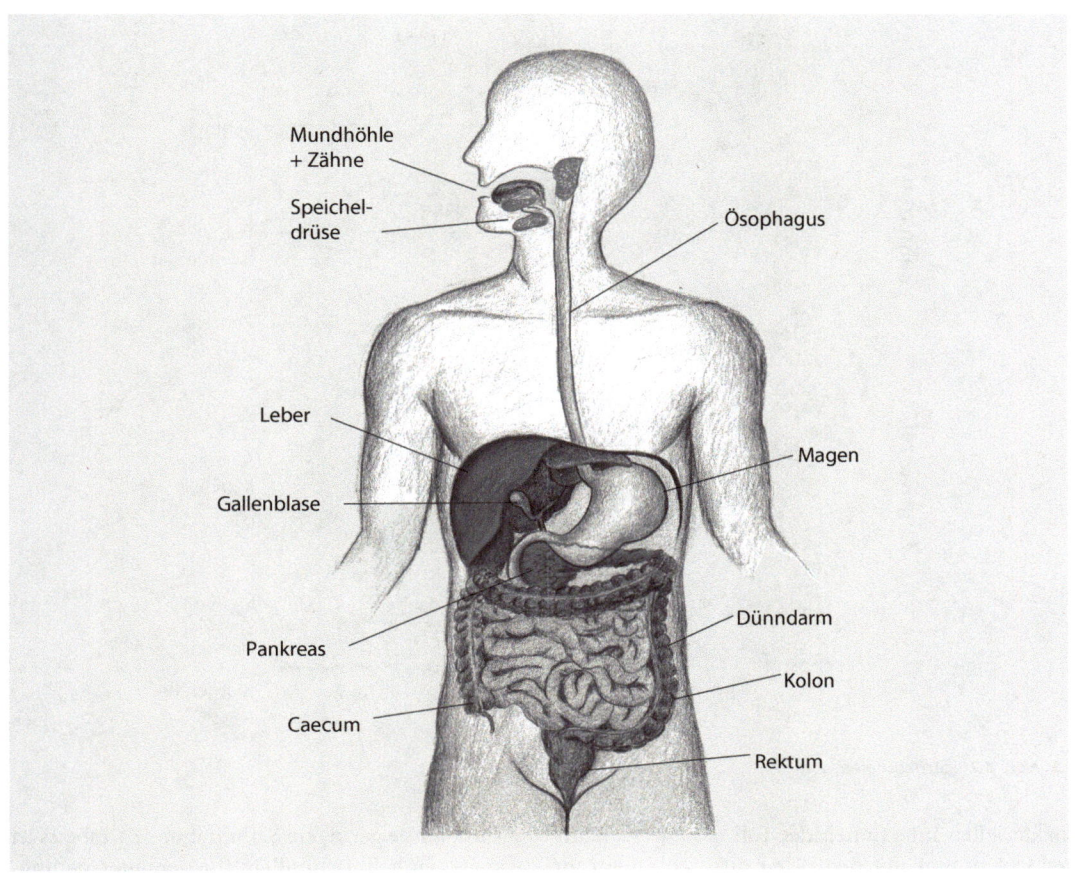

Abb. 8.1 Übersicht über das Verdauungssystem

mesodermalem Ursprungs gebildet wird und zu 70 % aus **Calcium-Hydroxylapatit** und organischen Substanzen (z. B. Kollagen) besteht. Die Dentinschicht umschließt die Zahnhöhle mit der **Pulpa**, in der Blut- und Lymphgefäße sowie Nerven und Bindegewebe liegen. Die Zahnkrone ist von Zahnschmelz überzogen, der ebenfalls aus dem hier noch härteren Calcium-Hydroxylapatit besteht und von epithelialen, sogenannten **Odontoblasten** gebildet wird. Eingebettet ist die Zahnwurzel in das **Zahnbett** (Parodontium oder Periodontium) aus **Zahnfleisch** (Gingiva) mit Epithel- und Bindegewebe, der **Wurzelhaut** (parodontales Ligament), ein bindegewebiges Geflecht mit Kollagenfasern, die in die Zementschicht einstrahlen (◘ Abb. 8.2), der **Zementschicht** und dem Alveolarknochen.

8.3 Altersabhängige Veränderungen und Erkrankungen

Wie bei der Haut (▶ Kap. 3) kommt es im Alter auch beim Zahnfleisch zu einer Verringerung der Epitheldicke und der Kollagenproduktion (Takatzu et al. 1999). Das parodontale Ligament besteht aus mehreren verschiedenen Bindegewebszellen wie Fibroblasten, Zementoblasten, Osteoblasten und Osteoklasten, die die Stabilität des Ligaments selbst, die der Zementschicht und der Alveolarknochen herstellen (▶ Kap. 4). Die zellulären Strukturen dieser Gewebe ändern sich mit dem Alter. Die Proliferationsrate und die Produktion von **Osteocalcin** nehmen ab, während die Produktion von Prostaglandin E_2 (PGE_2), IL-1β, IL-6 und Plasminogenaktivator (PA) zunimmt – wie es auch bei

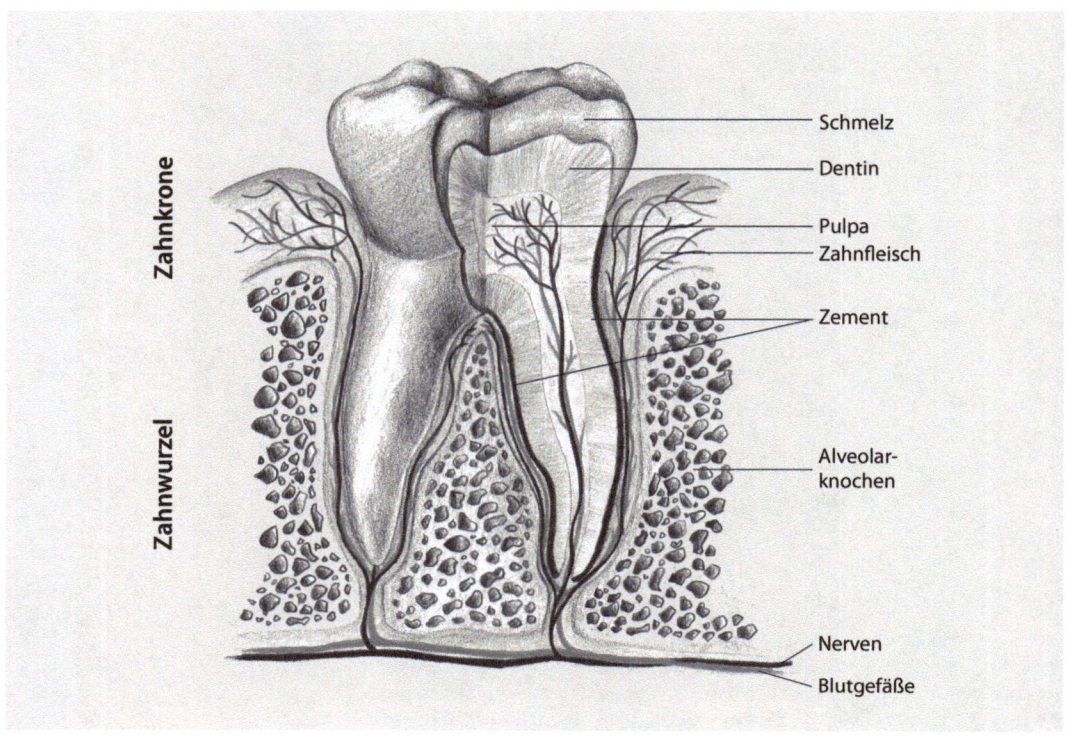

Zahnkrone

Zahnwurzel

Schmelz

Dentin

Pulpa
Zahnfleisch

Zement

Alveolar-
knochen

Nerven
Blutgefäße

Abb. 8.2 Struktur eines Zahnes

bakteriellen Infektionen der Fall ist. Die Zementschicht nimmt mit dem Alter zu – vor allem im apikalen Bereich. Die Zahl der darin befindlichen **Zementocyten** nimmt jedoch aufgrund von Apoptosen ab, sodass die Schicht immer weniger Zellen enthält. Außerdem wird die Oberfläche zunehmend irregulär.

Die altersabhängige allgemeine **Abnahme der Knochenmasse** (▶ Kap. 4) ist auch in den Alveolarknochen der Kiefer zu registrieren und hängt u. a. mit dem im Alter häufigen Mangel an Calcium und Vitamin D zusammen, ebenso mit anderen Ursachen der **Osteoporose** wie z. B. Östrogenmangel. Auch die erhöhte Produktion von PGE_2 im Parodontium scheint die Aktivität der Osteoklasten – und damit den Knochenabbau – zu fördern (Lader und Flanagan 1998). Inwieweit eine Abnutzung (Erosion) der Zahnoberfläche zur altersabhängigen Funktionsminderung beim Kauen beiträgt, ist noch nicht klar (Bartlett und Dugmore 2008). Die aus diesen Veränderungen

resultierende geringere Stabilität des Zahnbetts ist wahrscheinlich nicht allein für den altersbedingten Verlust von Zähnen verantwortlich. Ursachen dafür liegen hauptsächlich in bakteriellen Infektionen und Entzündungen (**Parodontitis**) sowie in **mechanischen Überbelastungen** wie Bruxismus (**Zähneknirschen**) oder einer pathologischen **Zwangsbisslage** mit einzelnen Zahnüberlastungen.

Der altersbedingte Zahnverlust war in früheren Jahrhunderten allgemein verbreitet und ist heute vielfach noch in Ländern der Dritten Welt zu beobachten. Dank der verbesserten Zahnhygiene und den therapeutischen Methoden der Zahnmedizin ist dieser Verlust in den Industrieländern deutlich zurückgegangen. Im Alter nimmt allerdings die Zahnpflege und Prophylaxe oft aufgrund anderer Erkrankungen und Behinderungen ab (Scully und Ettinger 2007), während Erkrankungen von Kiefer, Zähnen, Zahnfleisch und Mundraum zunehmen (Tab. 8.1).

Tab. 8.1 Zahnerkrankungen und ihre Behandlung (Gonsalves et al. 2008)

Erkrankungen	Behandlung
Karies	Hygiene und geringe Zuckeraufnahme,
	Fluoridgel zur Prävention
	Aufbohrung und Füllung der kariösen Stellen
Gingivitis	Orale Hygiene, Bürsten, Floss
Parodontitis	Wie oben, Antibiotika
Xerostomie	Erhöhte Flüssigkeitsaufnahme, kein Alkohol oder Zucker
Candidiasis	Lokale oder systemische Antimykotika
Orale Tumoren	Biopsie, operative Entfernung und andere Tumortherapien
Funktionserkrankungen	Bruxismuskontrolle, Bisslageeinstellung, Schienungen sowie Behandlung von Wirbelsäulenproblemen (Bandscheibenvorfällen, Verspannungen), von Schwindel und Tinnitus

Diese Erkrankungen stehen oft in Zusammenhang mit anderen Krankheiten wie Diabetes, Herz-Kreislauf-Erkrankungen, Lungenentzündung und Rheuma

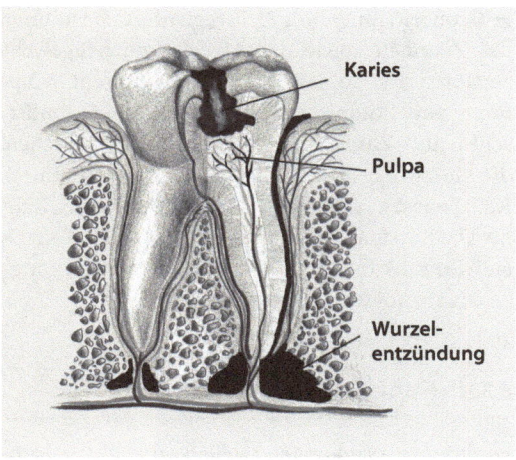

Abb. 8.3 Karies. (Nach www.zahnaufbau.de/krankheiten_karies.html)

8.3.1 Karies

Karies ist eine Infektionskrankheit durch **Streptokokken** (oft *Streptococcus mutans*), die schon früh nach der Geburt, meist aber nach dem Durchbruch der Milchzähne, in der Mundhöhle nachgewiesen werden kann und die stufenweise zur Zerstörung von Zahnhartgewebe (Schmelz, Dentin) führt. Dadurch werden z. T. auch Wurzelentzündungen verursacht (■ Abb. 8.3). Menschen erkranken an Karies, wenn mehrere Faktoren zusammenkommen:

– Wirtsfaktoren (Mineralqualität der Zähne, Speichelproduktion, Nahrungsbestandteile),

– vorwiegend aus Bakterien bestehender Zahnbelag (Plaque),

– niedermolekulare Kohlenhydrate (z. B. Zucker) in der Nahrung sowie deren Einwirkungszeit.

Die Bakterien wie *S. mutans* synthetisieren aus niedermolekularen Kohlenhydraten **organische Säuren**, die Mineralien aus dem Zahn herauslösen. Wichtig bei der Vorbeugung gegen Karies sind daher Nahrungspausen, in denen der Speichel die Säuren neutralisieren kann. Karies kann auch durch Einnahme von Xylit (5–10 g/pro Tag) über Kaugummi oder Lutschpastillen bekämpft werden, da Xylit anscheinend *S. mutans* inhibiert. Dasselbe gilt für Polyphenole, z. B. aus roten Weintrauben, oder den Einsatz von antibakteriellen Wirkstoffdepots im Mund, die die Zellteilung der Bakterien verhindern.

8.3.2 Zahnfleischentzündung

Parodontosis resultiert aus Infektionen, beginnend mit der Entzündung des Zahnfleisches (**Gingivitis**) – oft durch Bakterien wie *Porphyromonas gingivalis* und *Actinomyces actinocetemcomitans* (AAC) (Übersicht: Huttner et al. 2009). Diese parodontalen Erkrankungen (*periodontal diseases*) haben eine hohe Prävalenz und wurden bei über 65-Jährigen in Großbritannien mit 85 % registriert. Sie können das Zahnbett sowie das Alveolarknochengewebe zerstören und so zum Zahnverlust führen. Symptome sind Rötung und Schwellung des Zahnfleisches und Zahnfleischbluten, tiefe Zahntaschen, die durch Zerstörung der Kollagenfasern durch Kollagenasen resultieren, und Lockerung der Zähne. Die Entzündung kann sogar mit zu Herz-Kreislauf-Erkrankungen (▶ Kap. 6) und eventuell auch zu rheumatoider Arthritis beitragen.

8.3.3 Funktionserkrankungen

Funktionserkrankungen stellen die dritte große Gruppe der häufigen Erkrankungen des Kausystems dar. Es können sowohl die **Kiefergelenke** als auch die **Kaumuskulatur** betroffen sein. Bei bestehender manifester oder latenter Fehlbisslage oder auch nächtlichem Zähneknirschen in Folge eines Missverhältnisses von Belastung des Patienten zu seiner Belastbarkeit (Stress) kommt es zu einer Überbeanspruchung dieser Strukturen und damit auch der Zähne – meistens einzelner Zähne oder bestimmter Zahngruppen. Je nach Dauer und Schweregrad einer Funktionsstörung ist auch das Karies- und Parodontitisrisiko erhöht. Ebenso können atypische Zahnschmerzen in Form eines *referred pain* entstehen.

8.3.4 Zahnmedizinische Aspekte

Bei einer ersten Diagnose von Zahnerkrankungen sollten andere Erkrankungen abgefragt werden, z. B. rheumatoide Arthritis, Diabetes mellitus, COPD, Herz-Kreislauf-Erkrankungen – wie Bluthochdruck – Osteoporose, Rückenschmerzen, Schwindel, Tinnitus, Demenz u. a., weil eine Diagnose und eine Zahnbehandlung – auch medikamentös – diesen Erkrankungen Rechnung tragen muss (Scully und Ettinger 2007). Diagnostische Verfahren umfassen die äußerliche Inspektion der Zähne und des Zahnfleisches, die Tiefe der Zahntaschen, Rückgang des Parodontium u. a. Symptome sowie die Analyse durch Röntgen- und CT-Bilder. Auch craniomandibuläre Dysfunktionen, d. h. funktionelle Störungen im Bewegungsablauf der

Kiefergelenke und der Kaumuskulatur können zu Zahnschmerzen führen und sollten daher ebenfalls analysiert werden (Köneke 2005).

Vorbeugende Maßnahmen liegen hauptsächlich im Bereich der **Mund-/Zahnhygiene** mit Zahnbürsten, Zahnzwischenraumbürsten, Floss, **regelmäßiger Prophylaxe** und Untersuchungen des Mundraums und der Zähne. Schmelzkaries kann durch **richtige Ernährung** (z. B. geringere Aufnahme von Zucker), häufige **Entfernung der Zahnbeläge** sowie durch regelmäßige Einnahme von niedrig dosierten **Fluoriden** vermindert werden. Fluoride ersetzen die OH-Gruppe im Apatit durch Fluor und schützen durch ihre höhere Elektronegativität vor Säureangriffen der Bakterien, besonders vor Lactobazillen und *Streptococcus mutans*. Wichtig ist auch eine regelmäßige (~2×pro Jahr) Prophylaxe in zahnmedizinischen Praxen, bei der **Zahnstein-Plaques** entfernt werden und der Status des Gebisses geprüft wird, sodass schon frühzeitig Erkrankungen des Zahnfleisches und der Zähne erkannt und behandelt werden können. Wenn trotzdem Zähne gezogen werden müssen oder ausgefallen sind, werden heute neben der Eingliederung von Brücken zunehmend Zahnimplantate als Ersatz im Kiefer verankert. Bei älteren Menschen kann das mit größeren Schwierigkeiten verbunden sein – z. B. bei Osteoporose – sodass auch vorher die Risiken und unterschiedlichen Möglichkeiten mit dem Patienten besprochen werden sollten (Stanford 2007).

8.3.5 Zusammenfassung

Altersbedingte Veränderungen in den verschiedenen Geweben des Zahnbetts sowie entzündliche Prozesse wie Parodontitis und Karies, aber auch Bisslageabweichungen und Bruxismus beeinträchtigen die Funktionen des Kauapparats. Sie können z. T. sehr schmerzhafte akute Beschwerden auslösen und zu Zahnverlust führen. Diese die Lebensqualität sehr beeinträchtigenden Veränderungen können weitgehend durch richtige Ernährung (Calcium, Vitamin D), sorgfältige Mundhygiene und regelmäßige Vorsorgeuntersuchungen in Zahnpraxen vermieden werden. Zahnersatztechnologien u. a. Implantate, die mit Titanschrauben im Kiefer verankert werden, können oft die noch vorhandenen Zähne komplettieren.

8.4 Übersicht über Struktur und Funktion von Magen-Darm-Trakt, Bauchspeicheldrüse und Leber

8.4.1 Magen

Der Magen besteht aus mehreren Abschnitten: dem Einmündungsbereich des Ösophagus (**Kardia**), einem oberen Bereich (**Fundus**), einem mittleren (**Korpus**) und einem unteren Bereich (**Antrum**). Kardia, Fundus und oberer Korpus dienen wesentlich der Aufnahme und der kurzen Speicherung der Nahrung, während der untere Korpus und der Antrumbereich durch **peristaltische Kontraktionen** die Nahrung durchkneten, homogenisieren und mit Magensaft durchmischen. Etwa 1–3 h nach Aufnahme der Nahrung wird der **Nahrungsbrei (Chymus)** durch Erschlaffung des Sphinkters (Pylorus) an der Magenbasis portionsweise in den Zwölffingerdarm (Duodenum) durchgelassen.

Der Magen ist innen mit einer **Schleimhaut** ausgekleidet, deren Epithel- und Nebenzellen im Fundus und Korpusbereich **Schleim (Muzine)** sezernieren. Dieser Schleim bildet eine Schutzschicht von ca. 0,6 mm Dicke, die die Magenepithelschicht vor mechanischen und chemischen Schädigungen schützt. Die Epithelzellen produzieren außerdem Bicarbonationen, die in der Schleimschicht festgehalten werden und sie damit vor der hohen H^+-Konzentration im Inneren des Magens abschirmen.

In den mittleren Abschnitten der Fundus- und Korpusdrüsen liegen die **Belegzellen**, die Protonen (H^+) über eine Protonenpumpe sowie Cl^- sezernieren. Außerdem geben sie den **Intrinsic-Faktor** ab, der eine wichtige Funktion bei der Bindung von Vitamin B_{12} hat, das dann im Darm resorbiert wird.

8.4.2 Bauchspeicheldrüse (Pankreas)

Das Pankreas sezerniert die Hauptmenge an hydrolytischen **Verdauungsenzymen** in das Duodenum.

Außerdem produzieren die **Pankreasinselzellen Insulin, Glukagon** und **Somatostatin** (▶ Kap. 11). Die Verdauungsenzyme umfassen Endo- und Exopeptidasen (z. B. Trypsin und Chymotrypsin, Carboxy- und Aminopeptidasen), Lipasen und Phospholipasen, Amylasen und Maltasen sowie RNA- und DNA-abbauende Nucleasen. Viele der Verdauungsenzyme – vor allem die Peptidasen – werden als inaktive Vorstufen synthetisiert und erst im Duodenum durch Abspaltung von hemmenden Peptiden aktiviert, um so eine Schädigung der produzierenden Pankreaszellen zu vermeiden. Die Enzymvorstufen werden in den Zellen in Vesikel verpackt, die dann durch **Exocytose** nach außen gelangen.

Das Pankreas sezerniert außerdem eine Anzahl von Elektrolyten in den **Azinuszellen**, vor allem Na^+, K^+ sowie HCO_3^- und Cl^-, die ein leicht **alkalisches Milieu** im Duodenum herstellen und den sauren Chymus aus dem Magen neutralisieren. Das Ausmaß der Enzym- oder Elektrolytsekretion wird der jeweiligen Situation angepasst und durch den Parasympathikus sowie Signalpeptide, wie Sekretin, Cholecystokinin (CCK), vasoaktives intestinales Polypeptid (VIP) und *gastrin-releasing peptide* (GRP), geregelt. Außerdem enthält das Pankreas α-, β-, und δ-Inselzellen, die Glukagon, Insulin und Somatostatin produzieren (▶ Kap. 11).

8.4.3 Leber und Galle

Die Leber ist ein großes (~1,5 kg schweres) Organ, das aus einer Vielzahl von **Leberläppchen** (Azini) besteht – d. h. radiär angeordneten Zellsträngen – worin sich ein stark vernetztes Kapillargeflecht befindet. Eines davon geht von der Pfortader aus, die aus dem Darm kommt und für die **Einspeicherung** vor allem von **Glucose** sorgt, die in der Leber zur Speicherform **Glykogen** polymerisiert wird. Außerdem ist die Leber Bildungsort von zahlreichen Plasmaproteinen: z. B. von **Akute-Phase-Proteinen** wie das **C-reaktive Protein (CRP)**, von **Albuminen, Globulinen, Fibrinogen, Prothrombin** und anderen Gerinnungsfaktoren sowie Gerinnungshemmern wie **Heparin** (▶ Kap. 6). Schließlich finden in der Leber auch ein Fettsäureabbau sowie die Synthese von Cholesterol und Phosphatiden statt. Die Leber sorgt darüber hinaus für die **Entgiftung** und **Ausscheidung von Abbauprodukten** (Bilirubin, Steroidhormone) oder von aufgenommenen – manchmal toxischen – Substanzen. Dazu werden den oft hydrophoben Verbindungen OH-, NH_2^- oder COOH-Gruppen angefügt, über die dann in einem weiteren Schritt Glucuronsäure, Acetat, Glutathion, Glycin oder Sulfat angekoppelt werden. Diese Verbindungen werden dann entweder an die Galle abgegeben oder von der Niere weiterverarbeitet und ausgeschieden.

Die Leber ist von kleinen **Gallenkanälchen** durchzogen, die in epithelausgekleidete **Gallengänge** münden, die sich zum Lebergang vereinigen. Im Nebenschluss zweigt der Gallengang ab, der zur **Gallenblase** führt. Der letzte Abschnitt der Gallenwege mündet mit dem Ausführgang des Pankreas zusammen in das Duodenum. Die tägliche Gallenproduktion beträgt etwa 600–700 ml und enthält hauptsächlich Na^+- und Cl^--Ionen, HCO_3^- sowie Gallensäuren, Cholesterol und Bilirubin. Gallensäuren werden aus Cholesterol gebildet und haben eine fettemulgierende Wirkung. Sie werden am Ende des Dünndarms wieder resorbiert.

8.4.4 Dünndarm

Der Dünndarm ist der Teil des Verdauungstrakts, der hauptsächlich für die Verdauung und Resorption zuständig ist. Er gliedert sich in drei Teile: das **Duodenum** (20–30 cm lang), das **Jejunum** (1,5 m lang) und das **Ileum** (2 m lang). Im Querschnitt sind die verschiedenen Wandschichten des Darms zu erkennen: ganz innen das **Epithel (Mucosa)**, darüber die **Submucosa** mit einem **Nervenplexus**, dann die **Ringmuskelschicht**, ein weiterer Nervenplexus, die **Längsmuskelschicht** und nach außen die **Serosa**. In das Duodenum münden die Ausführgänge der Bauchspeicheldrüse und der Gallenblase. Durch Bewegungen des Dünndarms – rhythmische Segmentationen, peristaltische Wellen- und Pendelbewegungen – wird der Chymus mit Verdauungssekreten, Elektrolyten und Emulgatoren (Galle) durchmischt und weitertransportiert. Auch die Vor- und Zurückbewegungen der Darmzotten – Ausstülpungen der Darmwand – tragen zur Durchmischung des Darminhalts bei. Becherzellen der Zotten und der Lieberkühn-Krypten sowie die Brunner-Drüsen im Duodenum produzieren **Muzine**, die das Epithel überziehen und vor den Verdauungsenzymen schützen. Die Hauptzellen der Dünndarmkrypten sezernieren Na^+ und Cl^- über Kotransporter, die durch Signalstoffe aktiviert werden können. (Bakterielle Gifte wie die Cholera-Vibrionen, Salmonellen und pathogene *E. coli*-Bakterien können die Cl^--Sekretion so stark steigern, dass lebensbedrohliche Durchfälle resultieren.) Die Brunner-Drüsen im Duodenum sorgen durch ihr bicarbonatreiches Sekret für einen leicht alkalischen pH-Wert im Darm.

Die Resorption der Nahrungsbestandteile, Vitamine, Mineralstoffe und des Wassers erfolgt im Wesentlichen an der durch Falten und Zotten bzw. durch Mikrovilli der Epithelzellen vergrößerten Oberfläche des Dünndarms. Diese **Epithelzellen** haben eine hohe Teilungsrate und erneuern sich etwa alle 4–5 Tage. Ein Teil der Resorption verläuft durch die **Enterocyten** hindurch, ein anderer Teil zwischen ihnen, über den sogenannten **parazellulären Weg**. Der intrazelluläre Resorptionsweg von Glucose und Galaktose wird durch ein Na^+-Potenzial energetisch ermöglicht, ebenso wie bei Aminosäuren, während kleine Peptide über einen H^+-Kotransport aufgenommen werden. Kurz- und langkettige Fettsäuren und Glycerol können direkt durch das Epithel in die Kapillaren diffundieren. Andere Fettabbauprodukte werden in den Enterocyten wieder zu größeren Molekülen verbunden und mit Cholesterol und Protein zu sog. **Chylomikronen** vereinigt, die dann sezerniert und in Lymphgängen abtransportiert werden. Wasser folgt passiv dem Ionengradienten.

8.4.5 Dickdarm (Kolon) und Blinddarm (Caecum)

Die Hauptfunktionen des Dickdarms und Blinddarms sind die **Speicherfunktionen** für den Darminhalt und die Resorption von Wasser und Elektrolyten. Die Kolonmucosa sezerniert deutlich geringere Mengen an Muzinen, HCO_3^- und K^+ als die des Dünndarms. Ein großer Anteil des Koloninhalts besteht aus zahlreichen unterschiedlichen meist anaeroben **Bakterienarten**, die Teile des Inhalts zersetzen und etwa 30–50 % der Trockenmasse ausmachen. Die Bakterien produzieren Gase (u. a. CH_4, H_2) sowie Vitamin K. Die Kolonbewegungen sind meist nicht propulsiv (d. h., es gibt sowohl antero- wie retrograde peristaltische Wellen) – was zu der langen Verweildauer der Nahrungsreste dort (5–70 h) führt. Stuhlgang und Defäkation werden über das **enterische Nervensystem** und über das **zentrale Nervensystem** gesteuert sowie über reflektorische Entspannung des inneren und äußeren Sphinkters.

8.5 Altersabhängige Veränderungen und Erkrankungen

8.5.1 Magen

Mit zunehmendem Alter nehmen die meisten Funktionen der Magenwand ab – wie das auch in anderen Geweben der Fall ist – was aber *per se* nicht bedrohlich ist. Dabei kommt es zu einer Reihe von Veränderungen im Epithel und den darunter liegenden Bindegewebs- und Muskelschichten, z. B. bedingt durch eine verminderte Reparaturfähigkeit der Mucosa nach mechanischem Stress oder Kontakten mit dem sauren Magensaft (Morley 2007; Salles 2009).

Früher – zwischen etwa 1920–1980 – hatte man häufig eine altersabhängige Verminderung der Magensaftproduktion registriert, dabei aber nicht die vom Bakterium **Helicobacter pylori** verursachten Mucosaläsionen erkannt. Neuere Untersuchungen zeigen auch bei 90 % der *H. pylori*-negativen älteren Patienten eine normale Magensaftproduktion (Haruma et al. 2000). Bei *H. pylori*-positiven Patienten war dagegen eine deutliche Verringerung zu beobachten – Grund hierfür sind die von diesen Bakterien erzeugte atrophische **Gastritis (Magenschleimhautentzündung)** und die dabei sezernierten Entzündungscytokine wie IL-1β und TNFα. Entzündungscytokine verursachen ihrerseits eine erhöhte Produktion von ROS in der Magenwand, was zu Apoptose von Gewebezellen und Atrophie der Schleimhaut führt. Neben Mitochondrien sind es **NADPH-Oxidasen** in der Mucosa, die ebenfalls die **ROS-Produktion** steigern. Die Schleimhautentzündung bewirkt außerdem eine Erhöhung der **Leptinsekretion** und erhöht damit das Sättigungsgefühl. Die Ghrelinsekretion wird dagegen erniedrigt. Gastritisformen werden außer durch *H. pylori* durch exzessiven Alkoholkonsum, Medikamente (Salicylate, Phenylbutazon, Bisphosphonate, Corticosteroide), zu heiße Speisen sowie durch Stress und Trauma hervorgerufen oder verstärkt. Die durch Gastritis verminderte Säureproduktion bedingt dann oft eine zu starke Bakterienvermehrung und schlechtere Resorption im oberen Dünndarmbereich (Salles 2007).

8.5.2 Bauchspeicheldrüse (Pankreas)

Mit Ausnahme der Inselzellen (▶ Kap. 11) gibt es nur relativ wenige Daten zu altersabhängigen Veränderungen der Bauchspeicheldrüse und ihrer physiologischen Signifikanz (Altman 1990).

Neue Untersuchungen mithilfe von Magnetresonanzbildern zeigen eine Verkleinerung des Pankreas mit dem Alter und eine Vermehrung des Fett- und Bindegewebes (Sato et al. 2011). Diese Befunde bestätigen frühere Darstellungen von altersabhängigem Gewichtsverlust. Außerdem wurde eine Reduktion der azinösen Zellen und der exokrinen Funktionen beschrieben.

Deutlich mehr ist über altersabhängige Veränderungen in den Langerhans-Inseln und deren α- und β-Zellen bekannt: Deren Proliferationsrate geht etwa ab dem 30. Lebensjahr drastisch zurück, sodass diese Zellen im höheren Alter als postmitotisch bezeichnet werden können. Die Lebensdauer der β-Zellen beträgt dann mehr als 20–30 Jahre. Als deutliches Alterungsmerkmal nimmt die Anzahl der α- und β-Zellen mit Lipofuscinkörpern drastisch zu (Cnop et al. 2011, ◘ Abb. 8.4), was auf Abbaudefekte u. a. von Mitochondrien und ER hindeutet (▶ Kap. 2). Zum möglichen Zusammenhang zwischen diesen Alterserscheinungen der β-Zellen und der Insulinproduktion ▶ Kap. 11.

8.5.3 Leber

Veränderungen der Leberfunktion aufgrund des Alters betreffen eine Anzahl molekularer Funktionen – vor allem eine deutliche Abnahme der

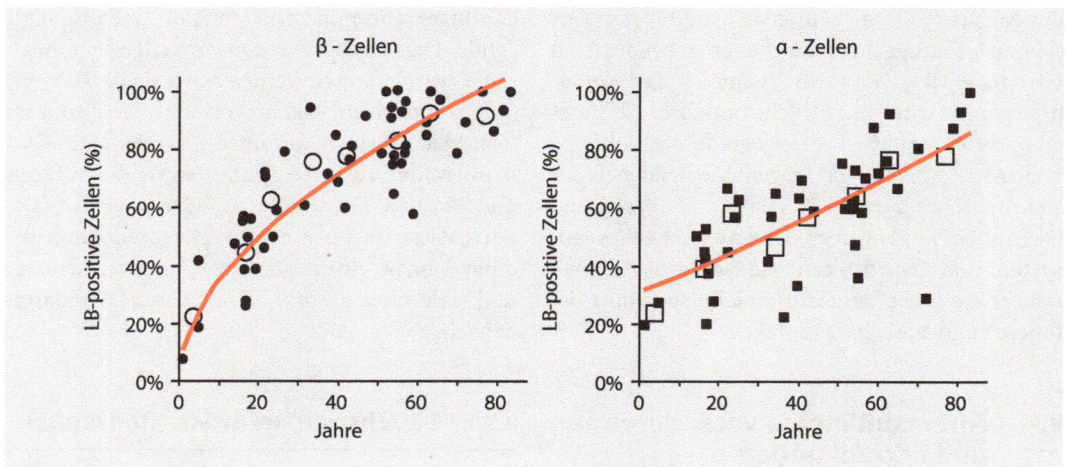

◘ Abb. 8.4   Morphometrie von Lipofuscinkörpern (LB) in α- und β-Inselzellen. *Ordinate*: Prozentsatz der LB-positiven Zellen, *Abszisse*: Alter. Schwarze Punkte bzw. Quadrate: Messwerte der elektronenmikroskopischen Schnitte von jeweils individuellen Organspendern. Offene Symbole: Mittelwerte pro Dekade. (Nach Cnop et al. 2011)

Regenerationsfähigkeit der Leber, was vor allem an Mäusen und Ratten nach partieller **Hepatektomie** untersucht wurde (Timchenko 2009; Jin et al. 2009, ► Molekulare Mechanismen). Dass diese Befunde auch für den Menschen von Bedeutung sein können, ist besonders bei Leberoperationen oder -transplantationen bei älteren Patienten zu beachten. Ebenfalls an Nagern untersucht wurden DNA-Läsionen wie oxidierte Basen oder Chromosomenbrüche, die mit dem Alter zunehmen und einerseits auf geringere Reparaturkapazitäten zurückzuführen sind (Lebel et al. 2011), andererseits auf erhöhten oxidativen Stress (Braidy et al. 2011). Letzterer ist auch an einer Erniedrigung des NAD^+-Gehalts in Leberzellen zu erkennen, ebenso wie an dem gesamten **Redoxstatus** bzw. der **verminderten antioxidativen Kapazität**. Das ist wahrscheinlich auch der Grund für die Abnahme der Anzahl der Leberzellen (Hepatocyten) und die Verringerung des Lebergewichts um etwa 25 % zwischen dem 20. und 70. Lebensjahr. Auch der Blutfluss durch die Leber verringert sich um ungefähr 33 % bei Menschen über 65. Die Leber nimmt im Alter eine dunklere Färbung an – aufgrund der abnehmenden Fähigkeit, defekte Proteine bzw. Organellen (Mitochondrien) komplett abzubauen. Ebenso ist die Aktivität der **Cytochrom-P450-Oxidase** reduziert, die wichtig für den Abbau von Fremdstoffen (Xenobiotika)

ist; die Aktivitätsabnahme betrifft auch die **Superoxid-Dismutase (SOD)**, die Superoxidradikale abbaut (Frith et al. 2009). Dagegen bleiben die Markermoleküle von Lebererkrankungen relativ konstant: Bilirubin, Transaminasen, alkalische Phosphatase – ebenso wie die Alkohol-Dehydrogenase.

■ **Molekulare Mechanismen**
Leberzellen zeigen eine deutliche Abnahme der Proliferationskapazität mit dem Alter – wie die Zellen anderer Gewebe – was auch mit der **Telomerverkürzung** und der **replikativen Seneszenz** zusammenhängt. Neue Versuche, vor allem an Mäusen, haben den zugrunde liegenden Mechanismus weiter aufgeklärt und gezeigt, dass **epigenetische Veränderungen** dabei eine zentrale Rolle spielen (Timchenko 2009; Jin et al. 2009): Junge Mäuse regenerieren die Leber nach einer partiellen Leberresektion umgehend. Das erfordert eine schnelle Aktivierung von Genen, die für die Replikation der DNA in der S-Phase des Zellzyklus verantwortlich sind, die aber in normalem Ruhezustand des Gewebes inhibiert werden. Die Inhibierung der Gene im Ruhezustand erfolgt über Blockierung des dafür zuständigen Transkriptionsfaktors (E2F), durch Assoziation von Inhibitoren (z. B. Retinoblastomproteine (Rb)) oder durch Blockierung der durch E2F aktivierbaren Promotoren, z. B. durch

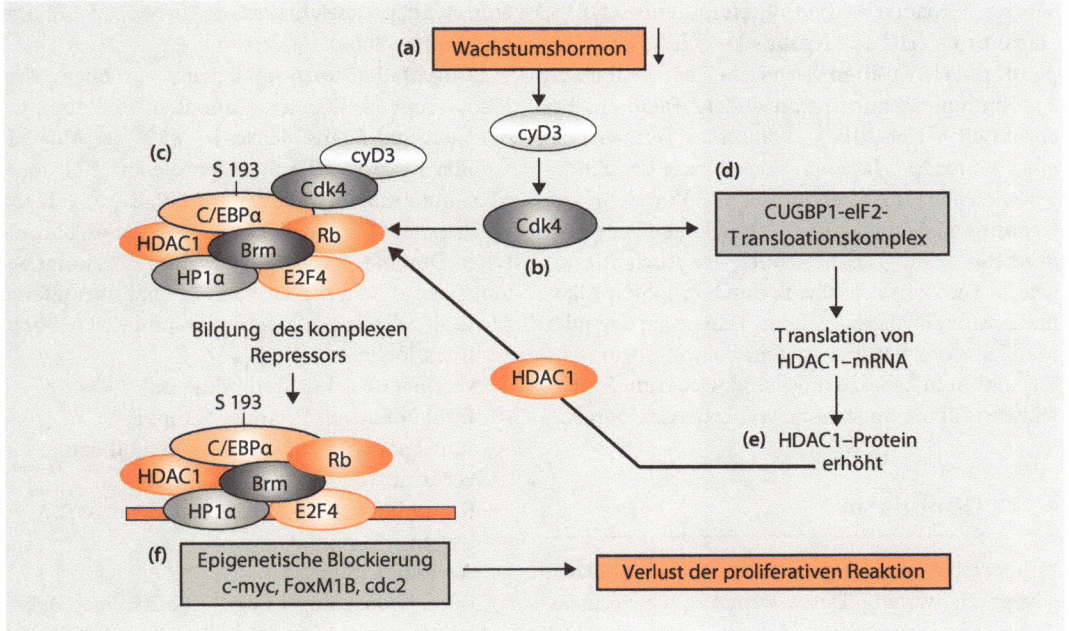

Abb. 8.5 Blockierung von S-Phase-Genen bei alten Mäusen durch einen epigenetischen Mechanismus. **a** Die altersabhängige Abnahme von Wachstumshormon führt zu einem erhöhten Cyclin-D3(cyD3)-Spiegel, der die *Cyclin-dependent kinase* 4 (Cdk4) aktiviert. **b** Cdk4 phosphoryliert zwei Proteine: C/EBPα und CUGBP1 (*CUG-binding protein*). **c** Phosphorylierung von C/EBPα bewirkt die Komplexbildung mit Brm und anderen Proteinen, während **d** die Phosphorylierung von CUGBP1 einen Komplex mit eIF2 (eukaryotischer Initiationsfaktor 2) fördert, der **e** die Translation von HDAC1 (Histondeacetylase 1) stimuliert. **f** Zusammen mit HDAC1 bildet sich ein hemmender Komplex, der sich an Promotoren von S-Phase-spezifischen Genen bindet und so die Proliferation der Leberzellen blockiert. (Nach Timchenko 2009)

das CCAAT-*enhancer-binding protein* α (C/EBPα). Nach einer Leberresektion werden bei jungen Mäusen eine Reihe von Faktoren aktiviert (TNFα, IL-6, NFKB, STAT3), die diese Inhibitoren inaktivieren bzw. C/EBPα durch den stimulierenden Faktor C/EBPβ ersetzen. Das führt zu einer Aktivierung von Genen, z. B. für die DNA-Polymerase α, c-Myc, FoxM1B, u. a. Bei alten Mäusen verursacht der fallende Wachstumshormonspiegel eine **permanente Blockierung der S-Phase-Gene** mithilfe eines epigenetischen Mechanismus (■ Abb. 8.5): In der Leber bildet sich ein **Multiproteinkomplex** aus C/EBPα, Brahma (Brm) und HDAC1 (Histondeacetylase 1) sowie dem **Retinoblastomprotein (Rb)**, HP1α – *heterochromatin protein* 1α – und dem Transkriptionsfaktor E2F4. HDAC1 deacetyliert Histon 3 an Lysin 9 (K9), was danach zu einer Trimethylierung von K9 und zu einer Blockierung des Promoters mithilfe von HP1α führt. Dieser

Komplex blockiert auch den Promoter von Sirtuin-1 (Sirt1), sodass es zu einer Verringerung der Sirt1-Expression und damit zu Dysfunktionen im Glucose- und Triglycerinstoffwechsel kommt (Jin et al. 2009).

Chronische Lebererkrankungen nehmen im Alter zu – oft aufgrund der Lebensweise (Alkohol-, Fettkonsum), von Komorbidität (z. B. Diabetes) oder der verringerten Abwehr von Hepatitisviren durch das Immunsystem. Eine dieser Krankheiten ist die **Leberzirrhose**, die durch hohen Alkoholkonsum, durch chronische Leberentzündung (Hepatitis) und andere Faktoren induziert wird und durch Umbau und Verlust der Hepatocyten gekennzeichnet ist. Bei Patienten mit Leberzirrhose aufgrund von chronischen Lebererkrankungen wurden darüber hinaus oft Mutationen des Telomerase-Gens sowie **verkürzte Telomere** (Hartmann et al. 2011) registriert. Hepatitis wird durch unterschiedliche

Viren – Hepatitis A- (HAV), Hepatitis B- (HBV), Hepatitis C- (HCV), Hepatitis D- (HDV) und Hepatitis E- (HEV) Viren verursacht, aber auch durch Autoimmunreaktionen und andere Faktoren. Bei chronischer Hepatitis C kommt es vermehrt zu einer **Fibrose**, d. h. einer Vermehrung der Bindegewebszellen. Im Alter nimmt die Prävalenz von **Hepatitis** zu. Fettleber ist durch erhöhten Fettgehalt der Leberzellen gekennzeichnet, der durch Störungen im Fettstoffwechsel z. B. durch erhöhten Alkoholkonsum, Diabetes mellitus, Fehlernährung oder Medikamente verursacht sein kann. Chronische Hepatitis und Leberzirrhose sind wiederum Risikofaktoren für die Entstehung von Lebercarcinomen.

8.5.4 Dünndarm

Zu altersabhängigen Veränderungen im Dünndarm gibt es relativ wenig Daten, zumal es schwierig ist, Testgruppen von älteren Menschen zu finden, die keine Erkrankungen haben und die daher auch keine Medikamente einnehmen, die die Verdauung möglicherweise beeinflussen. Morphologisch sind in der Darmwand keine Veränderungen beobachtet worden (Corazza et al. 1986). Funktionelle Veränderungen wie eine **verlängerte Verdauungzeit** von Lipiden und deren Resorption sind – ebenso wie ein verringerter Zuckertransport – noch nicht klar erwiesen (Meier und Sturm 2009). Auch die funktionelle Signifikanz von altersabhängigen Änderungen in der Motilität des Magen-Darm-Trakts ist nicht eindeutig, während die Transitzeit der Nahrung bei Diabetes, Depression, Unterfunktion der Schilddrüse und Niereninsuffizienz erhöht ist (O'Mahony et al. 2002).

Altersabhängige Veränderungen, wie eine verringerte Durchblutung, Entzündungen, erhöhte Anwendung von nichtsteroidalen Entzündungshemmern oder verringerte Salzsäureproduktion, beeinflussen die Funktionen des Verdauungsepithels (Meier und Sturm 2009). Die Folgen solcher Veränderungen haben klinische Bedeutung: vermehrt auftretende **Verstopfung** (*constipation*), aber auch von **Durchfall**, eine verringerte Eisen-, Calcium- und Vitamin-D-Resorption – und damit verbunden ein häufig bei älteren Menschen

auftretender **Gewichtsverlust** (▶ Kap. 5; Bhutto und Morley 2008).

Durchfall (Diarrhoe) betrifft vor allem drei Risikogruppen: Kinder, Patienten mit Immundefekten und ältere Menschen. 85 % der Mortalität aller Diarrhoefälle betreffen die letzte Gruppe. Man unterscheidet akuten Durchfall (< 14 Tage), persistenten Durchfall (> 14 Tage), und chronischen Durchfall (> 30 Tage). Mehrere Faktoren begünstigen das Auftreten von Durchfall bei älteren Menschen (Holt 2001; Hoffmann und Zeitz 2002):

- Infektionen,
- verringerte Salzsäureproduktion,
- Inhibitoren von Protonenpumpen,
- Immundefekte (z. B. durch Chemotherapie verursacht),
- Komorbidität (Durchblutungsstörungen),
- Reisen,
- Antibiotikatherapien,
- Resorptionsmängel wegen übermäßigen Bakterienwachstums oder Pankreasinsuffizienz,
- Diabetes,
- Koloncarcinome.

Unterschieden wird nach den Ursachen eine **sekretorische Diarrhoe**, eine **osmotische Diarrhoe** (z. B. durch nicht resorbierbare Substanzen wie Sorbitol oder Laxative) und eine **entzündliche Diarrhoe** (Enteritis, Colitis ulcerosa), die durch eine Reihe von Faktoren, u. a. Stress, beeinflusst werden. Durchfall kann auch durch **Resorptionsdefekte** (*malabsorption*) verursacht sein, was sich an einer verringerten Aufnahme von Mikronährstoffen, z. B. Mineralien (Zn, Fe, Ca, Se, Mn, Cr) und Vitaminen (Folsäure, Vitamin B_{12} und fettlöslichen Vitaminen) bemerkbar macht. Die dadurch bewirkte **Mangelernährung** kann wiederum zu starkem Gewichtsverlust (▶ Kap. 5) führen und somit gravierende Auswirkungen gerade auf ältere Patienten haben (Holt 2001). Die Resorptionsdefekte werden oft durch übermäßiges Bakterienwachstum im Dünndarm verursacht.

Neue Ergebnisse haben zudem gezeigt, dass die Zahl der *interstitial cells of Cajal* (**ICC**) im Alter sowohl im Magen wie im Darmtrakt abnimmt (Gomez-Pinilla et al. 2010). Diese Zellen spielen eine zentrale Rolle bei der Erzeugung von elektrischen Schrittmacheraktivitäten im Zusammenhang mit **langsamen Kontraktionswellen**. Ihre geringere Zahl könnte daher an den beobachteten altersabhängigen Störungen dieser Wellen (Shimamoto et al. 2002) beteiligt sein. Mäusestämme mit defekten Klotho-Genen, die nur eine sehr geringe Expression dieser Gene aufweisen, sind deutlich kurzlebiger und zeigen deutlich frühere Alterserscheinungen (▶ Kap. 2 und 9). Ein solcher defekter Klotho-Stamm wies erhöhten oxidativen Stress und eine dramatisch geringere Anzahl von ICC auf – ohne einen deutlichen Verlust von Neuronen und glatten Muskelzellen. Dieser Befund unterstützt die Annahme, dass die altersabhängige Abnahme von Klotho-Protein, wie sie bei Tierversuchen gefunden wurde, für bestimmte Alterungsprozesse auch im menschlichen Verdauungssystem eine wichtige Rolle spielt (Izbeki et al. 2010).

8.5.5 Dickdarm (Kolon)

Offenbar nimmt die **Transitzeit** des Darminhalts durch den Dickdarm mit dem Alter zu (Madsen und Graff 2004), was mit der Abnahme von Neuronen des Darmnervensystems und verringerter Motilität zu tun haben könnte. Wieweit sich auch die Struktur der Dickdarmmucosa und ihre Proliferationskapazität ändern, ist noch wenig bekannt. Besonders wichtige Krankheitsrisiken bestehen in der Entwicklung von **Kolontumoren**, die in der Mitte des 7. Lebensjahrzehnts am häufigsten auftreten (▶ Kap. 14).

■ **Molekulare Mechanismen**
Veränderungen der Expression von Proteinen in der Dickdarmmucosa wurden kürzlich mithilfe von zweidimensionaler Gelelektrophorese und anderer Methoden beschrieben (Yi et al. 2010): Im Vergleich zu einer Gruppe ($n = 10$) von jungen Menschen zeigten die Proteinprofile einer Gruppe ($n = 10$) von älteren Menschen Verringerungen u. a. bei der ATP-S*ynthase-β-chain*, beim Selen-Bindungsprotein, dem mitochondrialen Elongationsfaktor Tu (EF-Tu), bei Transferin, bei der Flavin-Reduktase, beim Rezeptor für aktivierte C-Kinase 1 (Rack 1) und der Thiosulfat-Sulfurtransferase (Rhodanese) sowie Erhöhungen beim *chloride intracellular channel protein* 1, beim 40S-ribosomalen Protein SA, *Thioredoxin-like protein* p46 und dem Stressprotein 70 (HSP70). Da ein Teil der geringer exprimierten Proteine mit der Mitochondrienfunktion assoziiert ist, wird vermutet, dass die Ergebnisse auf eine Verringerung von Mitochondrienfunktionen schließen lassen. Flavin-Reduktase ist ein Enzym, das mit den **antioxidanten Abwehrmechanismen** zusammenhängt, während Rack 1 eine wichtige Komponente des PKC-Signalwegs ist und anscheinend als Tumorsuppressorprotein fungiert (Mamidipudi et al. 2004). Die Expression von HSP70 war auch in kolorektalen Adenocarcinomen erhöht (Dundas et al. 2005).

8.6 Medizinische Aspekte

8.6.1 Magen

Da chronisch-entzündliche Erkrankungen auch zu präcancerösen Läsionen und Magenkrebs führen können, ist vor allem die Diagnose einer *H. pylori*-Infektion und Therapie gegen das Bakterium durch Einsatz von Antibiotika von besonderer Bedeutung; aber auch die Beachtung anderer Einflussgrößen ist wichtig (s. oben) (Franceschi et al. 2009). Außerdem werden bei Magen- und Duodenalgeschwüren **Inhibitoren der Protonenpumpe** (z. B. Benzimidazolderivate), **säureneutralisierende Antacida** (z. B. **Aluminiumhydroxid**), **Histamin-H$_2$-Rezeptorenblocker** (z. B. Cimetidin, Ranitidin) und **Prostaglandin-E$_1$-Präparate** (z. B. Misoprostal) angewandt.

8.6.2 Leber

Die Symptome von Lebererkrankungen sind oft unspezifisch wie Bauchschmerzen, Schwächezustände, Gewichtsabnahme. Als **Leberfunktionstest** werden zunächst meist Markermoleküle wie Bilirubin, Transaminasen und die Alkalische Phosphatase (AP) in der Leber und im Blut bestimmt. Auch **Ultraschalluntersuchungen** werden oft eingesetzt, in schwer diagnostizierbaren Fällen auch **Biopsien** durchgeführt, die auch bei älteren Menschen kein Risiko darstellen. Bei alkoholabhängigen Lebererkrankungen (ALD) ist z. B.

Bilirubin und AP erhöht. Bei einer Biopsiestudie dieser Erkrankung zeigte sich, dass über 70-jährige Patienten deutlich mehr **Zirrhosen** aufwiesen als Patienten im Alter von 20–59 Jahren (Potter und James 1987). Behandlung und Vorbeugung besteht aus einem Verzicht auf Alkoholkonsum, der oft schwer fällt, und eventuell aus dem Einsatz von Sedativa (z. B. Benzodiazepine). Bei nicht alkoholischer Fettleber (NAFLD), deren Inzidenz im Alter zunimmt, sind in der Regel die Fett-, Glucose- und Insulinwerte erhöht. Risikofaktoren dabei sind Adipositas, hohe Triglyceridwerte, Bluthochdruck und Typ II-Diabetes. Zur Behandlung (und Vorbeugung) empfiehlt sich eine **geringere tägliche Kalorienaufnahme**, ein höherer Kalorienverbrauch durch **Bewegung** und eine dadurch bedingte **Gewichtsabnahme** (Frith et al. 2009).

Bei den verschiedenen **Hepatitis-Viruserkrankungen** sind neben anderen Untersuchungen vor allem **Tests auf Antikörper gegen das Virus** wichtig. Die Behandlung erfolgt oft mit Interferonen, antiviralen Medikamenten oder einer Kombination von beidem. Neuerdings werden auch Stammzelltherapien erprobt. Bei Bewohnern einer Pflegeinstitution mag es als Vorbeugung sinnvoll sein, eine Impfung z. B. gegen HBV durchzuführen (Frith et al. 2009). Die Inzidenz von **Lebertumoren** ist bei älteren Menschen deutlich höher: Sie beträgt 927 pro 100.000 bei 60–69-Jährigen und 197 pro 100.000 bei-39-Jährigen. Die Symptome sind unspezifisch, einige der Leberfunktionstests sind verändert. Die operative Resektion oder eine bei älteren Menschen zunehmend eingesetzte Transplantation zeigt bei älteren Patienten anscheinend die gleichen 3-jährigen Überlebenschancen wie bei jüngeren Patienten (El-Serag et al. 2006).

8.6.3   Dünndarm

Diagnostische Ansätze bei **Durchfall** umfassen eine ausführliche Anamnese, inklusive der eingenommenen Medikamente, der aufgenommenen Nahrungsmittel, Gewichtsverlust, Komorbidität, Reisen, Stuhleigenschaften. Darüber hinaus bei eventuellen Resorptionsdefekten eine Endoskopie des Duodenums und Magens, Bestimmung von Serum-Carotin (lipidlösliches Vitamin), Lactose-H_2-Atemtest und Xylose-Test (Hoffmann und Zeitz 2002). Als Sofort-

maßnahme sollten ausgiebig **orale Rehydrierungslösungen und Flüssigkeit** intravenös verabreicht werden. Bei der geeigneten Therapiewahl ist eine vorausgehende Differentialdiagnostik von besonderer Wichtigkeit (Thomson 2009). Bei pharmakologischer Behandlung ist bei älteren Menschen besondere Sorgfalt notwendig (Zarowitz 2009).

8.7   Zusammenfassung

Es gibt altersbedingte Veränderungen der Magenwand, ihrer Sekretions- und Reparaturfähigkeit sowie der peristaltischen Motorik. Ein wesentlicher Faktor für die Veränderungen sind die Entzündungen der Magenschleimhaut (Gastritis) aufgrund von Bakterieninfektionen (mit *Helicobacter pylori*), aber auch aufgrund anderer Einflüsse wie Stress oder Medikamente. Ebenso gibt es altersabhängige Veränderungen in der Darmwand und ihren Funktionen, wobei auch eine verminderte Sekretion von Magensäure eine Rolle spielt. Dadurch wird z. B. eine stärkere Vermehrung von Dünndarmbakterien gefördert, die wiederum die Resorption von Substanzen aus dem Darminhalt verringert. Dadurch und durch entzündliche Prozesse im Dünn- und Dickdarm kann es zu Durchfallerkrankungen kommen. Diagnostische Verfahren im Magen-Darm-Trakt basieren einerseits auf Blut- und Stuhlproben, andererseits auf Magen- oder Darmspiegelungen (u. a. zur Prophylaxe gegen Tumore) und Ultraschall- bzw. CT-Untersuchungen. Vorbeugend sollten keine zu heißen Speisen oder zu viel Alkohol konsumiert, eine ballastreiche Nahrung gewählt und die Einnahme von Medikamenten wie etwa von nichtsteroidalen Entzündungshemmern oder Corticosteroiden vorsichtig getestet werden. Stressvermeidung ist hierbei und bei Colitis ulcerosa zu empfehlen. Therapeutisch wichtig sind Antibiotika und Hemmer der Protonenpumpe bei der Behandlung von Magenschleimhautentzündung, ebenso wie die Flüssigkeitszufuhr bei starkem Durchfall.

Die mit dem Alter abnehmende Regenerationsfähigkeit der Leber ist vor allem an Mäusen und Ratten gut untersucht und hat zu wichtigen Kenntnissen der beteiligten molekularen Mechanismen geführt. Solche Erkenntnisse könnten später in die Behandlung nach Lebertransplantationen und Tumoroperationen einbezogen werden.

Literatur

Altman DF (1990) Changes in gastrointestinal, pancreatic, biliary, and hepatic function with aging. Gastroenterol Clin North Am 19:227–234

Bartlett D, Dugmore C (2008) Pathological or physiological erosion – is there a relationship to age? Clin Oral Investig 12(Suppl 1):27–31

Bhutto A, Morley JE (2008) The clinical significance of gastrointestinal changes with aging. Curr Opin Clin Nutr Metab Care 11:651–660

Braidy N, Guillemin GJ, Mansour H et al (2011) Age related changes in NAD⁺ metabolism oxidative stress and Sirt1 activity in wistar rats. PLoS One 6: e19194

Cnop M, Igoillo-Esteve M, Hughes SJ, Walker JN, Cnop I, Clark A (2011) Longevity of human islet α- and β-cells. Diabetes Obes Metab 13(Suppl 1):39–46

Corazza GR, Frazzoni M, Gatto MR, Gasbarini G (1986) Ageing and small-bowel mucosa: a morphometric study. Gerontology 32:60–65

Dundas SR, Lawrie LC, Rooney PH, Murray GI (2005) Mortalin is overexpressed by colorectal cancer and correlates with poor survival. J Pathol 205:74–81

El-Serag H, Siegel A, Davila J et al (2006) Treatment and outcomes of treating of hepatocellular carcinoma among Medicare recipients in the United States: a population based study. J Hepatol 44:158–166

Franceschi M, Di Mario F, Leandro G, Maggi S, Pilotto A (2009) Acid-related disorders in the elderly. Best Pract Res Clin Gastroenterol 23:839–848

Frith J, Jones D, Newton JL (2009) Chronic liver disease in an ageing population. Age Ageing 38:11–18

Gomez-Pinilla PJ, Gibbons SJ, Kendrick ML, Sarr MG, Shen KR, Pozo MJ, Ordog T, Farrugia G (2010) Effects of aging on interstitial cells of Cajal in the human stomach. (Abstract). Gastroenterology 138:311–312

Gonsalves WC, Wrightson AS, Henry RG (2008) Common oral conditions in older persons. Am Fam Physician 78:845–852

Hartmann D, Srivastava U, Thaler M (2011) Telomerase gene mutations are associated with cirrhosis formation. Hepatology 53:1608–1617

Haruma K, Kamada T, Kawaguchi H et al (2000) Effect of age and Helicobacter pylori infection on gastric acid secretion. J Gastroenterol Hepatol 15:277–283

Hoffmann JC, Zeitz M (2002) Small bowel disease in the elderly: diarrhoea and malabsorption. Best Pract Res Clin Gastroenterol 16:17–36

Holt PR (2001) Diarrhea and malabsorption in the elderly. Gastroenterol Clin North Am 30:427–444

Huttner EA, Machado DC, de Oliveira RB, Antunes AG, Hebling E (2009) Effects of human aging on periodontal tissues. Spec Care Dentist 29:149–155

Izbeki F, Asuzu DT, Lorincz A, Bardsley MR, Popko LN, Choi KM, Young DL, Hayashi Y, Linden DR, Kuro-O M, Farrugia G, Ordog T (2010) Loss of Kitlow progenitors, reduces stem cell factor and high oxidative stress underlie gastric dysfunction in progeric mice. J Physiol 588:3101–3117

Jin J, Wang GL, Timchenko L, Timchenko NA (2009) GSK3beta and aging liver. Aging 1:582–585

Köneke C (2005) Die interdisziplinäre Therapie der Craniomandibulären Dysfunktion. Quintessenz, Berlin

Lader CS, Flanagan AM (1998) Prostaglandin E2, interleukin 1 alpha, and tumor necrosis factor-alpha increase human osteoclast formation and bone resorption in vitro. Endocrinology 139:3157–3164

Lebel M, de Souza-Pinto NC, Bohr VA (2011) Metabolism, genomics, and DNA repair in the mouse aging liver. Curr Gerontol Geriatr Res 2011:859415

Madsen JL, Graff J (2004) Effects of aging on gastrointestinal motor function. Age Aging 33:154–159

Mamidipudi V, Chang BY, Harte RA, Lee KC, Cartwright CA (2004) RACK1 inhibits the serum- and anchorage-independent growth of v-Src transformed cells. FEBS Lett 567:321–326

Meier J, Sturm A (2009) The intestinal epithelial barrier: does it become impaired with age? Dig Dis 27:240–245

Morley JE (2007) The aging gut: physiology. Clin Geriatr Med 23:757–767

O'Mahony D, O'Leary P, Quigley EM (2002) Aging and intestinal motility: a review of factors that affect intestinal motility in the aged. Drugs Aging 19:515–527

Potter J, James O (1987) Clinical features and prognosis of alcoholic liver disease in respect of advancing age. Gerontology 33:380–387

Salles N (2007) Basic mechanisms of the aging gastrointestinal tract. Dig Dis 25:112–117

Salles N (2009) Is stomach spontaneously ageing? Pathophysiology of the ageing stomach. Best Pract Res Clin Gastroenterol 23:805–819

Sato T, Ito K, Tamada T, Sone T et al (2011) Age-related changes in normal adult pancreas: MR imaging evaluation. Eur J Radiol 81:2093–2098

Scully C, Ettinger RL (2007) The influence of systemic diseases on oral health care in older adults. J Am Dent Assoc 138(Suppl):7S–14S

Shimamoto C, Hirata I, Hiraike Y, Takeuchi N, Nomura T, Katsu K (2002) Evaluation of gastric motor activity in the elderly by electrogastrography and the (13)C-acetate breath test. Gerontology 48:381–386

Stanford CM (2007) Dental implants. A role in geriatric dentistry for the general practice? J Am Dent Assoc 138(Suppl):34S–40S

Takatsu M, Uyeno S, Komura J, Watanabe M, Ono T (1999) Age-dependent alterations in mRNA level and promoter methylation of collagen alpha 1 (1) gene in human peridontal ligament. Mech Ageing Dev 110:37–48

Thomson AB (2009) Small intestinal disorders in the elderly. Best Pract Res Clin Gastroenterol 23:861–874

Timchenko NA (2009) Aging and liver regeneration. Trends Endocrinol Metab 20:171–176

Yi H, Li XH, Yi B, Zheng J, Zhu G, Li C, Li MY, Zhang PF, Li JL, Chen ZC, Xiao ZQ (2010) Identification of Rack1, EF-Tu and Rhodanese as aging-related proteins in human colonic epithelium by proteomic analysis. J Proteome Res 9:1416–1423

Zarowitz BJ (2009) Pharmacology consideration of commonly used gastrointestinal drugs in the elderly. Gastroenterol Clin North Am 38:547–562

8

Das Ausscheidungssystem: Niere und Blase

9.1   Übersicht über Struktur und Funktion der Niere

Die Nieren befinden sich als paarige bohnenförmige Organe an der Hinterwand der Bauchhöhle, rechts und links der Wirbelsäule, etwa am unteren Bereich des Brustkorbs (◘ Abb. 9.1). Sie werden jeweils durch die beiden Nierenarterien gut mit sauerstoffreichem Blut versorgt, da sie einen hohen Energiestoffwechsel aufweisen. Das CO_2-angereicherte Blut wird wiederum durch die Nierenvenen und die Hohlvene zum Herzen zurückgeführt (▶ Kap. 6). Der von den Nieren gebildete Harn (Urin) wird durch die Harnleiter (Ureter) in die Harnblase geleitet und von dort – durch Sphinkter kontrolliert – in die Harnröhre entleert.

Die Niere besteht aus der **Nierenrinde**, die jeweils etwa eine Million Filter- und Resorptionsanlagen, die **Nephrone**, enthält. Diese bestehen aus der **Bowman-Kapsel**, in die ein Geflecht von arteriellen Kapillaren eingestülpt ist (**Glomerulus**) und die in einen Tubulus mündet (◘ Abb. 9.2). Dieser Tubulus besteht aus mehreren Teilen, dem **proximalen Tubulus**, der **Henle-Schleife** und dem **distalen Tubulus**, der über ein Sammelrohr im **Nierenmark** in Nierenkelche mündet. Diese leiten den Harn in das **Nierenbecken**, von wo er über die **Harnleiter** zur **Harnblase** gelangt. Funktionell sind die Nieren das wichtigste Exkretionsorgan, das Wasser, Elektrolyte, Stoffwechselprodukte wie Harnstoff, Kreatinin, Harnsäure, Abbauprodukte der Leber u. a. ausscheidet. Ebenso wichtig ist die **homöostatische Funktion** der Nieren: Je nach Wasseraufnahme und -produktion sowie der Wasserabgabe über die Lungen, Haut oder den Darm sorgen sie dafür, dass der **Gehalt an Elektrolyten**, vor allem an Natrium, im Blut relativ konstant bleibt, indem sie mehr oder weniger Na^+ bzw. Wasser rückresorbieren.

Diese Leistungen erfolgen in den Nephronen: Zunächst werden im Glomerulus Wasser, Elektrolyte und niedermolekulare Substanzen wie Glucose und Aminosäuren durch die dünne Kapillar- und Kapselschicht aufgrund des Blutdrucks durchgepresst (filtriert). In den proximalen und distalen Tubuli sowie der Henle-Schleife werden unter anderem Na^+-Ionen aktiv rückresorbiert und in den Blutkreislauf überführt. Diesem dadurch entstandenen **osmotischen Gefälle** folgt das Wasser. Na^+-Resorption und Wasserrücklauf werden je nach dem homöostatischen Bedarf von Hormonen wie Aldosteron und Arginin-Vasopressin (AVP) (Rückresorption von Na^+) oder von *atrial natriuretic peptide* (ANP) (Sekretion von Na^+) und anderen Mechanismen komplex geregelt. Außer diesen zentralen Funktionen ist die Niere wichtig für die Produktion von Hormonen wie Angiotensin; die Niere produziert **Renin**, das die Umwandlung von Angiotensinogen in Angiotensin I bewirkt. Die Niere ist außerdem wichtig für die Bildung von Erythropoetin bei zu niedrigem PO_2-Druck im Blut, das die Produktion von roten Blutkörperchen (Doping!) aktiviert, sowie von **Thrombopoetin,** einem Hormon, das die Bildung von thrombocytenbildenden Zellen (Megakaryocyten) stimuliert. Außerdem wird in der Niere noch **Calcitriol**, eine Vorstufe von Vitamin D, produziert.

9.1.1   Altersabhängige Veränderungen und Erkrankungen

Nieren sind die Organe, die mit am stärksten von Alterserscheinungen betroffen sind, weil sie einen **hohen Energieumsatz** für die zu transportierenden Moleküle und Elektrolyte gegen Konzentrationsgradienten aufweisen und daher zahlreiche schädigende Radikale (ROS) und damit auch **oxidativen Stress** produzieren (▶ Kap. 2). Außerdem sind sie bei der Ausscheidung von zahlreichen Medikamenten und deren toxischen Abbauprodukten starken aversiven Einflüssen ausgesetzt. Das führt zu zahlreichen strukturellen und funktionellen Veränderungen mit Leistungseinbußen im Alter. Wie in anderen Organen auch führt der oxidative Stress zu Atrophie von Geweben durch Apoptose und Telomerverkürzung sowie zu **verminderter Proliferationskapazität** sich teilender Gewebe (▶ Kap. 2). Das bedeutet für die Niere einen Verlust von Gewebsmasse (**Parenchymverlust**) mit zunehmendem Alter von etwa 10 % pro Dekade, u. a. auch aufgrund der reduzierten Regenerationskapazität. Auch die tubuläre Atrophie gehört in diesen Zusammenhang. Funktionell hat Letzteres eine abnehmende Konzentrations- bzw. Verdünnungskapazität des Urins zur Folge. Die Gesamtfunktion

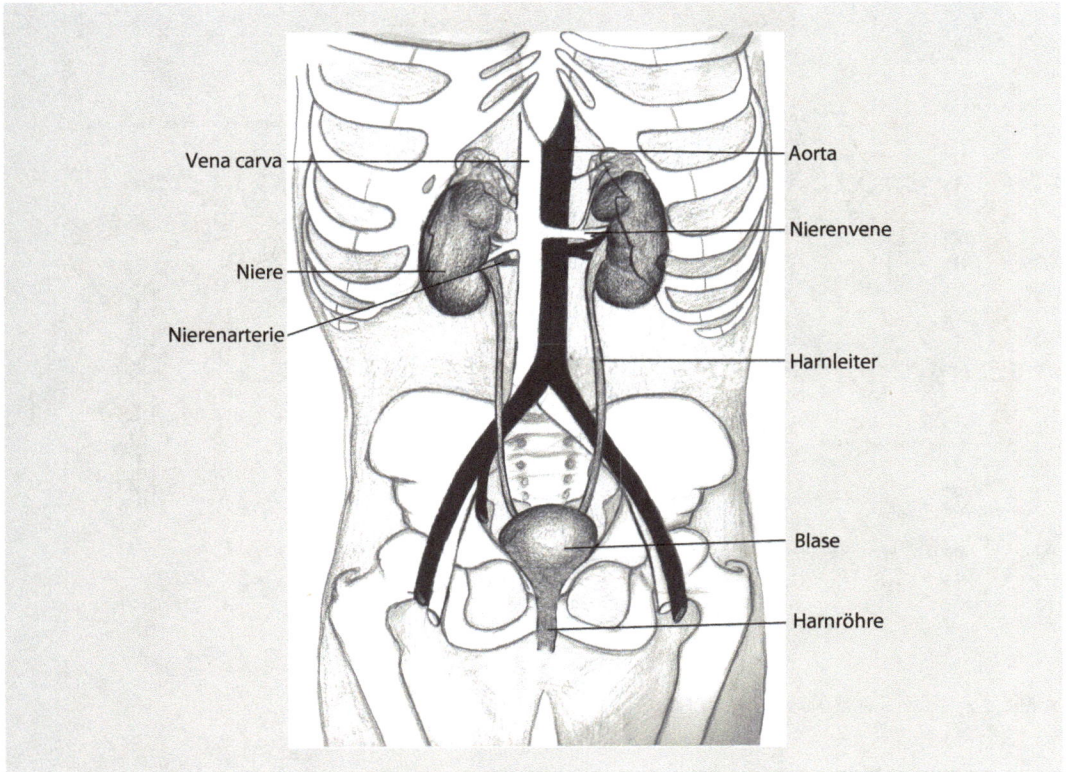

Vena carva

Niere

Nierenarterie

Aorta

Nierenvene

Harnleiter

Blase

Harnröhre

Abb. 9.1   Das menschliche Ausscheidungssystem

der Niere wird außerdem stark durch **arteriosklerotische Veränderungen** in den Nierengefäßen beeinträchtigt.

Am deutlichsten werden die Alterserscheinungen in den **Glomeruli** sichtbar: Es finden einerseits strukturelle Veränderungen im Sinne einer Erweiterung der Glomeruli statt (■ Abb. 9.3). Diese Erweiterung basiert sowohl auf einer Zunahme von **Mesangiumzellen**, d. h. von Bindegewebszellen in den Kapillarschleifen, als auch auf einer Erweiterung der glomerulären Basalschicht/membran. Darauf sitzen innen hoch differenzierte neuronenähnliche Epithelzellen, sog. **Podocyten**. Diese haben zahlreiche Fortsätze und darauf »Füßchen«, die der Basalschicht aufsitzen. Diese Podocyten haben eine limitierte Proliferationskapazität, sodass eine relative Abnahme ihrer Zahl zu beobachten ist (Wiggins 2009). In ■ Abb. 9.3 erkennt man rechts einen großen, teilweise sklerotisierten Glomerulus

einer 24 Monate alten Ratte (etwa dreimal so groß wie bei zwei Monate alten Ratten) und in der Mitte einen Glomerulus ebenfalls von einer 24 Monate alten Ratte, die aber mit einer **reduzierten Kalorienzahl (CR)** ernährt wurde (über den Wirkungsmechanismus von CR ▶ Abschn. 9.1.2 und ▶ Kap. 2).

Diese Glomeruliveränderungen und die Abnahme von funktionellen Glomeruli sind Ursachen für die **Verringerung der glomerulären Filtrationsrate** (GFR): Man hat statistisch eine Abnahme der GFR von 0,40–1,02 ml/min pro Jahr errechnet, wobei sich allerdings zeigte, dass etwa 33 % der älteren Menschen von der Abnahme nicht betroffen waren. Die Abnahme der GFR hängt auch vom verringerten Blutfluss in der Niere ab, ebenso von zahlreichen Komorbiditäten wie Herzinsuffizienz, auf die wir weiter unten eingehen. Weiterhin zeigt sich eine mit dem Alter zunehmende Empfindlichkeit der Nieren gegen Medika-

9

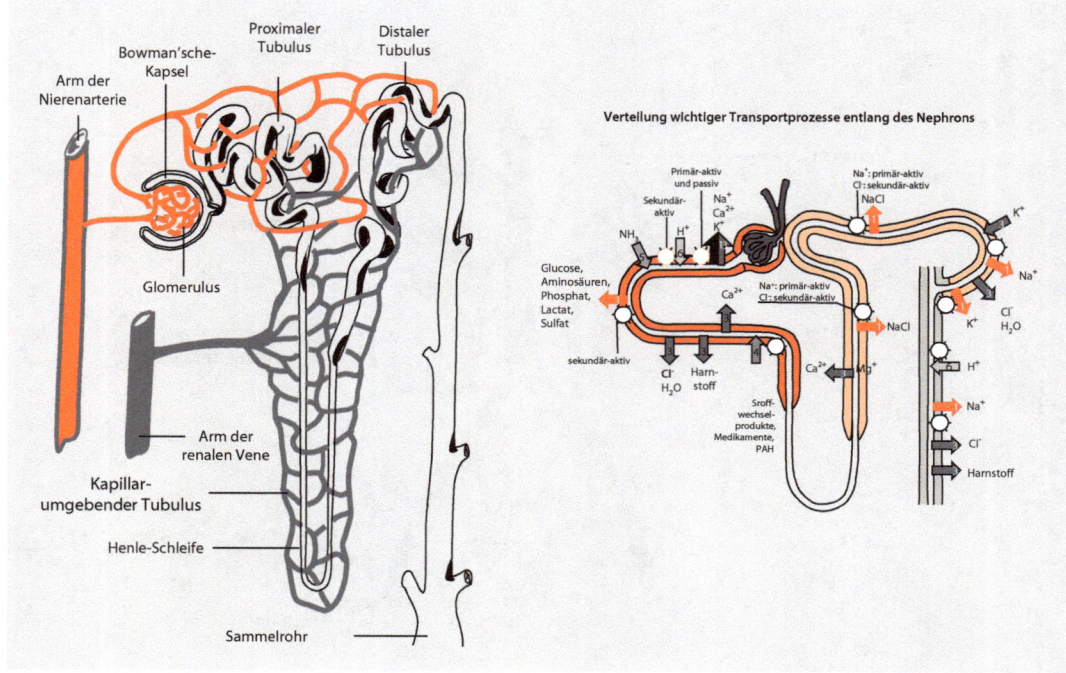

🔸 **Abb. 9.2**   Struktur eines Nephrons

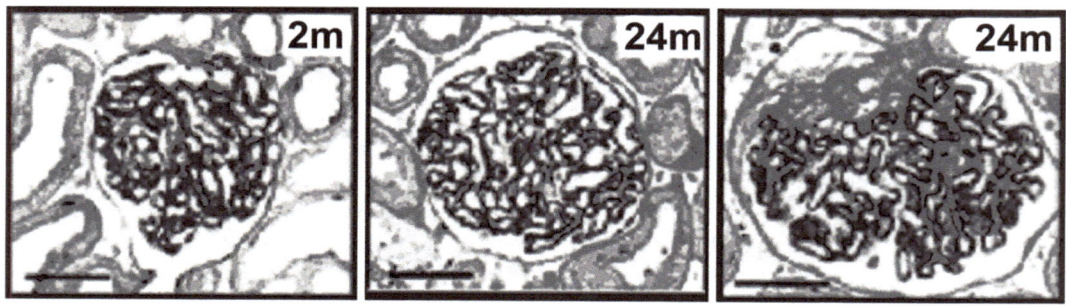

🔸 **Abb. 9.3**   Mikrofotos von alternden Glomeruli der Ratte. *Links*: von zwei Monate alten Tieren, rechts: von 24 Monate alten *ad libitum* ernährten Tieren (teilweise sklerotisiert) und Mitte: von 24 Monate alten kalorienreduziert ernährten Ratten. Strich: 50 μm. (Aus Wiggins 2009)

mententoxizität und gegen Infektionen sowie eine erhöhte Entzündungsreaktion.

9.1.1.1   Komorbiditäten

Die geschilderten altersabhängigen Veränderungen der Niere, aber auch die sich daraus entwickelnden Alterskrankheiten (s. weiter unten) sind z. T. drastisch von anderen Erkrankungen (Komorbiditäten) beeinflusst. Vor allem Diabetes,

Bluthochdruck – aber auch zu niedriger Blutdruck – spielen dabei eine wichtige Rolle. Auch die im Alter sich häufenden Medikamenteneinnahmen und die z. T. toxischen Medikamentenabbauprodukte haben einen deutlich negativen Einfluss auf die Nierenleistung. Dazu gehören u. a. nichtsteroidale Entzündungshemmer, nephrotoxische Antibiotika, *Angiotensin-converting enzyme*(ACE)-Inhibitoren und andere Medikamente (Chronopoulos et al. 2010).

9.1.1.2 Erkrankungen

Manche Nierenerkrankungen wie **chronische Niereninsuffizienz** (*chronic kidney disease* CKD, *renal failure*) haben unterschiedliche Stadien von Leistungsdefiziten und unterschiedliche Ursachen. Es gibt z. B. leichte, mäßige und starke Abnahmen der Filtrationsrate (GFR) und die verringerte Fähigkeit der Nieren, harnpflichtige Substanzen, wie Harnstoff und Kreatinin, auszuscheiden. Neue Daten aus den USA zeigen, dass bei etwa 20 % der älteren Erwachsenen verschiedene Stadien der CKD zu beobachten sind (Rifkin und Winkelmayer 2010). CKD ist in den letzten Jahrzehnten immer stärker zu einer allgemeinen geriatrischen Erkrankung geworden: Patienten über 75 Jahre, die daraufhin eine Dialyse begonnen haben, sind in den USA (2008) inzwischen auf 2000 pro 1 Mio. Bevölkerung angestiegen; das ist ein Anstieg von 11 % seit dem Jahr 2000 (Schell et al. 2010). In fortgeschrittenen Stadien der CKD werden zunehmend auch die Regulationsfähigkeiten des Elektrolyt-, Wasser- und Säure-Base-Gleichgewichts beeinträchtigt. Neuerdings hat man bei CKD-Patienten oft einen zu **hohen Phosphatgehalt** im Blut gemessen, der auch bei Herz-Kreislauf-Erkrankungen eine Rolle spielt. An dieser Erhöhung des Phosphatspiegels ist offenbar eine verringerte Expression des Klotho-Gens beteiligt (▶ Abschn. 9.1.2).

Ursachen für die Leistungsminderungen sind die oben genannte Glomerulosklerose, chronische Entzündungen (Pyelonephritis) und oxidativer Stress, der sich durch Entzündungen, einen hohen Blutzuckergehalt (Diabetes) oder auch durch andere Nahrungsbestandteile ergibt (Vlassara et al. 2009). Auf die engen Verflechtungen mit anderen altersabhängigen Erkrankungen haben wir schon oben hingewiesen: Diabetes gilt als der häufigste ätiologische Faktor für CKD. Etwa 15–20 % der Typ-1-Diabetes- und 30–40 % der Typ-2-Diabetespatienten entwickeln irgendwann das Endstadium des Nierenversagens, das meist nur durch Nierentransplantation zu beheben ist (Schrijvers und De Vriese 2007). Ein hoher Blutzuckergehalt erhöht z. B. nicht nur den oxidativen Stress, sondern auch

die Menge an *advanced glycation end products* (**AGE**) (▶ Kap. 2), die wiederum von spezifischen Rezeptoren an Podocyten und Endothelzellen gebunden werden. AGE fördern die **Arretierung des Zellzyklus** und die **Induktion der Apoptose** sowie die Produktion von **proinflammatorischen Cytokinen** und die Entwicklung von **Arteriosklerose** (Busch et al. 2010).

Einen ebenso starken Einfluss auf das chronische (gegebenenfalls auch das akute) Nierenversagen haben Herz-Kreislauf-Erkrankungen. Diabetes wie auch Bluthochdruck und entzündliche Glomerulonephropathien wirken wesentlich über eine Verstärkung der **Glomerulosklerose**, die für 90 % der Endstadien des Nierenversagens verantwortlich ist. Die Inzidenz dieses Endstadium ist, wie Untersuchungen in den USA ergeben haben, deutlich altersabhängig mit einem Maximum im 7. Lebensjahrzehnt (◘ Abb. 9.4; Wiggins 2009). Weitere jedoch nicht so stark altersabhängige Nierenerkrankungen sind Nierenbeckenentzündung (Pyelitis), Nierenentzündung (Nephritis), Nierensteine und Niereninfarkt bzw. -embolie sowie Nierentumore.

9.1.1.3 Akutes Nierenversagen

Auch das Risiko von akutem Nierenversagen steigt deutlich mit dem Alter an (Himmelfarb 2009; Chronopoulos et al. 2010). Dabei spielen einerseits die altersbedingten Veränderungen in der Niere eine wichtige Rolle, andererseits chronische und akute komorbide Erkrankungen, Sepsisbehandlungen mit Medikamenten, Kontrastmitteln u. a. Unter den Komorbiditäten finden sich oft Herz-Kreislauf-Erkrankungen, die sich negativ auf die Niere auswirken, so wie sich umgekehrt Nierendefekte negativ auf den Kreislauf wirken. Man spricht daher auch von einem **kardiorenalen Syndrom**. Bei akutem Nierenversagen kann als Ursache z. B. eine Hypoperfusion aufgrund von Herzinsuffizienz oder zu geringem Blutdruck oder anderen Gründen auftreten. Ebenso können zu **geringe Flüssigkeitsaufnahme**, d. h. Dehydrierung oder Blutungen ursächlich für das Versagen sein.

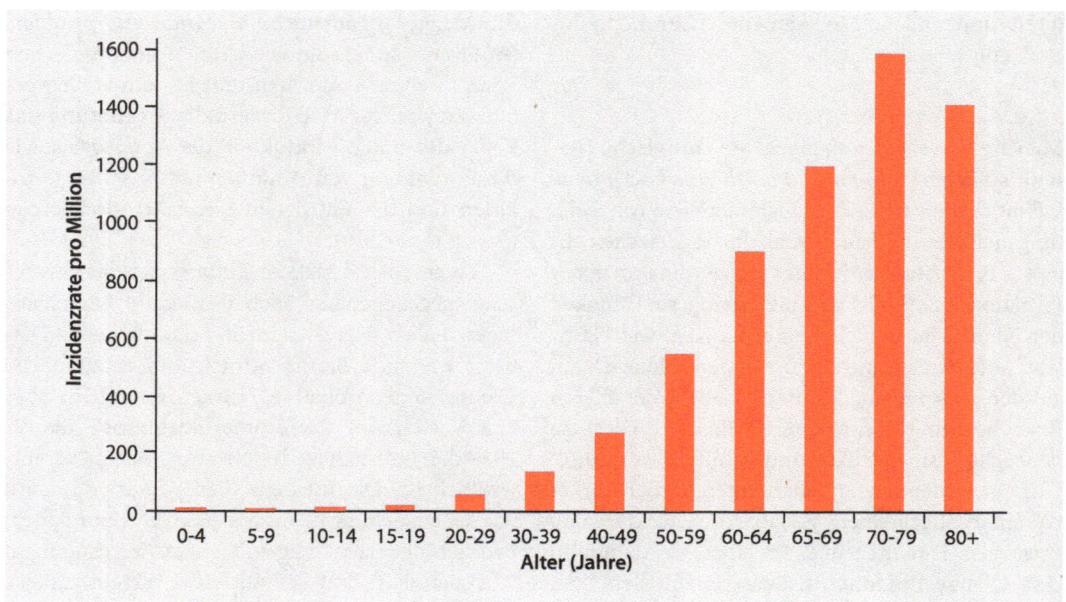

☐ **Abb. 9.4**   Inzidenzraten von Nierenversagen. Inzidenzraten von behandelten Patienten mit Endstadien von Nierenerkrankungen (ESKD) pro Million Personen pro Dekade nach dem US-Annual Data Report, National Institute of Diabetes and
Digestive and Kidney Diseases, Bethesda MD 2008. (Nach Wiggins 2009)

9.1.2   Molekulare Mechanismen

Obschon es noch nicht klar ist, ob die Kalorienrestriktion (CR), die bei tierischen Modellorganismen
das Altern verzögern und das Funktionieren von
Organen verbessern, auch beim Menschen entsprechende Auswirkungen hat, ist es aus unserer
Sicht wichtig, die an Säugetieren – meist Ratten –
erzielten Ergebnisse mit CR – hier in Bezug auf die
Niere – zu diskutieren. Die CR-Ratten bekamen
60 % der Kalorien, die die *ad libitum* gefütterten
Geschwisterratten zu sich nahmen, sowie ausreichend Vitamine und Mineralien. Mit dieser Diät
lebten sie etwa 6–8 Monate länger als die *ad libitum*
ernährten Ratten und entwickelten keine Nierenerkrankungen am Ende ihres verlängerten Lebens.

Morphologisch zeigten sich Unterschiede in
der Größe der Glomeruli: Bei 24 Monate alten *ad
libitum* ernährten Ratten waren sie deutlich größer
und partiell sklerotisiert, während die CR-Ratten
deutlich kleinere Glomeruli aufwiesen (☐ Abb. 9.3).
Das spiegelt sich auch in der Masse der Podocyten wider: Bei *ad libitum* ernährten Ratten ist die

Masse nach 24 Monaten 2,6-fach angestiegen, bei
CR-Ratten nur etwa 1,3-fach. Das betrifft jedoch
nicht die Expression von Genen: Die Menge zahlreicher wichtiger Funktionsproteine und ihrer
RNA nimmt bei den CR-Ratten zu, wie z. B. von
Nephrin, die dort etwa doppelt so hoch war wie
bei *ad libitum* ernährten Ratten. Demgegenüber
nahm die Expression von Coeruloplasmin (CP)
bei *ad libitum* ernährten Ratten im Vergleich zu
CR-Ratten zu. CP ist eine kupferhaltige Ferroxidase, die als Antioxidans wirkt, indem sie Fe^{2+} zu
nichttoxischem Fe^{3+} oxidiert. Das ist offenbar eine
Reaktion auf die bei *ad libitum* ernährten Ratten
erhöhte Produktion von freien Radikalen und oxidierten intrazellulären Proteinen (Wiggins 2009).

Eine wichtige Rolle bei der Reduktion von oxidativem Stress und seinen Wirkungen auf die Alterung von Zellen spielt eine Gruppe von Enzymen,
die sogenannten **Sirtuine** (*silent information regulator 2/Sir2*), die wir in ▶ Kap. 2 behandeln. Sie sind
abhängig von Nicotinadenindinucleotid (NAD^+)
und wirken als Deacetylasen und/oder Mono-
ADP-Ribosyltransferasen. Von den sieben Sirtu-

in-Homologen beim Menschen spielt eine davon (Sirt1) eine wichtige Rolle bei der Verzögerung des Alterungsprozesses allgemein sowie bei der CR-Wirkung auf die Nierenalterung. Erhöhung der Sirtuinaktivität durch CR, durch oxidativen Stress, Hypoxie oder **Resveratrol** macht Zellen allgemein resistenter gegen oxidativen Stress und Schädigung durch Sauerstoffmangel (Hypoxie). Sirt1 wird auch in der Niere synthetisiert und wirkt dort ebenfalls als Überlebensfaktor der Zellen. Sirt1 und Sirt5 deacetylieren z. B. Histone, Transkriptionsfaktoren (p53, FOXO, NF_KB, HIF) und andere Moleküle von Signalketten und ändern darüber deren Aktivität: **p53** z. B., das bei Stress Apoptose und Seneszenz von Zellen induziert, wird durch Deacetylierung gehemmt. In der Niere sind Sirtuine offenbar auch an der Regulation und Rückresorption von Natrium beteiligt, indem sie die Transkription der α-Untereinheit des epithelialen Natriumkanals (ENaC) hemmen, wie Versuche an Zellkulturen der medullären Sammelröhren gezeigt haben (Übersicht: Hao und Haase 2010). Wie eine Erhöhung von Sirtuinen beim Menschen z. B. bei Nierenerkrankungen durch CR oder Resveratrol therapeutisch wirksam sein könnte, muss erst die Zukunft zeigen.

Auch der **Phosphatgehalt** des Bluts spielt eine wichtige Rolle bei Altersprozessen allgemein, insbesondere aber auch bei Niereninsuffizienz. Der Phosphatgehalt wird negativ geregelt durch den **Fibroblasten-Wachstumsfaktor 23 (FGF23)** und das Genprodukt von **Klotho**, ein Transmembranprotein, das in der Membran von Nierentubuli an den FGF-Rezeptor bindet. Dieser Komplex hemmt den transepithelialen Rücktransport von Phosphat (Kotransport mit Natrium) und die Synthese von Vitamin D_3 (1,25-Dihydroxyvitamin D_3) in der Niere (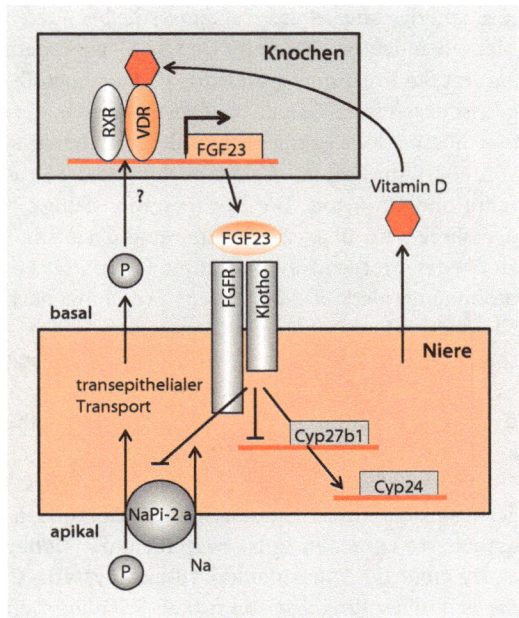 Abb. 9.5). Defekte in der FGF23- und Klotho-Protein-Synthese verändern den Phosphat-, Calcium- und Vitamin-D-Gehalt im Blut, was bei Mäusen zu Alterserscheinungen wie verkürzte Lebensdauer, Wachstumshemmung, Unterentwicklung der Gonaden, schnelle Thymusatrophie, Muskelverlust (Sarkopenie), Lungenemphysem und Störungen der Kognition führt (Kuro-o 2010).

⬛ Abb. 9.5   Knochen-Nieren-Wechselwirkungen. Die Knochen-Nieren-Wechselwirkungen durch *fibroblast growth factor* 23 (FGF23) und Klotho-Protein bei der Regulation des Phosphattransports und der Vitamin-D_3-Synthese. VDR – Vitamin-D_3-Rezeptor, der mit einem anderen Kernrezeptor (RXR) ein Dimer bildet und die Transkription von FGF23 stimuliert. FGF23 bindet an seinen Rezeptor (FGFR) und Klotho, die den Phosphatrücktransporter (NaPi-2α) und die Vitamin-D_3-Synthese über eine Blockade von Cyp27b1 hemmen. (Nach Kuro-o 2010)

9.1.3   Medizinische Aspekte

■ **Diagnostische Verfahren, vorbeugende Maßnahmen und Therapieansätze**

Klassisch sind Funktionsprüfungen der Niere, z. B. über die **Glomerulusfiltrationsrate (GFR)** oder über die **endogene Kreatinin-Clearance** (d. h. die Plasmamenge, die pro Zeiteinheit von einer bestimmten Substanzmenge Kreatinin befreit wird). Bei **der exogenen Clearance** wird dagegen eine körperfremde Substanz wie Inulin injiziert und deren Abnahme im Serum über die Zeit gemessen. Auch die tubuläre Transportfunktion wie etwa die Rückresorption von Glucose kann gemessen werden und als Funktionstest dienen. Weniger aussagekräftig ist dagegen der Serumkreatiningehalt, der

u. a. von der Muskelmasse abhängt, die bei älteren Menschen deutlich abnimmt (▶ Kap. 5), außerdem variiert die Kreatininsynthese im Verlauf eines Tages, sodass dieser Gehalt häufiger gemessen werden müsste. Gemessen wird auch die Ausscheidung von Natrium, Kalium, Calcium, Phosphat, Harnsäure und Harnstoff. Die Konzentrationsfähigkeit der Niere wird über die Bestimmung der Osmolalität des Morgenurins bestimmt (▶ Lehrbücher der Inneren Medizin). Bei einem Screening nach Nierenunterfunktion – wie **Glomerulosklerose** – sollte eine relativ sensitive Methode mit eingesetzt werden: Die **Bestimmung der (Mikro-)Albumine**, d. h. die Bestimmung von Albumin im Urin, die kleiner als 20 mg/24 h sein sollte (Gansevoort et al. 2010). Neue Biomarker des akuten Nierenversagens werden zurzeit getestet wie das **Gelatinaseassoziierte Lipocalin** in Neutrophilen, das *kidney injury molecule* 1, **Interleukin 18** und **Cystatin C**, die sich in der Prognose von frühen Schädigungen in mehreren Studien als nützlich erwiesen haben (Chronopoulos et al. 2010).

Als allgemein vorbeugende Maßnahme sind eine ausreichende Flüssigkeitsaufnahme (~1,5–2 l pro Tag) – die bei älteren Menschen wegen verringerter Durstgefühle oft zu gering ist –, ausgewogene Ernährung (nicht zu viel Fett und Proteine) sowie Verzicht auf Rauchen zu empfehlen. Da bei älteren Menschen oft mehrere Komorbiditäten vorliegen, die medikamentös behandelt werden, ist es wichtig, die Medikamente auf ihre Nierenschädlichkeit zu prüfen. Vorsicht ist bei der Anwendung von Kontrastmitteln geboten, indem man z. B. niedrige Mengen von isoosmolaren, nicht ionischen Kontrastmitteln benutzt.

Wichtig ist auch eine exakte **Kontrolle des Blutzuckerspiegels** bei Diabetespatienten, ebenso wie eine Behandlung von zu **hohem Blutdruck** und von **Arteriosklerose** mit verschiedenen Klassen von Medikamenten (▶ Kap. 6) (Schrijvers und De Vriese 2007), ebenso wie die Messung einer auch geringeren **Albuminausscheidung** (*microalbuminuria*) (Gansevoort et al. 2010; Ruilope et al. 2010). Bei tierischen Organismen hat man deutliche positive Effekte einer Kalorienrestriktion (CR) auf die Niere festgestellt (Wiggins 2009; ◨ Abb. 9.3; ▶ Abschn. 9.1.2). Inwieweit das auf den Menschen zutrifft, ist noch nicht ganz klar.

Therapeutische Ansätze bei Nierenerkrankungen richten sich natürlich nach den diagnostizierten Defekten: Bei den häufig auftretenden sklerotischen Veränderungen in den Glomeruli sind es vor allem **antisklerotische Ansätze** (Blutdrucksenkung durch ACE-Hemmer, Angiotensinrezeptorblocker, Cholesterolsenkung und andere Ansätze, ▶ Kap. 6). Bei entzündlichen Erkrankungen werden nichtsteroidale Entzündungshemmer, Antibiotika und Lipidmediatoren wie Lipoxine, Resolvine und Protektine verwandt, wobei Letztere die Entzündung dadurch hemmen, dass sie die Infiltration von polymorphkernigen Zellen zum Ort der Entzündung verringern und das proinflammatorische Cytokinmilieu verändern (Börgeson und Godson 2010). Oxidativer Stress und Entzündungen bei Patienten mit chronischer Niereninsuffizienz können auch durch Änderungen der Diät reduziert werden, indem z .B. die Aufnahme von Nahrungsmitteln mit Antioxidantien erhöht wird (Møller und Loft 2006; Vlassara et al. 2009). Ebenso kann eine **niedrige Phosphatdiät** nützlich sein, um den Phosphatgehalt im Blut zu senken (<2,0 mM).

Bei Versagen der Nierenfunktion, z. B. nach chronischer Niereninsuffizienz, wird meist – zunächst – eine Dialyse angewandt, die jedoch besonders bei älteren Menschen aufgrund von Komorbiditäten Risiken enthält (in den USA betrug bei 80- und 90-jährigen Patienten, die mit einer Dialyse begannen, die Mortalität nach einem Jahr 46 %, Schell et al. 2010). Ebenso problematisch ist es, eine Spenderniere für Transplantation bei Patienten in höherem Alter zu finden.

9.2   Übersicht über Struktur und Funktion der Harnblase

Die Harnblase ist ein **Hohlmuskel** (Detrusor vesicae), deren Wand aus langen glatten Muskelfasern besteht. Dahinein münden von oben die beiden Harnleiter (Ureter). Die Blase dient über längere Zeit als Speicher für den kontinuierlich gebildeten Harn, mit einer Kapazität von etwa 200–500 ml, wobei der Füllungsgrad durch Dehnungsrezeptoren registriert wird. An der Basis der Blase befindet sich als Ausgang die Harnröhre mit einem ersten **Sphinkter** (M. sphincter vesicae internus). Zusätzlich wird die Harnröhre durch einen **zweiten Sphinkter** verschlossen (M. sphincter urethrae externus), der aus quer gestreifter Muskulatur des Beckenbodens besteht.

Bei der **Blasenentleerung** (Miktion) wird reflektorisch über parasymphathische Neurone der Detrusor vesicae gereizt, der sich daraufhin kontrahiert. Dadurch kommt es auch zur Verkürzung der Harnröhre und zum Öffnen des ersten Sphinkters, während die Muskeln des zweiten (externen) Sphinkters durch die parasympathischen Neurone gehemmt werden, sodass der Harn durch die Harnröhre abfließen kann. Die Harnröhre ist bei Frauen etwa halb so lang sie bei Männern.

Die reflektorische Kontrolle der Blasenentleerung wird von höher angesiedelten Zentren moduliert, die sowohl im oberen Hirnstamm, im Hypothalamus und im Großhirn liegen. Eine Entscheidung über die Entleerung der Blase kann so über den präfrontalen Cortex erfolgen.

9.2.1 Altersabhängige Veränderungen und Erkrankungen

Altersabhängige Veränderungen betreffen eine Reihe von Funktionen der Blase, die sich vor allem durch Störungen bei der Blasenfüllung und Blasenentleerung bemerkbar machen. Füllungssymptome umfassen den **häufigen Harndrang**, die **Harndrang- und Stressinkontinenz**, **nächtlichen Harndrang** (*nocturia*) und **Schmerzen**, die von der Blase oder Harnröhre ausgehen. Entleerungssymptome sind z. B. Verzögerungen beim Start, ein dünnerer Strahl und ein Gefühl von unvollständiger Entleerung.

Mit dem Alter steigt die Zahl der Blasenentleerungen an, während das ausgeschiedene mittlere Harnvolumen sinkt. Die Zahl der Entleerungen sinkt bei Tage und steigt bei Nacht – Veränderungen, die bei Männern stärker ausgeprägt sind als bei Frauen (Parsons et al. 2007). Bei Männern sind die Symptome oft durch die sich vergrößernde Prostata verursacht, etwa 50 % zeigen eine Überaktivität des Detrusors (Blasenmuskel), eine kleinere Anzahl Personen eine beeinträchtigte Detrusorkontraktilität, Sphinkterinkontinenz oder nächtlichen Harndrang. Bei Frauen werden diese Symptome mit hormonellen Veränderungen, Geburten, vor allem aber mit einem hohen Anteil von Sphinkterschwäche in Verbindung gebracht. In fast allen Fällen ist die Entstehung der Symptome multifunktionell (Chaikin und Blaivas 2001; Mallett 2005).

Die **nächtliche Produktion** von Urin und der entsprechende Entleerungsdrang kann z. B. auf einer erniedrigten Ausschüttung von **Arginin-Vasopressin (AVP)**, einem antidiuretischen Hormon, beruhen (Kujubu und Aboseif 2008), ebenso auf einem **Verlust der circadianen Rhythmik** der glomerulären Filtrationsrate (De Guchtenaere et al. 2007). Bei Studien mit 70–79 Jahre alten Frauen in den USA zeigte sich für **Inkontinenz** eine Prävalenz von 9 % – wobei zahlreiche Faktoren zu berücksichtigen sind. Die Anzahl der weißen Frauen mit Inkontinenz war doppelt so hoch wie die der schwarzen. Auch Diabetes, der mit Insulin behandelt wurde, erhöhte die Prävalenz, ebenso wie depressive Symptome, orale Aufnahme von Östrogen, Arthritis, Adipositas und eine geringe physische Aktivität (Jackson et al. 2004). Bei Männern in den USA lag die Prävalenz von mäßiger bis starker Inkontinenz im Alter von 20–34 Jahren bei 0,7 %, im Alter von 75 Jahren und mehr bei 16 %. Dabei wurden Faktoren wie ethnische Zugehörigkeit, chronische Erkrankungen, vergrößerte Prostata, Depressionen und Bluthochdruck als Einflussgrößen festgestellt (Markland et al. 2010). Die Gründe dafür liegen wahrscheinlich in mehreren Funktionskreisen: Zum einen in der neuronalen Kontrolle der Sphinkter sowie deren Funktionsfähigkeit und der Kontrolle der Beckenbodenmuskeln (▶ Abschn. 9.2.2). Der Übergang von altersabhängigen Veränderungen zu Erkrankungen ist dabei fließend: Eine totale Inkontinenz etwa wird einer Krankheit zugerechnet. Auf weitere auch altersabhängige Erkrankungsrisiken der Blase wie Blasensteine, Blasentumore (▶ Kap. 14) und Prostatavergrößerung soll hier nicht näher eingegangen werden.

9.2.2 Molekulare Mechanismen

Bisher sind die Mechanismen der altersabhängigen Symptome bei der Blasenentleerung nicht genau bekannt. Eines der häufigsten Symptome – die Harndranginkontinenz – ist mit einem deutlichen Gefühl von Harndrang und der Angst vor Inkontinenz verbunden. Früher hatte man dieses Gefühl mit der überaktiven Detrusorkontraktion in Beziehung gesetzt – was nach neuen Untersuchungen aber offenbar nicht Auslöser des Harndranggefühls ist (Tadic et al. 2010). Mithilfe von funktionellen Bildgebungsverfahren (PET, fMRI) zeigte sich bei Füllung der Blase bei inkontinenten älteren Frauen ein Muster von Aktivierungen und Deaktivierungen im **limbischen System** und **orbitofrontalen Cortex** sowie in den verbindenden (sog. *white matter*-) Strukturen, die vom Muster bei nichtinkontinenten Frauen im gleichen Alter abwichen. Diese Veränderungen in den Hirnregionen werden so gedeutet, dass sie Bemühungen zeigen, den Harndrang zu unterdrücken und damit möglicherweise die direkte Kontrolle stören. Darüber hinaus trägt z. B. Muskelschwäche der Sphinkter zu diesem Symptom bei.

9.2.3 Medizinische Aspekte

- **Diagnostische Verfahren, vorbeugende Maßnahmen und therapeutische Ansätze**

Für eine Therapie der oben genannten Beschwerden (Inkontinenz, nächtlicher Harndrang) ist zunächst die Diagnose der Ursache wichtig: Handelt es sich um neuronale Störungen, wie das z. B. bei der heriditären spastischen Paralyse (HSP) der Fall ist, um Sphinkterschwäche, um erhöhte nächtliche Harnproduktion oder Beeinträchtigung der Entleerung durch eine vergrößerte Prostata. Ebenso sind die Einflussgrößen zu prüfen wie z. B. bei kognitiven Einschränkungen, längeren Aufenthalten in Pflegeheimen, bei Schlaganfall, Adipositas, Diabetes, vaginalem Prolaps bei Frauen, Major-Depression und Bluthochdruck (Shamliyan et al. 2007; Markland et al. 2010). Auch der Lebensstil wie Kaffeetrinken kann zu Schwierigkeiten der Harnblasenentleerung führen. Als Basisdiagnostik dient eine Pflegeanamnese, gezielte körperliche Untersuchung, ein Toilettentagebuch über mehrere Tage, die Restharnbestimmung und Urinuntersuchung. Bei der körperlichen Untersuchung stehen vor allem die oben genannten Komorbiditäten sowie

die Beschaffenheit der Prostata, des Scheideneingangs und der eventuelle Vorfall von Organen des kleinen Beckens im Vordergrund. Darüber hinaus gibt es aufwendige apparative Diagnoseansätze. Als vorbeugende Maßnahme wird bei Frauen **Training von Beckenbodenmuskeln** mit **Biofeedback** oder **Blasentraining** empfohlen.

Therapien bei überaktiver Blase und Harndranginkontinenz können einerseits pflegerische Mittel sein, wie ein Toilettenstuhl oder Urinflaschen am Bett, Toilettentraining (festgelegte Entleerungszeiten, Blasentraining), ebenso physiotherapeutische Maßnahmen. Außerdem werden oft anticholinerge Medikamente empfohlen, die zwar die Symptome reduzieren, aber nur eine mäßige Verbesserung der Lebensqualität erzielen (Nabi et al. 2006). Nächtlicher Harndrang kann mit **Desmopressin** behandelt werden, das das nächtliche Absacken von AVP kompensiert. **Antimuscarinische Medikamente** werden benutzt, um unfreiwillige Blasenkontraktionen zu hemmen, während **α1-Adrenorezeptorantagonisten** eingesetzt werden, um bei Männern mit gutartigen Prostatavergrößerungen den nächtlichen Harndrang zu reduzieren (Asplund 2007). Eine chirurgische Therapie ist eventuell bei solchen Patienten angesagt, bei denen andere Ansätze nicht geholfen haben und die einen hohen Leistungsdruck haben. Neue Therapien gegen Inkontinenz verwenden implantierte mechanische Mechanismen in Form einer Schlaufe, die um die Harnröhre liegt. Sie kann entweder mit Flüssigkeit prall gefüllt sein und so den Urindurchfluss hemmen oder auf Knopfdruck entleert werden.

9.3   Zusammenfassung

Die Niere ist das wichtigste Ausscheidungsorgan für Stoffwechselprodukte und Elektrolyte, aber ebenso zentral an der Aufrechterhaltung der Ionen- und Blutvolumen(-druck)-Homöostase beteiligt. Altersbedingte Veränderungen betreffen Leistungen in der glomerulären Filtrationsrate – meist im Zusammenhang mit Glomerulosklerose – und der Rückresorption z. B. von Natrium und Glucose. Die Nierenfunktion wird außerdem stark durch Komorbiditäten wie Bluthochdruck, Arteriosklerose, Herzinsuffizienz sowie von Diabetes und entzündlichen Erkrankungen beeinträchtigt. Aus all diesen Veränderungen und Einflüssen kann sich eine chronische Niereninsuffizienz ergeben. Akutes Nierenversagen kann eintreten durch Verstärkungen dieser Einflussgrößen sowie durch eine unzureichende Durchblutung der Niere (Blutverlust, Dehydrierung). Diagnostische Verfahren testen die Funktionsveränderung wie z. B. die Filtrationsrate, Clearance von verschiedenen Substanzen oder Albuminausscheidung, ebenso wie die Nierenstrukturen etwa durch Ultraschall- oder CT-Messungen. Vorbeugend wirken eine ausreichende Flüssigkeitszufuhr, Verzicht auf Rauchen und bei Komorbiditäten, wie Diabetes und Bluthochdruck, eine exakte Kontrolle des Blutzuckerspiegels und Maßnahmen gegen die Kreislauferkrankungen. Vor allem bei älteren Patienten sollte auf die Auswirkung der Medikamente auf die Niere geachtet werden. Bei fortgeschrittenen Stadien von chronischer Niereninsuffizienz oder akutem Nierenversagen ist Dialyse oder auch eine Nierentransplantation möglich.

Die Blase ist ein Hohlmuskel, der zunächst den Harn speichert und ihn bei bestimmtem Füllungsgrad und Gelegenheit entleert. Altersbedingte Änderungen sind häufig Harndrang- oder Stressinkontinenz. Bei Männern kommen auch Entleerungshemmnisse durch die vergrößerte Prostata hinzu. Die Ursachen der Inkontinenz können im neuronalen Bereich der Entleerungskontrolle, aber auch im Bereich der Blasensphinkter liegen. Training der Beckenbodenmuskeln ist oft ein Mittel, die Inkontinenz zur reduzieren, auch Pharmakotherapie kann wirksam sein.

Literatur

Asplund R (2007) Pharmacotherapy for nocturia in the elderly patient. Drugs Aging 24:325–343

Börgeson E, Godson C (2010) Molecular circuits of resolution in renal disease. Sci World J 10:1370–1385

Busch M, Franke S, Rüster C, Wolf G (2010) Advanced glycation end-products and the kidney. Eur J Clin Invest 40:742–755

Chaikin DC, Blaivas JG (2001) Voiding dysfunction: definitions. Curr Opin Urol 11:395–398

Chronopoulos A, Rosner MH, Cruz DN, Ronco C (2010) Acute kidney injury in the elderly: a review. Contrib Nephrol 165:315–321

De Guchtenaere A, Vande Walle C, Van Sintjan P, Raes A, Donckerwolcke R, Van Laecke E, Hoebeke P, Vande Walle J (2007) Nocturnal polyuria is related to absent rhythm of glomerular filtration rate. J Urol 178:2626–2629

Gansevoort RT, Nauta FL, Bakker SJ (2010) Albuminuria: all you need to predict outcomes in chronic kidney disease? Curr Opin Nephrol Hypertens 19:513–518

Hao CM, Haase VH (2010) Sirtuins and their relevance to the kidney. J Am Soc Nephrol (Epub ahead of print)

Himmelfarb J (2009) Acute kidney injury in the elderly: problems and prospects. Semin Nephrol 29:658–664

Jackson RA, Vittinghoff E, Kanaya AM, Miles TP, Resnick HE, Kritchevky SB, Simonsick EM, Brown JS (2004) Urinary incontinence in elderly women: finding from the Health, Aging, and Body Composition Study. Obstet Gynecol 104:301–307

Kujubu DA, Aboseif SR (2008) An overview of nocturia and the syndrome of nocturnal polyuria in the elderly. Nat Clin Pract Nephrol 4:426–435

Kuro-o M (2010) A potential link between phosphate and aging – lessons from Klotho-deficient mice. Mech Ageing Dev 131:270–275

Mallett VT (2005) Female urinary incontinence: what the epidemiology data tell us. Int J Fertil Womens Med 50:12–17

Markland AD, Goode PS, Redden DT, Borrud LG, Burgio KL (2010) Prevalence of urinary incontinence in men: results from the national health and nutrition examination survey. J Urol 184:1022–1027

Møller P, Loft S (2006) Dietary antioxidants and beneficial effect on oxidatively damaged DNA. Free Radic Biol Med 41:388–415

Nabi G, Cody JD, Ellis G, Herbison P, Hay-Smith J (2006) Anticholinergic drugs versus placebo for overactive bladder syndrome in adults. Cochrane Database Syst Rev 18:CD003781

Parsons M, Tissot W, Cardozo L, Diokno A, Amundsen CL, Coats AC (2007) Normative bladder diary measurements: night versus day. Neurourol Urodyn 26:465–473

Rifkin DE, Winkelmayer WC (2010) Medication issues in older individuals with CKD. Adv Chronic Kidney Dis 17:320–328

Ruilope L, Izzo J, Haller H, Waeber B, Oparil S, Weber M, Bakris G, Sowers J (2010) Prevention of microalbuminuria in patients with type 2 diabetes: what do we know? J Clin Hypertens 12:422–430

Schell JO, Germain MJ, Finkelstein FO, Tulsky JA, Cohen LM (2010) An integrative approach to advanced kidney disease in the elderly. Adv Chronic Kidney Dis 17:368–377

Schrijvers BF, De Vriese AS (2007) Novel insights in the treatment of diabetic nephropathy. Acta Clin Belg 62:278–290

Shamliyan T, Wyman J, Bliss DZ, Kane RL, Wilt TJ (2007) Prevention of urinary and fecal incontinence in adults. Evid Rep Technol Assess 161:1– 379

Tadic SD, Griffiths D, Murrin A, Schaefer W, Aizenstein
    HJ, Resnick NM (2010) Brain activity during bladder
    filling is related to white matter structural changes in
    older women with urinary incontinence. Neuroimage
    51:1294–1302
Vlarassa H, Torreggiani M, Post JB, Zheng F, Uribarri J, Striker
    GE (2009) Role of oxidants/inflammation in declining
    renal function in chronic kidney disease and normal
    aging. Kidney Int Suppl 114:3–11
Wiggins J (2009) Podocytes and glomerular function with
    aging. Semin Nephrol 29:587–593

9

Sexualsystem

10.1 Struktur und Funktion der Sexualsysteme

Die Sexualorgane der Frau bestehen aus zwei Eierstöcken (Ovarien) und den zugehörigen Eileitern, die in die Gebärmutter (Uterus) münden. Diese geht in die Scheide (Vagina) über, die nach außen von den Schamlippen (Vulva) verdeckt ist (◘ Abb. 10.1a). Die Sexualorgane des Mannes sind die beiden Hoden (Testes) in dem außerhalb der Körperhöhle befindlichen Hodensack (Scrotum) sowie die beiden Samenleiter, die z. T. von der Prostata (Vorsteherdrüse) umgeben sind und dann in den Harnleiter münden. Die Prostata ist etwa walnussgroß und produziert Sekrete, die etwa 30 % des Ejakulats ausmachen. Der Harnleiter führt durch den Penis nach außen (◘ Abb. 10.1b). Wesentliche Funktionen der beiden Organsysteme sind zum einen die Produktion von Ei- bzw. Samenzellen (Spermien), zum anderen die Produktion von Geschlechtshormonen sowie die innere Befruchtung und die intrauterine Entwicklung des Embryos im (geschützten) Uterus. Im weiteren Sinne gehören auch die neuronalen und endokrinen Steuerungssysteme im ZNS (u. a. Hypothalamus und Hypophyse) zum Sexualsystem.

Ziel des Sexualsystems ist die Erzeugung von Nachwuchs und dessen Absicherung (► Kap. 1). Weitere Ziele sind u. a. eine Verstärkung der Paarbeziehung durch gemeinsamen Lustgewinn. Unabhängig von der unterschiedlichen Verteilung der Geschlechtschromosomen (XX bei der Frau oder XY beim Mann) entwickelt sich der Embryo in den ersten Schwangerschaftswochen bisexuell, d. h. geschlechtsindifferent. Wenn ein Y-Chromosom vorhanden ist, beginnt ab der 6–7 Woche das Hodenwachstum und damit die Produktion von Androgenen (männliche Geschlechtshormone). Sie bewirken eine Maskulinisierung von Körper und Gehirn und des späteren Sexualverhaltens. Androgene sind Steroidhormone; dazu zählen Testosteron (T) und 5α-Dihydrotestosteron (DHT) sowie weniger androgen wirkende 17-Ketosteroide (Dehydroepiandrosteron, DHEA). Testosteron ist wesentlich für die Spermienentwicklung und für die Ausbildung des männlichen Knochenskeletts, der Muskulatur und männlicher Verhaltensweisen. Ohne Androgene (d. h. bei der XX-Konstitution) entwickelt sich der Embryo weiblich: Schon sehr früh in der Ent-

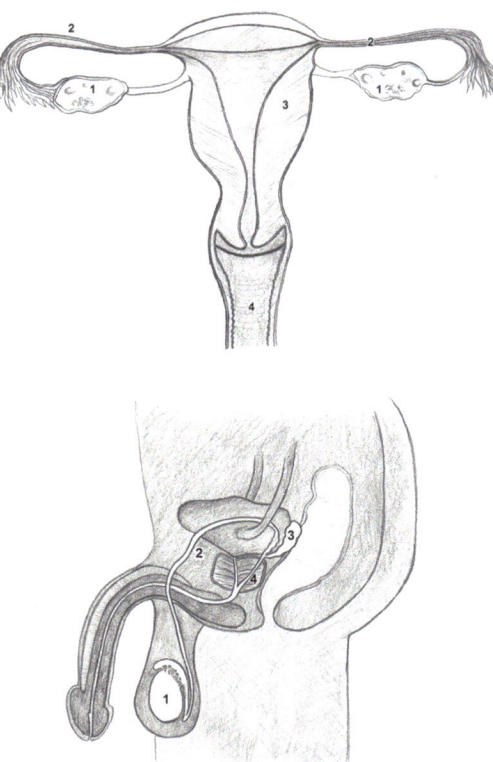

◘ **Abb. 10.1** Die Sexualsysteme der Frau und des Mannes. **a** Weibliche Geschlechtsorgane: Die Eierstöcke (*1*), die mit der Gebärmutter (*3*) durch Bänder verbunden sind; die Eileiter (*2*), in denen die Eizelle befruchtet wird; die Gebärmutter (*3*), in der das Kind heranwächst; die Scheide (*4*). **b** Die männlichen Geschlechtsorgane: Innerhalb des Hodensacks liegen die Hoden, in denen die Samenzellen gebildet werden; jeder Hoden enthält etwa tausend fadendicke Röhrchen (*1*). Diese Röhrchen in ihrer Gesamtheit vereinigen sich zu einem Gang, der durch die Leistenkanäle hindurch zurück in die Bauchhöhle zieht (*2*). Sie münden in die Harnröhre. Flüssigkeit aus den Samenbläschen (*3*) und der Vorsteherdrüse (Prostata) (*4*) wird zusammen mit den Samenzellen als Samenerguss durch die Harnröhre ausgestoßen

wicklung werden die Eizellen (Oocyten) gebildet (in der 1. Schwangerschaftswoche). Sie verharren dann lange Zeit in der Ruhephase bis zu Beginn der Geschlechtsreife (etwa im 13. Lebensjahr) und reifen von da an jeweils in kleinen Gruppen bis zur Freisetzung einer dieser Eizellen (Ovulation) im Rahmen des Menstruationszyklus. Die freigesetzte Eizelle wandert durch den Eileiter und kann dort von einem Spermium befruchtet werden.

Die Menstruationszyklen von ~28 Tagen wiederholen sich (meist) regelmäßig bis zum 40.–43. Lebensjahr, danach werden die Zyklen unregelmäßiger (Klimakterium) und hören mit Beginn des 5. Lebensjahrzehnts ganz auf (Menopause). Die Geschlechtshormone der Frau, Steroidhormone wie Östrogene (z. B. Östradiol), Progesteron und Androgene, werden im Follikel der Eizellen bzw. nach der Ovulation im Gelbkörper gebildet. Da diese Follikel/Gelbkörper nach der Menopause nicht mehr existieren, geht der Spiegel der weiblichen Geschlechtshormone drastisch zurück.

Während der Ruhephase der Eizellen (maximal 50 Jahre) finden Alterungsprozesse in den Zellen statt, die sich als Risiken (z. B. im Form von Chromosomenanomalien) für die Nachkommen erweisen können (s. weiter unten). Gesteuert wird die Geschlechtshormonproduktion vom *gonadotropin-releasing hormone* (GnRH), das im Hypothalamus gebildet wird und rhythmisch (im Abstand von 60–90 min) abgegeben wird. Im vorderen Hypophysenlappen stimuliert GnRH die Abgabe von Lutropin/luteinisierendem Hormon (LH) und von follikelstimulierendem Hormon (FSH). Beim Mann stimuliert LH die Testosteronabgabe aus den Leydig-Zwischenzellen im Hoden, während FSH die Ausschüttung von Inhibin und von Androgenbindungsprotein (ABP) fördert. In den Sertoli-Zellen im Hoden werden auch Östrogene gebildet, die zusammen mit den Androgenen die Reifung der Spermatocyten stimulieren. Inhibin hemmt die FSH-Produktion (negative Rückkopplung). Der Transport der Spermien durch den Nebenhoden ist ein weiterer Schritt zu ihrer Aktivierung.

Bei der Frau stimulieren LH und FSH die Synthese von Östrogenen und Progesteron, die im Menstruationszyklus jeweils unterschiedliche Konzentrationen aufweisen – und über komplexe Wechselwirkungen mit der Hypophyse und dem Hypothalamus geregelt werden. Limbische Strukturen im Gehirn wie der Hypothalamus sind für das Sexualverhalten mit verantwortlich, Hormone wie Testosteron fördern die – männliche – Aggressivität, während Prolactin und Oxytocin bei Frauen Sozialkontakte und Zuwendung in der eigenen Gruppe begünstigen, aber auch Aggressionen gegen Außenstehende erzeugen. Eine besonders wichtige Komponente des Sexualsystems ist die Psyche, d. h. die früheren Erfahrungen und Emotionen bei Sexualität und überhaupt beim Kontakt mit dem anderen Geschlecht.

10.2   Altersabhängige Veränderungen

- **Frauen**

Die altersabhängige Reduktion der ovariellen Hormone während des Klimakteriums und der Menopause bringt viele Veränderungen mit sich – nicht nur im Sexualsystem. Die Menopause beginnt im Mittel zwischen 45,5 und 45,7 Jahren und ist mit etwa 51,8 Jahren erreicht. Dabei gibt es deutliche individuelle und ethnische Unterschiede, die man zurzeit auf ihre genetischen Grundlagen analysiert (Voorhuis et al. 2010). Mit der Verringerung der Follikelzahl sinkt die Produktion der ovariellen Hormone Östrogen, Inhibin B, Anti-Müller'sches Hormon (AMH) sowie von Prostaglandin, während die Menge von FSH aufgrund der geringeren Hemmung durch Inhibin ansteigt. Nach dem letzten Menstruationszyklus setzt die Postmenopause ein, die man in eine frühe Postmenopause (5 Jahre nach der letzten Menstruation) und eine darauf folgende späte Postmenopause einteilt (Pinkerton und Stovall 2010).

Symptome der Menopause umfassen Hitzewallungen, nächtlichen Schweiß, Stimmungsschwankungen, Wahrnehmungs- und Schlafstörungen, vaginale Probleme (Trockenheit), die zu Schmerzen beim Sexualverkehr führen können, und Verringerung der Libido. Diese Symptome betreffen etwa 80 % der Frauen und beeinträchtigen oft die Lebensqualität deutlich. Wie die Hitzewallungen (*hot flashes*) zustande kommen, ist noch wenig verstanden. Sie sind meist milde und vorübergehend, assoziiert mit Erweiterungen der peripheren Venen, erhöhter Hauttemperatur und erhöhtem Blutfluss während der ersten Sekunden. Offenbar hängen diese Hitzewallungen mit der Verringerung des Östrogenspiegels zusammen. Altern und die abfallende Östrogenkonzentration nach der Menopause führen zur vaginalen Atrophie und Trockenheit – was auf einer geringeren Durchblutung des Epithels beruht, das nun auch geringere Mengen an Kollagen und Elastinfasern enthält (▶ Kap. 3). Diese vaginalen Störungen können durch Östrogensubstitute und Gleitmittel sowie häufigeren Geschlechtsverkehr vermindert werden (Pinkerton und Stovall 2010).

Die hormonellen Veränderungen haben auch Auswirkungen auf andere Funktionssysteme wie Herz-Kreislauf: Frauen haben bis etwa zehn Jahre nach der Menopause eine geringere Inzidenz von koronaren Erkrankungen im Vergleich zu Männern. Danach nähern sich die Risiken an. Das wird auf die positive Wirkung von Östrogen auf das arterielle Endothel und die Herzmuskulatur zurückgeführt (Mosca 2000). Ebenso treten nach der Menopause Veränderungen im Lipidprofil auf, eine Erhöhung des Triglyceridgehalts und eine Veränderung der Insulinsensitivität sowie Fettdepots in der Abdominalregion – Änderungen, die natürlich auch von allgemeinen Alterungsprozessen beeinflusst werden.

Frauen sind nun besonders osteoporosegefährdet: Beginnend kurz vor der Menopause bis einige Jahre danach tritt bei Frauen ein beschleunigter Verlust von Knochenmasse auf (~5 % der Trabecula pro Jahr, 2–3 % der corticalen Bereiche – im Vergleich zu 1–3 % im normalen Altersverlauf, ► Kap. 4). Dieser Verlust ist wesentlich durch die Zunahme der Osteoklastenzahl und -aktivität bedingt, da die Osteoklasten nicht mehr durch Östrogen gehemmt werden (Gallagher 2007).

Zum Verständnis der sexuellen Probleme von Frauen in der Postmenopause gehört jedoch weit mehr als die genannten physischen Veränderungen und Dysfunktionen. Hinzu kommen psychische Probleme, z. B. in der unterschiedlichen Wahrnehmung und Bedeutung von Sexualität in der Ehe/Partnerschaft, Gefühle der Unzulänglichkeit und von Versagen, Angst und Stress (Walsh und Berman 2004; Malatesta 2007; Chervenak 2010). Die Frage, inwieweit fehlendes Östrogen die Risiken für Demenz und Depression erhöhen kann, ist bisher noch nicht beantwortet.

■ **Männer**

Auch hier findet eine altersabhängige Reduktion der Sexualhormonmenge statt, die zahlreiche Veränderungen – nicht nur im Sexualsystem – verursacht. Diese Testosteronreduktion verläuft – im Unterschied zu der Östrogenreduktion bei Frauen – eher linear. Daran sind der Hypothalamus

durch *gonadotropin-releasing hormone* (GnRH), die Hypophyse durch LH und FSH und die Hoden durch die Testosteronproduktion beteiligt. Die Gesamtmenge an Testosteron (tT) nimmt im Alter ab, um etwa 1,6 % pro Jahr, während LH um 0,9 % und FSH um 3,1 % zunehmen – vermutlich wegen der verringerten negativen Rückkopplung durch Testosteron. Die Menge an freiem Testosteron wird zudem noch vermindert durch eine altersabhängige Zunahme von sexualhormonbindenden Globulinen (SHBG) – etwa 1,2 % pro Jahr (Feldman et al. 2002; Übersicht: Sampson et al. 2007). Auch die Konzentration von Dehydroepiandrosteron und Östrogen wird altersabhängig geringer (Lunenfeld 2006). Das daraus resultierende Syndrom wird auch als »Alters-Hypogonadismus« bezeichnet, da es in mancher Hinsicht der Unterentwicklung der Gonaden entspricht, die auch in jungen Jahren infolge von Entwicklungsstörungen auftreten kann.

Ursachen für diese Veränderungen der Hormonachse sind nach dem jetzigen Kenntnisstand folgende (◘ Abb. 10.2): Alterungsprozesse im Hoden wie die Abnahme der Leydig-Zell-Zahl. Eine Zunahme von Lipofuscinablagerungen und Störungen der Steroidsynthese führen zu einer verringerten Produktion von Testosteron und Inhibin (◘ Abb. 10.2a). Dies führt zwar zu einer kompensatorischen Erhöhung der GnRH-, LH- und FSH-Sekretion, die aber durch Störungen in der Amplitude und Synchronizität der Sekretionspulse offenbar nicht wirksam wird (◘ Abb. 10.2b, c), was auf neuronale Defekte im Hypothalamus zurückzuführen sein könnte (Übersichten: Hermann et al. 2000; Sampson et al. 2007).

Diese hormonellen Veränderungen wirken nicht nur in Richtung auf sexuelle Dysfunktion, sondern auch auf die Körperkonstitution wie die viszerale Adipositas, auf Muskelabbau (► Kap. 5), Osteoporose (► Kap. 4.), Harninkontinenz (► Kap. 9), Verlust von kognitiven Funktionen und Depressionen (► Kap. 12).

Die wesentliche Aufgabe des Hodens ist – neben der Synthese von Steroiden – die Produktion von Spermien. Auch die verringert sich mit dem Alter – in Form eines kleineren Samenvolumens, einer geringeren Spermienzahl und -beweglichkeit (Kuhnert und Nieschlag 2004). Trotzdem bleiben Männer in der Regel bis in höhere Altersphasen

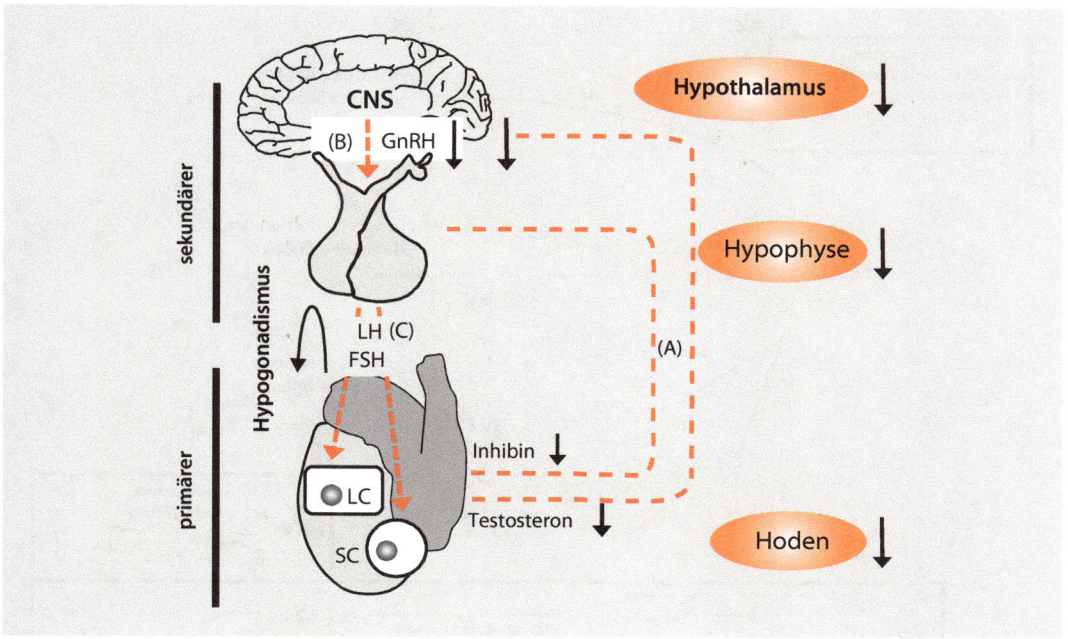

● **Abb. 10.2**   Alterungsprozesse (Hypogonadismus) im Sexualhormonsystem des Mannes. (A) Stochastische Schäden führen zu einer graduellen Beeinträchtigung der Hypothalamus-Hypophysen-Hoden-Achse. Unzureichende Amplituden von GnRH- und LH-Pulsen (B und C) aufgrund einer geringeren Anzahl von Neuronen und deren Synchronizität führen zu verringerter Produktion von Testosteron. *LC* Leydig-Zellen, *SC* Sertoli-Zellen. (Nach Sampson et al. 2007)

fertil, auch wenn andere Dysfunktionen wie Erektionsprobleme, Libidoverlust u. a. als Fortpflanzungshemmnisse hinzukommen. Ebenso nimmt das Risiko mit dem Alter zu, dass durch Mutationen in der DNA der Spermien Anomalien bei spät gezeugten Kindern auftreten (s. weiter unten).

Erektionsstörungen gehören zu den häufigsten altersabhängigen Veränderungen bei Männern über 50. Solche Störungen gehen u. a. auf Arteriosklerose der Penisarterien und dadurch bedingte geringere Sauerstoffzufuhr sowie auf Fibrose zurück. Außerdem ist oft eine reduzierte NO-Produktion daran beteiligt – sei es aufgrund von Diabetes oder des Alters. Gutartige Prostatahyperplasie (BPH) ist eine klassische Alterserkrankung, die bei 70 % der Männer im 60. Lebensjahr vorkommt (20 % im 40. Lebensjahr). BPH ist durch fortschreitende Veränderungen auch in der histologischen Struktur der Zellen charakterisiert. Assoziiert damit sind die Proliferation von glatten Muskelzellen und ein Verzweigen von epithelialem Drüsengewebe. Später kommt noch eine Vermehrung der basalen Epithelzellen hinzu. Diese Veränderungen sind durch die Umwelt, Hormone und Gene bedingt, wobei Letztere oft eine reduzierte DNA-Methylierung aufweisen. Entsprechend sind viele Genaktivitäten verändert, besonders solche, die epitheliale und stromale Wachstumsfaktoren betreffen (▶ Abschn. 10.2.1) (Prakash et al. 2002). Prostatakrebs ist eine der häufigsten Krebserkrankungen bei Männern in den westlichen Industrieländern und ist stark altersabhängig (▶ Kap. 14).

10.2.1 **Molekulare Mechanismen**

Die bei älteren Männern häufige gutartige Prostatahyperplasie wird durch mehrere Faktoren stimuliert (● Abb. 10.3): Durch abnehmende DNA-Methylierung werden Genaktivitäten verändert – möglicherweise durch eine Überexpression von Faktoren, die die Proliferation fördern, und eine

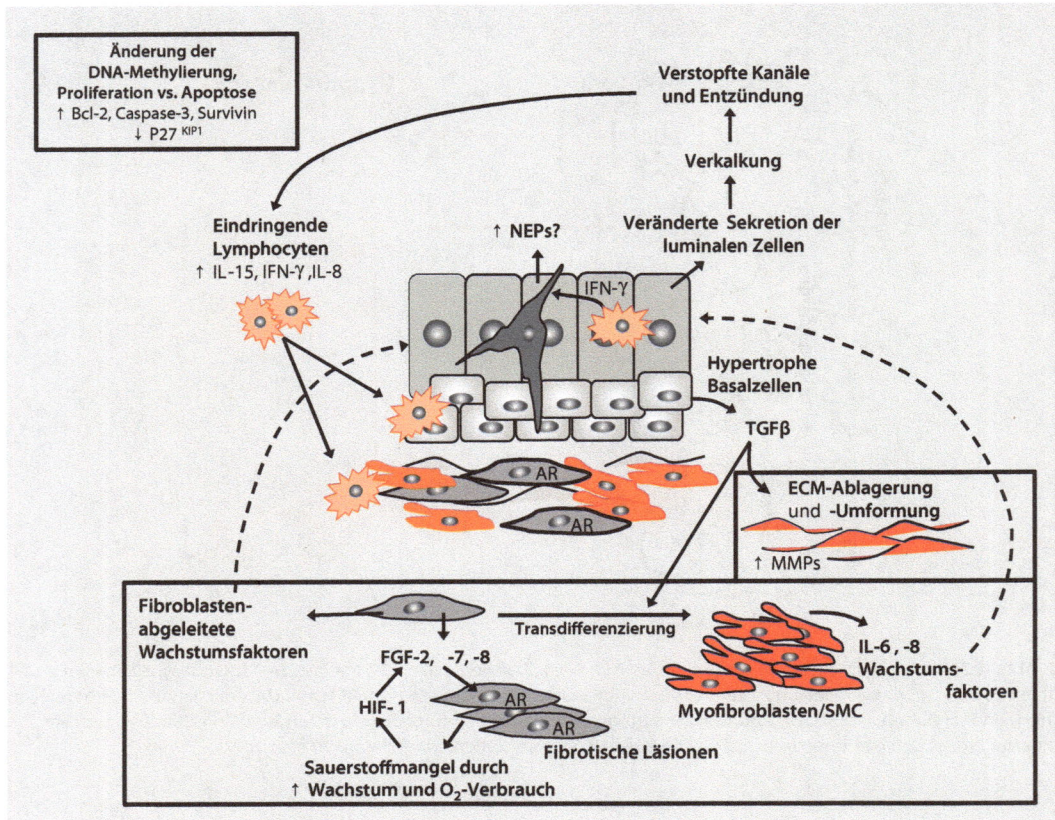

Abb. 10.3 Gewebsveränderungen und Signalmoleküle bei gutartiger Prostatahyperplasie. Nähere Erklärungen siehe Text. (Nach Sampson et al. 2007)

Hemmung derjenigen Faktoren, die die Apoptose einleiten. Altersabhängige Hormonveränderungen führen außerdem dazu, dass sich das Östrogen-Androgen-Verhältnis erhöht, was die Aktivitäten der hormonabhängigen Gene verändert; u. a. hat sich eine zunehmende Expression des Androgenrezeptors (AR) gezeigt. Außerdem proliferieren Fibroblasten, die Wachstumsfaktoren an die darüber liegende Epithelschicht abgeben. Durch das Wachstum wird möglicherweise Hypoxie und damit der hypoxieinduzierbare Faktor (HIF) induziert, der wiederum Gene für die Fibroblasten-Wachstumsfaktoren FGF 2, 7 und 8 aktiviert. Hypertrophe Basalzellen sezernieren TGFβ, das eine Transdifferenzierung von Stromazellen in SMC (*smooth muscle cells*) und Myofibroblasten verursacht. TGFβ induziert auch in der extrazellularen Matrix

(ECM) die Produktion von Matrixmetalloproteinasen (MMP). Infiltrierende Lymphocyten bilden die Interleukine 8 und 15 sowie Interferon γ, was wiederum die Calcifizierung und Entzündungsreaktionen im Prostatalumen erhöht. IFN-γ scheint die Zunahme von wachstumsinduzierten Neuropeptiden (NEP) zu stimulieren.

10.2.2 Medizinische Aspekte

Eine der häufigsten Maßnahmen gegen die genannten Alterserscheinungen bei Frauen ist eine Hormontherapie mit Östrogen und Progesteron (E + P) oder Östrogen allein. Diese Hormontherapien vermindern Hitzewallungen und Nachtschweiß, verlangsamen den Verlust von Knochenmasse und verringern damit das Auftreten von Knochenbrüchen sowie eine Atrophie der Vagina. Positive und negative Auswirkungen auf Herz-Kreislauf-Risiken wurden in verschiedenen Studien beobachtet, sodass dieser Aspekt nicht geklärt ist. Die *Women's Health Initiative* (WHI) kommt z. B. zu dem Resultat, dass eine fünfjährige Behandlung mit E + P eine leichte Risikoerhöhung für Brustkrebs, Herz-Kreislauf-Erkrankungen, Schlaganfall und venöse Embolien mit sich bringt, aber das Risiko von Knochenbrüchen und von Dickdarmkrebs senkt (Rossouw et al. 2002; Goldstein 2007, ▶ Kap. 11). Ob es ein »kritisches Zeitfenster« für die positiven Wirkungen von Östrogentherapien gibt, ist ebenfalls noch nicht geklärt (Übersicht: Pinkerton und Stovall 2010). Weitere vorbeugende Maßnahmen und Therapien betreffen die mit den hormonellen Veränderungen zusammenhängenden Erkrankungen wie Osteoporose (▶ Kap. 4) oder Herz-Kreislauf-Erkrankungen (▶ Kap. 6).

Bei älteren Männern wird auch eine Hormonersatztherapie angewandt, wenn Anzeichen von Hypogonadismus gegeben sind. Positive Wirkungen hat diese Therapie anscheinend auf die Libido und Sexualfunktionen, auf Knochendichte, Muskelmasse, Stimmung, Bildung von roten Blutkörperchen, Lebensqualität und cardiovasculare Erkrankungen. Sehr kontrovers diskutiert werden dagegen die Risiken dieser Behandlung, wie z. B. eine Stimulation von Prostatatumoren oder der gutartigen Vergrößerung der Prostata, wie auch Lebertoxizität, Hyperviskosität oder Herzversagen. Da es zurzeit keine großen Langzeitstudien zur Testosteronsubstitution gibt, ist ihre breite Anwendung nicht empfohlen (Übersichten: Lunenfeld 2003; Gruenewald und Matsumoto 2003; Bassil und Morley 2010). Bei Erektionsstörungen werden jetzt meist sehr wirksame Medikamente eingesetzt, bekannt vor allem unter dem Namen »Viagra«, die jedoch nicht nachhaltig wirken. Medikamente wie Sildenafil, Tadalafil oder Vardenafil erhöhen die Aktivität des NO-cGMP-Signalwegs im Corpus cavernosum und verstärken damit die Entspannung der glatten Muskulatur, die Gefäßerweiterung und damit die Erektionsfähigkeit.

10.2.3 Zusammenfassung

Altersabhängige Veränderungen des Sexualsystems von Frauen sind vor allem durch das Ende der Produktion von mehreren Geschlechtshormonen (Östrogene, Inhibin, Anti-Müller'sches Hormon) und Prostaglandin während der Menopause gekennzeichnet. Dadurch wird eine Anzahl von geschlechtsspezifischen, aber auch von allgemeinen Funktionen beeinflusst – Sexualität mit ihren physischen und psychischen Anteilen, Hitzewallungen, Osteoporose, Herz-Kreislauf-Funktionen. Bei Männern nimmt die Geschlechtshormonproduktion eher linear ab, beeinträchtigt die Fertilität wenig, hat aber Auswirkungen auf viszerale Adipositas, auf Muskelabbau, Osteoporose, Harninkontinenz, Verlust von kognitiven Funktionen und Depression. Bei Frauen werden Hormonersatztherapien (Östrogene ± Progesteron) angewandt, die allerdings Nebenwirkungen in Bezug auf Brustkrebs und Herz-Kreislauf-Erkrankungen zeigen. Bei Männern mit Symptomen von Hypogonadismus werden ebenfalls Hormonersatztherapien (Testosteron) angewandt, allerdings ist auch hierbei mit deutlichen Nebenwirkungen, etwa einer Prostatavergrößerung oder erhöhten Herz-Kreislauf-Risiken, zu rechnen.

10.3 Alterungsprozesse bei Ei- und Samenzellen und dadurch bedingte Risiken für die Nachkommen

mit Saadat Mohsenzadeh[1]

Viele Frauen planen heutzutage erst in späteren Lebensjahren ein Kind ein, weil sie ihre Schul- oder Berufsausbildung abschließen, ihre berufliche Karriere vorantreiben, finanziell auf eigenen Füßen stehen oder zunächst andere Lebenspläne verwirklichen wollen. Frauen – und Männer – in den Industrieländern werden daher später Eltern, wie beispielsweise eine Erhebung von 2002 im Vergleich zu 1990 in der Bundesrepublik zeigt (◘ Abb. 10.4) und wie eine neue Studie auch für die USA bestätigt.

---

1 Dr. Saadat Mohsenzadeh, zurzeit in einer Praxis für »*in vitro*-Fertilisation« in Dortmund tätig

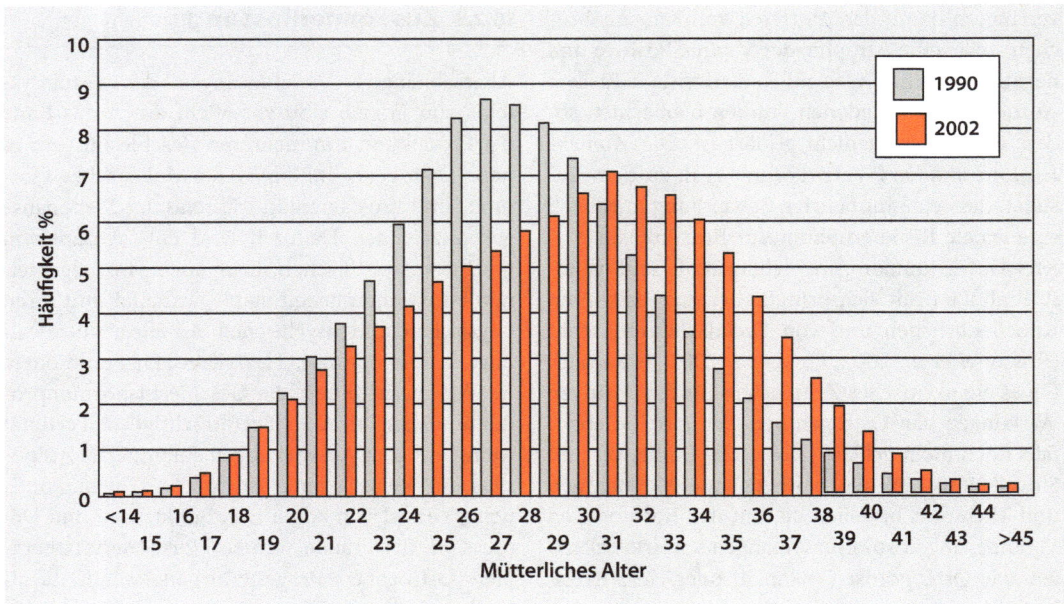

🔺 **Abb. 10.4**   Alter der Mütter. Geburtenhäufigkeiten, bezogen auf das jeweilige Alter der Mutter bei der Entbindung für 1990 (grau) und 2002 (rot). (Nach Sancken et al. 2005, nach Angaben des Statistischen Bundesamts, aus Rensing 2008)

In der späten Reproduktionsphase – bei Frauen etwa ab 35 Jahren, aber auch bei Vätern über 40 – treten zunehmend Fertilisationsprobleme auf, vor allem aber – bei älteren Müttern – ein zunehmendes Risiko von Chromosomenanomalien bei den Kindern. Diese Risiken sind den Eltern nicht immer bewusst. Wenig bekannt sind Risiken wie die Zunahme von Fehlgeburten sowie von Aneuploidien (Chromosomenzahlanomalien) oder von oxidativen Schäden in Oocyten und Spermien (Punktmutationen, mitochondriale DNA-Schäden) und die damit möglicherweise verbundenen Konsequenzen (Übersicht: Rensing und Mohsenzadeh 2008).

Die möglichen Risiken sollen hier zusammengefasst und mit den dafür verantwortlichen Faktoren diskutiert werden. Dazu gehören vor allem die Faktoren, die während der langen Ruhephase der Oocyten im Ovar der Frau zu Trisomien und anderen chromosomalen Veränderungen führen können. Dabei spielen die Chromosomenenden (Telomere) und deren Verkürzung eine zentrale Rolle (Keefe et al. 2007). Oxidativer Stress ist wesentlich für diese Verkürzung und für mitochondriale

Schäden in den Oocyten verantwortlich. Schließlich kann auch die komplexe Regulation der Oocyten-Meiosen und deren Dynamik Gegenstand von altersabhängigen Veränderungen und Dysfunktionen sein. Diese Risiken von späten Müttern hängen offenbar mehr von Alterungsprozessen im Ovar ab als vom chronologischen Alter der Mutter. Das Ovar altert nämlich individuell und unter der Kontrolle von Genen unterschiedlich schnell, sodass es auch eine große Variabilität für den Zeitpunkt der Menopause gibt.

Auch Spermien sind oxidativem Stress ausgesetzt und können dadurch ebenfalls altersabhängige Defekte aufweisen (Aitken und Baker 2006). Bei derartigen Fertilisationsproblemen wird in zunehmendem Maße von der »künstlichen Befruchtung« (*assisted reproduction technology*, ART) Gebrauch gemacht, in den meisten Fällen von einer *in vitro*-Fertilisation (IVF). IVF ist aufgrund der Hormonbehandlung und der nachfolgenden Inkubation von Ei- und Samenzellen ein möglicher weiterer Risikofaktor für gesundheitliche Schäden bei Kindern von älteren Müttern und Vätern.

10.3.1 Die Entwicklung der Keimzellen

10.3.1.1 Entwicklung der Eizellen (Oogenese)

Die Oogenese von den Eizellvorläufern (Oogonien) bis zu den Oocyten 1. Ordnung läuft im weiblichen Embryo bereits in der frühen Schwangerschaftsphase ab und ist in der 20. Schwangerschaftswoche abgeschlossen. In dieser Phase beginnen die zu diesem Zeitpunkt rund 7 Mio. Oogonien die Prophase der Meiose I und werden damit zu primären Oocyten. Charakteristisch für die Prophase I ist die Chiasmatabildung und Rekombination durch DNA-Doppelstrangbrüche und die »Kreuzreparatur« mit dem homologen Chromosom. Bei diesen Prozessen in der Prophase I spielen die Telomere, die dann in der Kernhülle verankert sind, eine zentrale Rolle bei der Paarung (Synapse) der homologen Chromosomen (Scherthan 2007).

Die Chromosomen aller Oocyten sind dann für lange Zeit bis zur Pubertät im sogenannten Diplotän (Dictyotän) der Prophase I arretiert. Nach dieser Ruhephase reifen jeweils Kohorten von Oocyten heran, die von Granulosazellen umgeben sind (primordiale Follikel). Davon gelangt in der Regel eine Oocyte im monatlichen Zyklus bis zur Ovulation. Von den bei der Geburt noch vorhandenen 1 Mio. Oocyten pro Ovar bleiben bis zur Pubertät etwa 300.000 pro Ovar übrig, deren Zahl dann bis zur Menopause auf nahezu Null zurückgeht. Der größte Teil der Oocyten gelangt nicht zur Reifung, sondern unterliegt der Apoptose (programmierter Zelltod). Die letzten reifenden Oocyten haben etwa 40–50 Jahre in dem Ruhestadium verbracht und sind in dieser Zeit gealtert. Neuerdings gibt es eine kontroverse Diskussion darüber, ob es Stammzellen oder nicht differenzierte Zellen gibt, die auch in späteren Stadien der Ovarienentwicklung neue Oocyten generieren könnten.

In der Präovulationsphase wird die Meiose I in einer Kohorte von Oocyten abgeschlossen. Danach geht in der Regel eine Oocyte (im Leitfollikel, d. h. in dem Follikel, der sich bei der Follikelreifung bis zur Ovulation durchsetzt) in die Metaphase der Meiose II über und verharrt in dieser Phase wiederum bis zur Befruchtung. Durch die Befruchtung wird der Calciumspiegel in der Eizelle erhöht, was als Signal für den Abschluss der Meiose II dient.

Während der Anaphasen I und II kann es durch sogenannte **Nondisjunction** zu Aneuploidien kommen (◘ Abb. 10.5).

Während der Reifung einer Oocyte in einem Follikel steht sie mit den Granulosazellen bis zur Wiederaufnahme der Meiose in Verbindung. Altersbedingte mitochondriale Schäden in den Granulosazellen können daher auch Auswirkungen auf die Qualität der Oocyten haben (Seifer et al. 2002). Bei einer normalen Befruchtung bleiben meist die Mitochondrien der Eizelle erhalten, die des Spermiums werden eliminiert, sodass Mitochondrien in der Regel maternal vererbt werden –damit können eventuell altersbedingt in den Oocyten entstandene mitochondriale Mutationen auch auf den Embryo übertragen werden. Kompliziert wird die Situation dadurch, dass die Oocyten unterschiedlich viele Mitochondrien enthalten und daher auch verschiedene Verhältnisse von mutierter mitochondrialer (mt)DNA zu normaler mtDNA aufweisen können.

10.3.1.2 Entwicklung der Spermien (Spermatogenese)

Die Vorläuferzellen (Spermatogonien) entwickeln sich bis zur Pubertät. Sie teilen sich dann mitotisch in eine Stammzelle, die lebenslang als solche fungiert, und in eine Zelle, aus der mehrfach Spermatocyten 1. Ordnung entstehen. Aus ihnen werden jeweils während der Meiose I zwei Spermatocyten 2. Ordnung gebildet, aus denen wiederum durch die Meiose II zwei Spermatiden entstehen, die sich zu Spermien differenzieren. Mit zunehmendem Alter des Mannes haben die Spermatogonien und Stammzellen eine zunehmende Zahl von Zellzyklen durchlaufen, wobei es bei jeder DNA-Replikation zu Kopierfehlern kommen kann, die, wenn sie nicht repariert werden, zu einer ansteigenden Zahl von Mutationen führen können.

Spermien sind vor und während der Spermatogenese, während des Aufenthalts in den Hodenkanälchen und im Samenleiter (sowie eventuell in Medien vor einer IVF) Einflüssen von außen und innen ausgesetzt. Dasselbe gilt für die Reifungsprozesse der Spermien durch ein Cervixsekret im weiblichen Genitaltrakt, die als **Kapazitation** bezeichnet werden. Das Sekret verändert die Glykoproteine auf der Membran der Spermien, erhöht die Aktivität des Flagellenschlags (Hyperaktivität)

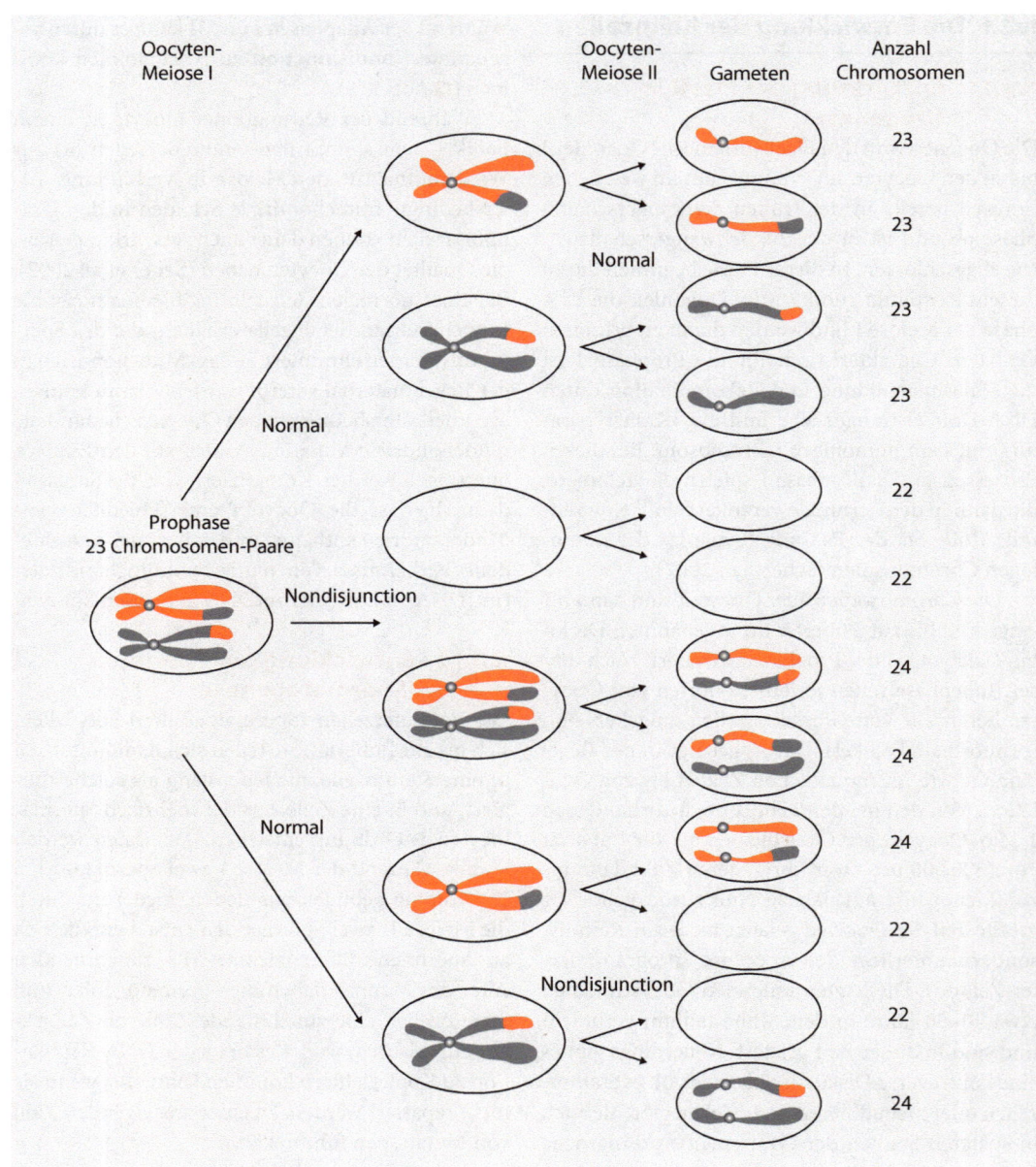

🔲 **Abb. 10.5** Oocyten-Meiose und Aneuploidien am Beispiel eines Chromosoms. Stadien der Oocyten-Meiose I und II und die dabei möglichen Ereignisse von Nondisjunction von Chromosomen, die zu Aneuploidien führen. Unter Nondisjunction versteht man, dass sich homologe Chromosomen bei der 1. Reifeteilung oder Chromatiden bei der 2. Reifeteilung nicht voneinander trennen. Letzteres wird auch als Nonseparation bezeichnet. Rot: mütterliches, grau: väterliches Chromosom, beide sind durch die Replikation doppelt vorhanden. (Nach Carlson 1999, aus Rensing 2008)

und fördert die Akrosomreaktion beim Eindringen in die *Zona pellucida* der Eizelle. Dabei bilden sich Gruppen von Spermien, die in zeitlichem Abstand die Kapazitation durchlaufen, um insgesamt über längere Zeit die Befruchtungsfähigkeit zu erhalten. Altersbedingte Schäden – beispielsweise durch oxi-

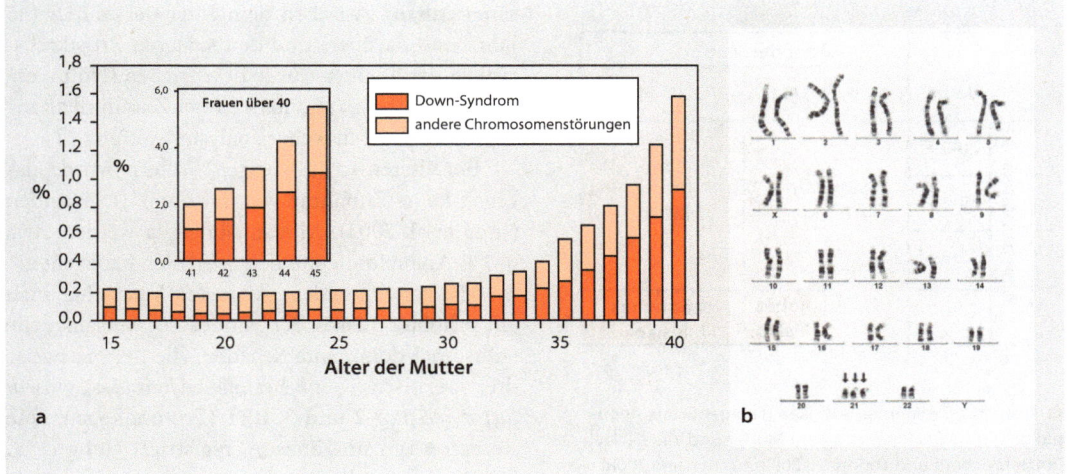

◘ **Abb. 10.6** Alter der Mutter und Chromosomenstörungen der Kinder. **a** Häufigkeit von Chromosomenstörungen in Prozent von 100 Neugeborenen (Ordinate) in Abhängigkeit vom Alter der Mutter (Abszisse). Down-Syndrom (*rot*), andere Chromosomenstörungen (*grau*); (nach Hook 1981). Neuere Studien haben im Prinzip den gleichen Risikoverlauf ergeben, liefern quantitativ jedoch – aufgrund verbesserter Nachweismethoden – etwas höhere Werte. **b** Karyotyp einer Trisomie 21. (aus Rensing 2008)

dativen Stress induzierte Mutationen – können in den Spermatogonien, aber auch in späteren Differenzierungsphasen auftreten.

10.3.2 Defekte bei Kindern von späten Müttern und Vätern

Die oben beschriebenen Prozesse der Oogenese und – in geringerem Maße – der Spermatogenese werden mit zunehmenden Alter beeinträchtigt. Die dabei auftretenden Störungen und Defekte sollen zunächst aus epidemiologischer Sicht beschrieben und danach die zugrundeliegenden Ursachen diskutiert werden. Unter »späten« Müttern versteht man meist Frauen, die im Alter zwischen 35 und 45 Jahren Kinder bekommen. Das Alter der Mutter bei der letzten Geburt und dem später erfolgenden Einsetzen der Menopause variiert individuell sehr stark und ist offenbar auch genetisch determiniert. Der am häufigsten zu beobachtende Defekt bei Lebendgeburten und Aborten später Mütter ist eine Aneuploidie, d. h. eine veränderte Chromosomenzahl. Dabei überwiegen Trisomien, bei denen ein Chromosom dreifach vorkommt.

Die Häufigkeit und Altersabhängigkeit von Trisomien ist je nach Chromosomenart verschieden. Am besten untersucht ist die altersabhängige Zunahme der Kinder mit einer **Trisomie 21**, die das **Down-Syndrom** zur Folge hat (◘ Abb. 10.6). Diese bis ungefähr zum 45. Lebensjahr exponentiell erfolgende Zunahme ist auch in zahlreichen späteren Studien immer wieder bestätigt worden (Übersichten: Eichenlaub-Ritter 1996, 1998; Pellestor et al. 2006). Sogar das Alter der Großmutter bei der Geburt der Mutter scheint einen Einfluss auf das Trisomie-21-Risiko zu haben. Ein weiterer Anstieg des Risikos nach dem 45. bis zum 55. Lebensjahr ist nicht mehr beobachtet worden.

Auch Trisomien der Chromosomen 13, 16 (mit fast linearer Zunahme), 18, 22 und anderer Chromosomen treten altersabhängig auf, allerdings gibt es auch Befunde, die bei einigen dieser Chromosomen keine Altersabhängigkeit fanden (Übersicht: Eichenlaub-Ritter 1996). Hinzu kommt, dass eine Reihe von Aneuploidien zu so schweren Entwicklungsstörungen des Embryos führt, dass es zu einer Fehlgeburt kommt.

Das Risiko von Aborten korreliert allgemein mit dem Risiko von Aneuploidien: So steigt das Risiko von Aneuploidien von 1,39 % bei Müttern

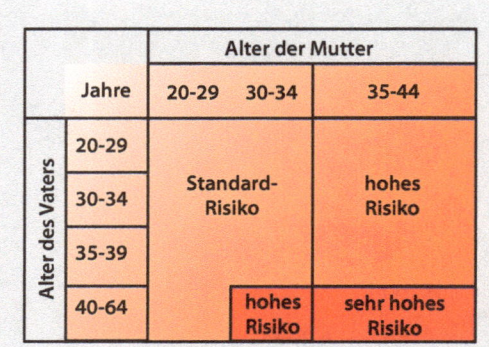

	Alter der Mutter		
Jahre	20-29 30-34		35-44
20-29	Standard-Risiko		hohes Risiko
30-34			
35-39			
40-64		hohes Risiko	sehr hohes Risiko

(left axis label: Alter des Vaters)

◘ **Abb. 10.7**   Allgemeine Risiken (Fehlgeburten, Aneuploidien u. a.) bei Kindern später Mütter und Väter. (Nach Rochebrochard und Thonneau 2002, aus Rensing 2008)

ohne vorherigen Abort auf 1,67 % bei Müttern mit einem vorherigen Abort, bis auf 1,84 % bei zwei und auf 2,18 % bei drei vorangegangenen Aborten (Bianco et al. 2006). Umgekehrt gilt auch, dass bei Aborten in 61 % der Fälle abnorme Karyotypen festgestellt werden – am häufigsten sind autosomale Trisomien (37 %, vor allem die mit dem Alter der Mutter zunehmenden Trisomien 16, 21 und 22), Polyploidien (9 %), die Monosomie X (6 %) sowie 47 Chromosomen (XXY) bei männlichen Embryonen (3,4 %) (Ljunger et al. 2005). Außerdem wird offenbar allgemein die Einnistung von befruchteten Eizellen und die frühe Embryonalentwicklung durch das Alter der Mutter beeinträchtigt. Auch Komplikationen in der Schwangerschaft bis hin zur Geburt werden häufiger – was beispielsweise eine Zunahme von Kaiserschnittgeburten zur Folge hat.

Weniger gut untersucht sind altersabhängige Punktmutationen oder Deletionen in den Oocyten. Defekte in Mitochondrien könnten zu einer vermehrten Produktion von reaktiven Sauerstoffspezies und damit zu erhöhten Altersschäden in den Oocyten führen. Derartige Schäden, insbesondere eine erhöhte Mutationsrate, aber auch Aneuploidien, wären eine Erklärung für ein erhöhtes Risiko von Krebserkrankungen bei den Kindern älterer Mütter, das in einigen Studien beschrieben wurde. So wurde bei Kindern unter fünf Jahren – nicht jedoch bei den 5–14-Jährigen – ein etwas erhöhtes Risiko für Retinoblastom- und Leukämieerkrankungen beobachtet (Yip et al. 2006). Auch ein Zu-

sammenhang zwischen dem Alter der Mutter (45 Jahre und darüber) und den späteren Brustkrebsrisiken der Töchter wurde beschrieben (Holmberg et al. 1995; Choi et al. 2005). Dieser Zusammenhang muss jedoch noch weiter analysiert werden.

Bei älteren (>40-jährigen) Vätern wurde dagegen keine Zunahme von Trisomie 21 gefunden (Jung et al. 2003). Altersunabhängig werden etwa 6–7 % Aneuploidien in den Spermien beobachtet.

Mit zunehmendem Alter des Vaters hat man ein erhöhtes Risiko der Kinder für verschiedene autosomal dominante Schäden, die beispielsweise drei spezifische Gene betreffen (*fibroblast growth factor receptor* 2 und 3, RET (Protoonkogen, eine Rezeptor-Tyrosin-Kinase)), registriert (Jung et al. 2003). Das heißt, es gibt Anzeichen dafür, dass Punktmutationen mit erhöhter Wahrscheinlichkeit in Spermien von älteren Vätern auftreten. Solche Mutationen sind jedoch nicht immer sichtbar, beispielsweise bei autosomal rezessiven Mutationen, oder wenn die Mutationen zu Infertilität oder Fehlgeburten führen. Neue Ergebnisse aus Eltern-Kind-Trios, bei denen autistische Störungen auftreten, zeigen anhand von sequenzierten Regionen aller codierenden Gene (Exom) *de novo*-Mutationen vor allem in den Spermien des Vaters. Da die Häufigkeit der Mutationen mit dem Alter des Vaters zunimmt, ist damit ein – wenn auch geringfügiges – Risiko verbunden (O'Roak et al. 2012).

Zudem gibt es eine Altersabhängigkeit von embryonalen Entwicklungsstörungen wie der Achondroplasie (dominant erbliche Störung der Knorpelbildung) und dem Apert-Syndrom (dominant erbliche Störung mit Gesichtsdeformation, Fehlbildung der Figur und geistiger Behinderung). Keine Altersabhängigkeit wurde dagegen bei den Risiken für nicht familiäre, polygen verursachte komplexe Erkrankungen wie Morbus Alzheimer, Herzschäden, nicht familiäre Schizophrenie, akute lymphoblastische Leukämie und Prostatakrebs gefunden.

Insgesamt nehmen die Risiken von Aborten, embryonalen Defekten und späteren Erkrankungen vor allem mit dem Alter der Mütter, aber auch mit dem der Väter zu (◘ Abb. 10.7).

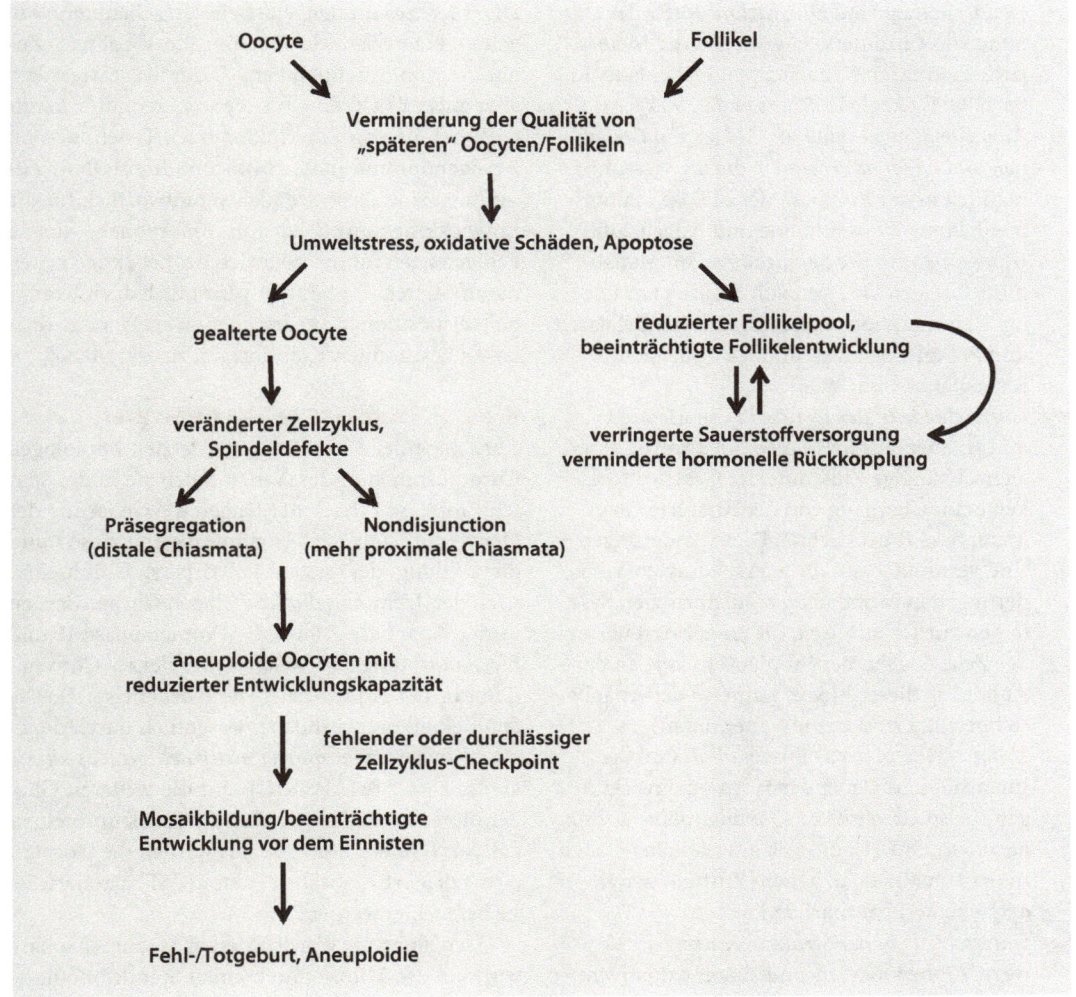

Abb. 10.8   Faktoren und Mechanismen bei der Entstehung von altersabhängigen Aneuploidien in Oocyten. (Nach Eichenlaub-Ritter 1998, aus Rensing 2008)

10.3.2.1 Ursachen für altersabhängige Veränderungen in Keimzellen

Für das altersabhängige Ansteigen von chromosomalen Veränderungen, DNA-Schäden und weiteren Beeinträchtigungen der Oocyten und für die daraus entstehenden Risiken der Kinder gibt es eine Reihe von Ursachen, die aber in ihrem Ausmaß und in ihren Interaktionen oft erst in Ansätzen bekannt sind. An der am besten untersuchten Klasse von Veränderungen, den Aneuploidien, sind offenbar folgende altersabhängige Faktoren beteiligt (■ Abb. 10.8):

— *Unterschiede in der Trennungsgeschwindigkeit der homologen Chromosomen* (beispielsweise der Chromosomen 16) während der Anaphase I. Dieser Prozess verläuft in Abhängigkeit von der Zahl und Position der Chiasmata und der Rekombinationshäufigkeit zwischen den homologen Chromosomen – je nach Chromosomenart und Alter der Oocyte jedoch unterschiedlich. Die überzähligen Chromosomen von Trisomien stammen dabei meist von der Mutter (maternale *Nondisjunction*). Im Unterschied zu anderen Trisomien ist die Trisomie

18 anscheinend auf eine nicht erfolgte Trennung von Chromatiden während der Meiose II zurückzuführen (Übersichten: Eichenlaub-Ritter 1998; Eichenlaub-Ritter et al. 2004).

- *Altersabhängige Abnahme/Abbau von Cohesinen und anderen Proteinen*, die die vier Chromatiden in der Prophase der Meiose I zusammenhalten (Wolstenholme und Angell 2000).
- *Unterschiede in der Spindellänge*. Im Mausmodell zeigen Oocyten von Mäusen am Ende der Reproduktionsphase kürzere Spindelfasern und Pol-zu-Pol-Entfernungen (Übersicht: Eichenlaub-Ritter 1998).
- *Unterschiede in der Dynamik von Meiose I und II*. Ebenfalls im Mausmodell wurde eine altersabhängige Zunahme der Geschwindigkeit beim Übergang von der Anaphase I zur Metaphase II beobachtet. Diese Änderungen sind vermutlich auf die altersbedingten Veränderungen in zahlreichen regulatorischen Systemen zurückzuführen, die an der Arretierung des Zellzyklus in der Prophase I sowie an der Auflösung dieses Blocks während der Anaphase I beteiligt sind (siehe weiter unten) .
- *Unterschiede in der Follikelqualität* und der Intensität und Dauer der Hormoneinwirkungen (beispielsweise von *Gonadotropin-releasing hormone*, GnRH), die sich altersabhängig auch in der »Qualität«, d. h. dem Zustand der Oocyten bemerkbar machen können.
- *Unterschiede in der Struktur/Kürze der Telomere*. Ältere Oocyten sind länger oxidativem Stress (reaktiven Sauerstoffspezies, ROS) ausgesetzt als junge Oocyten. Dieser Stress kann zu einer Verkürzung der Telomere und damit zu einer Destabilisierung der Chromosomen und zu den weiter oben genannten Aneuploidien beitragen (Übersicht: Keefe et al. 2007). Diese zentrale Rolle der Telomere soll daher weiter unten ausführlicher diskutiert werden.
- *Unterschiede in der Dauer der oxidativen Stressexposition*. Oxidativer Stress spielt eine fundamentale Rolle bei der Alterung aller – postmitotischer und mitotischer – Gewebe (Übersicht: Rensing 2007) und ist auch für die Alterung von Oocyten ebenso wie für Schäden in Spermien entscheidend (Übersicht: Holmberg et al. 1995). Daher soll auch diese Ursache weiter unten ausführlicher diskutiert werden.

Die hier zusammengefassten Ursachenkomplexe gelten hauptsächlich für die altersbedingte Zunahme von Aneuploidien. Oxidativer Stress gilt aber auch als Ursache für die weniger gut bekannte Zunahme von Punktmutationen/Deletionen im Kerngenom und in der Mitochondrien-DNA. Zusammen sind diese Schäden verantwortlich für die Entwicklungsstörungen von Embryonen, die zu Fehlgeburten führen oder sich bei Lebendgeburten manifestieren. Sie können vermutlich auch Krankheitsdispositionen verursachen, wie etwa das Risiko, an bestimmten Krebsformen zu erkranken.

10.3.2.2　Molekulare Mechanismen

Kurz nach der Anordnung der letzten homologen Chromosomen in der Äquatorialebene in der späten Prophase I (nach der längeren Arretierung der Oocyte im Dictyotän) beginnt die Anaphase I und die Bildung des ersten Polkörpers. Unmittelbar nach der Trennung der homologen Chromosomen in der Anaphase I folgt die Prometaphase II und die Anordnung der noch verbundenen Chromatiden in der Äquatorialebene (Metaphase II). Die Spindelbildung wird dabei wesentlich durch die c-mos-Kinase (eine *mitogen activated protein kinase kinase kinase* (MAPKKK)) und die weiteren Glieder dieser Kaskade sowie von Cytoskelettproteinen gesteuert. In der Metaphase II werden die Oocyten durch den cytostatischen Faktor (CSF) arretiert, bis sie befruchtet werden.

Der Übergang von der Metaphase zur Anaphase wird bei der Mitose durch einen Spindelbildungs-»Kontrollpunkt« kontrolliert, der die Bewegung der Chromosomen zu den Polen so lange aufhält, bis alle Chromosomen mit ihren Kinetochoren an Spindelfasern angedockt haben. Dieser Kontrollpunkt und seine regulatorischen Proteine sind von der Hefe bis zum Menschen gut konserviert und spielen auch in der Meiose eine wichtige Rolle. Regulatorische Proteine wie CSF inaktivieren den *anaphase-promoting complex/Cyclosome* (APC/C). Dieser Komplex fungiert als Ubiquitin-Ligase, die den Abbau von Cyclin und damit – über die Inaktivierung der cyclinabhängigen Kinase 1 (Cdk1) – die Freisetzung der Oocyte aus der Arretierung in der Metaphase I bewirkt.

Motorproteine – wie beispielsweise kinesinähnliche Proteine, die den Transport der Chromosomen zu den Polen bewirken – sind ebenfalls an diesem Kontrollpunkt beteiligt. Anscheinend ist der Spindelkontrollpunkt bei Oocyten aufgrund der Größe der Zelle allgemein weniger effektiv als bei der Spermatogenese, woraus sich vielleicht das höhere Risiko von Aneuploidien bei Oocyten erklärt. Darüber hinaus sind bei älteren Frauen die Mengen an APC/C-inhibitorischen Proteinen möglicherweise geringer (Steuerwald et al. 2001), sodass es zur vorzeitigen Trennung der homologen Chromosomen – oder Chromatiden – kommen kann (Präsegregation ◘ Abb. 10.8) (Eichenlaub-Ritter et al. 2004).

Offenbar werden Oocyten auch von ROS erreicht, die sich in der Follikelflüssigkeit befinden. Diese ROS sind als Signalmoleküle an der Entwicklung und Reifung der Follikel beteiligt; entsprechend finden sich erhöhte Mengen antioxidanter Enzyme (SOD, Glutathion-Peroxidase) in der Follikelflüssigkeit. Auch in der Oocyte selbst sind diese Enzyme – vor allem in der Metaphase II – erhöht (Agarwal et al. 2005), was als Anzeichen für eine erhöhte ROS-Exposition gilt. Die Konzentration von antioxidanten Enzymen im Follikel scheint ein Indikator für die Fertilität der Oocyten bei IVF zu sein. Inwieweit dieser oxidative Stress altersabhängig zunimmt, ist bisher nicht bekannt. Das gilt auch für chronische Entzündungen und inflammatorische Cytokine, die ebenfalls ROS generieren und verantwortlich für ihr Auftreten in der Peritonealflüssigkeit von Frauen sind (Iborra et al. 2005).

Menschliche Spermien sind besonders empfindlich für oxidativen Stress, der sich in einer Peroxidation von Lipiden in der Plasmamembran, aber auch in einer Schädigung der DNA auswirken kann. Die Plasmamembran von Spermien ist reich an ungesättigten Fettsäuren, die leicht in Lipidperoxide umgewandelt werden. Daher werden von den Drüsen des männlichen Genitaltrakts Antioxidantien sezerniert, die die Spermien bis in den Uterus hinein vor oxidativem Stress schützen (O et al. 2006).

Spermien produzieren selbst ROS als Signalmoleküle zur Einleitung der Kapazitation. Dadurch werden Tyrosin-Kinasen aktiviert und -Phosphatasen deaktiviert; es kommt somit auf eine gute Balance zwischen der – relativ niedrigen – selbst erzeugten ROS-Konzentration und der von außen durch Oxidantien beeinflussten Konzentration an. Oxidativer Stress in der männlichen Keimbahn ist

mit einer geringen Fertilität, Beeinträchtigung der Embryonalentwicklung, hohen Fehlgeburtsraten und erhöhter Morbidität der Nachkommen – einschließlich Krebs im Kindesalter – gekoppelt (Aitken und Baker 2006). Hier ist die Frage noch offen, ob der oxidative Stress bei Spermien mit dem Alter zunimmt.

Auch epigenetische Veränderungen finden während der Oogenese – und der Spermiogenese – statt. So gibt es Gene bei den Nachkommen, bei denen entweder nur das von der Mutter stammende oder nur das vom Vater stammenden Allel exprimiert wird (*imprinted genes*). Dies wird durch eine DNA-Methylierung von bestimmten Regionen in den Genen während bestimmter Phasen der Oogenese beziehungsweise Spermiogenese erreicht – bei Mausoocyten offenbar in Abhängigkeit von der Oocytengröße und weniger vom Alter der Mäuse (Hiura et al. 2006), was jedoch wegen der kürzeren Lebensdauer dieser Tiere keine Aussage über die Verhältnisse beim Menschen erlaubt.

Die Chromatinstruktur wird außerdem während des Oocytenwachstums zunehmend durch Histonmodifikationen (Acetylierung/Deacetylierung, Methylierung/Demethylierung) verändert. So wird Lysin 12 im Histon 4 während der Meiose I deacetyliert, bei der ersten Polkörperbildung acetyliert und während der Meiose II wieder deacetyliert, offenbar unter dem Einfluss der Cdk1-Kinase. Die Anordnung der Chromosomen in der Metaphase-II-Spindel hängt bei der Maus von einer solchen Deacetylierung von Heterochromatinregionen um das Centromer und der dort erfolgenden Assoziation eines heterochromatinbindenden Proteins (ATRX) ab (De La Fuente et al. 2004). Es muss jedoch noch geklärt werden, ob altersabhängige epigenetische Modifikationen der oben erwähnten Arten oder anderer Formen auch in menschlichen Oocyten und Spermatozoen auftreten.

10.3.2.3 Die zentrale Rolle der Telomere

Telomere befinden sich an beiden Enden der linearen Chromosomen und bestehen bei Wirbeltieren aus vielfach wiederholten TTAGGG-Sequenzen, aus einem einzelsträngigen 3'-Ende der DNA sowie Proteinkomplexen. Telomere können beim Menschen zu Beginn des Lebens individuell unterschiedlich lang sein. Sie werden dann bei jeder Replikationsrunde verkürzt, was schließlich im Alter zur replikativen Seneszenz der mitotischen Zellen führt (Ausnahmen: Keim- und Stammzellen, Krebszellen) (Übersicht: Rensing 2007, ▶ Kap. 2). Telomere werden jedoch auch durch oxidativen Stress verkürzt, der zu Veränderungen vor allem der Guanin-Nucleotide führt, die dann durch Reparaturenzyme eliminiert werden. Auch bei starkem psychischem Stress wurde eine Verkürzung der Telomere beobachtet (Epel et al. 2004). Sobald sie zu kurz werden, wird der Zellzyklus angehalten, die Stabilität der Chromosomen nimmt ab – und bei vielen somatischen Zellen – wird dann die Apoptose induziert.

Telomere haben eine wichtige Funktion bei der Meiose, weil sie an der Paarung der homologen Chromosomen und der Bildung der Chiasmata beteiligt sind (Scherthan 2007). Mäuse, deren Chromosomen normalerweise längere Telomere aufweisen als die von Menschen, zeigen kaum altersabhängige meiotische Dysfunktionen. Mäusestämme mit verkürzten Telomeren bilden hingegen eine deutlich reduzierte Anzahl von Chiasmata während der Synapse (Paarung), außerdem sind bei ihnen anomale meiotische Spindeln mit denselben Asymmetrien und Anordnungsfehlern zu beobachten wie in Eizellen von älteren Frauen (Keefe et al. 2007).

Die Telomerlänge von Zwillingsoocyten bei Frauen, die sich einer IVF unterziehen, können auch als prognostischer Indikator für eine erfolgreiche Schwangerschaft benutzt werden: Patientinnen mit sehr kurzen Telomeren (weniger als 6,3 kb) haben dabei keine Chance (Keefe et al. 2007). Spermatogonien haben – im Gegensatz zu Oocyten – eine aktive Telomerase, die nach der Replikation die ursprüngliche Telomerlänge wiederherstellt. Sie sind daher weniger anfällig für altersabhängige Aneuploidien.

10.3.3 Medizinische Aspekte

10.3.3.1 *In vitro*-Fertilisation (IVF) bei altersbedingten Fertilitätsproblemen

Die oben angesprochenen altersbedingten Fertilisationsprobleme können – und werden – durch verschiedene Methoden der Reproduktionsmedi-

zin behandelt und zum Teil bewältigt (Übersicht: Strowitzki 2006). Sie verhindern jedoch nicht, dass der IVF-Erfolg mit dem Alter deutlich abnimmt – hier dargestellt an dem Erfolg einer intracytoplasmatischen Spermieninjektion (ICSI) (◘ Abb. 10.9). Verursacht wird das durch die oben diskutierten altersabhängigen Schäden an den Eizellen oder Spermien, zu denen noch der durch IVF erzeugte Stress hinzukommt.

10.3.3.2 Diagnostische Verfahren

Um eventuelle Aneuploidien beim Embryo festzustellen, können einerseits Chromosomenanalysen an Zellen des *in vitro* wachsenden Embryos (nach IVF) vorgenommen werden (PID – Präimplantationsdiagnostik). Andererseits können nach erfolgter Implantation aus dem Fruchtwasser mithilfe einer ultraschallkontrollierten Nadel embryonale Zellen abgesaugt werden, die auf ihre möglichen Aneupoidien analysiert werden (Amniozentese). Wegen der damit verbundenen Risiken hat man inzwischen ein Verfahren entwickelt, das auf Blutproben der Mutter basiert. Diese enthalten Genfragmente des Fötus, die sich auf Aneuploidien analysieren lassen – allerdings mit zurzeit noch relativ hohen Kosten.

10.3.4 Fazit

Es ist schwierig, allgemeine Schlussfolgerungen aus den oben ausgeführten Risiken für »späte Eltern« zu ziehen. Wichtig erschien uns, diese Risiken darzustellen und bewusst zu machen, und – soweit bekannt – die daran beteiligten Faktoren aufzuzeigen. Wir wollen damit nicht Ängste erzeugen, sondern hoffen, dass ein bewusster Umgang mit den Risiken Anlass für Beratungsgespräche und Untersuchungen sein könnte, die den Eltern helfen, mit diesen Risiken umzugehen. Man kann zurzeit nur vermuten, dass Bewegung und gesunde Ernährung mit Antioxidantien sowie der Verzicht auf Rauchen und höheren Alkoholkonsum während des gesamten Lebens – d. h., nicht nur während der Schwangerschaften – die Belastung der Keimzellen durch ROS reduziert.

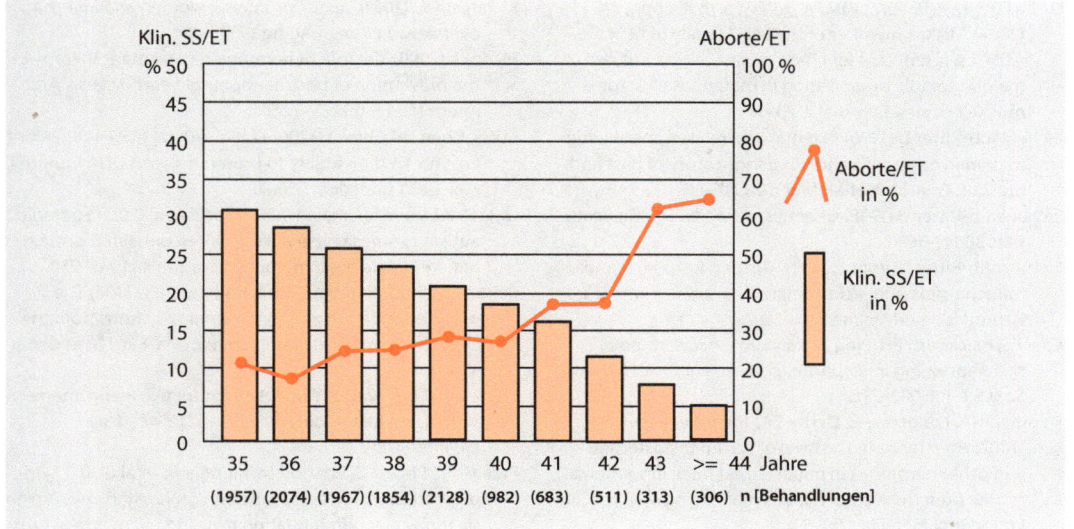

Abb. 10.9 Erfolg der ICSI in Abhängigkeit vom Alter der Frau. *Linke* Ordinate: klinische Schwangerschaften (SS) pro Embryotransfer (ET). *Rechte* Ordinate: Aborte pro Embryotransfer. Abszisse: Alter der Frau und Zahl der Behandlungen. (Aus: Deutsches IVF-Register 2006, aus Rensing 2008)

10.3.5 Zusammenfassung

Der Nachwuchs »später Eltern«, d. h. von Frauen etwa ab 35 und Männern etwa ab 40 Jahren, ist einem zunehmenden Risiko von angeborenen Fehlbildungen ausgesetzt. Die Fertilität der späten Eltern nimmt ab, ebenso der Erfolg bei einer künstlichen Befruchtung (IVF), während die Rate der Fehlgeburten steigt. Bei Frauen nimmt ab dem 35. Lebensjahr auch das Risiko zu, ein behindertes Kind aufgrund von Chromosomenanomalien, etwa von Trisomie 21 (Down-Syndrom), zur Welt zu bringen. Die Zunahme dieser sogenannten Aneuploidien liegen vor allem in der langen Ruhephase der Eizellen begründet: Während dieser Ruhephase kann oxidativer Stress Veränderungen in der Bindung der homologen Chromosomen aneinander bzw. an die Kernhülle bewirken und die korrekte Trennung bei der später fortgesetzten Reifeteilung (Meiose I) stören. Außer den Aneuploidien können noch weitere Beeinträchtigungen wie Punktmutationen in Oocyten auftreten. Neuerdings sind auch vermehrte Mutationen im Genom der Spermien älterer Väter beobachtet worden. Der Erfolg von *in vitro*-Fertilisation (IVF) wird bei älteren Eltern geringer. Tests auf Aneuploidien des Embryos können durch Fruchtwasseranalysen (Amniozentese) oder neuerdings durch Analyse einer mütterlichen Blutprobe erfolgen.

Literatur

Agarwal A, Gupta S, Sharma R (2005) Oxidative stress and its implications in female infertility – a clinician's perspective. RBMOnline 11:641–650

Aitken RJ, Baker MA (2006) Oxidative stress, sperm survival and fertility control. Mol Cell Endocrinol 250:66–69

Bassil N, Morley JE (2010) Late-life onset hypogonadism: a review. Clin Geriatr Med 26:197–222

Bianco K, Caughey AB, Shaffer BL, Davis R, Norton ME (2006) History of miscarriage and increased incidence of fetal aneuploidy in subsequent pregnancy. Obstet Gynecol 107:1098–1102

Carlson BM (1999) Human Embryology and Developmental Biology. Mosby, St. Louis

Chervenak JL (2010) Reproductive aging, sexuality and symptoms. Semin Reprod Med 28:380–387

Choi JY, Lee KM, Park SK, Noh DY, Ahn SH, Yoo KY, Kang D (2005) Association of paternal age at birth and the risk of breast cancer in offspring: a case control study. BMC Cancer 5:143

De La Fuente R, Viveiros MM, Wigglesworth K, Eppig JJ (2004) ATRX, a member of the SNF2 family of helicase/ ATPases, is required for chromosome alignment and meiotic spindle organization in metaphase II stage mouse oocytes. Dev Biol 272:1–14

Eichenlaub-Ritter U (1996) Parental age-related aneuploidy in human germ cells and offspring: a story of past and present. Environ Mol Mutagen 28:211–236

Eichenlaub-Ritter U (1998) Genetics of oocyte ageing. Maturitas 30:143–169

Eichenlaub-Ritter U, Vogt E, Yin H, Gosden R (2004) Spindles, mitochondria and redox potential in ageing oocytes. Reprod Biomed Online 8:45–58

Epel ES, Blackburn EH, Ling J et al (2004) Accelerated telomer shortening in response to life stress. Proc Natl Acad Sc U S A 101:7312–7315

Feldman HA, Longcope C, Derby CA, Johannes CB et al (2002) Age trends in the level of serum testosterone and other hormones in middle aged men: longitudinal results from the Massachusetts male aging study. J Clin Endocrinol Metal 87:589–598

Gallagher JC (2007) Effect of early menopause on bone mineral density and fractures. Menopause 14:567–571

Goldstein I (2007) Current management strategies of the postmenopausal patient with sexual health problems. J Sex Med 4(Suppl 3):235–253

Gruenewald DA, Matsumoto AM (2003) Testosterone supplementation therapy for older men: potential benefits and risks. J Am Geriatr Soc 51:101–115

Hermann M, Untergasser G, Rumpold H, Berger P (2000) Aging of the male reproductive system. Exp Gerontol 35:1267–1279

Hiura H, Obata Y, Komiyama J, Shirai M, Kono T (2006) Oocyte growth-dependent progression of maternal imprinting in mice. Genes Cells 11:353–361

Holmberg L, Ekbom A, Calle E, Mokdad A, Byers T (1995) Parental age and breast cancer mortality. Epidemiology 6:425–427

Hook EB (1981) Rates of chromosome abnormalities at different maternal ages. Obst Gynecol 58:282–285

Iborra A, Palacio JR, Martínez P (2005) Oxidative stress and autoimmune response in the infertile woman. Chem Immunol Allergy 88:150–162

Jung A, Schuppe HC, Schill WB (2003) Are children of older fathers at risk of genetic disorders? Andrologia 35:191–199

Keefe DL, Liu L, Marquard K (2007) Telomeres and aging-related meiotic dysfunction in women. Cell Mol Life Sci 64:139–143

Kuhnert B, Nieschlag E (2004) Reproductive functions of the aging male. Hum Reprod Update 10:327–339

Ljunger E, Cnattingius S, Lundin C, Annerén G (2005) Chromosomal anomalies in first-trimester miscarriages. Acta Obstet Gynecol Scand 84:1103–1107

Lunenfeld B (2003) Androgen therapy in the aging male. World J Urol 21:292–305

Lunenfeld B (2006) Endocrinology of the aging male. Minerva Gynecol 58:153–170

Malatesta VJ (2007) Sexual problems, women and aging: an overview. J Women Aging 19:139–154

Mosca L (2000) The role of hormone replacement therapy in the prevention of postmenopausal heart disease. Arch Intern Med 160:2263–2272

O WS, Chen HP, Chow H (2006) Male genital tract antioxidant enzymes – their ability to preserve sperm DNA integrity. Mol. Cell Endocrinol 250:80–3

O'Roak BJ, Vives L, Giriajan S, Karakoc E et al (2012) Sporadic autism exomes reveal a highly interconnected protein network of de novo mutations. Nature 485:246–250

Pellestor F, Andreo B, Anahori T, Hamamah S (2006) The occurrence of aneuploidy in humans: lessons from the cytogenetic studies of human oocytes. Eur J Med Genet 49:103–116

Pinkerton JV, Stovall DW (2010) Reproductive aging, menopause, and health outcomes. Ann N Y Acad Sci 1204:169–178

Prakash K, Pirozzi G, Elashoff M, Munger W et al (2002) Symptomatic and asymptomatic benign prostatic hyperplasia molecular differentiation by using micro arrays. Proc Natl Acad Sci U S A 99:7598–7603

Rensing L (2007) Die Grenzen der Lebensdauer. Biol Unserer Zeit 37:190–199

Rensing L, Mohsenzadeh S (2008) Späte Eltern – welchen Risiken sind die Kinder ausgesetzt? Biol Unserer Zeit 38:177–185

Rochebrochard de La E, Thonneau P (2002) Paternal age and maternal age are risk factors for miscarriage; results of a multicentre European study. Hum Reprod 17:1649–1656

Rossouw JE et al (2002) Risks and benefits of estrogen in postmenopausal women with hysterectomy: principal results from the Women's Health Initiative randomized controlled trial. JAMA 288:321–333

Sampson N, Untergasser G, Plas E, Berger P (2007) The aging male reproductive tract. J Pathol 211:206–218

Sancken U, Burfeind P, Engel W (2005) Die Bedeutung des mütterlichen Alters für die Entstehung von numerischen Chromosomenaberrationen. Reproduktionsmed Endokrinol 2:109–114

Scherthan H (2007) Telomere attachment and clustering during meiosis. Cell Mol Life Sci 64:117–124

Seifer DB, De Jesus V, Hubbard K (2002) Mitochondrial deletions in luteinized granulosa cells as a function of age in women undergoing in vitro fertilization. Fertil Steril 78:1046–1048

Steuerwald N, Cohen J, Herrera R et al (2001) Association between spindle assembly checkpoint expression and maternal age in human oocytes. Mol Hum Reprod 7:49–55

Strowitzki T (2006) Reproduktionsmedizin – Fluch oder Segen? Biol Unserer Zeit 36:225–232

Voorhuis M, Onland-Moret NC, Schouw YT van der, Fauser BC, Broekmans FJ (2010) Human studies on genetics of the age at natural menopause: a systematic review. Hum Reprod Update 16:364–377

Walsh KE, Berman JR (2004) Sexual dysfunction in the older woman: an overview of the current understanding and management. Drugs Aging 21:655–675

Wolstenholme J, Angell RR (2000) Maternal age and trisomy – a unifying mechanism of formation. Chromosoma 109:435–438

Yip BH, Pawitan Y, Czenek K (2006) Parental age and risk of childhood cancers: a population-based cohort study from Sweden. Int J Epidemiol 35:1493–1503

Das Hormonsystem

11.1   Übersicht über verschiedene Hormonsysteme

Es gibt drei wesentliche Signalsysteme zur Koordination von Funktionen im menschlichen Organismus: das **Hormonsystem** zur Steuerung zahlreicher physischer, aber auch psychischer Funktionen, das **Cytokinsystem** u. a. im Zusammenhang mit der Regulation der Immunantwort (► Kap. 7) sowie das **Nervensystem**, das sensorische, emotionale, kognitive und motorische Signale wahrnimmt, produziert und verarbeitet (► Kap. 12). Das Hormonsystem und das Cytokinsystem verwenden konzentrationsabhängige Signale (analoge Signale), die vom Kreislaufsystem verbreitet und von spezifischen zellulären Rezeptoren gebunden werden. Dabei wird die Nachricht, die das hormonelle Signal oder das Cytokinsignal enthält, von den jeweiligen rezeptorproduzierenden Zellen entschlüsselt und beantwortet. Die Leitungs- und Kommunikationsgeschwindigkeit ist bei beiden Systemen meist langsamer als die des Nervensystems, das zum großen Teil aus einer digitalisierten Form des Signals (Zahl der gleich hohen Aktionspotenziale pro Zeiteinheit) besteht, aber auch analoge Signale in Form der Konzentration von Neurotransmittern verwendet. Alle drei Systeme sind auf engste Weise miteinander verzahnt.

Hormonsysteme sind meist **komplexe Regelsysteme (Netzwerke)**, deren Aufgabe es ist, bestimmte Eigenschaften und Funktionen der Organe und Gewebe des Organismus zu steuern. Dazu gehören die Aufnahme der Nahrung, deren Verdauung, Speicherung und der Stoffwechsel sowie Wachstum, Sexualität, Bewältigung von Belastungssituationen (Stress) und die Regelung des Herz-Kreislauf-Systems. Außerdem sind Hormone wesentlich an Motivation und an Gefühlszuständen beteiligt. Zwischen den verschiedenen Regelsystemen der Funktionskreise und den Hormonen gibt es zahlreiche Querverbindungen, z. B. zwischen einem Sexualhormon wie Östrogen und der Knochenstabilität, den Hauteigenschaften, dem Fettstoffwechsel und anderen Funktionen.

11.1.1   Das Stresshormonsystem

Das Stresshormonsystem enthält neuronale und hormonelle Anteile. Sehr wichtig ist die sogenannte **HPA-Achse** (*hypothalamic-pituitary-adrenocortical axis,* Hypothalamus-Hypophysen-Nebennierenrinden-Achse). Sie wird von den Neurohormonen *corticotropin-releasing hormone* (CRH) und **Arginin-Vasopressin (AVP)** gesteuert, die beide im paraventrikulären Nucleus des Hypothalamus (► Kap. 12) produziert werden und in der Hypophyse die Bildung von **adrenocorticotropem Hormon (ACTH)**, **melanocytenstimulierendem Hormon (MSH)** und **β-Endorphin** induzieren. ACTH regt in der Nebenniere dann die Synthese des Glucocorticoids **Cortisol** an, das zahlreiche psychische, metabolische und Immunprozesse steuert und negativ auf die CRH-Konzentration zurückwirkt (Übersicht: Aguilera 2011; Franz et al. 2010).

Ausgelöst wird die Reaktion der HPA-Achse durch Wahrnehmung von Bedrohungs- oder Gefährdungssignalen über noradrenerge neuronale Systeme, die in den CRH-Neuronen über adrenerge Rezeptoren und über cAMP, Proteinkinase A und Phosphorylierung des *cAMP response element binding protein* (pCREB) den Promoter des CRH-Gens aktivieren – unterstützt von einem CREB-Koaktivator, dem *transducer of regulated CREB activity*, TORC (Liu et al. 2010). CRH ist ein Mitglied einer Familie von Neuropeptiden, zu dem auch die **Urocortine 1, 2 und 3** gehören. Sie alle binden an zwei Rezeptorarten, an CRH-R1 und CRH-R2, die jeweils mehr zentral (CRH-R1) bzw. in der Peripherie (CRH-R2) lokalisiert sind (Übersicht: Rensing et al. 2006).

Eine weitere Stresshormonachse besteht aus dem **Sympathikus** und dem **Nebennierenmark** (Medulla), die sogenannte **SAM-Achse**, die **Adrenalin/Noradrenalin** ausschüttet und u. a. Kreislaufeigenschaften und Stoffwechsel in Richtung auf motorische Leistung unter Stress kontrolliert (Übersicht: Rensing et al. 2006).

▣ **Tab. 11.1** Regulatorische Faktoren, die die Nahrungsaufnahme beeinflussen. (Nach Akimoto und Miyasaka 2010)		
Appetit stimulierend	**Appetit unterdrückend**	
Ag RP	Saurer FGF	Leptin
Galanin	Amylin	α-MSH
Ghrelin	Bombesin	Neuromedin U
GHRH	CGRP	Neurotensin
MCH	CRH	Neurotensin
Neuropeptid Y	Dopamin	Serotonin
Noradrenalin	GLP-1, -2	TRH
Opioid	Histamin	Urocortin I
Orexin-A, -B	Insulin	Urocortin II, III
	Cholecystokinin	CART

Ag RP agouti-related protein, CART cocain and amphetamine-regulated transcript, CGRP calcitonin gene-related peptide, CRH corticotropin-releasing hormone, FGF fibroblast growth factor, GHRH growth hormone releasing hormone, GLP glucagon-like peptide, MCH melanin-concentrating hormone, a-MSH α-melanocytenstimulierendes Hormon, NMU Neuromedin U, TRH thyrotropin-releasing hormone

11.1.2 Das Renin-Angiotensin-Aldosteron-System (RAAS)

Das **Renin-Angiotensin-Aldosteron-System** (RAAS) gehört auch zu den Stresshormonsystemen, weil es ebenfalls durch Stress aktiviert wird. Es ist in letzter Zeit zunehmend in seiner großen Bedeutung für die Regelung physiologischer und pathophysiologischer Mechanismen in fast allen Organen erkannt worden, insbesondere als Verursacher von **Bluthochdruck**, **Arteriosklerose** und veränderten **Nierenfunktionen**. Die Signalkette beginnt mit der Protease **Renin**, die in der Niere und vielen anderen Geweben produziert wird und die die Spaltung von Angiotensinogen zu Angiotensin I katalysiert. Angiotensin I wird durch *angiotensin-converting enzyme* (ACE) in das aktive **Angiotensin II (Ang II)** umgewandelt, das Gefäßalterungs- und Entzündungsprozesse sowie die Synthese von ROS fördert. Ebenso wird durch Ang II die Produktion von **Endothelin** in den Gefäßwänden sowie die Synthese von **Aldosteron** aktiviert, ein Steroid, das die Natriumretention in der Niere erhöht (Garg et al. 2010). Diese Wirkungen werden zumeist über den Ang-II-Typ-1-Rezeptor (AT1R) vermittelt. Die dazu oft antagonistischen Wirkungen des Ang-II-Typ-2-

Rezeptors (AT2R) werden zurzeit intensiv auf ihre therapeutischen Aspekte untersucht (Übersicht: Abadir 2011). Schon länger werden Behandlungen von älteren Menschen mit **Inhibitoren von ACE oder AT1R** zur Vorbeugung gegen Herz-Kreislauf-Erkrankungen mit Erfolg angewandt. Für einen Überblick über die komplexe Regulation von Blutgefäßeigenschaften durch Ang II, Endothelin und Stickstoffmonoxid (NO) siehe Rensing et al. 2006.

11.1.3 Das somatotrope System

Das somatotrope System enthält einerseits mehrere Hormonsignalsysteme, die **Appetit** und **Nahrungsaufnahme** steuern, unter anderen **Neuropeptide** (Orexine, Neuropeptid Y), die im Hypothalamus gebildet, und **Adipokine** wie Leptin, die im Fettgewebe produziert werden. **Ghrelin**, das im Magen und **Cholecystokinin** (CCK), das in verschiedenen Hirnarealen gebildet wird, haben ebenfalls eine steuernde Funktion. Die Nahrungsaufnahme wird außer durch die genannten Faktoren durch zahlreiche weitere Signalsubstanzen positiv oder negativ beeinflusst (▣ Tab. 11.1). Weiterhin sind mehrere

Hormone an der Kontrolle des **Verdauungsprozesses** beteiligt.

Wichtig sind auch Hormone, die das **Wachstum** steuern, wie die Hormone der somatotropen Achse, bestehend aus *growth hormone releasing hormone* **(GHRH)**, dem Wachstumshormon *growth hormone* **(GH)**, dem *Insulin-like growth factor 1* **(IGF-1)** und **Insulin**. GH ist ein Peptidhormon, das hauptsächlich von somatotropen Zellen in der vorderen Hypophyse in pulsatiler Form produziert wird. Kontrolliert wird die Synthese durch hypothalamische Hormone wie GHRH (positiv) sowie negativ durch den hypothalamischen *GH-release inhibitory factor* **(GHRIF)** und **Somatostatin** (SMT/SS). Ein Teil der Wirkungen von GH wird vermittelt oder unterdrückt durch die GH-induzierte Synthese von IGF-1. Beide aktivieren die Proliferation von verschiedenen Zelltypen wie Chondrocyten, Fibroblasten, Adipocyten, Myoblasten und Immunzellen, u. a. auch von Thymuszellen (▶ Kap. 7; Taub et al. 2010).

Ghrelin (GRL) stimuliert die somatotrope Achse, indem es an einen G-Protein-gekoppelten Rezeptor (GHS-R) bindet. GRL kommt in einer acylierten und einer desacylierten Form vor, die sich in ihrer Wirkung unterscheiden. Neben seiner appetitstimulierenden und GH-aktivierenden Wirkung verfügt GRL über zahlreiche Wirkungen auf Hormonsekretion, Glucosehomöostase, Pankreasfunktionen, gastrointestinale Motilität, cardiovasculäre Funktionen, Neurogenese, Immunität, Entzündungen, Zellproliferation und Zellüberleben, Knochenstoffwechsel, Sexualfunktionen, Gedächtnis, Schlaf und Magenentleerung (Taub et al. 2010).

11.1.4 Das Insulin-Glucagon-System

Dieses System ist wesentlich an der Regelung von Stoffwechsel und Wachstum beteiligt, vor allem an der Regelung des **Glucosegehalts** im Blut nach den Mahlzeiten und an der Regelung des **Fettstoffwechsels**. Insulin wird in den β-Zellen des Pankreas aus einer inaktiven Vorstufe (Proinsulin) durch proteolytische Heraustrennung der sog. C-Kette gebildet und besteht aus zwei Peptidketten (A und B), die über Disulfidbrücken miteinander verbunden sind. Hauptauslöser der Insulinsekretion ist ein

erhöhter Blutzuckerspiegel, z. B. nach den Mahlzeiten. Unterstützt wird die Insulinproduktion durch Hormone aus dem Verdauungstrakt wie Gastrin, Sekretin, *glucose-dependent insulinotropic peptide* (GIP), *glucagon-like peptide* (GLP) und Arginin, d. h. durch eine *feed forward*-Induktion nach einer Nahrungsaufnahme sowie durch cholinerge Vagusfasern. Gehemmt wird die Insulinausschüttung durch Adrenalin und Noradrenalin sowie durch Somatostatin und das Neuropeptid Galanin, die so den Glucosespiegel auf einem bestimmten Niveau stabilisieren (◘ Abb. 11.1).

Der Insulinrezeptor besteht aus zwei extrazellulären Untereinheiten (α_2) und zwei transmembranen Rezeptor-Tyrosin-Kinasen, die das **Insulinrezeptorsubstrat (IRS)** phosphorylieren. Von dort geht der Signalweg – wie bei IGF-1 – über eine Reihe von weiteren Kinasen u. a. zu der **Akt-Kinase** und **mTOR** (▶ Kap. 5). Insulin wirkt blutzuckersenkend und anabol, z. B. auf die Proteinsynthese und Lipogenese. Es erhöht den Einbau von **Glucosetransportproteinen (GLUT4-Uniporter)** in die Membran von Zellen, vor allem von Leber- und Muskelzellen (◘ Abb. 11.2). Dadurch wird nach den Mahlzeiten der Glucosespiegel reduziert, der dann durch die Wirkung von Glucagon zwischen den Mahlzeiten langsam wieder erhöht wird und so das Glucoseangebot für Neuronen auf einem relativ konstanten Niveau hält (100–120 mg/dl oder 4,5–6,7 mmol/l).

11.1.5 Die Hypothalamus-Hypophysen-Schilddrüsen-Achse

Diese Hormonachse besteht aus dem *thyrotropin-releasing hormone* (TRH), dem *thyroid-stimulating hormone* (TSH) und aus Trijodthyronin (T_3) und Thyroxin (T_4), die einen circadianen Rhythmus aufweisen und mit zahlreichen Stoffwechselprozessen assoziiert sind, aber auch mit kognitiven Funktionen.

11.1.6 Das gonadotrope System

Das gonadotrope System mit der Achse *gonadotrophin-releasing hormone* (GnRH), luteinisierendes Hormon (LH), follikelstimulierendes Hormon

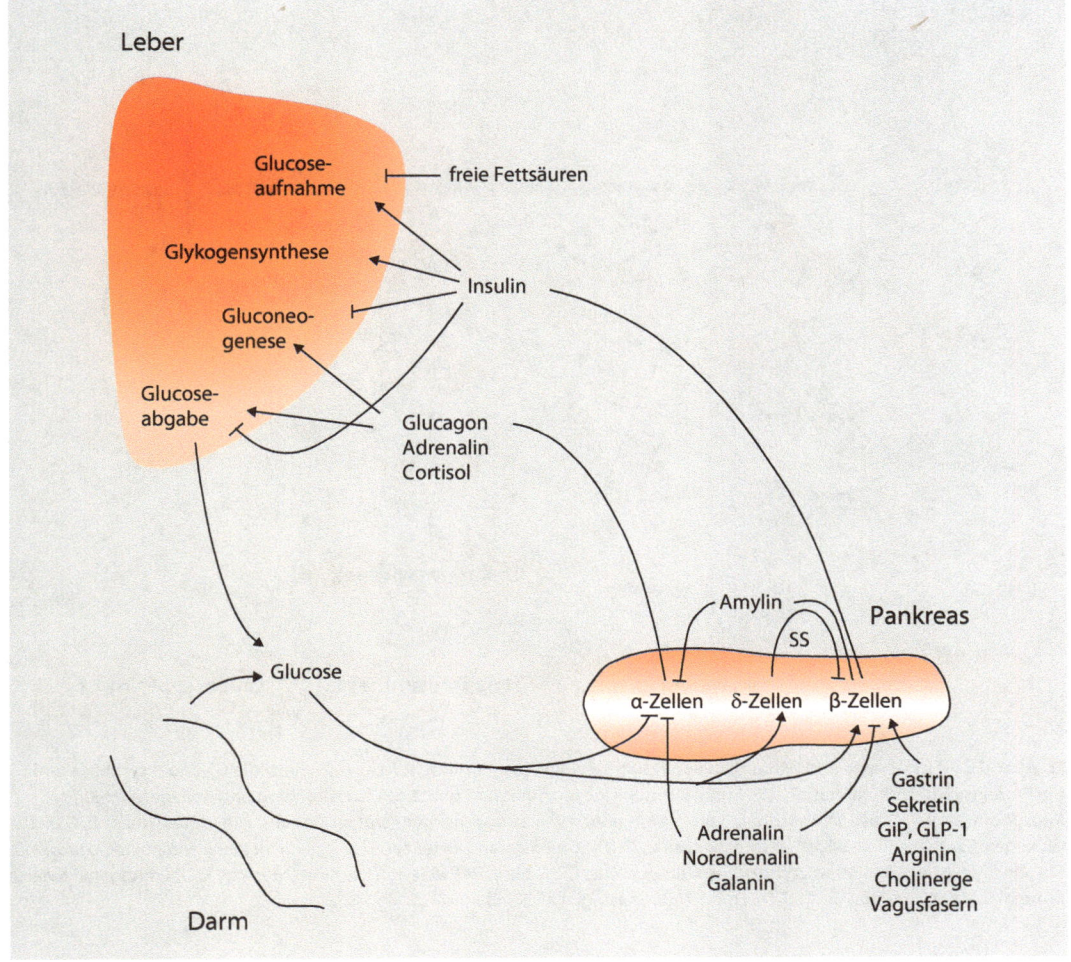

Abb. 11.1 Wichtige Komponenten der Glucose-Homöostase. *GIP glucose-dependent insulinotropic peptide, GLP-1 gluca-gon-like peptide amide-1, SS* Somatostatin

(FSH), Östrogene und Progesteron (Progestin) bei Frauen sowie Testosteron bei Männern. Diese und andere zugehörige Hormone sind in ▶ Kap. 10 dargestellt.

11.2   Altersabhängige Veränderungen und Erkrankungen

Eine große Anzahl von Hormonen, Neuropeptiden und anderen Signalmolekülen ändern entweder ihre Konzentrationen, die Zahl ihrer Rezeptoren oder das Ausmaß ihrer Wirkungen im Laufe des Alterns. Bei einigen Hormonen sind verringerte Wirkungen, bei anderen aber auch deutliche Steigerungen zu beobachten (🔲 Tab. 11.2).

11.2.1   Das Stresshormonsystem

Das Stresshormonsystem zeigt im Alter Veränderungen, die bei etwa 40 % der alten Menschen eine signifikante Zunahme des Cortisolspiegels beinhalten. Ein ähnlicher Prozentsatz weist eine moderate Erhöhung auf, während der Rest eine Erniedrigung zeigt. Diese Unterschiede sind offen-

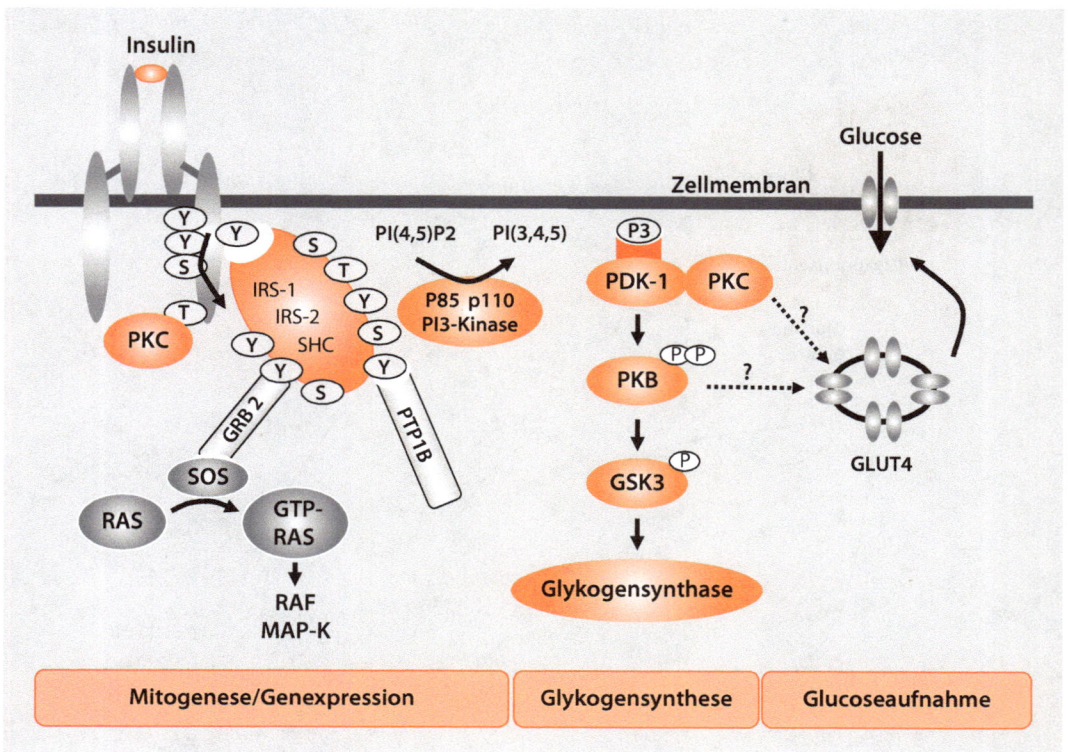

Abb. 11.2 Signalwege und Wirkungen von Insulin. Insulin stimuliert die Glucoseaufnahme, die Glykogensynthese und die Proteinsynthese/Proliferation. *IRS-1* und *-2* Insulinrezeptorsubstrat 1 und 2, *SHC* src-Homolog und Kollagen, *PI3-Kinase* Phosphoinositol 3-Kinase, *PI* Phosphoinositol, *PDK-1 phosphoinositol-dependent protein kinase-1*, *PKB* Proteinkinase B, *GSK-3* Glykogen-Synthase-Kinase 3, *PKC* Proteinkinase C, *GLUT4* Glucosetransporter 4, *GRB-2 growth factor receptor binding protein 2*, *Sos son of sevenless*, *RAS rat sarcoma protein* (monomeres G-Protein), *RAF* MAP-Kinase-Kinase-Kinase, *MAPK* mitogenaktivierte Proteinkinase, *Y* Tyrosin, *S* Serin, *T* Threonin. (Aus Rensing et al. 2006)

bar genetisch bedingt, wie Studien an Zwillingen und verschiedenen Labortierstämmen nahelegen (Übersicht: Aguilera 2011). Zu einer Erhöhung trägt auch ein Enzym bei, das in verschiedenen Geweben das inaktive Cortison in aktives Cortisol umwandelt, die **11β-Hydroxysteroid-Dehydrogenase 1 (11β-HSD-1)**, während ein umgekehrt wirkendes Enzym **(11β-HSD-2)** den entgegengesetzten Prozess katalysiert. Die Aktivität von 11β-HSD-1 steigt im Hippocampus und parietalen Cortex von Mäusen mit dem Alter an und verursacht u. a. Beeinträchtigungen der Gedächtnisleistungen (Holmes et al. 2010). Auch beim Menschen und bei Primaten ist eine erhöhte Cortisolkonzentration – u. a. bei Dauerstress – mit negativen Wirkungen auf den Hippocampus und dessen Gedächtnisleistungen

assoziiert (Sapolsky 1992). Cortisol bindet an den **Glucocorticoidrezeptor (GR)** mit niedriger und an den **Mineralocorticoidrezeptor (MR)** mit höherer Affinität, wobei beide Rezeptoren die gleichen Response-Elemente der DNA erkennen. Normalerweise führt eine erhöhte Cortisolkonzentration zu einer Herabregulierung des Glucocorticoidrezeptors. Ist diese Regulation im Alter fehlerhaft, erhöht sich die Sensitivität gegen Cortisol und damit der oxidative Stress in Neuronen, der Beeinträchtigungen von Lernen und Gedächtnis bewirkt.

Wesentlich für die Erhöhung der Cortisolkonzentration im Alter ist auch die Aktivierung der HPA-Achse, vor allem die **Erhöhung der CRH-Produktion**. Auch dabei sind die Befunde über die Erhöhung unterschiedlich, doch die Mehrheit

◘ **Tab. 11.2** Altersabhängige Veränderungen im Hormonsystem des Menschen

Stress- und Kreislaufhormone	Somatotrope Hormone	Gonadotrope Hormone	Schilddrüsenachse	Weitere Hormone und Signalpeptide
Corticotropin-releasing hormone (CRH) ↑	Wachstumshormon (GH) ↓	Östrogene ↓↓	Thyreoideastimulierendes Hormon (TSH) ↓	Melatonin ↓
Adrenocorticotropes Hormon (ACTH) ↑	Insulin-like growth factor 1 (IGF-1) ↓	Testosteron ↓		Calcitriol ↓↑
Arginin-Vasopressin (AVP) ↑	Insulin ↓	Gonadotropin-releasing hormone (GnRH) ↓		Parathormon ↑
Endorphin ↑	Ghrelin(GRL)-Wirkung ↓	Luteinisierendes Hormon (LH) ↑		Brain-derived neurotrophic factor (BDNF) ↓
Glucocorticoide ↑	Zahl der Orexin-A-Neurone ↓	Follikelstimulierendes Hormon (FSH) ↑		Somatostatin ↓
Adrenalin ↑	Neuropeptid Y(NPY)-Wirkung ↓	Dehydroepiandrosteron (DHEA) ↓		Cholecystokinin ↓
Noradrenalin ↑	Melaninkonzentrierendes Hormon (MCH) ↓	Inhibin ↓		
Angiotensin II ↑	Leptin ↓ (♀ über 60)			
Aldosteron ↑	Leptin ↑ (♂)			

der Studien an Nagern und Menschen zeigt einen Anstieg im Alter (Aguilera 2011). Beim Menschen ist dieser Anstieg vor allem bei Patienten mit Alzheimer-Erkrankung oder Depressionen deutlich. Die CRH-Erhöhung ist auch darin begründet, dass die negative Auswirkung (Rückkopplung) von erhöhtem Cortisol auf die CRH-Produktion durch Herabsetzung der Cortisolrezeptor-mRNA-Konzentration und damit auch der Cortisolrezeptoren im Alter geringer ist. **Arginin-Vasopressin (AVP)** ist ein weiteres Hormon, das die HPA-Achse aktiviert und das zumindest in den parvozellulären Neuronen des Hypothalamus mit dem Alter zunimmt. AVP nimmt dagegen im suprachiasmatischen Nucleus ab und zeigt dort keine circadianen (tagesperiodischen) Veränderungen mehr, was vermutlich für die Störungen der Rhythmik im Alter mit verantwortlich ist.

Das **sympathische Nervensystem** und das **Nebennierenmark** (**SAM-Achse**) – auch ein Teil des Stresshormonsystems – verändern sich im Alter ebenfalls in Richtung einer erhöhten Aktivität: So nimmt der Plasmagehalt an Noradrenalin beim Menschen zu (Rowe und Troen 1980, Seals und Esler 2000). Dasselbe gilt für Ratten (◘ Abb. 11.3). Insgesamt nehmen auch die Ruheaktivität des Sympathikus und die Aktivität der muskelstimulierenden Nervenfasern im Alter zu. Während die Aktivität des Sympathikus im Alter ansteigt, verringert sich allerdings die Sensitivität der α- und β-Rezeptoren: Bei Zugabe von β-adrenergen Agonisten ist die Reaktion der Herzfrequenz und der Gefäßerweiterung geringer als bei jüngeren Menschen. Grund dafür sind Beeinträchtigungen der Rezeptoraffinität, der G-Protein-Funktion und der cAMP-Produktion (Lakatta 2003). Auch die Antwort auf milde Hypoxie ist bei Ratten im Alter erhöht. Eine positive Beziehung besteht zwischen Körperfett und sympathischer Stimulierung der Muskelaktivität (Übersicht: Hotta und Uchida 2010).

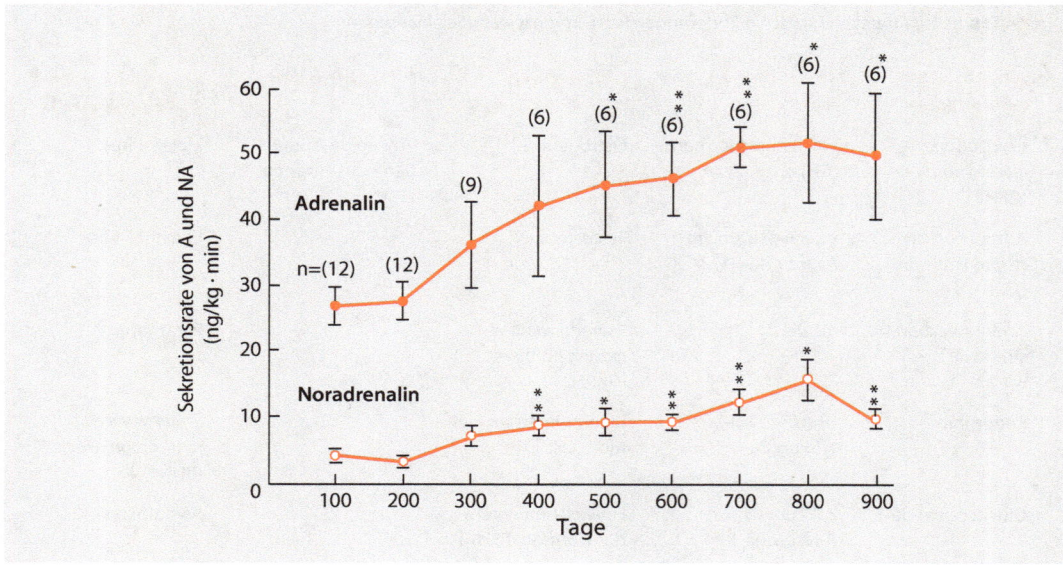

○ **Abb. 11.3**   Sekretionsraten von Adrenalin und Noradrenalin bei verschiedenen Altersgruppen von Ratten (100–900 Tage). (Nach Ito et al. 1986)

11.2.2 Das Renin-Angiotensin-Aldosteron-System

Neue Befunde haben gezeigt, dass bei Nierenzellen von Ratten eine Zunahme von Angiotensin II und von AT1-Rezeptoren im Alter stattfindet – ebenso wie eine Zunahme von ROS (Kim et al. 2011). Das führt zu einer **Aktivierung des Transkriptionsfaktors NF$_K$B** nach Phosphorylierung der I$_K$B-Kinase β und von p65. NF$_K$B wiederum erhöht die Produktion von **proinflammatorischen Cytokinen**, die an Arteriosklerose, Diabetes und Demenz beteiligt sind. Auch beim Menschen kann von einem Anstieg von Ang II im Alter ausgegangen werden, da z. B. die Reninproduktion in der Niere von Adrenalin stimuliert wird, dessen Konzentration ebenfalls altersabhängig zunimmt (s. weiter oben). Die Rolle von AT1R (und AT2R) bei der Blutdruckregulation, bei Autoimmunkrankheiten und bei Langlebigkeit ist Gegenstand intensiver wissenschaftlicher Analysen (○ Tab. 11.3, Übersichten: Stegbauer und Coffman 2011; Abadir 2011). Ein hypothetisches Modell der altersabhängigen Veränderungen der Angiotensin-II-Rezeptoren zeigt zunächst eine gleichmäßige Verringerung von AT1R und AT2R. Bei gebrechlichen alten Menschen wird dann allerdings

○ **Tab. 11.3**   Entgegengesetzte Funktionen von AT1R und AT2R. (Nach Abadir 2011)

AT1R	AT2R
Gefäßverengung	Gefäßerweiterung
Zellwachstum	Wachstumshemmung
Antinatriurese	Natriurese
O$_2$-Produktion	Produktion von NO
Stimulation der Proliferation	Zelldifferenzierung
Von Fibroblasten und der Kollagensynthese	Hemmung der Fibroblastenproliferation
Apoptose	Antiapoptose

mehr AT1R und weniger AT2R gebildet, was eine Anzahl von krankheitsfördernden Veränderungen mit sich bringt (○ Abb. 11.4).

Auch Aldosteron wird offenbar im Alter aktiviert, wie Ergebnisse an Ratten zeigen, bei denen im Alter die Expression des Aldosteronrezeptors (MR) in der Aorta und den Gefäßendothelzellen ansteigt. Damit verbunden ist eine Steigerung der **Aktivität der ERK 1/2-Kinasen** in Zellen von alten

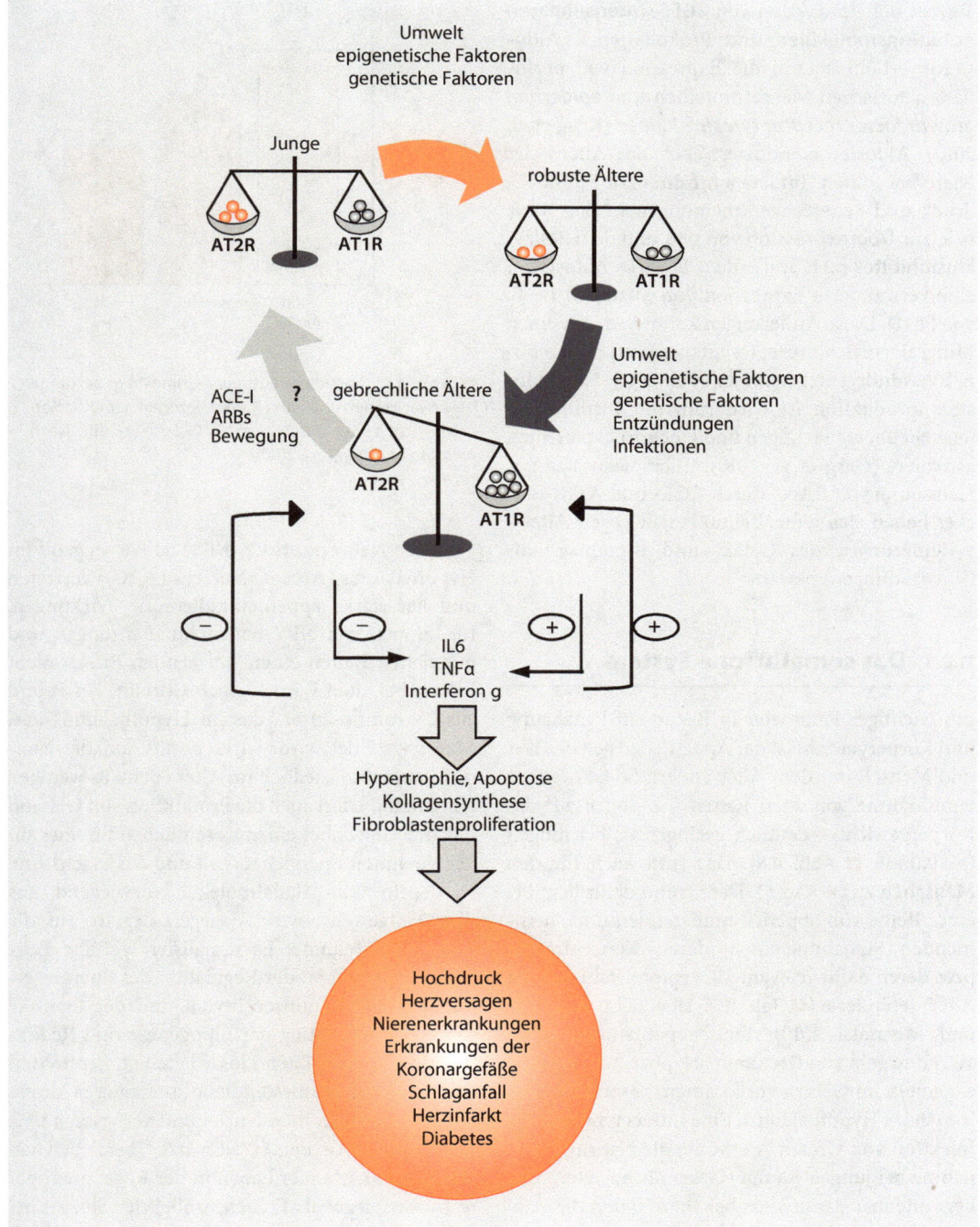

■ **Abb. 11.4**   Modell von altersabhängigen Veränderungen der Angiotensinrezeptoren AT1R und AT2R. *ACE-1 angiotensin-convering enzyme* 1, *ARB* Angiotensin-II-Typ-1-Rezeptorblocker. (Nach Abadir 2011)

Tieren, der Produktion von **TGFβ**, **interzellulären Adhäsionsmolekülen und Prokollagen**-1. Aldosteron erhöht ebenso die Expression von proinflammatorischen Markerproteinen und *epidermal growth factor receptor tyrosine kinase* (Krug et al. 2010). Aldosteron induziert auch das Altern der Niere bei Ratten. Infusionen führen zu Bluthochdruck und Seneszenzerscheinungen in der Niere u. a. zur **Überexpression von p53** und dem **Zellzyklusinhibitor p21**. Außerdem bewirkt Aldosteron eine verminderte Expression von **Sirtuinen** (z. B. von Sirt1). Diese Änderungen konnten durch einen Mineralocorticoidrezeptorantagonisten (Eplerenone) verhindert werden (Fan et al. 2011). Die Aldosteronproduktion ist wiederum mit Insulinresistenz bei übergewichtigen und Hochdruckpatienten assoziiert (Garg et al. 2010). Therapieansätze zur Hemmung von RAAS durch ACE- und AT1R-Blocker haben sich daher schon länger gegen Altersveränderungen des Gefäß- und Immunsystems (Entzündungen) bewährt.

11.2.3 Das somatotrope System

Ein wichtiger Parameter in Bezug auf Ernährung und Körpergewicht ist der Appetit, der sich bei Tier und Mensch mit dem Alter ändert: So ist die Futteraufnahme von alten Ratten – bezogen auf das Körpergewicht – deutlich geringer als bei jungen ($p < 0{,}0001$; ■ Abb. 11.5). Das trifft auch für den Menschen zu (▶ Kap. 5). Der Grund dafür liegt bei einer Reihe von appetitstimulierenden und -hemmenden Signalmolekülen, deren Konzentration bzw. deren dafür relevante Rezeptorenzahl sich im Alter verändern (■ Tab. 11.2; Übersicht: Akimoto und Miyasaka 2010). Eine appetitstimulierende Wirkung geht von **Orexinen** (Hypocrinen) aus, die allgemein im Gehirn vorkommen, besonders stark jedoch im Hypothalamus. Eine intracerebrospinale Injektion von Orexin A erhöhte die Nahrungsaufnahme bei jungen Ratten stärker als bei alten. Das liegt offenbar daran, dass bei alten Ratten die Zahl der Neurone, die Orexine bzw. *melanin-concentrating hormone* (**MCH**) produzieren, deutlich abnimmt (> 40 %, Kessler et al. 2011). Diese Änderungen beeinflussen nicht nur die Nahrungsaufnahme, sondern auch Wachzustände und Energiebilanz.

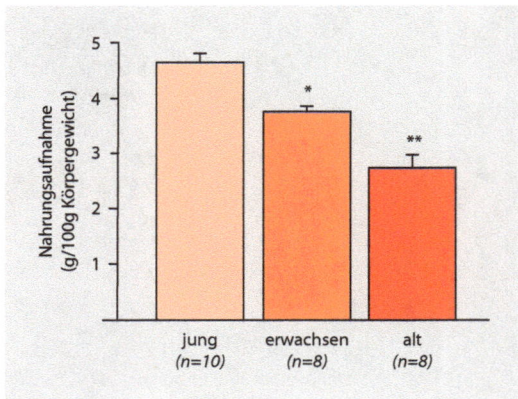

■ **Abb. 11.5** Nächtliche Futteraufnahme (in g) bei jungen, bei erwachsenen und alten Ratten bezogen auf 100 g Körpergewicht. (± Standardfehler) *$P < 0{,}05$; **$P < 0{,}001$. (Nach Akimoto und Miyasaka 2010)

Auch **Neuropeptid Y (NPY)** ist vorwiegend im Hypothalamus (Arcuate Nucleus (ARC)) vertreten und hat starke appetitstimulierende Wirkungen. Injektionen von NPY hatten nur bei jungen und mittelalten Ratten einen steigernden Effekt, nicht jedoch bei alten Ratten. Auch **Ghrelin**, ein Peptid aus 28 Aminosäuren, das im Hypothalamus und Magen gebildet wird, wirkt positiv auf die Nahrungsaufnahme, jedoch im Alter ebenfalls weniger. Ghrelin induziert auch die Produktion von GH und IGF-1. Es hat daher einen wesentlichen Einfluss auf den gesamten Energiehaushalt und das Wachstum.

Leptin, ein Signalmolekül vorwiegend aus dem Fettgewebe, wirkt dagegen negativ auf die Nahrungsaufnahme: Es signalisiert gefüllte Fettspeicher und ist an der Regulation des Energieverbrauchs, der Insulinsensitivität und der Lipolyse sowie der Hemmung der Lipogenese und Reduktion der intrazellulären Lipide beteiligt. Leptin und andere Fettgewebsbestandteile interagieren direkt mit hypothalamischen Nuclei und verbessern u. a. das räumliche Lernen. (■ Abb. 11.6, Übersicht: Gustafson 2010). Männer haben in der Regel niedrigere Leptinspiegel als Frauen, wobei der Spiegel bei Männern im Alter ansteigt und sich daher auch die Nahrungsaufnahme stärker verringert (Baumgartner et al. 1999). ■ Abb. 11.6 zeigt außerdem, wie risikoreich ein Übergewicht für die Gesundheit insgesamt sein kann.

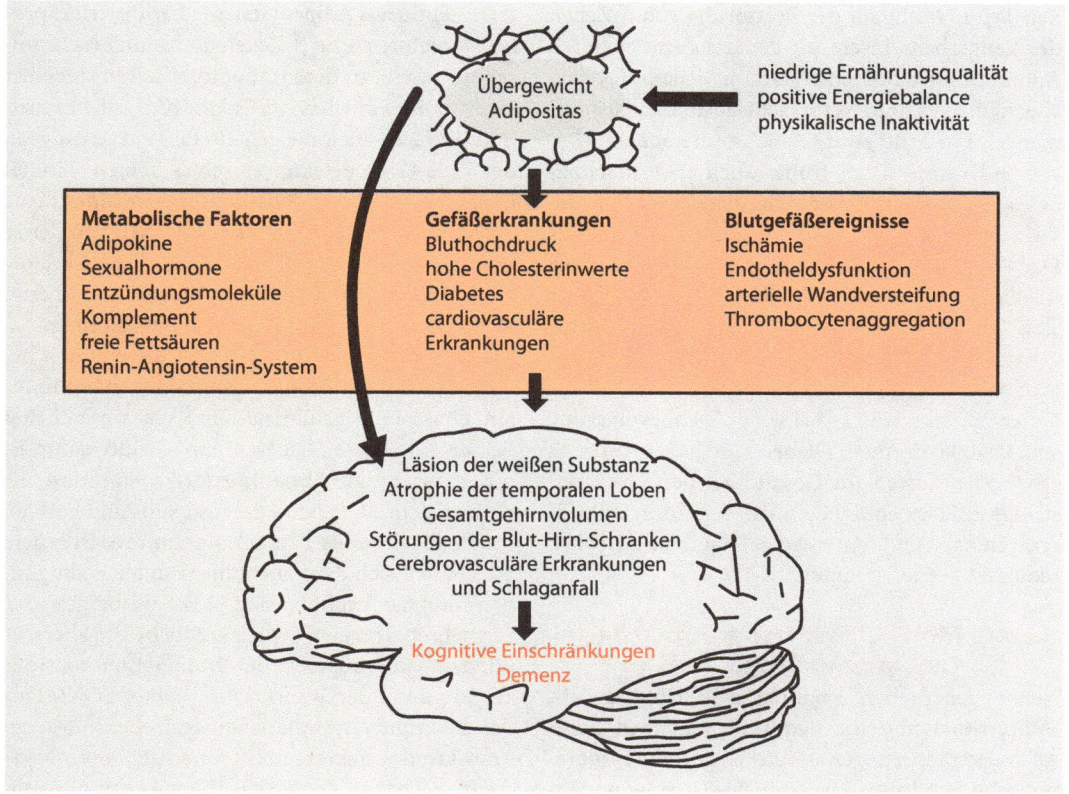

□ **Abb. 11.6**   Mechanismen, über die Übergewicht/Adipositas das Risiko für kognitive Beeinträchtigungen und Demenz erhöhen können. Ebenso können sie das Risiko für Gefäßerkrankungen verstärken. (Nach Gustafson 2010)

Auch die eigentliche somatotrope Achse zeigt deutliche Veränderungen im Laufe des Lebens: Der Plasmaspiegel von **Wachstumshormon (GH)** ist während der Zeit nach der Geburt am höchsten, verringert sich während der Kindheit, steigt während der Pubertät an und fällt während des Alterns dramatisch ab (Bartke 2008). Diese Herabregulation der GH-IGF-1-Achse trägt wahrscheinlich zur Abnahme des Muskelgewebes (▶ Kap. 5) und Zunahme des Fettgewebes im Alter bei. Die GH-Defizienz scheint auch die Menge von proinflammatorischen Cytokinen wie TNFα und Il-6 zu erhöhen – was jedoch komplexer geregelt wird, als nur über die GH-Konzentration (▶ Kap. 7). Gaben von GH und ebenso von IGF-1 hemmen teilweise die Thymusinvolution, d. h. verstärken das Immunsystem durch erhöhte T-Zell-Produktion. Das könnte die negativen Wirkungen von Glucocorticoiden auf das Immunsystem kompensieren.

Ghrelin hat neben seinen orexigenen Wirkungen auch Einfluss auf die somatotrope Achse und das Immunsystem – darunter hemmende Einflüsse auf die mRNA- und Proteinexpression von proinflammatorischen Cytokinen wie IL-1β, IL-6, IL-7 und TNFα (Dixit et al. 2009).

11.2.4 Diabetes mellitus

Eine der weltweit verbreitetsten Erkrankungen des Hormonsystems ist *Diabetes mellitus* (auch Zuckerkrankheit genannt, weil Glucose (Zucker) im Urin ausgeschieden wird). Diabetes mellitus kommt in vielen Formen vor, zwei wichtige Unterschiede sind durch Typ 1 und Typ 2 gekennzeichnet: Typ 1 beruht auf der Zerstörung von β-Zellen der Langerhans-Inseln im Pankreas (meist durch Autoimmunreaktionen), kann in jedem Lebensalter auftreten und verursacht absoluten Insulinmangel. Typ 2 tritt zwar vermehrt im höheren Alter auf und wurde daher früher auch als »Altersdiabetes« bezeichnet. Heute weiß man aber, dass dieser Zusammenhang nicht generell zutrifft. Typ-2-Diabetes kann z. B. durch eine genetisch bedingte Insulinresistenz verursacht sein. Diabetes mellitus Typ 2 ist zu einer weltweiten Massenerkrankung geworden, deren Erkrankungszahlen rasch ansteigen: von ca. 110 Millionen im Jahr 1994 auf 285 Millionen im Jahr 2010 ($\sim 6,4\%$ der Weltbevölkerung sind davon betroffen). Diabetes mellitus verursacht erhebliche Kosten im Gesundheitsbereich (zweistellige Milliardenbeträge), die u. a. durch Früherkennungs- und Vorsorgemaßnahmen erheblich reduziert werden könnten.

11.2.4.1 Molekulare Mechanismen des Diabetes mellitus

Neben genetischen Faktoren sind **Übergewicht (Adipositas)** und die damit verbundenen Stoffwechselveränderungen – das sogenannte **metabolische Syndrom** – wesentliche Ursache der Insulinresistenz von Zellen. Dabei ist die Insulinsignalkette gestört und resultiert nicht mehr in der erhöhten Bereitstellung von GLUT4, dem Glucosetransportprotein in Zellmembranen (◘ Abb. 11.2). Die genauen Mechanismen dieser Veränderungen sind Gegenstand intensiver Forschung. Ein Zusammenhang besteht zum Beispiel mit der erhöhten Produktion eines Botenstoffs (*retinol-binding protein 4*, **RBP-4**) im Fettgewebe übergewichtiger Menschen, das die Reaktion von Muskel- und Leberzellen auf Insulin reduziert (Yang et al. 2005).

Auch andere Faktoren, die den Blutzucker in die Höhe treiben, wie **freie Fettsäuren**, die die Aufnahme von Glucose in die Leber behindern, oder Hormone wie **Adrenalin, Cortisol, GH und T$_3$**, die die Gluconeogenese erhöhen, beeinflussen die Diabetes-Typ-2-Erkrankung. Vor allem ist auch das Hormon **Glucagon** an der Erhöhung des Glucosespiegels beteiligt. Ein von Adipocyten freigesetztes Signalpeptid – **Resistin** – steigt mit dem Grad von Adipositas und fördert die Insulinresistenz von Typ-2-Diabetes (Steppan et al. 2001). Auch ein weiteres Peptid aus Adipocyten, das **Leptin**, wirkt proinflammatorisch auf β-Zellen und kann bei chronischer Präsenz zu deren Apoptose führen (Maedler et al. 2008). Ein wichtiger Faktor für Diabetes mellitus Typ 2 ist auch die genetische Veranlagung, an der viele Gene beteiligt zu sein scheinen. Ein auf dem Chromosom 20 lokalisiertes Gen codiert eine Proteintyrosin-Phosphatase 1 (PTPN1), von der es mehrere Varianten gibt. Die gefährliche Variante hemmt die Insulinwirkung und findet sich in etwa 35 % der weißen amerikanischen Bevölkerung.

Allgemein ist das Altern und die dadurch bedingte verminderte Glucoseaufnahme in bestimmten Geweben (Insulinresistenz) ein wesentlicher Faktor für Typ-2-Diabetes. Ein Grund dafür ist die altersbedingte **Abnahme der Proliferation**, die etwa ab dem 30. Lebensjahr zum Stillstand kommt, sodass die β-Zellen dann als **postmitotisch** gelten. Sie können sich dann nicht mehr unter Bedingungen erhöhten Insulinbedarfs (z. B. bei Übergewicht) vermehren. Das hängt von einer Reihe von altersbedingten Änderungen in der Proliferationskontrolle ab: So nimmt der Transkriptionsfaktor FOXM1 ab, der die Proliferation stark aktiviert, ebenso wie der Transkriptionsfaktor pdx1 (*pancreatic and duodenal homeobox* 1). Auch weitere Transkriptionsregulatoren werden weniger exprimiert, wie etwa Bmi-1 (*B-cell-specific Moloney murine leukemia virus integration site-1*) und Ezh 2 (*Enhancer of zeste homologue 2*) sowie Maf A, der Transkriptionsfaktor für das Insulin-Gen.

Auf der anderen Seite wird die Aktivität von **Zellzyklusinhibitoren** wie **p16^{INK4a}** oder **p19^{Arf}** erhöht, sodass insgesamt die Proliferation gehemmt ist (◘ Abb. 11.7, Übersicht über die sehr komplexen Regulationssysteme siehe Gunasekaran und Gannon 2011). Weniger bekannt sind die Ursachen für die verminderte Glucoseaufnahme bzw. Insulinresistenz hauptsächlich bei Leber- und Muskelzellen – was zunächst zu einer Überproduktion von Insulin und zu erhöhten Glucosewerten im Blut führt. Die erhöhte Insulinkonzentration bewirkt offenbar zunächst einen gewissen Proliferationsschub der β-Zellen, vermutlich aufgrund der Wirkung von Insulin als Wachstumsfaktor. Bei längerer Dauer der Überproduktion von Insulin wird allerdings die Stoffwechselleistung der β-Zellen ständig auf ein so hohes Niveau getrieben, dass es zu einer ver-

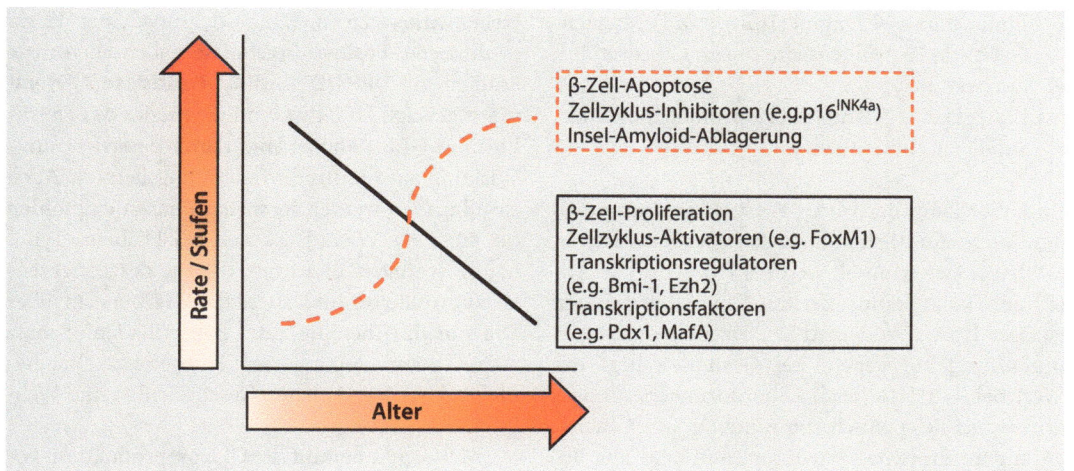

β-Zell-Apoptose
Zellzyklus-Inhibitoren (e.g.p16^{INK4a})
Insel-Amyloid-Ablagerung

β-Zell-Proliferation
Zellzyklus-Aktivatoren (e.g. FoxM1)
Transkriptionsregulatoren
(e.g. Bmi-1, Ezh2)
Transkriptionsfaktoren
(e.g. Pdx1, MafA)

Rate / Stufen

Alter

Abb. 11.7   Übersicht über die altersabhängigen Veränderungen in β-Zellen. Abkürzungen s. Text. (Nach Gunasekaran und Gannon 2011)

stärkten Bildung von ROS, zu DNA-Schäden und letzten Endes zu vermehrter Apoptose von β-Zellen kommt. Dieser oxidative Stress zusammen mit der erhöhten Glucosekonzentration bewirkt auch eine Gegenreaktion der β-Zellen, die den Glucosestoffwechsel vorübergehend reduziert und eine sog. metabolische Diapause erzeugt (Talchai et al. 2009). Typ-2-Diabetes erhöht außerdem zu Anfang die Synthese von **Amylin** in den β-Zellen, ein Hormon, das die Glukagonsynthese hemmt. Amylin aggregiert später in den Amyloidplaques der β-Zellen, was dann zu einer erhöhten Apoptoserate der β-Zellen führt (Law et al. 2010).

Der später zu beobachtende Ausfall der Insulinproduktion in den β-Zellen wird auf die Toxizität der erhöhten Glucosekonzentration, der inflammatorischen Cytokine, der freien Fettsäuren und auf die Amyloidbildung zurückgeführt (Stumvoll et al. 2005). Bei den Cytokinen sind es vor allem **Interleukin 1β (IL-1β)** und das **Chemokin CXCL10**, der **Tumornekrosefaktor α (TNFα)** und **Interferon γ**, die in den β-Zellen inflammatorische Gene aktivieren und die Apoptose fördern. Außerdem sind daran **freie Fettsäuren** beteiligt. Als Rezeptor für freie Fettsäuren und CXCL10 dient der Toll-ähnliche Rezeptor 4 (TLR4; ▶ Kap. 7); als Komponenten der Signalkette sind die **c-Jun N-terminale Kinase (JNK)** und die **Akt-Kinase** wichtig (Maedler 2008; Paroni et al. 2009). An Ratten hat man herausgefunden,

dass die Ernährung der Mutter und das Alter der Individuen über epigenetische Veränderungen zu einer Blockierung eines Transkriptionsfaktors führt (HNF-4α – *hepatocyte nuclear factor* 4α). HNF-4α ist an der Entstehung von Typ-2-Diabetes beteiligt (Sandovici et al. 2011). Für die geringere Zahl von β-Zellen kann zudem eine reduzierte Telomerlänge als Ursache in Frage kommen (Kuhlow et al. 2010).

Zum Schluss sei noch einmal auf die heilsame Wirkung von Muskeltätigkeit auch in diesem Zusammenhang hingewiesen: Nach neuen Untersuchungen werden durch Bewegung/Sport aus dem Muskelgewebe sogenannte Myokine freigesetzt, die als **Irisin** bezeichnet werden. Irisin erhöht unter anderem den Energieumsatz, reduziert Adipositas und dadurch bedingte Insulinresistenz. Zentrales Kontrollmolekül für diese Reaktionen ist der PPAR-γ-Koaktivator-1α (PGC1-α; Boström et al. 2012).

11.2.4.2 Medizinische Aspekte von Diabetes mellitus

■ Diagnostische Verfahren

Laut WHO-Definition von 1999 liegt Diabetes vor, wenn eines der folgenden Kriterien erfüllt ist:
- Nüchternblutzucker (Blutplasma, venös) ≥126 mg/dl (7 mmol/l)

- Blutzucker ≥ 200 mg/dl (11,2 mmol/l) 2 h nach Gabe von 75 g Glucose im oralen Glucosetoleranztest (oGtt)
- Blutzucker ≥ 200 mg/dl (11,2 mmol/l) in einer zufälligen Blutentnahme

Im Labor kann der **HbA$_{1c}$-Wert** gemessen und so der durchschnittliche Blutzuckerspiegel der letzten 6–10 Wochen ermittelt werden. HbA$_{1c}$ ist der Anteil des Hämoglobins, der mit Glucose verbunden ist. Der HbA$_{1c}$-Wert wird in Prozent (seit 2009 in mmol/mol) angegeben. Bei Gesunden liegt der Wert bei 4–6 % (je nach Labornormwerten etwas unterschiedlich). Auch die Bindung von Glucose an andere Proteine (Fructosamine) kann zur Bestimmung einer langfristigen Glucoseerhöhung im Blut herangezogen werden. Ein Maß für die Insulinproduktion ist die Bestimmung des Insulins oder des C-Peptids, eines Teils des Proinsulins, das eine längere Halbwertszeit als Insulin selbst hat (Letzteres hat nur eine von wenigen Minuten). Beim Typ-2-Diabetes ist im Anfangsstadium eine Zunahme, später eine Abnahme von Insulin bzw. C-Peptid zu beobachten.

Harnzucker (Glucosurie) tritt bei vielen Menschen bei Blutzuckerspiegeln um 180 mg/dl (10,1 mmol/l) auf, die jedoch heute meist nicht mehr als Kriterium herangezogen werden. Infolge von niedrigen Insulinspiegeln kommt es auch zum Anstieg von sog. **Ketonkörpern** im Urin, die auf eine mögliche gefährliche Übersäuerung des Blutes (Ketoazidose) hinweisen (meist nur bei Typ-1-Diabetes). Langfristig führt Diabetes zu erhöhten Krankheitsrisiken in zahlreichen Funktionsbereichen und zu einer drastischen Gewichtsabnahme.

■ **Therapeutische Ansätze**

Typ-2-Diabetes wird wegen der unspezifischen Symptome wie Müdigkeit, Schwäche, Sehstörungen und Infektneigung oft erst spät erkannt und therapiert. Vorsorge und Therapie bei oft übergewichtigen Diabetespatienten besteht wesentlich in der **Änderung des Lebensstils**: Gewichtsabnahme und vermehrte Bewegung (leider bevorzugen die Patienten dagegen oft nur die Einnahme von Medikamenten!). Medikamentöse Therapien sind in frühen Stadien sinnvoll – wie etwa mit Wirkstoffen aus der Gruppe der Glitazone – diese haben jedoch

Nebenwirkungen, z. B. in Richtung einer Herzinsuffizienz. Positive Ergebnisse haben auch neue Studien mit **DPP4(Dipeptidyl-Peptidase-4)-Hemmern** gezeigt. DPP4 ist ein Enzym, das das Darmhormon GLP-1 abbaut und damit dessen positive Wirkung auf die Insulinfreisetzung hemmt. Auch Insulingaben werden in späten Phasen empfohlen (◘ Tab. 11.4). Wichtig ist, den bei Diabetes Typ 2 häufig erhöhten Blutdruck (∼ 75 % der Patienten) zu kontrollieren und zu senken. (Übersicht über Diagnostik, Therapie und Folgeschäden: Schatz 2006; Thomas 2006; weitere Hinweise zu Diabetes mellitus bei den Diabetes-Gesellschaften und Weblinks.)

Metformin hemmt die Glucoseproduktion, vor allem durch seine Wirkung auf die AMPK (*AMP-activated protein kinase*), während Thiazolidindion den PPAR-γ (*peroxisome proliferator-activated receptor γ*) aktiviert und damit die Insulinsensitivität durch indirekte Einflüsse auf den Lipidstoffwechsel erhöht. Inkretine (wie GLP-1) und DPP4-Hemmer erniedrigen die nach der Nahrungsaufnahme steigende Glucosekonzentration durch Steigerung der Insulin- und Hemmung der Glucagonproduktion (Übersicht: Edgerton et al. 2009). Diese Medikamente scheinen auch eine Schutzwirkung auf die β-Zellen des Pankreas zu haben und werden auch zusammen verabreicht (Staels 2006).

11.3   Weitere Hormonsysteme

11.3.1   Das gonadotrope System

Das gonadotrope System und seine altersabhängigen Veränderungen sind in ▸ Kap. 10 dargestellt (◘ Tab. 11.2). Hier soll kurz auf die zahlreichen Wirkungen der Sexualhormonveränderung verwiesen werden: Funktionen der Haut wie die Proliferation von Hautfibroblasten, von Keratinocyten und die Synthese von Kollagen werden durch Behandlung mit 17β-Östradiol erhöht. Die Verringerung von Östradiol bei Frauen in der Menopause hat auch Wirkungen auf das Immunsystem: *In vitro*-Studien zeigten u. a. eine Herabregulierung von makrophagenanziehenden Chemokinen (CXCL8, CXCL10, CCL5) durch Keratinocyten, eine Hemmung von IL-12, TNFα und der Antigenpräsentationskapazi-

◻ **Tab. 11.4**	Stufenplan der medikamentösen Therapie von Typ-2-Diabetes
Stufe 1	Basistherapie: Schulung und Motivation, Umstellung der Ernährung und des Lebensstils, Gewichtsreduktion, Bewegung
	Zielwert: HbA1c kleiner oder gleich 6,5 %, Intervention ab 7 %
	Wenn nach drei Monaten die Basistherapie alleine nicht einen HbA1c-Wert von unter 7 % hervorbringen kann, sollte eine medikamentöse Therapie zusätzlich herangezogen werden. Diese richtet sich nach dem Gewicht und der Indikation bzw. Kontraindikation
Stufe 2	Bei Normalgewicht wird eine Monotherapie mit Glibenclamid empfohlen
	Bei Übergewicht wird eine Monotherapie mit Metformin empfohlen, bei Kontraindikation können stattdessen Sulfonylharnstoffe verwendet werden
	Weitere Optionen wären je nach Verträglichkeit Alpha-Glucosidasehemmer oder Insulin
	Nach drei weiteren Monaten sollte ein zweites orales Antidiabetikum hinzugezogen werden, wenn der HbA1c-Wert immer noch nicht unter 7 % liegt
Stufe 3	Bei vorheriger Metformintherapie werden zusätzlich empfohlen: Acarbose, Glinide, Glitazone oder Sulfonylharnstoffe
	Bei vorheriger Sulfonylharnstofftherapie wird eine zusätzliche Gabe von Glitazonen, Glucosidasehemmern oder Metformin empfohlen
	Alternativ können auch Bedtime-Insulin plus Metformin oder vor dem Essen kurzwirkendes Insulin und abends Metformin gegeben werden
Stufe 4	Sinkt der HbA1c-Wert nach drei weiteren Monaten weiterhin nicht unter 7 %, wird eine zusätzliche Gabe von Bedtime-Verzögerungsinsulin empfohlen. Eine Insulinpumpe kann als letzte Möglichkeit in Betracht kommen
Nach der S 3-Leitlinie: Medikamentöse antihyperglykämische Therapie des Diabetes Typ 2 der Deutschen Diabetes-Gesellschaft	

tät sowie eine verstärkte Produktion des antiinflammatorischen IL-10 (Kanda und Watanabe 2005).

Die altersabhängige Verringerung der Sexualhormone wie der Östrogene scheint auch bei der Entstehung von Morbus Alzheimer (AD) eine Rolle zu spielen: Obschon die genauen Ursachen von AD noch nicht bekannt sind (▶ Kap. 12), sind anscheinend der Cholesterolstoffwechsel, Entzündungscytokine (IL-1; TNFα) und ein hoher Blutdruck (Exel et al. 2009) sowie die Radikalproduktion und der ApoE-Stoffwechsel an der Entwicklung von AD beteiligt. *In vitro*-Versuche mit 17β-Östradiol erhöhten die Produktion von löslichem *Amyloid pre-sursor protein* (APP) auf Kosten der Aβ 40- und Aβ 42-Synthese. Allerdings lassen sich noch keine klaren Strategien für eine Hormonsubstitutionstherapie gegen Morbus Alzheimer erkennen (Makrantonaki et al. 2010).

11.3.2 Die Hypothalamus-Hypophysen-Schilddrüsen-Achse

Die **Hypothalamus-Hypophysen-Schilddrüsen-Achse** verändert sich ebenfalls mit dem Alter: So verringert sich anscheinend der Plasma-TSH-Gehalt, während keine signifikanten Änderungen bei TRH und Thyroxin gefunden wurden (Mazzoccoli et al. 2010). Eine genetische Prädisposition für erhöhten Serumgehalt an Thyrotropin (TSH) ist offenbar mit außergewöhnlich langer Lebensdauer korreliert (Atzmon et al. 2009; Rozing et al. 2010). Die Frage, ob Schilddrüsendysfunktionen mit Depressionen bzw. Beeinträchtigungen der Hirnfunktionen einhergehen, ist umstritten (Roberts et al. 2006).

11.3.3 Melatonin

Melatonin, ein Hormon, das hauptsächlich in der **Epiphyse** (Zirbeldrüse, Pinealorgan) gebildet wird, verringert seine nächtliche Produktion mit dem Alter und verändert damit auch die Tagesrhythmik, die bei älteren Menschen weniger ausgeprägt ist. Zudem verringern sich damit auch die antioxidativen Wirkungen. Offenbar reduziert Melatonin auch die Menge **proinflammatorischer Cytokine**, d. h. es spielt eine wichtige Rolle bei der Immunantwort, bei der Abwehr von oxidativem Stress, bei der Regulation von Schlaf und circadianen Rhythmen. Durch **antiapoptotische Aktivitäten** hat Melatonin anscheinend auch hemmende Wirkungen auf neurodegenerative Erkrankungen wie Morbus Alzheimer. Vermittelt werden diese Wirkungen über zwei membrangebundene Rezeptoren (MT1, MT2) und zwei Kernrezeptoren (RZR; ROR, Übersicht: Esposito und Cuzzocrea 2010).

11.4 Therapeutische Anwendung von Hormonen

Da sich zahlreiche Hormonsysteme mit dem Alter ändern und diese Veränderungen sich auf verschiedene Organisationsebenen des Körpers auswirken, geht man auch von **multiplen Dysfunktionen des Hormonsystems** als Ursache für Alterskrankheiten und Alterserscheinungen aus. Die früher häufiger angewandte Hormonsubstitutionstherapie – insbesondere mit Östrogen und Progestin – bei Frauen in der Postmenopause wird heute nach langen Studien sehr vorsichtig eingesetzt. So zeigte sich in der Studie Women's Health Initiative (WHI) nach Hormontherapie eine Zunahme von koronaren Herzerkrankungen nach längerer Zeit (Rossouw et al. 2002). Eine Untergruppe in dieser Studie, die mit Östrogen allein vor dem 60. Lebensjahr substituiert war, zeigte allerdings verzögernde Wirkungen auf koronare Herzerkrankungen (Rossouw et al. 2007). Die Ursachen dafür sind noch nicht klar, möglicherweise sind in einer bestimmten Entwicklungsphase hemmende Wirkungen von Östrogen auf die Entzündungscytokine und das Ubiquitin-Proteasomen-System in den Gefäßwänden vorhanden.

Eine Hormontherapie mit **Parathormon** wird im Falle von altersbedingten Knochenveränderungen angewandt, um damit eine **Osteoblastenaktivität** zu induzieren. Auch eine Vitamin-D-Therapie wird dann empfohlen (▶ Kap. 4).

Unsicherheit herrscht auch bei möglichen Hormontherapien von Mangelernährung und Muskelabbau (Sarkopenie, Kachexie, ▶ Kap. 5) im Alter: Die hier (◘ Tab. 11.1) aufgeführten appetitfördernden Hormone wie GH, IGF-1, Ghrelin und andere haben z. T. wachstumsstimulierende Wirkungen, die in Zusammenhang mit häufigen Krebserkrankungen im Alter (▶ Kap. 14) zu beachten sind. Die Behandlung von Mangelernährung und Muskelabbau im Alter und bei Krebs fokussiert daher zurzeit auf **Ernährungs- und Bewegungsprogrammen** (Rensing und Ockenga 2010). Therapeutische Eingriffe in das Renin-Angiotensin-System durch ACE-Hemmer und AT1R-Blocker sind in ihrer Wirkungsweise besser etabliert (Abadir 2011).

11.5 Zusammenfassung

Das Hormonsystem allgemein und seine Teilbereiche regulieren zusammen mit Cytokinen und anderen Signalmolekülen sowie mit dem Zentralnervensystem die wichtigen Funktionen des menschlichen Organismus: Reaktionen auf hohe Beanspruchung (Stress), Funktionen der Nahrungsaufnahme, Verdauung, Nahrungsspeicherung und des Stoffwechsels sowie der sexuellen Entwicklung, von Funktionen des Immunsystems und der Ausscheidung, Funktionen von Herz und Kreislauf – aber auch von zentralnervösen Leistungen wie Kognition und Gedächtnis. Altersabhängige Veränderungen in den Hormonkonzentrationen und/oder in der Sensitivität durch die Zahl ihrer Rezeptoren können daher zu gravierenden Störungen und Erkrankungen führen. Altern und Stressexposition haben ähnliche Wirkungen auf das Hormonsystem: eine Steigerung der Aktivität der Stresshormone und ihrer Herz-Kreislauf-Wirkungen und proinflammatorischen Effekte einerseits sowie eine Verminderung der somatotropen und gonadotropen Hormonsysteme und deren Wirkungen andererseits (s. Rensing et al. 2006). Diese

Ähnlichkeiten zwischen Altern und Stress haben ihre Gründe vermutlich in den Alterungsprozessen in allen Geweben (▶ Kap. 2), die Stressreaktionen auslösen und so durch Erhöhung der proinflammatorischen Cytokine das sogenannte *Inflamm-aging* bedingen.

Eine gravierende Hormondysfunktion ist im Alter das Diabetes-Typ-2-Syndrom, das durch eine Insulinresistenz bestimmter Zellen (Leber-, Muskelzellen) charakterisiert ist. Später im Verlauf der Krankheit kommt der Verlust der insulinproduzierenden β-Zellen im Pankreas hinzu. Medikamentöse Therapien sind heute in der Lage, die Diabetessymptome zu verringern und den Blutzucker zu normalisieren.

Literatur

Abadir PM (2011) The frail renin-angiotensin system. Clin Geriatr Med 27:53–65

Aguilera G (2011) HPA axis responsiveness to stress: implications for healthy aging. Exp Gerontol 46:90–95

Akimoto S, Miyasaka K (2010) Age-associated changes of appetite-regulating peptides. Geriatr Gerontol Int 10(Suppl 1):107–119

Atzmon G, Barzilai N, Surks MI, Gabriely I (2009) Genetic predisposition to elevated serum thyrotropin is associated with exceptionally longevity. J Clin Endocrinol Metab 94:4768–4775

Bartke A (2008) Growth hormone and aging: a challenging controversy. Clin Inter Aging 3:659–665

Baumgartner RN, Waters DL, Morley JE, Patrick P et al (1999) Age-related changes in sex hormones affect the sex difference in serum leptin independent of changes in body fat. Metabolism 48:378–384

Boström P, Wu J, Jedrychowski MP et al (2012) A PGC1-α-dependent myokine that drives brown-fat-like development of white fat and thermogenesis. Nature 481:463–468

Dixit VD, Yang H, Cooper-Jenkins A, Giri BB et al (2009) Reduction of T cell-derived ghrelin enhances pro-inflammatory cytokine expression; implications for age-associated increases in inflammation. Blood 113:5202–5520

Edgerton DS, Johnson KM, Cherrington AD (2009) Current strategies for the inhibition of hepatic glucose production in type 2 diabetes. Front Biosci 14:1169–1181

Esposito E, Cuzzocrea S (2010) Antiinflammatory activity of melatonin in central nervous system. Curr Neuropharmacol 8:228–242

Exel van E, Eikelenboom P, Comijs H, Frolich M et al (2009) Vascular factors and markers of inflammation in offspring with parenteral history of late-onset Alzheimer disease. Arch Gen Psychiatry 66:1263–1270

Fan YY, Kohno M, Hitomi H, Kitada K, Fujisawa Y, Yatabe J, Yatabe M, Felder RA, Ohsaki H, Rafiq K, Sherajee SJ, Noma T, Nishiyama A, Nakano D (2011) Aldosterone/Mineralocorticoid receptor stimulation induces cellular senescence in the kidney. Endocrinology 152:680–688

Franz CE, York TP, Eaves LJ, Mendoza SP et al (2010) Genetic and environmental influences on cortisol regulation across days and contexts in middle-aged men. Behav Genet 40:467–479

Garg R, Hurwitz S, Williams GH, Hopkins PN, Adler GK (2010) Aldosterone production and insulin resistance in healthy adults. Clin Endocrinol Metab 95:1986–1990

Gunasekaran U, Gannon M (2011) Type 2 diabetes and the aging pancreatic beta cell. Aging 3:565–575

Gustafson DR (2010) Adiposity hormones and dementia. Neurol Sci 299:30–34

Holmes MC, Carter RN, Noble J, Chitnis S et al (2010) 11-beta-hydroxysteroid dehydrogenase type 1 expression is increased in the aged mouse hippocampus and parietal cortex and causes memory impairments. J Neurosci 30:6916–6920

Hotta H, Uchida S (2010) Aging of the autonomic nervous system and possible improvements in autonomic activity using somatic afferent stimulation. Geriatr Gerontol Int 10(Suppl 1):S127–S136

Ito K, Sato A, Sato Y, Suzuki H (1986) Increase in adrenal catecholamine secretion and adrenal sympathetic nerve unitary activities with aging rats. Neurosci Lett 69:263–268

Kanda N, Watanabe S (2005) Regulatory roles of sex hormones in cutaneous biology and immunology. J Dermatol Sci 38:1–7

Kessler BA, Stanley EM, Frederick-Duus D, Fadel J (2011) Age-related loss of orexin/hypocretin neurons. Neuroscience 178:82–88

Kim JM, Heo HS, Ha YM, Ye BH, Lee EK, Choi YJ, Yu BP, Chung HY (2011) Mechanism of Ang II involvement in activation of NF-$_K$B through phosphorylation of p65 during aging. Age (Epub ahead of print)

Krug AW, Allenhöfer L, Monticone R, Spinetti G, Gekle M, Wang M, Lakatta EG (2010) Elevated mineralocorticoid receptor activity in aged rat vascular smooth muscle cells promotes a proinflammatory phenotype via extracellular signal-regulated kinase 1/2 mitogen-activated protein kinase and epidermal growth factor receptor-dependent pathways. Hypertension 55:1476–1483

Kuhlow D, Florian S, von Figura G et al (2010) Telomerase deficiency impairs glucose metabolism and insulin secretion. Aging 2:650–658

Lakatta EG (2003) Arterial and cardiac aging: major shareholders in cardiovascular disease enterprises: part III: cellular and molecular clues to heart and arterial aging. Circulation 107:490–497

Law E, Lu S, Kieffer TJ et al (2010) Differences between amyloid toxicity in alpha and beta cells in human and mouse islets and the role of caspase-3. Diabetologia 53:1415–1427

Liu Y, Coello AG, Grinerich V, Aguilera G (2010) Involvement of transducer of regulated cAMP response element-binding protein activity on corticotropin releasing hormone transcription. Endocrinology 151:1109–1118

Maedler K (2008) Beta cells in type 2 diabetes – a crucial contribution to pathogenesis. Diabetes Obes Metab 10:408–420

Maedler K, Schulthess FT, Bielman C et al (2008) Glucose and leptin induce apoptosis in human beta-cells and impair glucose-stimulated insulin secretion through activation of c-Jun N-terminal kinases. FASEB J 22:1905–1913

Makrantonaki E, Schönknecht P, Hossini AM, Kaiser E, Katsouli MM, Adjaye J, Schröder J, Zouboulis CC (2010) Skin and brain age together: the role of hormones in the ageing process. Exp Gerontol 45:801–813

Mazzoccoli G, Pazienza V, Piepoli A, Muscarella LA et al (2010) Hypothalamus – hypophysis – thyroid axis function in healthy aging. J Biol Regul Homeost Agents 24:433–439

Paroni F, Domsgen E, Maedler K (2009) CXCL10- a path to β-cell death. Islets 1:256–259

Rensing L, Ockenga J (2010) Muscle wasting (sarcopenia/cachexia) and malnutrition: new insights into development and therapy. Dt Med Wochenschrift 33:1605–1611

Rensing L, Koch M, Rippe B, Rippe V (2006) Mensch im Stress. Psyche, Körper, Moleküle. Spektrum Akadem Verlag/Elsevier Heidelberg

Roberts LM, Pattison H, Roalfe A, Franklyn J et al (2006) Is subclinical thyroid dysfunction in the elderly associated with depression or cognitive dysfunction? Ann Intern Med 145:573–581

Rossouw JE, Anderson GL, Prentice RL et al (2002) Postmenopausal hormone therapy and risk of cardiovascular disease by age and years since menopause. JAMA 288:321–333

Rossouw JE, Prentice RL, Manson JE et al (2007) Postmenopausal hormone therapy and risk of cardiovascular disease by age and years since menopause. JAMA 297:1465–1477

Rowe JW, Troen BR (1980) Sympathetic nervous system and aging in man. Endocrin Rev 1:167–179

Rozing MP, Houwing-Duistermaat JJ, Slagboon PE, Beekman M, Frölich M, Craen AJ de, Westendorp RG, Heemst D van (2010) Familial longevity is associated with decreased thyroid function. J Clin Endocrinol Metab 95:4979–4984

Sapolsky RM (1992) Stress, the Aging Brain and the Mechanisms of Neuron Death. A Bradford Book. MIT Press, Cambridge (Mass)

Sandovici I, Smith NH, Nitert MD et al (2011) Maternal diet and aging alter the epigenetic control of a promoter-enhancer interaction at the Hnf4α gene in rat pancreatic islets. Proc Natl Acad Sci U S A 108:5449–5454

Schatz H (Hrsg) (2006) Diabetologie kompakt. Grundlagen und Praxis, 4 Aufl. Thieme, Stuttgart

Seals DR, Esler MD (2000) Human aging and the sympathoadrenal system. J Physiol 528:407–417

Staels B (2006) Metformin and pioglitazone: effectively treating insulin resistance. Curr Med Res Opin 22 (Suppl 2):27–37

Stegbauer J, Coffman TM (2011) New insights into angiotensin receptor actions: from blood pressure to aging. Curr Opin Nephrol Hypertens 20:84–88

Steppan CM et al (2001) The hormone resistin links obesity and diabetes. Nature 409:307–311

Stumvoll M, Goldstein BJ, Haeften TW van (2005) Type 2 diabetes: principles of pathogenesis and therapy. Lancet 365:1333–1346

Talchai C, Lin HV, Kitamura T et al (2009) Genetic and biochemical pathways of beta-cell failure in type 2 diabetes. Diabetes Obes Metab 11(Suppl 4):38–45

Taub DP, Murphy WJ, Longo DL (2010) Rejuvenation of the aging thymus: growth hormone-mediated and ghrelin-mediated signaling pathways. Curr Opin Pharmacol 10:408–424

Thomas A (2006) Das Diabetes Forschungsbuch. Neue Medikamente, Geräte, Visionen, 2 Aufl. Kirchheim & Co, Mainz

Yang Q, Graham TE, Mody N et al (2005) Retinol-binding protein contributes to insulin resistance in obesity and type 2 diabetes. Nature 436:356–362

11

Das Zentralnervensystem

12.1   Übersicht über einige Strukturen und Funktionen des Zentralnervensystems

Das **Zentralnervensystem (ZNS)** von Wirbeltieren und Menschen besteht aus den zentralen Bestandteilen Gehirn und Rückenmark sowie aus dem peripheren somatischen Nervensystem (Nervenwurzeln, Plexus, periphere Nerven). Darüber hinaus existieren relativ autonome periphere Teile des Nervensystems in Form des **autonomen Nervensystems** und des **Darmnervensystems**. Zusammen mit dem **Hormonsystem** und dem **System** von Signalproteinen (Cytokinen, Myokinen, Adipokinen u. a.) ist das **Nervensystem** wesentlich verantwortlich für die Aufnahme, Wahrnehmung, Verarbeitung und Produktion von Informationen im Organismus. Das beinhaltet u. a. die Koordination von Aktionen und Reaktionen im Zusammenhang mit Veränderungen in der Umwelt und Veränderungen von internen Funktionen des Organismus. Dabei spielen genetische Programme und im Gedächtnis gespeicherte Erfahrungen wichtige Rollen. Allein die diversen – oft plastischen – Verschaltungsmöglichkeiten zwischen den über 100 Mrd. Neuronen im ZNS des Menschen durch zahlreiche Synapsen ermöglichen enorme Verknüpfungszahlen (schätzungsweise 100 Billionen). Genaue Kenntnisse z. B. über das Zustandekommen von **Entscheidungen** und ihren unbewussten und bewussten Anteilen sowie über viele weitere Funktionen des Gehirns, wie die **Speicherung von Informationen** im Gedächtnis und deren Aktivierung, sind oft nur ansatzweise vorhanden (Übersicht: Roth 2009). Das gilt selbst für Organismen wie den Nematoden *C. elegans*, dessen Nervensystem aus nur 302 Neuronen besteht. Für das menschliche Gehirn sind in den letzten Jahren Netzwerkmodelle entwickelt worden, die die Interaktionsmuster in einzelne größere oder kleinere Zentren aufteilen und natürliche komplexe Systeme simulieren (Sporns 2010). Psychische Erkrankungen im Alter könnten möglicherweise auf Störungen in solchen Zentren zurückgeführt werden. Darüber hinaus besteht das Gehirn aus überaus zahlreichen Gliazellen, Blutgefäßzellen u. a., die die Existenz der Neuronen unterstützen.

Das menschliche Gehirn wird nach entwicklungsgeschichtlichen, strukturellen und funktionellen Aspekten in verschiedene Bereiche eingeteilt (▪ Abb. 12.1). Es gibt sechs große anatomisch definierte Teile: das **verlängerte Mark (Medulla oblongata)**, die **Brücke (Pons)**, das **Kleinhirn (Cerebellum)**, das **Mittelhirn (Mesencephalon)**, das **Zwischenhirn (Diencephalon)** und das **End-** oder **Großhirn (Telencephalon)**.

Die **Großhirnrinde** (Cortex cerebri) gilt als Ort spezifischer kognitiver Fähigkeiten des Menschen, vor allem auch als Ort des Bewusstseins: Einerseits sind dort sensorische Felder für die Wahrnehmung optischer, akustischer und anderer von außen kommender Signale sowie für somatosensorische Signale lokalisiert, andererseits motorische Hirnrindenfelder, die für die Einzelbewegungen und Koordination motorischer Abläufe zuständig sind. Die übrigen Hirnrindenfelder sind assoziative Areale, die Informationen miteinander kombinieren, Schlüsse ziehen, Entscheidungen treffen, Gedächtnisinhalte beherbergen, für Wahrnehmung und Verstehen von Sprache zuständig sind und ebenso für visuelle Bildverarbeitung und Bildverstehen sorgen. Der **präfrontale Cortex (PFC)** erfasst Ereignisse in der Außenwelt und Möglichkeiten ihrer Bewältigung. Der **orbitofrontale Cortex**, der benachbarte **ventromediale Cortex (VMC)** und der vordere **(anteriore) cinguläre Cortex (ACC)** sind für soziale Erfahrungen, Ethik, Nutzen- und Kostenüberlegungen und für emotionale Kontrolle des Verhaltens zuständig – um nur einige wichtige Funktionen zu nennen.

Ein weiteres äußerst wichtiges System der anatomischen/funktionellen Hirnareale ist das **limbische System** (▪ Abb. 12.2). Es enthält subcorticale Zentren im Hirnstamm, die den Grad der Wachheit und Bewusstheit allgemein regeln. Das limbische System ist aber vor allem an dem unbewussten Entstehen von Bedürfnissen, Affekten und Motiven beteiligt. Eine zentrale Region für die Kontrolle der physischen Grundfunktionen wie Nahrungs- und Flüssigkeitsaufnahme, Schlaf- und Wachzustände, Temperatur- und Kreislaufregulation sowie von Angriffs-, Verteidigungs- und Sexualverhalten hat der **Hypothalamus** im Zwischenhirn durch seine enge Assoziation mit der Hypophyse (▶ Kap. 11), dem zentralen Höhlengrau, zahlreichen anderen

12

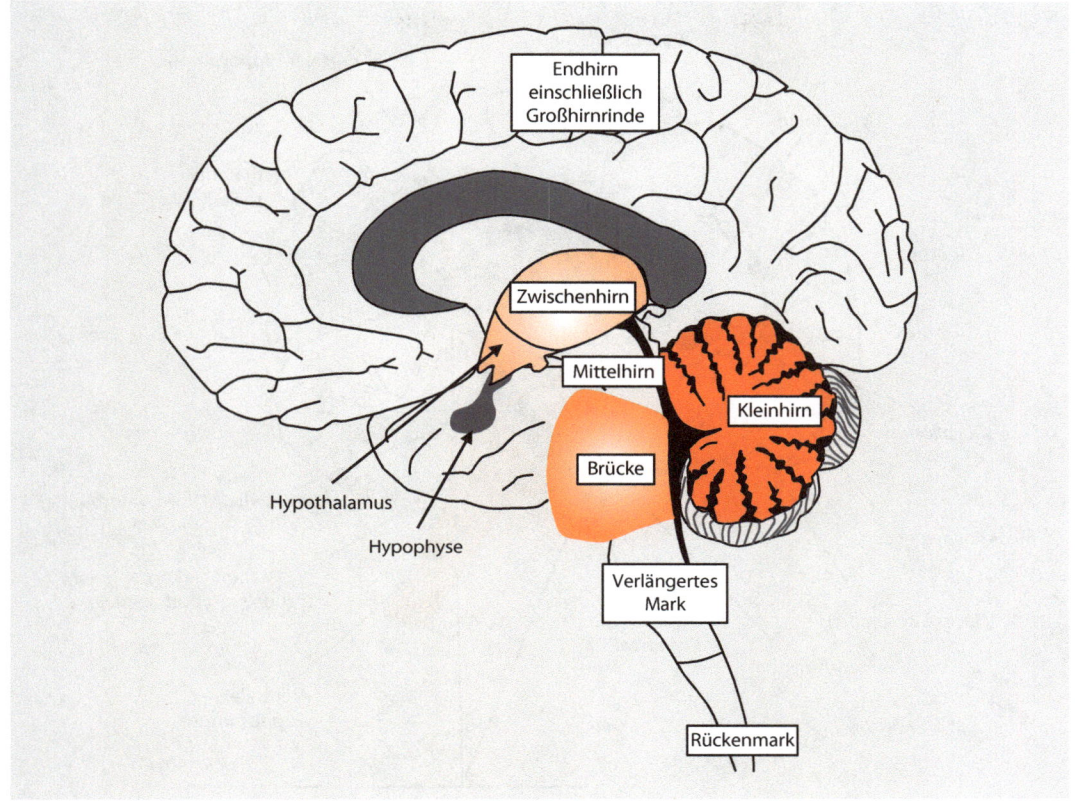

🔲 **Abb. 12.1**   Längsschnitt durch das menschliche Gehirn mit den sechs Hauptteilen (plus Rückenmark)

Hirnregionen und dem peripheren Nervensystem (Roth 2009).

Eine wesentliche Komponente des limbischen Systems ist der Mandelkern (**Amygdala**), der von zentraler Bedeutung für die Entstehung von negativen, z. B. **furchtbesetzten Gefühlen** und die Bewertung von gefährlichen Situationen ist. Im Mittelhirn befinden sich auch Areale, das **mesolimbische System**, die Belohnungsaspekte wahrnehmen und vermitteln – u. a. über dort synthetisierte Opioide – und diese positiven Aspekte in Form von **Motivationen** weitergeben. Das geschieht auch über die vermehrte Ausschüttung des Neurotransmitters Dopamin. Hypothalamus, zentrales Höhlengrau, Amygdala und mesolimbisches System sind die wichtigsten Quellen von negativen und positiven Gefühlen und Motivationen, die in der Großhirnrinde bewusst werden können.

Ein weiteres, gerade für altersabhängige Gedächtniseinschränkungen wichtiges Areal ist der **Hippocampus** (Seepferdchen). Er ist die zentrale Schaltstation des bewusstseinsfähigen **deklarativen Gedächtnisses**, d. h. der Hippocampus bestimmt, welche bewusst erfahrenen Ereignisse in den zahlreichen Gedächtnisarealen des Großhirns gespeichert werden und dort abgerufen werden können. Grundlage dafür sind die eigenen Erfahrungen im Leben (**autobiografisches Gedächtnis**). Daraus wird auch das »**semantische Gedächtnis**«, d. h. die Speicherung von mentalen Informationen, abgeleitet (Roth 2009). Die wichtigen, meist noch ungelösten Fragen des Gedächtnisses sind: Wie entstehen die Engramme, wie werden sie aufrechterhalten und abgerufen, wie verändern sich die Erinnerungen oder verschwinden ganz? (Siehe Kandel et al. 2000). Unklar sind auch das Zustandekommen von Bewusstsein, die wichtige Rolle un-

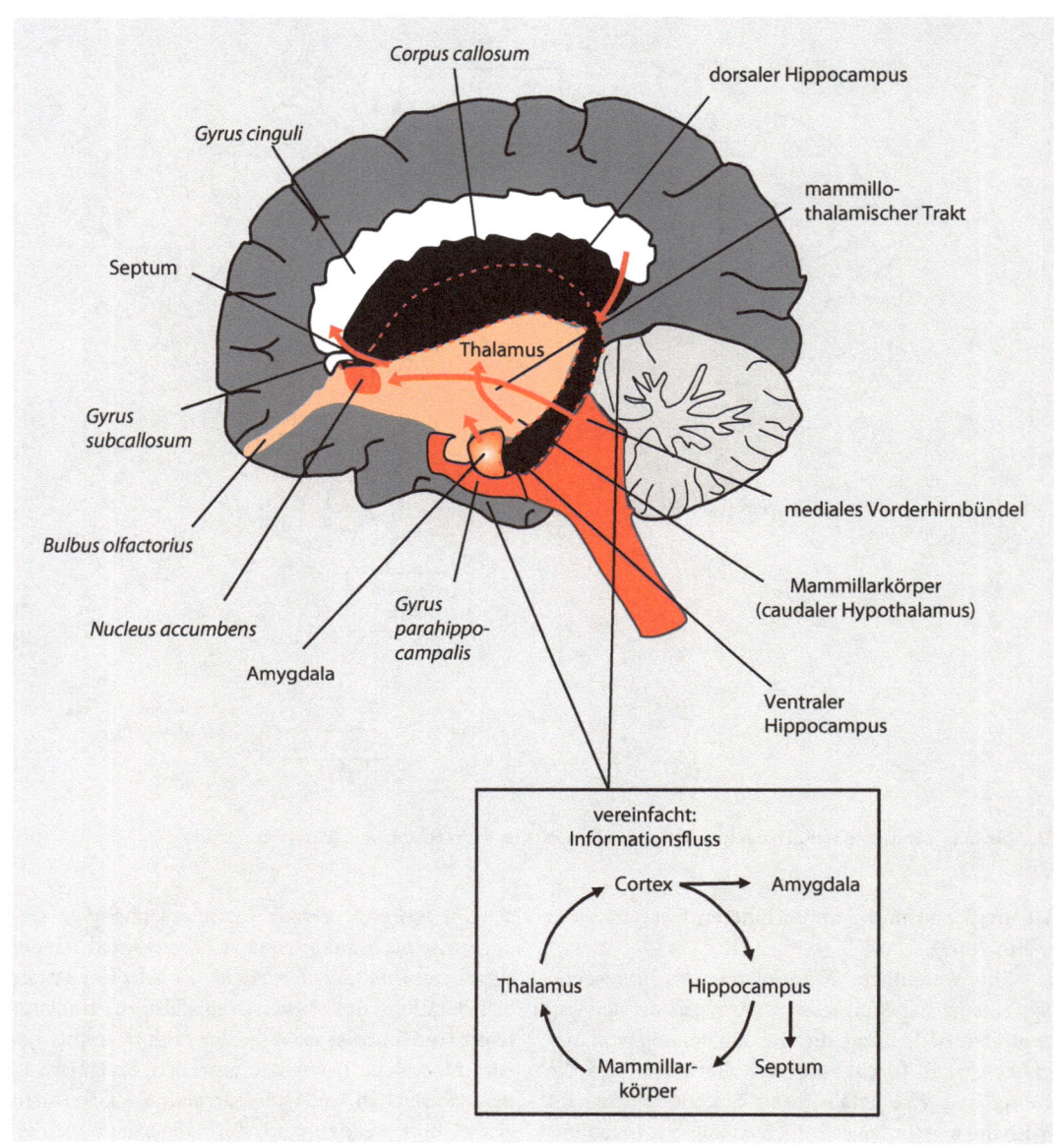

Abb. 12.2 Limbisches System. Das limbische System ist das neurobiologische Substrat zahlreicher Stressreaktionen. Es ist ein Schaltkreis von Hirnstrukturen, der den cingulären Cortex über den Hippocampus mit dem Hypothalamus und dem Thalamus verbindet. Die Amygdala ist das Kernstück des limbischen Systems, sie ist mit allen anderen Strukturen des limbischen Systems sowie mit Kontrollkernen des autonomen Nervensystems verbunden. (Aus Rensing et al. 2006)

bewusster Informationen sowie die Rolle der Emotionen in einem **komplexen psychophysischen Dialog**, der z. B. vor einer Entscheidung stattfindet.

Das sich an das Zwischenhirn anschließende relativ kleine **Mittelhirn (Mesencephalon)** enthält in seinem unteren Teil das Tegmentum und Zentren, die bei der Motorik, der **Handlungsbewertung und -steuerung** eine wichtige Rolle spielen: den Nucleus ruber, die Substantia nigra und das ventrale tegmentale Areal. Besonders die Substantia nigra mit ihren dopaminergen Neuronen und ihrer Rolle bei der Bewegungsinitiation und Motivation spielen – bei Verlust dieser Neurone – eine zentrale Rolle für die **Parkinson-Krankheit** (▶ Abschn. 12.3.2). **Bewegungsabläufe** werden im Zusammenwirken von Basalganglien und Großhirnrinde gesteuert. Die **Basalganglien** setzen sich aus verschiedenen Hirnregionen zusammen – aus dem Striatum (mit Putamen und Nucleus caudatus), dem Pallidum internum und externum, dem Nucleus subthalamicus und der Substantia nigra. Die Basalganglien enthalten eine Art **Handlungsgedächtnis**, in dem alle Bewegungsmuster niedergelegt sind, sodass auch alle vom Cortex geplanten motorischen Abläufe mit den Basalganglien (und dem Kleinhirn) abgeglichen werden müssen (Roth 2009).

Bei allen Prozessen der Wahrnehmung, Speicherung, Verarbeitung und Bewertung von Informationen durch das Nervensystem spielen die Synapsen, d. h. die Verknüpfungen von Neuronen über die Ausschüttung von Neurotransmittern, eine zentrale Rolle. Da die Zahl der Synapsen im Alter abnimmt und damit viele kognitive Leistungen beeinträchtigt werden, wollen wir hier etwas ausführlicher auf die zugrundeliegenden molekularen Prozesse bei der Speicherung von Informationen eingehen.

■ Molekulare Grundlagen des neuronalen Gedächtnisses

Das neuronale Gedächtnis ist durch Veränderungen in der Effektivität synaptischer Verbindungen zwischen Neuronen charakterisiert. Das trifft sowohl für das **Kurzzeitgedächtnis** im Bereich von Sekunden und Minuten zu wie für das **Langzeitgedächtnis** im Bereich von Tagen, Monaten und Jahren.

Diese Modifikationen von synaptischen Verbindungen (**Plastizität**) beruhen wesentlich auf molekularen Prozessen innerhalb der Neuronen im präsynaptischen Bereich und vor allem in postsynaptischen Bereichen (Übersicht: Rensing et al. 2007). Wichtig für die Effektivitätserhöhung der synaptischen Verbindungen im Langzeitgedächtnis sind vor allem folgende Prozesse:

- Neusynthese, Transport und Membrantranslokation von Rezeptoren, vor allem für den Neurotransmitter **Glutamat**, sowie die Aktivierung von Proteinkinasen, Gerüstproteinen und Transkriptionsfaktoren,
- Stabilisierung von Synapsen über **Zelladhäsionsmoleküle**,
- Bildung von **neuen Dendriten** und **synaptischen Verknüpfungen**.

Die einzelnen Komponenten dieser Aktivierungs- und Stabilisierungsprozesse, die im Falle des Langzeitgedächtnisses zu einer **Langzeitpotenzierung (LTP)** von Synapsen führen, seien hier kurz zusammengefasst. Gegenläufige Prozesse, die eine **Langzeitdepression (LTD)** zur Folge haben können, spielen ebenfalls eine wichtige Rolle bei der Gedächtnisbildung.

Im Nervensystem sind Neurone über axo-dendritische, axo-somatische oder axo-axonale Synapsen miteinander verbunden (◘ Abb. 12.3). Die synaptischen Verbindungen sind in der Regel plastisch, d. h. die Effizienz der Erregungsübermittlung kann erhöht oder vermindert werden. Transiente Modifikationen der Synapsenaktivität werden mit dem Kurzzeitgedächtnis, länger dauernde mit dem Langzeitgedächtnis in Verbindung gebracht. Die Effizienz einer Synapse ist einerseits durch die Menge an **Neurotransmittern** charakterisiert, die von präsynaptischen Axonendigungen ausgeschüttet und wieder aufgenommen (oder abgebaut) werden, und andererseits durch die Wirkung der Neurotransmitter an der **postsynaptischen Membran**. Die Effizienz der Synapse wird durch die Häufigkeit ihrer Stimulation verändert, im positiven Sinn vor allem durch Erhöhung der Sensitivität des postsynaptischen Bereichs für den Transmitter, aber auch durch die Wirkung retrograder Boten, die von der Postsynapse zur Präsynapse diffundieren und dort die Transmitterfreisetzung erhöhen.

Die Modifikation des postsynaptischen Bereichs basiert wesentlich auf einer Struktur, die sich unterhalb bzw. in der sub- und postsynaptischen Membran befindet und als **postsynaptische Verdichtung (*postsynaptic density*, PSD)** bezeichnet wird. An der Aktivierung der dort befindlichen Rezeptoren und anderer Proteine durch Phosphorylierung ist die Calcium/Calmodulin-abhängige Kinase II (CaMK II) entscheidend beteiligt (◘ Abb. 12.3) (Yamauchi 2005). Diese Kinase stellt

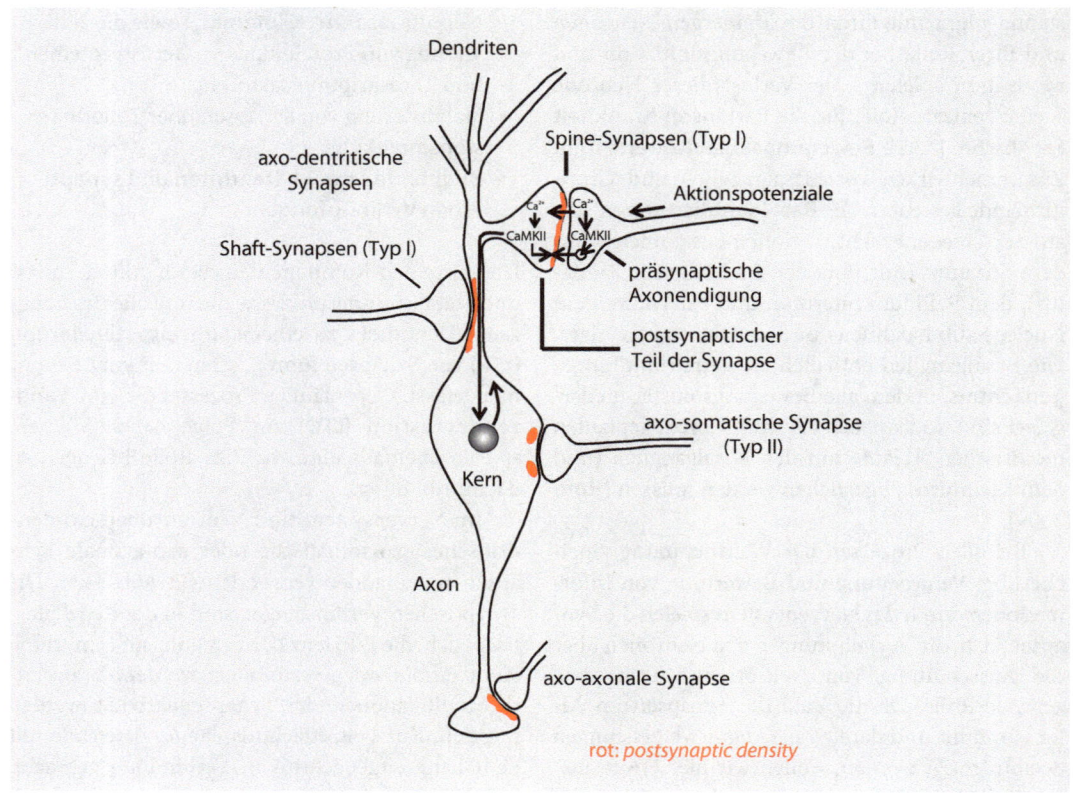

rot: *postsynaptic density*

■ **Abb. 12.3** Modell verschiedener Synapsentypen. Charakterisierung der postsynaptischen Verdichtung (*postsynaptic density*, PSD) bei den häufigsten Synapsentypen im Zentralnervensystem (ZNS). Die axo-dendritischen Synapsen (Typ I) sind entweder über ein Verbindungsstück (Spine-Synapse) oder direkt (Shaft-Synapse) mit Dendriten verbunden. Diese sind in der Regel erregende Synapsen, während die axo-somatischen Synapsen (Typ II) gewöhnlich hemmend wirken (z. B. GABA-erge Synapsen). Die Typ-I-Synapsen zeichnen sich durch eine stärkere postsynaptische Verdichtung aus, während die Typ-II-Synapsen zwei weniger ausgeprägte PSD aufweisen. Außerdem gibt es noch axo-axonale Synapsen. Die PSD-Funktion ist wesentlich durch die Calcium/Calmodulin-abhängige Kinase II (CaMK II) charakterisiert, die bei Aktivierung sich selbst und verschiedene PSD-Proteine phosphoryliert. So wird beispielsweise Arc aktiviert, was die CaMK-II-Funktion potenziert (positive Rückkopplung). Bei erhöter Aktivität der Synapse werden Signale zum Zellkern transportiert, die dort die Genexpression für eine längerfristige Aktivität und die Bildung neuer Synapsen stimulieren. (Nach Rensing et al. 2007)

etwa 1 % des Proteingehalts im Gehirn insgesamt und 2 % des Hippocampus, einem essenziellen Gedächtniszentrum. Sie gilt als besonders wichtige Komponente im Zusammenhang mit Lernen und Gedächtnis. Die Modifikation der postsynaptischen Verdichtung sowie die Modifikation zahlreicher weiterer intrazellulärer Signalsysteme, der Proteinsynthese und der Transkription von Genen in den beteiligten Neuronen sind an der Langzeitpotenzierung, aber auch an dem gegenläufigen Prozess, der Langzeitdepression beteiligt. Besondere Isoformen der CaM-Kinase II spielen außerdem eine wichtige Rolle bei der Bildung von neuen Nervenfasern (Rensing et al. 2007).

12.2 Altersabhängige Veränderungen

12.2.1 Strukturelle Veränderungen

Wie in ▶ Kap. 2 dargestellt, sind Nervenzellen als durchweg postmitotische Zellen einem intensiven **Schädigungsprozess durch ROS** und andere Faktoren ausgesetzt. Das gilt für die DNA, Proteine

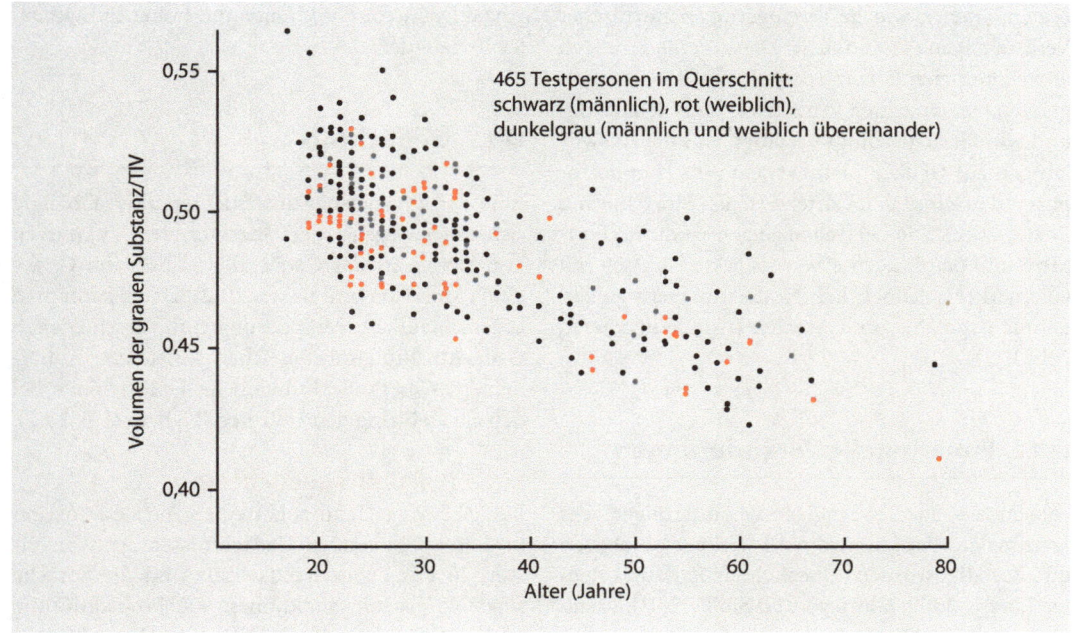

465 Testpersonen im Querschnitt:
schwarz (männlich), rot (weiblich),
dunkelgrau (männlich und weiblich übereinander)

Abb. 12.4 Das Volumen der grauen Substanz nimmt linear mit dem Alter ab. Das Volumen der grauen Substanz ist als Teil des intrakranialen Volumens (TIV) angegeben, um Unterschiede in der Kopfgröße auszugleichen. Lineare Regressionslinien für Frauen (*rot*) und Männer (*schwarz*) von insgesamt 465 Personen im Querschnitt sind übereinander projiziert. Zwischen dem 20. und 80. Lebensjahr gehen etwa 20 % der grauen Substanz verloren. (Nach Good et al. 2001)

und Lipide allgemein, vor allem auch für die Mitochondrien und deren Abbau in Lysosomen (Mitophagie). Das Ausmaß der Schäden in Nervenzellen bzw. deren Reparatur ist einerseits von der Expression von Genen und deren Polymorphismen geprägt, zum anderen vom Lebensstil der Person (Ernährung, Bewegung, Rauchen etc.) und den biografischen Erfahrungen (Stress, Traumata) abhängig. Die individuelle Variabilität der Hirnschäden im Alter ist daher groß, ebenso die Schäden in unterschiedlichen Hirnregionen. Insgesamt hat man einen **Gewichtsverlust des Gehirns von 10 %** bei 80-Jährigen ermittelt (Arking 1991), den man meist auf den Verlust von Nervenzellen durch Apoptose zurückgeführt hat. Neue Messverfahren, wie Magnet-Resonanz-Imaging (MRI), zeigen jedoch, dass die Abnahme des Hirnvolumens ($\sim$ 0,5–1 % pro Jahr im Mittel) und Zunahme des Ventrikelsystems weniger auf Zellverlust, sondern vielmehr auf die Schrumpfung von Neuronen, Reduktion von Dendriten und Synapsen zurückzuführen ist. Diese strukturellen Veränderungen sind auch für die

deutliche **Verringerung der grauen Substanz** verantwortlich, die zahlreiche Interneurone enthält. Das Volumen der grauen Substanz nimmt im Laufe des Lebens von Erwachsenen linear vom 20. bis 80. Lebensjahr ab (etwa 0,5 % pro Jahr) (Abb. 12.4). Entsprechendes gilt auch für die Länge myelinisierter Axone (**weiße Substanz**) (Fjell und Walhovd 2010). Die strukturellen Veränderungen sind in den verschiedenen Hirnregionen sehr unterschiedlich: Die stärksten Veränderungen werden im präfrontalen und temporalen Cortex, anterioren cingulären Cortex, im linken inferiorfrontalen Cortex, der linken und rechten Insula sowie im Putamen, Thalamus und N. accumbens gemessen und mit verringerten Leistungen in diesen Regionen und im Hippocampus assoziiert (Park und Reuter-Lorenz 2009).

Der Verlust an grauer Substanz scheint von der Verkleinerung von dendritischen Verästelungen und einer Verringerung von Synapsen verursacht zu sein, wie konfokale Laserbilder von jungen (10–12 Jahre) und alten (24–25 Jahre) Rhesusaffen zeigen – ebenso wie die Verringerung dendritischer Verästelungen (◘ Abb. 12.5). Diese Veränderungen korrelieren ebenfalls mit kognitiven Beeinträchtigungen von einzelnen Primaten (Peters et al. 2008) und wurden neuerdings bestätigt, was die Auswirkungen auf Gedächtnisfunktionen im Hippocampus und präfrontalen Cortex betrifft (Morrison and Baxter 2012). Die Gliazellen zeigen verdickte Fortsätze und damit auch eine verstärkte Färbung mit Gliamarkern, jedoch keine oder nur geringe Zunahme der Zahl von Gliazellen (Conde und Streit 2006).

12.2.2 Funktionelle Veränderungen

»Normale« altersabhängige Veränderungen der neuronalen Funktionen sind vielfach analysiert und bestätigt worden (Übersichten: Park und Reuter-Lorenz 2009; Glorioso und Sibille 2011): Metaanalysen von Querschnitts- und longitudinalen Studien zu neuronalen Funktionen ergaben eine etwa 40–60%ige **Abnahme der kognitiven Geschwindigkeit** im Alter von 80 Jahren im Vergleich zu der bei 20 Jahren; darunter Aufmerksamkeit, Verarbeitungsgeschwindigkeit, Problemlösung, Entscheidungen, hemmende Funktionen (z. B. Interferenzkontrolle), Arbeitsgedächtnis, Langzeitgedächtnis u. a. (s. weiter unten). Im Gegensatz dazu bleiben sog. »kristalline« Funktionen wie berufliches Wissen, implizites Gedächtnis oder Vokabular mit dem Alter unverändert oder nehmen sogar zu (◘ Abb. 12.6). Eine Unteraktivierung von Regionen mit Gedächtnisfunktionen sind bei älteren Menschen durch Positronen-Emissionstomographie (PET) und funktionelles Magnet-Resonanz-Imaging (fMRI) nachgewiesen, aber auch eine regionale Überaktivierung, die möglicherweise eine kompensatorische Rolle spielt. Sie wird allerdings nur in früheren Stadien der kognitiven Beeinträchtigung gemessen (Persson und Nyberg 2006).

Die Geschwindigkeiten von motorischen Funktionen wie **Reaktionszeit**, **Bewegungsgeschwindigkeit**, Hand- und Fußkoordination nehmen mit dem Alter ab, die Reaktionszeit z. B. um etwa 4 % pro Dekade. Die Perzeption von traurigen Emotionen verringert sich im Alter – wie bei einer großen Anzahl weiterer Funktionen mit hoher individueller Variabilität.

12.2.3 Gedächtnis

Eine der am meisten untersuchten altersabhängig sich überwiegend verschlechternden kognitiven Funktionen ist das Gedächtnis (Übersicht: Glisky 2007, Morrison und Baxter 2012). Dabei kann man unterschiedliche Veränderungen in verschiedenen Gedächtnisfunktionsbereichen feststellen. Außerdem gibt es große individuelle Unterschiede bei den altersabhängigen Defiziten (Nyberg et al. 2012).

12.2.3.1 Arbeitsgedächtnis

Das Arbeitsgedächtnis hat eine zentrale Funktion in den verschiedenen Gedächtnissen, es ist involviert in das Langzeitgedächtnis und die Sprache sowie in Exekutivfunktionen wie Problemlösung und Entscheidungen und zeigt deutlich altersabhängige Defizite in der Verarbeitung von Informationen. Daran ist vor allem der **präfrontale Cortex (PFC)** beteiligt. Möglicherweise sind bei jungen Menschen andere Regionen im PFC im Arbeitsgedächtnis aktiv als bei älteren Menschen. Die Gründe für die Defizite werden in der Reduktion von Aufmerksamkeitsressourcen, in der verringerten Geschwindigkeit der Informationsverarbeitung oder Defiziten in der hemmenden Kontrolle von irrelevanten Informationen gesehen. Neue elektrophysiologische Untersuchungen der altersbedingten Einschränkungen des Arbeitsgedächtnisses bei Affen (Makaken) zeigen interessante Veränderungen: Die jungen bzw. mittelalten und alten Makaken sollten sich im Versuch jeweils ein wechselndes räumliches Ziel (*cue*) merken. Nach dem Verschwinden des Ziels wurden sie belohnt, wenn sie anschließend die Richtung des Ziel richtig lokalisieren konnten. (Das Arbeitsgedächtnis erinnert beim Menschen für eine Weile daran, wohin man z. B. den Hausschlüssel gelegt hat.) Die Messungen ergaben, dass bei allen Altersgruppen der Makaken bestimmte Neuronen beim ersten Erscheinen des Ziels feuerten. Nach dem Verschwinden des Ziels feuerten andere Neuronengruppen vermehrt (Delay-Neuronen) – aber nur bei jungen Affen, während das bei mittelalten und alten Affen nicht

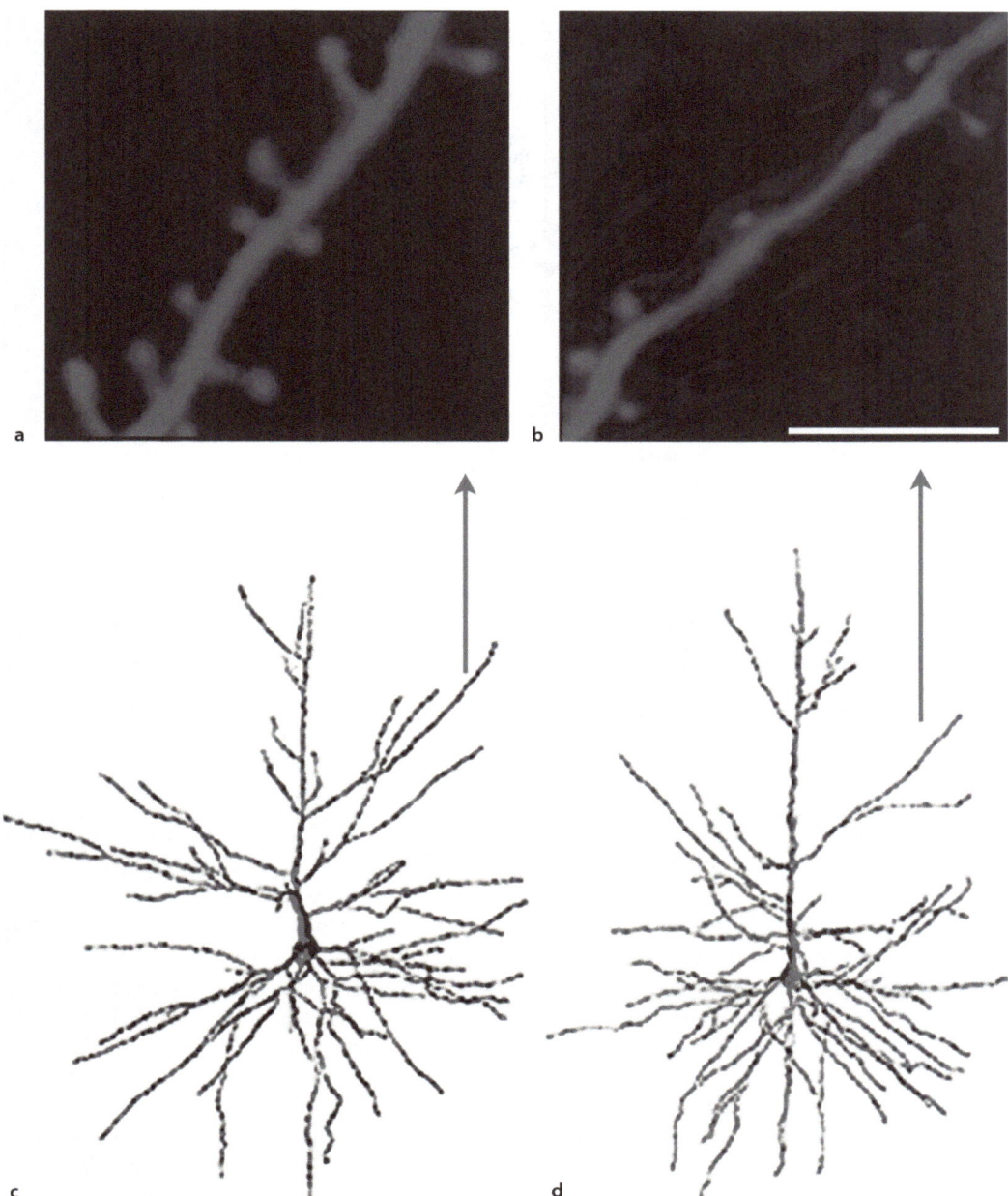

□ **Abb. 12.5** Altersbedingte Verringerung der Dendritendichte. Repräsentative Bilder der Dendritendichte von neocortikalen pyramidalen Neuronen von jungen und alten Rhesusaffen. (Aus Dickstein et al. 2007, **c** und **d** nach Duan et al. 2003). **a, b** konfokale Laserscanning-Abbildungen von apikalen Dendritenabschnitten von einem jungen (10–12 Jahre) und alten (24–28 Jahre) Affen. *Heller Strich* – 8 μm. **c, d** Beispiele von retrograd mit Lucifer Yellow angefärbten Neuronen, die dann mit Neuro-Zoom und Neuro GL in drei Dimensionen rekonstruiert wurden. **c** von einem jungen, **d** von einem alten Affen. Die *Pfeile* zeigen auf die Dendritensegmente, die in **a** und **b** dargestellt sind

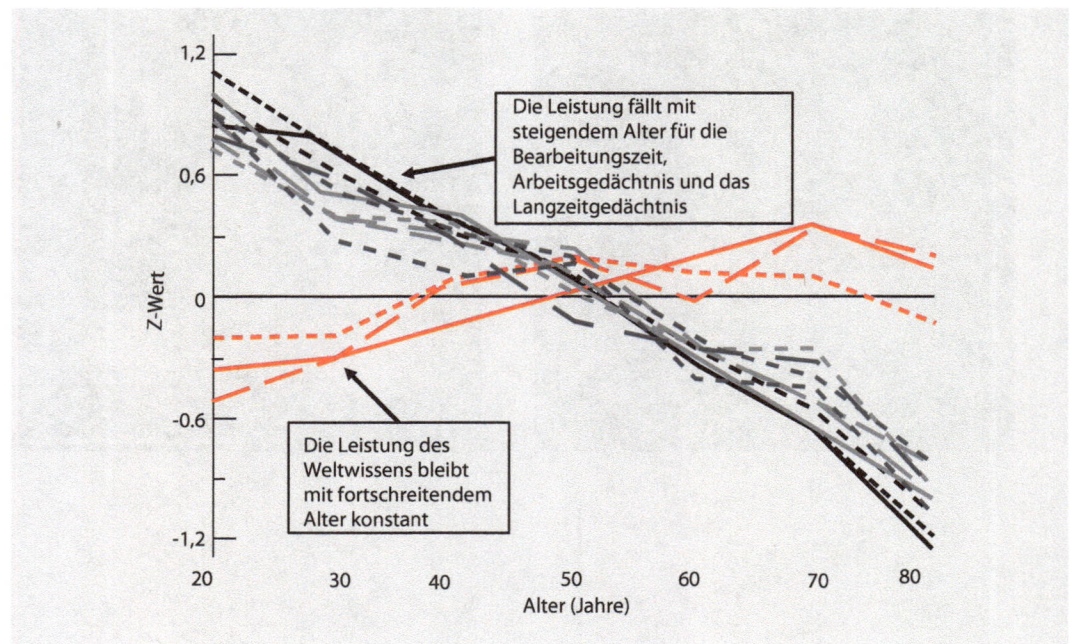

Abb. 12.6 Unterschiedliche Wirkungen des Alters auf kognitive Prozesse. *Schwarze Linien*: verschiedene Tests auf Verarbeitungsgeschwindigkeiten, *graue Linien*: verschiedene Tests auf Arbeitsgedächtnis, *grau gestrichelte Linien*: verschiedene Tests auf Langzeitgedächtnis, *rote Linien*: verschiedene Tests auf Weltwissen. Ordinate: Abweichungen vom Mittelwert der gesamten Altersstufen. Abszisse: Alter. (Nach Park und Reuter-Lorenz 2009)

mehr der Fall war. Die Aktivität der Delay-Neuronen festigt offenbar den Zusammenhalt des neuronalen Gedächtniskomplexes und kann sogar neue Daten integrieren (wo habe ich die Schlüssel *zuletzt* hingelegt?). Dieser Zusammenhalt der Gedächtniszellen wird im Alter offenbar durch höhere cAMP-Konzentrationen in den Synapsen verringert, die über eine cAMP-abhängige Kinase (PKA) K⁺-Ionenkanäle öffnen. Mithilfe von cAMP-Hemmstoffen gelang es jedenfalls, die Neuronen von älteren Makaken dem Verhalten von jüngeren Tieren wieder anzugleichen. Wahrscheinlich wird die erhöhte cAMP-Konzentration durch eine erhöhte Adrenalin/Noradrenalinkonzentration im Alter (▶ Kap. 11) und einen Verlust von inhibitorischen Rezeptoren verursacht (Wang et al. 2011).

12.2.3.2 Langzeitgedächtnisse

Die unterschiedlichen Formen des Langzeitgedächtnisses erfordern **Erinnern** (*retrieval*) – im Gegensatz zum Kurzzeitgedächtnis, das Informationen über Sekunden bis einer Minute kontinuierlich behält. Zu den Langzeitgedächtnissen gehören u. a. das **sensorische Gedächtnis** und das **episodische Gedächtnis.** Letzteres ist ein **deklarativer Gedächtnistyp,** der persönlich erlebte Ereignisse speichert, die an einem bestimmten Platz und zu einer bestimmten Zeit geschehen sind. Dieses Gedächtnis ist am meisten vom normalen Altern betroffen und gilt als besonders hoch entwickelt und als spezifisch für Primaten. Die Probleme damit mögen an einer verringerten Codierungsqualität, an veränderter Speicherung und an veränderten Erinnerungsprozessen liegen – was bisher nicht genau bekannt ist. Manche Defizite des episodischen Gedächtnisses von älteren Menschen – die z. B. vergessen, wo sie ihr Auto geparkt haben – liegen wahrscheinlich an reduzierten Einprägprozessen, die hauptsächlich im PFC stattfinden, während die Probleme der Speicherung mehr an **Defekten im Hippocampus** liegen könnten. Auch die Erinnerungsprozesse sind abhängig von einem intakten

PFC und Hippocampus-Funktionen. Ein Subtyp dieses Gedächtnisses ist das **räumliche Gedächtnis**, das die Orientierung im Raum speichert und deutliche Defizite bei älteren Menschen aufweist. Verantwortlich dafür sind vor allem Schäden im Hippocampus. Altersabhängige Veränderungen im räumlichen Gedächtnis zeigten sich auch bei Mäusen, die bestimmte räumliche Erfahrungen z. B. in einem T-Labyrinth gesammelt hatten (Sharma et al. 2010).

Das **semantische Gedächtnis** oder **explizite Gedächtnis** speichert allgemeines Wissen über die Welt – wie etwa die Dauer des »Dritten Reichs« oder den Namen des ersten Bundeskanzlers. Dieses Wissen bleibt auch bei älteren Menschen weitgehend erhalten oder nimmt sogar im Alter zu (◘ Abb. 12.6). Semantisches Wissen ist vermutlich in Regionen des posterioren Cortex gespeichert.

Das **autobiografische Gedächtnis** speichert Gedächtnisinhalte, die sowohl episodischer wie semantischer Natur sind. Dabei nimmt das Erinnerungsvermögen von kürzlich gespeicherten Ereignissen bis zu Ereignissen in der Jugend ab – mit einer Ausnahme: Ereignisse im Alter zwischen 15 und 25 Jahren werden relativ gut erinnert. Das autobiografische Gedächtnis ist relativ stabil während des Lebens, vor allem in Hinsicht auf hochemotionale Ereignisse wie den Angriff auf die Zwillingstürme am 11. September 2001 (Davidson et al. 2006).

Das **prozedurale Gedächtnis** enthält das Wissen über motorische Fähigkeiten wie das Fahren eines Fahrrads, Klavierspielen oder Buchlesen. Sobald sie erworben sind, werden diese gespeicherten Fähigkeiten automatisch und unbewusst abgerufen. Diese Fähigkeiten werden im Alter meist wenig beeinträchtigt – bis auf ein sehr hohes Alter. Sie werden vor allem in den Basalganglien und im Cerebellum gespeichert.

Verhaltensänderungen infolge früherer Erfahrungen werden im **impliziten Gedächtnis** gespeichert, das oft unbewusst an Wahrnehmungsmarker gekoppelt ist. Diese bleiben auch im Alter weitgehend erhalten und sind z. B. in extrastriatalen Regionen des visuellen Cortex oder – im Falle von konzeptuellem *priming* – in linken frontalen und linken temporalen corticalen Regionen gespeichert.

Ein **prospektives Gedächtnis** speichert Pläne für die Zukunft, wie zukünftige Vereinbarungen, Rückgabe von Büchern, Zahlung von Rechnungen. Ältere Menschen halten sich an diese Routineaufgaben meist mithilfe von Kalendern und anderen Hilfsmitteln, haben jedoch auch Probleme mit dem regelmäßigen Einnehmen von Medikamenten. Das prospektive Gedächtnis scheint auch vom Arbeitsgedächtnis im PFC abhängig zu sein.

Das **emotionale Gedächtnis** wird ebenfalls verändert: Ältere Menschen zeigen in der Regel eine niedrigere Aktivität der Amygdala als jüngere, wenn sie mit negativen Emotionen – etwa auf Fotos – konfrontiert wurden. Das erinnert sie einerseits an frühere traurige Erfahrungen, ist aber auf der anderen Seite auch durch eine stärkere emotionale Kontrolle bedingt. Reguliert wird das offenbar durch eine erhöhte mediale PFC-Aktivität (Grady 2008).

Diese diversen Gedächtnisregionen sind Langzeitgedächtnisse, die in der einen oder anderen Form Defizite in Alter aufweisen, z. B. in der Detailgenauigkeit. Die Ursachen für diese Defizite sind zelluläre und molekulare altersabhängige Mechanismen, die noch wenig verstanden sind.

12.2.3.3 Molekulare Mechanismen

Außer den schon behandelten DNA-, Protein- und Lipidschäden durch ROS (▶ Kap. 2) sind es Stoffwechselveränderungen wie z. B. Kalorienrestriktion (CR) und ihre Wirkung auf Wachstumshormon-, IGF-1- und Insulinspiegel, die die Leistungsfähigkeit der Neuronenkomplexe verändern. Auch die Verringerung von *brain-derived neurotrophic factor* (BDNF) und von Neurotransmittern wie Serotonin, Dopamin und Glutamat trägt zu Gleichgewichtsverschiebungen im Stoffwechsel von Neuronen und ihrem Wachstum bei (Mattson et al. 2004). Das gilt auch für eine Anzahl von Genen, deren Expression durch BDNF reguliert wird. Glutamat als einer der wichtigen Neurotransmitter ist ebenfalls wesentlich an *long-term potentiation* (LTP), synaptischer Plastizität, Neurogenese, Erhöhung des intrazellulären Ca^{2+}-Gehalts und dendritischer Architektur beteiligt (Mattson 2008). Eine herabregulierte Expression des Glutamatrezeptors D2 ist anscheinend ursächlich verantwortlich für eine

Reihe von altersabhängigen Dysfunktionen wie kognitive und motorische Einschränkungen.

Gene, die am »normalen« Altern beteiligt sind, nehmen in ihrer Aktivität entweder zu – vor allem in Gliazellen – oder ab – meistens in Neuronen (Erraji-Benchekroun et al. 2005). Unter den Genen mit abnehmender Aktivität befindet sich z. B. das **Gen für BDNF** bzw. eine Variante mit einer Veränderung in einer Aminosäure (Val66Met). Das Met-Allel wird in Zusammenhang gebracht mit einer Verringerung der Leistung des episodischen Gedächtnisses, anormaler Hippocampusfunktion, altersabhängiger Reduktion der grauen Substanz und Verlusten in der sprachlichen Argumentation. Gene wie das kurze Allel des Promoters für den **Serotonintransporter** werden mit einer verzögerten Erinnerung und geringerem Volumen des Hippocampus bei alten Menschen in Verbindung gebracht (O'Hara et al. 2007). Sogenannte »**Langlebigkeitsgene**« wie solche, die für Klotho und für Sirtuine codieren, sowie Mutationen der Insulinsignalkette und andere haben ebenfalls einen deutlichen Einfluss auf den Alterungsprozess.

Eine größere Anzahl von Genen, etwa 5–10 % des Genoms, sind durch ihre altersbedingt veränderte Expression an neuronalen Defiziten beteiligt. Eine oft sequenzielle Veränderung der Genaktivitäten gibt Anlass zu der Hypothese, dass ein **regulierter Zeitablauf** (eine Art Uhr) – wie bei der Ontogenese – für das Altern verantwortlich ist (Glorioso und Sibille 2011). Das könnte auch für die weiter oben skizzierten Veränderungen im Arbeitsgedächtnis von Makaken gelten – etwa durch den Verlust von Noradrenalin-inhibitorischen Rezeptoren.

Die schon genannte Forschergruppe (Glorioso/Sibille) hat sich vor allem für die Frage interessiert, wie Altern und Alterskrankheiten zusammenhängen. Sie hat dabei das normale molekulare Altern des Gehirns an Proben aus verschiedenen Hirnarealen von hirngesunden Personen (*post mortem*) untersucht. Unter Verwendung von Mikroarrays und quantitativer PCR (*polymerase chain reaction*) haben sie dann eine größere Zahl von Genen auf ihre Aktivität hin getestet und übereinstimmende Veränderungen mit zunehmendem Alter gefunden (◘ Tab. 12.1): Eine Gruppe von Genen erhöhte ihre Aktivität, eine andere Gruppe erniedrigte sie. Das

gilt sowohl für Proben aus dem anterioren cingulären Cortex (ACC) als auch für Proben aus der Amygdala (AMY) und den Brodmann-Arealen BA9 und BA47. Unter den Genen, deren Aktivität mit dem Alter zunahm, war z. B. das Gen für den Transkriptionsfaktor $NF_\kappa B$ und das für die Monoamino-Oxidase B. Unter den Genen, deren Aktivität abnahm, war z. B. das für BDNF, für mitochondriale Proteinkomplexe und für die cyclinabhängige Kinase 5 (CDK5).

Auf der anderen Seite testeten sie dieselben Gene auf ihre Aktivität bei Personen mit unterschiedlichen neurologischen Alterskrankheiten (Alzheimer- (AD), Parkinson- (PD), Huntington-Krankheit (HD), Amyotrophe Lateralsklerose (ALS), Schizophrenie (SCZ) und Bipolare Störungen (BPD)) (◘ Tab. 12.1). Die Gene, die bei diesen Erkrankungen überexprimiert bzw. reprimiert wurden, stimmten teilweise mit den Genen überein, die dieses Verhalten im Laufe des Alters zeigten. Die Autoren sehen das als Hinweis auf ein allgemeines molekulares Altersprogramm, bei dem genetische oder umweltbedingte Einflüsse das Programm pathologisch verändern. Diese Gruppe berichtete auch, dass eine Mutation (SNP) des Sirtuin-5-Gens ($Sirt5_{prom2}$) die Alterungsgeschwindigkeit erhöht, wobei dieser Effekt anscheinend über $Sirt5_{prom2}$-abhängige mitochondriale Dysfunktionen zu erklären ist (Glorioso et al. 2011).

Eine zentrale Rolle bei der synaptischen Plastizität und bei Gedächtnisstörungen spielen **Proteinkinasen**. Studien am seneszenten tierischen Gehirn zeigen eine Abnahme der Expression und Funktion von Kinasen, vor allem von Proteinkinase C (PKC), Proteinkinase A (PKA), der Calcium/Calmodulin-abhängigen Proteinkinase (CaMK) und von Tyrosinkinasen (Govoni et al. 2010). Im Folgenden gehen wir in kurzer Form auf andere Funktionskreise ein, die wesentlich vom Gehirn gesteuert werden und altersbedingte Veränderungen aufweisen.

12.2.4 Regulation der Körpertemperatur

Ein häufig zu beobachtendes Beispiel für eine Verschlechterung der peripheren und zentralen Regulationsmechanismen im Alter ist die Regulation

□ **Tab. 12.1** Veränderungen von Genaktivitäten in verschiedenen Hirnregionen in Abhängigkeit von neuronalen Alterskrankheiten und vom Alter. (Nach Glorioso et al. 2011)

Gene		Direction of change in disease							Direction of change with AGE			
		AD	PD	hd	ALS	scz	BPD	MD	ACC	AMY	BA9	BA47
NF-kappa B	Nf-kB	●	●	●	●		●		●		●	●
Amyloid beta precursor protein	APPB2/PAT 1	●							●	●	●	
GABA transaminase	GABA-T	░				●			●	●	●	●
Period homolog 3	PER3								●		●	●
Clusterin/Apoliprotein-J	CLU	●		●	●				●		●	●
Monoamine Oxidase B	MAOB	●	●		●			●			●	●
Valosin-containing protein	VCP				●				●		●	
Microtubule-associated protein tau	MAPT	●	●									
Amyloid beta precursor protein	Fe65	░										
Mitochondrial Complex 1 Subunit	NDUSF3				▓							
Mitochondrial Complex 1 Subunit	NDUSB5				▓							
Mitochondrial Complex 4 Subunit	COX7B				▓							
Mitochondrial Complex 1 Subunit	NDUSF3				▓							
Amyloid precursor-like protein 2	APLP2	▓			▓							
Parkinson Disease-7	DJ-1				▓							
Parkinson Disease-5	UCHL1				▓							
Parkinson Disease-13	HTRA2				▓							
Parkinson Disease-2	Parkin	░			▓							
α-synuclien_α-syn	α-Syn	▓	░		▓							
Mitochondrial Complex 1 Subunit	NDUF2				▓							
Reelin	RELN				▓							
Cholecystokinin	CCK				▓							
Neuropeptide-Y	NPY				▓							
Cyclin-dependent Kinase-5	CDK5				▓							
Parkinson Disease-6	Pink1				▓							
Acryl hydrocarbon receptor nuclear	BMAL1				▓	░	░					
Serotonin 5A Receptor	HTR5A				▓							
Serotonin 2A Receptor	HTR2A				▓					●		
regulator of G-protein signaling-4	RGS4				▓							
Somatostatin	SST				▓							
Brain-derived neurotrophic factor	BDNF				▓							
GABA receptor, alpha-5 subunit	GABRA5				▓							
Dopamin Receptor D1	DRD1				▓							
Neuregulin-1	NRG1				▓							
Parvalbumin	PVALB				▓							
Glutamate decarboxylase 1	GAD67				▓							
Huntimgtin	HD				▓							
Manganese Superoxide dismutase	SOD2				▓							
Cannabanoid Receptor 1	CB1	▓	░									

Gemessen wurde die Aktivität mithilfe von Mikroarrays und z. T. mithilfe der PCR (*polymerase chain reaction*). *Rot* Zunahme, *dunkelgrau* Abnahme der Aktivität, *hellgrau* unklare Änderungsrichtung, *AD* Alzheimer-Krankheit, *PD* Parkinson-Krankheit, *HD* Huntington-Krankheit, *ALS* amyotrophe Lateralsklerose, *SCZ* Schizophrenie, *BPD* bipolare Erkrankung, *MD* Makuladegeneration, *ACC* anteriorer cingulärer Cortex, *AMY* Amygdala, *BA9* Brodmann-Areal 9, *BA47* Brodmann-Areal 47

der Körpertemperatur: Alte Menschen sind deutlich empfindlicher gegen kalte und heiße Außentemperaturen. Bei Kälte suchen sie mehr die Nähe zur Heizung, ziehen wärmere Kleidung an als jüngere und klagen oft über kalte Hände und Füße. Die dafür verantwortliche **Thermoregulation** bei zu kalten Temperaturen besteht im Prinzip aus der Kontrolle der Wärmeabgabe über eine Vasokonstriktion im peripheren Bereich sowie über Wärmeerzeugung durch Muskeltätigkeit (Bewegung). Der Hypothalamus ist das Regelzentrum, das die Kerntemperatur sowie Informationen aus dem Rückenmark und den peripheren Thermosensoren der Haut registriert und darauf reagiert. Altersbedingte Veränderungen in der thermoregulatorischen Kontrolle des Blutflusses in der Haut finden sich in verschiedenen Teilen des Kontrollsystems: verminderte Sympathikusaktivität, veränderte präsynaptische Transmittersynthese, reduzierte Gefäßreaktivität und Verringerung der Signalkettenaktivität im Endothel und in der glatten Muskulatur (Holowatz und Kenney 2010). Auch die eigene **Wärmeproduktion** scheint im Alter erniedrigt zu sein. Sie entsteht bei der Gewinnung von ATP in den Mitochondrien, vor allem bei einer erhöhten Produktion von ATP in tätigen Muskeln. Die dabei entstehende Wärme wird z. B. auch bei Muskelzittern genutzt. Darüber hinaus kann die Wärmeproduktion von der ATP-Synthese durch sogenannte mitochondriale **entkoppelnde Proteine (UCP)** entkoppelt werden. Diese Proteine – jedenfalls UCP1 – erhöhen die Protonendurchlässigkeit der inneren Mitochondrienmembran und erniedrigen damit das Protonenpotenzial, das für die ATP-Synthese notwendig ist. Die UCP1-Expression in braunem Fettgewebe wird durch β-adrenerge Stimulation z. B. durch den Hypothalamus erhöht und bewirkt eine Erhöhung der Temperatur, die außerdem von einer Aktivierung der Mitochondrien über eine Stimulation von **PGC-1α** (*peroxisome proliferative activated receptor* γ (PRARγ) *coactivator 1α*) abhängt (Übersicht: Chan et al. 2010). Ein Mitglied der UCP-Familie, UCP5, ist vermutlich an der Thermoregulation beteiligt: Es wird im Alter deutlich reduziert. Auch die Fähigkeit, PGC-1α zu induzieren, nimmt in alternden Geweben ab (Reznick et al. 2007).

Dies sind nur einige der möglicherweise an der im Alter veränderten Thermoregulation bei Kälte beteiligten Mechanismen, deren Gesamtheit wenig bekannt ist. Dasselbe gilt auch für die veränderte Regulation bei hohen Temperaturen, auf die wir hier nicht näher eingehen können.

12.2.5 Schlaf-Wach-Verhalten

Das Schlaf-Wach-Verhalten wird einerseits durch eine sogenannte »**Innere Uhr**« gesteuert, andererseits durch eine noch wenig bekannte **Müdigkeitserfahrung** (Schlafdruck bzw. homöostatische Regulation) nach längeren Wachphasen. Hinzu kommen die äußeren Umstände – Licht und Dunkelheit – Gewohnheiten, genetische Faktoren und anderes mehr. Die innere Uhr besteht aus einer endogenen etwa 24-Stunden-Rhythmik (deswegen oft **circadiane Rhythmik** genannt, von lateinisch *circa* – ungefähr, *dies* – Tag), die einen zentralen steuernden Ort im Hypothalamus (suprachiasmatischer Nucleus, SCN) hat. Circadiane Rhythmen existieren aber auch in den Zellen der meisten nichtneuronalen Gewebe. Die molekularen Mechanismen dieser Uhr sind inzwischen gut bekannt und enthalten komplexe negative und positive Rückkopplungsschleifen von mehreren daran beteiligten Genexpressionssystemen (Dunlap et al. 2007). Gesteuert wird die innere Uhr wesentlich durch Lichtsignale (meist durch den täglichen Tag/Nacht-Wechsel), die von bestimmten Zellen in der Retina (über das Pigment Melanopsin) wahrgenommen und u. a. an den SCN weitergeleitet werden.

Die **Aktivitätsphase** ist bei erwachsenen Menschen meist auf Vormittags-, Nachmittags- und Abendphasen konzentriert, die **Ruhephase** meist auf die Nacht. Mit zunehmendem Alter verschieben sich oft die Aktivitäts- und Ruhephasen auf etwas frühere Zeiten, weil die endogene Frequenz des circadianen Rhythmus zunimmt. Außerdem nimmt dessen Amplitude ab, sodass die Ausprägung von Tagesaktivität und Nachtruhe nicht mehr so deutlich ist: Bei alten Menschen wechseln häufiger Aktivitäts- und Ruhephasen in geringeren Intervallen von etwa 3–4 h ab (Rensing 1989), was allerdings die Lebensqualität – z. B. durch eine unterbrochene Nachtruhe – beeinträchtigen kann. Diese **Veränderungen des Schlaf-Wach-Verhaltens** sind einerseits durch altersabhängige molekulare Änderungen der circadianen Rhythmik und deren Wechselwirkungen mit hormonellen Rhythmen z. B. von Melatonin bedingt, andererseits oft durch die sich ändernden Bedingungen (fehlende berufs- oder familienbedingte Tagesaktivität) und durch verminderten Schlafdruck (Cajochen et al.

2006). Auch alterstypische Gesundheitseinschränkungen wie Schmerzen, nächtlicher Harndrang oder ZNS-wirksame Medikamente können die Tag-Nacht-Rhythmik negativ beeinflussen. Empfohlene Maßnahmen sind daher ein intensiveres Beschäftigungsprogramm am Tage – nach Möglichkeit physisch und psychisch – sowie eine tageszeitlich erprobte Medikamenteneinnahme. Ob eine altersbedingte Desynchronisation der endogenen Tagesrhythmen und die damit gestörte zeitliche Ordnung von Funktionen zusätzlich zum Altern und altersabhängigen Dysfunktionen beitragen, ist noch unklar.

Neben diesen quantitativen Veränderungen des Schlaf-Wach-Verhaltens sind altersbedingte qualitative Veränderungen des Schlafs von Bedeutung: z. B. ein dramatischer Verlust von *Slow Wave Sleep* (SWS). Solche qualitativen Veränderungen verursachen ihrerseits kognitive Defizite wie eine verringerte Erinnerungsfähigkeit. Verbesserte Schlaflänge durch Verhaltensänderungen oder Pharmaka haben oft auch positive Wirkungen auf kognitive Leistungen (Pace-Schott und Spencer 2011).

12.2.6 Depressionen

Während man früher glaubte, dass depressive Erkrankungen im Alter häufiger vorkommen, sind in neuerer Zeit eher niedrige Prävalenzen für die *major depression* (zwischen 1 und 7 %) gefunden worden. Im Gegensatz dazu wurden in repräsentativen Stichproben – nämlich zwischen 11 und 30 % – vermehrt **einzelne depressive Symptome** registriert, vor allem bei Altersheimbewohnern. Diese subsyndromalen Formen der Depression korrelieren mit dem Alter, der Multimorbidität und Hilfsbedürftigkeit. Jenseits des 70. Lebensjahres war keine Alterszunahme von depressiven Erkrankungen mehr nachweisbar. In etwa 50 % der Fälle von depressiven Episoden sind belastende Lebensereignisse wie Verlust des Lebenspartners, Scheidung, körperliche Erkrankungen und Einsamkeit als wichtige Ursachen nachzuweisen (Green 1992). Als weitere Ursache spielt wahrscheinlich die Zunahme von Glucocorticoiden und CRH im Alter eine Rolle (▶ Kap. 11). Auch cerebrovasculäre Erkrankungen können zu depressiven Störungen führen. Ebenso

sind depressive Störungen im Verlauf oder schon im Vorfeld einer neurodegenerativen Erkrankung wie einer Alzheimer- oder Parkinson-Erkrankung möglich (Schuurman et al. 2000). Dieser Zusammenhang ist allerdings noch umstritten.

Häufige **Therapieansätze** bei Depressionen im späten Lebensalter ist die Gabe von Antidepressiva, zunächst in einer geringeren Konzentration (z. B. der Hälfte dessen, was jüngeren Erwachsenen verordnet wird). **Selektive Serotonin-Wiederaufnahmehemmer (SSRI)** sind die meist verwandten Antidepressiva, weil sie eine relativ niedrige Toxizität und gute Verträglichkeit aufweisen. Tricyclische Antidepressiva wie z. B. Desipramin und Monoamino-Oxidase(MAO)-Hemmer wie Selegilin werden bei Morbus Parkinson eingesetzt, bei Depressionen auch MAO-A-Hemmer wie Tranylcypramin oder Moclobemid. Sie werden bei älteren Menschen wegen ihrer signifikanten Nebenwirkungen weniger empfohlen (Übersicht: Wilkins et al. 2009). Verwendet werden auch Johanniskrautpräparate, die ebenfalls eine SSRI-Wirkung haben.

Je nach Konstellation (mögliche Ursachen der Depression oder Persönlichkeit des Patienten) wird eine psychotherapeutische Behandlung empfohlen, die inzwischen auch bei älteren Menschen als hilfreich angesehen wird (Peters 2004) und zum Teil mit einer pharmakologischen Therapie kombiniert werden kann. Zahlreiche depressive Zustände hängen mit frühen traumatischen Erfahrungen zusammen – wie die aus der Kriegs- und frühen Nachkriegszeit. Die Diagnosekriterien sind die gleichen wie bei depressiven Störungen im jüngeren Erwachsenenalter. Nach LCD-10 werden leichte (F 32.), mittelschwere (F 32.1) und schwere depressive Episoden (F 32.3) unterschieden.

Diese funktionellen Beeinträchtigungen des Gehirns führen jedoch im Allgemeinen nicht zu schwerwiegenden Folgen im Leben des Individuums, weil das Gehirn große Kapazitäten zur Restrukturierung seiner Funktionen hat. Dabei werden manche Funktionszentren neu strukturiert. Krankheiten entstehen dann, wenn diese Plastizität des Gehirns nicht mehr ausreicht.

12.3   Erkrankungen

12.3.1   Schlaganfall/Hirninfarkt

Der Schlaganfall (▶ Kap. 6) ist eine der häufigsten, mit dem Alter zunehmenden Todesursachen: Weltweit sterben daran jährlich etwa 5,5 Mio. Menschen. Oft sind die Betroffenen lebenslang behindert und pflegebedürftig – was eine hohe Belastung des Gesundheitssystems bedeutet. In den meisten Fällen (85 %) ist es ein sogenannter **ischämischer Schlaganfall**, der durch einen Thrombus in Hirngefäßen (▶ Kap. 6) ausgelöst wird. Der seltenere **hämorrhagische Schlaganfall** wird dagegen durch eine Hirnblutung verursacht. Beides geht meistens auf Arteriosklerose und begleitende Risikofaktoren wie Bluthochdruck, Diabetes mellitus, Rauchen und wenig Bewegung zurück. Die Folgen sind unzureichende Versorgung der umliegenden Nervenzellen mit Sauerstoff und Nährstoffen und ein dadurch verursachtes schnelles **Absterben der Zellen** nach etwa 5 min.

Die Therapie ist daher einerseits **zeitabhängig**, d. h. muss sehr schnell einsetzen und hat andererseits Risiken durch Nebenwirkungen. Der Thrombus kann zwar in den ersten 5 h durch **thrombolytische Medikamente** (▶ Kap. 6) aufgelöst werden, doch besteht dabei die Gefahr von Blutungen. Nur etwa 10–20 % der Schlaganfallpatienten sind so behandelbar. Eine neue Behandlungsmethode, die sich noch in der Entwicklungsphase befindet, zielt auf eine Verhinderung der ROS-Produktion in den betroffenen Nervenzellen ab (Kleinschnitz et al. 2010). Die Ursache für die ROS-Entstehung und deren schädigende Wirkungen sind unter normalen Sauerstoffbedingungen die Mitochondrien (▶ Kap. 2). Bei Sauerstoffmangel, wie bei Schlaganfall, ist es anscheinend ein Enzym der Familie der **NADPH-Oxidasen (NOX4)**, das normalerweise etwa bei der Abwehr von Krankheitserregern aktiviert wird, aber unter Sauerstoffmangel ROS produziert. Bei Versuchen an Tieren konnte ein Hemmstoff des NOX4-Enzyms (VAS 2870) deutlich die Hirnschädigung verringern – sogar noch Stunden nach Eintreten des Schlaganfalls. Auch ein permanentes Ausschalten des NOX4-Gens sorgte bei den *knock-out*-Mäusen nur für kleinere Hirninfarkte. Es wird darüber nachgedacht, ob ein der-

artiger Inhibitor auch bei anderen Krankheiten, bei denen ROS eine wichtige Rolle spielt, wie beim Alzheimer- und Parkinson-Syndrom, einsetzbar sein könnte. Trotz intensiver wissenschaftlicher Bemühungen ist es jedoch bislang nicht gelungen, einen neuroprotektiven Wirkmechanismus für die klinische Behandlung zu entwickeln.

12.3.2   Parkinson-Krankheit (PD)

PD ist eine fortschreitende degenerative Erkrankung des Nervensystems, vor allem der Substantia nigra mit dem Botenstoff **Dopamin**. Folgen (Leitsymptome) sind vor allem Muskelstarre (Rigor), verlangsamte oder erstarrte Bewegungen (Bradykinese, Akinese), Muskelzittern (Tremor) und Haltungsinstabilität. Das Parkinson-Syndrom ist der Oberbegriff für diese Symptome, die unterschiedliche Ursachen haben können. Die Manifestationsrate der häufigsten Form – des idiopathischen Parkinson-Syndroms, dessen Ursachen noch nicht genau bekannt sind – beginnt etwa zwischen dem 50. und 60. Lebensjahr, steigt etwa bis zum 75. Lebensjahr an und nimmt dann wieder ab. Zurzeit rechnet man in Deutschland mit etwa 300.000–400.000 an PD erkrankten Menschen.

Neben den genannten Kardinalsymptomen gibt es zahlreiche fakultative Begleitsymptome wie vegetative Störungen, Kreislaufregulationsstörungen, sexuelle Dysfunktionen, Blasenfunktionsstörungen, Temperaturregulationsstörungen, Depressionen oder Sinnestäuschungen. Etwa 30 % aller Parkinson-Patienten entwickeln im Verlauf ihrer Erkrankung eine alltagsrelevante demenzielle Symptomatik. Steht am Beginn der Erkrankung eine Demenz, welche erst im weiteren Verlauf von motorischen Symptomen gefolgt wird, besteht eine sogenannte Lewy-Körperchen-Erkrankung (McKeith et al. 1996).

12.3.2.1   Molekulare Mechanismen

Die noch unklaren, wahrscheinlich multifunktionell bedingten Ursachen für das Absterben der Nervenzellen der Pars compacta der Substantia nigra haben wahrscheinlich mit einem großen Ausfall von dopaminergen Neuronen zu tun. Dieser Verlust verursacht eine gestörte Funktion der Ba-

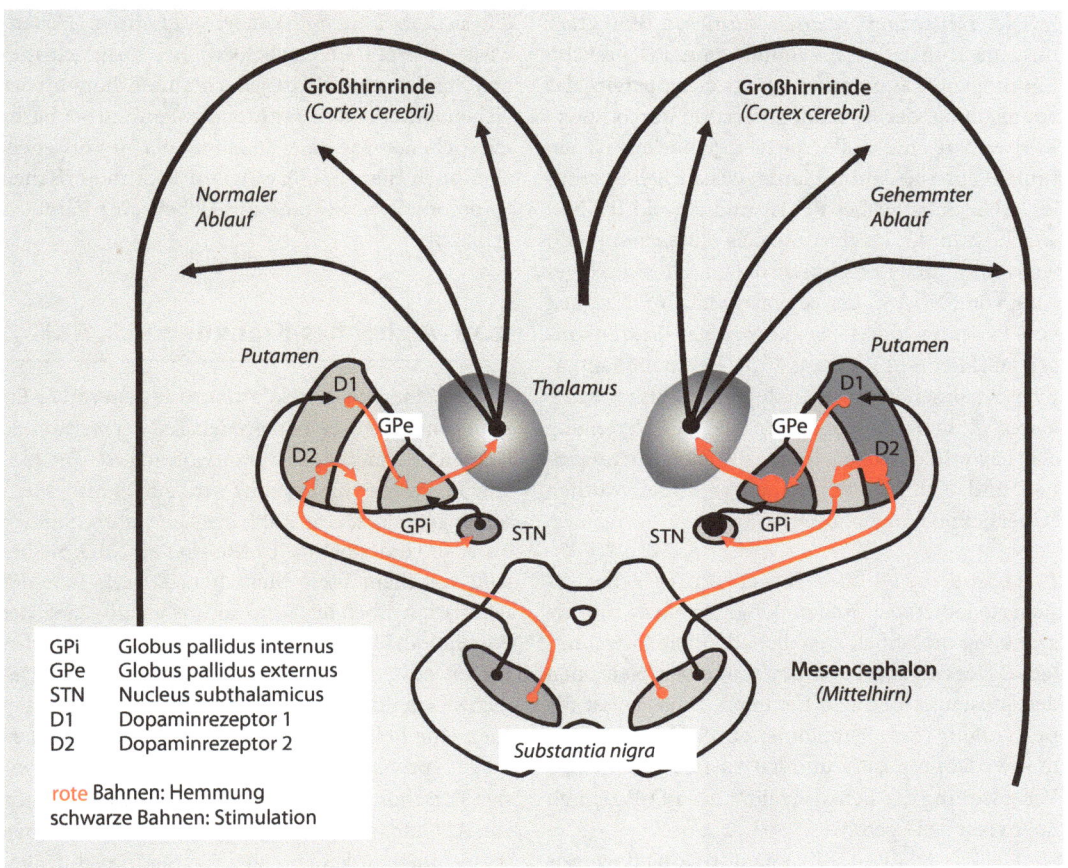

Abb. 12.7 Dopaminerge Projektionen in die Hirnrinde bei gesunden Menschen (*links*) und bei Parkinson-Patienten (*rechts*). Der Globus pallidus internus hemmt bei Parkinson-Patienten über den Thalamus die motorische Aktivierung der Hirnrinde, *rot*: Hemmung, *schwarz*: Aktivierung (© Johanzebin, Wikimedia).

salganglien und der motorischen Aktivierung der Hirnrinde durch den Thalamus (■ Abb. 12.7). Das verursacht die Hauptsymptome wie Rigor, Tremor und Hypokinese.

Die Identifizierung von vererbten Formen von PD hat gezeigt, dass es sich dabei nicht um eine einheitliche Erkrankung, sondern um eine Gruppe von Erkrankungen mit verschiedenen pathologischen Ausprägungen handelt – beeinflusst von **verschiedenen Genen (PARK1 bis 13)**. Der PARK1-Locus wurde als Punktmutation des **α-Synuclein(SNCA)-Gens** bei einer großen Familie mit einer dominant vererbten PD- und Lewy-Körperchen-Pathologie identifiziert. Ob eine veränderte (erhöhte?) Expression des Gens, eine veränderte Faltung des SNCA-

Proteins (Prion-ähnlich?) und dessen Aggregation oder andere Dysfunktionen zum Zelltod der Neuronen führen, ist bisher nicht bekannt (Fuchs 2002).

12.3.2.2 Medizinische Aspekte der Parkinson-Krankheit

Diagnostik Bei der Diagnose von PD wird meist ein motorisches Syndrom (Teil III der Unified Parkinson's Disease Rating Scale, UPDRS) genutzt, um mithilfe einer Standardbehandlung mit L-Dopa zu testen, ob sie die Symptomatk signifikant verbessert (> 30 % der UPDRS), was jedoch nicht nur PD diagnostiziert (Leitlinie Parkinson-Syndrome der

DGN). Neuerdings werden vermehrt Biomarker für eine frühzeitige Erkennung von PD gesucht: Ein möglicher **Biomarker** ist das **α-Synuclein**, das vor allem bei der Neurodegeneration durch Lewy-Körperchen eine Rolle spielt. α-Synuclein ist ein Protein aus 140 Aminosäuren, das auch ein pathologisches Substrat bei PD ist und sowohl im Blut wie auch in der cerebrospinalen Flüssigkeit (CSF) vorkommt. Erste Ergebnisse deuten eine Verringerung von SNCA in der cerebrospinalen Flüssigkeit von Patienten mit Lewy-Körperchen-Erkrankungen an (Eller und Williams 2011). Bei semiquantitativen Analysen in der Pathologie sind bisher keine klaren Zusammenhänge zwischen der Verteilung der Lewy-Körperchen in spezifischen Hirnregionen und den PD-Symptomen gefunden worden (Übersicht: Jellinger 2009).

Therapeutische Ansätze Bisher gibt es keine gesicherten therapeutischen Möglichkeiten, die Erkrankung ursächlich zu heilen, d. h. die fortschreitende Degeneration von dopaminergen Neuronen der Substantia nigra zu hemmen. Dagegen ist die Behandlung der Symptome durch Medikamente wie ʟ-**Dopa** positiv und hat zu einer deutlichen Verbesserung der Lebensqualität der PD-Patienten über viele Jahre geführt.

Dieses wichtige Medikament (ʟ-**Dopa (Levodopa)**) ist eine Vorstufe von Dopamin, die im Gegensatz zu Dopamin die **Blut-Hirn-Schranke** überwinden kann. Da die Wirkzeit von ʟ-Dopa auf nur wenige Stunden beschränkt ist, muss die Einnahme zeitlich richtig koordiniert werden. Zu Beginn der Erkrankung werden daher auch länger wirkende Dopaminagonisten angewandt und/oder Hemmer (Selegin, Rasagilin) der Monoamino-Oxidase B, dem Abbauenzym von Dopamin. Auch Hemmstoffe des Abbaus von ʟ-Dopa durch die Catechol-O-Methyltransferase (COMT) wie Entacapon oder Tolcapon werden verwandt. Das erhöht die Verfügbarkeit von ʟ-Dopa um 40–90 % und verlängert dessen Wirkdauer. Ein peripherer Decarboxylasehemmer (Carbidopa, Benserazid) verhindert zwar den Abbau von ʟ-Dopa bereits in der Peripherie, führt aber zu intolerablen Nebenwirkungen wie Übelkeit und Kreislaufstörungen.

Als **selektive Dopaminrezeptor(D2)agonisten** sind zurzeit mehrere Medikamente auf dem Markt,

die sich in ihrer Wirkdauer und ihrem Nebenwirkungsprofil unterscheiden. Bei fortgeschrittenen Stadien von PD ist jedoch eine Erhöhung der Nebenwirkungen dieser Medikamente zu beobachten – ebenso wie eine Zunahme der motorischen, aber auch der oben erwähnten nichtmotorischen Symptome der Erkrankung (Übersicht: Varanese et al. 2011).

12.3.3 Alzheimer-Krankheit (AD, AK)

AD ist eine zunehmende **neurodegenerative Erkrankung**, die für einen großen Teil der weltweiten Demenzerkrankungen verantwortlich ist. Die globale Prävalenz von Demenz wird auf 24 Mio. Menschen geschätzt, eine Zahl, die sich wahrscheinlich bis 2040 verdoppeln wird (Reitz et al. 2011). Sie betrifft vor allem ältere Menschen: Etwa 5–10 % der Population über 65 Jahre und etwa 20–25 % der Population über 85 Jahre. In Deutschland leiden zurzeit etwa 1,3 Mio. Menschen unter einer Demenzerkrankung. Diese Erkrankungen bedeuten auch eine hohe persönliche und finanzielle Belastung im privaten wie medizinischen Bereich. Intensive Forschungsansätze zur Klärung der Ursachen von AD und zur Entwicklung von Therapien haben bisher noch zu keinem signifikanten Ergebnis geführt.

Charakteristisch für AD ist die zunehmende **Beeinträchtigung der kognitiven Leistungsfähigkeit** des Gedächtnisses, verändertes Verhalten und Abnahme der Sprachleistungen und motorischen Funktionen. Auch unbegründetes Aggressionsverhalten gehört mit zu den Kennzeichen der Erkrankung.

12.3.3.1 Molekulare Mechanismen der Alzheimer-Krankheit

Morbus Alzheimer ist charakterisiert durch fortschreitende intraneuronale Akkumulation eines Peptids, **Amyloid β (Aβ)**, und einer extrazellulären Anhäufung von **Amyloid-β-Plaques** sowie durch intraneuronale Akkumulation von hoch phosphorylierten **Tau-Proteinen** an den Mikrotubuli, von ubiquitinierten Proteinen und defekten Lysosomen bzw. Mikromitochondrien (Übersichten: Bali 2010, Zhang et al. 2011, van Tijn et al. 2011). Trotz einer

Fülle von Erkenntnissen zu den molekularen Prozessen dieser Veränderungen gibt es bisher kein schlüssiges Bild der kausalen Wirkungsketten, die der Neurotoxizität und damit dem Neuronenverlust in bestimmten Hirnarealen zugrunde liegen (Modell der Mechanismen ◘ Abb. 12.8). Bei gesunden Personen kommen Aβ-Peptide nur in geringen Mengen als lösliche Monomere in der cerebrospinalen Flüssigkeit und im Blut vor. Bei AD-Patienten ist deren Konzentration erheblich erhöht, ein Teil (10 %) von ihnen (Aβ1–42) bildet zunehmend unlösliche **fibrilläre Plaques**, der andere Teil (Aβ1–40) **Oligomere**. Diese Überproduktion und Aggregation von Aβ wird als primäre Ursache für AD angesehen. Aβ-Peptide werden durch proteolytische Spaltung eines **Vorläuferproteins (APP)** generiert, ein Transmembranprotein mit einer großen extrazellulären N-terminalen Region und einem kurzen cytoplasmatischen C-terminalen Teil. Von APP gibt es drei Isoformen: APP 695 (nur in Neuronen), APP 751 und APP 770 (in Neuronen und anderen Geweben). APP ist universell verbreitet, seine Funktionen sind jedoch noch immer nicht exakt bestimmt. Es gibt Hinweise auf Funktionen bei der Synaptogenese, dem Axontransport, der transmembranen Signaltransduktion, bei Zelladhäsion und Calciumstoffwechsel.

Der erste Schritt zur Aβ-Freisetzung ist die Spaltung durch die **β-Sekretase**. Die β-Sekretase (BACE1) ist eine membrangebundene Aspartyl-Protease und spaltet APP kurz oberhalb der Membran in der extrazellulären Region (◘ Abb. 12.8). Danach erfolgt die weitere Spaltung von APP durch den **γ-Sekretasekomplex** innerhalb der Membran an verschiedenen Stellen, sodass Aβ1–40 und Aβ1–42 entstehen. Der γ-Sekretasekomplex besteht aus Präsenilin (PS 1,2/PSEN 1,2) als katalytische Untereinheit und mehreren anderen Proteinen wie Nicastrin und Präsenilin-Enhancer 2 (PEN-2). Mutationen in den PS 1,2-Genen sind Ursache für die meisten dominant vererbten familiären Alzheimer-Erkrankungen (FAD). PS 1 spielt auch eine γ-Sekretase-unabhängige wichtige Rolle, z. B. bei der Ansäuerung von Lysosomen, die essenziell für die Aktivierung von Proteasen bei der Autophagie ist (Nixon und Yang 2011).

Der γ-Sekretasekomplex ist hauptsächlich im ER, Golgi-Apparat und Transgolgi-Netzwerk lokalisiert, wobei Aβ letzten Endes über Exocytose und Endocytose in frühen Endosomen produziert und in Exosomen nach außen transportiert wird. Welche Rolle die Aβ1–40 und Aβ1–42 (als fibrilläre Plaques) bei der Neurotoxizität spielen, ist bisher umstritten. Bei allen AD-Patienten zeigen die Mutationen einen Anstieg der Aβ1–42-Produktion – was jedoch keine pathogene Rolle beweist.

Ein Gen, das bei der Entstehung von AD eine fördernde Rolle spielt, ist eine Variante (E4) von APOE. **APOE** ist ein Lipoprotein, das an LDL-Rezeptoren bindet und in drei Varianten vorkommt (E2, E3, E4), die sich jeweils in einer Aminosäure unterscheiden. Die E4-Variante ist mit einer höheren Aβ-Akkumulation und geringerer Produktion von Dendriten assoziiert. Auch eine Variante eines Prion-Gens bzw. des Prionproteins (PRNP) erhöht anscheinend das Risiko einer AD-Erkrankung. Generell wird darüber diskutiert, ob bei Morbus Alzheimer prionähnliche Mechanismen eine Verstärkerrolle spielen.

Neuerdings gibt es Hinweise auf ein bisher unbekanntes Gefäßsystem im Gehirn, das für die Entsorgung von extrazellulären Substanzen wesentlich ist (Iliff et al. 2012). Dieses System von Astrocyten ist offenbar auch für den Austransport von β-Amyloid in die cerebrospinale Flüssigkeit (CSF) verantwortlich und könnte so durch Dysfunktion zur Alzheimer-Krankheit beitragen. Ob das im Alter der Fall ist, wurde noch nicht untersucht. Ebenso unklar ist die Funktion der *neurofibrillary tangles*, die Tau-Proteine enthalten und bei AD hyperphosphoryliert vorkommen. **Tau-Proteine** spielen eine wichtige Rolle bei der Entstehung von Mikrotubuli, deren Stabilisierung und Kontakte mit anderen Cytoskelettfilamenten. Im menschlichen Gehirn werden fünf Tau-Isoformen durch alternatives Spleißen produziert. Exzessive Phosphorylierung führt zu einer Ablösung von Tau von den Mikrotubuli und zu einer Aggregation im Cytoplasma, was zu neurofibrillärer Degeneration führt.

Ein theoretisch hochinteressantes Phänomen wurde in den letzten Jahren in mehreren Studien, insbesondere in der Framingham-Studie, beobachtet: Alzheimer- und Parkinson-Erkrankungen verringern deutlich das Krebsrisiko. Dasselbe gilt auch umgekehrt: Krebserkrankungen vermindern das Risiko, an Morbus Alzheimer zu erkranken (Driver

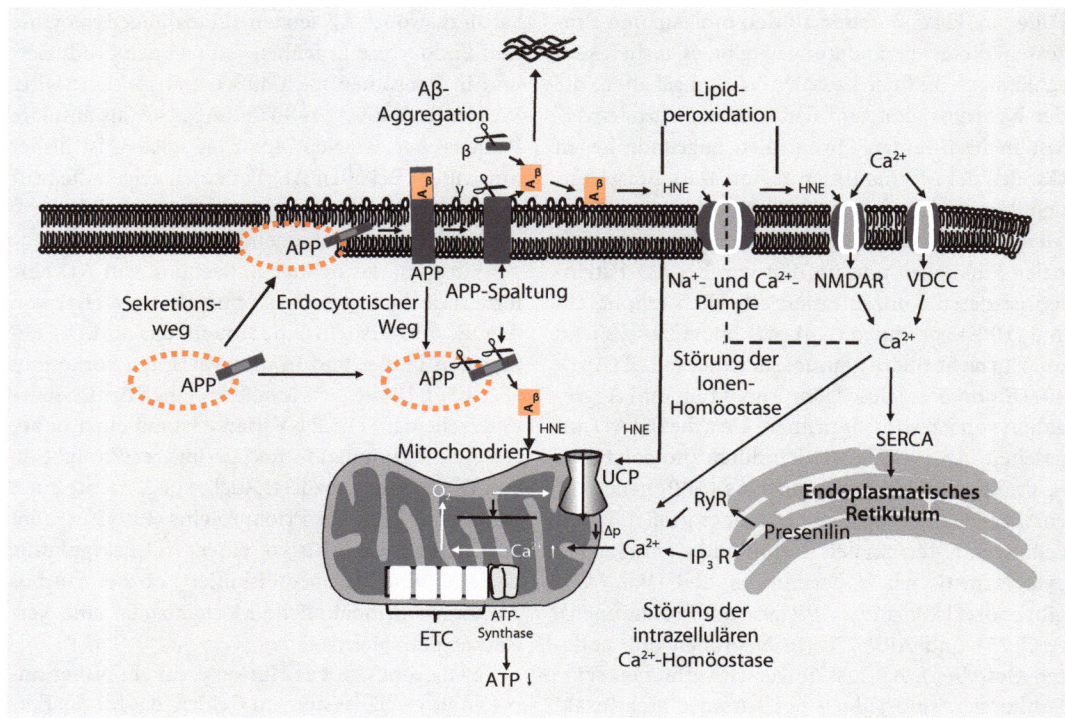

□ Abb. 12.8   Modell der Neurodegeneration bei der Alzheimer-Krankheit. Sequenzielle Spaltung des integralen Memb-
ranproteins APP durch die β-Sekretase (β) und γ-Sekretase (γ) ergeben Amyloid β-Peptide (Aβ). Aβ kann mit Fe^{2+} und Ca^{2+}
interagieren und H_2O_2 und HO-Radikale erzeugen, die wiederum Lipidperoxidationen in der Membran verursachen. Das bewirkt
eine Produktion von toxischen Aldehyden (NHE), die die Funktion von membrangebundenen Ionenpumpen für Na^+- und
Ca^{2+}-ATPasen beeinträchtigen. Das hat eine Depolarisierung der Membran zur Folge, Glutamatrezeptorkanäle (NMDAR) und
spannungsabhängige Ca^{2+}-Kanäle (VDCC) werden geöffnet, sodass ein toxischer Ca^{2+}-Anstieg im Cytoplasma stattfindet. Aβ
kann auch auf Mitochondrien wirken – direkt oder indirekt durch erhöhtes Ca^{2+} oder oxidativen Stress und damit eine Verringerung auch der ATP-Produktion verursachen. Studien haben eine Rolle von Präsenilin (PS) als Ca^{2+}-Kanal im endoplasmatischen
Retikulum gezeigt, dessen Funktion bei familiärer AD gestört ist und dort zu einer überhöhten Ca^{2+}-Konzentration führt (erhöhte Ca^{2+}-Ausschüttung auch bei Zugabe von Ryanodin (RyR) und Inositoltriphosphat (IP_3) durch Rezeptorkanäle). Mitochondriale Entkopplerproteine (UCP) könnten das H^+-Membranpotenzial der Mitochondrien und damit die Superoxidanion-($\cdot O_2^-$)
Produktion senken und vielleicht die Ca^{2+}-Aufnahme reduzieren. *ETC* Elektronentransportkette, *HNE* Hydroxynonenal, *SERCA*
sarkoplasmatisches/endoplasmatisches Retikulum-ATPase, *NMDAR* N-Methyl-ᴅ-Aspartatrezeptor. (Nach Chan et al. 2010)

et al. 2012). Wie lässt sich das erklären? Anscheinend handelt es sich um individuell unterschiedliche Verschiebungen im Gleichgewicht zwischen
der Proliferationskapazität von Zellen einerseits –
was bei einer Verstärkung das Krebsrisiko erhöht –
und einer stärkeren Tendenz zum programmierten
Zelltod (Apoptose) andererseits, was das Risiko erhöht, an AD oder PD zu erkranken. Dieses Gleichgewicht wird durch zahlreiche Faktoren genetisch,
umwelt- und altersabhängig verändert. Ein wesentlicher Faktor dabei ist Pin-1 (Peptidyl-Propyl-*cis-
trans*-Isomerase), ein Enzym, das bei AD (durch

Aβ) stärker oxidiert und dadurch inhibiert wird
(Robinson et al. 2011). Dadurch wird die Apoptose
stimuliert, während eine Überexpression von Pin-
1, wie sie in Krebszellen beobachtet wird, die Proliferation verstärkt (Ding et al. 2008).

12.3.3.2 Medizinische Aspekte der Alzheimer-Krankheit

■ **Diagnostische Verfahren**
Die Alzheimer-Krankheit ist in den Anfangssta-
dien bisher schwer von den weiter oben dargestell-

ten altersabhängigen Beeinträchtigungen (**senile Demenz**) zu unterscheiden. Zunächst sind es meist Beobachtungen aus der näheren Umgebung der Betroffenen – Familie, Freunde – die Anzeichen von AD registrieren und dann auch medizinischen Rat einholen. Hilfreich dabei sind sieben Warnzeichen, die das amerikanische National Institute of Aging formuliert hat (http.//www.nia.nih.gov./Alzheimer/Publications/sevensigns.htm):

1. Der Erkrankte wiederholt immer wieder die gleiche Frage.
2. Der Erkrankte erzählt immer wieder die gleiche kurze Geschichte.
3. Der Erkrankte weiß nicht mehr, wie bestimmte alltägliche Verrichtungen wie Kochen, Kartenspiel, Handhabung der TV-Fernbedienung funktionieren.
4. Der Erkrankte hat den sicheren Umgang mit Geld, Überweisungen, Rechnungen und Ähnlichem verloren.
5. Der Erkrankte findet viele Gegenstände nicht mehr oder er legt sie an ungewöhnliche Plätze (unabsichtliches Verstecken) und verdächtigt andere Personen, den vermissten Gegenstand weggenommen zu haben.
6. Der Erkrankte vernachlässigt anhaltend sein Äußeres, bestreitet dies aber.
7. Der Erkrankte antwortet auf Fragen, indem er die ihm gestellte Frage wiederholt.

Der Verlauf von AD wird in unterschiedlich fortgeschrittene Stadien unterteilt, in denen jeweils besondere Einschränkungen im Vordergrund stehen.

Prädemenzstadium Einige Jahre vor einer sicheren AD-Diagnose sind geringe Beeinträchtigungen in neuropsychologischen Tests nachweisbar: Probleme mit dem Kurzzeitgedächtnis und Aufnahme neuer Informationen, mit dem Sprachverständnis und mit Befindlichkeitsstörungen (Twamley et al. 2006).

Früh- und Mittelstadium Defizite beim Lernen und bei Gedächtnisleistungen (Becker und Overman 2002), Sprachvermögen und Feinmotorik. Dabei sind einige Patienten noch in der Lage, ihren Alltag selbständig oder mit Unterstützung zu gestalten.

Fortgeschrittenes Stadium Patienten verlernen altbekannte Fähigkeiten und erkennen nahestehende Personen und altbekannte Gegenstände nicht mehr. Unbegründete Aggressionen, Abnahme von Selbstreflexion, Abnahme von Muskulatur und Motorik bis zur Bettlägerigkeit, Sprachprobleme, Unterstützungsbedarf bei fast allen Funktionen (Mucke 2009). Der Tod tritt durch Sekundärkomplikationen der Erkrankungen wie Stürze oder Pneumonien im Rahmen der Immobilität ein.

■ Therapeutische Ansätze

Bisher gibt es keine Therapien, die AD heilen könnten, weil der pathogene Mechanismus nicht genau bekannt ist. Es sind Therapien entwickelt worden, die die Symptome etwas abmildern sollen, wie **Acetylcholinesterase-Hemmer** (z. B. Galantamin), die die Verringerung von Acetylcholin in bestimmten Hirnregionen aufhalten sollen. Bisher ist der Erfolg dieser Therapie jedoch noch umstritten (Kaduszkiewicz et al. 2005). Auch ein NMDA (*N*-Methyl-D-Aspartat)-Rezeptorantagonist wurde europaweit zugelassen (Memantin), der die gestörte – vermutlich über extrasynaptische NMDA-Rezeptoren laufende – glutamaterge Signaltransduktion stabilisieren soll. Doch auch dabei sind die kognitiven Verbesserungen eher leichter oder moderater Art. Dasselbe gilt auch für die Behandlung mit Ibuprofen und anderen nichtsteroidalen Entzündungshemmern (Sastre et al. 2006)), für die aber kein eindeutiger Wirknachweis und keine Zulassung besteht. Eine Metaanalyse der Studienergebnisse zur Wirkung von *Ginkgo biloba*-Präparaten kam zu dem Schluss, dass sie nicht überzeugend sind (De Kosky 2006). Eine danach veröffentliche Metaanalyse zeigte dagegen wieder Effekte (Weinmann 2010).

Gegenwärtig werden vor allem **Anti-Aβ-Strategien** verfolgt – entweder durch Hemmung der Sekretase oder durch Immuntherapien. Im Falle von γ-Sekretase-Inhibition muss dabei vor allem darauf geachtet werden, dass andere Funktionen der γ-Sekretase wie z. B. die Spaltung von Notch und anderen Oberflächenrezeptoren nicht gestört wird. Vielversprechender ist daher wahrscheinlich die Hemmung der β-Sekretase (Übersicht: Bali et al. 2010, Terry et al. 2011). In Tiermodellen hat eine Behandlung mit BDNF (*brain-derived neuro-*

trophic factor) die Entwicklung von AD verzögert (Nagahara et al. 2009). Auch Noradrenalin-Wiederaufnahmehemmer wurden getestet (Übersicht: Stranahan und Mattson 2012).

Zurzeit wird intensiv an der Identifizierung und Nutzung von **Biomarkern für AD** gearbeitet, die eine AD-Diagnose absichern oder frühzeitig zulassen. So können z. B. in der cerebrospinalen Flüssigkeit β-Amyloid (Aβ) (1–42), das Tau-Protein und phospho-Tau 181 mithilfe von ELISA gemessen werden. Aβ nimmt in AD-Patienten ab, Tau und phospho-Tau 181 signifikant zu (Übersicht: Rossum et al. 2010, Humpel 2011). Auch die Zunahme von proinflammatorischen Cytokinen, Chemokinen, Wachstumsfaktoren und Bindungsproteinen im Plasma könnte die Diagnose von AD unterstützen (Ray 2007).

Neuerdings werden auch bildgebende Substanzen für PET (Positronen-Emission-Tomographie) wie das *Pittsburgh compound* B (PiB) verwandt, um das fibrilläre β-Amyloid (Aβ) im Gehirn *in vivo* zu messen und mögliche Diagnosen daraus abzuleiten – obschon 30–50 % der nicht dementen alten Menschen verschiedene, aber messbare Aβ-Aggregate zeigen (Resnick und Sojkova 2011). Eine Computeranalyse von MRT(Magnetresonanz-Tomographie)-Gehirnscans soll ebenfalls diagnostisch hilfreich sein.

▪ **Vorbeugende Maßnahmen**

Vorbeugende Maßnahmen gegen Beeinträchtigungen der kognitiven Leistungen bestehen vor allem in der Aktivierung von Neuronen – sei es durch kognitive oder motorische Beanspruchung – was einem leichten Stress entspricht (Hormesis). Die dadurch bewirkte erhöhte Ausschüttung von Neurotransmittern, vor allem von Noradrenalin (auch von Acetylcholin), Glutamat oder BDNF induziert über unterschiedliche Signalketten (Adenylat-Cyclase, Calcium/Calmodulin-abhängige Kinase oder *extracellular-regulated kinase* (ERK)) die Aktivität von CREB (*cAMP-responsive element binding protein*), das wiederum die Expression zahlreicher Gene erhöht. Deren Proteine sichern das Überleben der Zellen (Übersicht: Stranahan und Mattson 2012). Vorbeugende Maßnahmen bestehen auch in der Auswahl der Nahrungsstoffe. Dabei handelt es sich hauptsächlich um Substanzen, die antioxidativ

wirken – ähnlich denjenigen, die zur Krebsprävention empfohlen werden (▶ Kap. 14). Sie verringern das Risiko von ROS-induzierten Schäden, die im Fall von Neuronen zur Apoptose führen können (Übersicht: Stranahan und Mattson 2012). Ungesättigte Fettsäuren, B-Vitamine und Folsäure (Kruman et al. 2002) können sich auch hier positiv bemerkbar machen. Eine Östrogensubstitution kurz nach der Menopause scheint bei Frauen ebenfalls den Beginn von Morbus Alzheimer zu verzögern (Morrison und Baxter 2012). Bluthochdruck, hohe Cholesterinwerte, Diabetes, Insulinresistenz sowie Rauchen gelten als Risikofaktoren.

12.3.4 Weitere altersabhängige neurodegenerative Erkrankungen

Es gibt eine Reihe von neurodegenerativen Erkrankungen, die mit dem Alter zunehmen, die wir hier nur kurz erwähnen können: **amyotrophe Lateralsklerose (ALS)** und **frontotemporale Demenz**, deren Entwicklung mit dem Kernprotein TAR-DNA-Bindungsprotein 43 (TDP-43) zusammenhängt (Übersicht: Chen-Plotkin 2010). Die **Demenz mit Lewy-Körperchen (DLB)**, **vasculäre Demenz (VaD)** und **Creutzfeld-Jacob-Erkrankung (CJD)**, sind u. a. auch durch den Gehalt an Tauprotein gekennzeichnet (Übersicht: Harten et al. 2011). Außerdem gibt es eine fortschreitende Lähmung der langen motorischen Neurone, die das Gehen behindert (**HSP – heriditäre spastische Paralyse**). Wegen der geringen Fallzahlen dieser Erkrankungen wird oft (zu) wenig in die Erforschung von Therapieansätzen investiert.

12.4 Zusammenfassung

Kognitive und motorische Leistungsminderungen von Hirnregionen im Alter gehören zu den gravierendsten Einschränkungen der Lebensqualität. Die zellulären und molekularen Mechanismen, die zu den Leistungsminderungen führen, und die möglichen vorbeugenden Maßnahmen werden daher intensiv untersucht. Wesentliche Faktoren für die altersbedingten Leistungsverluste sind:

- zunehmende zelluläre und molekulare Schäden (DNA, Proteine, Lipide, Mitochondrien),
- altersabhängige Veränderungen der Genexpression z. B. bei Langlebigkeitsgenen wie Klotho und ihren Polymorphismen,
- Veränderungen von Wachstumsfaktoren wie BDNF (*brain-derived neurotrophic factor*) und Hormonen wie Östrogen, Vitamin D u. a.,
- dadurch bedingte strukturelle Veränderungen von Neuronen wie eine verringerte Zahl von Dendriten und Synapsen sowie Zellverluste durch Apoptose.

Altersbedingte strukturelle Veränderungen sind an der Abnahme von grauer und weißer Substanz sowie von synaptischen Verbindungen zu erkennen, ebenso an der Zunahme von Amyloid β(Aβ)-Proteinen. Funktionelle Veränderungen betreffen eine Reihe von kognitiven und motorischen Funktionen wie die Geschwindigkeiten von Wahrnehmungen, von Reaktionen, Entscheidungen, von Orientierung, Wortfindung, Sprache und von motorischen Abläufen sowie die verringerte Kapazität und Abrufbarkeit von Gedächtnisinhalten. Eine Aktivierung dieser Leistungsbereiche wird daher als vorbeugende Maßnahme empfohlen. Auch eine Veränderung des Schlaf-Wach-Verhaltens gehört mit zu den »normalen« Alterungserscheinungen, während Depressionen eher durch die veränderten Lebensbedingungen (Altersheim, Pflege) zunehmen.

Eine gravierende Alterskrankheit ist die Alzheimer-Krankheit (AD), die sich in allgemein zunehmender Demenz und Gedächtnisverlust bemerkbar macht und die bisher nicht heilbar ist. Dagegen lässt sich die Parkinson-Krankheit (PD) durch die Gabe von DOPA, einer Vorläufersubstanz von Dopamin, deutlich verzögern.

Literatur

Arking R (1991) Biology of aging; observations and principles. Prentice Hall, Englewood Cliffs

Bali J, Halima SB, Felmy B, Goodger Z, Zurbriggen S, Rajendran L (2010) Cellular basis of Alzheimer's disease. Ann Indian Acad Neurol 13(Suppl 2):89–93

Becker JT, Overman AA (2002) The semantic memory deficit in Alzheimer's disease. Rev Neurol 35:777–783

Cajochen C, Münch M, Knoblauch V, Blatter K, Wirz-Justice A (2006) Age-related changes in the circadian and homeostatic regulation of human sleep. Chronobiol Int 23:461–474

Chan SL, Wei Z, Chigurupati S, Tu W (2010) Compromised respiratory adaptation and thermoregulation in aging and age-related diseases. Ageing Res Rev 9:20–40

Chen-Plotkin AS, Lee VM, Trojanowski JQ (2010) TAR DNA-binding protein 43 in neurodegenerative disease. Nat Rev Neurol 6:211–220

Conde JR, Streit WJ (2006) Microglia in the aging brain. J Neuropathol Exp Neurol 65:199–203

Davidson PS, Cook AP, Glisky EL (2006) Flashbulb memories for September 11th are preserved in older adults. Neuropsychol Dev Cogn B Aging Neuropsychol Cogn 13:196–206

De Kosky ST, Fitzpatrick A, Ives DG, Saxton J et al (2006) The Ginkgo evaluation of memory (GEM) study: design and baseline data of a randomized trial of *Ginkgo biloba* extract in prevention of dementia. Contemp Clin Trials 27:238–253

Dickstein DL, Kabaso D, Rocher AB, Luebke JI et al (2007) Changes in the structural complexity of the aged brain. Aging Cell 6:275–284

Ding Q, Huo L, Yang JY, Xia W et al (2008) Down-regulation of myeloid cell leukemia-1 through inhibiting Erk/Pin 1 pathway by sorafenib facilitates chemosensitization in breast cancer. Cancer Res 68:6109–6117

Driver JA, Beiser A, Au R, Kreger BE et al (2012) Inverse association between cancer and Alzheimer's disease: results from the Framingham Heart Study. BMJ 344:e442

Duan H, Wearne SI, Rocher AB, Macedo A et al (2003) Age-related dendrite and spine changes in corticocortically projecting neurons in macaque monkeys. Cereb Cortex 13:950–961

Dunlap JC, Loros JJ, Colot HV, Mehra A et al (2007) A circadian clock in *Neurospora*: how genes and proteins cooperate to produce a sustained, entrainable, and compensated biological oscillator with a period of about a day. Cold Spring Harb Symp Quant Biol 72:57–68

Eller M, Williams DR (2011) Review: α-Synuclein in Parkinson disease and other neurodegenerative disorders. Clin Chem Lab Med 49:403–408

Erraji-Benchekroun L, Underwood MD, Arango V, Galfalvy H et al (2005) Molecular aging in human prefrontal cortex is selective and continuous throughout adult life. Biol Psychiatry 57:549–558

Fjell AM, Walhovd KB (2010) Structural brain changes in aging: courses, causes and cognitive consequences. Rev Neurosci 21:187–221

Fuchs GA (2002) Die Parkinson'sche Krankheit: Ursachen und Behandlungsformen. C. H. Beck, München

Glisky EL (2007) Changes in cognitive function in human aging. In: Riddle DR (ed) Brain aging: models, methods, and mechanisms. CRC, Boca Raton

Glorioso C, Sibille E (2011) Between destiny and disease: Genetics and molecular pathways of human central nervous system aging. Progress in Neurobiol 93:165–181

Glorioso CA, Sunghee Oh, Douillard GG, Sibille E (2011) Brain molecular aging, promotion of neurological disease and modulation by Sirtuin 5 longevity gene polymorphism. Neurobiol Dis 41:279–290

Good CD, Johnsrude IS, Ashburner J, Henson RN et al (2001) A voxel-based morphometric study of ageing in 465 normal adult human brains. Neuroimage 14:21–36

Govoni S, Amadio M, Battaini F, Pascale A (2010) Senescence of the brain: focus on cognitive kinases. Curr Pharm Des 16:660–671

Grady CJ (2008) Cognitive Neuroscience of aging. Ann NY Acad Sci 1124:127–144

Green BH, Copeland JR, Dewey ME, Sharma V et al (1992) Risk factors for depression in elderly people: a prospective study. Acta Psychiatr Scand 86:213–217

Harten AC van, Kester MI, Visser PJ, Blankenstein MA, Pijnenburg YA, Flier WM van der, Scheltens P (2011) Tau and p-tau as CSF biomarkers in dementia: a meta-analysis. Clin Chem Lab Med 49:353–366

Holowatz LA, Kenney WL (2010) Peripheral mechanisms of thermoregulation control of skin blood flow in aged humans. J Appl Physiol 109:1538–1544

Humpel C (2011) Identifying and validating biomarkers for Alzheimer's disease. Trends Biotechnol 29:26–32

Iliff JJ, Wang M, Liao Y, Plogg BA (2012) A paravascular pathway facilitates CSF flow through the brain parenchyma and the clearance of interstitial solutes, including Amyloid β. Sci Transl Med 4:147ra111

Jellinger KA (2009) A critical evaluation of current staging of alpha-synuclein pathology in Lewy body disorders. Biochim Biophys Acta 1792:730–740

Kaduszkiewicz H, Zimmermann T, Beck-Bornholdt HP, Bussche van den H (2005) Cholinesterase inhibitors for patients with Alzheimer's disease: systematic review of randomized clinical trials. BMJ 331:321–327

Kandel E, Schwartz J, Jessel TM (2000) The Principles of neural science, 4. Aufl. McGraw-Hill, New York

Kleinschnitz C, Grund H, Wingler K, Armitage ME et al (2010) Post-stroke inhibition of induced NADPH oxidase type 4 prevents oxidative stress and neurodegeneration. PLoS Biol 8(9) pii:e1000479

Kruman JJ, Kumaravel TS, Lohani A et al (2002) Folic acid deficiency and homocystein impair DNA repair in hippocampal neurons and sensitize them to amyloid toxicity in experimental models of Alzheimer's disease. J Neurosci 22:1752–1762

Mattson MP (2008) Glutamate and neurotrophic factors in neuronal plasticity and disease. Ann NY Acad Sci 1144:97–112

Mattson MP, Maudsley S, Martin B (2004) A neural signaling triumvirate that influences ageing and age-related disease: insulin/IGF-1, BDNF and serotonin. Ageing Res Rev 3:445–464

McKeith IG, Galasko D, Kosaka K, Perry EK et al (1996) Consensus guidelines for the clinical and pathologic diagnosis of dementia with Lewy bodies (DLB): report of the consortium on DLB international workshop. Neurology 47:1113–1124

Morrison JH, Baxter MG (2012) The ageing cortical synapse: hallmarks and implications for cognitive decline. Nature Reviews Neuroscience 13:240–250

Mucke L (2009) Neuroscience: Alzheimer's disease. Nature 461:895–897

Nagahara AH, Merrill DA, Coppola G, Tsukada S (2009) Neuroprotective effects of brain-derived neurotrophic factor in rodent and primate models. Nat Med 15:331–337

Nixon RA, Yang DS (2011) Autophagy failure in Alzheimer's disease - locating the primary defect. Neurobiol Dis 43:38–45

Nyberg L, Lövdén M, Riklund K, Lindenberger U et al (2012) Memory aging and brain maintenance. Trends Cogn Sci 16:292–305

O'Hara R, Schroder CM, Mahadevan R, Schatzburg AF et al (2007) Serotonin transporter polymorphism, memory and hippocampal volume in the elderly: association and interaction with cortisol. Mol Psychiatry 12:544–555

Pace-Schott EF, Spencer RM (2011) Age-related changes in the cognitive function of sleep. Prog Brain Res 181:75–89

Park DC, Reuter-Lorenz P (2009) The adaptive brain: aging and neurocognitive scaffolding. Ann Rev Psychol 60:173–196

Persson J, Nyberg L (2006) Altered brain activity in healthy seniors: what does it mean? Prog Brain Res 157:45–56

Peters M (2004) Klinische Entwicklungspsychologie des Alters. Vandenhoeck & Ruprecht, Göttingen

Peters A, Sethares C, Luebke JI (2008) Synapses are lost during aging in the primate prefrontal cortex. Neuroscience 152:970–981

Ray S (2007) Classification and prediction of clinical Alzheimer's diagnosis based on plasma signaling proteins. Nat Med 13:1359–1362

Reitz C, Brayne C, Mayeux R (2011) Epidemiology of Alzheimer disease. Nat Rev Neurol 7:137–152

Rensing L (1989) Chronobiologie des Alterns. Veränderungen der zeitlich-periodischen Ordnung. Z Gerontol 22:73–78

Rensing L, Koch M, Rippe B, Rippe V (2006) Mensch im Stress. Psyche, Körper, Moleküle. Spektrum/Elsevier, Heidelberg

Rensing L, Koch M, Ruoff P (2007) Molekulare Mechanismen der neuronalen und immunologischen Gedächtnisse. Naturwiss Rundschau 60:61–70

Resnick SM, Sojkova J (2011) Amyloid imaging and memory change for prediction of cognitive impairment. Alzheimers Res Ther 3:3

Reznick RM, Zong H, Li J, Morino K et al (2007) Aging-associated reduction in AMP-activated protein kinase activity and mitochondrial biogenesis. Cell Metab 5:151–156

Robinson RA, Lange MB, Sultana R, Galvan V et al (2011) Differential expression and redox proteomics analyses of an Alzheimer disease transgenic mouse model: effects of the amyloid-β peptide of amyloid precursor protein. Neuroscience 177:207–222

Rossum van IA, Voss S, Handels R, Visser PJ (2010) Biomarkers as predictors for conversion from mild cognitive impairment to Alzheimer-type dementia: implications for trial design. J Alzheimers Dis 20:881–891

12

Roth G (2009) Persönlichkeit, Entscheidung und Verhalten. Klett-Cotta, Stuttgart

Sastre M et al (2006) Non steroidal anti-inflammatory drugs repress beta-secretase gene promoter activity by the activation of PPAR gamma. Proc Natl Acad Sci USA 103:443–448

Schuurman AG, Akker van den M, Ensinck KTJL, Metsemakers JFM et al (2000) Increased risk of Parkinson's disease after depression. Neurology 58:1501–1504

Sharma S, Rakoczy S, Brown-Borg H (2010) Assessment of spatial memory in mice. Life Sci 87:521–536

Sporns O (2010) Networks of the Brain. MIT-Press, Cambridge (USA)

Stranahan AM, Mattson MP (2012) Recruiting adaptive cellular stress responses for successful brain aging. Nature Reviews Neuroscience 13:209–216

Terry AV Jr, Callahan PM, Hall B, Webster SJ (2011) Alzheimer's disease and age-related memory decline (preclinical). Pharmacol Biochem Behav 99:190–210

Tijn van P, Kamphuis W, Marlatt MW, Hol EM, Lucassen PJ (2011) Presenilin mouse and zebrafish models for dementia: focus on neurogenesis. Prog Neurobiol 93:149–164

Twamley EW, Ropacki SA, Bondi MW (2006) Neuropsychological and neuroimaging changes in preclinical Alzheimer disease. J Int Neuropsychol Soc 12:707–735

Varanese S, Birnbaum Z, Rossi R, Di Rocco A (2011) Treatment of advanced Parkinson's disease. Parkinsons Dis 2010:480260

Wang M, Gamo NJ, Yang Y, Jin LE et al (2011) Neuronal base of age-related working memory decline. Nature 476:210–213

Weinmann S, Roll S, Schwarzbach C, Vauth G et al (2010) Effects of Gingko biloba in dementia: Systematic review and metaanalysis. BMC Geriatr doi: 101186/1471-2318

Wilkins CH, Mathews J, Sheline YI (2009) Late life depression with cognitive impairment: evaluation and treatment. Clin Interv Aging 4:51–57

Yamauchi T (2005) Neuronale Ca^{2+}/Calmodulin-dependent protein kinase II – discovery, progress in a quarter of a century, and perspective: implication for learning and memory. Biol Pharm Bull 28:1342–1354

Zhang Y, Thompson R, Zhang H, Xu H (2011) APP processing in Alzheimer's disease. Mol Brain 4:3

Die Sinnesorgane

13.1 Übersicht über die Funktionen von Sinnesorganen

Sinnesorgane können aus zahlreichen Sinnes- und Strukturzellen (Auge, Ohr) oder weniger zahlreichen derartigen Zellen (Drucksensoren, Schmerzfasern) bestehen. Sie sind über Neuronen mit dem Zentralnervensystem verbunden und vermitteln Informationen über physikalische oder chemische Veränderungen in der Umwelt und aus dem Organismus selbst. Im Gehirn werden diese Informationen bewertet, zu Reaktionen und Entscheidungen genutzt und zu einem großen Teil dann entsorgt oder aber im Gedächtnis gespeichert. Die sensorischen Zellen in den Sinnesorganen sind für die Aufnahme und Verarbeitung **bestimmter Reize** (**Modalitäten**) wie Schall, Licht, chemische Substanzen oder mechanischen Druck spezialisiert. Innerhalb dieser Modalitäten gibt es wiederum bestimmte **Qualitäten**, z. B. die unterschiedlichen Frequenzen der Schall- oder Lichtwellen oder unterschiedliche Reizstärken, auf die oft verschiedene Sinneszellen reagieren. Man unterscheidet **primäre Sinneszellen**, die eine eigene afferente Faser zum Gehirn aufweisen (z. B. Geruchsorgane), von **sekundären Sinneszellen**, die über Synapsen mit afferenten Fasern verbunden sind (z. B. Schallsensoren).

Die Reaktion der Sinneszellen auf den spezifischen Reiz – bzw. dessen zeitliche Änderung – besteht in der Änderung des **Rezeptorpotenzials**, d. h. eines Membranpotenzials, das meist mit zunehmender Reizstärke depolarisiert wird. Im Falle von Licht kommt es dagegen zu einer reizstärkeabhängigen Hyperpolarisation in den Sinneszellen der Retina. Diese analogen Änderungen der Rezeptorpotenziale werden dann in **digitale Aktionspotenziale (AP)** der afferenten Nerven übertragen, deren Frequenz oder Frequenzmuster die Informationen zu anderen Neuronen in den zugeordneten Hirnregionen überträgt. In den dabei **signalübertragenden Synapsen** (▶ Kap. 12) zwischen den Neuronen werden diese AP wieder in analoge Signale – die Konzentration von Neurotransmittern – umgewandelt, die wiederum Membranpotenziale in der postsynaptischen Membran des folgenden Neurons erzeugen. Diese werden ab einer bestimmten Größe wieder in schnell fortgeleitete AP umge-

wandelt. Die Unterscheidung, welche AP-Frequenz Lichtreize oder Schallreize überträgt, erfolgt in den verschiedenen Wahrnehmungsregionen des Gehirns: Signale, die das retinotop gegliederte Corpus geniculatum laterale (CGL), weitere Zentren und die primäre bzw. sekundäre Sehrinde erreichen, bedeuten **Lichtreize**; Neuronen, die über zahlreiche Zentren die primäre Hörrinde erreichen, bedeuten **Schallreize**. Das heißt, dass die »Verkabelung« im Gehirn die Wahrnehmung der verschiedenen Modalitäten und Qualitäten sowie deren räumliche und zeitliche Eigenschaften bewerkstelligt. Auf die oft sehr komplexe Struktur und Funktionsweise der verschiedenen Sinnesorgane können wir hier nicht eingehen (Lehrbücher der Physiologie) und listen hier nur eine Auswahl von wichtigen Sinnesorganen auf, die genauer auf ihre altersabhängigen Veränderungen hin untersucht wurden (◘ Tab. 13.1).

13.2 Altersabhängige Veränderungen und Erkrankungen, molekulare Mechanismen und medizinische Aspekte

13.2.1 Optischer Sinn

Hauptgründe für visuelle Beeinträchtigungen von älteren Menschen sind außer der **Altersweitsichtigkeit** der **Katarakt**, Erkrankungen des **optischen Signalwegs** und die **Makuladegeneration** (Maberley et al. 2006).

13.2.1.1 Altersweitsichtigkeit

Altersweitsichtigkeit oder Presbyopie ist eine sehr häufige altersabhängige Veränderung. Sie entsteht durch die veränderte Brechkraft der Linse, die zwar weiter entfernte Objekte noch immer scharf auf die Retina projizieren kann, nicht jedoch nahe Objekte wie die Schrift in Büchern und Zeitungen beim Lesen. Dieser fortschreitende Verlust der **Akkommodation** (Anpassung) der Linse auf nahe Objekte hängt mit der Sklerotisierung und **verminderten Elastizität** der Linse zusammen, die sich nicht mehr so stark zusammenziehen lässt. Die Akkommodationsbreite nimmt im Laufe der Jahre von 13,5 Dioptrien (dpt) – ein Maß für diese Breite – im Alter von 10 Jahren bis auf etwa 0,25 dpt im Alter

◼ Tab. 13.1   Auswahl von wichtigen Sinnesorganen und ihrer Funktionen

Sinnesorgan	reagiert auf	vermittelte Informationen
Optischer Sinn Auge	Licht (elektromagnetische Wellen)	Lichtintensität, Farbe, räumliche Strukturen, Bewegungsgeschwindigkeit
Akustischer Sinn Ohr	Mechanische (Luftdruck-) Wellen	Schallintensität, Schallfrequenz, Tonqualitäten und -muster (Musik)
Gleichgewichtssinn inneres Ohr (Labyrinth)	Mechanischer Druck	Räumliche Lage und deren Veränderung, Beschleunigungen
Geruchssinn Nasenschleimhaut	Molekulare Eigenschaften von Substanzen	Zahlreiche Düfte und deren Intensität
Geschmackssinn Zunge	Molekulare Eigenschaften von Substanzen	Geschmacksqualitäten: salzig, sauer, bitter, süß, umami (Glutamatsensor)
Tastsinn Haut	Druck	Oberflächen-/Struktureigenschaften von Gegenständen
Schmerzsinn	Verletzungs-/entzündungsspezifische Substanzen	Verletzungen, Entzündungen

◼ Tab. 13.2   Altersbedingte Abnahme der Akkommodationsbreite und Verlängerung des Nahpunkts

Alter (Jahre)	Akkommodationsbreite (dpt)	Nahpunkt (cm)
10	13,5	7,5
20	10,0	10,0
30	7,5	13,5
40	4,5	22,0
45	3,5	28,5
50	2,5	40,0
55	1,5	66,5
60	1,0	100,0
65	0,5	200,0
70	0,25	400,0

von 70 ab – während der Nahpunkt immer weiter wegrückt (◼ Tab. 13.2). In ◼ Abb. 13.1 sind die veränderten Brennpunkte der alternden Linse dargestellt.

Die optischen Hilfsmittel sind in der Regel verschiedene Brillen – etwa mit Einfachgläsern oder mit bifokalen Teilen für Nah- und Fernobjekte, Gleitsichtbrillen – oder aber Kontaktlinsen (Übersicht: Augustin 2007).

13.2.1.2   Grauer Star

Eine ebenfalls häufige Alterserscheinung bzw. Erkrankung ist der **graue Star** oder **Katarakt**, eine Trübung der Linse, die zur Abnahme der Sehschärfe führt. Katarakte sind immer noch die Hauptursache für visuelle Beeinträchtigungen und Erblindungen in Entwicklungsländern wie Indien (Rao et al. 2010). Die Ursachen der Kataraktentwicklung sind noch nicht genau bekannt: UV-Strahlen, Diabetes mellitus und Medikamente können mit dazu beitragen.

◼ Molekulare Mechanismen

Auch wenn der genaue Mechanismus der Linsentrübung bei **Katarakt** noch nicht bekannt ist, kennt man einige wesentliche Teilprozesse: Wie so oft bei Alterungsprozessen sind ROS und die sie produzierenden Mitochondrien – hier im Linsenepithel – entscheidend beteiligt. ROS und die davon abhängige Lipidperoxidation (▶ Kap. 2) werden von Linsenepithelzellen produziert, ebenso wie die Gegenabwehr in Form von z. B SOD, Katalase, Glutathion-Peroxidase und Antioxidantien; jedoch wird der Redox-Status der Zellen während der Morphogenese und während des Alterns in Richtung auf einen mehr oxidativen Status verschoben. Daher wurden bei Patienten mit Katarakt mehr **Lipidhydroperoxide** und **Dien-Konjugate** in

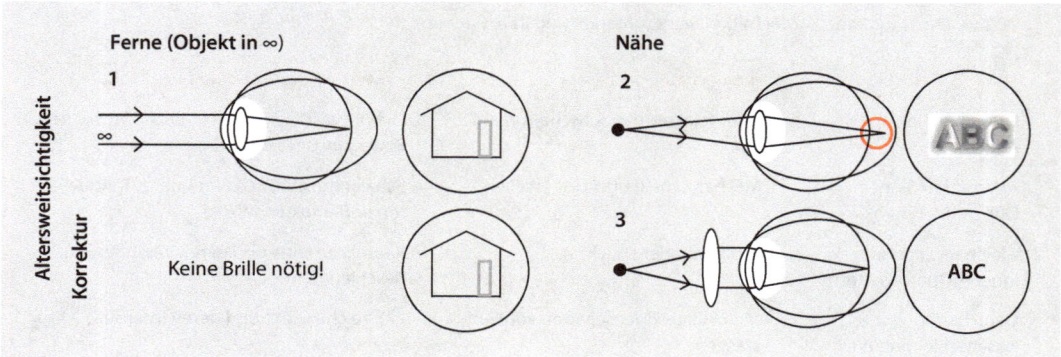

Abb. 13.1   Altersweitsichtigkeit. *1* Sicht auf entferntes Objekt, *2* Sicht auf nahes Objekt (unscharf), *3* Sicht auf nahes Objekt mit Brille (scharf). (Nach Silbernagl und Despopoulos 2001)

der Lipidfraktion von wässrigen Proben gefunden als bei normalen Kontrollen (Babizhayev 2011).

Ein weiteres Resultat des oxidativen Stresses in der Linse ist die Akkumulation von Proteinmethioninsulfoxid (PMSO, ▶ Kap. 2). Die PMSO-Konzentrationen in der Linse nehmen mit dem Alter zu, sodass in einigen Fällen 70 % der Linsenproteine als PMSO vorliegen. Die Aktivität des Enzyms, das Sulfoxid wieder von den Proteinen abspaltet (**Methioninsulfoxid-Reduktase A, MsrA**), nimmt dagegen im Alter ab. Es gibt Hinweise darauf, dass ein spezielles Enzym (*thioredoxin-like 6*, TXNL6) eine wichtige Rolle bei der MsrA-katalysierten Reparatur spielt, z. B. bei der des essenziellen Linsen-Stressproteins **α-Crystallin** (HSP) (Brennan et al. 2010).

αA- und αB-Crystalline sind Mitglieder der kleinen Hitzeschockproteine (HSP) von 15–30 kDa, auch Chaperone genannt, die in großer Menge in der Augenlinse vorkommen, aber auch in anderen Geweben wie Herz, Muskel, Niere und Gehirn. Sie verhindern u. a. die Aggregation und Falschfaltung von Proteinen. Sie verändern ihre Funktionen, wenn sie Metallionen binden, etwa Cu^{2+} und Zn^{2+}, deren Konzentrationen in der Linse – besonders bei Rauchern – mit dem Alter ansteigen (Cekic 1998). Das kann ein Grund für zunehmende Beeinträchtigungen der Chaperone sein, zumal Punktmutationen ihrer Gene zu vorzeitigem Katarakt führen können. Dies ist z. B. bei familiärem Katarakt der Fall (Singh et al. 2009). Zur Beseitigung des Katarakts wird meist die alte Linse entfernt und durch eine Kunstlinse ersetzt – oft ambulant mit lokaler Betäubung, selten unter Vollnarkose (Übersicht: Patzelt 2005). Da die eingesetzte Kunstlinse nicht akkommodieren kann, sind Brillen für bestimmte Sehbereiche notwendig. Sogenannte Multifokallinsen, die keine Brillen erforderlich machen, sind bisher umstritten bewertet.

13.2.1.3   Makuladegeneration

Eine häufige Alterskrankheit ist die altersbedingte Makuladegeneration (AMD), die meist erst nach dem 50. Lebensjahr auftritt. Die Makula ist eine zirkuläre Zone der Retina von etwa 5–6 mm Durchmesser um die Fovea, die sich in ihrer Struktur von der übrigen Retina unterscheidet (▶ Abb. 13.2). AMD ist die am weitesten verbreitete Ursache für die Erblindung von Menschen in den Industriestaaten mit einer Prävalenz von 12 % im Alter von 80 Jahren. In Deutschland schätzt man die Zahl von Menschen, die an AMD leiden, auf etwa 2 Millionen.

Etwa 80 % der Erkrankungen werden der sogenannten »trockenen« **AMD** zugeordnet, die aber nur 5–10 % der Erblindungen verursacht, während die »feuchte« (exudative) **AMD** schnell zu Leseblindheit führt. Charakteristisch für die trockene AMD sind **extrazelluläre Ablagerungen**, sogenannte Drusen, und eine **intrazelluläre Anhäufung von Lipofuscin**. Für die feuchte AMD ist die Neubildung von Blutgefäßen (choroidale Neovaskularisierung) wesentlich. Dabei wachsen aus den choroidalen Kapillaren neue Gefäße durch die

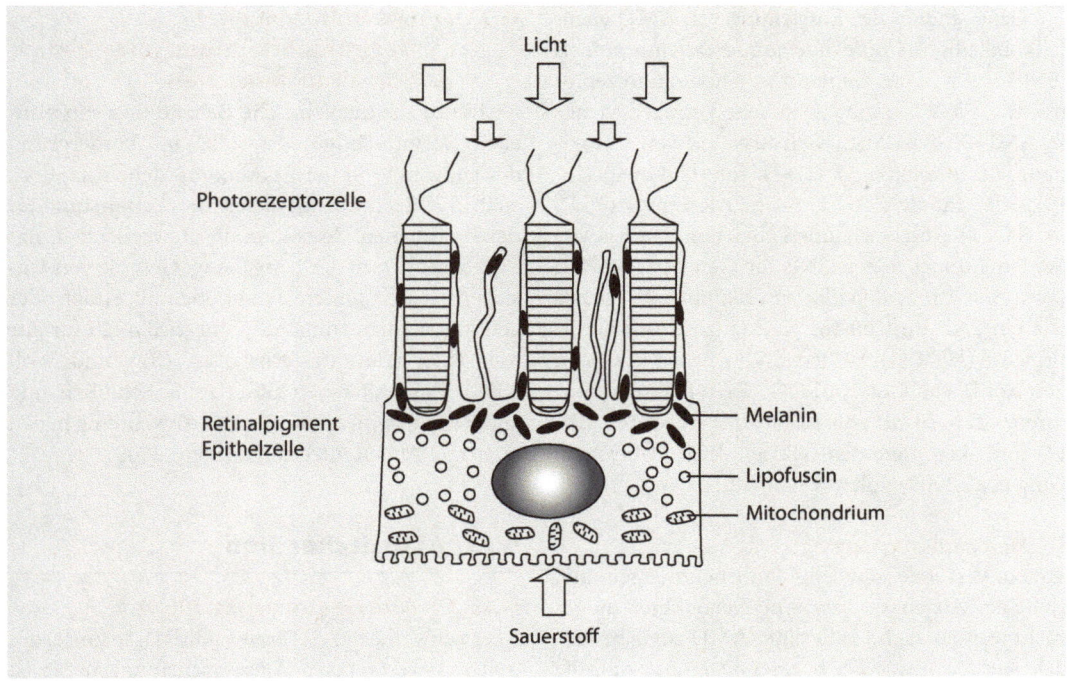

Abb. 13.2 Die Mikroumgebung des Photorezeptors. Die Mikroumgebung des Photorezeptors in Form des retinalen Pigmentepithels (RPE). Es existiert in einer hoch oxidativen Umgebung. Die retinalen Chromophoren schließen Lipofuscin, Melanin, Rhodopsin und Cytochrom-c-Oxidase ein, die eine Reihe von ROS produzieren können. Eine weitere oxidative Belastung des RPE resultiert aus der täglichen Phagocytose von äußeren Segmenten der Photorezeptoren, die vielfach ungesättigte Fettsäuren enthalten und daher hochempfindlich für ROS sind. (Nach Jarrett et al. 2008)

Basalschicht (Bruch's Membran) in das retinale Pigmentepithel (RPE) und die Retina. Das kann zu kleinen Blutungen und Entzündungen führen (Arjamaa et al. 2009). Ausgangspunkt der Erkrankung ist eine Degeneration des RPE, gefolgt vom Verlust (Apoptose) von Sinneszellen, was die Sehschärfe beeinträchtigt. Als Ursachen gelten einerseits genetische Prädispositionen, Schäden durch ROS und defekte Mitochondrien (Molekulare Mechanismen), andererseits Rauchen (Thornton et al. 2005), hoher Blutdruck sowie chronische Entzündungsprozesse, Veränderungen im Komplementsystem und in der Menge des *vascular epithelial growth factor* (VEGF).

Molekulare Mechanismen

Zur **Makuladegeneration** gibt es einige Fakten, die aber auch noch kein vollständiges Bild ihrer molekularen Entstehung liefern. Wie bei zahlreichen anderen Alterskrankheiten sind auch hier oxidative Stressoren (ROS) involviert. Diese betreffen vor allem Mitochondrien in der Makula und Defekte in deren Reparaturmechanismen (▶ Kap. 2). So entstehen Schäden, insbesondere an der mtDNA (Jarrett et al. 2008), die verglichen mit der Peripherie besonders in den RPE (*retinal pigment epithelial cells*) gehäuft sind. In den RPE-Zellen ist andererseits weniger Reparaturkapazität vorhanden – gemessen an einem Protein (OGG1), das mit der Reparatur assoziiert ist (Lin et al. 2011). Ein weiterer Prozess, der zu AMD beiträgt, ist der gestörte Abbau von Proteinen und Mitochondrien – was zu der typischen Anhäufung von **Lipofuscin** und **Drusen** beiträgt und auf einen Defekt in den Hitzeschockproteinen (z. B. HSP90) hinweist. Auch Entzündungen, Neuentstehung von Gefäßen und Sauerstoffmangel (Hypoxie) spielen bei der AMD eine Rolle (Arjamaa et al. 2009).

Gene sind an der Entstehung von AMD ebenfalls beteiligt. *Single nucleotide polymorphisms* **(SNP)**, z. B. von Genen für Chemokinrezeptoren wie CX3CR1, gibt es in sehr geringer Menge in AMD-Zellen. Auch Genvarianten von Cytokinen, wie Interleukin 8 (IL-8), Interleukin 1β (IL-1β), oder für den Toll-ähnlichen Rezeptor (TLR) (▶ Kap. 7) sind vorhanden. Bei familiärer AMD fand man auch einen SNP im Gen für ARMS 2 (*age-related maculopathy susceptibility 2*) ebenso wie ein SNP im Gen für eine Hitzeschock-Serin-Protease (HTRA1). Weitere SNP wurden in Genen von ApoE, von VEGF, ERCC6 – ein DNA-Reparaturenzym – sowie von Komplementfaktoren (BF, F1) und -komponenten (C2) entdeckt (Übersicht: Ding et al. 2009; Kokotas et al. 2011).

■ **Medizinische Aspekte**

Treten verzerrte optische Wahrnehmungen auf, sollte ein Augenarzt bzw. eine Augenklinik aufgesucht werden, da im Falle einer AMD zügig behandelt werden muss. Nach einer Diagnose mithilfe einer **Fluoreszenzangiografie** und einer optischen **Kohärenztomografie** können verschiedene Therapieansätze verwendet werden, die das Gefäßwachstum in der Retina hemmen oder bestimmte Vitamine einsetzen.

■ **Therapeutische Ansätze**

Neuere Studien (> 2008) berichten von einem verringerten AMD-Risiko nach Einnahme von Lutein/Zeaxanthin, B-Vitaminen, Zink und *docosahexaenoic acid*, jedoch von einem höheren Risiko bei Einnahme von β-Carotin und Vitamin E (Johnson 2010). Zurzeit werden Ansätze mit Hemmern des Gefäßwachstums (Anti-VEGF) klinisch erprobt. Dazu gehören z. B. Ranibizumab und Bevacizumab, die zur Behandlung von Kolon-, Mamma- und Nierentumoren entwickelt wurden (Martin et al. 2011). Bei Patienten mit der feuchten Form der AMD können Injektionen der Medikamente (Avastin, Lucentis) schon länger das Einsprossen von neuen Blutgefäßen in die Netzhaut verhindern.

13.2.1.4 Die Rolle visueller Beeinträchtigungen im Leben von alten Menschen

Nicht nur die medizinische Behandlung von visuellen Beeinträchtigungen sollte im Vordergrund des Umgangs mit der Erkrankung stehen, sondern auch die Beeinträchtigungen der **Lebensqualität** der Betroffenen. So sollten die Beweglichkeit, das Zurechtfinden in der Umgebung, Gefühle von Unsicherheit und andere Funktionen abgefragt oder getestet werden, zumal das Sturzrisiko ein für alte Menschen relevantes Risiko ist (Ray und Wolf 2008). Eine Altersbetreuung sollte Sehhilfen und andere Sehprothesen und deren Anwendung in den täglichen Ablauf integrieren (Lepri 2009).

13.2.2 Akustischer Sinn

13.2.2.1 Altersschwerhörigkeit

Altersschwerhörigkeit (Presbyakusis) ist eine der am weitesten verbreiteten Alterserscheinungen; sie ist gekennzeichnet durch eine **angehobene Hörschwelle,** besonders bei hohen Frequenzen, und durch ein **erschwertes Sprachverstehen** bei Umgebungsgeräuschen. Sie geht wesentlich auf Schädigungen des peripheren auditorischen Systems zurück; die wichtigen Komponenten sind: Haarzellen als Rezeptoren im Corti-Organ, Spiralganglien-Neuronen (SGN) sowie Stria-vascularis-Zellen im inneren Ohr. Schädigung oder Verlust dieser Zellen führt zu Beeinträchtigung des Hörvermögens bis hin zu Taubheit. Nach einer Schätzung der WHO (2005) sind etwa 278 Millionen Menschen weltweit davon betroffen. Die Schwerhörigkeit nimmt mit dem Alter deutlich zu: Etwa 30 % der über 65-Jährigen leiden unter Hörverlusten, während es bei über 75-Jährigen schon 40–50 % sind (Natalizia et al. 2010).

Die Cochlea von Säugetieren und Mensch ist ein schneckenartig gewundenes Sinnesorgan, das im Inneren das Corti-Organ als langes dünnes Band von Sinneszellen enthält. Diese Sinneszellen übersetzen Schallwellen in neuronale Signale, indem ihre apikalen Stereocilien (»Haare«) je nach Wellenfrequenz verbogen werden. Die **Biegung der Cilien** wird über Signale durch die Zellen zu den Synapsen an der Basis der Zellen und von dort auf die auditorischen Nerven übertragen. Es gibt vier Reihen von Haarzellen im Corti-Organ: eine Reihe von inneren Haarzellen und drei Reihen von äußeren Haarzellen. Die inneren Haarzellen sind in Kontakt mit über 95 % der afferenten auditorischen Nerven, d. h. sie sind für fast alle Signale von der Cochlea zum Gehirn verantwortlich. Die äußeren Haarzellen kommunizieren dagegen nur mit 5 % der afferenten Nerven, sind aber mit einer großen Anzahl von efferenten Fasern verbunden, die wahrscheinlich Komponenten der Feineinstellung sind. Damit kann wahrscheinlich die Aufmerksamkeit auf bestimmte wichtige Signale in einer geräuschvollen Umgebung gelenkt werden. Die vier Reihen von Haarzellen in der Cochlea sind so organisiert, dass die hohen Frequenzen an der Basis wahrgenommen werden und die niedrigen Frequenzen in mehr apikalen Bereichen – in sequenzieller Anordnung wie bei einem Piano.

Die Haarzellen sind umgeben von **Stützzellen**, die sie physikalisch stützen und mit Wachstumsfaktoren und Nährstoffen versorgen. Außerdem entsorgen sie überschüssiges Kalium, das in den Haarzellen bei der Signaltransduktion gebildet wird. Die Stützzellen bewerkstelligen dies über eine Reihe von *gap junctions*, die sie mit Zellen in der seitlichen Wand der Cochlea verbinden. Wenn diese *gap junctions* aufgrund einer Mutation des Connexin-26-Gens nicht richtig funktionieren, kommt es zum nichtsyndromischen genetischen Hörverlust (Cotanche 2008).

- **Molekulare Mechanismen**

Die Kausalkette, die zur Altersschwerhörigkeit führt, ist nur in Teilen bekannt. Ein wichtiger Anteil besteht aus langfristigen Schäden der Mitochondrien in verschiedenen Strukturen der **Cochlea (Haarzellen, Stria vascularis, SGN)**, die sich u. a. in einer erhöhten Produktion von ROS und daraus resultierenden Schäden bemerkbar machen. Diese Schäden führen wiederum zur Apoptose von Zellen (◨ Abb. 13.3 und ▶ Kap. 2). Es gibt einerseits vererbbare Punktmutationen, die Taubheit zur Folge haben können wie **MELAS** (*mitochondrial encephalopathy, lactic acidosis and stroke-like episodes*)

und **MERF** (*myoclonic epilepsy, ataxia and deafness*). Auf der anderen Seite gibt es spontane Mutationen in der mtDNA – hauptsächlich durch ROS – die an sogenannten *hot spots* der DNA gehäuft auftreten. Durch *clonal expansion* bei der Vermehrung der mtDNA kann es dazu kommen, dass sich mutierte und normale DNA trennen und homogene Klone von Mitochondrien mit mutierter und normaler DNA bilden. Auch eine mutierte mtDNA ist besonders häufig im Alter: die **common aging deletion**, eine 4977 Bp lange Deletion (▶ Abb. 2.4b).

Warum Haarzellen und zugehörige Nervenzellen besonders von solchen oxidativen Schäden betroffen sind – ob sie beispielsweise einen besonders hohen Energiestoffwechsel haben – ist nicht bekannt (Übersicht: Pickles 2004). Diese Schäden bewirken die Induktion der Apoptose – anscheinend über eine Aktivierung von Bak und p53 (Someya und Prolla 2010), aber auch über eine Aktivierung der *c-Jun-terminal kinase* (JNK), ein Mitglied der Familie der MAP-Kinasen. Blockierung von JNK verhinderte bei Corti-Organkulturen von Mäusen die Apoptose nach Zugabe von ototoxischen Substanzen wie Aminoglykosiden oder Exposition von Lärm (Wang et al. 2003).

- **Medizinische Aspekte**

Vorbeugende Maßnahmen

Da endogene und exogene Faktoren einen Einfluss auf die Entwicklung der Altersschwerhörigkeit haben, kann man über diese Faktoren auf ihre Entwicklung einwirken. So kann die rechtzeitige Behandlung von arterieller Hypertonie und Diabetes mellitus die Altersschwerhörigkeit verzögern.

Vermeidet man die Aufnahme **ototoxischer Substanzen** wie **Aminoglykoside** in **Antibiotika,** so lassen sich Schäden an den Haarzellen verhindern, die sonst über eine dann erhöhte Produktion von ROS verursacht würden. Diese Schäden durch Aminoglykoside nehmen mit zunehmender Dosierung von der Basis bis zum Apex der Cochlea zu (◨ Abb. 13.3). Dabei werden die Zellen durch Apoptose irreversibel zerstört. Durch **Lärmbelästigung** (etwa >65 dB) werden diejenigen Teile des Corti-Organs irreversibel geschädigt, die durch die jeweiligen Frequenzen aktiviert wurden.

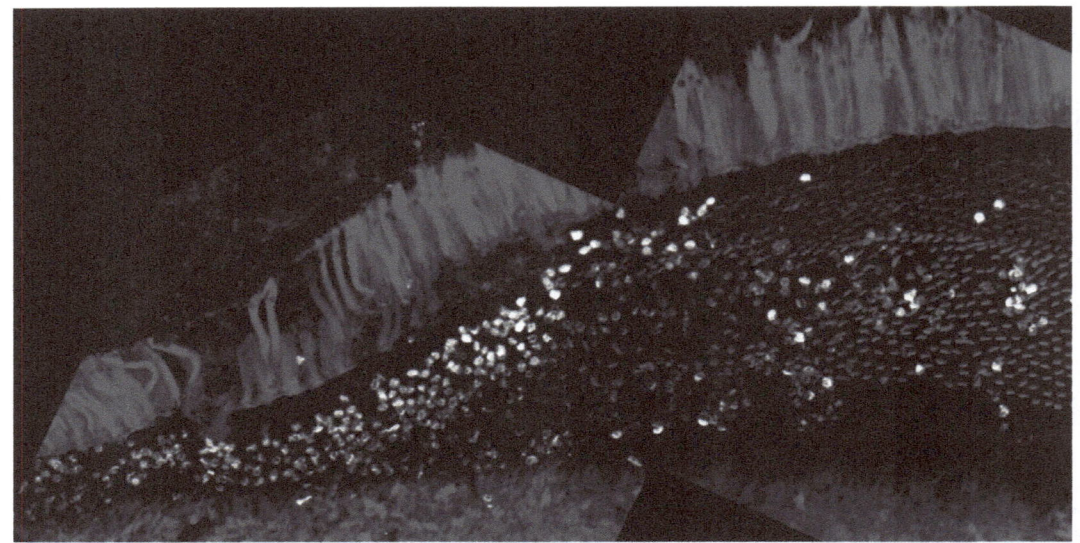

■ **Abb. 13.3** Apoptose in Haarzellen. Konfokale Aufnahme der proximalen Region der Cochlea für die Wahrnehmung hochfrequenter Schallwellen (Cochlea eines Huhns). Aufgenommen 72 h nach Behandlung mit Gentamycin, das die Apoptose induziert (als Beispiel für altersabhängige bzw. ototoxische Apoptosen). Die apoptotischen Zellen enthalten aktivierte Caspase 3 (weiß). Die überlebenden Haarzellen und andere Zelltypen sind mit Phalloidin (rot) gefärbt, um die Actinfilamente zu markieren. (Aus Cotanche 2008)

■ **Diagnostische Verfahren**

Das Hörvermögen wird mit dem **Audiometer** erfasst. Dabei werden dem Patienten Schalle unterschiedlicher Frequenz sowohl über Luftleitung wie über Knochenleitung vorgegeben. Der Schalldruck liegt zu Anfang unter der Hörschwelle und wird so lange erhöht, bis der Patient etwas hört (**Schwellenaudiogramm**). Sind dazu lautere Töne notwendig als normal, handelt es sich um einen Hörverlust. Ein Jugendlicher hört Schall bei Frequenzen zwischen 16 und 20.000 Hz. Im Alter kann die obere Hörgrenze auf 500 Hz absinken. Ein weiterer Hinweis auf die Altersschwerhörigkeit ist das erschwerte Sprachverstehen bei Umgebungsgeräuschen.

■ **Therapeutische Ansätze**

Die zurzeit meist eingesetzte Therapie bei Altersschwerhörigkeit sind Hörgeräte (Übersicht: Mazurek et al. 2008). Pharmakologische und gentherapeutische Ansätze sowie Stammzelltransplantationen werden zurzeit in Tierversuchen und klinischen Tests analysiert (Übersichten: Gao 1998; Cotanche 2008), die jedoch noch nicht zu etablierten Behandlungsmethoden geführt haben. Pharmako-

logische Ansätze betreffen z. B. die Beeinflussung der Regenerationsunfähigkeit der Haarzellen sowie der Überlebensdauer von Haarzellen, Stützzellen und SGN. Eine Behandlung von Meerschweinchen mit einer Kombination von einem Aminoglykosid (Kanamycin oder Amikacin) und einem diuretischen Medikament (Ethacrinsäure) zerstört alle Haarzellen und fast alle SGN in der Cochlea. Gleichzeitige Behandlung mit *brain-derived neurotrophic growth factor* (BDNF) oder Neurotrophin 3 (NT3) und einer Reihe weiterer **Neurotrophine** und Wachstumsfaktoren milderten den Verlust von SGN deutlich. Die Anwendung von **Wachstumsfaktoren** zur Regeneration von Haarzellen führte jedoch nicht zu eindeutigen Erfolgen. Die Regenerationsblockade von Haarzellen liegt anscheinend an der Aktivierung von proliferationshemmenden Genen wie z. B. Tumorsuppressorgenen wie p53, p19, p21. Deren Ausschaltung führte zu erneuter Proliferation, was jedoch das Tumorrisiko erhöht. Auch die Blockierung von apoptotischen Prozessen wurde mit Erfolg getestet – ebenso wie Stammzelltransplantationen oder implantierte Mikroprozessoren. Auch die Prävention von ROS und oxidativem Stress durch α-Liponsäure, Coenzym Q_{10} und N-Acetyl-L-Cystein (NAC) führte bei Mäusen zu signifikant erniedrigten Schwellenwerten bei höheren Frequenzen (Someya und Prolla 2010).

13.2.3 Geruchs- und Geschmackssinn

Geruchs- und Geschmacksstörungen nehmen mit dem Alter zu. Vor allem Geruchsstörungen kommen häufig bei neurodegenerativen Veränderungen vor, besonders bei idiopathischer Parkinson- und Alzheimer-Erkrankung, Veränderungen, die oft nicht erkannt werden. Die altersabhängigen Störungen sind vermutlich auf Beeinträchtigungen des **olfaktorischen Epithels** (reduzierte Schleimproduktion, hormonelle Veränderungen, Verringerung der Epitheldicke) und eine verringerte Neuroregeneration zurückzuführen. Mithilfe von fMRI werden Veränderungen von neuronalen Aktivitäten im amygdaloiden Komplex und der hippocampalen Formation (Welge-Lüssen 2009) gemessen. Bisher gibt es keine wirksame Behandlungsmöglichkeit gegen diese Störungen.

Der **Verlust von Geschmackswahrnehmungen** und Störungen von Geschmacksfunktionen kommen ebenfalls häufiger bei alten Menschen vor. Negativ beeinflusst werden diese Störungen durch bestimmte medizinische Bedingungen, durch pharmakologische Therapien, durch Bestrahlung und Interaktion zwischen Medikamenten, die z. B., das Effluxtransporter-P-Glykoprotein oder das Cytochrom P456 hemmen. Normalerweise begrenzen das Effluxtransporter-P-Glykoprotein oder Cytochrom P456 die systemische Verfügbarkeit von Medikamenten (Schiffman 2009). Über fMRI wurden auch altersabhängige Unterschiede in der Aktivität von geschmacksverarbeitenden Regionen im Gehirn gemessen: Coffein, Zitronensäure, Zucker und NaCl wurden verabreicht und die Aktivität der Hirnregionen unter Hunger und Sättigung wurde registriert: Bei älteren Menschen wurde bei Hunger eine höhere positive Reaktion in geschmacks- und belohnungsverarbeitenden Regionen gemessen (Jacobson et al. 2010). Die Schwelle der Wahrnehmung von süßen Substanzen sowie deren Identifikation erhöht sich jedoch mit dem Alter (Kennedy et al. 2010). Insgesamt führen diese Beeinträchti-

gungen des Geschmacks oft zu einer verringerten Nahrungsaufnahme und Mangelernährung im Alter (▶ Kap. 5).

13.2.4 Schmerzsinn

Die Prävalenz von **chronischem Schmerz** nimmt mit dem Alter zu: Etwa 50 % der Bewohner von Altersheimen leiden unter chronischem Schmerz (Gibson und Farrell 2004). Wie das Alter die Schmerzempfindung und deren Verarbeitung im ZNS verändert, ist jedoch noch wenig bekannt. Das kann auf Krankheiten zurückzuführen sein, doch sind die Erklärungen meist komplexer. Altersbedingte Unterschiede in der Schmerzempfindung variieren nach verschiedenen Schmerzmodalitäten (Hitze, Kälte, Druck, elektrische Impulse) und nach Dauer und Ort. Im Allgemeinen haben alte Menschen bei geringerer Hitzestimulation eine **höhere Schwelle** als junge Menschen, während Elektrostimulation keine altersbedingten Unterschiede in der Sensibilität erkennen ließ. Bei mechanischem Druck wurde dagegen eine **niedrigere Schmerzschwelle** bei alten Menschen gemessen (Cole et al. 2010). Die zentrale Verarbeitung der Schmerzsignale umfasst zahlreiche Hirnregionen wie Insula, cinguläre, posterior parietale und somatosensorische Cortices, wobei fMRI-Studien ergaben, dass junge Menschen höhere schmerzinduzierte Aktivitäten im kontralateralen Putamen und Caudata zeigten, aber geringere in den striatalen schmerzmodulierenden Systemen (Cole et al. 2010).

13.3   Zusammenfassung

Der Informationsfluss über Sinnesorgane und die Informationsverarbeitung im Gehirn werden im Alter beeinträchtigt. Das gilt für die Sehleistungen vor allem durch Altersweitsichtigkeit, Katarakt und Makuladegeneration, für das Hören durch Altersschwerhörigkeit vor allem im höheren Frequenzbereich, für den Geruchs- und Geschmackssinn und die taktilen Wahrnehmungen sowie für Veränderungen in der Schmerzwahrnehmung und -verarbeitung. Als therapeutische Ansätze gibt es zum einen Sehhilfen (Brillen) und Hörhilfen, zum anderen operativen Ersatz von Linsen bei Katarakt und anderen Sehbehinderungen. Die pharmakologischen und gentherapeutischen Ansätze bei Makuladegeneration und Hörschäden sind zurzeit in der Entwicklung. Wesentliche Ursachen für die Altersschäden und -erkrankungen sind die in ▶ Kap. 2 zusammengefassten Alterungsprozesse vor allem in den Mitochondrien, deren Produktion von ROS und die sich daraus ergebenden Schäden und Apoptosen.

Literatur

Arjamaa O, Nikinmaa M, Salminen A, Kaarniranta K (2009) Regulatory role of HIF-1alpha in the pathogenesis of age-related macular degeneration (AMD). Ageing Res Rev 8:349–358

Augustin AJ (2007) Augenheilkunde, 3. Aufl. Springer, Heidelberg

Babizhayev MA (2011) Mitochondria induce oxidative stress, generation of reactive oxygen species and redox state unbalance of the eye lens leading to human cataract formation: disruption of redox lens organization by phospholipid hydroperoxides as a common basis for cataract disease. Cell Biochem Funct 29:183–206

Brennan LA, Lee W, Kantorow M (2010) TXNL6 is a novel oxidative stress-induced reducing system for methionine sulfoxide reductase a repair of α-crystallin and cytochrome C in the eye lens. PLoS One 5:e15421

Cekic O (1998) Effect of cigarette smoking on copper, lead, and cadmium accumulation in human lens. Br J Ophthalmol 82:186–188

Cole LJ, Farrell MJ, Gibson SJ, Egan GF (2010) Age-related differences in pain sensitivity and regional brain activity evoked by noxious pressure. Neurobiol Aging 31:494–504

Cotanche DA (2008) Genetic and pharmacological intervention for treatment/prevention of hearing loss. J Commun Disord 41:421–443

Ding X, Patel M, Chan CC (2009) Molecular pathology of age-related macular degeneration. Prog Retin Eye Res 28:1–18

Gao W-Q (1998) Therapeutic potential of neurotrophins for treatment of hearing loss. Mol Neurobiol 17:17–31

Gibson SJ, Farrell M (2004) A review of age differences in the neurophysiology of nociception and the perceptual experience of pain. Clin J Pain 20:227–239

Jacobson A, Green E, Murphy C (2010) Age-related functional changes in gustatory and reward processing regions: An fMRI study. Neuroimage 53:602–610

Jarrett SG, Lin H, Godley BF, Boulton ME (2008) Mitochondrial DNA damage and its potential role in retinal degeneration. Prog Retin Eye Res 27:596–607

Johnson EJ (2010) Age-related macular degeneration and antioxidant vitamins: recent finding. Curr Opin Clin Nutr Metab Care 13:28–33

Kennedy O, Law C, Methven L, Mottram D, Gosney M (2010) Investigating age-related changes in taste and affects on sensory perceptions of oral nutritional supplements. Age Ageing 39:733–738

Kokotas H, Grigoriadou M, Petersen MB (2011) Age-related macular degeneration: genetic and clinical findings. Clin Chem Lab Med 49:601–616

Lepri BP (2009) Is acuity enough? Other considerations in clinical investigations of visuel prostheses. J Neural Eng 6:035003

Lin H, Xu H, Liang FQ, Liang H, Gupta P, Havey AN, Boulton ME, Godley BF (2011) Mitochondrial DNA damage and repair in RPE associated with aging and age-related macular degeneration. Invest Opthalmol Vis Sci 52:3521–3529

Maberley DA, Hollands H, Chuo J, Tam G, Konkal J, Roesche M, Veselinovic A, Witzigmann M, Bassett K (2006) The prevalence of low vision and blindness in Canada. Eye 20:341–346

Martin DR, Maguire MG, Ying GS et al (2011) Ranibizumab and bevacizumab for neovascular age-related macular degeneration. N Engl J Med 364:1897–1908

Mazurek B, Stöver T, Haupt H, Gross J, Szczepek A (2008) Die Entstehung und Behandlung der Presbyakusis. HNO 56:429–435

Natalizia A, Casale M, Guglielmelli E, Rinaldi V, Bressi F, Salvinelli F (2010) An overview of hearing impairment in older adults: perspectives for rehabilitation with hearing aids. Eur Rev Med Pharmacol Sci 14:223–229

Patzelt J (2005) Augenheilkunde. Urban & Fischer/Elsevier, München

Pickles JO (2004) Mutation in mitochondrial DNA as a cause of presbyacusis. Audiol Neurootol 9:23–33

Rao GN, Khanna R, Payal A (2010) The global burden of cataract. Curr Opin Opthalmol 22:4–9

Ray CT, Wolf SI (2008) Review of intrinsic factors related to fall risk in individuals with visual impairments. J Rehabil Res Dev 45:1117–1124

Schiffman SS (2009) Effects of aging on the human taste system. Ann N Y Acad Sci 1170:725–729

Silbernagl S, Despopoulos A (2001) Taschenatlas der Physiologie. Thieme, Stuttgart

Singh D, Tangirala R, Basthisaran R, Chintalagiri MR (2009) Synergistic effects of metal ion and the pre-senile cataract-causing G98R alphaA-crystallin: self-aggregation propensities and chaperone activity. Mol Vis 15:2050–2060

Someya S, Prolla TA (2010) Mitochondrial oxidative damage and apoptosis in age-related hearing loss. Mech Ageing Dev 13:480–486

Thornton J, Edwards R, Mitcell P, Harrison RA et al (2005) Smoking and age-related macular degeneration: a review of association. Eye 19:935–944

Wang J, Van De Water TR, Bonny C, Ribaupierre F, Puel JL,
    Zine A (2003) A peptide inhibitor of c-Jun N-terminal
    kinase protects against both aminoglycoside and
    acoustic trauma-induced auditory hair cell death and
    hearing loss. J Neurosci 23:8596–8607
Welge-Lüssen A (2009) Ageing, neurodegeneration, and
    olfactory and gustatory loss. B-ENT 5, Suppl 13:129–132

Alter und Krebs

14.1 Krebsinzidenz und -mortalität in verschiedenen Kulturen

Mit dem Begriff »Krebs« bezeichnet man in der Medizin nur bösartige, d. h. invasive Tumoren. Die Entwicklung von Krebs ist in fast allen Geweben, vor allem in Epithelgeweben, möglich: Allein die Zahl der in der Krebsstatistik aufgelisteten Krebsarten beträgt in den USA z. B. 46 – sie umfasst jedoch nur die häufigeren Arten. Zurzeit geht man von mindestens **200 verschiedenen Krebsarten** aus, wobei aber die individuellen Unterschiede in der Veränderung der Genaktivitäten und epigenetischen Faktoren innerhalb einer Krebsart nicht berücksichtigt sind. Diese individuellen Unterschiede werden zurzeit immer sorgfältiger analysiert, weil sie eine wichtige Voraussetzung dafür sind, eine individuelle Therapie zu entwickeln. Das Stichwort hierfür ist die »personalisierte Medizin«, die auch für zahlreiche andere Erkrankungen heute schon eine wichtige Rolle spielt. Ausgenommen von einer potenziellen Krebsentwicklung sind enddifferenzierte Zellen wie Nervenzellen, quergestreifte Muskelzellen u. a., wobei die proliferierenden Stammzellen solch differenzierter Gewebszellen oder dedifferenzierter Zellen Ausgangspunkte der Tumorentwicklung sein können. Die Inzidenz der verschiedenen Krebsarten ist sehr unterschiedlich und abhängig von Lebensgewohnheiten und Genkonstellationen, von Individuen und von verschiedenen kulturabhängigen Traditionen sowie vom Alter. Die Gründe dafür sind meist noch nicht klar.

Krebsneuerkrankungen in Deutschland (altersstandardisierte Neuerkrankungsraten pro 100.000 Personen) betrugen 2009 insgesamt 458,9 bei Männern und 350,8 bei Frauen (◘ Tab. 14.1) (Gekid-Atlas 2012, www.gekid.de). Die häufigsten Krebsneuerkrankungen waren demnach Brustkrebs bei Frauen und Prostatakrebs bei Männern sowie bei beiden Geschlechtern nichtmelanotischer Hautkrebs, Darmkrebs sowie Krebs der Luftröhre und Lunge. Diese blieben allgemein relativ konstant in den Jahren zwischen 2003 bis 2009. Die **Mortalitätsrate** pro 100.000 Personen ist für alle Krebsarten ohne sonstige Tumoren der Haut bei Männern allgemein deutlich höher als bei Frauen, wobei für beide Geschlechter Lungenkrebs die höchste Mortalitätsrate zeigt. Bei allen Krebsarten

und ihrer Inzidenz sind schon bei den verschiedenen Bundesländern Unterschiede zu erkennen, mehr noch in den verschiedenen europäischen Staaten.

In den USA wurden für 2009 1.479.350 neue Krebsfälle und 562.340 Todesfälle durch Krebs prognostiziert. In den letzten Jahren (2001–2005) nahm die **Inzidenzrate** von Krebs insgesamt um 1,8 % pro Jahr bei Männern und 0,6 % bei Frauen ab. Die Abnahme beruht wesentlich auf der Verringerung der Inzidenzrate für die hauptsächlichen Krebsarten Lunge, Prostata und Kolon/Rektum bei Männern, Brust und Kolon/Rektum bei Frauen. Auch die Mortalität nahm von 1990 bis 2005 deutlich ab (19,2 % bei Männern, 11,5 % bei Frauen (Jemal et al. 2009)).

Die prognostizierten Mortalitätsdaten zeigen allerdings, dass bei beiden Geschlechtern Lungen- und Bronchialkrebs die häufigste Todesursache ist. Diese Todesursache hat bei Männern seit 1930 dramatisch zugenommen, hat etwa 1990 ihren Höhepunkt erreicht und ist seitdem etwas gesunken, während die Mortalität durch Magenkrebs zwischen 1930 und 1975 stark abgenommen hat. Bei Frauen gibt es auch eine Steigerung bei Lungenkrebs – Beginn des weniger dramatischen Anstiegs aber erst zwischen 1965 und 1970 – und eine ähnliche Abnahme der Mortalität bei Magenkrebs (zu den möglichen Ursachen dieser Veränderungen siehe weiter unten).

Zudem unterscheidet sich die Inzidenz und Mortalität von Krebs in den verschiedenen Ethnien in den USA deutlich: In vielen Fällen haben afroamerikanische Männer ein höheres Risiko als weiße Männer. Bei Frauen sind die Unterschiede weniger ausgeprägt.

Zum Vergleich: In Südkorea wurden für 2012 insgesamt 234.727 neue Krebsfälle und 73.313 Todesfälle nach Krebserkrankungen prognostiziert. Die Inzidenzrate pro 100.000 Personen für 2012 beträgt demnach 465,6 für Männer und 459,7 für Frauen (Jung et al. 2012). ◘ Tab. 14.2 zeigt, dass sich in Korea verglichen mit Deutschland und den USA die Krebsarten hinsichtlich in ihrer Häufigkeit und z. T. auch hinsichtlich ihrer Mortalität unterscheiden: Bei Männern sind Magenkrebs, Kolon-/Rektumkrebs und Lungenkrebs die häufigsten Krebsarten, bei Frauen Schilddrüsenkrebs und

Tab. 14.1 Krebsneuerkrankungen in Deutschland 2009 (altersstandardisierte Neuerkrankungen (pro 100.000 Personen). (Aus Gekid-Atlas 2012)

Gesamt		Brust	Nichtmelanotischer Hautkrebs	Prostata	Darm	Luftröhre und Lunge
Männer	458,9	1,0	108,2	61,6	61,6	59,2
Frauen	350,8	123,8	77,8	–	38,0	23,5

Tab. 14.2 Für Südkorea (2012) geschätzte Neuerkrankungen an den fünf häufigsten Krebsarten in Prozent. Alle Krebsarten in absoluten Zahlen (100 %) bei Männern 118.340, bei Frauen 116.423. (Jung et al. 2012)

Männer	Magen	Kolon/Rektum	Lunge	Leber	Prostata
	18,6	16,6	13,5	10,6	9,3
Frauen	Schilddrüse	Brust	Kolon/Rektum	Magen	Lunge
	33,4	14,1	10,8	8,9	5,8

Brustkrebs. Bei der Mortalität dominiert allerdings bei beiden Geschlechtern – wie in Deutschland und den USA – der Lungenkrebs, gefolgt von Leberkrebs und Magenkrebs bei Männern und Kolon-/Rektum- und Magenkrebs bei Frauen.

Eine dramatische Zunahme der Inzidenzrate um das Achtfache ist in Südkorea bei **Schilddrüsenkrebs** von 1999 bis 2009 zu beobachten (bei Frauen ein noch stärkerer Anstieg); eine Zunahme der Inzidenzrate von Prostatakrebs (um das Dreifache) wurde bei Männern festgestellt, während die Inzidenzraten von Magen- und Lungenkrebs in diesem Zeitraum in etwa gleichgeblieben sind (Jung et al. 2012).

14.2 Altersabhängigkeit der Inzidenzrate und der Mortalität

Alter ist der wichtigste endogene Risikofaktor für das Auftreten von Krebs. Das Risiko, an Krebs zu erkranken, steigt am Ende des 4.–5. Lebensjahrzehnts steil an und erreicht **krebsspezifische** Maxima im Alter zwischen 50 und 80 Jahren.

In **Deutschland** zeigt die Zahl der altersspezifischen Krebserkrankungen (2007–2008) bei zahlreichen Krebstypen die folgenden altersspezifischen Maxima (▸ Abb. 14.1): Bei Männern erreicht die Inzidenz von Prostatakrebs ab dem 65.–70. Lebensjahr ein Plateau von 600–800, bei Darmkrebs wird das Maximum von > 300 erst mit 75–85 Jahren erreicht, bei Lungenkrebs ebenso. Bei Frauen erreicht die Inzidenz von Brustkrebs mit 55 Jahren ein Plateau, das dann in etwa bei 400 gleich hoch bleibt. Bei Lungenkrebs ist ein schwach ausgeprägtes Maximum (> 100) im Alter von > 75 Jahren zu erkennen, während Darmkrebs ein deutliches Maximum von ~300 zwischen dem 75. und 90. Lebensjahr aufweist (aus »Krebs in Deutschland« 2007–2008, Robert-Koch-Institut (Hrsg.) 2012).

Bei den verschiedenen Krebsarten erreichen auch die Todesfälle ihr Maximum im späteren Alter. In den **USA** z. B. liegt das Maximum der Mortalität bei Männern mit Lungenkrebs und Bronchialkrebs zwischen 60–79 Jahren, bei Kolon-/Rektumkrebs in etwa in derselben Zeitspanne, ebenso bei Pankreaskrebs. Das Maximum der Mortalität bei Prostatakrebs wird bei Männern erst nach dem 80. Lebensjahr erreicht. Todesursachen aufgrund von Krebserkrankungen in früheren Lebensjahren (20–39) sind vor allem Leukämie, Hirntumoren und Non-Hodgkin-Lymphome. Bei Frauen in den USA sind die Todesfälle bei Lungen-/Bronchialtumoren zwischen 60 und 79 Jahren am höchsten, ebenso bei Brustkrebs, Eierstockkrebs und Pankreaskrebs, während die Todesfälle bei Kolon-/Rektumtumoren ein Maximum erst im Alter von über 80 Jahren erreichen. Frühere Maxima treten bei Leukämie und Hirntumoren (20–39 Jahre) auf (Jemal et al. 2009).

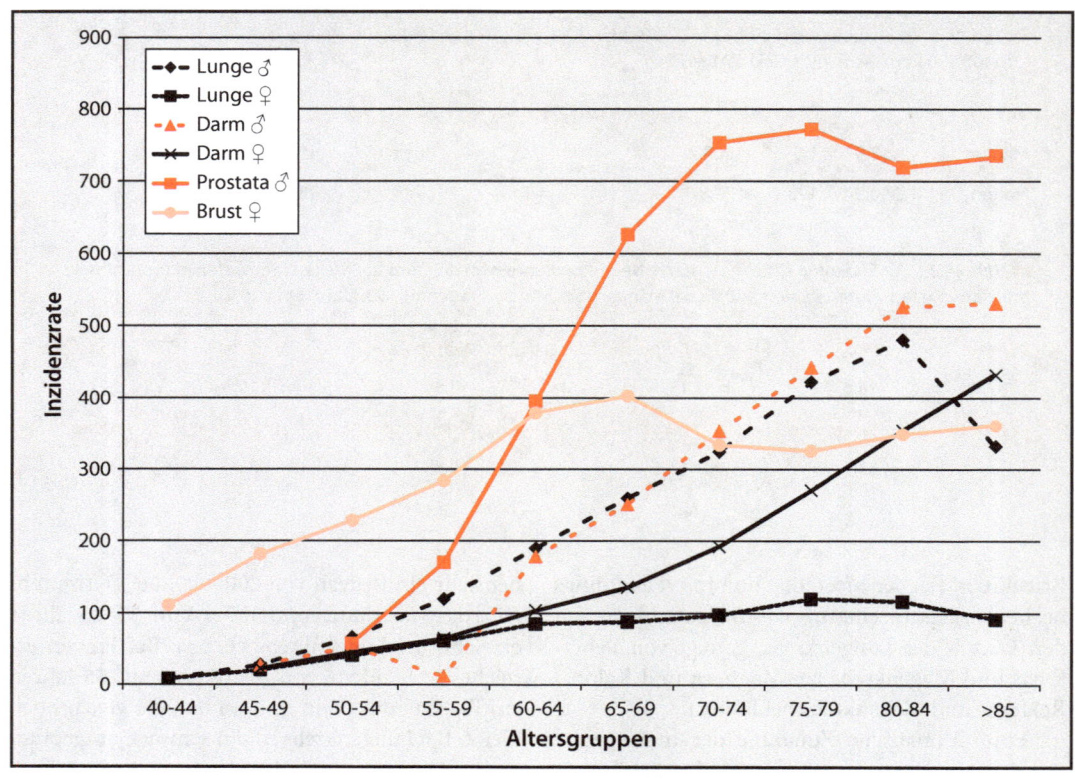

Abb. 14.1 Altersabhängigkeit der Inzidenzraten verschiedener Krebsarten in Deutschland (pro 100.000 Personen) zwischen 2007–2008. (Robert-Koch-Institut 2012)

Die Altersabhängigkeit bestimmter Krebsarten ist in **Südkorea** z. T. ähnlich wie in Deutschland und den USA, weist jedoch auch einige Abweichungen auf: Bei Männern liegen die Maxima der Inzidenz für Magen-, Kolon-/Rektum- und Prostatakrebs bei 75–79 Jahren, für Lungen- und Leberkrebs bei 80–84 Jahren. Bei Frauen werden die Maxima für Kolon-/Rektum-, Magen- und Lungenkrebs mit 80–84 Jahren, das für Lungenkrebs erst mit über 85 Jahren erreicht. Eine Besonderheit stellt die Inzidenz von Schilddrüsenkrebs dar: Das hohe Maximum fällt zwischen das 45. und 50. Lebensjahr, danach sinkt die Inzidenz wieder stark. Auch das Maximum von Brustkrebsfällen wird schon im Alter von 45–49 erreicht (Jung et al. 2012).

- **Ursachen der unterschiedlichen Inzidenzraten**

Warum hat die Inzidenzrate von z. B. Lungenkrebs in Europa und den USA und diejenige von Magenkrebs abgenommen? Warum ist Letztere in einigen asiatischen Ländern wie Südkorea immer noch hoch und warum ist dort die Inzidenz von Schilddrüsenkrebs bei Frauen in einem relativ frühen Alter so hoch? Diese Fragen sind oft noch nicht abschließend beantwortbar – ebenso wie die Frage nach den Mechanismen der Altersabhängigkeit der Krebsinzidenz. Im Folgenden können wir daher nur auf einzelne Faktoren eingehen, die dabei eine wichtige Rolle spielen. Generell sind die Faktoren, die die Initiation, Promotion, Progression und Metastasierung von Tumoren fördern, exogen und endogen.

Die Entwicklung der **Inzidenzraten von Lungenkrebs** seit 1930, die bei Männern – und später auch bei Frauen – in den USA und Deutschland zu hohen Maxima geführt haben, sind anscheinend zu einem großen Teil auf das **Tabakrauchen** zurückzuführen, das in den letzten Jahren aber abgenommen hat. Chronische Entzündungen in Zusammenhang mit Rauchen und COPD (▶ Kap. 6) sind offenbar an der Entstehung von Lungenkrebs ursächlich beteiligt (Schroedl und Kalhan 2012). 10 % der an Lungenkrebs erkrankten Patienten haben allerdings nie geraucht. Dafür wird eine Anzahl von anderen Faktoren für die Krebsinduktion diskutiert, wie Radonstrahlen, Essensdünste, Asbest, Schwermetalle, Passivrauchen, Autoabgase, Papillomavirusinfektionen u. a. (Subramanian und Govindo 2007). Welchen Einfluss die berufsbedingte Exposition mit Carcinogenen wie Metallen, Feinstaub, Benzol und zahlreichen weiteren Substanzen hat, ist oft schwer zu klären, weil die Latenzzeit zwischen Exposition und Krebsentwicklung viele Jahre betragen kann.

Bei **Magenkrebs**, dessen Inzidenz vor allem in asiatischen Ländern wie Japan und Korea höher als in den USA und Deutschland ist, sind die ursächlichen Faktoren ebenso nicht genau bekannt. Offenbar spielt die **Art der Nahrung** eine wichtige Rolle, weil sich bei Einwanderern aus diesen Populationen in andere Länder mit anderen Essgewohnheiten die Magenkrebsinzidenz deutlich ändert. Als Risikofaktoren sind vor allem Salz und salzhaltige Nahrungsmittel ebenso wie N-Nitrosokomponenten in der Nahrung wichtig. Die weltweite Einführung von Gefriertechniken hat daher zu deutlich geringeren Inzidenzraten geführt. Als Maßnahme zur Prävention von Magenkrebs hat sich vor allem die Aufnahme von Früchten und Gemüse bewährt, während der Konsum von grünem Tee in den meisten Studien ohne Wirkung war (Tsugane und Sasazuki 2007). Weitere Risikofaktoren für Magenkrebs sind **Infektionen mit** *Helicobacter pylori* (Sullivan et al. 2004) und dem **Epstein-Barr-Virus** (Chen et al. 2012). Gastrointestinale Stromatumoren (GIST), d. h. mesenchymale Tumoren, sind ebenfalls im Magen vertreten. Eine der vielfach bei GIST beobachteten Mutationen kommt im Exon II von c-KIT vor (Calabuig-Farinas et al. 2011).

Bei **Schilddrüsenkrebs** sind die Ursachen – abgesehen von den allgemein aufgenommenen Carcinogenen – nicht genau bekannt. Das gilt auch für die in Südkorea bei Frauen beobachtete erhöhte Inzidenzrate. Bekannt ist, dass es für papillären Schilddrüsenkrebs eine genetische Prädisposition gibt. Diese basiert einerseits z. B. auf **G/C-Polymorphismen in der Prä-Mikro-RNA 146a(pre-miRNA 146a)**-Sequenz, die zu einer Verringerung der miRNA-146a führt. Das hat wiederum eine geringere Hemmung der Signalkette zur Folge, die mit dem **Toll-ähnlichen Rezeptor (TLR)** und Cytokinen zusammenhängt (Jazdzewski et al. 2008). Außerdem beeinflussen weitere Mikro-RNA die Signalketten mit den Komponenten PTEN, PI3K, AKT und T2/THRB, die wichtig für die Entwicklung von Schilddrüsenkrebs sind (Chapelle und Jazdzewski 2011).

14.3 Das Alter als eine Ursache für die Entstehung von Krebs

Die **Altersabhängigkeit** der Krebsentwicklung hängt zum einen mit der oft langen Latenz der Entwicklung zusammen, die durch zahlreiche konsekutive Mutationen bedingt ist. Diese sind wiederum nötig, um die zahlreichen endogenen Antikrebsmechanismen in der Zelle und im Organismus zu überwinden. Dazu kommen Altersfaktoren wie die Verringerung der Telomerlänge, erhöhte Entzündungsneigung, Veränderungen der Lebensgewohnheiten (z. B. weniger physische Aktivität) u. a.

Die Entwicklung von Krebs wird heute meist durch zwei Konzepte erklärt, die sich jedoch gegenseitig nicht ausschließen: die **Multistadientheorie** und die **Stammzelltheorie**.

14.3.1 Die Multistadien- oder Klonaltheorie

Nach dieser Theorie entsteht Krebs durch eine Reihe zufällig aufeinanderfolgender genetischer Mutationen in einer Zelle, die dadurch die charakteristischen Eigenschaften einer Tumorzelle erwirbt: hohe Proliferationsrate, Immortalisierung durch Telomeraseaktivität, Apoptoseresistenz, Invasivität, aktive Angiogenese, Abwehr gegen Immunsurveillance (▶ Kap. 7). So entsteht schließlich ein Klon von Zellen, die sich durch Darwin'sche Selektion durchgesetzt haben und ein bestimmtes Muster von Mutationen aufweisen.

Häufig sind z. B. *gain of function*-Mutationen von **Onkogenen** wie ras, myc, Braf und anderen sowie *loss of function*-Mutationen von **Tumorsup-**

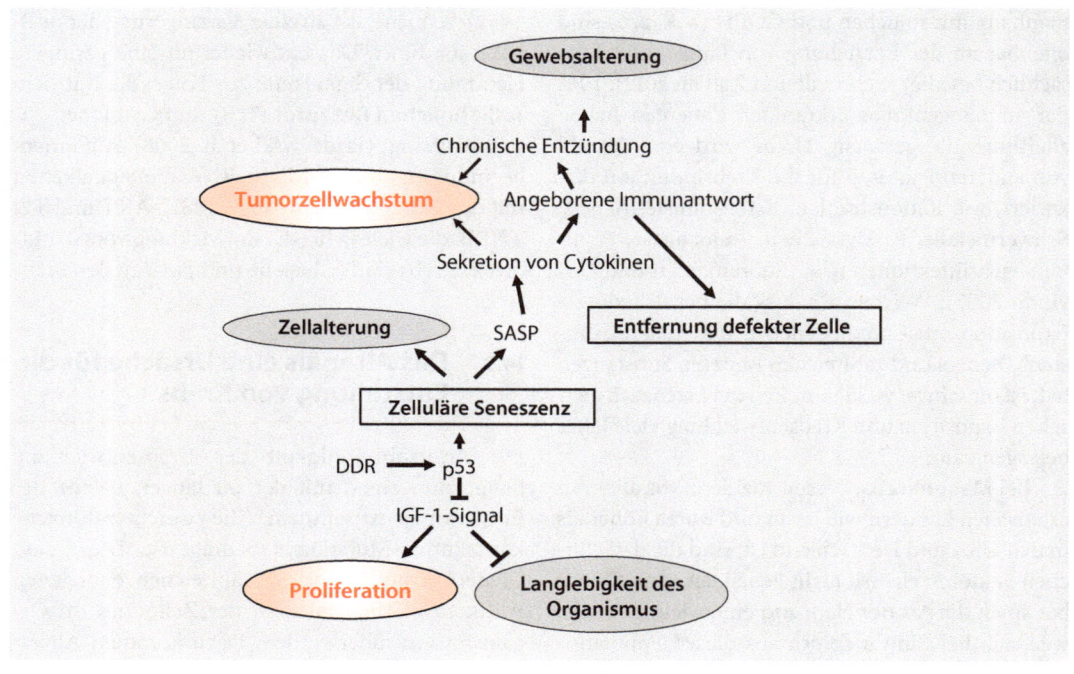

Abb. 14.2   Darstellung der Rolle von p53 bei der Regulation von Proliferation und Seneszenz. DDR – DNA-*damage response,* SASP – *senescence-associated secretory phenotype.* (Nach Reinhardt und Schumacher 2012)

pressorgenen wie Tp53 oder PTEN (*phosphatase and tensin homolog*). Der Transkriptionsfaktor p53 spielt eine zentrale Rolle bei der Induktion von Seneszenz, d. h. bei der Verringerung der DNA-Replikation nach moderaten DNA-Schäden und bei der Induktion der Apoptose bei vermehrten DNA-Schäden. Die Tumorentstehung wird am häufigsten durch **zelluläre Seneszenz** abgewehrt. Auf der anderen Seite wurde gezeigt, dass p53 die Proliferation hemmt, indem es Inhibitoren des IGF-1 und mTOR-Signalwegs induziert, z. B. die Phosphatase PTEN, das hemmende IGF-1-Bindungsprotein (IGF-BP3), die AMP-aktivierte Kinase β (AMPK-β) u. a. Diese Wirkungen sind ebenfalls gegen die Entstehung von Krebs gerichtet und dienen der Lebensdauerverlängerung (☐ Abb. 14.2, Übersicht: Reinhardt und Schumacher 2012).

Die **klonale Expansion** von initiierten Krebszellen erfolgt über Veränderungen der Genexpression, deren Produkte mit Hyperproliferation, verringerter Apoptose und Produktion von Entzündungsfaktoren gekoppelt sind. In Tierversuchen häufig applizierte Promotoren sind Phorbol-ester, die über eine Aktivierung der Proteinkinase C (PKC) einen Weg zur Proliferation stimulieren, der auch über Onkogene wie *ras* oder Hormone, Wachstumsfaktoren und Cytokine angeregt wird. Ebenso sind zahlreiche Tyrosin-Kinasen und ihre Liganden sowie Rezeptoren von Wachstumsfaktoren wie *epidermal growth factor receptor* (EGFR), *insulin-like growth factor receptor* (IGFR) verändert und an der Wachstumsstimulation beteiligt. Tumorpromotoren induzieren häufig Wachstumsfaktoren und Cytokine wie TGFα, TGFβ, TNFα, IL-1 und IL-6. Diese Faktoren sind zum Teil auch bei Entzündungsprozessen aktiv – was die **Kopplung von Entzündung und Krebs** (▶ Kap. 6) noch einmal verdeutlicht. Die Krebsprogression verringert zudem die Apoptoserate in den Krebszellen, z. B. durch mutative oder andere hemmende Wirkungen auf das *p53*-Tumorsuppressorgen (TP53). Nach der Multistadientheorie sind außer den initialen genetischen Veränderungen epigenetische Änderungen sowie Modifikationen der Mikro-RNA beteiligt.

14.3.2 Stammzelltheorie

Die **Stammzelltheorie** geht davon aus, dass Tumoren auf einem **aberranten morphogenetischen Prozess** beruhen, bei dem molekulare Signalwege verändert werden – ebenfalls durch somatische Mutationen, aber vor allem durch **epigenetische Prozesse** (Reya et al. 2001; Wicha et al. 2006; Suh et al. 2004). Neben **Methylierungsprozessen** an bestimmten DNA-Sequenzen (CpG) sind Änderungen in der Expression von **Mikro-RNA** (miRNA)-Spezies an der Krebsentstehung beteiligt (Übersichten: Leal et al. 2011; Lovat et al. 2011). Mikro-RNA sind hochkonservierte, nicht proteincodierende RNA-Moleküle. Sie binden meist an 3´-untranslatierte Regionen (UTR) von messenger-RNA (mRNA) und verringern so deren Translation. Bestimmte Mikro-RNA-Gruppen sind an der Regulation von zellulären Gleichgewichten beteiligt, wie z. B. von Proliferation (Immortalisierung), Apoptose und Seneszenz. So wurde eine Gruppe von hochproliferativ wirkenden miRNA entdeckt, die ausschließlich in embryonalen Stammzellen und in deren malignen Nachkommen (embryonale Carcinomzellen) vorkommen und deren Immortalisierung bewirken (miRNA-302a, miRNA-302b, miRNA-302c, miRNA-302d und miRNA-367, Suh et al. 2004). Diese und auch andere miRNA wirken auf die Proliferation, indem sie den Zellzyklusinhibitor p21CIP/WAF1 unterdrücken.

Bei Brustkrebs wurden in zahlreichen Studien epigenetisch veränderte Gene gefunden: Promoter-Hypermethylierung und damit Genblockaden bei Genen, die an der Apoptose beteiligt sind (*hoxas, rasf1a, twist1*), an der DNA-Reparatur (*brca1*), an metabolischen Veränderungen (*gstp1*) sowie an metastatischen Prozessen (*cdh1, cdh13*) (Radpour et al. 2009; Sun et al. 2011). Diese Veränderungen müssen über die Enzyme erfolgen, die jeweils Sequenzen in Genen methylieren oder demethylieren (DNA-Methyltransferasen (DNMT, DNA-Demethylasen bzw. andere Demethylierungsmechanismen) sowie Veränderungen von Histonen durch Histonacetylasen (HAC) oder Histondeacetylasen (HDAC).

Insgesamt gilt, dass **das Muster der miRNA-Expression** in verschiedenen Zell- und Krebstypen unterschiedlich ist. Mikro-RNA-Spezies sind außerdem an der Seneszenz von Zellen beteiligt: z. B. werden miRNA-146a und b mehr in senescenten Zellen exprimiert und regulieren Entzündungsreaktionen herunter, indem sie die Sekretion von Interleukin 6 und 8 hemmen. miRNA-24 reguliert p16INK4A hoch und unterdrückt so die Proliferation. Diese regulatorischen Zusammenhänge sollen vermehrt auch in therapeutischen Ansätzen genutzt werden: z. B. durch direkte Anwendung von miRNA-Molekülen (Liu et al. 2011), durch Verwendung von kleinen RNA-Molekülen, die mit den eigentlichen onkogenen Ziel-RNA-Sequenzen konkurrieren, oder durch solche, die Tumorsuppressor-miRNA-Moleküle verstärken.

14.3.3 Die Rolle der Telomere

Normale menschliche Zellen verkürzen die Telomere bei jeder Zellteilung, bis einige kurze Telomere ihr Ende (*cap*) verlieren, sodass die Zellen dadurch ihr Wachstum einstellen (▶ Kap. 2). Dieses Stadium der **replikativen Seneszenz** ist ein wesentlicher Mechanismus, um ein Tumorwachstum zu verhindern (Vargas et al. 2012). In diesem Stadium proliferieren einige normale Zellen aufgrund von genetischen und epigenetischen Änderungen weiterhin, was zu weiterem Verlust von Telomerenden und einem Zustand führt, der als »Krise« (*crisis*) bezeichnet wird (◘ Abb. 14.3). Dieser Zustand erhöht die Zahl der Apoptosen und die Instabilität des Genoms. In ganz wenigen dieser Zellen wird anscheinend die Telomerase wieder aktiviert, die dann kurze, aber stabile Telomere herstellt (Immortalisierung). Dies ist wiederum eine wesentliche Voraussetzung für die Krebsentstehung, wie Krebsbiopsien gezeigt haben, die zu 85–90 % Telomerase-positiv waren (Übersicht: Shay und Wright 2011). Wie diese Aktivierung der Telomerase bei menschlichen Zellen in der Krise zustande kommt, ist allerdings noch unklar.

Die Telomeraseaktivität hemmende tumorspezifische Therapien sind zurzeit in der Entwicklung – z. B. in Form eines onkolytischen Virus, das den Promoter der katalytischen Untereinheit der Telomerase (hTERT) hemmt, oder in Form eines kleinen Oligonucleotids, das als Antagonist der Telomerasematrize dient (Imetelstat).

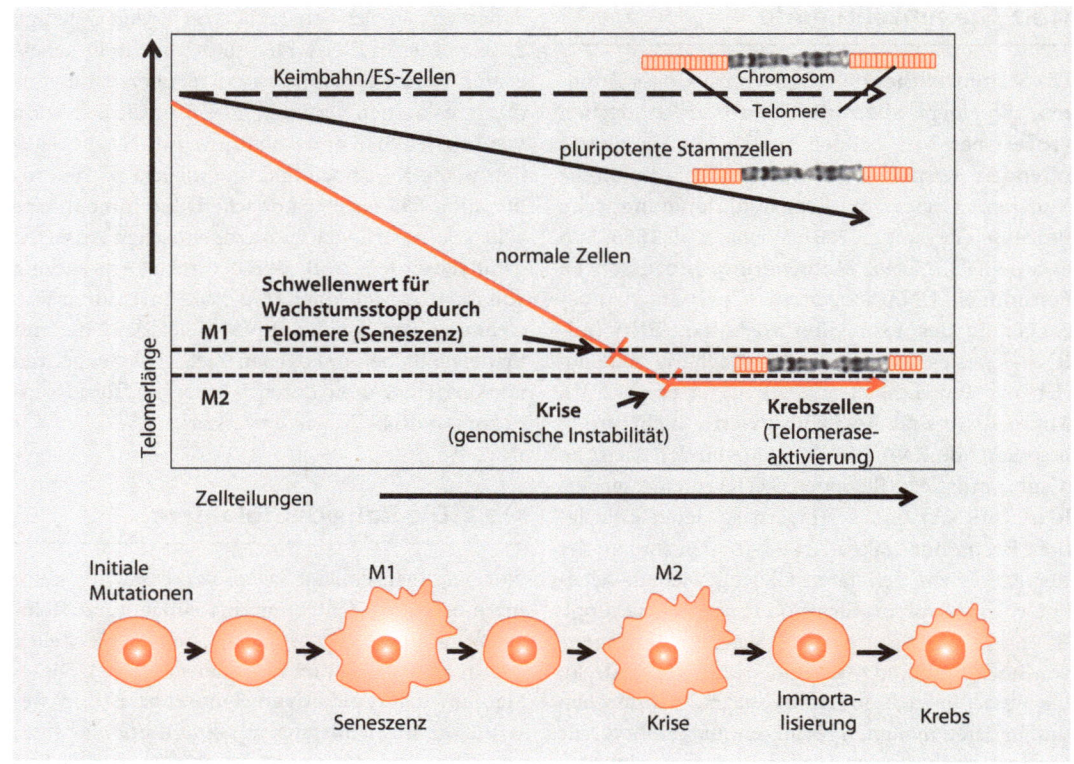

🔲 **Abb. 14.3**   Keimzellen und embryonale Stammzellen (ES) halten die volle (oder fast volle) Länge der Telomere durch eine aktive Telomerase aufrecht. Pluripotente Stammzellen regulieren die Telomerase und verringern die Telomere – aber mit langsamer Geschwindigkeit. Die meisten somatischen Zellen haben keine Telomeraseaktivität und verlieren so altersabhängig an Telomerlänge, bis sie die Telomerenden (*cap*) schließlich verlieren (M1) und so in die replikative Seneszenz (M2) übergehen. In Abwesenheit von Zellzykluskontrollpunkten wie p53 und pRb teilen sich Zellen auch weiter und erreichen das »Krisis-Stadium« mit chromosomaler Instabilität und Apoptose. In seltenen Fällen entkommt eine Zelle der Krise durch Aktivierung der Telomerase und kann so zu einer Krebszelle werden. (Nach Shay und Wright 2011)

14.3.4 Das Immunsystem

Ein weiteres endogenes Antitumorsystem ist das Immunsystem. Dafür ist die Leber ein gut untersuchtes Organ. Sie enthält Immunleukocyten, NK-Zellen, NKT-Zellen (eine heterogene Gruppe von T-Zellen, ▶ Kap. 7) und Kupffer-Zellen, die zur Makrophagengruppe gehören. Letztere produzieren IL-1, IL-6, IL-12 und TNF. IL-12 aktiviert vor allem die NK- und NKT-Zellen in der Leber, die wiederum viel INF-γ ausschütten. Leber NK- und NKT-Zellen scheinen auch in andere Organe zu wandern und dort das Krebswachstum zu hemmen. Zum Teil scheint diese Antitumoraktivität der NK- und NKT-Zellen sogar im Alter zuzunehmen, während andere Antitumoraktivitäten abnehmen (Übersicht: Seki et al. 2011). Viele weitere Mechanismen, die wir hier nicht alle darstellen können, sind an Antikrebsmechanismen beteiligt, z. B. **Sirtuine**, die u. a. die Expression von **Steroidhormonen** regulieren (Übersicht: Moore et al. 2012).

14.4   Medizinische Aspekte

14.4.1 Allgemeine vorbeugende Maßnahmen und komplementäre Ansätze

Zu den vorbeugende Maßnahmen gegen Krebs gehört die **Vermeidung von carcinogenen Faktoren:** physikalische Faktoren wie UVB- oder γ-Strahlen, chemische Faktoren wie die carcinogenen Substanzen im Tabakrauch, Nitrosamine in gegrilltem Fleisch, Industrie- und Autoabgase, Substanzen in Kunststoffen und anderes mehr. Auf der anderen Seite gibt es anscheinend **Nahrungsstoffe, die die Tumorentwicklung hemmen** und von manchen Wissenschaftlern als komplementäre Therapeutika bei Krebspatienten empfohlen werden. Zu dieser Gruppe von vorbeugenden Maßnahmen und komplementären Therapeutika gehört auch die **physische Aktivität**, die in moderater Form etwa durch mäßig schnelles Gehen fünf- bis sechsmal pro Woche wirksam sein können. Eine einigermaßen zuverlässige Bewertung dieser vielfältigen komplementären – oder auch oft alternativen vorbeugenden und therapeutischen – Maßnahmen ist äußerst schwierig: In fast allen Ansätzen werden die Kriterien für überzeugende Studienergebnisse nicht erreicht. Das betrifft sowohl die Zahl Studienteilnehmer als auch die Zahl der Jahre, die diese Studien prospektiv hätten andauern müssen. Ebenso sind die Studien meist nicht randomisiert (doppelt-)blind, mit einer Placebogruppe versehen und unter Berücksichtigung vieler Einflussfaktoren (Geschlecht, Lebensstil u. a.) durchgeführt. Manche Maßnahmen werden als zusätzliche Ansätze anerkannt, keine als alternativ zu den etablierten medizinischen Herangehensweisen (Übersichten: Münstedt 2003; World Cancer Fund »Food, Nutrition, Physical Activity and the Prevention of Cancer« (2007); Gullett et al. 2010; Münstedt und Thiemel 2008). Wir verzichten aus den genannten Gründen hier auf eine Bewertung dieser komplementären Maßnahmen im Nahrungsbereich.

Allgemein vorbeugende Maßnahmen richten sich gegen die Initiation (Entstehung) von Krebszellen sowie gegen ihre Promotion und Progression zu malignen Tumoren. In diesen drei wichtigsten Stadien spielen unterschiedliche Prozesse jeweils entscheidende Rollen: Die Initiation geht wesentlich auf mutagene Ereignisse zurück – z. B. über reaktive Sauerstoffspezies (ROS) (▶ Kap. 2), auf den Stoffwechsel von Carcinogenen und deren Detoxifikation sowie auf Störungen der DNA-Reparaturmechanismen. Eine präventative Maßnahme ist u. a. daher die **Reduktion von oxidativem Stress** (◘ Abb. 14.4). Die Promotion und Progression von Tumoren hängt ebenso von mutativen Ereignissen ab, aber außerdem von epigenetischen Veränderungen und Einflüssen auf die Proliferationsrate, z. B. über Entzündungsprozesse, über Veränderungen der Apoptoserate, und die Gefäßbildung des Tumors. Vorbeugende Maßnahmen richten sich daher oft auf diese Prozesse und die Verstärkung der Immunabwehr.

In diesem Zusammenhang ist auch eine Anzahl von Pflanzenbestandteilen getestet worden. Substanzen, denen man eine anticancerogene Wirkung zuschreibt (◘ Abb. 14.5), sind Polyphenole, Flavonoide und andere organische Verbindungen mit OH-Gruppen und oft zahlreichen Doppelbindungen, die Elektronen zur »Entschärfung« von Sauerstoff- und Stickstoffradikalen liefern können. Sie wirken daher antioxidativ und hemmen so die Radikalbildung, die zu DNA-Schäden führt, und reduzieren damit möglicherweise die Initiation von Tumoren. Wie eine Wirkung auf die Promotion und Progression von Tumoren zustande kommt, ist weniger gut bekannt und könnte z. B. über epigenetische Effekte erfolgen (▶ Abschn. 14.4.2).

14.4.2 Molekulare Wirkmechanismen von Nahrungsstoffen

Außer den genetischen Mechanismen (Mutationen), die zur Initiation von Krebs führen – wie Punktmutationen, Amplifikationen, Deletionen, Chromosomen-Rearrangements oder Aneuploidien –, gibt es auch zunehmend Hinweise auf epigenetische Veränderungen in Tumorzellen (▶ weiter oben).

In einer Reihe von Studien wurden pflanzliche Substanzen in Bezug auf epigenetische Veränderungen an Brustkrebszellen untersucht. Dabei zeigten sich deutliche Wirkungen (Übersicht: Khan et al. 2012). Die Komponente des grünen Tees (EGCG) z. B. reduzierte die DNMT-Aktivität in Brustkrebszelllinien, ebenso wie es eine teilweise Demethylierung des Gens für den Retinolsäurerezeptor B2 (*retinoic acid receptor* B2, rarb2) bewirkte (Lee et al. 2005). Es reduzierte außerdem den Acetylhiston-3-Spiegel und den Acetylhiston-4-Spiegel des Gens für die Telomerase, die ja an der

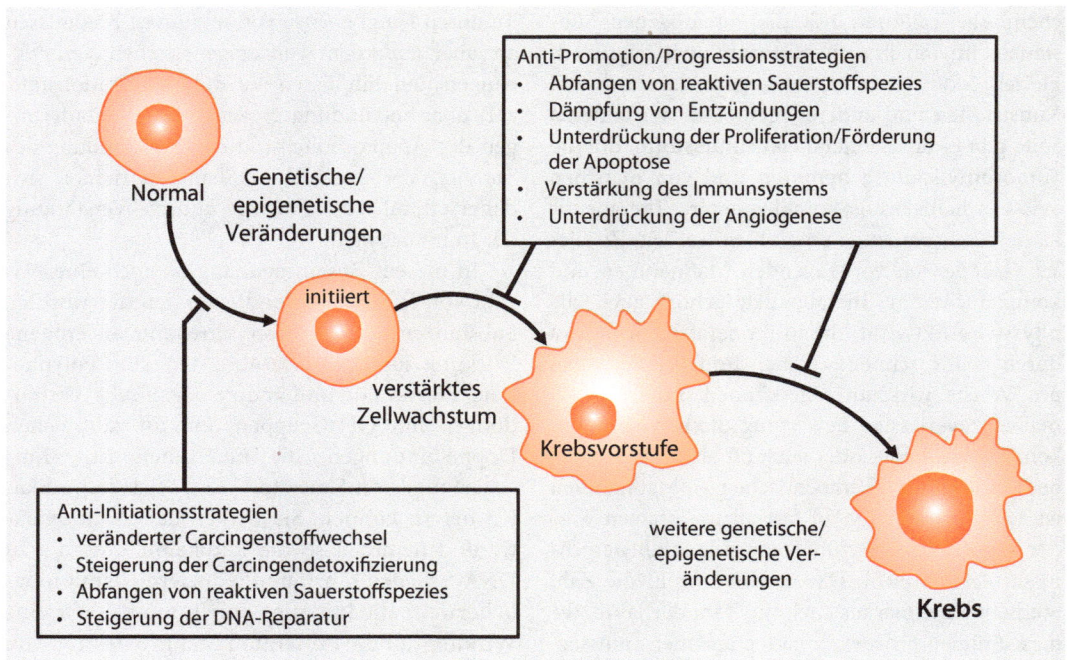

Abb. 14.4   Mehrstufiger carcinogener Prozess und die Möglichkeiten der Prävention. Das Initiationsstadium ist wesentlich durch genetische und epigenetische Veränderungen in der Zelle charakterisiert. Die Entwicklung der initiierten Zelle zu einer präneoplastischen Zellpopulation und von dort zu Tumorzellen ist durch weitere genetische und epigenetische Veränderungen gekennzeichnet, die u. a. die Balance zwischen Proliferation und Apoptose beeinflussen. Dagegen wirkt auch eine Anzahl von Maßnahmen in der Diät und physischen Aktivität. (Nach Hursting et al. 2006)

Proliferationskapazität von Krebszellen beteiligt ist. Auch für Genistein, Resveratrol, Lycopin und weitere Pflanzeninhaltsstoffe wurden Wirkungen auf DNMT, Histonacetylierungen und auch auf die miRNA-Expression nachgewiesen.

14.4.3 Physische Aktivität und Tumorentwicklung

Bisherige Studien an Tieren und am Menschen haben gezeigt, dass physische Aktivität die Carcinogenese in verschiedenen Stadien hemmen, d. h. auch als **präventive Maßnahme** fungieren kann (Übersichten: Rogers et al. 2008; Winzer et al. 2011). Dabei ist es einerseits wichtig, welche Krebsarten in welchen Stadien untersucht wurden – bei Tieren z. B., ob es sich um transplantierte oder gentechnisch erzeugte Tumoren handelt – und andererseits, welche Art von physischer Aktivität

getestet wurde: kürzere intensive oder längere moderate Aktivität. Darüber hinaus ist es wichtig zu wissen, über welche Funktionen – Hormone, Cytokine, Enzyme oder Genaktivitäten – die physische Aktivität wirkt. Auch dazu gibt es eine Reihe von begrenzten Analysen. Zusammenfassend kann man feststellen, dass Wirkungen der physischen Aktivität auf die Tumorinitiation durch Einflüsse auf die Carcinogendetoxifizierung über das Cytochrom-P450(CYP)-System, durch Verstärkung der antioxidativen Abwehr, z. B. über ROS-abbauende Enzyme, und durch Erhöhung der DNA-Reparaturkapazitäten erfolgen können (Asami et al. 1998; Fehrenbach und Northoff 2001; McArdle und Jackson 2000). Ebenso sind **hemmende Einflüsse auf die Tumorpromotion und -progression** über Änderungen in der Proliferation, Apoptose und Differenzierung beschrieben worden sowie über eine Hemmung von Entzündungsprozessen und der Angiogenese und über eine Steigerung der

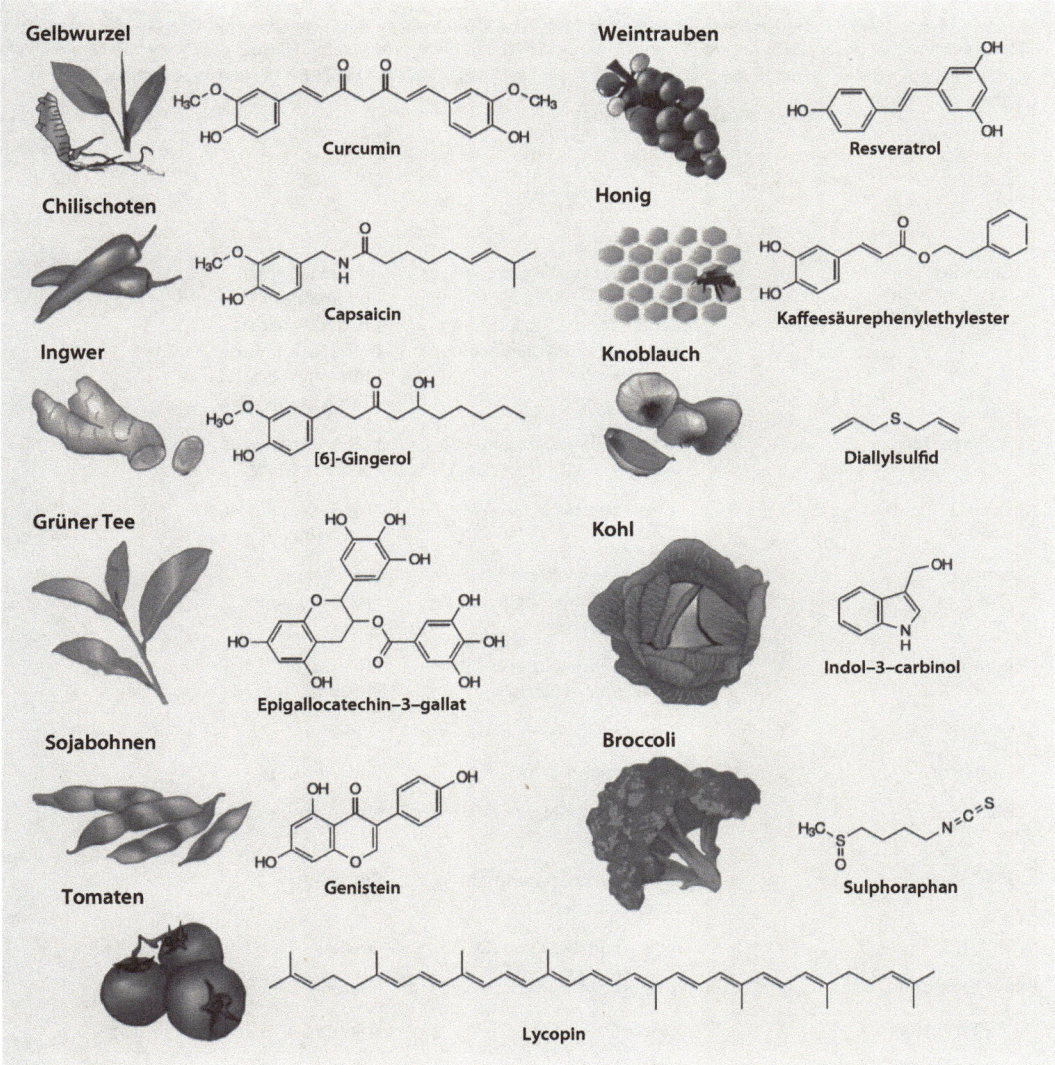

Abb. 14.5 Pflanzen/Früchte mit Inhaltsstoffen, die als wirksame Vorbeugung und ergänzende Therapie gelten. (Nach Surh 2003)

Immunfunktionen (z. B. der Cytotoxizität von Makrophagen und NK-Zellen). Hinzu kommen noch senkende Wirkungen von physischer Aktivität auf den Östrogen- und Insulinspiegel sowie auf Adipositas, die ein allgemeines Risiko für eine Tumorentwicklung darstellt. Einige wichtige Aspekte dieser Wirkungen der physischen Aktivität sollen im Folgenden kurz aufgelistet werden.

Körperliche Aktivität senkt anscheinend die Menge an Wachstumsfaktoren wie Östrogen, IGF-1, Insulin und erhöht die Apoptosehäufigkeit, wahrscheinlich unabhängig von p53. Beim Menschen wurden geschlechtsspezifische Unterschiede in der Reaktion von Bax, einem Apoptoseinduktor, und Bcl-2, einem Apoptosesuppressor, beobachtet (Tab. 14.3).

◻ **Tab. 14.3** Physische Aktivität und die biologischen Mechanismen, die zur Krebsentstehung beitragen. NHL – Non-Hodgkin-Lymphom, IGF – *Insulin-like growth factor*, TNFα – *tumor necrosis factor α*, SHBG – *sex hormone-binding globulin*, IGFBP – IGF-*binding protein*, NK – natürliche Killerzelle, IL-6– Interleukin 6, CRP – C-reaktives Protein. (Nach Winzer et al. 2011)

Biomarker	Änderungs-richtung bei Krebsrisiko	Mögliche Mechanismen für ein erhöhtes Krebsrisiko	Krebsart	Signifikante Veränderungen nach physischer Aktivität
Adipositas	↑	Erhöhung von Östrogenen, Androgenen, Insulin, C-Peptid, Leptin, TNFα, CRP, Serum-Amyloid A, IGF-1, Prostaglandine, ↓ Adiponectin	Kolorektal, Brust, Endometrium, Öso-phagus, Pankreas, Niere, NHL, Myelo-me, Magen, Prostata, Uterus, Cervix, Ovar	↓
Insulinresistenz	↑	Mitogen, antiapoptotisch, Er-höhung von IGF-1, Leptin, TNFα	Kolon, Brust, Leber, Pankreas, Niere	↓
Insulin	↑	↓ Adiponectin, SHBG	Thyreoidea, Magen, Ösophagus	↓
Leptin	↑	Mitogen, antiapoptotisch ↑ Entzündung, Angiogense ↑ Östrogen	Brust, Kolon Prostata, Lunge	↓
Adiponectin	↓	↑ Insulinresistenz und Entzün-dung, antiapoptotisch	Brust, Kolon Prostata	→
Östrogen	↑	↑ mutagen, DNA-Schäden	Leukämie	↓
Testosteron	↑	mitogen, antiapoptotisch	Brust, Prostata	→
SHBG	↓	↓ SHBG erhöht freies Östrogen und Testosteron	Endometrium	↑
IGF-I, -II, -III	↑	Mitogen, antiapoptotisch proangiogenetisch	Brust, Kolon	↓
IGFBP 1, 2, 3	↓	Bioverfügbarkeit von IGF	Prostata	2↑ 3↓
Bax-Expression	↓	↓ Apoptose	Kolon	(♂) ↑
Bcl-2-Expression	↑	↓ Apoptose	Kolon	(♂) ↓ ♀↑
Prostaglandin E$_2$	↑	↑ Kolonzellproliferation	Kolon	→
NK-Zell-Cytoto-xizität	↓	Verringerte Entdeckung und Eliminierung von anormalen Zellen	Jede Krebsart	↑
IL-6, TNFα CRP	↑	Mitogen, antiapoptotisch ↓ DNA-Reparatur ↑ Angiogenese ↑ Östrogensynthese	Brust, Kolon und viele andere Krebsarten	↓

Eine chronische niedriggradige systemische Entzündung – wie sie im Alter häufiger vorkommt – ist gekennzeichnet durch eine etwa 2–3-fache Er-höhung der zirkulierenden Cytokine TNFα, IL-1β, IL-6 und IL-1Ra, des sTNF-R und CRP (▶ Kap. 7). Über die Ursachen ist noch wenig bekannt. Eine Hypothese vermutet Fettgewebe als Ort der TNFα-Produktion (Coppack 2001) – oder aber Makrophagen in diesem Gewebe (Weisberg et al. 2003). Physische Aktivität erhöht zwar die Menge an zirkulierendem IL-6 (das ja sowohl pro- als auch antiinflammatorische Wirkungen zeigen kann), bewirkt aber auch eine Zunahme eindeutig antiinflammatorischer Cytokine wie IL-1Ra, IL-10 und des sTNF-R (Ostrowski et al. 1999). Der für proinflammatorische Cytokine zuständige Transkriptionsfaktor NFKB, dessen Aktivität im Alter ansteigt, wird durch moderate körperliche Aktivität inhibiert (Radak et al. 2004).

Ein weiterer wichtiger Faktor für die Promotion und Progression von Krebszellen ist das Immunsystem, vor allem die **NK- und cytotoxischen T-Zellen**, die Tumorzellen erkennen und zerstören können (Immunüberwachung, engl. *immunosurveillance*). Deren cytotoxische Aktivität – die im Alter abnimmt – steht in einer umgekehrten Beziehung zum Krebsrisiko (Imai et al. 2000). Die Cytotoxizität der T-Zellen wird bei Mäusen durch längere körperliche Aktivität erhöht, wobei jedoch nicht immer ein therapeutischer Effekt auf Lungenmetastasen zu beobachten war (Jadeski und Hoffman-Goetz 1996). Dieses Gebiet der Tumorsurveillance ist in rascher Entwicklung begriffen und birgt ein deutliches therapeutisches Potenzial.

Zum Schluss sei noch erwähnt, dass körperliche Aktivität zwar die Angiogenese stimuliert, aber den VEGF (*vascular endothelial growth factor*) reduziert (Gu et al. 2004). Im Überblick zeigt ◘ Tab. 14.3 eine Reihe von Faktoren auf, die das Tumorwachstum stimulieren und die durch körperliche Aktivität in ihrer Wirkung gehemmt werden. Die Daten dieser Tabelle wurden aus 353 Publikationen zwischen 1980 und 2010 gewonnen und auf ihre Signifikanz geprüft. Bei den Veränderungsrichtungen nach körperlicher Aktivität sind hier nur **signifikante Änderungen** ($p < 0{,}05$) angegeben. Bei allen Studien handelt es sich um klinische Untersuchungen an Patienten, inklusive Untersuchungen zur Primär- und Tertiärprävention. Die Patienten – Krebsüberlebende und Menschen mit einem oder mehreren Krebsrisiken – hatten jeweils ein mindestens vier Wochen dauerndes körperliches Training zu absolvieren. Im Allgemeinen war die Wirkung von körperlicher Aktivität auf die Biomarker gering bis moderat, eine stärkere Wirkung wurde hinsichtlich der Erhöhung der Immunfunktionen beobachtet.

14.4.4 Diagnostische Verfahren und therapeutische Ansätze

Diagnostische Verfahren sind die wichtigsten Grundlagen für eine Früherkennung von Tumoren und damit für eine aussichtsreiche Therapie. In den letzten 20–30 Jahren wurde eine Vielzahl von Tumormarkern und anderen diagnostischen Ansätzen analysiert und angewandt, die wir hier nicht für alle Krebsarten darstellen können. Dasselbe gilt für die zahlreichen neuen Therapieansätze bei den unterschiedlichen Tumoren.

Daher erfolgt hier nur ein kurzer Blick auf die generellen Entwicklungen von Tumortherapien auf der Grundlage von **spezifischen Inhibitoren** (*targeted therapies*). Wie hier am Beispiel der malignen Transformation von Stammzellen (◘ Abb. 14.6) gezeigt, werden zunehmend spezifische Inhibitoren von Wachstumssignalketten und von Faktoren eingesetzt, die die Blutgefäßbildung und Metastasierung stimulieren. Ebenso werden **Inhibitoren der Telomerase** verwendet. Bei den Inhibitoren der Wachstumssignalketten sind es vor allem **Hemmstoffe von Rezeptor-Tyrosin-Kinasen** (bei Nierenkrebs z. B. Sunitinib) oder der anschließenden Signalkette, etwa der Proteinkinase mTOR (z. B. Everolimus), die in zahlreichen Versionen entwickelt und angewandt werden.

Schon länger hat man versucht, das **Immunsystem** zu aktivieren, speziell Reaktionen auf Krebsantigene zu induzieren. Zudem werden allgemeine, die Immunabwehr stimulierende Cytokine, wie Interleukin 2 (IL-2) und Interferon γ (INF-γ) verwendet. In vielen Fällen konnte man damit zwar das Tumorwachstum etwas verlangsamen, musste dabei aber starke Nebenwirkungen in Kauf nehmen. Neuerdings werden **cytotoxische T-Zellen** aktiviert, die die Krebszellen zerstören können. Das geschieht mithilfe eines Antikörpers gegen das T-Zell-Protein CTLA-4 (*cytotoxic T-lymphocyte antigen 4*), was dazu führt, dass Tumorzellen verschwinden – sowohl in Mausexperimenten und auch beim Menschen. Beim Menschen waren es vor allem Melanome, die darauf reagierten. Trotzdem ist das Ausmaß an Nebenwirkungen auch hierbei hoch (Ledford 2011). Ein weiterer T-Zell-Inhibitor ist ein Protein, das PD-1 genannt wurde und das mit Antikörpern allein oder mit CTLA-4

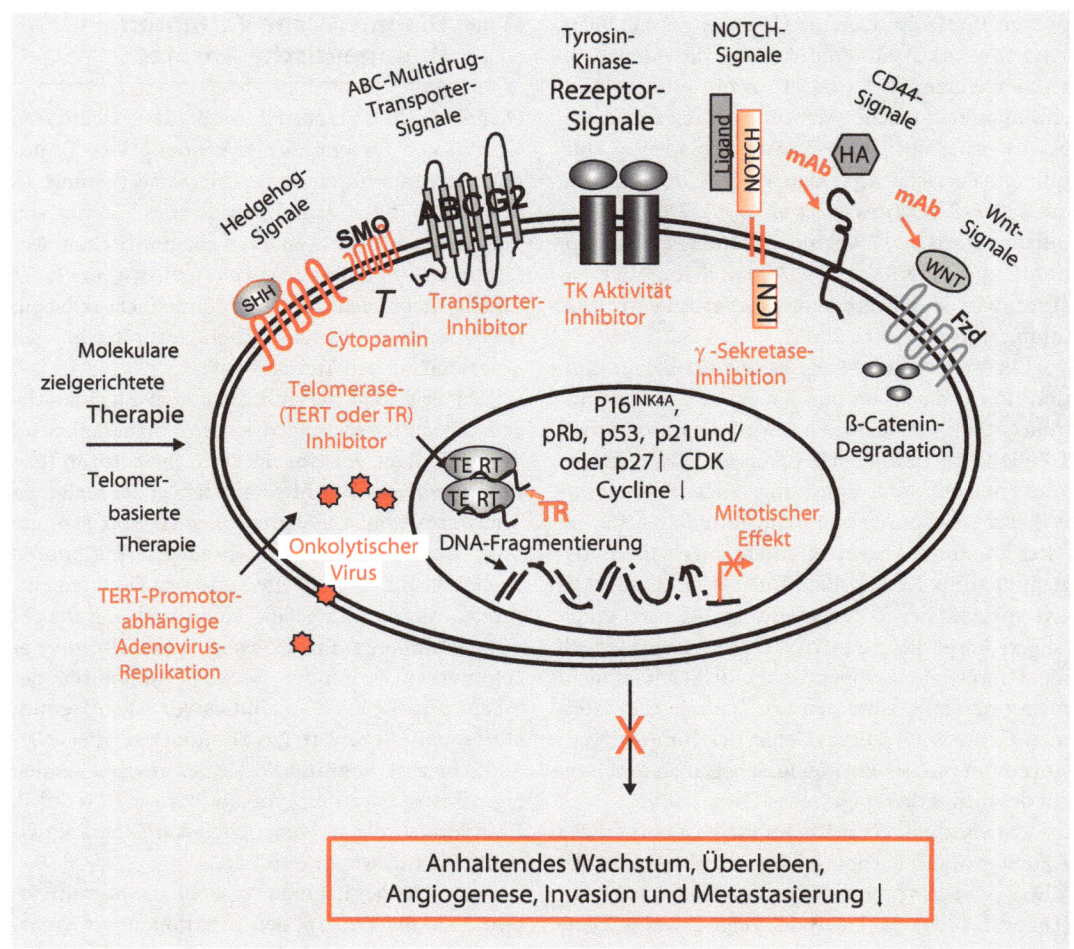

Abb. 14.6 Mögliche onkogene Prozesse bei Stammzellen in Geweben und die dagegen gezielt eingesetzten molekularen Therapien. Die Signalketten, die bei fortdauernder Aktivierung von cancerogenen Prozessen involviert sind, umfassen vor allem folgende: Tyrosin-Kinase(TK)-Rezeptoren sowie Hedgehog, Notch, Wnt/β-Catenin, Hyaluran(HA)/CD 44. Die hemmenden Wirkungen durch Pharmaka wie die selektiven Hemmstoffe für die TK-Aktivität (z. B. Gefitinib, Erlotinib oder CL 1033), für das Hedgehog-Signalelement (Cyclopamin) und für die γ-Sekretase – ebenso wie monoklonale Antikörper (mAb) gegen Wachstum, Überleben, Invasion und Metastasen. Die telomerbasierten Therapien umfassen TERT- oder TR-Inhibitoren des Telomerasekomplexes und das vom Adenovirus (Ad) produzierte onkolytische Virus. Auch der Inhibitor des ABC-*multidrug transporter* ist dargestellt (nach Mimeault und Batra 2009). p16INK4a – Zellzyklusinhibitor, p21– Zellzyklusinhibitor, p27– Zellzyklusinhibitor, CDK – *cyclin-dependent kinase*, p53– Transkriptionsfaktor, pRb – Retinoblastomprotein, ICN – *intracellular Notch*, SHH – *Sonic hedgehog*, HA – Hyaluron, TERT – katalytische Untereinheit der Telomerase, mAb – monoklonaler Antikörper, Fzd → WNT-Rezeptor

inhibiert wird. Auch eine Kryoablation in Kombination mit einer Anti-CTLA-4-Therapie scheint erfolgversprechend zu sein (Waitz et al. 2012). Wegen der großen Zahl neuer und spezifischer Krebstherapien, die wir hier nicht darstellen können, haben wir uns entschieden, nur einige Ansätze am Beispiel einer Krebsart – Prostatakrebs – zusammenzufassen. Bei Männern in vielen Ethnien ist dies die häufigste altersabhängige Krebserkrankung.

14.5 Prostatakrebs

Das Alter ist der wichtigste Risikofaktor für Prostatakrebs: 75 % der Erkrankungen werden bei Männern über 65 Jahren diagnostiziert (Übersicht: Dunn und Kazer 2011). Ein zweites Risiko ist die ethnische Zugehörigkeit: Die Inzidenz von Prostatakrebs zwischen 1999 und 2007 lag bei >250/100.000 für afroamerikanische Männer, bei 160/100.000 für weiße (kaukasische) Männer und 100/100.000 für asiatisch/pazifische Männer. Auch familiäre genetische Faktoren spielen eine Rolle beim Prostatakrebsrisiko (Haas und Sakr 1997).

14.5.1 Anatomie der Prostata

Die Prostata (Vorsteherdrüse) liegt am Ausgang der Blase und umgibt den Harnleiter und den dort einmündenden Samenleiter (▶ Kap. 10, Abb. 10.1). Ihre Funktion besteht in der Synthese einer alkalischen Flüssigkeit, die Teil des Ejakulats ist und die Spermienbeweglichkeit aktiviert. Man unterscheidet vier anatomische Zonen der Prostata, die periphere, zentrale, Übergangs- und fibromuskuläre Zone, wobei die periphere Zone etwa 75 % der Drüse ausmacht. Die **gutartige Prostatavergrößerung** (*benign prostatic hyperplasia,* BPH) entwickelt sich hauptsächlich in der Übergangzone, während etwa 75 % der **Prostatatumoren** in der peripheren Zone entstehen (Applewhite et al. 2001). Da die Prostata neben dem Rektum liegt, kann durch rektales Abtasten ihre Größe in etwa eingeschätzt werden.

14.5.2 Diagnostische Verfahren bei Prostatakrebs

Eines der wichtigsten und zurzeit noch am meisten verwendeten Verfahren ist die **Messung von** *prostata specific antigen* (**PSA**) im Blut, ein Verfahren, das seit den 1980er-Jahren angewandt wird, aber auch deutliche Mängel aufweist. PSA ist eine Serinprotease der **Kallikreinfamilie**, die von der Prostata produziert wird und im Blut normalerweise eine Konzentration von <4,0 ng/ml−1 aufweist.

Daneben werden das **rektale Abtasten** und transrektal ultraschallgeleitete **Nadelbiopsien** mit anschließender histologischer Analyse angewandt. Letztere Verfahren führen auch zu einer Einschätzung des Stadiums (I–IV), in dem sich der Prostatakrebs befindet (Sleason-Score, siehe National Comprehensive Cancer Network. Prostate Cancer Guidelines 2010. http://www.cancerstaging.org/staging/posters/prostate8.5×11.pdf).

Die Schwächen des Biomarkers PSA bestehen im Wesentlichen aus Folgendem:
- Existenz von Prostatatumoren auch bei PSA-Werten <4,0 ng/ml.
- Erhöhte PSA-Werte bei gutartiger Vergrößerung der Prostata, Infektionen oder Traumata (ohne Prostatatumore).

Falsch-positive Resultate haben öfter Ängste und unangebrachte Therapien zur Folge; außerdem müssen die PSA-Werte in Hinblick auf Ethnie, BMI, familiäre Risiken u. a. analysiert und wiederholt getestet werden (Dunn und Kazer 2011).

Neueste Studien zeigen für das US-Gesundheitsministerium und die deutschen gesetzlichen Krankenkassen keinen Vorteil des PSA-Screenings für gesunde Männer (Screening for Prostate Cancer, U. S. Preventative Services Task Force 2012; Wilt et al. 2012; Sandblom et al. 2011).

Um diese Nachteile von PSA zu vermeiden, sind in letzter Zeit zahlreiche weitere Marker getestet worden (Übersicht: Bensalah et al. 2008; Shariat et al. 2011).
- **Altersadjustierte PSA-Messungen.** Da die Prostata mit dem Alter wächst und die PSA-Konzentration von der Größe abhängt, ergeben sich bei Berücksichtigung des Alters möglicherweise genauere Messungen.
- **Molekulare Isoformen von PSA** sind das freie PSA und das an Proteaseinhibitoren (α1-Antitrypsin, α2-Makroglobulin) gebundene PSA. Obschon die Messung von freiem PSA im Vergleich zum Gesamt-PSA etwas genauer ist (bei Werten zwischen 4 und 10 ng/ml−1), ist die praktische Anwendung noch umstritten. Die Messungen von freiem PSA werden heute allerdings schon oft klinisch genutzt.
- **Menschliches Kallikrein 2 (hK2)**, eine von 15 Proteasen dieser Familie, ist PSA ähnlich und wird ebenso in der Prostata synthetisiert. Auch

hierbei sind die Vorteile dieses Biomarkers noch unklar.

— **Ein frühes Prostatakrebsantigen** (*early prostate cancer antigen*, EPCA) ist ein Protein aus der Kernmatrix, das anscheinend mit der Carcinogenese vermehrt gebildet wird. Ein Bluttest für EPCA lieferte in verschiedenen Stadien der Krebsentwicklung gute Ergebnisse, die aber noch in größeren Studien bestätigt werden müssen.

— **TGFβ (*transforming growth factor β*) und IL-6 (Interleukin 6)** und dessen Rezeptor, IL-6R, sollen mit der Entwicklung von Prostatakrebs zunehmen und Metastasenbildung anzeigen. Die Prognosegenauigkeit stieg bei einigen Studien unter Verwendung dieser Marker um etwa 10 % an.

— **Das Urokinase-Plasminogenaktivator-System** spielt bei der Metastasierung von Krebs eine Rolle, weil es wesentlich am Abbau von extrazellulären Matrixproteinen beteiligt ist. Dieses System könnte daher auch eine Messgröße für metastasierenden Prostatakrebs sein.

— **Prostatakrebsspezifische Autoantikörper** werden von manchen Patienten gegen tumorassoziierte Antigene produziert. Das Enzym α-Methylacyl-CoA-Racemase (AMACR) ist ein Protein, das stark in Prostatakrebsgewebe produziert wird. Monoklonale Antikörper gegen dieses Protein haben einen hohen diagnostischen Wert. Autoantikörper gegen AMACR wurden im Blut von Patienten mit Prostatakrebs entdeckt. Diese komplizierte Methode muss noch weiter evaluiert werden.

— Eine neue, wenn auch teure und ebenfalls komplizierte diagnostische Technik ist die **multiparametrische magnetische Resonanz(MR)-Imaging-Technik**, die für die Entdeckung, Lokalisierung, Charakterisierung und Stadiumbestimmung eingesetzt werden kann (Hoeks et al. 2011).

Zusammenfassend ist festzustellen, dass eine Reihe neuer diagnostischer Verfahren untersucht und zum Teil angewandt wird, deren Genauigkeit und Zuverlässigkeit aber noch durch weitere Studien konsolidiert werden muss.

14.5.3 Therapeutische Ansätze bei Prostatakrebs

Es gibt inzwischen evidenzbasierte klinische Richtlinien für die Behandlung von Patienten mit Prostatakrebs, ebenso wie gute Übersichten über die zurzeit verfügbaren Therapien bei den unterschiedlichen Stadien des Tumors (Dunn und Kazer 2011; Larsson et al. 2011). Bei der Behandlung von Patienten mit diagnostiziertem Prostatakrebs ist es zunächst wichtig, das **Stadium des Tumors** zu bestimmen. Dazu sollten noch das Alter des Patienten und die Komorbiditäten berücksichtigt werden. Ein individualisierter Behandlungsplan sollte dann zwischen Patient und Arzt besprochen und umgesetzt werden.

Die wichtigsten Therapieansätze und ihre möglichen Nebenwirkungen sind in ◻ Tab. 14.4 zusammengestellt.

— **Aktives Abwarten** (*active surveillance*) in der Frühphase der Krebsentwicklung ist für Patienten gedacht, die mindestens eine Lebenserwartung von 10 Jahren haben. Es besteht in der regelmäßigen Kontrolle der PSA-Werte, Ertasten der Prostatagröße und in wiederholten Biopsien (Übersicht: Dahabreh et al. 2012).

— **Radikale chirurgische Entfernung** (*radical prostatectomy*), die oft mit endoskopischer Roboterhilfe durchgeführt wird, hat (in etwa 80 % der Fälle) die Zerstörung der neurovasculären Komponenten der Erektion zur Folge. Diese kann unter bestimmten Umständen vermieden werden. Gegen die Erektionsstörungen gibt es eine Reihe von Behandlungen, u. a. die orale Gabe von Sildenafil, einem Phosphodiesterase-Typ-5-Inhibitor. Über diese und andere Risiken sollten die Patienten vor dem Eingriff informiert werden.

— **Externe Bestrahlung** (*external beam radiation therapy*, XRT) findet meistens fünf Tage in der Woche, über 4–6 Wochen statt, unter höchstmöglicher Schonung der umgebenden Gewebe. XRT wird bei fortgeschrittener Erkrankung auch mit einer Hormontherapie kombiniert. Risiken liegen vor allem in der Schädigung von Nachbarorganen wie der Blase und dortigen entzündlichen Veränderungen.

❚ **Tab. 14.4** Häufige Behandlungen von Prostatakrebs und ihre potenziellen Risiken. (Nach Dunn und Kazer 2011)		
Behandlungsoption	**Krebsprogression**	**Potenzielle Risiken**
Aktives Abwarten	Lokalisiertes Anfangsstadium	Unsicherheit über die Entwicklung des Tumors
Radikale chirurgische Entfernung	Lokalisiertes Anfangsstadium	Erektionsstörungen, Harninkontinenz
Externe Bestrahlung (Radiotherapie)	Anfangs- und fortgeschrittene Stadien	Harndrang, Durchfall, Proktitis, Erektionsstörungen, Harninkontinenz
Brachytherapie (interne Radiotherapie)	Lokalisiertes Anfangsstadium	Harndrang, Durchfall, Proktitis, Erektionsstörungen, Harninkontinenz
Kryotherapie	Lokalisiertes Anfangsstadium	Erektionsstörungen, Harndrang und -verhaltung, rektale Schmerzen und Fisteln
Hormontherapie	Fortgeschrittenes Stadium	Ermüdung (*fatigue*), Hitzewallungen, erhöhter Lipidspiegel, Insulinresistenz, cardiovasculäre Störungen Anämie, Osteoporose, Erektionsstörungen, kognitive Defizite
Chemotherapie	Fortgeschrittenes Stadium	Myelosuppression, Überempfindlichkeit, gastrointestinale Störungen, periphere Neuropathie

— **Brachytherapie (interne Bestrahlung)** besteht aus einer Einbringung von radioaktiven Substanzen in das Prostatagewebe über ultraschallgeleitete Nadeln. Dabei gibt es niedrig dosierte permanente Implantationen und höher dosierte temporäre Implantationen. Die Risikofaktoren sind ähnlich wie bei externer Bestrahlung.

— **Kryotherapie** ist ein Typ der chirurgischen Intervention, bei der eine ultraschallgeleitete Sonde in das Prostatagewebe eingeführt wird, die das Gewebe für etwa zehn Minuten auf −100° bis −200° abkühlt. Diese Methode wird bei Patienten angewandt, bei denen eine chirurgische Entfernung zu risikoreich wäre.

— **Hormontherapie** wird vor allem bei fortgeschrittenem Prostatakrebs angewandt. Ziel ist dabei die Verringerung der Konzentration männlicher Geschlechtshormone (Androgene, vor allem Testosteron). Dazu werden hauptsächlich Agonisten von LHRH (*luteinizing hormone-releasing hormone*) gegeben wie Leuprolid, Goserilin, Triptorelin und Histrelin. Diese Chemotherapie wirkt meist

2–3 Jahre – bis die PSA-Konzentration wieder ansteigt. Neue Chemotherapeutika sind u. a. MDV 3100, ein Antagonist von Androgenrezeptoren (AR), Arbirateron, ein Inhibitor der Androgenbiosynthese und andere cytotoxische Substanzen (Epothilon, Satraplatin). Neue Untersuchungen haben gezeigt, dass Prostatakrebszellen zur Proliferation eine AR-Stimulation brauchen (Larsson et al. 2011). Die Nebenwirkungen der Hormontherapien können die Lebensqualität allerdings deutlich beeinträchtigen (❚ Tab. 14.4).

— **Chemotherapie** wird vor allem bei Patienten angewandt, deren Prostatakrebsmetastasen unempfindlich für Hormontherapien sind. Die Standardbehandlung beträgt 75 mg/m^2 Docetaxel alle drei Wochen und 5 mg Prednison zweimal täglich. Auch diese Chemotherapie hat Nebenwirkungen (❚ Tab. 14.4). In zweiter Linie wird zurzeit Cabasetaxel in den USA angewandt. Zur Vorbeugung gegen Prostatakrebsmetastasen im Knochen wurde Denosumab entwickelt, das ein Protein hemmt (RANKL ▶ Kap. 4), das zum krebsbedingten

Knochenabbau beiträgt. Es ist in den USA zugelassen. Zudem wurde ein neuer **Impfstoff** entwickelt (Sipuleucel-T), der das Immunsystem dazu veranlasst, Krebszellen der Prostata zu zerstören. Der Impfstoff war in ersten Untersuchungen wirkungsvoll (Cheever und Higano 2011), muss aber noch in größeren Studien getestet werden.

14.6   Zusammenfassung

Krebs entwickelt sich beim Menschen vorwiegend im höheren Alter, etwa ab dem 5.–6. Lebensjahrzehnt. Die Inzidenzrate (Krebsfälle pro Jahr und pro 100.000 Personen) liegt zurzeit im Mittel bei etwa 400 in den meisten Industriestaaten. Es handelt sich dabei zunächst um eine unkontrollierte Vermehrung von Zellen (Initiation), dann um weitere Eigenschaften wie z. B. Förderung der Angiogenese und des weiteren Wachstums (Promotion) und schließlich um Einwanderung und Wachstum von Krebszellen in andere Gewebe (Progression). In fast allen Geweben, vor allem Epithelien, können sich offenbar aus einzelnen Zellen Krebszellen und -wucherungen bilden, Krebszellen aus dem gleichen Gewebe können sich darüber hinaus bei verschiedenen Personen in ihrem Genaktivitätsmuster unterscheiden.

Das meist in höherem Alter zu registrierende Auftreten von Krebs ist wesentlich auf seine Entstehungsgeschichte zurückzuführen: Sie beruht auf einer sequenziellen Folge von somatischen Mutationen in einem aus einer Zelle hervorgegangenen Klon. Diese Mutationen müssen proliferationsaktivierend sein und endogene Antikrebsmechanismen (z. B. durch das Immunsystem, proliferative Seneszenz, Telomerase-Blockierung, Migrationshemmung, Kontakthemmung, Apoptose) aufheben. Eine solche Selektion von mutativen Veränderungen braucht eine gewisse Mutationsrate (z. B. durch ROS bewirkte DNA-Schäden) und eine längere Zeit von manchmal mehr als zwei Jahrzehnten. Zu den Veränderungen in den Krebszellen gehören auch epigenetische Methylierungen/Demethylierungen an CpG-Inseln und Konzentrationsveränderungen von Mikro-RNA. Bewirkt werden diese Mutationen und epigenetischen Veränderungen durch endogene Prozesse (ROS-Produktion, Replikationsfehler, altersbedingte Verringerung der DNA-Reparatur) und exogene Faktoren (Aufnahme von krebsinduzierenden Substanzen durch Rauchen, UV- und γ-Strahlung etc.).

Vorbeugend gegen Krebsentwicklung werden heute die Aufnahme von Nahrungsstoffen mit antioxidativen Anteilen und physische Aktivität empfohlen, ebenso die Vermeidung von carcinogenen Faktoren wie Zigarettenrauch, Grillfleisch, einer ungeschützten Sonnenexposition u. a. Tumorvorbeugend ist auch die regelmäßige Darmspiegelung, Ultraschalluntersuchungen von Niere, Leber, Magen, Tests auf Prostatakrebs und Mammographie. Für solche Tumoren empfiehlt sich in der Regel eine radikale chirurgische Entfernung als erster Schritt. Je nach Tumorart wird dann oft eine Strahlen- und/oder Chemotherapie angeschlossen. Die Chemotherapien haben sich in den letzten Jahren effektiv in eine Richtung verändert: Sie richten sich gegen bestimmte Signalketten (z. B. Proliferation oder Angiogenese) (*targeted therapy*) und bringen so das Tumorwachstum für einige Zeit zum Stillstand. Das hat z. T. eine deutliche Lebensverlängerung und Erhöhung der Lebensqualität der Patienten zur Folge. Andere Therapien verstärken gerichtet die Immunabwehr gegen Krebs, wieder andere hemmen epigenetische Faktoren bzw. bestimmte Mikro-RNA, die das Tumorwachstum fördern. Das bedeutet eine Entwicklung der medizinischen Therapien, die wesentlich die molekularen Mechanismen in den individuellen Tumoren berücksichtigen, d. h. eine »personalisierte Medizin«. Hier haben wir uns auf die allgemeine Diagnostik und Therapie von Prostatakrebs beschränkt, der eine typische, sehr häufige und altersabhängige Krebsform bei Männern darstellt. Brustkrebs bei Frauen tritt oft schon in früheren Lebensjahren auf.

Literatur

Applewhite JC, Matalaga BR, McCullough DL et al (2001) Transrectal ultrasound and biopsy in the early diagnosis of prostate cancer. Cancer Control 8:141–150

Asami S, Hirano T, Yamaguchi R et al (1998) Reduction of 8-hydroxyguanine in human leukocyte DNA by physical exercise. Free Radic Res 29:581–584

14

Bensalah K, Lotan Y, Karam JA et al (2008) New circulating biomarkers for prostate cancer. Prostate Cancer Prostatic Dis 11:112–120

Calabuig-Farinas S, Lopez-Guerrero JA, Llombart-Bosch A (2011) The GIST paradigm: how to establish diagnostic and prognostic criteria. Arkh Patol 73:13–21

Chapelle de la A, Jazdzewski K (2011) MicroRNAs in thyroid cancer. J Endocrinol Meta 96:3326–3336

Cheever MA, Higano C (2011) PROVENCE (Sipuleucel-T) in prostate cancer: the first FDA approved therapeutic cancer vaccine. Clin Cancer Res 17:3520–3526

Chen JN, He D, Tang F, Shao CK (2012) Epstein-Barr virus-associated gastric carcinoma: a newly defined entity. J Clin Gastroenterol 46:262–271

Coppack SW (2001) Pro-inflammatory cytokines and adipose tissue. Proc Nutr Soc 60:349–356

Dahabreh IJ, Chung M, Balk EM, Yu WW et al (2012) Active surveillance in men with localized prostate cancer: A systematic review. Ann Intern Med (Epub ahead of print)

Dunn MW, Kazer MW (2011) Prostate cancer overview. Semin Oncol Nurs 27:241–250

Fehrenbach E, Northoff H (2001) Free radicals, exercise, apoptosis, and heat shock proteins. Exerc Immunol Rev 7:66–89

Gu JW, Gadonski G, Wang J et al (2004) Exercise increases endostatin in circulation of healthy volunteers. BMC Physiol 4:2

Gullett NP, Ruhul Amin AR, Bayraktar S et al (2010) Cancer prevention with natural compounds. Semin Oncol 37:258–281

Haas G, Sakr W (1997) Epidemiology of prostate cancer. CA Cancer J Clin 47:273–287

Hoeks CM, Barentsz JO, Hambrock T et al (2011) Prostate cancer: multiparametric MR imaging for detection, localization, and staging. Radiology 261:46–66

Hursting S, Cantwell M, Sansbury L et al (2006) Primary prevention by nutrition intervention in infancy and childhood. Nestlé Nutr Workshop Ser Pediatr Program 57:153–202

Imai K, Matsuyama S, Miyake S et al (2000) Natural cytotoxic activity of peripheral-blood lymphocytes and cancer incidence: an 11-year follow-up study of a general population. Lancet 356:1795–1799

Jadeski L, Hoffman-Goetz L (1996) Exercise and in vivo natural cytotoxicity against tumour cells of varying metastatic capacity. Clin Exp Metastasis 14:138–144

Jazdzewski K, Murray EL, Franssila K, Jarzab B et al (2008) Common SNP in pre-miR-146a decreases mature miR expression and predisposes to papillary thyroid carcinoma. Proc Natl Acad Sci USA 105:7269–7274

Jemal A, Siegel R, Ward E, Hao Y et al (2009) Cancer statistics, 2009. CA Cancer J Clin 59:225–249

Jung KW, Park S, Kong HJ, Won YJ et al (2012) Cancer statistics in Korea. Incidence, mortality, survival, and prevalence in 2009. Cancer Res Treat 44:11–24

Khan SI, Aumsuwan P, Khan IA et al (2012) Epigenetic events associated with breast cancer and their prevention by dietary components targeting the epigenome. Chem Res Toxicol 25:61–73

Larsson R, Mongan N, Johansson M et al (2011) Clinical trial update and novel therapeutic approaches for metastatic prostate cancer. Curr Med Chem 18:4440–4454

Leal JA, Feliciano A, Lleonart ME (2011) Stem cell MicroRNAs in senescence and immortalization: novel players in cancer therapy. Medicinal Research Reviews DOI 10.1002/med.20246

Ledford H (2011) Melanoma drug wins US approval. Nature 471:561

Lee WJ, Shim JY, Zhu BT (2005) Mechanisms for the inhibition of DNA methyltransferases by tea catechins and bioflavonoids. Mol Pharmacol 68:1018–1030

Liu C, Kelnar K, Liu B, Chen X et al (2011) The microRNA miR-34a inhibits prostate cancer stem cells and metastasis by directly repressing CD44. Nat Med 17:211–215

Lovat F, Valeri N, Croce CM (2011) MicroRNAs in the pathogenesis of cancer. Semin Oncol 38:724–733

McArdle A, Jackson MJ (2000) Exercise, oxidative stress and ageing. J Anat 1997 Pt 4:539–541

Mimeault M, Batra SK (2009) Recent insights into the molecular mechanisms involved in aging and the malignant transformation of adult stem/progenitor cells and their therapeutic implications. Aging Res Rev 8:94–112

Moore RL, Dai Y, Faller DV (2012) Sirtuin 1 (SIRT1) and steroid hormone receptor activity in cancer. J Endocrinology 213:37–48

Münstedt K (Hrsg) (2003) Ratgeber unkonventionelle Krebstherapien. Ecomed, Landsberg

Münstedt K, Thienel P (2008) Patientenratgeber Krebs. Alternative Therapien medizinisch bewertet. Knaur, München

Ostrowski K, Rohde T, Asp S et al (1999) Pro- and anti-inflammatory cytokine balance in strenuous exercise in humans. J Physiol 515:287–291

Radak Z, Chung HY, Naito H et al (2004) Age-associated increase in oxidative stress and nuclear factor kappaB activation are attenuated in rat liver by regular exercise. FASEB J 18:749–750

Radpour R, Kohler C, Haghighi MM (2009) Methylation profiles of 22 candidate genes in breast cancer using high-throughput MALDI-TOF mass array. Oncogene 28:2969–2978

Reinhardt HC, Schumacher B (2012) The p53 network: cellular and systemic DNA damage responses in aging and cancer. Trends Genetics 28:128–136

Reya T, Morrison SJ, Clarke MF, Weissmann IL (2001) Stem cells, cancer, and cancer stem cells. Nature 414:105–111

Robert-Koch-Institut und Gesellschaft der epidemiologischen Krebsregister in Deutschland e. V. (Hrsg) (2012) Krebs in Deutschland 2007/2008. 8. Ausgabe, RKI, Berlin

Rogers CJ, Colbert LH, Greiner JW et al (2008) Physical activity and cancer prevention: pathways and targets for intervention. Sports Med 38:271–296

Sandblom G, Varenhorst E, Rosell J et al (2011) Randomised prostate cancer screening trial: 20 year follow-up. BMJ 342: d1539

Schroedl C, Kalhan R (2012) Incidence, treatment options, and outcomes of lung cancer in patients with chronic obstructive pulmonary disease. Curr Opin Pulm Med 18:131–137

Screening for Prostate Cancer, U. S. Preventative Services Task Force (2012) http://www.uspreventiveservicestask-force.org/prostatecancerscreening.htm. Accessed 20 July 2012

Seki S, Nakashima H, Nakashima M, Kinoshita M (2011) Anti-tumor immunity produced by the liver Kupffer cells, NK cells, NKT cells, and CD8+CD122+T cells. Clin Dev Immunol 868345. doi: 10.1155/2011/868345. (Epub 2011 Nov 29)

Shariat SF, Scherr DS, Gupta A et al (2011) Emerging bio-markers for prostate cancer diagnosis, staging, and prognosis. Arch Esp Urol 64:681–694

Shay JW, Wright WE (2011) Role of telomeres and telomerase in cancer. Semin Cancer Biol 21:349–353

Subramanian J, Govindan R (2007) Lung cancer in never smokers: a review. J Clin Oncol 25:561–570

Suh MR, Lee Y, Kim JY, Kim SK et al (2004) Human embryonic stem cells express a unique set of MicroRNAs. Dev Biol 270:488–498

Sullivan T, Ashbury FD, Fallone CA, Naja F et al (2004) *Helico-bacter pylori* and the prevention of gastric cancer. Can J Gastroenterol 18:295–302

Sun Z, Asmann YW, Kalari KR et al (2011) Integrated analysis of gene expression, CpG island methylation, and gene copy number in breast cancer cells by deep sequencing. PLoS One 6: e17490

Surh Y-J (2003) Cancer chemoprevention with dietary phyto-chemicals. Nature Reviews Cancer 3:768–780

Tsugane S, Sasazuki S (2007) Diet and the risk of gastric cancer: review of epidemiological evidence. Gastric Cancer 10:75–83

Vargas J, Feltes BC, Poloni JF, Lenz G et al (2012) Senescence; an endogenous anticancer mechanism. Front Biosci 17:2616–2643

Waitz R, Solomon SB, Petre EN, Trumble AE et al (2012) Potent induction of tumor immunity by combining tumor cryoablation with anti-CTLA-4 therapy. Cancer Res 72:430–439

Weisberg SP, McCann D, Desai M et al (2003) Obesity is associated with macrophage accumulation in adipose tissue. J Clin Invest 112:1796–1808

Wicha MS, Liu S, Dontu G (2006) Cancer stem cells: An old idea – a paradigm shift. Cancer Res 66:1883–1890

Wilt TJ, Brawer MK, Jones KM et al (2012) Radical prostatecto-my versus observation for localized prostate cancer. N Engl J Med 367:203–213

Winzer BM, Whiteman DC, Reeves MM et al (2011) Physical activity and cancer prevention: a systematic review of clinical trials. Cancer Causes Control 22:811–826

14

Ausblick

Das biologische Altern ist – wie wir oben dargestellt haben – überwiegend durch verminderte Leistungen der Zellen allgemein und aller Funktionssysteme im Besonderen gekennzeichnet. Diese Prozesse sind letztlich nicht zu verhindern und verursachen schließlich den Tod des Individuums. Das ist von der Natur, wohl auch von evolutionären Selektionsprozessen, so vorgesehen, um das Überleben von Arten und Populationen zu sichern. Dieses Ziel wird bei verschiedenen Tier- und Pflanzenarten mit unterschiedlichen Alterungsgeschwindigkeiten verfolgt.

Mit dieser Bilanz wollen wir jedoch nicht das deprimierende Bild des Alterns verfestigen, wie es lange vorherrschend war. Im Gegenteil: Eine realistische Einschätzung der Defizite erlaubt unserer Meinung nach eine bessere Nutzung von vorbeugenden Maßnahmen im Alter und lässt die vorhandenen Kapazitäten deutlicher werden. Alte Menschen sind heute schon oft aktiver im Beruf, bei ehrenamtlichen Tätigkeiten, künstlerischen Aktivitäten sowie in der Freizeit und bei Aufgaben in der Familie, wie der Betreuung von Enkelkindern. Dieser sogenannte »Großmuttereffekt« verleiht der postreproduktiven Zeit noch einen wichtigen gesellschaftlichen Sinn.

Das »gesunde Altern« ist ein Ziel, das die oben genannten Defizite allgemein durch gesunde Ernährung sowie körperliche und geistige Aktivität zu vermindern sucht. Darüber hinaus ist es wichtig, altersabhängige Defizite und Erkrankungen rechtzeitig zu erkennen und gegebenenfalls medizinisch zu behandeln. Da der Alterungsprozess immer ein individueller Vorgang ist, ist das große Ziel eine »personalisierte Medizin«, d. h. eine Analyse und Behandlung jeweils individueller Defizite. Das bedeutet vor allem auch eine Analyse der molekularen Alterungsprozesse, die neue Behandlungsmöglichkeiten eröffnen kann. Daher haben wir diesen Aspekt hier besonders vertieft.

Glossar

α-Crystallin Wasserlösliches Protein in der Augenlinse, bildet große Aggregate und ähnelt den kleinen (15–30 kDa) Hitzeschockproteinen (HSP). Erhöht wie diese die Stresstoleranz.

Akrosomenreaktion Verschmelzung der Spitze des Spermiums (Akrosom) mit der Membran der Eizelle unter Freisetzung von Enzymen, die das weitere Eindringen des Spermiums ermöglichen. Sie verhindert aber auch das Eindringen weiterer Spermien.

Anabol Aufbauend, Synthese von Proteinen und anderen Molekülen.

Anaphase-promoting complex **(APC) oder Cyclosom (C)** Ist ein Enzymkomplex aus der Familie der Ubiquitin-Ligasen. Markiert Zellzyklusproteine zur Degradation und fördert damit den Übergang von der Anaphase zur Mitosephase.

Androgene Sammelbegriff für männliche Sexualhormone wie Testosteron u. a.

Aneuploidie Abweichung vom normalen Chromosomensatz (46 beim Menschen), z. B. → Trisomie.

Anti-Müller-Hormon (AMH) Ein Glykoprotein, das eine Rolle bei der sexuellen Differenzierung während der Embryonalentwicklung spielt. Es bewirkt die Rückbildung der Müller-Gänge beim männlichen Embryo.

Apoptose Auch programmierter Zelltod genannt, ist der von der Zelle über mehrere Signalwege eingeleitete Zelltod – nach Schädigung der Zelle oder nach körpereigenen Signalen. A. ist erkennbar an DNA-Fragmenten bestimmter Länge oder deren Multiplen.

Atrophie Rückbildung eines Organs oder Gewebes.

Autosomale Vererbung Vererbung von Genen auf den 44 autosomalen Chromosomen.

Bilirubin Abbauprodukt des Häm aus dem Blutfarbstoff Hämoglobin.

Blut-Hirn-Schranke Bei Landwirbeltieren vorhandene Barriere zwischen Blutkreislauf und dem Zentralnervensystem. Endothelzellen, die über Tight Junctions eng miteinander verbunden sind, bilden wesentlich diese Barriere.

Brodman-Areale In Felder eingeteilte Großhirngebiete des Menschen.

Bulla (Plural Bullae) Größere Flüssigkeit enthaltende Blasen.

Caspase 3 Mitglied der Cystein-Asparaginsäure-Proteasefamilie. Spielt eine entscheidende Rolle bei der Apoptose.

Cerebrospinalflüssigkeit Flüssigkeit, von der Gehirn und Rückenmark umgeben sind.

Chiasma (Plural Chiasmata) Überkreuzungen von Nicht-Schwesterchromatiden, die in einer bestimmten Phase der ersten Reifeteilung (Meiose I) auftreten. Sie sind Grundlage des Chromatidenstückaustauschs (Crossing over).

CpG-Inseln Regionen in der DNA, an die Methylgruppen gebunden werden können, die dann die Expression von Genen verändern. Ein sogenannter epigenetischer Mechanismus.

Cystatin C Körpereigenes Protein, das zur Bestimmung der glomerulären Filtrationsrate (GF) verwendet wird.

D-Dimere Spaltprodukte des Fibrins, das aus D- und E-Untereinheiten besteht. D-Dimere bestehen aus zwei D-Untereinheiten. Werte im Referenzbereich $< 0{,}5$ mg/l Plasma dienen u. a. der Kontrolle bei Thrombolysetherapie.

Dienkonjugate Produkte bei der Lipidperoxidation wie z. B. Malondialdehyd.

Down-Syndrom Physische und psychische Störungen aufgrund von Trisomie 21.

E3-Ubiquitin-Ligase Katalysiert zusammen mit einem E-2-Ubiquitin-konjugierenden Enzym die Bindung von → Ubiquitin an ein Lysin eines Proteins, das zum Abbau bestimmt ist

Ektoderm Äußeres der drei embryonalen Keimblätter, aus dem sich z. B. die Hautoberfläche und das Nervensystem entwickeln.

Elastin Ein elastisches Faserprotein im Bindegewebe, erlaubt Streckung und Kontraktion des Gewebes.

Endotoxine Hochmolekulare Komplexe aus Polysaccharid-, Protein- und Lipidkomponenten, die bei Auflösung von gramnegativen Bakterien freigesetzt werden.

Endocytose Aufnahme von Partikeln in das Cytoplasma über Einstülpungen der Plasmamembran, die dann im Cytoplasma die Partikel vollständig umschließt.

Epigenetik Langanhaltende Veränderungen der Genaktivität, z. B. induziert durch starken Stress in der Kindheit. Sie werden verursacht a) durch Methylierung/Demethylierung bestimmter DNA-Sequenzen, meist CpG oder b) durch Acetylierung/Deacetylierung der die DNA umgebenden Histone. Eine CpG-Methylierung führt in der Regel zu einer Verminderung der Transkriptionsaktivität dieser Region. Manchmal werden auch Veränderungen in der Konzentration verschiedener → Mikro-RNA dazugezählt.

Epiphyse 1. Pinealorgan (Zirbeldrüse), produziert das Hormon Melatonin, 2. Endstücke der langen Röhrenknochen.

Episome Ringförmige DNA-Stränge.

Erythropoetin Hormon, das die Produktion von Erythrocyten im Knochenmark anregt, wird überwiegend in der Niere gebildet.

Eusozial Verhalten bei der Staatenbildung von Tieren wie kooperative Brutpflege, gemeinsame Nahrungsbeschaffung, Teilung in fruchtbare und unfruchtbare Tiere, Zusammenleben mehrerer Generationen.

Fovea centralis Bereich des schärfsten Sehens bei Säugern aufgrund der dort vorhandenen hohen Dichte der Lichtsinneszellen.

Gentamycin Ein Aminoglykosid-Antibiotikum, das ototoxisch wirkt.

Geschlechtschromosomen Der Mensch hat in seinen (diploiden) Körperzellen 44 autosomale und 2 Geschlechtschromosomen: entweder 2 X-Chromosomen (♀) oder 1 X- und 1 Y-Chromosom (♂).

Gliazellen Stütz- und Versorgungszellen für Neuronen im Gehirn.

Glucosaminoglykane Aus sich wiederholenden Disacchariden aufgebaute saure Polysaccharide. Einzelne Disaccharide bestehen z. B. aus Glucuronsäure. Lange Ketten davon kommen im Knorpel, als Gelenkschmiere oder im Glaskörper des Auges vor.

Graue Substanz Gebiete des Gehirns, die vorwiegend aus Nervenzellkörpern bestehen.

Haplotyp Varianten des Genotyps: Ein diploider Organismus kann bei zwei Allelen (alternative Zustandsformen von Genen) z. B. auf einem Chromosom A und B, auf dem anderen a und b oder auf einem Chromosom A und b und dem anderen a und B enthalten. Die Haplotypen (haploide Chromosomen) können daher unterschiedlich sein.

Hepatektomie Teilweise oder vollständige Entfernung der Leber.

Histone Proteingerüst um die DNA, hat auch genregulatorische Funktionen.

Homocystein Ist eine natürlich vorkommende Aminosäure (nicht in Proteinen), die durch S-Demethylierung von L-Methionin entsteht. Erhöhte Mengen im Blut schädigen die Blutgefäße und stehen im engen Zusammenhang mit Depressionen und Demenzerkrankungen im Alter.

Hypogonadismus Unvollkommene oder fehlende Ausbildung bzw. sekundäre Rückbildung der primären oder auch sekundären Geschlechtsmerkmale, oft aufgrund einer gestörten Funktion der Gonaden und ihrer Hormone.

Inzidenz Anzahl der Neuerkrankungen an einer bestimmten Krankheit innerhalb eines bestimmten Zeitraums. Maß zur Charakterisierung des Krankheitsgeschehens in einer bestimmten Population.

Kachexie Verringerung der Muskelmasse durch Krankheiten, z. B. durch Krebs.

Kallikrein Ist eine Serin-Protease, d. h. ein Enzym, das die Aminosäure Serin im aktiven Zentrum enthält und Protein spalten kann. Beim Menschen sind 15 Subtypen bekannt.

Kalorienrestriktion (*calorie restriction*, **CR**) Reduktion der Nahrungszufuhr, die die Lebensdauer von zahlreichen tierischen Organismen verlängert (► Kap. 2).

Kapazitation Teil einer Reaktion, durch die Spermien befruchtungsfähig werden.

katabol Abbauend, Abbau von Proteinen und anderen Molekülen.

Keimbahn Zellen, die sich durch die Generationen von Individuen einer Art als Keimzellen (Ei- und Samenzellen) oder deren Vorläufer fortsetzen.

Klimakterium Wechseljahre der Frau, Übergangsphase von der vollen Geschlechtsreife zur postreproduktiven Phase.

Kollagen Typ I, II u. a. Fibrilläre unverzweigte Proteine in Knochen, Knorpel, Haut, Bindegewebe, Bändern, Sehnen; spielen eine essenzielle Rolle als Gerüstproteine.

Kreatinin Anhydrid des Kreatins, überwiegende Ausscheidungsform durch die Niere; Menge an K. im Blut wird als Test für die Funktion der Niere genutzt.

Krebs Bezeichnet in der Medizin einen bösartigen (malignen) Tumor bzw. eine bösartige Neoplasie. Dazu gehören vor allem die epithelialen Tumoren (Carcinome) und die mesenchymalen Tumoren (Sarkome). Gutartige Tumoren werden in der Fachsprache nicht als Krebs bezeichnet.

Lactonring Esterbindung zwischen einer Hydroxyl- und einer Carboxylgruppe, bei der ein innermolekularer Ring entsteht.

Langerhans-Zellen Immunzellen in der Epidermis, die zum Monocyten/Makrophagen-System gehören und Antigene präsentieren können.

Langzeitpotenzierung (LTP) Langfristige Verstärkung von Synapsen u. a. bei Speicherung von Inhalten im Langzeitgedächtnis.

Lebensdauer, maximale (*maximal lifespan, MLSP*) Längste beobachtete Lebensdauer innerhalb einer Art oder einer Population.

Lebensdauer, mittlere Statistisches Mittel der Lebensdauer einer Art oder Population.

Libido Nach Sigmund Freud die Triebmanifestation begleitende psychische Energie.

Lipidhydroperoxide Primäre Oxidationsprodukte ungesättigter Fettsäuren und Fettsäureester.

Lipofuscin Intrazellulärer Komplex aus Mitochondrienresten und anderen Proteinen; nimmt im Alter zu.

Lysosom Zelluläres membranumhülltes Organell zur Verdauung/Entsorgung von Substanzen.

magnetic resonance imaging (**MRI**) Bildgebendes Verfahren zur Darstellung von Gewebestrukturen im Körperinnern.

Matrixmetalloproteinasen (MMP) Zink-abhängige Endo- und Exopeptidasen (ca. 54 Familien).

Meiose I und II Zwei Reifeteilungen, bei denen das ursprüngliche diploide (doppelte) Genom der Keimzelle auf die Hälfte (haploides Genom) reduziert wird.

Menopause Zeitpunkt der letzten Menstruation.

Meristem Zellluläre Wachstumszone bei Pflanzen.

Mesoderm Mittleres der drei embryonalen Keimblätter, aus dem sich u. a. Knochenskelett, Muskeln, Bindegewebe, Blutgefäße und der Urogenitaltrakt entwickeln.

Metabolisches Syndrom Risikofaktor für koronare Herzerkrankungen, bestehend u. a. aus abdominaler Fettleibigkeit, Bluthochdruck, hohen Cholesterolwerten und Insulinresistenz.

Mikroarray Sammelbezeichnung für molekularbiologische Untersuchungssysteme, mit denen z. B. zahlreiche Gene auf ihre Expression analysiert werden können.

Mikro-RNA (miRNA) Nicht proteincodierende RNA-Moleküle, die meist an 3'-untranslatierte Regionen (UTR) von messenger-RNA binden. So verringern sie deren Translation.

Mismatch-Reparatur DNA-Reparatur von Fehlpaarungen, die während der DNA-Replikation entstehen können.

Mitophagie Verdauung von Mitochondrien durch Lysosomen.

Morbidität Krankheitshäufigkeit in einer bestimmten Population, → Prävalenz.

Mortalität Sterblichkeit, Sterbefälle pro Bevölkerungszahl.

Mortalität, extrinsische Sterblichkeit unter bestimmten äußeren Bedingungen.

Muskelsatellitenzellen Wichtig für das Wachstum von Muskelfasern. Dabei teilen sich die Muskelsatellitenzellen, und eine der Zellen verschmilzt dann mit der Muskelfaser, z. B. bei Heilungs- und Wachstumsprozessen.

Myeloperoxidase (MPO) Enzym in neutrophilen Granulocyten, das bei der Regulation und Termination von Entzündungsprozessen eine wichtige Rolle spielt.

Myocarditis Entzündliche Erkrankung des Herzmuskels.

Neurotransmitter Substanzen, die von Nervenzellen in den sogenannten synaptischen Spalt abgegeben werden – proportional zu der Erregung, die über Aktionspotenziale vermittelt wird. Sie erzeugen an der postsynaptischen Membran der angrenzenden Zelle ein von der Menge des Neurotransmitters abhängiges Membranpotenzial, das wiederum in schnell fortgeleitete Aktionspotenziale umgewandelt wird. Beispiele für Neurotransmitter sind Acetylcholin, Noradrenalin, Glutamat u. a.

OGG1 8-Oxoguanin-Glykosylase; ein Enzym, das an der Basenexzisionsreparatur beteiligt ist.

Oligomer Molekül, das aus mehreren strukturell gleichen oder ähnlichen Einheiten aufgebaut ist.

Onkogen (von griech. *onkas* = Geschwulst) Mutierte Form eines Protoonkogens, von denen es nach heutigem Kenntnisstand über 100 gibt. Protoonkogene sind normale Gene, deren Proteine an der Regulation des Zellwachstums beteiligt sind. Durch Mutation überaktivierte Protoonkogene

(*gain of function*) können zur Krebsentstehung beitragen und so zu Onkogenen werden.

Opportunistische Arten Arten, die oft in einer instabilen Umwelt leben und sich bei günstigen Bedingungen rasch vermehren.

Osteocalcin Protein der Knochenmatrix, das in Osteoblasten gebildet wird und Calcium bzw. Hydroxylapatit bindet. Serumspiegel ist altersabhängig.

Parasympathikus (Vagus) Abgrenzbarer Teil des vegetativen Nervensystems, der u. a. Herz-, Magen-, Darm-, Blasen- und Geschlechtsorgan-Funktionen reguliert.

Paraventrikulärer Nucleus (PVN) Kern im Hypothalamus, Bildungsort von Neuropeptiden (z. B. CRH) und Neutronentransmittern.

Parvozelluläre Neurone Gehören zu einem Teil des Corpus geniculatum laterale (CGL) und sind vor allem für eine differenzierte Farbwahrnehmung wichtig.

Pentosephosphatweg Stoffwechselweg zur Verwertung von Kohlenhydraten. Dabei entstehen $NADPH/H^+$ und Pentosen.

Pentosidine Biomarker für *advanced glycation end products* (AGE) und ein Mitglied dieser großen Gruppe.

Pinocytose Aufnahme von Flüssigkeit und darin gelöster Substanzen in das Cytoplasma über Einstülpungen der Plasmamembran, die sich im Innern der Zelle zu Bläschen abrunden.

Plastizität Veränderbarkeit/Flexibilität von neuronalen Verbindungen im Gehirn aufgrund von Erfahrungen.

Pleiotropie, antagonistische Unterschiedliche (gegensätzliche) Genwirkungen in der Entwicklung/Reife und im Alter.

Positronen-Emissionstomographie Bildgebendes Verfahren, das Schnittbilder von lebenden Organismen erzeugt.

Prävalenz Anzahl der Krankheitsfälle einer bestimmten Krankheit innerhalb eines bestimmten Zeitraums: Prävalenzrate: Anzahl der Erkrankten im Verhältnis zur Anzahl untersuchter Personen.

Priming Initiierung einer synaptischen Verbindung bzw. einer Differenzierung von Zellen; bei T- und B-Zellen erster Kontakt mit einem Antigen.

Proteasom Ein Proteinkomplex (1,700 kDa), der bei Eukaryoten Proteine abbaut.

PTCA Perkutane transluminale Angioplastie; die Ballondilation eines verengten Herzkranzgefäßes.

Quick-Wert Nach dem amerikanischen Arzt A. James Quick benannte Messmethode zur Bestimmung der Thromboplastin-Zeit von der Thromboplastin-Zugabe bis zu ersten Gerinnungsanzeichen (Auftreten von Fibrinfäden). Bei normaler Blutgerinnung dauert das 11–16 s.

Redox-Status Das Verhältnis von oxidierenden zu reduzierenden Substanzen in der Zelle. Normalerweise überwiegen die reduzierenden Substanzen.

restraint stress-**Modell** Maßvolle (geringe) Stressbehandlung.

retinotop Eigenschaft des Corpus geniculatum laterale, Informationen bildgetreu (wie auf der Retina) im visuellen Cortex abzubilden.

Rezidivprophylaxe Maßnahmen, die dazu dienen, das Wiederauftreten (Rezidiv) einer Krankheit nach Heilung zu vermeiden.

Sarkomer Strukturelle und funktionelle Kontraktionseinheit des quer gestreiften Muskels. Wesentliche Bestandteile sind Actin und Myosin.

Sarkopenie Verringerung der Muskelmasse durch Altern, Mangelernährung u. a.

Segmentation Rhythmische Segmentierung durch lokale Kontraktionen der Ringmuskulatur des Darms.

Single nucleotide polymorphism (SNP) Variationen einzelner Basenpaare im DNA-Strang, z. B. Austausch von Cytosin durch Thymin (C–G wird zu T–A).

Somatische Rekombination Austausch von DNA-Fragmenten in den Genen für den variablen Teil von Antikörpern in B-Zellen oder von Rezeptoren der T-Zellen des Immunsystems. Bewirkt die hohe Variabilität der Struktur dieser Moleküle.

Sphinkter Schließmuskel.

Stammzellen Teilungsfähige Zellen, die noch nicht oder erst geringfügig differenziert sind. Sie produzieren Zellen, die sich z. B. zu verschiedenen Blutzellen differenzieren.

Subarachnoidalblutung Freies Blut in der → Cerebrospinalflüssigkeit, Zeichen für eine spezielle Form des Schlaganfalls.

Superoxidanionradikal ($\cdot O_2^-$) Sauerstoffmolekül mit einem zusätzlichen Elektron (e^-) z. B. aus der Elektronentransportkette in der inneren Mitochondrienmembran.

Synaptonemaler Komplex Haftstelle von Chromosomen an der Kernhülle, spielt bei der Paarung der homologen Chromosomen und beim Crossing-over während der Meiose eine wichtige Rolle.

Syndrom Komplex von Symptomen, die für eine bestimmte Erkrankung charakteristisch sind.

Syncytium Einheit aus miteinander verschmolzenen Zellen, z. B. beim quer gestreiften Muskel.

Tau-Proteine Stabilisieren Mikrotubuli – vor allem in Neuronen.

Telomer Existiert an jedem Ende der linearen Chromosomen. Es enthält keine genetischen Informationen und wird am äußersten Ende nicht verdoppelt. Dadurch verkürzen sich bei jeder Verdopplungsrunde (Replikation) die Telomerenden.

Thioredoxine Kleine Proteine, die eine wichtige Rolle als Elektronen übertragende Cofaktoren in fast allen Organismen spielen.

Thrombopoietin (THPO) Hormon, das die Bildung und Differenzierung von Blutplättchen bildenden Zellen (Megakaryocyten) stimuliert.

T-Labyrinth T-förmige Gänge, durch die Mäuse oder Ratten geschickt werden, um aufgrund von Erfahrungen bei der Rechts-links-Entscheidung (Belohnung, Strafe) zu lernen.

trade off Austausch durch Gewinn einer Qualität auf Kosten einer anderen.

Trisomie Wenn normalerweise doppelt vorhandene autosomale Chromosomen dreifach vorhanden sind, spricht man von Trisomie. Im Falle des dreifach vorhandenen Chromosoms 21 (Trisomie 21) resultiert das sogenannte → Down-Syndrom.

Tumor (lat. Geschwulst) Neubildung von Körpergeweben (Neoplasien). Sie können gutartig (benigne) oder bösartig (maligne) sein.

Tumorsuppressorgen Gen, das das Zellwachstum inhibiert oder die Apoptose fördert. Wirkt im Gegensatz zum Protoonkogen meist rezessiv. Mutationen, die diese Hemmung aufheben (*loss of function*), müssen daher meist beide Allele betreffen. In einem solchen Fall fördern sie die Krebsentstehung.

Ubiquitin Kleines Protein (8,5 kDa), das in allen eukaryotischen Zellen vorkommt (ubiquitär), wird als Markerprotein an Proteine angehängt, die zum Abbau im Proteasom vorgesehen sind.

Weiße Substanz Gebiete des Gehirns, die aus Nervenfasern bestehen.

WNT-Signalweg Der WNT-(von *wingless* und Int1-Gen)Signalweg ermöglicht durch zahlreiche zugehörige Proteine die Reaktion der Zelle auf Signale. Dabei spielt das Protein β-Catenin im Zellkern eine wichtige Rolle.

Sachverzeichnis

MIX

Papier | Fördert
gute Waldnutzung

FSC® C083411

Zeitfracht Medien GmbH
Ferdinand-Jühlke-Straße 7
99095 Erfurt, Deutschland
produktsicherheit@kolibri360.de